马丽萍　黄小凤　李剑平　主编

固体废物资源化

工程原理・案例解析

化学工业出版社
・北京・

内 容 简 介

本书阐述了废物资源化工程涉及的基本原理和方法，并用实际工程案例说明了这些基本原理和方法在固体废物资源化工程中的实际应用思路或途径。

全书共分6章。第1章介绍了固体废物的来源及分类、资源化及其目的意义、资源化现状及发展趋势；第2章介绍了固体废物资源化工程的基础，颗粒物及粉体的基本知识；第3～第5章介绍了固体废物在储存与输送、提取与富集、转化与分离等过程与环节的基本原理、技术方法和主要设备；第6章介绍了固体废物资源化的工程案例。

本书可作为资源循环科学与工程专业、资源环境科学专业、环境工程专业本科教材，也可供从事相关专业的研发人员和工程技术人员、管理人员参考。

图书在版编目（CIP）数据

固体废物资源化：工程原理·案例解析/马丽萍，黄小凤，李剑平主编.—北京：化学工业出版社，2021.12（2023.5重印）

ISBN 978-7-122-39884-0

Ⅰ.①固… Ⅱ.①马…②黄…③李… Ⅲ.①固体废物利用-研究 Ⅳ.①X705

中国版本图书馆CIP数据核字（2021）第187532号

责任编辑：卢萌萌　　文字编辑：王云霞
责任校对：杜杏然　　装帧设计：史利平

出版发行：化学工业出版社（北京市东城区青年湖南街13号　邮政编码100011）
印　　装：北京科印技术咨询服务有限公司数码印刷分部
787mm×1092mm　1/16　印张21½　字数538千字　2023年5月北京第1版第2次印刷

购书咨询：010-64518888　　售后服务：010-64518899
网　　址：http://www.cip.com.cn
凡购买本书，如有缺损质量问题，本社销售中心负责调换。

定　　价：148.00元

前言

在特定的生产或生活过程中，人们对原材料、半成品和制成品等物料的使用通常只是利用了其中的某种或某些组分，其余部分则因不再具有利用价值而被视为“废物”。但这种“废物”往往含有其他生产或生活过程所需要的有用组分，经过必要的处理后，可转化为其他生产或生活过程的原材料、半成品和制成品，甚至可直接使用，变废为宝，实现废物的资源化。随着经济的快速发展和社会的不断进步，人们对资源种类和数量的需求也越来越大。当自然资源匮乏和日趋枯竭之时，废物资源化就成为一种必然选择。但废物资源化的实现需要借助于工程技术手段。

固体废物资源化是由多学科相互交融而产生的一门综合性科学技术，涉及物理、化学、生物化学等基本原理，以及质量、热量、动量传递和化学反应等基本过程。它既与化学工程、材料科学、冶金工程、生物工程等学科的理论与实践密不可分，又具有环境工程学科自身的特点。因此，传统学科的参考书籍难以全面涵盖固废资源化过程中所涉及的知识点，有必要编写一本涵盖在固废资源化利用过程中所涉及的主要基本原理的参考书籍，为工程化开发奠定基础。

2002 年，经教育部批准，昆明理工大学在全国高校中率先创办再生资源科学与技术专业，并正式招收本科生。此后，多个高校相继申办了再生资源科学与技术专业。昆明理工大学再生资源科学与技术专业经过几年的建设，逐步形成专业特色鲜明、成绩突出的本科专业。2012 年教育部正式将“再生资源科学与技术”专业更名为“资源循环科学与工程”。目前，全国已有近 30 所高校开办此专业，还有部分高校正在规划申办此专业，以适应建设资源节约型和环境友好型社会的发展趋势和专业人才需求。其中固体废物资源化工程作为资源循环利用科学与工程专业的主要课程之一，传统学科的教材亦不太适合该专业的教学。本书编写的初衷也是使其适合资源循环科学与工程及相关专业特色，以满足本专业及相关专业本科教学的需要。

本书内容精练，注重体现固体废物资源化的主要环节和过程特色，一方面着重介绍各过程或环节所涉及的基本理论和基础知识，并引导读者应用这些理论知识去分析和研究固体废物资源化的核心和本质问题；另一方面重点突出环境工程学科及资源循环科学与工程专业的特点，增加不同固体废物资源化的实际工程案例，反映学科发展前沿的有关新理论和新技术，便于读者进一步了解、熟悉和掌握固体废物资源化工程的基本原理和方法，加强理论和实际的联系，从而增强发现问题、分析问题和解决问题的能力。

本书由马丽萍教授、黄小凤副教授、李剑平博士策划和主编，宁平教授、汪华林教授、曾向东教授对本书的修改提出了宝贵意见、建议。书稿相关资料的整理得到本课题组全体研究生的鼎力协助，部分编写、录入和制图等工作由郑大龙、彭思懿、李春情、颜晓丹、连艳、朱斌、马贵鹏等同学帮助完成。在此向他们表示感谢！

本书的编写也借鉴了环境工程、化学工程、材料科学、冶金工程等多门学科领域诸多前辈和同仁的著作和研究成果中的精彩著述。书中所列参考文献可能挂一漏万，并向所有原作者致以深深的敬意。

本书的出版得到了化学工业出版社的大力支持和昆明理工大学新兴教材建设资金的资助。在此深表谢意！

由于编者水平及时间有限，书中难免存在疏漏与不足之处，敬请各位读者批评指正。

编者

昆明理工大学

目录

第1章 绪论

1.1 固体废物来源及分类

1.1.1 基本概念

今天，人类享受着现代化带来的物质文明的同时，又将大量的各种废弃物抛向人类的生存空间，每年都有数百亿吨的各种固体、液体和气体废物排出，不仅占用大量土地，而且严重地污染了环境，破坏了生态平衡。

早在20世纪初，许多有识之士就已预见与工业化社会结伴而来的资源危机和环境恶化的发展趋势，逐步引起公众的普遍关注。到20世纪下半叶，各工业发达国家迫于资源危机和环境恶化的巨大压力，开展了固体废物开发利用事业的研究，并把它视为第二矿业，从而使其成为一个新兴的工业体系。固体废物处理与处置工程也发展起来成为一门新兴应用技术型学科，即再生资源工程。为了学习、交流和应用上的方便，下面对一些专有名词做一个简要介绍。

（1）固体废物（solid wastes）

对于什么是固体废物，人们的理解也不完全一致。其实，废与不废也是相对的，与技术水平和经济条件密切相关，在有些地方或国家被看作废物的东西，在另一个地方可能就是原料或资源。过去认为是废物的东西，由于技术的发展，现在可能已不是废物。因此，按照《中华人民共和国固体废物污染环境防治法》的规定，固体废物是指在生产建设、日常生活和其他活动中产生的污染环境的固态、半固态废弃物质。其中，包括从废气中分离出来的固体颗粒、垃圾、炉渣、废制品、破损器皿、残次品、动物尸体、变质食品、污泥、人畜粪便等。

（2）固体废物处理（treatment of solid wastes）

是指通过物理、化学、生物等不同方法，使固体废物转化为适于运输、储存、资源化利用以及最终处置的一种过程。

（3）固体废物处置（disposal of solid wastes）

是指最终处置或安全处置，是解决固体废物的归宿问题，如堆置、填埋、海洋投弃等。

（4）减量化

是指通过适宜的手段减少固体废物的数量和体积。这一任务要通过两条途径：一是通过改良工艺、产品设计或改变社会消耗结构和废物发生机制来减少固体废物的产生量；二是通过压缩、打包、焚烧和处理利用来减容。

(5) 无害化

是指将固体废物通过工程处理，达到不损害人体健康，不污染周围自然环境的目的。

(6) 资源化

是指通过各种方法从固体废物中回收有用组分和能源，旨在减少资源消耗、加速资源循环，保护环境。广义的资源化包括物质回收、物质转换和能量转换三个部分。

固体废物的减量化、无害化和资源化是我国20世纪80年代中期提出的控制固体废物污染的三大技术政策。今后的发展趋势是从无害化走向资源化，资源化又以无害化为前提，无害化和减量化应以资源化为条件。这就是三者间的辩证关系。

1.1.2 来源

固体废物的来源大体上可分为两类：一类是生产过程中所产生的废物（不包括废气和废水），称为生产废物；另一类是产品进入市场后在流动过程中或使用消费后产生的固体废物，称为生活废物。生活废物的产生量随季节、生活水平、生活习惯、生活能源结构、城市规模和地理环境等因素而变化。工业发达国家城市垃圾产生量大致以每年2%～4%的速度增长，其主要产生源是冶金、煤炭、火力发电三大部门，其次是化工、石油、原子能等工业部门。因我国城市垃圾是混合收集，故成分复杂。因此，我国城市垃圾处理方法与国外垃圾处理方法不同，有其特殊性和更大的难度。随着我国垃圾分类制度的推进实施，垃圾处理方法有望得到进一步发展。

1.1.3 分类

固体废物分类方法很多，按组成可分为有机废物和无机废物；按其危害状况可分为有害废物（指腐蚀、腐败、剧毒、传染、自燃、爆炸、放射性等废物）和一般废物；按其形状可分为固体废物（粉状、粒状、块状）和泥状废物（污泥）；按其来源分为工业固体废物、矿业固体废物、农业固体废物、有害固体废物和城市垃圾五类。本书按固体废物的来源进行分类（表1-1）。

表1-1 固体废物的分类、来源和主要组成物

分类	来源	主要组成物
工业固体废物	冶金、交通、金属结构等工业	金属、矿渣、砂石、模型、陶瓷边角料、黏结剂、塑料、橡胶、烟尘、各种废旧建筑材料等
	煤炭工业	矿石、木材、金属、煤矸石等
	食品加工	肉类、谷物、果类、蔬菜、烟草等
	橡胶、皮革、塑料等工业	橡胶、皮革、塑料、布、纤维、染料、金属等
	造纸、木材、印刷等工业	刨花、锯木、碎木、化学药剂、金属填料、塑料填料、塑料等
	石油化工	化学药剂、金属、塑料、橡胶、陶瓷、沥青、油毡、石棉、涂料等
	电器、仪器仪表等工业	金属、玻璃、木材、塑料、橡胶、化学药剂、研磨料、绝缘材料等
	纺织服装业	布头、纤维、金属、塑料、橡胶等

续表

分类	来源	主要组成物
工业固体废物	建筑材料工业	金属、水泥、黏土、陶瓷、石膏、砂石、纸等
	电力工业	炉渣、粉煤灰、烟灰等
矿业固体废物	矿山选冶厂等	废石、尾矿、金属、废木、砖瓦、水泥、沙石等
农业固体废物	农林	稻草、秸秆、蔬菜、水果、果树枝条、落叶、废塑料、禽粪、农药等
	水产	腥臭死禽畜，腐烂鱼、虾、贝壳，污泥等
有害固体废物	核工业、核电站、放射性医疗单位、科研单位	金属、放射性废渣、粉尘、污泥、器具、劳保用品、建筑材料等
	其他有关单位	易燃、易爆和有毒性、腐蚀性、反应性、传染性的固体废物等
城市垃圾	居民生活	食物垃圾、植物残余、金属、玻璃、陶瓷、塑料、燃料、灰渣、碎砖瓦、废器具、粪便、杂品等
	商业、机关	管道，沥青，建筑材料，废汽车，废电器，易燃、易爆、腐蚀性、放射性的废物，各种生活废物等
	市政维护、管理部门	碎砖瓦、树叶、死禽兽、金属锅炉灰、污泥、脏土等

国外固体废物的分类，美国大致与我国相似，而日本通常分为产业废物和一般废物两大类。

1.2　固体废物资源化及其目的意义

1.2.1　固体废物的污染途径

与废水、废气相比，固体废物具有几个显著的特点。第一，固体废物是各种污染物的终态，特别是从污染控制设施排出的固体废物，浓集了许多污染成分。人们却往往对这类污染产生一种稳定、污染慢的错觉。第二，在自然条件影响下，固体废物中的一些有害成分会转入大气、水体和土壤中，参与生态系统的物质循环，具有潜在的、长期的危害性。因此，在固体废物，特别是有害固体废物处理处置不当时，能通过各种途径危害人体健康。例如，工矿业废物所含化学成分能形成化学物质型污染，生活垃圾是多种病原微生物的滋生地，能形成病原体型污染。其传播疾病的途径如图 1-1 所示。

1.2.2　固体废物的污染危害

固体废物对人类环境的危害表现在以下五个方面。

(1) 侵占土地

固体废物产生以后，需占地堆放，堆积量越大，占地越多。据计算，每堆积 1×10^4t 渣约需占地 1 亩[1]。据统计，一些国家固体废物侵占土地为：苏联 $10\times10^4\text{hm}^2$，美国 $60\times10^4\text{hm}^2$，波兰 $50\times10^4\text{hm}^2$。2019 年，我国 196 个大、中城市一般工业固体废物产生量达

[1] 1 亩 $=1/15\text{hm}^2$。

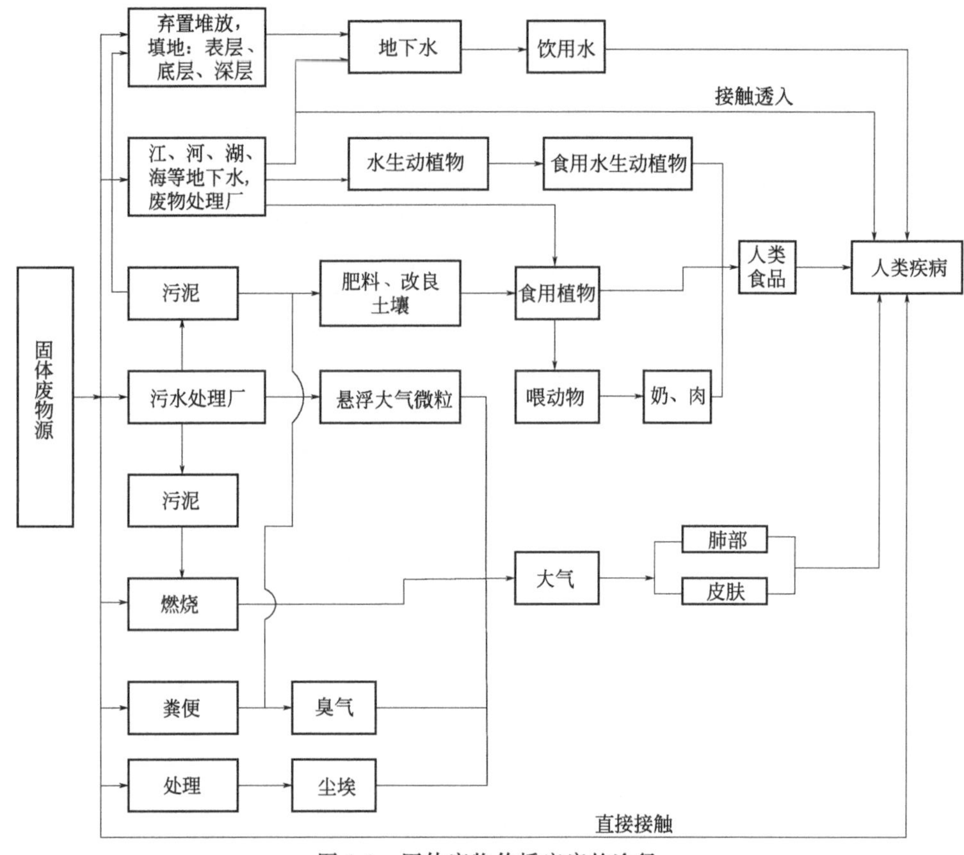

图 1-1　固体废物传播疾病的途径

13.8×10^8t，综合利用量 8.5×10^8t，处置量 3.1×10^8t，储存量 3.6×10^8t，倾倒丢弃量 4.2×10^4t。我国许多城市利用市郊设置垃圾堆场，也侵占了大量农田。随着生产的发展和消费的增长，垃圾占地的矛盾日益尖锐。

(2) 污染土壤

废物堆置，其中的有害组分容易污染土壤。如果直接利用来自医院、肉类联合厂、生物制品厂的废渣作为肥料施入农田，其中的病菌、寄生虫等，就会污染土壤。人与污染的土壤直接接触，或生吃此类土壤上种植的蔬菜、瓜果，就会致病。当污染土壤中的病原微生物与其他有害物质随天然降水径流或渗流进入水体后就可能进一步危害人体健康。

工业固体废物还会破坏土壤内的生态平衡。土壤是许多细菌、真菌等微生物聚集的场所。这些微生物形成了一个生态系统，在大自然的物质循环中，担负着碳循环和氮循环的一部分重要任务。工业固体废物，特别是有害固体废物，经过风化、雨雪淋溶、地表径流的侵蚀，产生高温和毒水或其他反应，能杀灭土壤中的微生物，使土壤丧失腐解能力，导致草木不生。

固体废物中的有害物质进入土壤后，还可能在土壤中发生积累。我国西南某市郊因农田长期施用垃圾，土壤中的汞浓度已超过本底 8 倍，铜、铅分别增加 87%和 55%，从而对作物的生长等带来危害。

来自大气层核爆炸试验产生的散落物，以及来自工业或科研单位的放射性固体废物，也能在土壤中积累，并被植物吸收，进而通过食物进入人体。

20 世纪 70 年代，美国的密苏里州为了控制道路粉尘，曾把混有四氯二苯并对二噁英（2,3,7,8-TCDD）的淤泥废渣当作沥青铺于路面，造成多处污染。土壤中 TCDD 浓度高达 300ng/g，污染深度达 60cm，致使牲畜大批死亡，人们受到多种疾病折磨。在居民的强烈要求下，美国环保局同意全市居民搬迁，并花 3300 万美元买下该城镇的全部地产，还赔偿了市民的一切损失。

(3) 污染水体

固体废物随天然降水或地表径流进入河流、湖泊，或随风飘迁落入河流、湖泊，污染地面水并随渗沥水渗透到土壤中，进入地下水，使地下水污染；废渣直接排入河流、湖泊或海洋，会造成更大的水体污染。

美国的拉夫运河（Love Canal）事件是典型的固体废物污染地下水事件。1930—1953 年，美国胡克化学工业公司在纽约州尼亚加拉瀑布附近的拉夫运河废河谷填埋了 2800 多吨桶装有害废物，1953 年填平覆土，在上面兴建了学校和住宅。1987 年大雨和融化的雪水造成有害废物外溢，之后就陆续发现该地区井水变臭，婴儿畸形，居民身患怪异疾病，大气中有害物质浓度超标 500 多倍，测出有毒物质 82 种，致癌物质 11 种，其中，包括剧毒的二噁英。1987 年，美国总统颁布法令，封闭了住宅，关闭了学校，710 多户居民迁出避难，并拨款 2700 万美元进行补救治理。

生活垃圾未经无害化处理任意堆放，也已造成许多城市地下水污染。哈尔滨市某垃圾填埋场的地下水浓度、色度和锰、铁、酚、汞含量及细菌总数、大肠埃希菌数等都大大超标，Mn 含量超标 3 倍以上，Hg 超标 20 倍以上，细菌总数超标 4.3 倍以上，大肠埃希菌超标 11 倍以上。贵阳市两个垃圾堆场使其附近的饮用水源大肠埃希菌含量超过国家标准 70 倍以上，为此，市政府拨款 20 万元治理，并关闭了这两个堆放场。

德国莱茵河地区的地下水因受废渣渗沥水污染，导致自来水厂有的关闭，有的减产。

目前，一些国家把大量固体废物投入海洋，海洋正面临着固体废物潜在的污染威胁。1990 年 12 月，在伦敦召开的消除核工业废料国际会议上公布的数字表明，由其时前溯的近 40 年间，主要由美、英两国在大西洋和太平洋北部的 50 多个“墓地”大约投弃过 4.6×10^{16} 贝可（Bq）放射性肥料，尤其是美国倾倒最多，仅 1968 年美国就向太平洋、大西洋和墨西哥湾投弃了各种固体废物 4800 万吨以上。1975 年，美国向 153 处海洋垃圾投置区投弃了市政及工业固体废物 500 万吨以上，对海洋造成潜在的污染危害。

即使无害的固体废物排入河流、湖泊，也会造成河床淤塞，水面减小，水体污染，甚至导致水利工程设施的效益减少或废弃。我国沿河流、湖泊、海岸建立的许多企业，每年向附近水域排放大量灰渣。仅燃煤电厂每年向长江、黄河等水系排放灰渣就达 500 万吨以上。有的电厂的排污口外的灰滩已延伸到航道中心，灰渣在河道中大量淤积，从长远看对其下游的大型水利工程是一种潜在的威胁。

(4) 污染大气

一些有机固体废物在适宜的温度和湿度下被微生物分解，能释放出有害气体；以细粒状存在的废渣和垃圾，在大风吹动下会随风飘移，扩散到远处；固体废物在运输和处理过程中，也能产生有害气体和粉尘。

煤矸石自燃会散发大量的二氧化硫。辽宁、山东、江苏三省的 112 座煤矸石堆中，自燃起火的有 42 座。陕西铜川市由于煤矸石自燃产生的二氧化硫量达 37t/d。美国 3/4 的垃圾堆散发臭气造成大气污染。华盛顿附近有一垃圾堆冒烟达 20 多年。

采用焚烧法处理固体废物已成为有些国家大气的主要污染源之一。据报道，美国的几千座固体废物焚烧炉中有 2/3 由于缺乏空气净化装置而污染大气，有的露天焚烧炉排出的粉尘在接近地面处的浓度达到 $0.56g/m^3$。据 1970 年统计，美国大气污染物中有 42%来自固体废物处理装置。

我国的部分企业，采用焚烧法处理塑料排出 Cl_2、HCl 和大量粉尘，也造成严重的大气污染。

(5) 影响环境卫生

我国的工业固体废物的综合利用率很低，城市垃圾、粪便清运能力不高，无害化处理率虽逐步增长，但仍需大力发展。很大部分工业废渣、垃圾堆放在城市的一些死角，严重影响城市容貌和环境卫生，对人的健康构成潜在威胁。

1.2.3 污染物的控制

我国固体废物污染控制工作开始于 20 世纪 80 年代初期，由于技术力量和经济能力有限，近期内还不可能在较大的范围实现“资源化”。但必须着手于当前，放眼于未来，以寻求我国固体废物处理的途径。我国于 20 世纪 80 年代中期提出了以“资源化”“无害化”“减量化”作为控制固体废物污染的技术政策。进入 20 世纪 90 年代以后，根据世界形势，面对我国经济建设的巨大需求与资源供应严重不足的紧张局面，我国已把回收利用再生资源作为重要的发展战略。《中国 21 世纪议程》指出“中国认识到固体废物问题的严重性，认识到解决该问题是改变传统发展模式和消费模式的重要组成部分，总目标是完善固体废物法规体系和管理制度，实施废物最小量化；为废物最小量化、资源化和无害化提供技术支持，分别建成废物最小量化、资源化和无害化示范工程”。

1.2.3.1 “无害化”

固体废物“无害化”处理是将固体废物通过工程处理，达到不损害人体健康，不污染周围自然环境的目的。

目前，固废“无害化”处理工程已经发展成为一门崭新的工程技术，如垃圾的焚烧、卫生填埋、堆肥，粪便的厌氧发酵，有害废物的热处理和解毒处理等。其中，“高温快速堆肥处理工艺”和“高温厌氧发酵处理工艺”在我国都已达到实用程度，“厌氧发酵工艺”用于废物“无害化”处理工程的理论已经成熟，具有我国特点的“粪便高温厌氧发酵处理工艺”在国际上一直处于领先地位。在对固废进行“无害化”处理时，必须认识到各种“无害化”处理工程技术的通用性是有限的，它们的优劣程度往往不由技术、设备条件本身所决定。以生活垃圾处理为例，焚烧处理绝对不失为一种先进的“无害化”处理方法，但它必须以垃圾含有高热值和可能的经济投入为条件，否则便没有开发的意义。

1.2.3.2 “减量化”

固体废物“减量化”是通过适宜的手段减少和减小固体废物的数量和容积。这需要从两个方面着手，一是对固体废物进行处理利用，二是减少固体废物的产生。

生活垃圾采用焚烧法处理后，体积可减小 80%～90%，便于运输和处置。固体废物采用压实、破碎等方法处理也可以达到减量和方便运输、处理的目的。

从国际上资源开发利用与环境保护的发展趋势看，世界各国为解决人类面临的资源、人口、环境三大问题，越来越关注资源的合理利用。实现固体废物“减量化”，必须从“固体废物资源化”延伸到“资源综合利用”上来，其工作重点包括采用经济合理的综合利用工艺和技术，制订科学的资源消耗定额等。

1.2.3.3 “资源化”

固体废物“资源化”是采取工艺技术，从固体废物中回收有用的物质与能源。

(1) 资源危机问题

近 40 年来，世界资源正以惊人的速度被开发和消耗，有些资源已经濒于枯竭。根据推算，世界石油资源按已探明的储量和消耗量的增长，只需要五六十年就可耗尽，世界煤炭资源按已探明的储量的消耗推算，到公元 2350 年，也将消耗储量的 80%左右。

20 世纪 70 年代出现的能源危机，增强了人们对固体废物资源化的紧迫感。欧洲国家把固体废物资源化作为解决固体废物污染和能源紧张的方式之一，将其列为国民经济政策的一部分，投入巨资进行开发。日本由于资源贫乏，将固体废物资源化列为国家的重要政策，当作紧迫课题进行研究。美国把固体废物引入资源范畴，将固体废物资源化作为废物处理的替代方案。

我国资源形势也十分严峻，几十年来，我国走的是一条资源消耗型发展经济的道路。最后，我国废物资源利用率很低，与发达国家比尚有很大的差距。如此下去，固体废物将造成大量的积存，给环境带来巨大的威胁。

(2) 资源危机的出路——开发再生资源

众所周知，固体废物属于“二次资源”或“再生资源”，虽然它一般不再具有它原有的使用价值，但是通过回收、加工等途径，可以获得新的使用价值。概括起来，目前固体废物主要用于生产建材、回收能源、回收原材料、提取金属、化工产品、农用生产资源、肥料、饲料等多种用途。据我国有关资料，在国民经济运行中，社会需要的最终产品仅占原料的 20%～30%，即 70%～80%成为废物。

目前，我国工业废渣和尾矿的年排出量高达 6.4×10^8t，其累计量则已高达 60 多亿吨。这些废物中含有大量的黑色金属、有色金属和稀有金属，规模之大已完全具备了开采的价值。

我国城市生活垃圾年排放量已达 1.4×10^8t，其中，含有大量可循环再用的纸类、纤维类、塑料、金属、玻璃等，但回收率低，流失量大。

生活垃圾中可燃物的发热量只要达到 4.18×10^3kJ/kg 以上，便具有燃烧回收热能的价值，有些国家的垃圾变能已在其全部能耗中占一定比例。西德 4%～5%的能耗由垃圾焚烧获得，法国巴黎垃圾发电可满足全市能量的 20%，日本正在全国各大、中、小城市推广垃圾发电技术，美国及其他西欧国家也在投入巨资加强开发。我国 684 座城市，2/3 被垃圾环带包围。随着经济的发展和人民生活水平的提高，垃圾问题日益突出。很显然，垃圾分类已成为我国需要解决的迫在眉睫的问题。

(3) “资源化”是我国强国富民的有效措施

再生资源和原生资源相比，可以省去开矿、采掘、选矿、富集等一系列复杂程序，保护和延长原生资源寿命，弥补资源不足，保证资源永续，且可以节省大量的投资，降低成本，减少环境污染，保持生态平衡，具有显著的社会效益。

1.2.4 固体废物资源化

固体废物对环境的污染主要是通过水、气和土壤进行的。废水和废气既是水体、大气和土壤环境的污染源，又是接受其所含污染物的环境。固体废物则不同，它们往往是许多污染成分的终极状态。一些有害气体或飘尘，通过治理最终富集成为废渣；一些有害物质和悬浮物，通过治理最终被分离出来成为污泥或残渣；一些含重金属的可燃固体废物，通过焚烧处理，有害金属浓集于灰烬中。这些“终态”物质汇总的有害成分，在长期的自然因素作用下又会转入大气、水体和土壤中，故又成为大气、水体和土壤环境的污染“源头”。固体废物这一污染“源头”和“终态”特性告诉我们，控制“源头”，处理好“终态物”是固体废物污染控制的关键。固体废物污染控制需从两方面着手，一是防治固体废物污染，二是综合利用废物资源。主要控制措施如下。

(1) 改进生产工艺

① 采用清洁生产。生产工艺落后是产生固体废物的主要原因，因而首先应当结合技术改造，从工艺入手，采用无废或少废的清洁生产技术，从发生源消除或减少污染物的产生。例如，传统的苯胺生产工艺是采用铁粉还原法，该法生产过程中产生大量含硝基苯、苯胺的铁泥和废水，造成环境污染和巨大的资源浪费。国内某化工厂成功地开发了加氢制苯胺新工艺，便不再产生铁泥废渣就是一典型的实例。

② 采用精料。原料品位低、质量差，也是造成固体废物大量产生的主要原因。如一些选矿技术落后、缺乏烧结能力的中小型炼铁厂，渣铁比相当高，如果在选矿过程中提高矿石品位，便可少加造渣熔剂和焦炭，并大大降低高炉渣铁产生量。一些工业先进国家采用精料炼铁，高炉渣产生量可减少一半以上。因此，应当进行原料精选，采用精料，以减少固体废物的产量。

③ 提高产品质量和使用寿命，以使其不会过快地变成废物。

(2) 发展物质循环利用工艺

使第一种产品的废物成为第二种产品的原料，使第二种产品的废物又成为第三种产品的原料等，最后只剩下少量废物进入环境，以取得经济的、环境的和社会的综合效益。

(3) 进行综合利用

有些固体废物含有很大的一部分未发生变化的原料或副产物，可以回收利用。如硫铁矿烧渣（含 Fe_2O_3 18%～33%，Al_2O_3 26.6%）等可用来制砖和水泥。再如，硫铁矿烧渣、废胶片、废催化剂中含有 Au、Ag、Pt 等贵金属，只要采用适当的物理、化学熔炼等加工方法，就可以将其中有价值的物质回收利用。

(4) 进行无害化处理与处置

有害固体废物，用焚烧、热解等方式，改变废物中有害物质的性质，可使之转化为无害物质或使有害物质含量达到国家规定的排放标准。

20 世纪 60 年代中期以后，环境保护受到重视，污染治理技术迅速发展，形成了一系列处理方法。20 世纪 70 年代以来，一些工业发达国家由于资源缺乏，提出了“资源循环”的口号，开始从固体废物中回收资源和能源，逐步发展成为控制废物污染的途径——资源化。当前，各发达国家已经将再生资源的开发利用视为“第二矿业”，给予了高度重视，形成了一个新兴工业体系。

1.3 固体废物资源化现状及发展趋势

1.3.1 我国工业固废（含危险固废）产生量大、增长快

我国的自然资源并不十分丰富，从世界 45 种主要矿物储量来看，我国居第三位，但人均占有量仅为世界平均水平的 1/2，属中下等水平。由于粗放式经营，资源利用率低，浪费严重，很大一部分资源没有发挥效益，形成了废弃物。我国的废弃物利用率仅为世界平均水平的 1/3～1/2。如此下去，势必造成大量固体废弃物积存，给环境带来巨大威胁。

据有关资料介绍，我国每年平均约有 200 万吨～300 万吨废钢铁、600 万吨废纸、200 万吨碎玻璃、70 万吨废塑料、30 万吨废化纤、30 万吨各类废橡胶、10 万吨～15 万吨废杂有色金属均未被合理回收。在工业废渣中，每年还有 4000 多万吨粉煤灰未得到利用；各金属矿山积存的尾矿已达 40 亿吨，每年还在以约 5 亿吨的数量继续排放；冶金行业以金属产量的 1～4 倍排放废渣；机械铸造行业以铸件产量的 1～2 倍排放废渣。这些废弃物如不进行回收利用，可造成经济损失每年约 250 亿元～300 亿元。一方面资源危机，另一方面浪费巨大，没有得到合理利用的资源又以固体废弃物的形态进入环境，造成严重环境问题。固体废弃物处理的最终出路在于废弃物资源化，发达国家已将其列为国家经济建设的重点，将再生资源的开发利用视为第二矿业，形成了一个新兴的工业体系。在我国，固体废弃物资源化工作已日益受到重视，但总的技术状况比发达国家落后很多。

工业固体废物作为固体废弃物的一种，指在工业生产活动中产生的固体废物，包括工业生产过程中排入环境的各种废渣、粉尘及其他废物。随着社会的发展和工业化进程的加速，我国工业固体废物产生量逐年增加。2011 年，全国工业固废产生量为 32.62 亿吨，同比增加 35.39%。同时，随着工业固废处理行业的发展，我国工业固废综合利用量呈上升趋势。

1.3.2 环保约束力度加大，循环经济得到政策大力支持

随着经济的高速发展，我国环境污染问题和自然资源紧张问题逐步凸显出来，近年来政府不断出台政策法规，要求加强污染物治理和发展循环经济（表 1-2）。

表 1-2 近年来我国主要固废管理政策及主要相关内容

日期	政策	主要相关内容
1995/10/30	《中华人民共和国固体废物污染环境防治法》	以立法的形式要求控制和治理固体废弃物污染
2008/8/20	《废弃电器电子产品回收处理管理条例》	规范旧电器电子产品的回收与处置
2008/8/29	《中华人民共和国循环经济促进法》	要求促进废物资源化和再利用，保护和改善环境，实现可持续发展
2011/1/24	《关于推进再生有色金属产业发展推进计划》	一是优化产业布局、提高产业集中度，二是促进技术进步、实现产业转型升级，三是支持重点项目、提升整体发展水平，四是加强统筹规划、完善回收利用体系

续表

日期	政策	主要相关内容
2011/12/15	《国家环境保护"十二五"规划》	明确提出加大工业固体废物污染防治力度，到2015年，工业固体废物综合利用率达到72%，规范废弃电器电子产品的回收处理活动，建设废旧物品回收体系和集中加工处理园区，推进资源综合利用
2013/2/17	《旧电器电子产品流通管理办法》	规范了旧电器电子产品的回收和处置
2018/3/5	《生活垃圾焚烧发电建设项目环境准入条件（试行）》	规范我国生活垃圾焚烧发电建设项目环境管理，引导生活垃圾焚烧发电行业健康有序发展，严禁选用未达到污染物排放标准的焚烧炉
2018/5/15	《工业固体废物资源综合利用评价管理暂行办法》和《国家工业固体废物资源综合利用产品目录》	促进工业固体废物资源综合利用产业规范化、绿色化、规模化发展
2018/8/1	《新能源汽车动力蓄电池回收利用管理暂行办法》	加强新能源汽车动力蓄电池回收利用管理，规范行业发展，推进资源综合利用，保护环境和人体健康，保障安全，促进新能源汽车行业持续健康发展
2020/4/29	《中华人民共和国固体废物污染环境防治法（修订草案）》	深入推进我国固体废物污染环境防治工作，有效防范固体废物污染环境风险（2020年4月29日第十三届全国人民代表大会常务委员会第十七次会议第二次修订，2020年9月1日起施行）

未来，随着工业化、城镇化进程的加快，我国工业领域的资源消耗量将进一步加大，资源供应日益紧张。工业固废资源化行业将进入黄金发展时期，固废处理设备、资源回收再利用等细分领域的投资价值日益显现。设备方面，大规模、高附加值利用且具有带动效应的重大技术和装备将成为未来发展的重点，且目前我国固废处理设备以进口为主，存在很好的进口替代机会。资源回收利用方面，行业高度依赖回收利用技术，技术壁垒较高的再生加工环节有很好的投资空间。

危险废弃物处置不当会对环境造成破坏，为规范管理危险废弃物处置，国家和地方的环保法律法规规定，在我国境内从事危废收集、储存、处置经营活动的单位，必须具有危废经营许可资质。危废经营许可资质按照经营方式，分为危废综合经营许可资质和危废收集经营许可资质。取得危废综合经营许可资质的单位，可以从事各类别危废的收集、储存、处置经营活动；取得危废收集经营许可资质的单位，只能从事机动车维修活动中产生的废矿物油和居民日常生活中产生的废镉镍电池的危废收集经营活动。

危险废弃物经营许可资质根据废弃物的种类和经营方式实行分级管理，由不同级别的政府环境保护主管部门审批颁发。危险废弃物许可经营制度给行业外想进入这一行业的企业设置了障碍，同时也为行业内企业获得较高的回报率提供了保障。

农业废弃物的资源化利用技术与产业化水平滞后，以及由于长期以来人们对农业废弃物资源的认识不清，加上技术落后、投入不足等诸多因素，对其开发利用还较落后。目前大部分采用一次性和粗放式的利用方式，工艺简单，技术落后，利用率低，处理能力和利用规模也十分有限。目前，我国每年仅作物秸秆量就达6亿吨以上，但因缺乏相应的技术和设备来加以利用，其中的2/3只能废弃或焚烧。我国虽然具有利用农业废弃物资源的传统，但是创新的技术少，拥有自主知识产权的技术和具有较好适应性能以及推广价值的技术更少，一些废弃物高效生产设备及其配套利用设备等在技术上未能有大的突破。同时，由于对农业废弃物资源化产品开发的主攻方向不明，导致中国的农业废弃物转化产品品种少、质量差、利用率低、商品价值低，而且产业化进程滞后，因此，无论在国内还是在国际市场上都缺乏竞争力；另一方面，在废弃物资源化设备的投入上，由于资金缺乏，一些很好的技术在产业化过程中得不到应用和推广，许多技术在低水平上重复，不能适应农业现代化发展的需求。近年来，国内外农业废弃物的资源化利用技术和相关研究得到了较大的发展，农业废弃物的资源化利用技术日益多样性。目前，对于植物纤维废弃物的资源化利用而言，主要采用废物还田、加工饲料、固化、炭化、气化、制复合材料、制造化学品等技术；畜禽粪便的资源化利用则主要采用肥料化技术、饲料化技术和燃料化技术等。从总体上来看，当前国内外农业废弃物的资源化逐步向能源化、肥料化、饲料化、材料化、基质化和生态化等几个方面发展。

1.3.3 废物资源化科技工程

改革开放以来，我国经济快速发展，取得显著成就，但也付出了资源和环境的代价。“十一五”期间，我国二氧化硫（SO_2）、化学需氧量（COD）等主要污染物排放量虽呈下降趋势，但固体废物产生量居高不下，以年均 10%的速度增长。其中，废旧金属与电子电器、工业固体废物、建筑垃圾、生活垃圾与污泥、农林剩余物等大宗废物年产生量超过 40 亿吨，综合利用率平均不到 40%，且堆存量巨大。长期堆存的废物不仅对周边大气、水体、土壤及生态系统带来了一定程度的破坏，甚至还将对堆放地区的地下水源形成潜在危害，废物的环境问题已经引起社会的广泛关注。

大力发展循环经济是转变经济发展方式的有效途径。废物资源化作为发展循环经济的三大原则之一，也是参与国际资源大循环的基本要求，将为保障国家战略资源安全提供新的选择。当前，我国优质资源短缺，重要战略资源对外依存度日益加大。据测算未来 5～10 年，我国 45 种主要矿产中，有 19 种矿产将出现不同程度的短缺，铁、铜、钾等战略金属资源仍将保持较高的对外依存度。废物资源化已经成为有效缓解战略资源短缺矛盾的重要途径。与世界主要发达国家相比，我国废物资源化仍处于国际资源大循环产业链的低端，且再利用产品附加值低，利用规模与水平仍有很大的提升空间，迫切需要通过技术创新大幅度提升废物综合利用率与资源产出水平，支撑循环经济较大规模发展战略目标的实现，保障国家战略资源供给安全。

(1) 废旧金属再生利用技术

加快废旧金属预处理和利用专用技术研发，支撑废旧金属保级或升级利用，是国内外开展废旧金属再生科学研究的主要方向。目前，废旧金属低能耗清洁工艺已在发达国家普遍应用。

(2) 废旧电子电器拆解利用技术

随着社会废旧电子电器产品回收体系的完善，废旧电子电器智能分选与清洁提取技术已在欧美国家和日本的再生资源企业中大规模应用。我国废旧电子电器产品拆解利用技术与装备研究刚刚起步，迫切需要突破大型废旧家电低成本破碎与高效分选一体化装备、小型废旧电子产品贵重金属清洁分离与提取技术、非金属材料高值化利用技术及二次污染控制技术等关键技术与装备，支撑废旧电子电器拆解产业升级。

(3) 废旧机电产品再制造技术

通过实施生产者责任延伸制度，欧美国家正在积极推动将淘汰或达到使用寿命的零部件使用到新产品上去，高温喷射清洗、堆焊、热喷涂、激光等技术已广泛用于汽车、工程机械等废旧机电产品主要零部件再制造。目前，我国汽车、工程机械、大型机电设备等进入报废高峰期，今后将对工程机械、大型机床、工业机电设备、矿采机械、办公信息设备等主要零部件再制造技术研发和转化应用提出更高的要求。

（4）废旧高分子材料高值利用技术

废旧高分子材料一般指塑料、橡胶、纺织品等废旧物品。开发清洁高效的梯级利用技术和高附加值产品，实现废旧高分子材料全生命周期利用是国内外废物资源化技术的研究热点，对废旧高分子材料高值利用技术提出了迫切的需求。

（5）粉煤灰和煤矸石资源化利用技术

粉煤灰和煤矸石是煤炭资源开发利用产生的主要废物。近年来，我国资源化利用技术研发得到了高度重视，已在建材建工、矿井充填、低热值发电等技术研发与应用方面取得了一定成效，高铝粉煤灰提取氧化铝和铝硅合金技术已在局部地区实现产业化生产。但总体上，我国粉煤灰和煤矸石资源化技术仍以低端建工建材利用为主，市场效益不显著，迫切需要加快粉煤灰和煤矸石资源化基础理论和技术研发，推动利用方式由传统建工建材利用为主向多组分协同提取、制备复合材料、控制污染与生态利用等技术方向发展。

（6）金属废渣综合处置技术

我国金属废渣主要来源于有色金属选冶、黑色金属冶炼过程，因原生资源品位较低和选冶工艺落后，废渣排放量大、成分复杂、有害成分含量高，主要以解毒堆存和生产建筑材料等处置方式为主。由于现有处理方式规模效益不佳、二次污染严重、产品附加值低，产业化推广不理想，废渣规模化处置已成为制约资源可持续开发利用的瓶颈。围绕赤泥、钢渣、铅锌渣等大宗金属矿产资源废渣，开发经济可行、规模消纳的无害化与资源化技术，将是推进金属废渣资源化科技创新的首要任务。

（7）工业副产石膏综合利用技术

工业副产石膏主要包括磷石膏、脱硫石膏、盐石膏、氟石膏等。发达国家工业副产石膏产生量较小，且天然石膏价格较高，资源化方式主要是替代天然石膏生产建材，基本已经形成成熟稳定的综合利用技术体系。目前，我国利用工业副产石膏生产建材的技术水平与国外先进水平差距不大，已突破脱硫石膏和磷石膏制备水泥缓凝剂、纸面石膏板等核心技术，实现了工业化应用。由于我国天然石膏价格低，工业副产石膏年产生量高达 1.37 亿吨。现有工业副产石膏利用技术模式仍以生产低端建筑材料为主，受市场容量和产品销售半径的限制，很难实现大规模消纳。强化政策调控，加快发展低成本、高附加值资源化技术，提高资源化产品市场效益，将是进一步提高工业副产石膏综合利用效率的重要途径。

（8）工业生物质废物资源化利用技术

我国工业生物质废物占整个工业固废的 11%，食品加工、酿造、纺织等行业是主要来源。工业生物质废物资源化方式主要以生产饲料和肥料为主，综合利用率不到 10%。近年来，我国对工业生物质废物提取高蛋白、热解燃气利用等技术开发给予了支持，特别是在酿造和中医药生物质废物集中式燃气利用技术研发与工程示范方面加大了支持力度，养殖园区生物质废物生产燃气技术已经规模化推广应用。

（9）城市生活垃圾资源化利用技术

城市生活垃圾主要包括生活垃圾、餐厨垃圾和果蔬垃圾等，潜含着大量生物质，可以被有效地转化成多种能源形式。近年来，城市生活垃圾制备燃气技术已成为第二代生物质能源发展的重点，在欧洲得到快速推广。随着我国清洁能源战略的实施，城市生活垃圾制备燃气技术开发与工程示范得到了高度重视，但在混合垃圾分选技术、生活垃圾湿式和干法厌氧消化技术、沼气提纯和高值利用技术等方面仍缺乏系统化研究，标准化和系列化的成套装备主要依赖进口，亟须研制符合我国实际情况的标准化、系列化、智能化的城市生活垃圾处理与能源化装备及安全控制系统。

(10) 建筑垃圾资源化利用技术

我国正处于高速城镇化时期，每年新建和拆迁改造等产生大量建筑垃圾。建筑垃圾可制成再生集料（又称为“骨料”），生产建筑制品，或直接用于道路基层和底基层等。目前，我国建筑垃圾大多以填埋或堆放处置为主，资源化利用率尚不足 10%，欧盟国家每年的建筑垃圾资源化利用率达到 50%，韩国、日本已经达到了 97%左右。根据我国建筑垃圾和建筑形式的特点，研发资源化利用技术，实现科学规划、管理，有 95%以上的建筑垃圾可回收再利用。

(11) 污泥处置与资源化利用技术

城镇污水处理厂污泥及工业污泥中含有大量的有机质及氮、磷、钾等营养成分，以及重金属、病原微生物等有毒有害物质。我国城镇污水处理厂污泥的主要处理方式为堆肥、干化焚烧、生产建材等。欧美国家污泥厌氧消化制生物质燃气技术及成套设备已相当成熟，并大规模应用。近年来，我国开展了一些污泥厌氧发酵生产生物质燃气、水泥窑和电厂协同处置污泥等技术研发与工程示范，亟须突破污泥低成本干化预处理、多产业协同处理、二次污染控制等技术与设备，强化技术集成，建立完整的污泥处置与能源化技术创新链。

1.3.4 废物资源化全过程控制支撑技术现状与趋势

(1) 废物资源化标准标识

建立废物资源化标准及标识是实现废物资源化技术推广应用的重要保障。自 20 世纪 80 年代以来，国际标准化组织（ISO）从全生命周期角度开展了生态设计、环境管理、废物回收、废物再利用和再制造等共性技术标准和产品标识的研究，制定了一批废物资源化国际标准，基本形成了较完善的环境管理体系和废物资源化标准体系，对推动国际废物大循环及废物资源化利用产生了重要影响。目前，我国已发布废物资源化标准 90 余项，制定了再制造产品通用标识和汽车零部件再制造标识，但废物资源化技术标准与再生产品标识体系尚不完善，废物资源化标准覆盖率不足 10%，迫切需要加强废物资源化技术标准研究，制定资源化产品和再制造产品的标识认证标准及管理办法。

(2) 废物资源化全过程监控技术

废物资源化全过程监测是指在废物产生、分类、回收、运输、处置和利用等过程进行废物自动识别、实时监控和风险控制，是建立废物收运体系的重要手段。德国利用射频识别（RFID）技术，建立了区域层面垃圾清运及计量系统，显著提高了垃圾回收、运输与处置效率。“十一五”期间，我国已开始探索 RFID 技术在垃圾计量监测中的应用，但废物回收网络尚未形成有利于资源化的体系，环境风险控制薄弱，需要通过智能监测和管理控制等进行完善升级，亟须研发基于物联网的废物收运系统监测技术和传感识别装备，推动区域性废物交换平台的建设，实现废物回收、加工、再利用各环节的控制和监督，提高废物回收、监测、交易的效率和环境风险控制能力。

建立废物资源化科技创新体系，完善废物资源化技术创新链，推动废物利用的全过程清洁化，提高废物资源化利用效率，为大力发展循环经济、加快转变经济发展方式提供有力支撑。

目前，国外在固体废物资源化方面已有不少成功经验，但我们不可完全照搬，因为这里涉及很多因素，如各国固体废物组成成分、资源需求情况、再生与初始原料价格比等有差异。我们必须从国情出发，制定切实可行的政策，增加投入，加强科研工作，针对我国固体废物特点，立足于综合利用，提高利用率，坚持普及推广，借鉴国外先进技术，开发有自己特色的固体废物资源化新工艺。

本书在编写过程中借鉴了在固体废物利用技术、工程实践方面必须具备的大量的化工单元操作理论、分离工程、化学反应工程的基本原理和方法，力求为固体废物资源化的工程应用打下坚实的理论基础，这是本书编写的基本指导思想。

参考文献

[1] 李金惠，余嘉栋，缪友萍. 我国固体废物处理处置演变情况分析 [J]. 环境保护，2019，47（17）：32-37.
[2] 姜鑫，边增光. 关于我国固体废物处理利用发展现状分析 [J]. 商场现代化，2010（10）：70.
[3] 赵友文. 我国固体废物处理处置产业发展现状及趋势 [J]. 城市建设理论研究，2017（5）：273.
[4] 龚波，杨程. 固体废物处理处置产业发展现状及趋势 [J]. 环境与发展，2017，29（8）：99，101.
[5] 王琪. 我国固体废物处理处置产业发展现状及趋势 [J]. 环境保护，2012（15）：23-26.
[6] 彭靖. 对我国农业废弃物资源化利用的思考 [J]. 生态环境学报，2009，18（2）：794-798.
[7] 陈扬，汪德管，赖锡军. 固体废弃物资源化的现状和前瞻 [J]. 国土与自然资源研究，2003（3）：69-71.
[8] 范文虎. 我国工业固体废物现状及管理对策研究 [J]. 科技情报开发与经济，2007，17（33）：93-94.

第2章

废物资源化工程基础

2.1 颗粒物的物理性质

固体废物的资源化涉及的原料对象大多为固体颗粒、粉体等，本章主要介绍颗粒物的物理性质、流体力学特性、静力学及动力学特性等，是进一步固体废物资源化的工程基础。

2.1.1 颗粒物粒径和粒度分布

2.1.1.1 单个颗粒的粒径

粉体的粒度是粉体诸属性中最重要的特性值。为了正确地表达这一特性值，故需规定其测定方法和表示方法。以一因次值即颗粒的尺寸表示粒度时，该尺寸称为粒径。对于球、立方体、圆柱体、三角锥体之类规则的形体，可用直径或边长作为粒度的代表尺寸。但是，实际的粉体形状相当复杂，而且，每一颗粒都有其独特的形状，对于形状不规则的颗粒，应当如何选择粒度的代表尺寸呢？按所测线度或性质可用如下几种粒径来描述。

(1) 球当量径

无论从几何学还是物理学的角度来看，球是最容易处理的。因此，往往以球为基础，把颗粒看作相当的球。与颗粒同体积的球的直径称为等体积球当量径 D_{Pv}；与颗粒同表面积的球的直径称为等表面积球当量径；与颗粒同比表面积的球的直径称为比表面积球当量径 D_{Ps}。另外，在流体中以等沉降速度下降的球的直径称为等沉降速度球当量径。

(2) 三轴径

设有一最小体积的长方体（外接长方体）恰好能装入一个颗粒（图 2-1）。以该长方体的长度 l、宽度 b、高度 t 定义该颗粒的尺寸时，就称为三轴径。如用显微镜测定，所观测到的是颗粒的平面图形，我们将间距最近的平行线间的距离称为短径 b，与其垂直方向的平行线间的距离称为高度 t。用显微镜测定时，通常先确定长径，然后，取其垂直方向作为短径。这种取定方法，对于必须强调长形颗粒存在时较为有利。三轴径的平均计算式及其物理意义列于表 2-1。

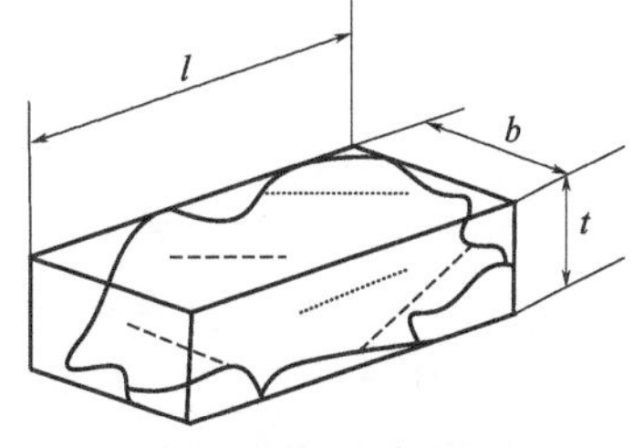

图 2-1 颗粒的外接长方体

表 2-1 三轴径的平均计算式及其物理意义

序号	计算式	名称	物理意义
1	$\frac{l+b}{2}$	长短平均径,二轴平均径	(平面图形的算术平均)
2	$\frac{l+b+t}{3}$	三轴平均径	(算术平均)
3	$\frac{3}{\frac{1}{l}+\frac{1}{b}+\frac{1}{t}}$	三轴调和平均径	同外接长方体有相同比表面积的球的直径,或立方体的一边长
4	$\sqrt{lb}$	二轴几何平均径	(平面图形的几何平均)
5	$\sqrt[3]{lbt}$	三轴几何平均径	同外接长方体有相同体积的立方体的一边长
6	$\sqrt{\frac{2lb+2bt+2lt}{b}}$		同外接长方体有相同表面积的立方体的一边长

(3) 圆当量径

以颗粒投影轮廓性质相同的圆的直径表示粒度。与颗粒投影面积相等的圆的直径称为投影圆当量径（Heywood），如图 2-2(d) 所示。它可通过装在显微镜上的测微尺（尺上画有许多一定尺寸比的圆）观测确定。最近，已有采用自动计数器记录统计并显示图形的装置。另外，还有等周长圆当量径，它是指圆周与颗粒投影图形周长相等的圆的直径。

(4) 统计平均径

统计平均径是平行于一定方向（用显微镜）测得的线度，故又称为定向径。

① 费雷特（Feret）径。其测定方法如图 2-2(a) 所示，用微动装置按一定方向移动显微镜下面装有试料的载玻片，同时用目镜测微尺进行测定。由于载玻片上颗粒的排列无倾向性，因此，所统计的粒子是随机排列的。

② 马丁（Martin）径。指沿一定方向把颗粒投影面积二等分线的长度［图 2-2(b)］。

③ 最大定向径。沿一定方向测定颗粒的最大宽度所得的线度［图 2-2(c)］。

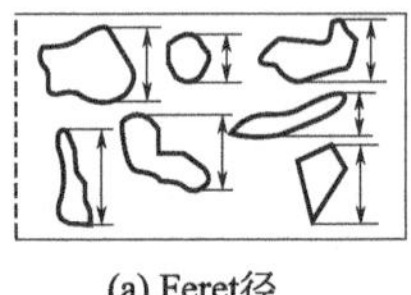
(a) Feret径

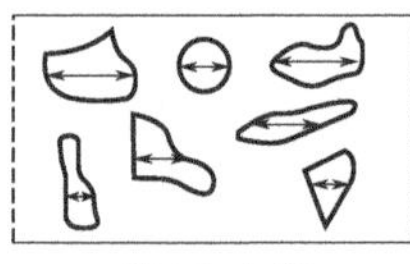
(b) Martin径

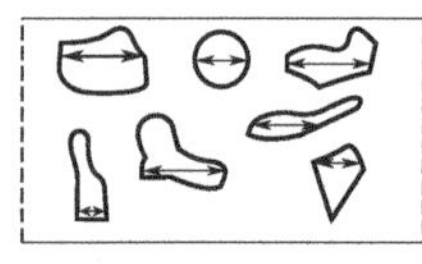
(c) 最大定向径

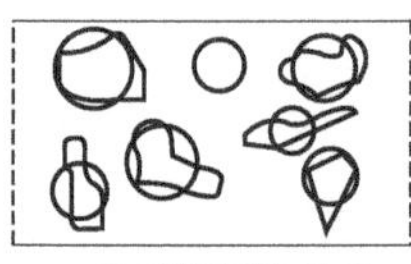
(d) 投影圆当量径

图 2-2 投影粒径的种类

一般有这样的关系：Feret 径＞投影圆当量径＞Martin 径。若长短径比小，用 Martin 径代替投影圆当量径偏差不会太大，但细长颗粒的偏差则较大。

典型的粒度测定方法及其适用范围如图 2-3 所示。选择时，必须非常仔细地考虑哪种量度的粒度与所控制的性质或过程关系最密切。例如，对于分离操作来说，应选用重力沉降法或离心沉降法测定粒径为宜。

2.1.1.2 颗粒群的平均粒径

在工程和生产实践中，所涉及的往往并非单一粒径，而是包含不同粒径的若干颗粒的集合体，即颗粒群。通常要采用平均粒径来定量表达颗粒群的粒度大小。

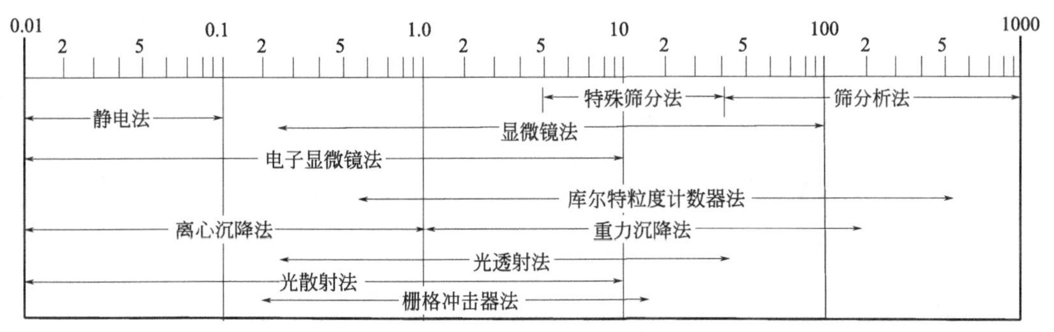

图 2-3　典型的粒度测定方法及其适用范围

平均粒径有以个数为基准和以质量为基准两种。设颗粒群粒径分别为 d_1、d_2、d_3、…、d_n，颗粒个数为 n_1、n_2、n_3、…、n_n，相对应颗粒质量为 W_1、W_2、W_3、…、W_n，以颗粒个数为基准的平均粒径表达为：

$$D=\left[\frac{\sum nd^{\alpha}}{\sum nd^{\beta}}\right]^{\frac{1}{\alpha-\beta}}=\left[\frac{\sum f_n d_i^{\alpha}}{\sum f_n d_i^{\beta}}\right]^{\frac{1}{\alpha-\beta}} \tag{2-1}$$

以质量为基准的平均粒径表达式：

$$D=\left[\frac{\sum Wd^{\alpha}}{\sum Wd^{\beta}}\right]^{\frac{1}{\alpha-\beta}}=\left[\frac{\sum f_W d_i^{\alpha}}{\sum f_W d_i^{\beta}}\right]^{\frac{1}{\alpha-\beta}} \tag{2-2}$$

式中　f_n，f_W——个数基准和质量基准的频率分布；

α，β——根据不同平均粒径而不同。

以上两种基准的平均径的计算式可归纳于表 2-2。

表 2-2　平均径的计算式

序号	名称	符号	个数基准	质量基准
1	个数平均径	D_1	$\frac{\sum(nd)}{\sum n}$	$\frac{\sum(W/d^2)}{\sum(W/d^3)}$
2	长度平均径	D_2	$\frac{\sum(nd^2)}{\sum(nd)}$	$\frac{\sum(W/d)}{\sum(W/d^2)}$
3	面积平均径	D_3	$\frac{\sum(nd^3)}{\sum(nd^2)}$	$\frac{\sum W}{\sum(W/d)}$
4	体积平均径	D_4	$\frac{\sum(nd^4)}{\sum(nd^3)}$	$\frac{\sum Wd}{\sum W}$
5	平均表面积径	D_S	$\sqrt{\frac{\sum(nd^2)}{\sum n}}$	$\sqrt{\frac{\sum(W/d)}{\sum(W/d^3)}}$
6	平均体积径	D_V	$\sqrt[3]{\frac{\sum(nd^3)}{\sum n}}$	$\sqrt[3]{\frac{\sum W}{\sum(W/d^3)}}$
7	长数体积平均径	D_{Vd}	$\sqrt{\frac{\sum(nd^3)}{\sum(nd)}}$	$\sqrt{\frac{\sum W}{\sum(W/d^2)}}$
8	质量矩平均径	D_W	$\sqrt{\frac{\sum(nd^4)}{\sum n}}$	$\sqrt[4]{\frac{\sum(Wd)}{\sum(W/d^3)}}$
9	调和平均径	D_h	$\frac{\sum n}{\sum(n/d)}$	$\frac{\sum(W/d^3)}{\sum(W/d^4)}$

注：$D_1D_2=D_S^2$，$D_1D_2D_3=D_V^3$，$D_3=D_V^3/D_S^2$，$D_4=D_W^4/D_V^3$，$D_2D_3=D_{Vd}^2$，$D_4>D_3>\{D_{Vd}>D_2=D_V\}>D_S>D_1$。

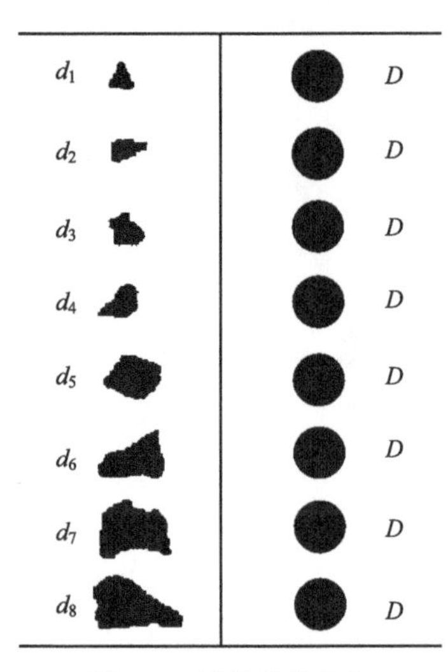

图 2-4 平均径的定义

此外，安德烈耶夫还提出用定义函数来求平均径。设有粒径为 d_1、d_2、d_3 等组成的颗粒群，该颗粒群有以粒径函数表示的某物理特性 $f(d)$，则粒径函数具有加和性质，即：

$$f(d)=f(d_1)+f(d_2)+f(d_3)+\cdots \tag{2-3}$$

$f(d)$ 即称为定义函数。

对于粒径为 d_1、d_2、d_3 等组成的实际颗粒群，若以直径为 D 的等径球形颗粒所组成的假象颗粒群与其相对应（图 2-4），如双方颗粒群的有关物理特性完全相等，则下式成立，即：

$$f(d)=f(D) \tag{2-4}$$

也就是说，双方颗粒具有相同的物理性质。这是基本式，如 D 可求解，则它就是求平均径的公式。

举实例说明如下。

［例题 2-1］ 由粒径 d_1 的颗粒 n_1 个，d_2 颗粒 n_2 个，d_3 颗粒 n_3 个……组成的颗粒群，颗粒一个紧接一个地排成一列。如将该颗粒群的全长看作一个物理性质，应如何确定平均径？

解： 取颗粒群的全长 $n_1d_1+n_2d_2+n_3d_3+\cdots=\sum(nd)=f(d)$ 为定义函数。与此相应，设有总颗粒数为 $\sum n$，全长与其相同，等径球形颗粒组成的同一物质的假象颗粒群［例题 2-1］附图。如将上式的 d 置换成 D，则：

$$n_1D+n_2D+n_3D+\cdots=\sum(nD)=D\sum n=f(D)$$

ΣL

［例题 2-1］附图

因全长相等，$\sum(nD)=D\sum n$，解得：

$$D=\sum(nD)/\sum n$$

所求平均径为个数平均径。

2.1.1.3 粒度分布

对粒度分布最精确的描述是用数学函数，即用概率理论或近似函数的经验法来寻找数学函数。用分布函数不但可以表示粒度的分布状态，而且，还可以用解析法求解各种平均径，比表面积、单位质量的颗粒数等粉体特性。另外，在实际测定时，尚能减少决定分布所需的测定次数。

粒度分布函数有多种，这里仅就应用最广泛的几种基本分布做一介绍。

（1）频率分布和累积分布

在粉体样品中，某一粒径（D_P）或某一粒径范围内（ΔD_P）的颗粒在样品中出现的个数分数或质量分数（%），即为频率，用 $f(D_P)$ 或 $f(\Delta D_P)$ 表示。若 D_P 或 ΔD_P 相对应的颗粒个数为 n_P，样品中的颗粒总数用 N 表示，这样其个数频率为：

$$f(D_P)=\frac{n_P}{N}\times100\% \tag{2-5}$$

或

$$f(\Delta D_P)=\frac{n_P}{N}\times100\% \tag{2-6}$$

这种频率随粒径变化的关系，称为频率分布。也就是说频率分布是表示某一粒径或某一粒径范围内的颗粒在全部颗粒中所占的比例。

累积分布表示大于（或小于）某一粒径的颗粒在全部颗粒中所占的比例。按累积方式的不同，累积分布可分为两种，一种是按粒径从小到大进行累积，称为筛下累积；另一种是从大到小进行累积，称为筛上累积，前者所得到的累积分布表示小于某一粒径的颗粒数（或颗粒质量）的百分数，而后者则表示大于某一粒径的颗粒数（或颗粒质量）的百分数。筛下累积分布常用$U(D_P)$表示；筛上累积分布常用$R(D_P)$表示。可以得出，对于任一粒径D_0，有：

$$U(D_P)+R(D_P)=100\% \tag{2-7}$$

(2) 正态分布

在自然现象或社会现象中，“随机事件”的出现具有偶然性，但就总体而言，却总具有必然性，即这类事件出现的频率总是有统计规律地在某一常数附近摆动。这种分布规律就是正态分布。正态分布是一条钟形对称曲线，在统计学上称为高斯曲线。它是一种双参数函数，一个参数是平均值$\overline{X}$；另一个参数是标准偏差σ，它是分布宽度的一种度量。正态分布以式(2-8)表示。

$$\varphi(X)=\frac{1}{\sigma\sqrt{2\pi}}\exp\left(-\frac{(X-\overline{X})^2}{2\sigma^2}\right) \tag{2-8}$$

当$\overline{X}=0$，$\sigma=1$时，称为标准正态分布（图 2-5）：

$$\varphi(X)=\frac{1}{\sqrt{2\pi}}\exp\left(-\frac{X^2}{2}\right) \tag{2-9}$$

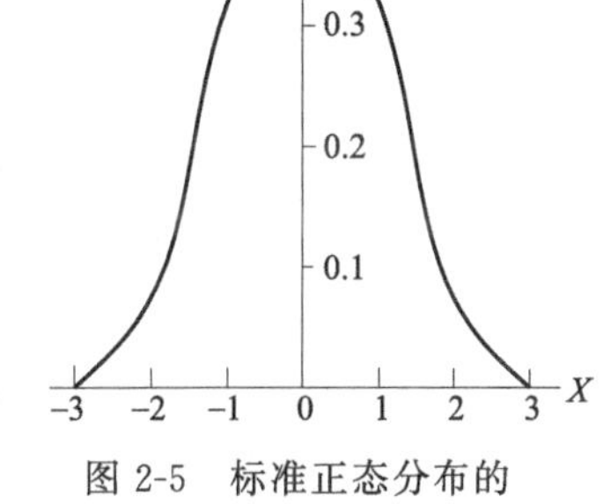

图 2-5　标准正态分布的概率密度函数

对于以个数为基准的粒度分布用式(2-10)表示：

$$\frac{dn}{dD_P}=\frac{100}{\sigma\sqrt{2\pi}}X\exp\left[-\frac{(D_P-D_{50})^2}{2\sigma^2}\right] \tag{2-10}$$

$$\sigma=\sqrt{\frac{\sum[n(D_P-D_{50})^2]}{\sum n}} \tag{2-11}$$

式中　D_P——粒径；

D_{50}——中位直径，即累积粒径分布为 50%时的颗粒直径，又称 50%粒径；

n——个数百分数；

$\frac{dn}{dD_P}$——微分值。

在正态概率纸上绘出的正态分布是一条直线，因此，式(2-10)的两个参数可方便地加以确定；平均值与 50%相应；标准偏差是 84%粒径与 50%粒径的差。

除了自然界中的植物花粉粒度分布符合正态分布外，工程上大多数颗粒粒度分布曲线都是偏斜的，很少符合正态分布。

(3) 对数正态分布

通常对于粉体来说，将是粗颗粒一侧形成长下摆，细颗粒一侧为自然形状，在$D_p=0$处终结的非对称分布。如将横坐标的算术坐标改为对数坐标，则非对称分布就成为正态分布。以$\ln D_P$、$\ln\sigma_g$分别代替式(2-10)中的D_P、σ，便可得对数正态分布方程式：

$$\frac{dn}{d(\ln D_P)}=\frac{100\%}{\ln\sigma_g\sqrt{2\pi}}\exp\left[-\frac{(\ln D_P-\ln D_{50})^2}{2\ln^2\sigma_g}\right] \tag{2-12}$$

式中，$\sigma_g=\sqrt{\frac{\sum[n(\ln D_P-\ln D_{50})^2]}{\sum n}}$，为几何标准偏差。

如对式(2-12)由 $0\sim D_P$ 积分，可得小于粒径 D_P 的颗粒数百分数（即筛下累积百分数）y

$$y=\frac{100\%}{\ln\sigma_g\sqrt{2\pi}}\int_0^{D_P}\exp\left[-\frac{(\ln D_P-\ln D_{50})^2}{2\ln^2\sigma_g}\right]d(\ln D_P) \tag{2-13}$$

令 $t=\frac{\ln D_P-\ln D_{50}}{\ln\sigma_g}$，则得

$$y=\frac{100\%}{\sqrt{2\pi}}\int_{-\infty}^{t}\exp\left(-\frac{t^2}{2}\right)dt \tag{2-14}$$

此式为标准正态分布式，应用正态分布表可做如下计算：

$t=0$ 时，$D_P=D_{50}$；

$t=1$ 时，$\ln\sigma_g=\ln D_P-\ln D_{50}$

根据正态分布表，$t=1$ 时，$y=84.13\%$，因此

$$\sigma_g=\frac{\text{筛下累积 }84.13\%\text{粒径}(D_{V84.13})}{50\%\text{粒径}(D_{50})}=\frac{\text{筛上累积 }15.87\%\text{粒径}(D_{R15.8})}{50\%\text{粒径}(D_{50})} \tag{2-15}$$

或者，由 $t=-1$ 时，$y=15.87\%$ 得

$$\sigma_g=\frac{50\%\text{粒径}(D_{50})}{\text{筛下累积 }15.87\%\text{粒径}(D_{V15.87})}=\frac{50\%\text{粒径}(D_{50})}{\text{筛上累积 }84.13\%\text{粒径}(D_{R84.13})} \tag{2-16}$$

在对数概率纸上绘出的对数正态分布亦是一条直线，可由图中求出两个参数。

如将个数基准分布换算成质量基准分布，则有如下关系：

$$D'_{50}=D_{50}\exp(3\ln^2\sigma_g)$$

$$\sigma'_g=\sigma_g$$

式中 D_{50}，D'_{50}——个数基准、质量基准的 50%粒径；

σ_g，σ'_g——个数基准、质量基准的几何标准偏差。

对数正态分布的平均径计算式，汇总于表 2-3。

表 2-3 对数正态分布的平均径计算式

序号	名称	符号	个数基准	计算式
1	个数平均径	D_1	$\frac{\sum(nd)}{\sum n}$	$D_{50}\exp(0.5\ln^2\sigma_g)$
2	长度平均径	D_2	$\frac{\sum(nd^2)}{\sum(nd)}$	$D_{50}\exp(1.5\ln^2\sigma_g)$
3	面积平均径	D_3	$\frac{\sum(nd^3)}{\sum(nd^2)}$	$D_{50}\exp(2.5\ln^2\sigma_g)$
4	体积平均径	D_4	$\frac{\sum(nd^4)}{\sum(nd^3)}$	$D_{50}\exp(3.5\ln^2\sigma_g)$
5	平均表面积径	D_S	$\sqrt{\frac{\sum(nd^2)}{\sum n}}$	$D_{50}\exp(\ln^2\sigma_g)$
6	平均体积径	D_V	$\sqrt[3]{\frac{\sum(nd^3)}{\sum n}}$	$D_{50}\exp(1.5\ln^2\sigma_g)$
7	长数体积平均径	D_{Vd}	$\sqrt{\frac{\sum(nd^3)}{\sum(nd)}}$	$D_{50}\exp(2.0\ln^2\sigma_g)$

续表

序号	名称	符号	个数基准	计算式
8	质量矩平均径	D_W	$\sqrt{\dfrac{\sum(nd^4)}{\sum n}}$	$D_{50}\exp(2.0\ln^2\sigma_g)$
9	调和平均径	D_h	$\dfrac{\sum n}{\sum(n/d)}$	$D_{50}\exp(-0.5\ln^2\sigma_g)$

注：$D_1D_2=D_S^2$，$D_1D_2D_3=D_V^3$，$D_3=D_V^3/D_S^2$，$D_4=D_W^4/D_V^3$，$D_2D_3=D_{Vd}^2$，$D_4>D_3>D_W>\{D_{Vd}>D_2=D_V\}>D_S>D_1>D_h$。

［例题 2-2］ 表 2-4 是根据马铃薯淀粉的光学显微镜照片测定的 Feret 径的汇总表。将 2747 个测定值，按 20μm 以上者间隔 10μm，20μm 以下者间隔 5μm 分组。试用这些数值在对数概率纸上作图，并求 D_{50}、σ_g 的值。其次，求各种平均径。其三，假定颗粒为球形，试计算 1kg 试料所含的颗粒数及其比表面积，并换算成质量基准分布，画在分布线图上。已知马铃薯淀粉的密度为 1400(kg/m^3)。

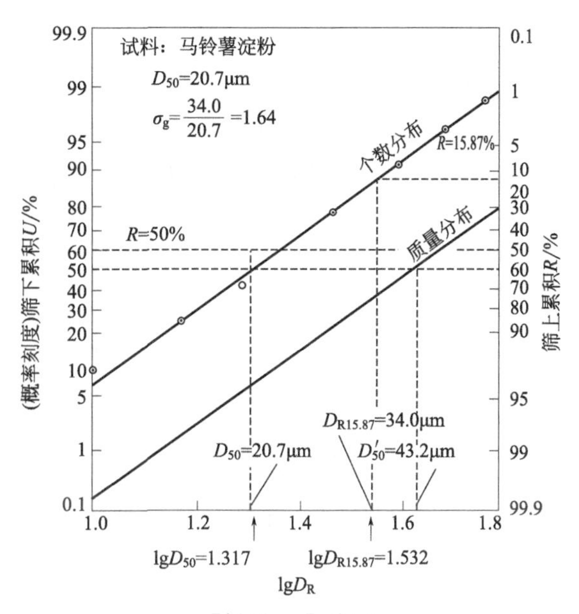

［例题 2-2］附图

解： 如［例题 2-2］附图所示作图，得 $\sigma_g=1.64$，$\ln^2\sigma_g=0.245$，各平均径（μm）数值如下。

D_{50}	D'_{50}	D_1	D_2	D_3	D_4	D_S	D_V
20.7	43.2	23.4	30.0	38.2	49.0	26.4	30.0

$$N=\frac{1}{\rho p\phi_V D_V^3}=5.05\times10^{13}\ 个/kg$$

$$S_W=\frac{6}{\rho p D_3}=112.2m^2/kg$$

表 2-4　根据光学显微镜照片测定的 Feret 径汇总

粒子径范围 D_P/μm	lg D_P (下限粒子径)	测定的颗粒个数 (n)	累计 $\sum n$	筛上累积 (个数基准)R/%	筛下累积 (个数基准)U/%
>60	1.778	44	44	1.6	98.4
60～50	1.700	59	103	3.8	96.2
50～40	1.602	156	259	9.4	90.6
40～30	1.477	335	594	21.6	78.4
30～20	1.301	888	1482	54.0	46.0
20～15	1.176	558	2040	74.2	25.8
15～10	1.000	425	2465	89.7	10.8
<10	—	282	2747	100.0	—

注：试料为马铃薯淀粉。

(4) 罗辛-拉姆勒（Rosin-Rammler）分布

前述的对数正态分布在解析法上是方便的，因此，应用广泛。但是，对于像粉碎产物、粉尘之类粒度分布范围广泛的颗粒群来说，在对数正态分布图上作图所得的直线偏差很大。

Rosin 与 Rammler 等通过对煤粉、水泥等物料粉碎实验的概率和统计理论的研究，归纳出用指数函数表示粒度分布的关系式。

$$R(D_P)=\exp(-bD_P^n)\times 100\% \tag{2-17}$$

如取 $b=1/D_e^n$，则指数一项可写成无量纲项，即：

$$R(D_P)=\exp[-(D_P/D_e)^n]\times 100\% \tag{2-18}$$

式中 $R(D_P)$——筛上累积质量分数；

D_e——特征粒径，表示颗粒群的粗细程度；

n——均性系数，表示粒度分布范围的宽窄程度，n 值越小，粒度分布范围越广，对于粉尘及粉碎产物，往往 $n\leqslant 1$。

当 $D_P=D_e$ 时，则

$$R(D_P=D_e)=e^{-1}\times 100\%=1/2.718\times 100\%=36.8\% \tag{2-19}$$

亦即，D_e 为 $R(D_P)=36.8\%$时的粒径。

式(2-18) 可改写成下式

$$\lg\left[\lg\left(\frac{100\%}{R(D_P)}\right)\right]=n\lg(D_P/D_e)+\lg(\lg e)=n\lg D_P+C \tag{2-20}$$

式中，$C=\lg(\lg e)-n\lg D_e$。在 $\lg D_P$ 与 $\lg\{\lg[100\%/R(D_P)]\}$ 坐标系中，式(2-20) 作图为直线，根据斜率可求 n，由 $R(D_P)=36.8\%$ 可求 D_e。这种图就称为 Rosin-Rammler-Bennet 图（简称 R-R-B 图）。

R-R-B 图的制作步骤如下。

① 决定横坐标的范围（如 $D_P=1\sim 100\mu m$）。

② 决定纵坐标的范围（如 $R=0.1\%\sim 99.5\%$）。

③ 以 $1\mu m$ 处作为横坐标原点，因 $\lg D_P=\lg 1=0$（取 21mm 亦可）。

④ 以 $R=10\%$处作为纵坐标原点，因 $\lg(100\%/10\%)=1$。若 $R<10\%$，则自原点向上取；$R>10\%$，则自原点向下取。

⑤ 纵坐标 $\lg(\lg 100\%/R)$ 横坐标 $\lg D_P$ 的坐标值每差 1，其间距均取 50mm（这种取法，当 $n=1$ 时，斜率为 45°）。

⑥ 极点 P 的位置可任取，如取 $R_1=99.6\%$，$D_P=D_1=1.0$ 处，则 $\lg[\lg(100\%/R_1)]=-2.7592$。

⑦ 由式(2-20) 得 $n=\dfrac{-2.7592-\lg[\lg(100\%/R_2)]}{\lg(1/D_2)}$

如取 $D_2=100\mu m$ 代入上式，则得 $\lg[\lg(100\%/R_2)]=2n-2.7592$。以 $n=1$ 代入则得 $\lg[\lg(100\%/R_2)]=-0.7592$，将其画在 $D_2=100\mu m$ 的纵轴上，则得 Q 点。连接极点 P 和 Q 的直线斜率为 45°。

⑧ 由 $\lg[\lg(100\%/R_2)]=2n-2.7592$ 可知，当 n 变化 0.1 时，$\lg[\lg(100\%/R_2)]$ 值变化 0.2。又因其值相差 1 的间距为 50mm。因此，$\lg[\lg(100\%/R_2)]$ 值变化 0.2，相当于间距变化 10mm。于是欲求 n 值变化 0.1 时的斜率，只要在 $D_2=100\mu m$ 的纵坐标轴上，自

Q 点分别向上、下以 10mm 间距进行等分，在这些分点和极点 P 的连接线即为所求的直线。可在这些直线的延长线上标出 n 的标度。

当 $n>1.5$，可在 $D_P=10\mu m$ 的纵坐标上用同法进行做图。但 n 值变化 0.1 时，$\lg[\lg(100\%/R_2)]$ 值变化 0.1，即相应的间距变化为 5mm。制成的 Rosin-Rammler-Bennet 图如图 2-6 所示。

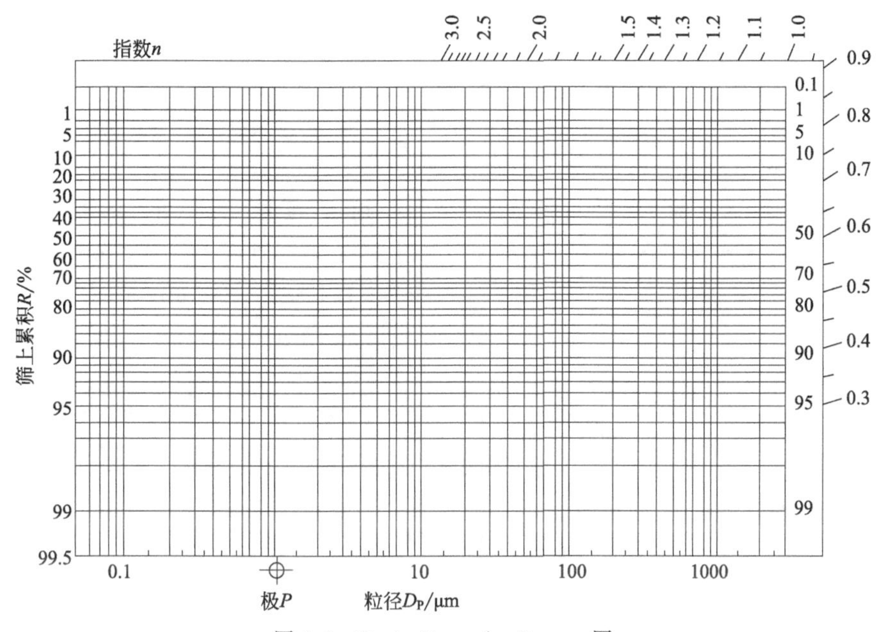

图 2-6 Rosin-Rammler-Bennet 图

工程上经常采用无量纲值进行计算，因此，可将 Rosin-Rammler 式改为无量纲表示式。

Rosin-Rammler 分布以 $R=0.1\%$时的粒径代表最大粒径，称为极限粒径，以 D_{max} 表示，即：

$$D_{max}=\sqrt[n]{\frac{\ln[R(D_P)/100\%]}{-b}}=\sqrt[n]{\frac{\ln 1000}{b}}=\sqrt[n]{\frac{3}{b\lg e}} \tag{2-21}$$

令任意粒径 $D_P=\alpha D_{max}$，则式(2-17) 可改写成如下的无量纲式：

$$R=\exp[-b(\alpha D_{max})^n]\times 100\%=\exp\left[-\left(\frac{3}{\lg e}\right)\alpha^n\right]\times 100\% \tag{2-22}$$

整理后得

$$R=(0.001)^{\alpha n}\times 100\% \tag{2-23}$$

Rosin-Rammler 分布应用于计算比表面积。

W. Anselm 研究，当 $n=0.85\sim1.2$ 时，比表面积（S_W，m^2/kg）可由下式计算：

$$S_W=\frac{36.8}{nD_e\rho_p} \tag{2-24}$$

G. Matz 等研究，当 $n=0.85\sim1.2$ 时，比表面积可由下式计算：

$$S_W=\frac{1.065\phi_{sv}}{D_e\rho_p}\exp\left(\frac{1.765}{n^2}\right) \tag{2-25}$$

式中 D_e——特征粒径，m；

ρ_p——物料密度，kg/m^3；

ϕ_{sv}——比表面积形状系数。

［例题 2-3］ 用冲击磨粉碎啤酒瓶，试料全部通过 3.36mm 的标准筛，用标准筛测定粒度的结果如［例题 2-3］附表所列。试用这些数值在 R-R-B 图上作图，并求 D_e、n 值，计算最频粒子径 D_{mo}、中位径 D_{me}，用 Rosin-Rammler 式写出其分布式。此外，如取啤酒瓶的 $\rho_p=2600\text{kg/m}^3$。

［例题 2-3］附表

筛孔尺寸/μm	3360	2830	2000	1410	1000	710	500	350
筛上累积/%	0.6	11.4	31.2	47.9	61.4	72.5	79.2	85.0
筛孔尺寸/μm	250	177	149	125	88	62	筛下	总计
筛上累积/%	89.8	92.8	93.7	95.0	96.5	98.0	2.0	100

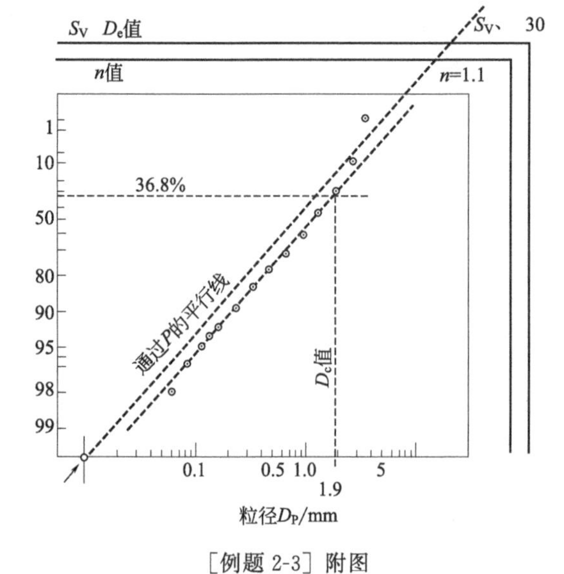

［例题 2-3］附图

解： 如取粒径的单位 mm，由［例题 2-3］附图解得 $D_e=1.9\text{mm}$，$n=1.1$，$b=0.493$，$D_{mo}=0.215\text{mm}$，$D_{me}=1.36\text{mm}$，$R(D_p)=\exp(-0.493D_P^{1.1})\times100\%=\exp\left[-\left(\frac{D_P}{1.9}\right)^{1.1}\right]\times100\%$，$S_VD_e=28.17$，$S_W=S_V/\rho_p=5.71\text{m}^2/\text{kg}$。

2.1.2 颗粒物形状

粉体颗粒的形状千差万别，它将影响到粉体的流动性和充填性。广义地说，将影响到颗粒间的作用力。工程上，根据不同的使用目的，对颗粒形状有着不同的要求。例如，用作砂轮的研磨料，一方面要求有好的充填结构，另一方面还要求颗粒的形状具有棱角；铸造用的型砂，一方面要求强度高，另一方面要求空隙率要大，以便排气，故以球形颗粒为宜；混凝土集料则要求强度高、可紧密的填充结构，因此，碎石形状以正多面体为理想形状。由于工程上往往要求定量地表示颗粒形状，以便描述颗粒形状和其他因数之间的关系，为此，必须给出定义。

颗粒形状的定义指一个颗粒的轮廓边界或表面上各点的图像。它又可分为形状系数和形状指数。

此外，在评价颗粒形状中还必须考虑颗粒表面的细观结构，为此，又提出以粗糙度系数表示。

2.1.2.1 形状系数

对粒径下定义时假定颗粒为简单的几何形状，为将用某种方法求得的粒径同颗粒的表面积和体积关联起来，故需引入有关形状的系数。

(1) 体积形状系数和表面积形状系数

首先，考虑 1 个颗粒。设 D_P 为粒径，V 为一个颗粒的体积，S 为一个颗粒的表面积，ϕ_V 为体积形状系数，ϕ_S 为表面积形状系数，则按下式进行定义

$$\left.\begin{aligned}V&=\phi_V D_P^3\\S&=\phi_S D_P^2\end{aligned}\right\}\tag{2-26}$$

对于球 $\phi_V=\pi/6$，$\phi_S=\pi$；对于边长为 D_P 的立方体 $\phi_V=1$，$\phi_S=6$。

(2) 比表面积形状系数

设 S_V 为单位体积颗粒的比表面积，S_W 为单位质量的比表面积，S 为 1 个颗粒的表面积，则

$$\left.\begin{aligned}S_V&=\frac{S}{V}=\frac{\phi_S D_P^2}{\phi_V D_P^3}=\frac{\phi}{D_P}\\S_W&=\frac{S_V}{\rho_P}\end{aligned}\right\}\tag{2-27}$$

式中　ρ_P——颗粒的密度；

$\phi=\phi_S/\phi_V$——比表面积形状系数，对于球 $\phi=6$。

如以比表面积球当量径 D_{PS} 和等体积球当量径 D_{PV} 代替 D_P，则得

$$S_V=\frac{6}{D_{PS}}=\frac{6}{\phi_C D_{PV}}\tag{2-28}$$

式中　ϕ_C——卡门（Carman）形状系数或表面系数，对于球 $\phi_c=1$。

因 $D_{PV}=(6V/\pi)^{1/3}$，等体积球的表面积为 πD_{PV}^2，所以：

$$\frac{\pi D_{PV}^2}{S}=\frac{\pi(6V/\pi)^{2/3}}{S}\times\frac{(6V/\pi)^{1/3}}{(6V/\pi)^{1/3}}=\frac{6V}{SD_{PV}}=\frac{6}{S_V D_{PV}}=\phi_C\tag{2-29}$$

在表示颗粒群性质和现象以及函数关系中，把与颗粒形状有关的因数作为一个系数加以考虑时，该系数即称为形状系数。实际上，形状系数是表示颗粒形状与球形颗粒不相一致的程度。如前所述，体积形状系数 ϕ_V、表面积形状系数 ϕ_S 及比表面积形状系数 ϕ 是三个最有代表性的形状系数。几种形状颗粒的形状系数见表 2-5。

表 2-5　颗粒的形状系数

颗粒形状	ϕ_s	ϕ_v	ϕ
球形 $l=b=t=d$	π	$\pi/6$	6
圆锥形 $l=b=t=d$	0.81π	$\pi/12$	9.7
圆板形 $l=b,t=d$	$3\pi/2$	$\pi/4$	6
$l=b,t=0.5d$	π	$\pi/8$	8
$l=b,t=0.2d$	$7\pi/10$	$\pi/20$	14
$l=b,t=0.1d$	$3\pi/5$	$\pi/40$	24
立方体形 $l=b=t$	6	1	6
方柱体及方形板 $l=b$			
$t=b$	6	1	6
$t=0.5b$	4	0.5	8
$t=0.2b$	2.8	0.2	14
$t=0.1b$	2.4	0.1	24

注：表中 l、b、t 为三轴径尺寸。

2.1.2.2　形状指数

形状指数与形状系数不同，它和具体的物理现象无关，对颗粒外本身用各种数学式进行表达。根据使用的目的，先做出理想的图像，然后将理想形状和实际形状的关系指数化。下

面介绍一些例子。

（1）均整度

根据三轴径 b、l、t 之值，可导出下面的指数

$$长短度=长径/短径=l/b \tag{2-30}$$

$$扁平度=短径/厚度=b/t \tag{2-31}$$

$$Zingg\ 指数\ F=长短度/扁平度=lt/b^2 \tag{2-32}$$

当 $l=b=t$ 时，即立方体的上述各项指数全部等于 1。这些指数在地质学中早已得到了应用。

（2）体积充满度 f_u

表示颗粒的外接立方体体积与颗粒体积之比，即：

$$f_u=lbt/V \tag{2-33}$$

体积充满度的导数可看作为颗粒接近于立方体的程度。在表示研磨料颗粒抗碎裂上有采用 f_u 的例子。此外，与此类似的还有舒尔茨（Schulz）指数，Schulz 指数可用式（2-34）表示，即：

$$k=zl^2b-100 \tag{2-34}$$

式中　z——颗粒体积 V（cm^3）时，每 $100cm^3$ 中的颗粒数，即 $100/V$。这一指数用于评价道路碎石的形状，k 越小越好。

（3）面积充满度 f_B

又称外形放大系数。它表示颗粒面积和最小外接矩形面积之比，即：

$$f_B=A/l''b'' \tag{2-35}$$

式中　l''，b''——矩形的长边和短边。

这一指数应用于粉末冶金方面。

（4）球形度

球形度分为真球形度 Ψ 和实用球形度 Ψ_W。

$$\Psi=\frac{与实际颗粒体积相等的球的表面积}{实际颗粒的表面积}=\phi_C \tag{2-36}$$

这一指数适用于表面积和体积可计算的颗粒，Ψ 和式(2-29）中的 ϕ_C 相等（图 2-7）。对于形状不规则的颗粒，表面积测定有困难，这时，可用下式实用球形度来表示。

$$\Psi_W=\frac{面积等于颗粒投影面积的圆的直径}{颗粒投影图最小外接圆的直径} \tag{2-37}$$

式中，最小外接圆的直径可由圆形筛目决定。

（5）圆形度

$$圆形度=\frac{与颗粒投影面积有相同面积的圆的周长}{颗粒投影轮廓的长度} \tag{2-38}$$

该值亦称轮廓比（图 2-7），其倒数称为周长比。用于沉淀物的水力输送。

（6）圆角度

表示颗粒棱角受损程度之值。

$$圆角度=\frac{r_1+r_2+r_3+\cdots}{RN} \tag{2-39}$$

式中　r_1, r_2, r_3——颗粒轮廓相应各个角的曲率半径，非圆角者为零；

R——最大内接圆半径；

N——测定角的总数。

就总体而言，随圆角度的增大，r 接近于R。圆的圆角度近似于 1。圆角度可用于表示被粉碎颗粒的磨碎度（图 2-8）。

图 2-7　圆形度或轮廓比

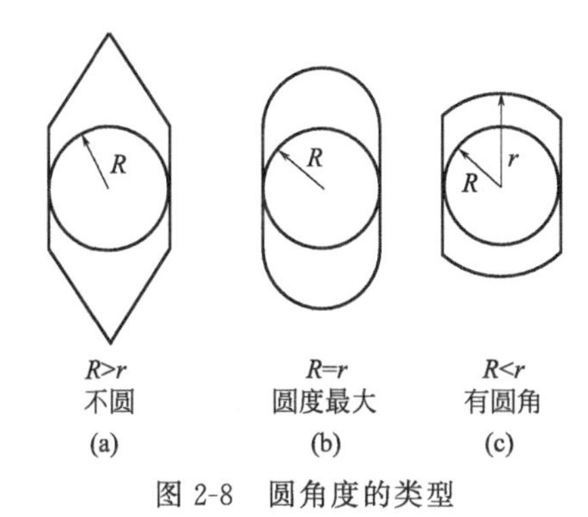

图 2-8　圆角度的类型

(7) 表面指数

与圆形度相同，根据颗粒的投影图测定投影面积 A 和颗粒周长 C，则表面指数为

$$Z=\frac{C^2}{12.6A} \tag{2-40}$$

圆形的表面指数为 1。

2.1.2.3　粗糙度系数

形状系数是个宏观量。微观地观察，颗粒表面往往高低不平，有很多微小裂纹或孔洞。粗糙度系数（R）表示颗粒实际表面积与外观看成光滑颗粒的宏观表面积之比，即：

$$R=\frac{\text{颗粒微观的实际表面积}}{\text{外观看成光滑颗粒的宏观表面积}}>1 \tag{2-41}$$

颗粒表面实际的粗糙程度直接关系到颗粒间的摩擦、黏附、吸水性、吸附性以及空隙率等物理化学现象，因此，是一个不容忽视的参数。

2.1.3　颗粒物密度

(1) 颗粒密度

颗粒密度（ρ_s）是指粉体质量除以包括开口细孔与封闭细孔在内的颗粒体积 V_g 所求得的密度，又称真密度。

(2) 表观密度

表观密度（ρ_p）又称为假密度，是多孔固体颗粒包括其内部孔隙在内的密度，即多孔固体颗粒的质量与其外形体积之比。

(3) 容积密度

容积密度是指在一定填充状态下，粉体的质量与它所占体积的比值，即每单位容积体积的粉体质量。

$$\rho_p=\frac{V_B(1-\varepsilon)\rho_s}{V_B}=(1-\varepsilon)\rho_s \tag{2-42}$$

式中 V_B——粉体填充体积，m^3；

ρ_s——颗粒密度，kg/m^3；

ε——空隙率。

(4) 空隙率

空隙率 ε 是指在一定填充状态下，颗粒间空隙体积占粉体填充体积的比率。

$$\varepsilon=\frac{\text{粉体填充体积}-\text{填充的颗粒体积}}{\text{粉体填充体积}}=1-\frac{\rho_p}{\rho_s} \tag{2-43}$$

(5) 填充率

填充率 φ 是指在一定填充状态下，填充的粉体体积占粉体填充体积的比率。

$$\varphi=1-\varepsilon=\frac{\rho_p}{\rho_s} \tag{2-44}$$

(6) 配位数

颗粒的配位数是指粉体堆积中与某一颗粒所接触的颗粒个数。粉体层中各个颗粒有着不同的配位数，用分布来表示具有某一配位数的颗粒比率时，该分布称为配位数分布。

2.1.4 颗粒间的作用力

2.1.4.1 范德华（van der Waals）力

当颗粒与颗粒相互靠近接触时，颗粒的分子之间存在彼此作用的吸引力，该作用力称为颗粒间的范德华力（分子间引力）。范德华力是一种短程力（约 1nm)，与分子间距离的 6 次方成比例。但是，对于极大量分子集合构成的体系，随着颗粒间距离的增大，其分子作用力的衰减程度则明显变缓。这是因为存在着多个分子的综合相互作用。颗粒间的分子作用力的有效距离可达 50nm，因此是长程力。

对于半径分别为 R_1、R_2 的两个球形颗粒，分子间作用力 F_M 为

$$F_M=\frac{A}{6h^2}\times\frac{R_1R_2}{R_1+R_2} \tag{2-45}$$

对于球与平板

$$F_M=\frac{AR}{12h^2} \tag{2-46}$$

式中 h——颗粒间距离，通常取 4×10^{-10}m；

A——哈梅克（Hamaker）常数，J。

哈梅克常数是物质的一种特征常数，各种物质的哈梅克常数不同，可从材料物性表中查找，两种不同物质材料之间的哈梅克常数为 $A_{12}=\sqrt{A_{11}A_{22}}$。理论上，在真空时，$A=10^{-19}$J。但是根据实验的结果，$A$ 值在 $10^{-21}\sim10^{-18}$J。例如，对于同种物质的球形颗粒，两个直径为 1μm 的球形粒子在表面相距 0.01μm 时的相互吸引力约为 4×10^{-12}N。假

设颗粒的密度 $1\times10^4 kg/m^3$，则上述 $1\mu m$ 的粒子所受的重力约为 $5\times10^{-14}N$，这说明粒子相互吸引力比重力大得多，此时，两个聚集的颗粒不会因重力作用而分离。

范德华力又可以分为三种作用力：诱导力、色散力和取向力。a. 当极性分子相互接近时，它们的固有偶极将同极相斥而异极相吸，定向排列，产生分子间的作用力，叫作取向力。偶极矩越大，取向力越大。b. 当极性分子与非极性分子相互接近时，非极性分子在极性分子的固有偶极的作用下，发生极化，产生诱导偶极，然后诱导偶极与固有偶极相互吸引而产生分子间的作用力，叫作诱导力。当然极性分子之间也存在诱导力。c. 非极性分子之间，由于组成分子的正、负微粒不断运动，产生瞬间正、负电荷重心不重合，而出现瞬时偶极。这种瞬时偶极之间的相互作用力，叫作色散力。分子量越大，色散力越大。当然在极性分子与非极性分子之间或极性分子之间也存在着色散力。范德华力是存在于分子间的一种不具有方向性和饱和性，作用范围在几百个皮米之间的力。它对物质的沸点、熔点、蒸发热、熔化热、溶解度、表面张力、黏度等物理化学性质有决定性的影响。

(1) 诱导力

在极性分子和非极性分子之间以及极性分子和极性分子之间都存在诱导力（induction force）。由于极性分子偶极所产生的电场对非极性分子有影响，使非极性分子电子云变形（即电子云被吸向极性分子偶极的正电的一极），结果使非极性分子的电子云与原子核发生相对位移，本来非极性分子中的正、负电荷重心是重合的，相对位移后就不再重合，使非极性分子产生了偶极。这种电荷重心的相对位移叫作“变形”，因变形而产生的偶极叫作诱导偶极，以区别于极性分子中原有的固有偶极。诱导偶极和固有偶极相互吸引，这种由于诱导偶极而产生的作用力，叫作诱导力。在极性分子和极性分子之间，除了取向力外，由于极性分子的相互影响，每个分子也会发生变形，产生诱导偶极。其结果使分子的偶极矩增大，既具有取向力又具有诱导力。在阳离子和阴离子之间也会出现诱导力。

诱导力与极性分子偶极矩的平方成正比。诱导力与被诱导分子的变形性成正比，通常分子中各原子核的外层电子壳越大（含重原子越多），它在外来静电力作用下越容易变形。相互作用随着 $1/r^6$ 而变化，诱导力 E_i 与温度无关。其公式为：

$$E_i=-\frac{\alpha^2\mu_1^2}{(4\pi\varepsilon_0)r^6} \tag{2-47}$$

式中　α——极化率；

μ_1——分子偶极矩；

ε_0——空隙率；

r——两个相互作用的分子中心间距离。

(2) 色散力

色散力（dispersion force）也称“伦敦力”，所有分子或原子间都存在。是分子瞬时偶极间的作用力，即由于电子的运动，瞬时电子的位置对原子核是不对称的，也就是说正电荷重心和负电荷重心发生瞬时的不重合，从而产生瞬时偶极。色散力和相互作用分子的变形性有关，变形性越大（一般分子量越大，变形性越大），色散力越大。色散力和相互作用分子的电离势有关，分子的电离势越低（分子内所含的电子数越多），色散力越大。色散力的相互作用随着 $1/r^6$ 而变化。其公式为：

$$E_d=-\frac{2}{3}\times\frac{I_1I_2}{I_1+I_2}\times\frac{\alpha_1\alpha_2}{r^6}\times\frac{1}{(4\pi\varepsilon_0)^2} \tag{2-48}$$

式中，I_1 和 I_2 分别是两个相互作用分子的电离能；α_1 和 α_2 是它们的极化率。

在极性分子间有色散力、诱导力和取向力；在极性分子与非极性分子间有色散力和诱导力；在非极性分子间只有色散力。实验证明，对大多数分子来说，色散力是主要的；只有偶极矩很大的分子（如水），取向力才是主要的；而诱导力通常是很小的。

(3) 取向力

取向力（orientation force）发生在极性分子与极性分子之间。由于极性分子的电性分布不均匀，一端带正电，一端带负电，形成偶极。因此，当两个极性分子相互接近时，由于它们偶极的同极相斥，异极相吸，两个分子必将发生相对转动。这种偶极子的互相转动，就使偶极子的相反的极相对，叫作“取向”。这时由于相反的极相距较近，同极相距较远，结果引力大于斥力，两个分子靠近，当接近到一定距离之后，斥力与引力达到相对平衡。这种由于极性分子的取向而产生的分子间的作用力，叫作取向力。取向力与分子的偶极矩平方成正比，即分子的极性越大，取向力越大。取向力与热力学温度成反比，温度越高，取向力就越弱，相互作用随着 $1/r^6$ 而变化。其公式为：

$$E_o=-\frac{2\mu_1^2\mu_2^2}{3kTr^6}\times\frac{1}{4\pi\varepsilon_0} \tag{2-49}$$

式中 μ_1，μ_2——两个分子的偶极矩；

r——分子质心间的距离；

k——玻耳兹曼（Boltzmann）常数；

T——热力学温度，负值表示能量降低。

(4) 三种力的关系

极性分子与极性分子之间，取向力、诱导力、色散力都存在；极性分子与非极性分子之间，存在诱导力和色散力；非极性分子与非极性分子之间，则只存在色散力。这三种类型的力的比例大小，取决于相互作用分子的极性和变形性。极性越大，取向力就越重要；变形性越大，色散力就越重要；诱导力则与这两种因素都有关。实验证明，对大多数分子来说，色散力是主要的；只有偶极矩很大的分子（如水），取向力才是主要的；而诱导力通常是很小的。极化率 α 反映分子中的电子云是否容易变形。虽然范德华力只有 0.4～4.0kJ/mol，但是在大量大分子间的相互作用则会变得十分稳固。比如在苯中范德华力有 7kJ/mol，而在溶菌酶和糖结合底物中范德华力却有 60kJ/mol，范德华力具有加和性。

(5) 与氢键的关系

氢键的本质是强极性键（X—H）上的氢核与电负性很大的、含孤电子对并带有部分负电荷的原子 Y 之间的静电引力。氢原子可以同时与 2 个电负性很大、原子半径较小且带有未共用电子对的原子（如 O、N、F 等）形成氢键。在 X—H┅Y 结构中，X、Y 都是电负性很大、原子半径较小且带有未共用电子对的原子。X 有极强的电负性，使得 X—H 键上的电子云密度偏向于 X 一端，而 H 带有部分正电荷；另一分子中的 Y 上也集中着电子云而显电负性，它与 H 以静电力相结合，这就是氢键的本质。所以一般把形成氢键的静电引力也称为范德华力，所不同的是它具有饱和性与方向性。这种力一般在 40kJ/mol 以下，比一般的键能小得多。

① 引力：a. 当外力欲使物体拉伸时，组成物体的大量分子间将表现出引力以抗拒外界对它的拉伸。b. 分子间虽然有空隙，大量分子却能聚在一起形成固体和液体，说明分子间存在引力。c. 固体保持一定的形状，说明分子间有引力。

② 斥力：a. 当外力欲使物体压缩时，组成物体的大量分子间将表现出斥力以抗拒外界对它的压缩。b. 分子间有引力，分子却没有紧紧吸在一起，而是还存在着空隙，说明分子间有斥力。

2.1.4.2 静电力

当介质为不良导体（如空气）时，浮游或流动的固体颗粒（如合成树脂粉末、淀粉）或纤维往往由于相互撞击和摩擦（如研磨、喷雾法等操作过程中）或由于放射性照射以及高压静电场等作用（主要指气态离子的扩散作用）产生静电荷。一些操作单元颗粒带电强度的参考值见表 2-6。

表 2-6 一些操作单元颗粒带电强度的参考值

操作单元	单位质量带电量/(C/kg)	操作单元	单位质量带电量/(C/kg)
筛分	$10^{-11}\sim10^{-9}$	雾化	$10^{-7}\sim10^{-4}$
螺旋给料	$10^{-8}\sim10^{-6}$	气力输送	$10^{-6}\sim10^{-4}$
研磨	$10^{-7}\sim10^{-6}$		

静电力是指静止带电体之间的相互作用力。电荷激发电场，电场对处于其中的其他电荷施以电场力的作用。如果电荷相对于观察者是静止的，那么它在其周围产生的电场就是静电场。由静电场传递的力称为静电力。

两个直径都是 d_p、距离为 a、所带异号静电荷量分别为 Q_1 和 Q_2 的颗粒间的吸引力 F 为

$$F=\frac{Q_1Q_2}{d_p^2}\left(1-\frac{2a}{d_p}\right) \tag{2-50}$$

颗粒表面之间越近，颗粒粒径越小，吸引力越显著。当两个颗粒带有同号电荷（同为正电荷或同为负电荷）时，颗粒间表现为斥力。静电力一般在比较干燥的情况下才表现得较为明显，因此，对于潮湿颗粒的团聚影响不大。

2.1.4.3 毛细力

① 毛细力的产生。毛细力是在三相界面上内弯液面（液面弯曲）产生的。

② 毛细力的方向。作用方向始终指向弯曲液面的凹凸面（凹凸弯液面是指相对于液相一侧而言的）。凹形弯液面存在负的毛细压强，如同真空吸力；凸形弯液面存在正的毛细压强。

③ 毛细力的大小。毛细力的大小与弯液面的曲率成正比（曲率大的毛细力大；曲率小的毛细力小）。一根毛细管子，管径越小，毛细力越大；反之亦然，毛细力大，毛细上升高度也越大（图 2-9）。

2.1.4.4 磁性力

颗粒间的磁性力——铁磁性物质，当其颗粒小到单畴临界尺寸以下时，颗粒只含有一个

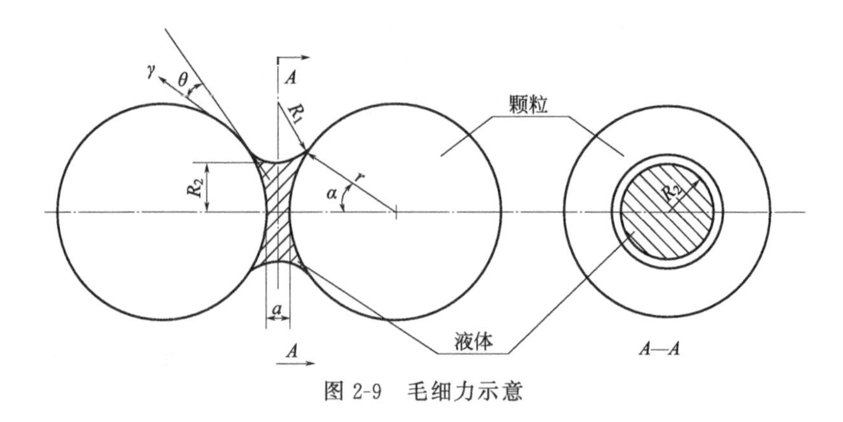

图 2-9 毛细力示意

磁畴，称为单畴颗粒。理论上铁的单畴临界尺寸约为 6.4nm，γ-氧化铁约为 40nm。单畴颗粒是自发磁化的粒子，其内部所有原子的单畴颗粒是自发磁化的粒子，自旋方向都已平行，无须外加磁场来磁化就具有磁性。粉末的单畴颗粒之间存在磁性吸引力，很难分散。

2.1.4.5 机械咬合力

由于外形的不规则，颗粒之间会相互交叉或重叠而形成“封闭型”的结合（相馈），由此引起的颗粒之间的作用力称为机械咬合力。机械咬合力的情况比较复杂多变，对于典型情况下的机械咬合力可以根据普通物理学定律进行计算。多数情况下，通过筛面的振动可以解除颗粒之间因机械咬合力而产生的团聚现象。

Walters 指出，水是一种膜型黏结剂，含有表面水分的颗粒在相互接触时，由于液面发生合并后会减小气液的表面积，从而降低系统的自由能，因而是一个自发的过程。潮湿颗粒正是通过这种自发的吸引作用而产生团聚现象的。

2.1.5 颗粒物的团聚与分散

团聚与分散是颗粒（尤其是细粒、超细粒子）在介质中两个方向相反的行为。颗粒彼此互不相干，能自由运动的状态称为分散；在气相或液相中，颗粒由于相互作用力而形成聚合状态称为团聚。

颗粒的分散技术应用日益广泛，遍及化工、冶金、食品、医药、涂料、造纸、建筑及材料等领域。在化学工业领域中，如涂料、染料、油墨和化妆品等，分散及分散稳定性直接影响着产品的质量和性能；在材料科学领域中，复合材料及纳米材料制备的成败与超微粉体的分散稳定性紧密相连。在超微粉体的制备、分级及加工过程中，分散技术是最关键的技术。总之在许多领域，分散已成为提高产品（材料）质量和性能、提高工艺效率不可或缺的技术手段。

颗粒的团聚根据其作用机理可分为三种状态。凝聚体，是指以面相接的原级粒子，其表面积比其单个粒子组成之和小得多，这种状态再分散十分困难。附聚体，是指以点、角相接的原级粒子团族或小颗粒上的附着，其总表面积比凝聚体大，但小于单个粒子组成之和，再分散比较容易。凝聚体和附聚体也称为二次粒子。絮凝，是指由体系表面积的增加，表面能增大，为了降低表面能而生成的更加松散的结构。一般是由于大分子表面活性剂或水溶性高分子的架桥作用，把颗粒串联成结构松散似棉絮的团状物。在这种结构中，粒子间的距离比凝聚体或附聚体大得多。

2.1.5.1 颗粒在空气中的团聚与分散

(1) 颗粒在空气中团聚的主要原因

① 颗粒间作用力。范德华力、静电力和表面张力是造成颗粒在空气中团聚的最主要原因。这三种作用力中，静电力与表面张力和范德华力相比小得多。在空气中，颗粒的团聚主要是表面张力造成的，而在非常干燥的条件下则是由范德华力引起的。因此，在空气中，保持超微粉体干燥是防止团聚的重要措施。

② 空气的湿度。当空气的相对湿度超过 65%时，水蒸气开始在颗粒表面及颗粒间凝集，颗粒间因形成液桥而大大增强了团聚作用。

(2) 颗粒在空气中分散的主要途径

① 机械分散。机械分散是指用机械力把颗粒团聚体打散，这是一种常用的分散方法。机械分散的必要条件是机械力（指流体的剪应力及压应力）应大于颗粒间的黏着力。通常机械力是由高速旋转的叶轮圆盘或高速气流的喷射及冲击作用所引起的气流强湍流运动而造成的。机械分散易实现，但由于这是一种强制性分散方法，尽管互相黏结的颗粒可以在分散器中被打散，但是它们之间的作用力没有改变，当颗粒排出分散器后又有可能重新黏结团聚。另外，机械分散可能导致脆性颗粒被粉碎，且当机械设备磨损后期分散效果下降。

② 干燥分散。表面张力往往是分子间力的十倍至几十倍，在潮湿空气中，颗粒间形成的液桥是颗粒团聚的主要原因。因此，杜绝液桥的产生或破坏已形成的液桥是保证颗粒分散的主要手段之一。在生产过程中，常常采用加热干燥处理。例如，矿粒在静电力分选前往往加热至 200℃左右，以除去水分，保证物料的松散。

③ 表面改性。表面改性是指采用物理或化学方法对颗粒进行处理，有目的地改变其表面物理化学性质的技术，使颗粒具有新的机能并提高其分散性。如不同改性剂、不同掺量处理 $CaCO_3$ 粉体的结构不同，以硬脂酸最佳，月桂酸次之，且不同改性剂、不同掺量其分散效果也不一样。

④ 静电分散。对于同质颗粒，由于表面带电相同，静电力反而起排斥作用。因此，可以利用静电力来进行颗粒分散，问题的关键是如何使颗粒群充分带电。采用接触带电、感应带电等方式可以使颗粒带电，但最有效的方法是电晕带电，使连续供给的颗粒群通过电晕放电形成粒子电帘，使颗粒带电。

2.1.5.2 颗粒在液体中的团聚与分散

(1) 固体颗粒的润湿

颗粒表面润湿性对粉体的分散具有重要的意义，是粉体分散、固液分离、表面改性和造粒等工艺的理论基础。固体颗粒被液体润湿的过程主要基于颗粒表面的润湿性（对该液体），将一滴液体置于固体表面，变成固、液、气三相界面，当三相界面张力达到平衡时，则界面张力与平衡润湿接触角的关系如下。

$$\gamma_{sg}=\gamma_{sl}+\gamma_{lg}\cos\theta \tag{2-51}$$

式中 γ_{sg}，γ_{sl}，γ_{lg}——固-气、固-液、液-气界面张力；

θ——平衡润湿接触角，即自固-液界面经液体到气液表面的夹角。

界面张力与接触角如图 2-10 所示。

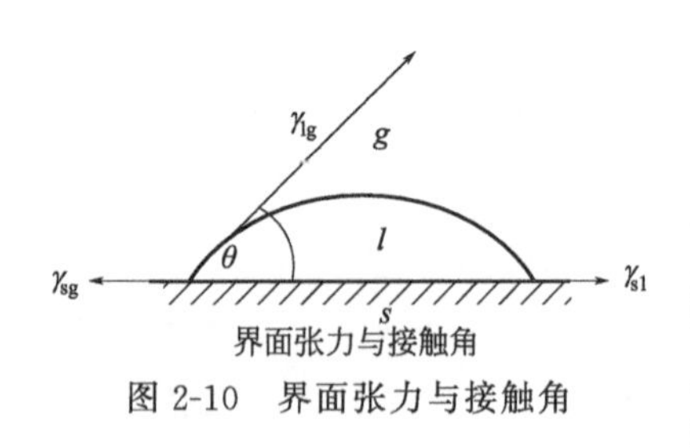

图 2-10　界面张力与接触角

据式(2-51) 可表示润湿的能量变化，润湿功 W_i 为

$$W_i=\gamma_{lg}\cos\theta \tag{2-52}$$

根据热力学第二定律，$\gamma_{lg}\cos\theta$ 越大，越易润湿，即较高的 γ_{lg} 和较低的 θ 有助于润湿的自发进行。只要测出平衡润湿接触角，就可以判断固体的润湿性，习惯上，将 $90°<\theta<180°$ 称为不润湿或不良润湿，$0°<\theta<90°$ 称为部分润湿或有限润湿。$\theta=0°$ 称为完全润湿或铺展。根据表面接触角的大小，固体颗粒可分为亲水性和疏水性两大类，其分类见表 2-7。

表 2-7　颗粒表面润湿性和结构特征关系

粉体润湿性	接触角范围	表面不饱和键特性	内部结构	实例
强亲水性颗粒	$\theta=0°$	金属键，离子键	由离子键、共价键或金属键连接内部质点，晶体结构多样化	SiO_2、高岭土、SnO_2、$CaCO_3$、$FeCO_3$、Al_2O_3 等
弱亲水性颗粒	$0°<\theta<40°$	表面离子键或共价键	由离子键、共价键连接晶体内部晶体质点成配位体，断裂面相邻质点能相互补偿	PbS、FeS、ZnS、煤等
弱疏水性颗粒	$40°\leqslant\theta\leqslant90°$	以分子键为主，局部区域为强键	层状结构晶体，层内质点由强键连接，层间为分子键	MnS、滑石、叶蜡石、石墨等
强疏水性颗粒	$\theta>90°$	完全是分子键力	靠分子键结合，表面不含或少含极性官能团	自然硫、石蜡等

(2) 颗粒在液体中分散的主要途径

调节颗粒在液相中的分散性与稳定性的途径：一是通过改变分散相与分散介质的性质来调控使颗粒间吸引力下降；二是调节电解质及定位离子的浓度，促使双电层厚度增加，增大颗粒间排斥作用力；三是选用附着力较强的聚合物和亲和力较大的分散介质，增大颗粒间排斥作用力。

颗粒在液体中的分散调控手段，大体可以分为介质调控、分散剂调控、超声调控和机械搅拌调控四类。

① 介质调控。根据颗粒的表面性质选择适当的介质，可以获得充分分散的悬浮液。选择分散介质的基本原则是：非极性颗粒易于在非极性液体中分散；极性颗粒易于在极性液体中分散，即所谓相同极性原则。

例如，许多有机高聚物（聚四氟乙烯、聚乙烯等）及具有非极性表面的矿物（石墨、滑石、辉钼矿等）颗粒易于在非极性油中分散；而具有极性表面的颗粒在非极性油中往往处于团聚状态，难以分散。反之，非极性颗粒在水中则往往呈强团聚状态。典型分散介质和分散相见表 2-8。

表 2-8　典型分散介质和分散相

分散介质		分散相
极性液体	水	无机盐、氧化物、硅酸盐、无机粉体（如陶瓷熟料、白垩、玻璃粉、炉渣）及金属粉体，煤粉、木炭、炭黑、石墨等炭质粉体需添加鞣酸、亚油酸钠、草酸钠等分散剂
	乙二醇、丁醇、环己醇、甘油水溶液及丙酮	锰、铜、铅、钴、镍、钨等金属粉末及刚玉粉、糖粉、淀粉及有机粉体等
非极性液体	环己烷、二甲苯、苯、煤油及四氯化碳	大多数疏水颗粒，水泥、白垩、碳化钨等需加亚油酸作为分散剂

另外，相同极性原则需要同一系列确定的物理化学条件相配才能保证良好分散的实现。

如极性颗粒在水中可以表现出截然不同的团聚分散行为，说明物理化学条件的重要性。

② 分散剂调控。颗粒在液体中的良好分散所需的物理化学条件，主要是通过加入适量的分散剂来实现的，分散剂的加入强化了颗粒间的相互排斥作用。

常用的分散剂主要有三种。

无机电解质：如聚磷酸盐、硅酸钠、氢氧化钠及苏打等。聚磷酸盐是偏磷酸的直链聚合物，硅酸钠在水溶液中也往往生成硅酸聚合物，增强分散作用，通常在强碱性介质中使用。

研究表明，无机电解质分散剂在颗粒表面吸附，一方面显著地提高颗粒表面电位的绝对值，从而产生强的双电层静电排斥作用；另一方面，聚合物吸附层可诱发很强的空间排斥效应。同时，无机电解质也可增强颗粒表面对水的润湿程度，从而有效地防止颗粒在水中团聚。

表面活性剂：阴离子型、阳离子型及非离子型表面活性剂均可用作分散剂。表面活性剂作为分散剂，在涂料工业中已获得广泛应用。表面活性剂的分散作用主要表现为它对颗粒表面润湿性的调整。图 2-11 所示为油酸钠对粉体的分散性、润湿接触角及 ζ 电位的影响。由图 2-11 可知，无论是亲水性的还是疏水性的颗粒，在分散剂浓度较低时均可使它们的表面熟化，从而诱导出疏水作用力，使颗粒呈团聚状态，当浓度增加到一定值时，对粉体又产生分散作用。表面活性剂对颗粒分散与团聚行为的作用都有一个转折点，即随着表面活性剂浓度增大，粉体的团聚行为增强，当达到一定值后（转折浓度），粉体开始解聚，浓度进一步增大，悬浮液分散性变好。亲水性颗粒的分散团聚转折浓度高于疏水性颗粒的分散团聚转折浓度，前者大约是后者的 2 倍。

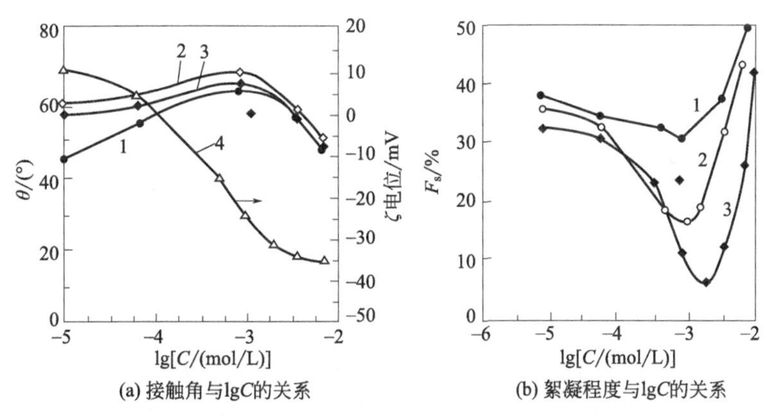

图 2-11　油酸钠对粉体的分散性、润湿接触角及 ζ 电位的影响

1—碳酸钙；2—滑石；3—石墨；4—碳酸钙

高分子分散剂：其吸附膜对颗粒的聚集状态有非常明显的作用。这是因为它的膜厚往往可达几十纳米，几乎与双电层的厚度相当，因此，它的作用在颗粒相距较远时便开始显现出来，高分子分散剂是常用的调节颗粒团聚及分散的化学药剂。其中，聚合物电解质易溶于水，常用作以水为介质的分散剂，而其他高分子分散剂往往用于以油为介质的颗粒分散剂，如天然高分子类的卵磷脂，合成高分子类的长链聚酯及多氨基盐等。

高分子用于分散剂主要是利用它在颗粒表面吸附膜的强大的空间排斥效应。实际应用中高分子分散剂用量较大。

③ 超声调控。超声调控是把需要处理的工业悬浮液直接置于超声场中，控制恰当的超

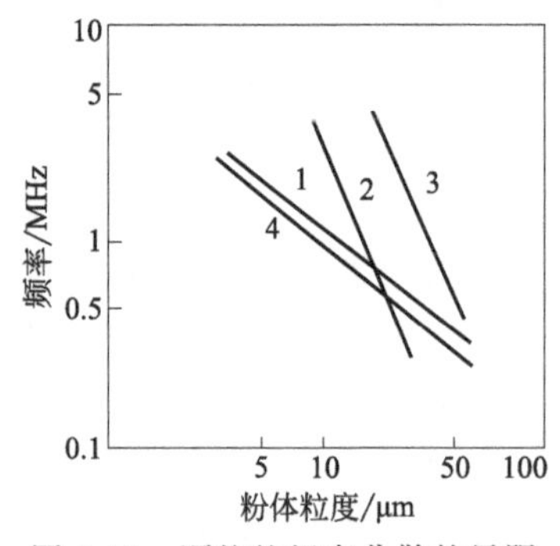

图 2-12 颗粒的超声分散的界限

1—PbS；2—CuS；3—γ-Fe_2O_3；4—SiO_2

声频率作用时间，以使颗粒充分分散。超声分散主要是由超声频率和颗粒粒度的相互关系决定，如图 2-12 所示。

超声波作用主要在两个方面：一是空化效应，当液体受到超声作用时，液体介质中产生大量的微气泡，在微气泡的形成和破裂过程中，伴随能量的释放，空化现象产生的瞬间，形成了强烈的振动波，液体中微气泡的快速形成和突然崩溃产生了短暂的高能微环境，使得在普通条件下难以发生的变化有可能实现；二是通过超声波的吸收，悬浮液中各种组分产生共振效应。另外，乳化作用、宏观的加热效应等也促进分散进行。

超声波对纳米颗粒的分散更为有效。超声波分散就是利用超声空化时产生的局部高温、高压、强冲击波和微射流等，较大幅度地弱化纳米微粒间的纳米作用能，有效地防止纳米微粒团聚而使之充分分散，但应当避免使用过热超声搅拌，因为随着热能和机械能的增加，颗粒碰撞的概率也增大，反而导致进一步的团聚。因此，超声波分散纳米材料存在最适工艺条件。

④ 机械搅拌调控。机械搅拌分散是指通过强烈的机械搅拌方式引起液流强湍流运动产生冲击、剪切及拉伸等机械力而使颗粒团聚碎解悬浮。强烈的机械搅拌是一种碎解团聚的有效手段，这种方法在工业生产过程中得到了广泛应用。工业应用的机械分散设备有高速转子——分子分散器、刀片分散机和辊式分散机等。机械搅拌的主要问题是，一旦颗粒离开机械搅拌产生的湍流场，外部环境复原，它们又有可能重新团聚。因此，用机械搅拌加化学分散剂的双重作用往往可获得更好的分散效果。

2.2 颗粒物的流体力学特性

2.2.1 颗粒的堆积

粉体的堆积物性是粉体集合体的基本性质，在粉体的填充过程中具有重要意义。堆积物性（填充性）可用粉体的松比容（specific）、松密度（bulk density）、空隙率（porosity）、空隙比（void ratio）、充填率（packing fraction）、配位数（coordination number）来表示。粉体的堆积物性不是固定的，它会随着粉体颗粒的大小、颗粒间的相互作用以及填充条件的变化而变化。

2.2.1.1 等径球形颗粒群的规则堆积

若以等径球在平面上的排列作为基本层，则有图 2-13 所示的正方形排列层和单斜方形排列层或六方形排列层。如取图 2-13 中涂黑的 4 个球作为基本层的最小单位，并将各个基本排列层汇总起来，则可得到如图 2-14 所示的 6 种排列形式，其最小单元体的空间特性如图 2-15 所示。表 2-9 汇总了它们的空间特征的计算结果。若将排列 2 回转 90°，则成为排列 4，排列 3 回转 125°，则成为排列 6，其空间特性相同。排列 1 和 4 是最疏填充，排列 3 和 6 是最密填充。

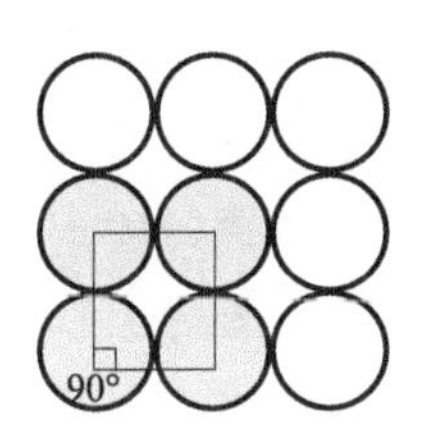

(a) 正方形排列层

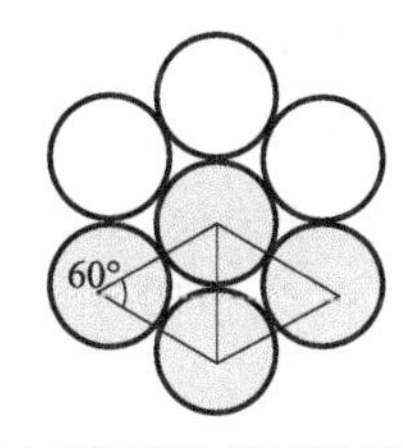

(b) 六方形排列层或单斜方形排列层

图 2-13　等径球颗粒的基本排列

(a) 排列1

(b) 排列2

(c) 排列3

(d) 排列4

(e) 排列5

(f) 排列6

图 2-14　基本排列层的堆积方法

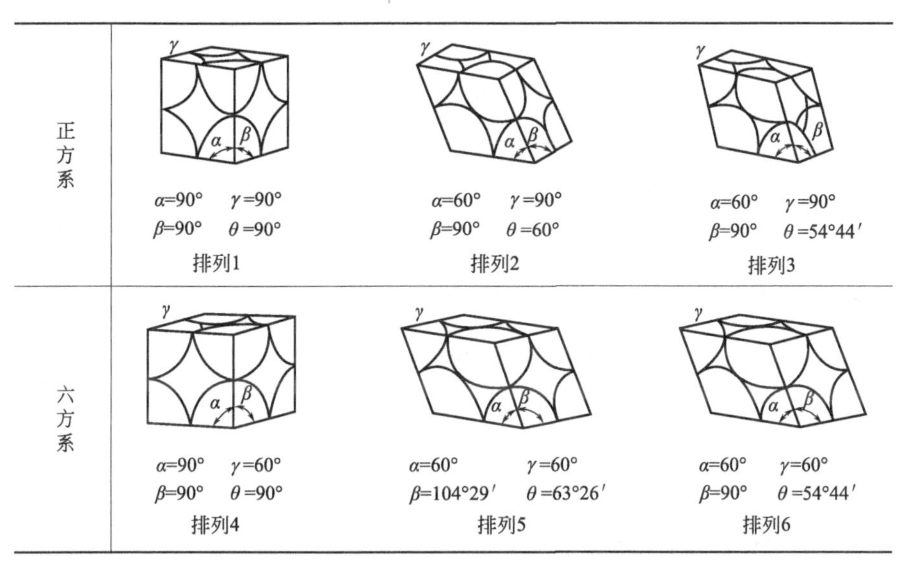

图 2-15　单元体（θ 为各单元体右侧面同水平面的夹角）

表 2-9　等径球规则堆积的结构特性

排列号	排列组	名称	单元体		空隙率	填充率	配位数
			总体积	空隙体积			
1	正方系	立方堆积,立方最疏堆积	1	0.4764	0.4764	0.5236	6
2		正斜方体堆积	0.866	0.3424	0.3954	0.6046	8
3		菱面体堆积或面心立方体堆积	0.707	0.1834	0.2594	0.7406	12
4	六方系	正斜方体堆积	0.866	0.3424	0.3954	0.6046	8
5		楔形四面体堆积	0.750	0.2264	0.3019	0.6981	10
6		菱面体堆积或六方最密堆积	0.707	0.1834	0.2595	0.7406	12

2.2.1.2　等径球形颗粒群的实际堆积

$$\varepsilon = 0.2595x + 0.4764(1-x) \tag{2-53}$$

式中　x——六方最密填充的比例数。

由表 2-9 可知，上述两种单元的体积比为$\sqrt{2}$ ∶ 1，每单位体积的粒子数比为 1 ∶ $\sqrt{2}$，配位数分别为 6 和 12。因此，平均配位数为

$$k(n)=\frac{12\sqrt{2}x+6(1-x)}{\sqrt{2}x+(1-x)}=\frac{6(1+1.828x)}{1+0.414x} \tag{2-54}$$

显然，实测填充物的空隙率 ε 后，代入式(2-53) 求 x，然后将 x 代入式(2-54) 便能计算出 $k(n)$。等径球在实际堆积时，由于颗粒的碰撞、回弹、颗粒间相互作用力以及容器壁的影响，因而不能达到前述的规则堆积结构。即使十分谨慎地向圆筒容器中填充玻璃球或钢球时，其空隙率仍比规则堆积的大，为 0.35～0.40。平均空隙率不同的五种填充的配位数分布如图 2-16 所示，平均空隙率与平均配位数的关系如图 2-17 所示。

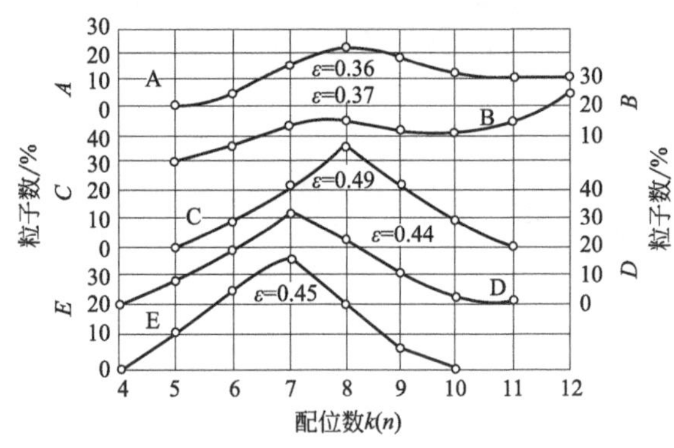

图 2-16　平均空隙率不同的五种填充的配位数分布

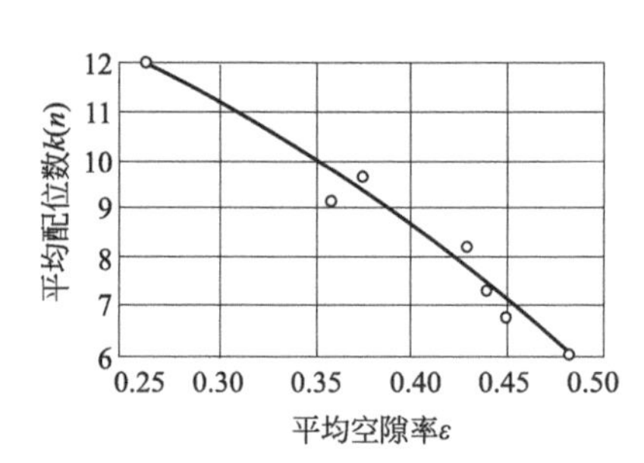

图 2-17　平均空隙率和平均配位数的关系

Rumpf 等研究提出配位数与空隙率的近似式

$$k(n)\varepsilon=3.1\approx\pi \tag{2-55}$$

应该指出，即使配位数相同，但颗粒层的空隙率可能在某一范围内变化，因此，按配位数及其分布严格地表征填充状态是不精确的。

2.2.1.3　不同粒径球形颗粒群的密实堆积

（1）Horsfield 填充

在等径球颗粒规则堆积的基础上，等径球之间的空隙理论上能够由更小的球填充，可得到更紧密的填充体。

等径球颗粒按图 2-18 所示六方最密填充状态进行填充时，球与球间形成的空隙大小和形状是有规则的，如图 2-18 所示，有两种孔型：6 个球围成的四角孔和 4 个球围成的三角孔。设基本的等径球称为 1 次球（半径 r_1）；填入四角孔中的最大球称为 2 次球（半径 r_2）；填入三角孔中的最大球称为 3 次球（半径 r_3）；其后，再填入 4 次球（半径 r_4），5 次球（半径 r_5），最后以微小的等径球填入残留的空隙中，这样就构成了六方最密填充，称 Horsfield

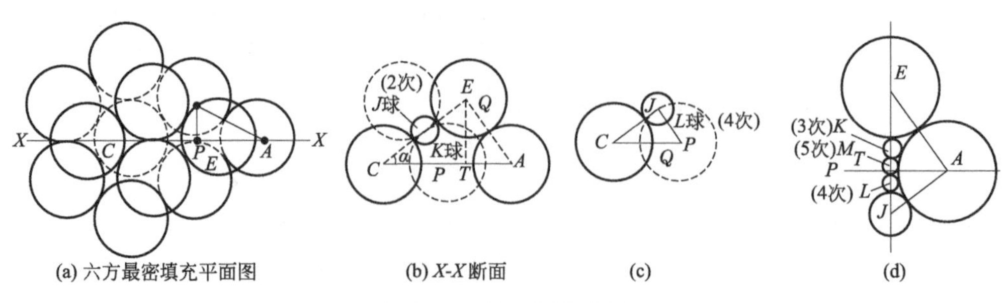

图 2-18　Horsfield 填充

填充。根据图 2-18 中的几何关系可解得，与 C、E 球相切的 2 次球 J 的半径，与 A、E 球相切的 3 次球 K 的半径，与 C、J 球相切的 4 次球 L 的半径及 5 次球 M 的半径，其结果列于表 2-10。以上 1～5 次球逐次填充后其空隙率为 0.149，再把微小的等径球以六方最密的形式填充此空隙中，则可得最终的空隙率为 0.039 的最密填充结构。

表 2-10　Horsfield 填充

填充状态	球的半径	球的相对个数	空隙率	填充状态	球的半径	球的相对个数	空隙率
1 次球	r_1	1	0.259	4 次球	$0.177r_1$	8	0.158
2 次球	$0.414r_1$	1	0.207	5 次球	$0.116r_1$	8	0.149
3 次球	$0.225r_1$	2	0.190	填充材料	微小	很多	0.039

(2) Hudson 填充

实际颗粒不同于球体，从粉体的粒度分布看，可分为连续粒度体系和不连续粒度体系。连续粒度体系的粉体是由某一粒径范围内所有尺寸的颗粒组成，不连续粒度体系则是由代表该范围的有限尺寸的颗粒组成。

Hudson 填充对等径球（半径为 r_1）六方最密堆积的空隙用半径为 r_2 的等径球填充时 r_2/r_1 和空隙率之间的关系做了研究。由前述的 Horsfield 填充可知，$r_2/r_1<0.4142$ 时，可填充成四角孔；$r_2/r_1<0.2248$ 时，还可填充成三角孔。表 2-11 为计算结果，可知 $r_2/r_1=0.1716$ 时的三角孔基准填充的空隙率最小为 0.1130，为最密堆积。

表 2-11　Hudson 填充

填充状态	装入四角孔的球数	r_2/r_1	装入三角孔的球数	空隙率
由四方间隙直径支配的对称堆积	1	0.4142	0	0.1885
	2	0.2753	0	0.2177
	4	0.2583	0	0.1905
	6	0.1716	4	0.1888
	8	0.2288	0	0.1636
	9	0.2166	1	0.1477
	14	0.1716	4	0.1483
	16	0.1693	4	0.1430
	17	0.1652	4	0.1469
	21	0.1782	1	0.1293
	26	0.1547	4	0.1336
	27	0.1381	5	0.1621
由三角形间隙直径支配的对称堆积	8	0.2248	1	0.1460
	21	0.1716	4	0.1130
	26	0.1421	5	0.1563

2.2.1.4 实际颗粒的堆积

(1) 不连续粒度体系

本节仅讨论两种颗粒粒径组成的体系，在两种颗粒粒径组成的体系中，大颗粒间的间隙由小颗粒填充，以得到最紧密的堆积，混合物的单位体积内大颗粒质量 m_1 和小颗粒质量 m_2 为：

$$m_1=1\times(1-\varepsilon_1)\rho_{P_1} \tag{2-56}$$

$$m_2=1\times\varepsilon_1(1-\varepsilon_2)\rho_{P_2} \tag{2-57}$$

式中 1——单位体积；

ε_1，ε_2，ρ_{P_1}，ρ_{P_2}——大颗粒和小颗粒的空隙率和密度。

设大颗粒所占质量分数为 f_{m_1}，则

$$f_{m_1}=\frac{m_1}{m_1+m_2}=\frac{(1-\varepsilon_1)\rho_{P_1}}{(1-\varepsilon_1)\rho_{P_1}+\varepsilon_1(1-\varepsilon_2)\rho_{P_2}} \tag{2-58}$$

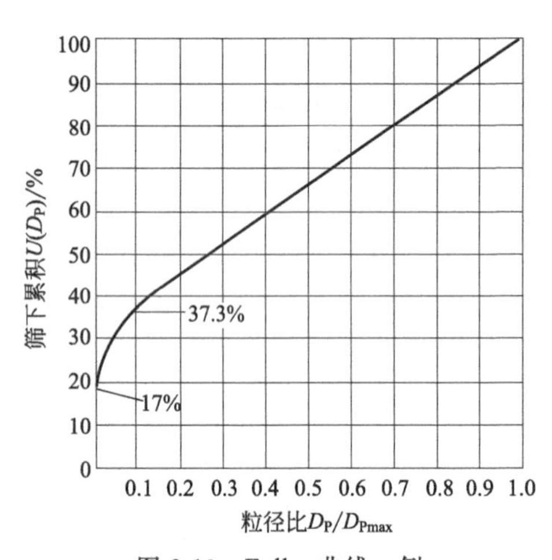

图 2-19 Fuller 曲线一例

对于同一固体物料颗粒，$\rho_{P_1}=\rho_{P_2}=\rho$，$\varepsilon_1=\varepsilon_2=\varepsilon$，则式(2-58) 可写成

$$f_{m_1}=\frac{1}{1+\varepsilon} \tag{2-59}$$

小颗粒完全被包含在大颗粒的母体中，此时两者粒径比小于 0.2。

图 2-19 所示为胶凝材料和集料的理想 Fuller 筛析曲线，显示为同种物质的两种不同粒径的粉粒料混合时，空隙率与粒径之间的关系（当单一组分空隙率为 0.5 时）。空隙率最小时，粗颗粒的质量分数为 0.67。由图 2-19 可知，空隙率随大小颗粒混合比而变化，小颗粒粒度越小，空隙率越小。

(2) 连续粒度体系

对于连续粒度分布体系的最密填充，Fuller 等研究认为：固体颗粒按粒径大小，有规则地组合排列，粗细搭配，可以得到密度最大、空隙最小的堆积填充。其颗粒级配分布的理想曲线是小颗粒分布曲线，为椭圆形曲线，大颗粒分布为与椭圆曲线相切的直线，图 2-19 为 Fuller 曲线的一例，筛下累积 17%处与纵坐标相切，在最大粒径的 1/10 处直线与椭圆相切，相应的筛下累积量为 37.3%。经典连续堆积理论的倡导者 Andreasen 用式(2-60) 表示粒度分布

$$U(D_P)=\left(\frac{D_P}{D_{Pmax}}\right)^q\times100\% \tag{2-60}$$

式中 $U(D_P)$——筛下累积百分数；

D_{Pmax}——最大粒径；

q——Fuller 指数。

$q=1/2$ 时为疏填充，$q=1/3$ 时为最密填充。图 2-20 为 Andreasen 粒度分布曲线。

式(2-60) 求得的粒度分布适用于同一密度的物料，若加入不同的物料应考虑不同密度对体积的影响，因为最佳堆积密度主要是由粉料体积所决定。

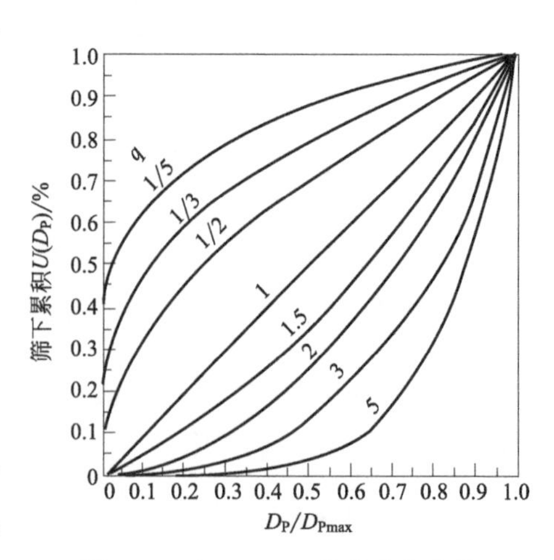

图 2-20 Andreasen 粒度分布曲线

[例题 2-4] 根据［例题 2-4］附表所示，已知物料最大粒径为 40mm，试用最大密度堆积公式，按 $q=0.3$，0.5，0.7 计算级配各粒级颗粒累积含量（物料各级粒径尺寸按 1/2 递减）。

解：为计算方便，对式(2-60) 两边取对数有

$$\lg U(D_P)=(2-q\lg D_{P\max})+q\lg D$$

$$q=0.3\quad \lg U(D_P)=(2-0.3\lg 40)+0.3\lg D$$

$$q=0.5\quad \lg U(D_P)=(2-0.5\lg 40)+0.5\lg D$$

$$q=0.7\quad \lg U(D_P)=(2-0.7\lg 40)+0.7\lg D$$

［例题 2-4］附表

分级顺序 n		1	2	3	4	5	6	7	8	9	10
粒径比($D/2^{n-1}$)		D	$D/2$	$D/4$	$D/8$	$D/16$	$D/32$	$D/64$	$D/128$	$D/256$	$D/512$
理论粒径/mm		40	<20	<10	<5.0	<2.5	<1.25	<0.63	<0.315	<0.16	<0.08
$U(D_P)/\%$	$q=0.3$	100	81.23	65.98	53.59	43.53	35.36	28.79	23.38	19.08	15.50
	$q=0.5$	100	70.71	50.00	35.36	25.00	17.68	12.55	8.87	6.32	4.47
	$q=0.7$	100	61.56	37.89	23.33	14.36	8.34	5.47	3.37	2.10	1.29

2.2.2 颗粒的压缩性

压缩性（compressibility）指粉末在压制过程中被压缩的能力，表示粉体在压力下体积减小的能力，反应坯体的致密程度。压缩性主要与颗粒的塑性有关，软的粉末比硬脆性粉末的压缩性好。在流体力学中，流体随压强的增大而体积缩小的性质，称为流体的压缩性。

压缩成型理论以及各种物料的压缩特性，对于物料筛选与工艺选择具有重要意义。当粉体在松动堆积状态受到压缩作用时，其堆积体积将减小。颗粒间的空隙亦相应地减小。粉体的可压缩性跟其堆积状态有关，用式(2-61) 表征粉体的可压缩性（C），即：

$$C=\frac{V_{B,A}-V_{B,T}}{V_{B,A}}\times 100\%=\left(1-\frac{\rho_{B,A}}{\rho_{B,T}}\right)\times 100\% \tag{2-61}$$

式中 $V_{B,A}$，$\rho_{B,A}$——压缩前体积和密度；

$V_{B,T}$，$\rho_{B,T}$——压缩后体积和密度。

粉体紧密堆积密度和松动堆积密度之比，称为粉体 Hausner 比值（Hausner ratio，HR)，常用于表征粉体的可压缩性和流动性（表 2-12)。

$$HR=\frac{\rho_{B,T}}{\rho_{B,A}} \tag{2-62}$$

实验结果表明：较粗颗粒的 HR 值较小（<1.2)；细颗粒的 HR 值较大（>1.4)；极细颗粒具有较高的 HR 值（>2)。

由式(2-61) 和式(2-62) 得粉体的可压缩性和 HR 值的关系为：

$$C=\left(1-\frac{1}{HR}\right)\times 100\% \tag{2-63}$$

表 2-12 粉体的可压缩性、团聚性和流动性与 HR 值的关系

特征指标	较粗颗粒	较细颗粒	细颗粒	极细颗粒
HR 值	<1.2	1.2～1.4	1.4～2.0	>2.0

续表

特征指标	较粗颗粒	较细颗粒	细颗粒	极细颗粒
可压缩性/%	<15	15～30	30～50	>50
流动性	良好流动性	流动性好	流动性差	不流动
团聚性	不团聚	轻微团聚性	强团聚性	极强团聚性

注：例如，花椒粉当 $C>30\%$ 时倒不出来。

粉体的压缩过程中伴随着体积的缩小，固体颗粒被压缩成紧密的结合体，然而其体积的变化较复杂。根据 Heckel 方程描述的曲线将粉体的压缩特性分为三种。

A 型：压缩过程以塑性变形为主，初期粒径不同而造成的充填状态的差异影响整个压缩过程，即压缩成型过程与粒径有关，如氯化钠等。

B 型：压缩过程以颗粒的破碎为主，初期不同的充填状态（粒径不同）被破坏后在某压力以上时压缩曲线按一条直线变化，即压缩成型过程与粒径无关，如乳糖、蔗糖等。

C 型：压缩过程中不发生粒子的重新排列，只靠塑性变形达到紧密的成型结构，如乳糖中加入脂肪酸时的压缩过程。

2.3 颗粒物（粉体）静力学

2.3.1 粉体的基本类型

通常粒径小于 100μm 的粒子叫“粉”，容易产生粒子间的相互作用而流动性较差；粒径大于等于 100μm 的粒子叫“粒”，较难产生粒子间的相互作用而流动性较好。单体粒子叫一级粒子（primary particles）；聚结粒子叫二级粒子（second particle）。

粉体的物态特征如下：

① 具有与液体相类似的流动性。

② 具有与气体相类似的压缩性。

③ 具有固体的抗变形能力。

2.3.2 粉体的摩擦性

粉体从运动状态变成静止状态形成的角，是表征粉体力学行为和流动状况的重要参数。这种由于颗粒间的摩擦力和内聚力而形成的角统称为摩擦角。根据粉体运动状态的不同，可分为内摩擦角、安息角、壁摩擦角、滑动摩擦角、动内摩擦角。

2.3.2.1 内摩擦角

粉体层受力较小时，粉体层外观上不发生变化。这是由于内摩擦力抵抗外来作用力，两种力保持平衡。

图 2-21 中，ϕ 为摩擦角；$f=\tan\phi$ 为摩擦系数。

如图 2-21(a) 所示，水平面上有重 w 的物体，重力 W 与反力 R' 平衡时，物体处于静止状态。图 2-21(b) 作用有水平力 F，F 小时物体不动，但反力 R' 变为 R，大小、方向均变化。随着 F 的增大，α 角达到极限值 ϕ 时，物体产生滑动，如图 2-21(c) 所示，设反力 R'' 的水平和铅直方向的分力分别为 H 和 N，则有如下关系：

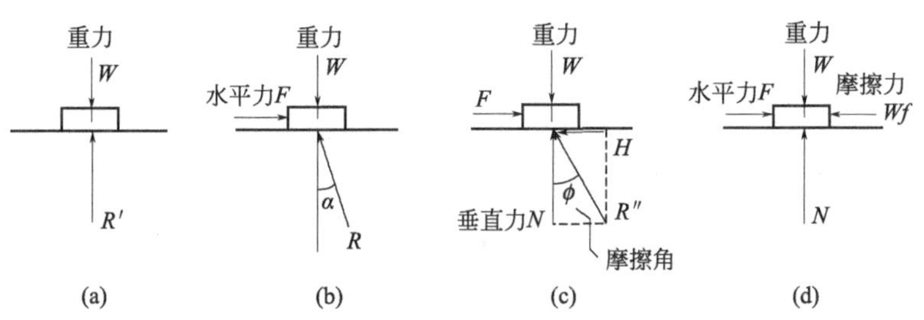

图 2-21　摩擦角和摩擦力的概念

$$F=H=N\mathrm{tg}\phi=W\mathrm{tg}\phi=W_f$$

因此，可认为摩擦力 W_f 的作用在于克服水平力 F，如图 2-21(d) 所示。

但是，当作用力达到某一极值时，粉体层会突然崩坏，崩坏前后的应力状态称为极限应力状态。极限应力由垂直应力（compression force）和剪应力（shear force）组成。换言之，若在粉体层任意面上施加一垂直应力，并逐渐增大该层面的剪应力，当剪应力达到内摩擦角表示极限应力状态下剪应力与垂直应力的关系，可用莫尔圆（Mohr's circle）和破坏包络线来描述。

内摩擦角的测定方法主要有以下两种。

(1) 三轴压缩法

三轴压缩试验：作为土壤强度的标准试验法获得了广泛应用，也用作粉体固结和粉体内摩擦系数的测定法。如图 2-22(a) 所示，将粉体试料填充在圆筒状橡胶薄膜内，然后放在压力机的底座上。由于这一试验的试料必须自立，因此，要选取自重下不崩坏的试料进行试验。从橡胶薄膜的周围均匀地施加流体压力，并由上方用活塞加压。当铅垂压力达到极限值时，粉体层发生崩坏，此时铅垂压力为最大主应力 σ_1，周围水平压力为最小主应力 σ_3，记录水平压力变化时铅垂压力相应的极限值。根据 σ_1 和 σ_3 做莫尔圆，如图 2-23 所示，这些莫尔圆的切线称为破坏包络线，破坏包络线与压应力 σ 的夹角 ϕ_i 称为内摩擦角（inner friction angle)，图 2-23 中夹角（$\pi/4-\phi_i/2$）等于崩坏面与垂直方向的夹角。三轴压缩试验法作为测定土壤强度的标准方法获得了广泛应用，也用于粉体内摩擦系数的测定（表 2-13)。试料的破坏面有各种形式，图 2-22(b)～图 2-22(d) 是其代表的图形。当受力达某一值时，粉体层将沿此面滑移。试验表明，粉体开始滑移时，滑移面上的剪应力 τ 是正应力 σ 的函数

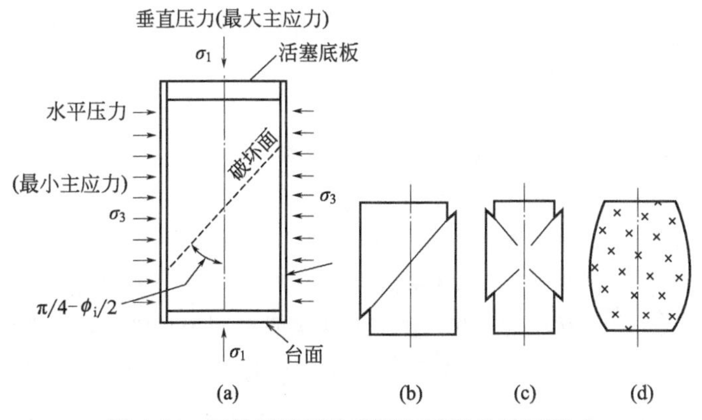

图 2-22　三轴压缩试验原理和试料的破坏形式

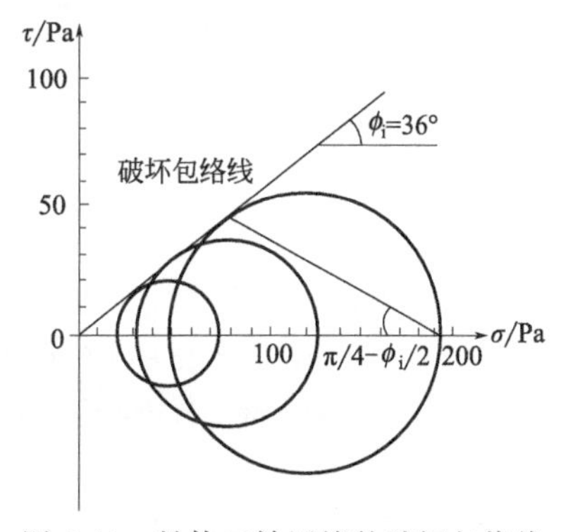

图 2-23　粉体三轴压缩的破坏包络线

$$\tau=f(\sigma) \tag{2-64}$$

当粉体开始滑移时，如若滑移面上的剪应力 τ 与正应力 σ 成正比

$$\tau=\mu_i\sigma+C \tag{2-65}$$

表 2-13　三轴压缩试验

最小主应力 σ_3/Pa	19	33	50
最大主应力 σ_1/Pa	74	129	190

这样的粉体称为库仑粉体。式(2-65) 称为库仑定律。库仑定律中的 μ_i 是粉体的摩擦系数，又称内摩擦系数，C 是初抗剪强度。初抗剪强度等于零的粉体为无附着性粉体。库仑定律是粉体流动和临界流动的充要条件。当粉体内任一平面上的应力为 $\tau<\mu_i\sigma+C$ 时，粉体处于静止状态。当粉体内某一平面上的应力满足 $\tau=\mu_i\sigma+C$ 库仑定律时，粉体将沿该平面滑移。而粉体内任一平面上的应力 $\tau>\mu_i\sigma+C$ 的情况不会发生。

（2）剪切盒法

把填充粉体的圆形或正方形盒重叠起来，垂直方向作用以压应力 σ，再在上盒或者中盒上施加剪应力，如图 2-24 所示。并逐步增大剪应力，当达到极限应力状态时，重叠的盒子开始错动，记录此时的剪应力 τ，由 σ 与 τ 的关系作图得到破坏包络线，如图 2-25 所示，破坏包络线与 σ 轴之间夹角为摩擦角 ϕ_i。

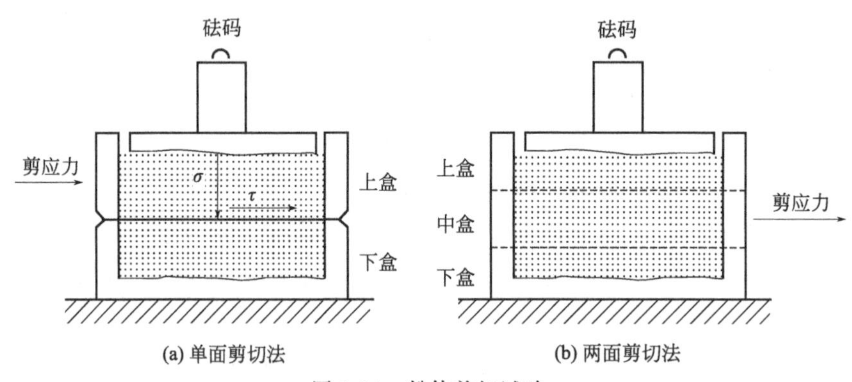

图 2-24　粉体剪切试验

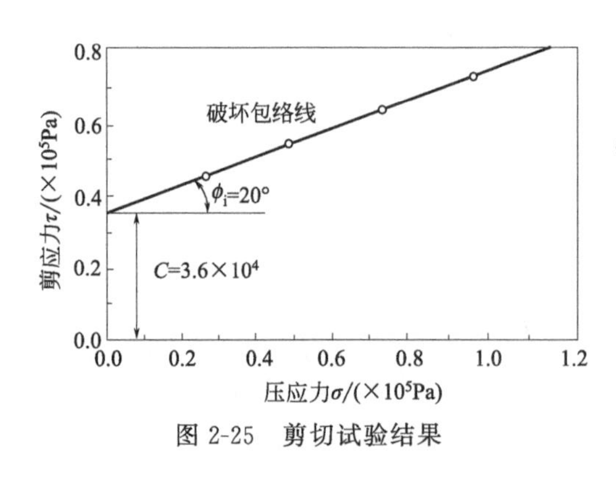

图 2-25　剪切试验结果

（3）破坏包络线方程

破坏包络线为直线时，剪应力 τ 与压应力 σ 的关系式为

$$\tau=\sigma\tan\phi_i+C=\mu_i\sigma+C \tag{2-66}$$

式中，直线的斜率为内摩擦系数 $\mu_i=\tan\phi_i$；C 为常数项。

式(2-66) 又称为库仑公式，破坏包络线呈直线的粉体称为库仑粉体。对于非黏聚性粉体，$C=0$，破坏包络线与 σ 轴的交点不在原点，而是在原点左侧，为描述方便起见，可将 C 表示为 $C=\sigma_a\tan\phi_i$，即相对于压应力而言存在一个附加的表现抗张强度 σ_a，如图 2-26 所示，从而破坏包络线方程式变为 $\tau=(\sigma+\sigma_a)\tan\phi_i$。

对于非黏聚性粉体，$\sigma_a=0$，则有如下关系式：

$$\sin\phi_i=\frac{\sigma_1-\sigma_3}{\sigma_1+\sigma_3} \tag{2-67}$$

对于黏聚性粉体，$\sigma_a \neq 0$，则有

$$\frac{\sigma_3-\sigma_a}{\sigma_1-\sigma_a}=\frac{1-\sin\phi_i}{1+\sin\phi_i} \tag{2-68}$$

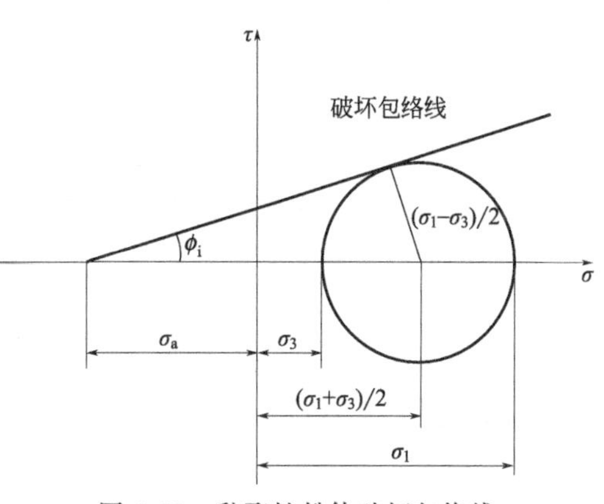

图 2-26　黏聚性粉体破坏包络线

2.3.2.2　安息角

安息角（repose angle，ϕ_r）又称休止角，是粉体在自身重力下运动所形成的角。安息角的测定方法有排出角法、注入角法、滑动角法、剪切盒法等多种。排出角法是去掉装粉体的方箱的一侧壁。箱内残留粉体所形成斜面的倾角即为安息角。对于非黏聚性粉体，安息角与内摩擦角在数值上是相近的，但二者的实质不同，因为内摩擦角是粉体在剪切力作用下形成的角，而非重力作用。用不同的方法所测得安息角的数值有明显差异，且由于粉体的不均匀性及试验条件限制等，同一方法误差也较大。

2.3.2.3　壁摩擦角和滑动摩擦角

壁摩擦角（wall friction angle，ϕ_W）是粉体与壁面之间的摩擦角。滑动摩擦角（silde friction angle，ϕ_s）是指将粉体置于某种材料制成的斜面上，当斜面倾斜至粉体开始滑动时，斜面与水平面之间所形成的夹角。壁摩擦角和滑动摩擦角属于粉体的外摩擦特性，其测定方法与剪切盒方法相同，只是用壁面材料替代剪切盒内的粉体，仅用一个剪切盒即可。

2.3.2.4　粉体的被动和主动侧压力系数

① 粉体层受水平方向压缩时，粉体将沿斜上方被推开，这时的极限应力状态称为被动状态，最大主应力为水平方向。

② 粉体层可防止重力引起的崩坏。粉体层将要出现崩坏时的极限应力状态称为被动状态，最小主应力为水平方向粉体受压的极限状态有两种（图 2-27）。

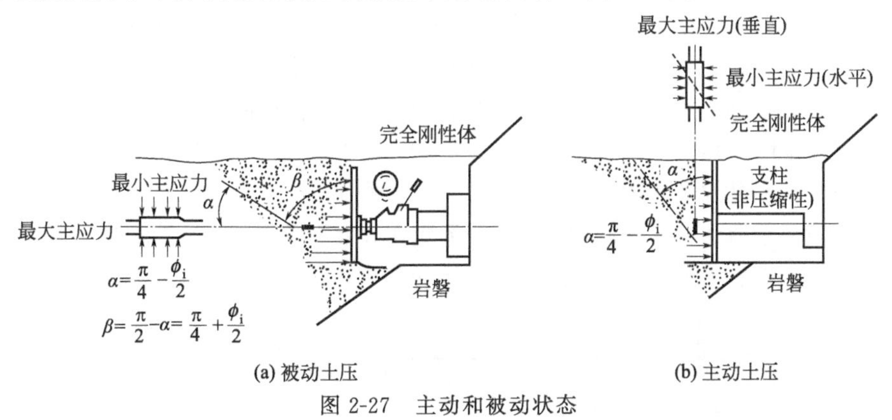

图 2-27　主动和被动状态

水平和垂直方向的主应力分别以 σ_h 和 σ_v 表示，如以注脚 p、a 分别表示被动和主动状态，则对于被动状态的最大主应力为 $\sigma_1=\sigma_{hp}$，为垂直主应力为 $\sigma_3=\sigma_{ha}$，为垂直方向，因此

被动状态的公式为

$$\frac{\sigma_{hp}-\sigma_a}{\sigma_{vp}-\sigma_a}=\frac{1-\sin\phi_i}{1+\sin\phi_i} \tag{2-69}$$

水平应力和垂直应力的比值 $K=\sigma_h/\sigma_v$ 称为粉体侧压力系数，分为被动粉体侧压力系数 K_p 和主动粉体侧压力系数 K_a。在土木力学中称为土压力系数。$\sigma_a=0$ 时，可用下式表示：

被动粉体侧压力系数：

$$\sqrt{K_p}=\frac{\sigma_{hp}}{\sigma_{vp}}=\frac{1+\sin\phi_i}{1-\sin\phi_i}=\tan\left(\frac{\pi}{4}+\frac{\phi_i}{2}\right) \tag{2-70}$$

主动粉体侧压力系数：

$$\sqrt{K_a}=\frac{\sigma_{ha}}{\sigma_{va}}=\frac{1-\sin\phi_i}{1+\sin\phi_i}=\tan\left(\frac{\pi}{4}-\frac{\phi_i}{2}\right) \tag{2-71}$$

取 $\tan\left(\frac{\pi}{4}+\frac{\phi_i}{2}\right)=N_\phi$ 时，N_ϕ 在土木力学中称为流动值。则 $K_p=N_\phi K_a=1/N_\phi$。

非极限应力状态是指，取上述的中间值，用 $K_0=\sigma_h/\sigma_v$ 表示，在土力学中称为静止土压力系数，其值由实验确定。

2.3.3 粉体的流动性

粉体的流动性在粉体工程设计中应用范围很广，粉体的流动性对其生产、输送、储存、装填以及工业中的粉末冶金、医药中不同组分的混合、农林业中杀虫剂的喷洒过程都具有重要的意义。在水泥厂中，许多操作过程都会涉及粉体的重力流动。研究粉体的流动性能，对于粉体设备的设计，都具有十分重要的意义。

粉体的流动性（flowability）与粒子的形状、大小、表面状态、密度、空隙率等有关。对颗粒制备的质量差异以及正常的操作影响很大，粉体的流动包括重力流动、压缩流动、流态化流动等多种形式。

2.3.3.1 粉体开放屈服强度

料仓内的粉体处在一定的压力作用之下，就具有一定的固结强度。当然，固结强度除取决于压力之外，还与温度、湿度以及压力作用的时间有关。如果卸料口形成了稳定的料拱，该料拱的固结强度，即物料在自由表面上的强度就称为开放屈服强度。

如图 2-28(a) 所示，在一个筒壁无摩擦的、理想的圆柱形圆筒内，使粉体在一定的予加压应力 σ_1（称为固结主应力）作用下压实，然后，去掉圆筒，在不加任何侧向支承的情况下，如果被压实的粉体试件不倒塌［图 2-28(b)］，则说明其具有一定的密度强度，这一密度强度就是开放屈服强度 f_c。倘若粉体试件倒塌了［图 2-28(c)］，则说明这种粉体的开放屈服强度 $f_c=0$。显然，开放屈服强度 f_c 值小的粉体，流动性好，不易结拱。

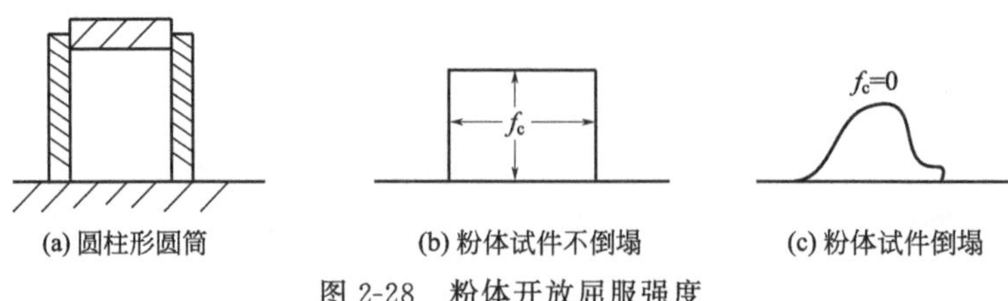

图 2-28 粉体开放屈服强度

拱自由表面的应力状态 $\sigma=\tau=0$。

由图 2-29 中的几何关系可知：

$$OA+\frac{1}{2}f_c=\frac{f_c}{2\sin\phi_i} \tag{2-72}$$

$$OA=\frac{\tau_c}{\tan\phi_i} \tag{2-73}$$

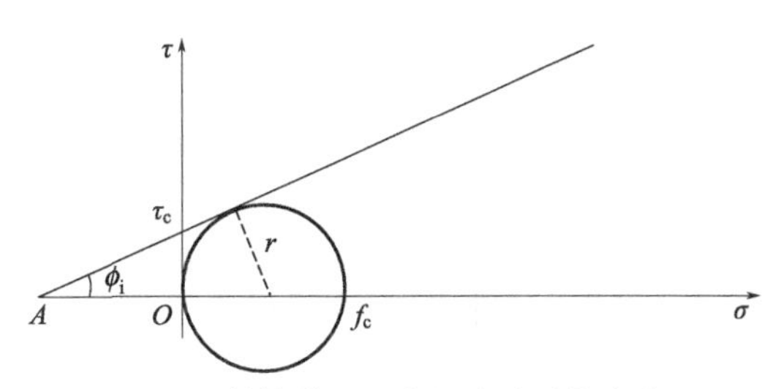

图 2-29　粉体拱处于临界流动时的应力

从式(2-72) 和式(2-73) 可得粉体的开放屈服强度 f_c 为：

$$f_c=\frac{2\cos\phi_i}{1-\sin\phi_i}\tau_c \tag{2-74}$$

当 $\tau_c=0$，$f_c=0$；当 $\tau_c\neq0$，$f_c=$常数。f_c 随 τ_c 的增加而增加。

2.3.3.2　流动函数 FF

固结主应力 σ_1 与开放屈服强度 f_c 之间存在着一定的函数关系，Jenike 将其定义为流动函数（flow function，FF），即

$$FF=\frac{\sigma_1}{f_c} \tag{2-75}$$

FF 表征着仓内粉体的流动性，当 $f_c=0$ 时，$FF=\infty$，即粉体完全自由流动。也就是说，在一定的固结应力 σ_1 作用下，所得开放屈服强度 f_c 小的粉体，即 FF 值大者，粉体流动性好。流动函数 FF 与粉体流动性的关系见表 2-14，粉体拱示意如图 2-30 所示。

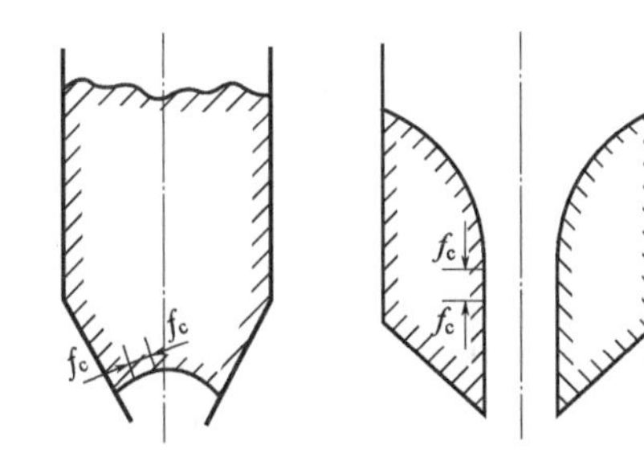

图 2-30　粉体拱示意

表 2-14　流动函数 *FF* 与粉体流动性的关系

***FF* 值**	**流动性**
$FF<2$	强附着性、不流动
$2\leqslant FF<4$	有附着性
$4\leqslant FF<10$	易流动
$FF\geqslant10$	自由流动

粉体流动性的影响因素与改善方法主要如下。

① 增大粒子大小。对于黏附性的粉状粒子进行造粒，以减少粒子间的接触点数，降低粒子间的附着力、凝聚力。

② 粒子形态及表面粗糙度。球形粒子的光滑表面，能减少接触点数，减小摩擦力。

③ 含湿量。适当干燥有利于减弱粒子间的作用力。

④ 加入助流剂的影响。加入 0.5%～2%滑石粉、微粉硅胶等助流剂可大大改善粉体的流动性。但过多使用反而增加阻力。

2.3.4　粉体的压力计算

液体容器中，压力与液体的深度成正比，同一水平面上的压力相等，而且，帕斯卡原理和连通器原理成立。但是，对于粉体容器却完全不同。图 2-31 表示一圆筒容器，现讨论容积密度 ρ_B 的粉体均匀填充时，深度 h 处的粉体压力。设该容器壁和粉体间的摩擦系数为

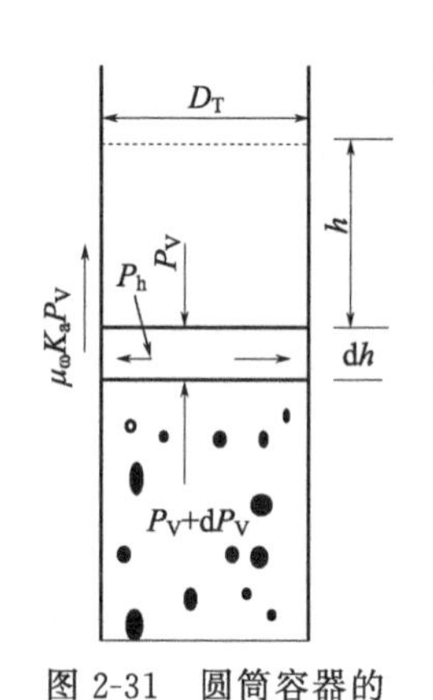

图 2-31 圆筒容器的粉体压力

μ_ω，取铅垂方向的力平衡，可写出下式：

$$\frac{\pi}{4}D_T^2P_V+\frac{\pi}{4}D_T^2\rho_B dh=\frac{\pi}{4}D_T^2(P_V+dP_V)+\pi D_T\mu_\omega K_a P_V dh \tag{2-76}$$

将式(2-71) 的主动粉体侧压力系数 $K_a=P_h/P_V$ 代入上式，整理后得

$$(D_T\rho_B-4\mu_\omega K_a P_V)dh=D_T dP_V \tag{2-77}$$

积分之

$$\int_0^h dh=\int_0^{P_V}\frac{dP_V}{\rho_b-\dfrac{4\mu_\omega K_a}{D_T}P_V} \tag{2-78}$$

$$h=-\frac{D_T}{4\mu_\omega K_a}\ln\left(\rho_B-\frac{4\mu_\omega K_a}{D_T}P_V\right)+C \tag{2-79}$$

当 $h=0$ 时，$P_V=0$，故得积分常数

$$C=[D_T/(4\mu_\omega K_a)]\ \ln\rho_B \tag{2-80}$$

$$h=\frac{D_T}{4\mu_\omega K_a}\ln\left(\frac{\rho_B}{\rho_B-\dfrac{4\mu_\omega K_a}{D_T}P_V}\right) \tag{2-81}$$

因此，可得如下所示的垂直压力 P_V 和水平压力 P_h 的表达式

$$\begin{cases}P_V=\dfrac{\rho_B D_T}{4\mu_\omega K_a}\left\{1-\exp\left(-\dfrac{4\mu_\omega K_a}{D_T}h\right)\right\}\\ P_h=K_a P_V\end{cases} \tag{2-82}$$

此式称为 Janssen 式。对于棱柱形容器，设横截面积为 F，周长为 U，可以 F/U 置换上式的 $D_T/4$。由式(2-82) 可知，P_V 如图 2-32 所示，按指数曲线变化。当 $h\to\infty$时，$P_V\to P_\infty=\dfrac{\rho_B D_T}{4\mu_\omega K_a}$，即当粉体填充高度达到一定值后，$P_V$ 趋于常数值，这一现象称为粉体压力饱和现象。例如，$4\mu_\omega K_a$ 一般为 0.35～0.90。如取 $4\mu_\omega K_a=0.5$，$h/D_T=6$，则 $P_V/P_\infty=1-e^{-3}=0.95$，也就是说，当 $h=6D_T$ 时，粉体层的压力已达到最大压力 P_∞的 95%。

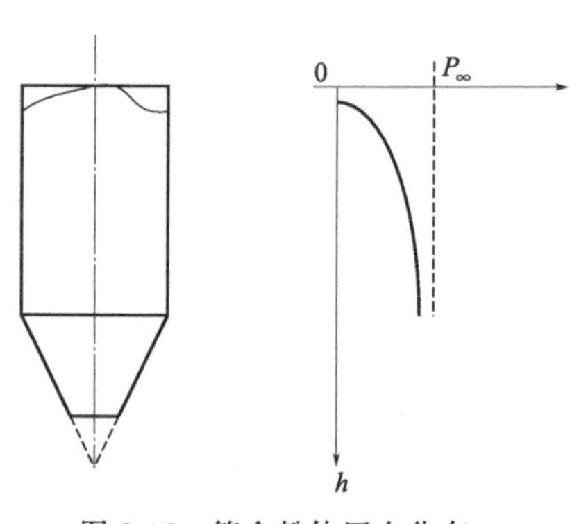

图 2-32 筒仓粉体压力分布

Janssen 公式做了如下假定：a. 容器内的粉体层处于极限应力状态。b. 同一水平面的垂直压力恒定。c. 粉体的物性和填充状态均一。因此，内摩擦系数为常数。实际上，不能满足这些假定，尤其填充方法不同时，往往偏差较大，但 Janssen 公式仍假定 K_a 为常数。此外，西德·赖姆伯特（Reimbert）假定 K_a 不是常数，则得出压力分布为双曲线。

动态超压：Janssen 公式表示静压力，但在粉体储仓的装载和卸转时，粉体却成为动态，粉体压力显著增加。这种超负荷将使大型筒仓产生变形或破坏，危及生命财产安全。测定表明，大型筒仓的静压同 Janssen 理论值大致一致，但卸载时压力有显著的脉动，离筒仓下部

约 1/3 高度处，壁面受到冲击、反复荷载的作用，其最大压力可达到静压的 3～4 倍。

2.4 颗粒物（粉体）动力学

2.4.1 粉体的流动流型

(1) 孔口流出

粉体自容器底部孔口流出时，质量流出速度与粉体层的高度无关，此乃粉体和液体明显的不同之处，通常称为砂时计原理（图 2-33）。

在孔口上部的粉体颗粒间相互挤压形成拱结构，由于承受着上部的压力，因此，流量与层高无关。该拱与后述架桥现象中阻碍排出的静态拱不同，构成拱的颗粒不断地落到拱下，而替代的新颗粒又逐渐地补充进去，因此，处于动平衡状态，故称动态拱。

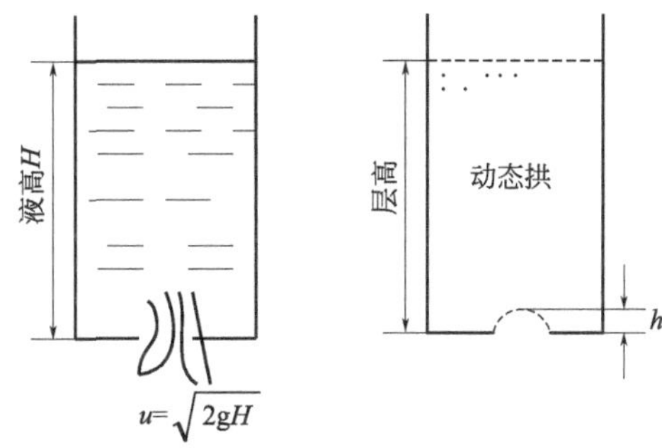

(a) 液体的流量与液高的关系　(b) 粉体的流量与层高无关

图 2-33　砂时计原理示意

（注：图 2-33 中，$Q=\frac{\pi}{4}D_0^2\sqrt{2gH}$）

① Brown 理论。Brown 等用高速录像研究了孔口的流出状态，并导出流出速度。粉体流出同水的流出情况基本相同，在孔口处存在断面收缩部分。实验表明，圆形孔口的周缘将形成环状空隙。因此，可认为颗粒流产生于与孔口内侧相切的倒圆锥形部分，形成颗粒流向倒圆锥顶点的径相流。

② 质量流出速度的经验公式。在粉体孔口流出现象的研究中，自 Deming 等之后，许多研究者都注重于研究同粉体流动现象有关的许多因素，提出了许多经验公式和理论上的探讨。各公式一般可归纳为如下形式：

$$\frac{W}{\rho_B}=\alpha D_0^n \tag{2-83}$$

式中　W——粉体的质量；

ρ_B——粉体的密度；

α——与粉体物性（粒径、内摩擦系数等）有关的常数；

n——常数，在 2.5～3.0 取值，绝大多数 $n=2.7$。

(2) 流动型式

很早以前就进行过在粉体容器出口的纵断面上装设玻璃、容器内以不同层填充不同染色粒子的重力流动的研究。尤其 Kvapil 对方格状堆积的粒子进行过详细的观察。染色粒子所呈现的流出断面的型式，即流型，为排出口的正上方部分先流出，然后逐渐扩大流动范围，流动范围之外的部分静止不动。如图 2-34 所示，D 为颗粒自由降落区；C 为颗粒垂直运动区；B 为颗粒擦过 E 区向出口中心方向缓慢滑动区；A 为颗粒擦过 B 区向出口中心方向迅速滑动区；E 为颗粒不流动区。显然，凡处在大于休止角的颗粒均产生流向出口中心的运动。C 区的形状像一个小椭圆体；B、E 区的交界面也像一个椭圆体。为此，Kvapil 提出流动椭圆体的概念，图 2-35 所示的流动椭圆体，E_N 和 E_G 分别代表上述两个椭圆体。流动椭圆体 E_N 内的颗粒产生两种运动，第一位的（垂直）运动和第二位的（滚动）运动。边界椭圆体 E_G 以外的颗粒层产生运动。另外，E_N 的顶部为流动锥体 N。显然，料仓出口料流如能形成上述椭圆体流型将是所期望的。如果仓内整个粉体层能够大致上均匀下降流出，如图 2-36(a) 和图 2-36(b) 所示，这种流动型式称为整体流（或质量流），其特点是“先进先出”，即先进仓的物料先流出。反之，如果仓内粉体层的流动区域呈漏斗形，使料流顺序紊乱，甚至有部分粉体滞留不动，造成先加入的物料后流出即“先进后出”的后果，这种流动型式称为漏斗流，如图 2-36(c) 所示。漏斗流会引起偏析、突然涌出等容重变化，以及因存储而结块等不良后果，对易变质粉体来说，后果尤为严重。因此，料仓设计必须满足整体流的要求才是理想的。

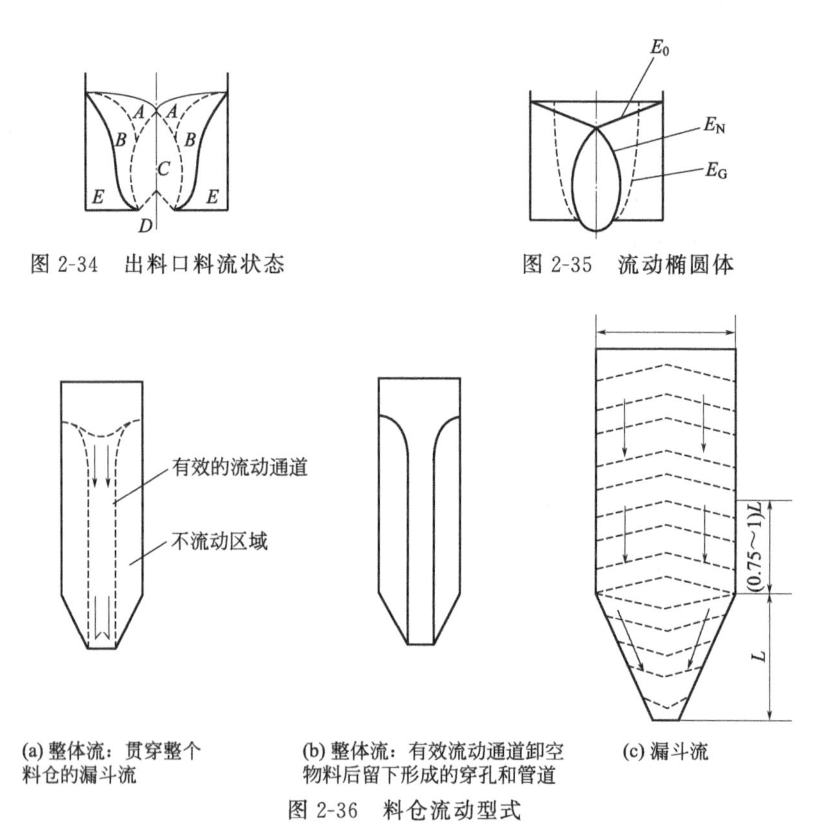

图 2-34 出料口料流状态

图 2-35 流动椭圆体

(a) 整体流：贯穿整个料仓的漏斗流

(b) 整体流：有效流动通道卸空物料后留下形成的穿孔和管道

(c) 漏斗流

图 2-36 料仓流动型式

(3) 偏析现象

粉体流动时，由于粒径、颗粒密度、颗粒形状、表面性状等差异，粉体层的组成呈现不均质的现象称为偏析。

① 渗流过程。粉体按安息角堆积，由堆积斜面的上方供入粉体时，沿静止粉体层上的斜面产生重力流动，倘若为慢慢堆积，则流动是时断时续进行的。如图 2-37 所示，慢慢堆积时，虽以静止安息角 ϕ_{rs} 为条件，保持平衡，但一旦产生流动时，因 $\phi_{rs}<\phi_{rd}$，故流动一直要进行至 ϕ_{rs} 达到动安息角 ϕ_{rd} 时方可停止。这种流动出现于堆积面大的局部部分。

由于静止粉体层之上的时断时续流动的表面颗粒层颗粒间有间隙，又处于运动状态，因此，大小颗粒混合物中的小颗粒将钻过大颗粒间隙到达流动颗粒层的下层，即到达静止粉体层中。这一现象称为动态粉体层颗粒间的渗流。这时，流动颗粒层具有筛选中筛网的作用，由粉体的供料点开始，沿流动方向的长度如为 L，则沿 L 堆积斜面上颗粒的粒度变化和筛选中筛网上的粒度变化相似。

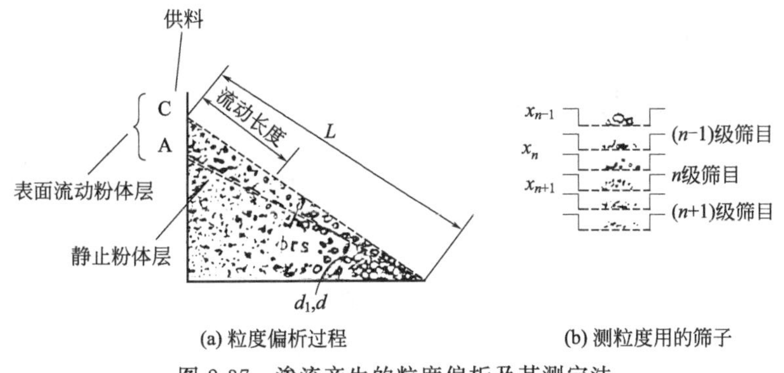

(a) 粒度偏析过程　　(b) 测粒度用的筛子

图 2-37　渗流产生的粒度偏析及其测定法

如用标准筛进行粒度测定，如图 2-37(b) 所示，用 x_n 表示 n 级标准筛目的筛余质量分数，其下注 f 表示所供给的粉体，ol 表示取自堆积面上流动长度为 l 的试样，则有如下关系

$$\lg\left(\frac{x_{\mathrm{ol}(n)}}{x_{\mathrm{ol}(n-1)}}\right)=\lg\left(\frac{x_{\mathrm{f}(n)}}{x_{\mathrm{f}(n-1)}}\right)-[a_{(n)}-a_{(n-1)}]l \tag{2-84}$$

式中　$a_{(n)}-a_{(n-1)}$——由实验确定的常数。

因此，用半对数只对 l 与 $x_{\mathrm{ol}(n)}/x_{\mathrm{ol}(n-1)}$ 作图时，可得直线关系。$x_{\mathrm{ol}(n)}$ 为细颗粒的百分数，$x_{\mathrm{ol}(n-1)}$ 为粗颗粒的百分数，因此 l 越大，则 $x_{\mathrm{ol}(n)}/x_{\mathrm{ol}(n-1)}$ 越小，即表示粗颗粒的百分数增大。由实验可知，供料速度越小，粉体流动性越大，粒度范围越广，则 $a_{(n)}-a_{(n-1)}$ 值越大，粒度偏析越严重。因此，为了尽可能减小粒度偏析，l 值要小，而且必须迅速地堆积粉体。

② 粒度偏析特性。如上所述，细颗粒堆积于近粉体供料点处，而粗颗粒堆积于远离供料点处。图 2-38 为一实验例子，它表示在平板上堆积成圆锥状的粉体（底面直径约 1m），由设于供料口正下方的排出口排出时，粒度排出顺序的变动情况由地面上堆积、地下装设带式输送机卸煤的仓库所做的实验可知，卸料的初期细粉很多，而后期形成很多“蚁狮”状的孔洞，引起局部崩塌，构成复杂的粒度变动。密度偏析与粒度偏析有相似的特性，ρ_p 大的颗粒与粒度偏析时的细颗粒有着类似的渗流现象。

③ 防止偏析的方法。基本的方法是尽可能将前述的 l 取值小些，这样势必要减小储仓

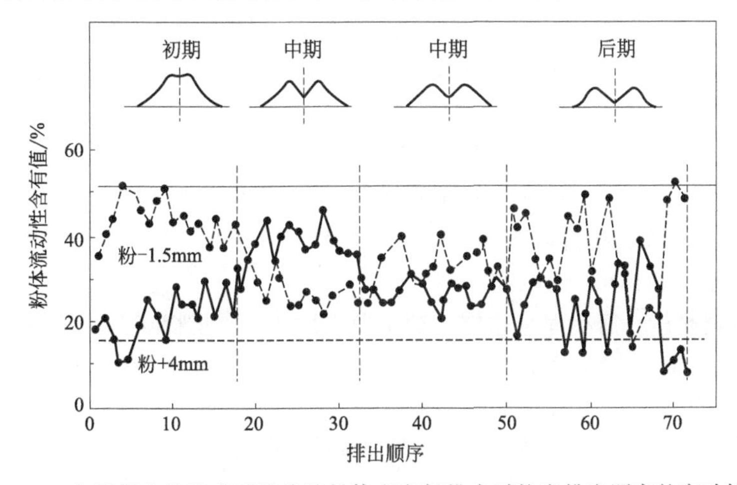

图 2-38　在平板上堆积成圆锥状的粉体由底部排出时粒度排出顺序的变动情况

的直径，无法采用高度大的料斗以满足设计所需容量。因此，可在容器内设置同心状和方格状隔板以减小 l。另外，改变投料方法，同时设置挡板以改变流型，虽有一定效果但尚不太明显。

2.4.2 应变莫尔（Mohr）圆

1866 年德国的 K. 库尔曼首先证明：物体中一点的二向应力状态可用平面上的一个圆表示，这就是应力圆。

德国工程师莫尔（Christian Otto Mohr）对应力圆做了进一步的研究，提出借助应力圆确定一点的应力状态的几何方法，后人就称应力圆为莫尔应力圆，简称莫尔圆。

对于二向应力状态，若已知如图 2-39(a) 所示的单元体（实际代表物体中一个点）在两相互垂直的截面上的应力 σ_x、τ_{xy} 和 σ_y、τ_{yx}（其中 σ_x 和 σ_y 为正应力，以拉伸为正；τ_{xy} 和 τ_{yx} 为剪应力，顺时针为正且 $\tau_{yx}=-\tau_{xy}$），则在以正应力 σ 为横坐标、剪应力 τ 为纵坐标的坐标系中，可按下述步骤画出莫尔圆。根据已知应力分量在坐标系中画出 $A(\sigma_x, \tau_{xy})$ 和 $B(\sigma_y, \tau_{yx})$ 两点，以 AB 连线与 σ 轴的交点 C 为圆心，以 CA（或 CB）为半径画圆，即得莫尔圆 [图 2-39(b)]。

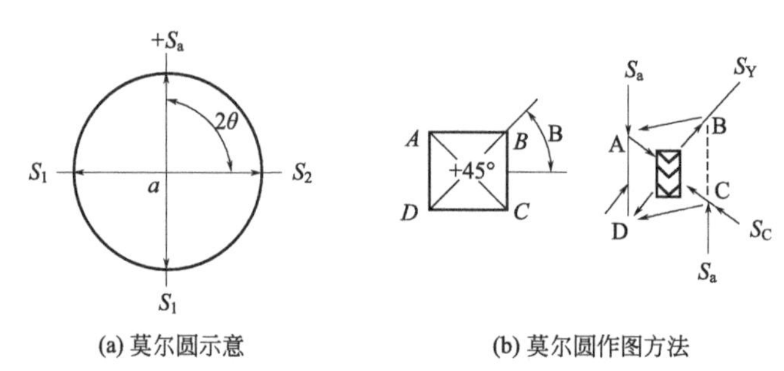

(a) 莫尔圆示意　　(b) 莫尔圆作图方法

图 2-39　应力莫尔圆

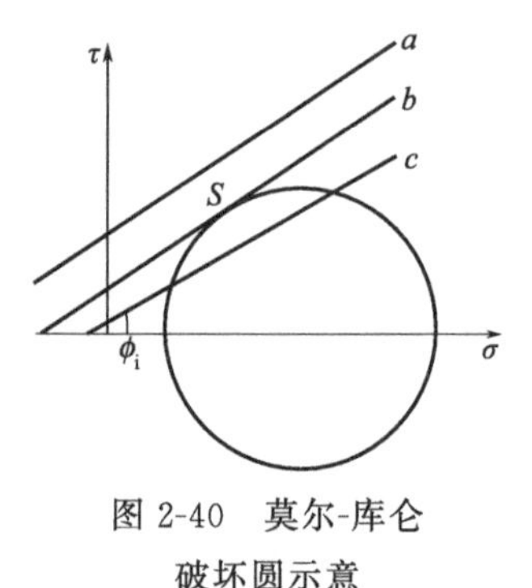

图 2-40　莫尔-库仑破坏圆示意

把莫尔应力圆与库仑抗剪强度定律互相结合起来，通过两者之间的对照来对粉体所处的状态进行判别。把莫尔应力圆与库仑抗剪强度线相切时的应力状态——破坏状态，称为莫尔-库仑破坏准则，它是目前判别粉体（粉体单元）所处状态的最常用或最基本的准则。根据这一准则，当粉体处于极限平衡状态即应理解为破坏状态，此时的莫尔应力圆即称为极限应力圆或破坏应力圆，相应的一对平面即称为剪切破坏面（简称剪破面）（图 2-40）。

莫尔圆位于抗剪强度线的下方，τ-σ 线为直线 a，处于静止状态；抗剪强度线与莫尔圆在 S 点相切，τ-σ 线为直线 b，处于临界流动状态/流动状态；抗剪强度线与莫尔圆相割，τ-σ 线为直线 c，不会出现的状态。

根据莫尔圆定义粉体可分为三类。

Molerus Ⅰ类粉体：简单库仑粉体，初抗剪强度为 0，其特点为不团聚、不可压缩、流动性好且流动性与粉体预压缩应力无关；Molerus Ⅰ类粉体的开放屈服强度为 0，即 Molerus Ⅰ类粉体不结拱，Jenike 流动函数 FF→∞。

Molerus Ⅱ类粉体：初抗剪强度不为 0，但与预压缩应力无关。Molerus Ⅱ类粉体的开放屈服强度为常数，与预压缩应力无关，其特点为有一定的团聚性、可压缩性和流动性，且流动性与预压缩应力无关，即初抗剪强度 c 与外载 N 无关。流动函数 FF 是与预压缩应力无关的常数。

Molerus Ⅲ类粉体：初抗剪强度不为 0 且与预压缩应力有关。开放屈服强度随预压缩应力的增大而增大，即拱的强度随预压缩应力的增大而增大。

通常此类粉体的内摩擦角也与预压缩应力有关。其特点为有较强的团聚性和可压缩性、较差的流动性且流动性与预压缩应力有关。流动函数 FF 与预压缩应力有关。

① 莫尔圆Ⅰ位于破坏包络线 IYF 的下方，说明该点在任何平面上的剪应力都小于极限剪切应力，因此，不会发生剪切破坏。

② 莫尔圆Ⅱ与破坏包络线 IYF 相切，切点为 A，说明在 A 点所代表的平面上，剪应力正好等于极限剪切应力，该点就处于极限平衡状态。圆Ⅱ称为极限应力圆。

③ 破坏包络线 IYF 是莫尔圆Ⅲ的一条割线，这种情况是不存在的，因为该点任何方向上的剪应力都不可能超过极限剪切应力（图 2-41）。

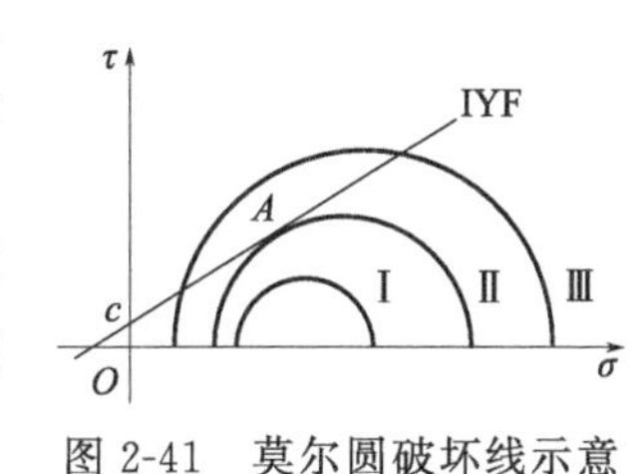

图 2-41 莫尔圆破坏线示意

临界流动状态或流动状态时，如图 2-42 和图 2-43 所示。

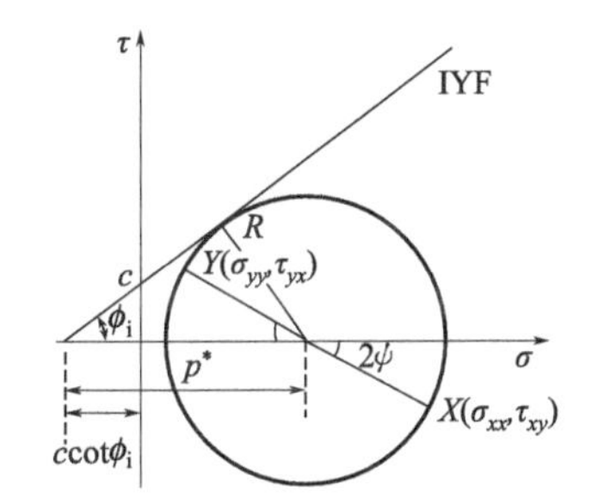

图 2-42 粉体处于临界流动状态或流动状态时应力关系的莫尔应力圆

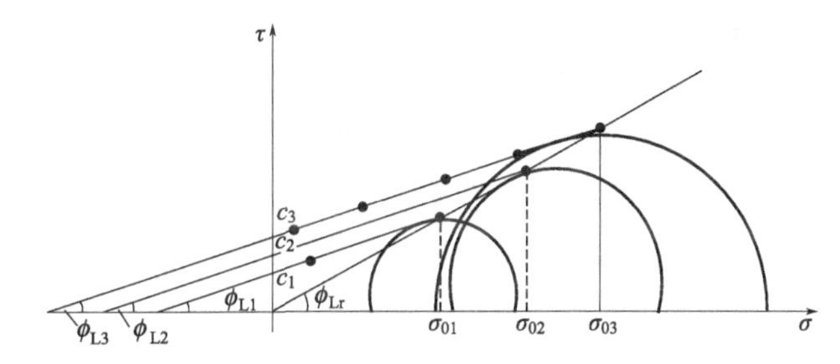

图 2-43 Molerus Ⅲ类粉体的临界流动条件示意

莫尔圆半径：$p^{*}\sin\phi$

最大主应力：
$$\sigma_1=p(1+\sin\phi_i)-c\cot\phi_i \tag{2-85}$$

最小主应力：
$$\sigma_3=p(1-\sin\phi_i)-c\cot\phi_i \tag{2-86}$$

粉体处于临界流动状态或流动状态时，任意点的应力：

$$\sigma_{xx}=p^{*}+R\cos2\psi-c\cos\phi_i=p^{*}(1+\sin\phi_i\cos\psi)-c\cot\phi_i \tag{2-87}$$

$$\sigma_{yy}=p^{*}(1-\sin\phi_i\cos2\psi)-c\cot\phi_i \tag{2-88}$$

$$\tau_{yx}=-\tau_{xy}=R\sin2\psi=p^{*}\sin\phi_i\sin2\psi \tag{2-89}$$

Molerus Ⅲ类粉体的内摩擦角也和预压缩应力有关。表现在流动条件图中，可以得到同预压缩应力有关的曲线族，如图 2-43 所示。与预压缩莫尔应力圆相切的曲线表示有效流动曲线。

根据莫尔-库仑定律，当单元体达到极限平衡状态时，莫尔应力圆恰好与库仑抗剪强度线相切（图 2-44）。

根据图 2-44 中的几何关系及三角函数的变换，可得：

$$\sin\phi=\frac{\dfrac{\sigma_1-\sigma_3}{2}}{\dfrac{\sigma_1+\sigma_3}{2}+c\times\cot\phi} \tag{2-90}$$

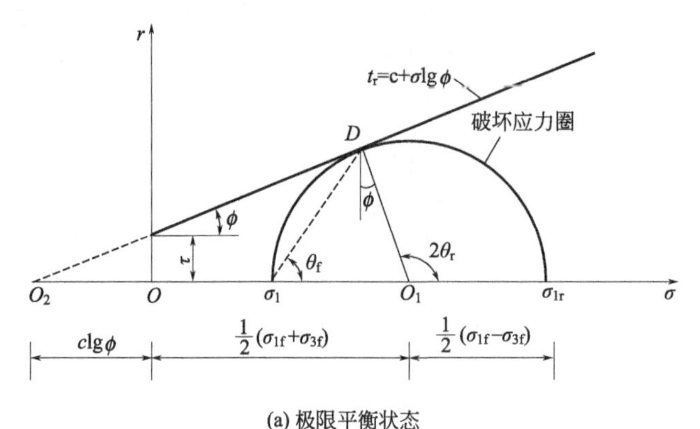

(a) 极限平衡状态

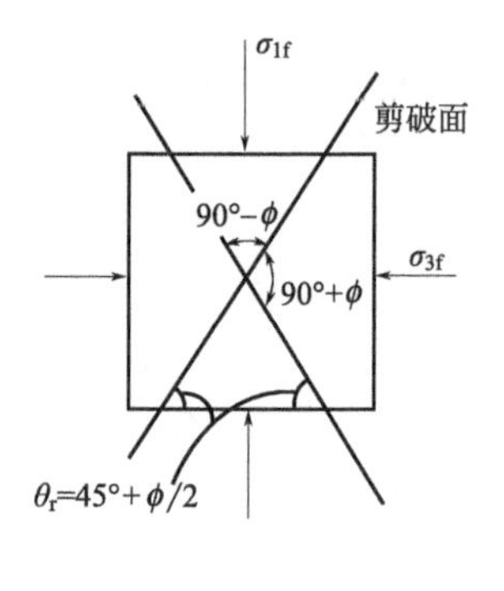

(b) 剪破面

图 2-44　极限平衡状态示意

$$\sigma_{3f}=\sigma_{1f}\left(\tan 45°-\frac{\phi}{2}\right)^2-2c\cdot\tan\left(45°-\frac{\phi}{2}\right) \tag{2-91}$$

$$\sigma_{1f}=\sigma_{3f}\left(\tan 45°+\frac{\phi}{2}\right)^2+2c\cdot\tan\left(45°-\frac{\phi}{2}\right) \tag{2-92}$$

因此，根据莫尔-库仑强度理论可建立粉体极限平衡条件。

对粉体受力如图 2-45 所示，以压应力 σ 为横坐标（σ_3 作用方向），剪应力 τ 为纵坐标（σ_1 作用方向），圆周处 $\sigma=(\sigma_1+\sigma_3)/2$。圆半径为（$\sigma_1-\sigma_3$）/2。$\theta$ 与 α 与图 2-46 中夹角一致，并标出了压应力 σ、剪应力 τ、合力 η 的作用方向及角度。

当剪应力与最小主应力的夹角最大时，粉体层发生破坏，如图 2-47 中的 P 点所示，OP 为莫尔圆的切线。

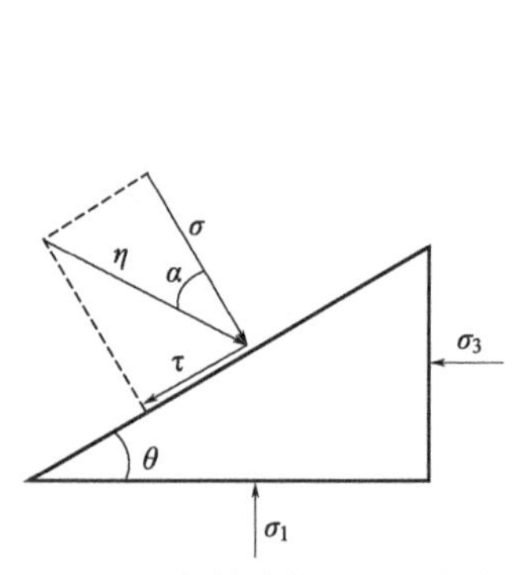

图 2-45　粉体内任一点的应力

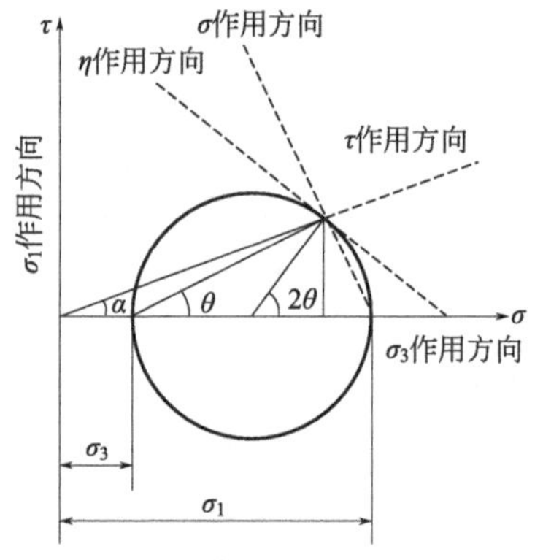

图 2-46　莫尔圆表示的应力

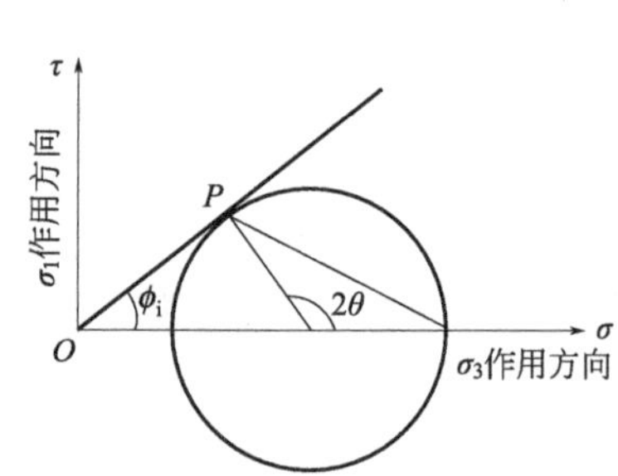

图 2-47　莫尔圆上的最大倾角

思考题

1. 试求边长为 a 的正方形和等边三角形的 Feret 径（Green 径投影圆当量径和 Martin 径的统计平均值）。

2. 何谓三轴径、当量径？

3. 何谓粒度分布、累积分布、频率分布？

4. 何谓重力流动？

5. 何谓漏斗流、整体流？二者各有什么特点？

6. 什么是粉体压力饱和现象？

7. 何谓流动函数？

8. 简述粉体的偏析机理，防止偏析的措施有哪些？

9. 说明 RRB 的统计表达式中特征粒径的意义？

10. 空气中颗粒团聚的主要原因是什么？什么作用力起主要作用？非常干燥条件下又是什么作用力起主要作用？颗粒在空气中和液体中分散的主要途径有哪些？

11. 京都府丹后半岛引滨的鸣砂用筛分法测定其粒度分布。各标准筛的实际筛孔按 FM 法测定，它表示残留于各层筛的颗粒群的下限粒径。若下表的粒径服从对数正态分布，试求平均粒径 D_1、D_2、D_3、D_4、D_S、D_V、D_W、D_h 和 1kg 砂所含的粒子数、比表面积。假定颗粒为球，$\rho_p=2650\text{kg/m}^3$。

筛孔的公称尺寸/μm	590	500	420	350	297	筛下
筛孔的实际尺寸/μm	—	574	501	423	355	—
各层筛上质量/%	0	20.5	32.9	35.5	10.1	1.0

12. 下表所列为安德逊移液管所测定的数据，试料为火力发电厂燃烧废气除尘装置所收的烟灰。试做 R-R 粒度分布，并求 Rosin-Rammler 分布常数 D_e、n 和 b。其次，由 Langemann 式计算比表面积，并将其计算结果同 R-R-B 图求得的比表面积值进行比较。假定烟灰的颗粒为球形，$\rho_p=2200\text{kg/m}^3$。

粒径/μm	50	40	30	25	20	15	10	7	5	3	1
试料 A	2.0	6.0	17	26	41	55	78	86	91	96.7	99.0
试料 B	0.1	0.5	2.5	3.0	10	20	35	52	63	78	92

13. 何谓容积密度？何谓颗粒密度？二者有什么关系？

14. 某粉状物料的颗粒密度为 3000kg/m^3，当该粉料以空隙率 $\varepsilon=0.4$ 的状态堆积时，求其容积密度。

参考文献

[1] 叶菁. 粉体科学与工程基础 [M]. 北京：科学出版社，2009.

[2] 盖国胜，陶珍东，丁明. 粉体工程 [M]. 北京：清华大学出版社，2009.

[3] 周仕学，张鸣林. 粉体工程导论 [M]. 北京：科学出版社，2010.

[4] 张长生，程俊华，吴其胜，等. 粉体技术及设备 [M]. 上海：华东理工大学出版社，2007.

[5] 谢洪勇，刘志军. 粉体力学与工程 [M]. 北京：化学工业出版社，2007.

第3章

废物的储存与输送

3.1 废物的储存

储存是指将固体废物临时置于特定设施或者场所中的活动，是固体废物再利用或无害化处理和最终处置前的存放行为。废物储存有两个显著特点：一是要储存在专门设施内或场所内，必须符合一定的技术要求；二是为了再利用、无害化处理和最终处置，所以废物储存是临时措施或短期行为，危险废物储存时间一般不超过一年。储存形式包括容器储存、渣场堆存、尾矿库堆放等。

3.1.1 容器储存

料仓是粉体工艺过程中各种单元操作之间必不可少的设备，是各种松散物料的储存设备，同时也是一种储存物料容器。按储存物料的容积及目的，储存物料的容器一般分为以下三种：

① 筒仓。主要用于储存时间较长（数星期至数月）、量较大的粉体，为筒形大型容器，床面设置得比较低。

② 料斗。用于调节工序间物料量的变化，储存时间较短（数小时至数日），是兼做漏斗用的容器。

③ 漏斗。不做储存用，主要用作料流动方向和速度的调节，是底部呈圆锥形、棱锥形或切缝状的器具。

3.1.1.1 料仓及料斗的设计

（1）整体流料仓的设计

料仓内的粉体由于粉体压力和颗粒间的附着、凝聚力等的作用，往往造成卸料口结拱、堵塞现象，使粉体处理过程的连续化和自动化出现故障。20世纪60年代初，詹尼克（Jenike）以粉体力学为基础，对这一现象进行了理论研究，并提出了可以进行定量设计的方法。

料斗形状、仓壁摩擦系数等因素决定着料仓的流动性质，Jenike以料斗流动因数 ff 来表示，并定义为料斗内粉体固结主应力 σ_1 与作用于料拱脚的最大主应力 $\bar{\sigma}_1$ 之比，即

$$ff=\frac{\sigma_1}{\bar{\sigma}_1} \tag{3-1}$$

作用于料拱脚的最大主应力 $\bar{\sigma}_1$ 可由下式确定

$$\bar{\sigma}_1 = \frac{\gamma B}{H(\theta)} \tag{3-2}$$

式中　γ——容积密度；

B——卸料口宽度；

$H(\theta)$——料斗半顶角 θ 的函数。

$H(\theta)$ 可用下式近似计算

$$H(\theta) = (1+m) + 0.01(0.5+m)\theta \tag{3-3}$$

式中　m——料斗形状系数，轴线对称的圆锥形料斗 $m=1$，平面对称的楔形料斗 $m=0$。

对于一定形状的料斗（图 3-1），σ_1 及 $\bar{\sigma}_1$ 均同料斗直径呈线性关系，根据应力分布的理论分析，可得

$$ff = \frac{H(\theta)(1+\sin\delta)}{2\sin\theta}(1+m) \tag{3-4}$$

式中　δ——有效屈服轨迹的斜率角，即有效内摩擦角。

由上可知，ff 值越小，料斗的流动性越好。料斗设计时要尽力获得 ff 值小的料斗。

(2) 料仓卸料口径的确定

根据 Jenike 的理论，整体流料仓的卸料口径取决于粉体流动函数和料斗流动因数的比值，即整体流的条件为

$$FF > ff \tag{3-5}$$

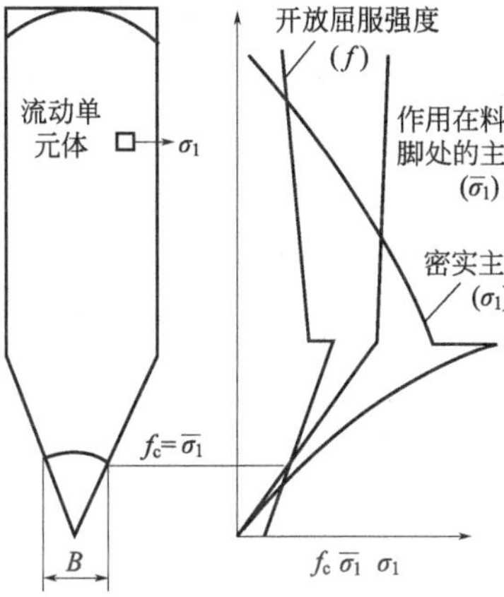

$$f_c < \bar{\sigma}_1 \tag{3-6}$$

图 3-1　结拱临界条件

显然，结拱的临界条件为（图 3-1）

$$FF = ff \tag{3-7}$$

如以 f_{ccrit} 表示结拱时的开放屈服强度，则可写成

$$\bar{\sigma}_1 = f_{ccrit} \tag{3-8}$$

将式(3-8) 代入式(3-4)，即得料斗最小卸料口径为

$$B = \frac{f_{ccrit} H(\theta)}{\gamma} \tag{3-9}$$

必须指出，尽管料仓在卸料时要出现动态压力峰，其值要比静态压力大 3～5 倍，但因其位置是在筒仓与料斗的接合处，而料斗出口的静态压力仍然大于动态压力，因此，上述公式中的 σ_1 应以静态压力为准。

另外，Jenike 方法原则上试用于细粒物料（粒径小于 0.84mm），因为粗颗粒物料不存在屈服强度。对于粗颗粒可以参照下列一些公式确定极限出口径的大小。尽管容器底部出口的尺寸大大地大于粒子的大小，但往往流不出，或流出经常中止。这种现象称为闭塞(clogging) 现象。粒子间因形成拱结构而闭塞的现象称为架桥（bridging 或 arching）现象。

Langmaid 等提出用下式表示长条形和圆形孔口结拱的极限流出口径。设 S 为长条形的极限出口径；D_c 为圆形孔口的极限流出口径；D_{Ps} 为比表面积当量径；ϕ_s、ϕ_v 为表面积和体积形状系数。则

$$S/D_{Ps} = 1.8 + 0.038(\phi_s/\phi_v)^{1.8} \tag{3-10}$$

$$D_c/D_{Ps}=2.3+0.071(\phi_s/\phi_v)^{1.8} \tag{3-11}$$

对于球，因 $\phi_s/\phi_v=6$，因此，$S/D_{Ps}=2.8$，$D_c/D_{Ps}=4.1$；对于被粉碎的颗粒（形状不规则）大多 $\phi_s/\phi_v=10$ 左右，故 $S/D_{Ps}=4.2$，$D_c/D_{Ps}=6.8$。

此外，根据有关成拱形状的理论提出了如下关系式

$$(D_c/D_{Ps})=\frac{2\mu_i^2}{1-\mu_i^2}\left(0.5+\frac{1-\mu_i}{\sqrt{1+\mu_i^2}}\right) \tag{3-12}$$

式中 μ_i——粉体的内摩擦系数。

Kvapil 提出，对于形状不规则的颗粒，圆形孔口 $D_c/D_{Ps}=6.15$，边为 A 的正方形孔口 $A/D_{Ps}=7$。另外，Enstad 导出了极限流出口径的粉体力学理论公式。

(3) 料斗最大半顶角

为使所设计的料仓具有整体流形，料斗的半顶角要足够小，也就是说要有一个合适的料斗半顶角。对于圆锥料斗，保持整体流所需的最大半顶角，可用式(3-13) 求出。

$$\theta_{max}=\frac{1}{2}(180°-\phi_w)-\frac{1}{2}\left[\arccos\left(\frac{1-\sin\delta}{2\sin\delta}\right)+\arcsin\frac{\sin\phi_w}{\sin\delta}\right] \tag{3-13}$$

式中 δ——有效内摩擦角，(°)；

ϕ_w——壁面摩擦角，(°)

设计矩形料仓，对于楔形料斗，可由经验公式(3-14) 确定整体流最大半顶角。

$$\theta_{max}=\frac{e^{3.72}\times1.01(0.1\delta-3)-\phi_w}{0.725(\tan\delta)^{1.5}} \tag{3-14}$$

形成整体流的必要条件是料斗半顶角 $\theta<\theta_{max}$。为保证料仓中的物料能正常形成整体流，实际设计时，将计算得出的最大半顶角值减去 30°，作为整体流料斗半顶角。

(4) 料仓最小卸料口径

为使粉体物料能沿斗壁流动，整体流料仓的设计除料斗半顶角必须足够小外，还应有足够大的开口，以防止形成料拱；另外，任何卸料装置都必须在全开的卸料口上均匀卸料，如果供料机或连续溜槽使颗粒的流动偏向于出料口的一侧，那么就会破坏整体流的模式，而形成漏斗流。

据形成整体流动的条件，若以 f_{ccrit} 表示结拱时的临界开放屈服强度，料仓最小卸料口径可由式(3-15) 求出。

$$D_c=\frac{H(\theta)f_{ccrit}}{\rho_B} \tag{3-15}$$

式中 $H(\theta)$——同式(3-3)；

ρ_B——容积密度，mg/m^3。

对于平均粒径较大（$>3000\mu m$）的颗粒，卸料口尺寸 $D_c>6d_p$（d_p 为颗粒平均粒径）。设计步骤如下。

① 对粉体做剪切测定，在 σ-π 坐标上画出屈服轨迹，求得有效内摩擦角 δ，开放屈服强度 f_c 和壁面摩擦角 ϕ_w。

② 由 δ 和 ϕ_w 值在 $H(\theta)$ 和 θ 关系图中选择料仓半顶角 θ 值，并由此确定料斗的流动因数 ff。

③ 从相应的莫尔圆上确定 f_{ccrit} 及 σ_1 值，计算出流动函数 FF，在 f_c-σ_1 坐标图上画出 ff 和 FF 曲线，ff 和 FF 的交点即为临界开放屈服强度。

④ 由 f_{ccrit} 和 $H(\theta)$ 算得最小卸料口径 D_c。

(5) 料仓形式的确定

一般垂直料仓是由横断面一定的筒形上部和料斗组成，最常用的横断面形状有方形、矩形和圆形。在卸料方式上有中心卸料、侧面卸料、角部卸料和条形卸料。对于料仓形状的设计应以被处理物料的流动性为基础。例如，在料斗方面，除通常的形状外，有复式卸料口、双曲线卸料口等，都是为了卸料的通畅。研究表明，料仓的横断面形状对生产率没有影响。料斗的设计对于料仓功能的好坏是非常重要的，料斗改变了料仓中物料的流动方向，同时料斗构造和形状决定了物料流向卸料口方向的收缩能力。图 3-2 为几种常见料斗的形状，通常的形状是与圆形料仓结合使用的圆锥形料斗，加大卸料口的尺寸、采用小半顶角及偏心料斗均不易产生结拱，有利于物料的流动。在图 3-2 中。附着性粉体的排出容易程度顺序从易到难为 (c)>(b)>(a)>(d)>(e)。

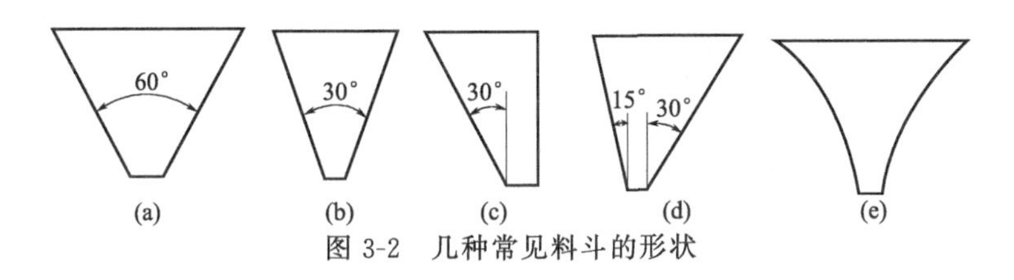

图 3-2　几种常见料斗的形状

3.1.1.2　料仓容积设计

设计时，一般所要考虑的内容有：占地条件，包括形状和大小，地耐力如何；物料性质，如真密度、松装密度、休止角、内摩擦角、壁面摩擦角和含水率等；使用条件，包括总容量和卸料量；规范法规，建筑规范和施工条件、建筑标准、消防规定等。在掌握上述情况后，需要确定以下问题：单个料仓或多个料仓的组合、每个料仓的容量、料仓的形状、料仓的材料，最后确定高度的上限，从而确定料仓的高度和直径。作为料仓的设计目标，一要确保安全；二要能够通畅排料；三要做到经济合理。从单位容量的投资来看，容量越大越省钱，但又不能盲目追求大料仓，以致料仓不能经常处于满仓的状态而造成浪费。所以，应根据储存物料的种类来比较单位处理量的投资最佳的效率的储仓容量，最好能给出容量与直径、高度、仓壁厚度的关系图，选择最佳点。

物料输入料仓时的进料位置一定，由于物料在仓内堆积形成休止角（图 3-3），因此，物料堆积的有效容量总是小于料仓的总容积，产生损失容量。

(1) 容积

圆筒形料仓如图 3-3 所示，设物料的容积密度为 ρ_v，储存的物料总容积可由式(3-16) 求得：

$$V_S=\frac{\pi}{4}D^2h+\frac{\pi}{12}D^2S+\frac{\pi}{12}D^2l=\frac{\pi}{4}D^2\left(h+\frac{\pi^2}{6}\tan\alpha+\frac{D}{6}\tan\phi\right) \tag{3-16}$$

式中　α——圆锥形测角，(°)；

ϕ——物料的休止角，(°)。

物料质量为：　$m_s=\rho_s V_S$　(3-17)

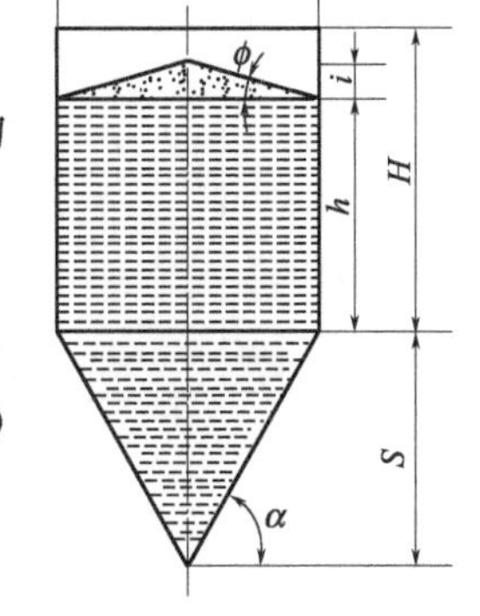

图 3-3　圆筒形料仓

料仓的容积为：

$$V_L=\frac{\pi}{4}D^2H+\frac{\pi}{12}D^2S=\frac{\pi}{4}D^2\left(H+\frac{\pi^2}{6}\tan\alpha\right) \tag{3-18}$$

因为料仓的上部一般要装有料粒和安全阀等，故通常料仓上部要有一定空间，所以储存物料容积与料仓容积的比通常为

$$V_S/V_L=0.85\sim0.95 \tag{3-19}$$

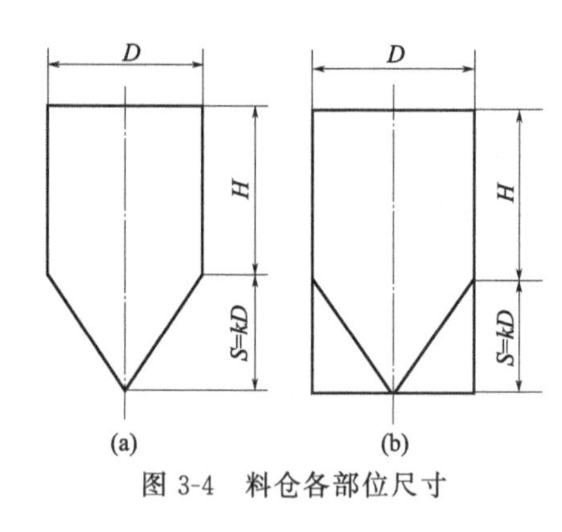

图 3-4 料仓各部位尺寸

(2) 直径与高度

料仓的形状，即直径与高度的比例在满足使用条件的基础上要尽可能经济。

① 一般料仓。如图 3-4(a)所示，设料仓壁面的基建费为 1，上顶为 i，下底为 j，整个基建费 E 可由式(3-20) 表示。

$$E=\pi DH+\frac{\pi}{4}D^2i+\frac{\pi}{4}Dj\sqrt{D^2+4S^2} \tag{3-20}$$

将式(3-18) 代入式(3-20)，消去 H，并设 $S=kD$，则

$$E=4\frac{V_L}{D}-\frac{\pi}{3}kD^2+\frac{\pi}{4}D^2i+\frac{\pi}{4}D^2j\sqrt{D^2+4k^2} \tag{3-21}$$

$$H=D\left(\frac{i+j\sqrt{1+4k^2}-2k}{2}\right) \tag{3-22}$$

式(3-22) 就是最经济的料仓直径 D 和侧壁高 H 的关系，当 $i=1$、$k=1$ 时

$$H=0.62D \tag{3-23}$$

$$H+S=1.62D \tag{3-24}$$

② 有下裙的料仓。如图 3-4(b) 所示，计算方法同上，在同样条件时，有

$$H=2.62D \tag{3-25}$$

$$H+S=3.62D \tag{3-26}$$

③ 圆形平底料仓。同上条件时：

$$H=D \tag{3-27}$$

实际上，料仓的形状确定要综合考虑以下因素，如物料入库的方式及所要空间，粉体的壁摩擦角，卸料方式、占地限制、地基强度、地震风压及与其他设备的关系。

粉体料仓结拱的类型一般有如下四种（图 3-5）。a. 压缩拱：粉体因受料仓压力的作用，

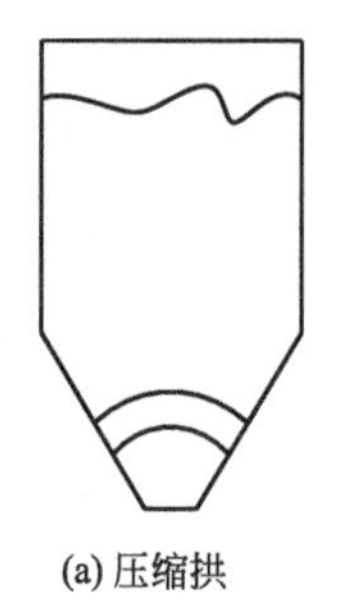
(a) 压缩拱

(b) 楔形拱

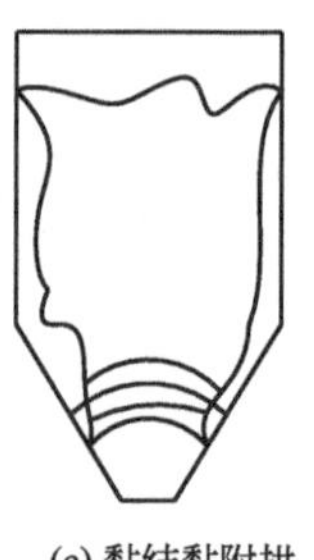
(c) 黏结黏附拱

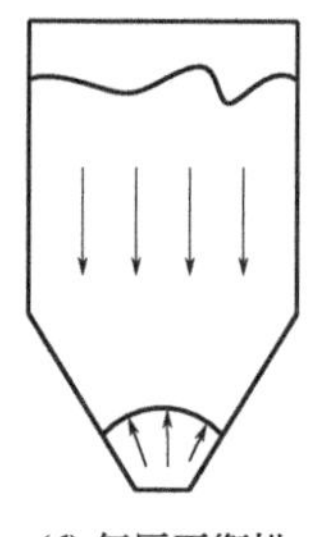
(d) 气压平衡拱

图 3-5 粉体料仓结拱的类型

使固结强度增大而导致起拱。b. 楔形拱：颗块状物料因颗块相互啮合达到力平衡所致。c. 黏结黏附拱：黏结性强的物料因含水、吸潮或景点作用而增强了物料与仓壁的黏附力所致。d. 气压平衡拱：料仓回转卸料器因气密性差，导致空气泄入料仓，当上下气压力达到平衡时所形成的料拱。

防止结拱的措施有三方面途径：a. 改善料仓的几何形状及其尺寸；b. 降低料仓粉体压力；c. 减小料仓壁摩擦阻力。如表 3-1 所列。

表 3-1　防止料仓结拱的措施及其效果

防拱措施		压缩拱	楔形拱	黏结黏附拱	静电黏附拱	气压平衡拱
改善料仓几何形状	卸料口大、斗顶角小	A	A	C	C	B
	非对称性料斗(偏心卸料口)	C	A	B	D	A
降低粉体压力	减小料仓直间隔	A	B	C	C	B
	采用改流体	A	B	C	D	B
减小仓壁摩擦阻力	振动	B	D	C	C	C
	锤炼	C	B	B	B	B
	充气	B	D	C	C	C
	改善仓壁材料	A	C	B	D	D
	排气	D	D	D	D	A
	防潮	D	D	A	D	D
	消除静电	D	D	D	A	D

注：效果程度的顺序为 A>B>C>D，其中 D 表示无效。

3.1.2　渣场堆存

开发建设中的工矿企业、公路、铁路、水利电力工程、矿山开采及城镇建设等，在施工和生产运行中会产生大量的废渣，除利用外，尚有许多剩余的弃土、弃石、弃渣、尾矿渣及其他固体废弃物，必须在指定的场所集中堆放，修建挡渣工程，防止弃渣流失，压埋农田，淤积江河湖库，危害村庄安全及恶化当地生态环境。渣场是指用来堆放工业制造活动中（包括金属、非金属冶炼活动）所产生的固体废弃物的场所，属于制造业范畴。同时，渣面还可作为农用耕地及其他用地。对挡渣工程的位置、规模及其形式，要视地形、地质、洪水、弃渣量、建材、施工、经济及其对周围环境的影响，进行综合方案比选确定。

合理选取弃渣场，利用弃渣场弃渣是防止水土流失的重要环节，也是提高拦渣效率的重要保证。弃渣可分为沟道弃渣、坡面弃渣、填洼（塘）弃渣和平地弃渣四大类。弃渣方式应优先选择填洼（塘）弃渣，平地弃渣次之，最后选择沟道弃渣或坡面弃渣。根据借土场、弃渣场类型的不同，合理布设综合防护措施。不同弃渣方式比较见表 3-2，不同类型弃渣场的设计要求见表 3-3。

表 3-2　不同弃渣方式比较

弃渣方式	优点	缺点	优先选择顺序
沟道弃渣	弃渣量大	①需设挡渣工程，投资大 ②需设沟内排洪工程，投资大 ③潜在的水土流失危害大 ④对周边环境影响较大	3

续表

弃渣方式	优点	缺点	优先选择顺序
坡面弃渣	弃渣量较大	①需设挡渣工程，投资大 ②需设坡面截流排洪工程，投资大 ③潜在的水土流失危害大 ④对周边环境影响较大	4
填洼(塘)弃渣	①不需设挡渣工程，投资省 ②潜在的水土流失危害小 ③对周边环境影响小	①弃渣量小 ②需设排洪工程，投资不大	1
平地弃渣	①不需设挡渣工程，投资省 ②潜在的水土流失危害较小 ③对周边环境影响较小	①弃渣量不大 ②需设排水沟和沉沙池，投资较大	2

表 3-3 不同类型弃渣场的设计要求

弃渣场类型	拦渣工程	防洪标准	要求计算	设计弃渣场的必要条件
荒坡	挡渣墙	10 年一遇	排水沟泄洪能力	荒坡在加载后仍为稳定边坡
荒沟	数道拦渣坝	10 年一遇	排水沟泄洪能力	最上游一道坝为不透水拦洪坝
沟台地	拦渣坝＋挡渣堤	20 年一遇	基础埋深	判别是清水沟还是泥石流沟
河滩	挡渣墙	100 年一遇	基础埋深	得到当地水利部门许可

弃渣场是常规采用的工程措施，经理论分析，临时堆放的挖方，在坡度 $\beta<$ 土壤内摩擦角 ϕ_i 时，在无暴雨、大风的情况下，能处于稳定的状态。但事实上，弃渣场必须修建挡渣建筑，挡渣建筑的稳定性涉及抗滑、抗倾覆和抗塌陷三个方面。满足以上三方面的稳定性要求，才能达到稳定状态。荒坡弃渣场设计应分析荒坡上加载弃渣后是否仍处于稳定状态，荒沟弃渣场设计应分析排水沟的泄洪能力，沟台地弃渣场挡渣墙与河滩弃渣场挡渣墙的设计应分析墙前冲刷深度。弃渣场布设在河漫滩，具有施工便利、投资省、征地少、弃渣量大等优点。河漫滩是河道行洪断面的组成部分，弃渣场设计时，应进行详细的防洪计算，满足河道防洪规划的要求，不仅应注意弃渣场本身的安全，还应考虑对上下游防护对象的不利影响；同时应充分结合防洪、造地、小城镇建设、新农村建设等规划，以取得最佳的经济效益、社会效益和环境效益。

由于弃渣压埋了原地表，毁坏了原地表林草及排水网络等水土保持设施，改变了原产流汇流条件，易造成大量的新增水土流失，潜在水土流失危害大。所以在弃渣的全过程中必须采取相应的水土保持措施，弃渣场分类综合防治措施布局如图 3-6 所示。

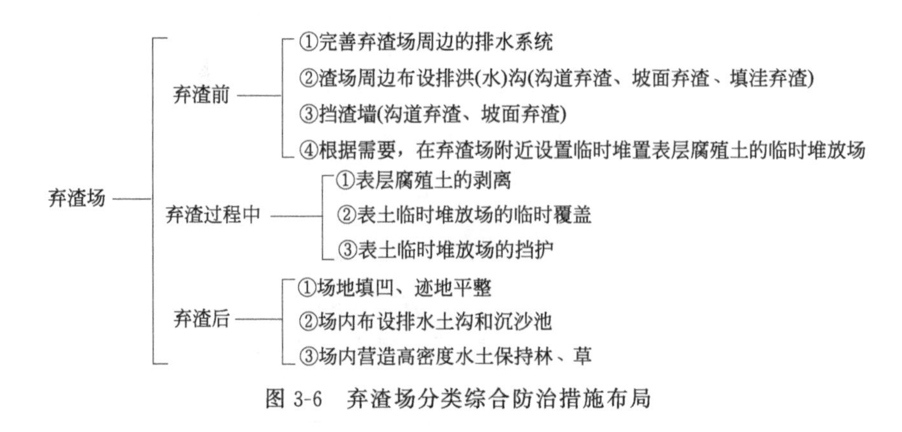

图 3-6 弃渣场分类综合防治措施布局

(1) 挡渣坝

挡渣坝是冲沟中拦挡弃渣的横向建筑物，多用于水利枢纽、火电厂、矿井及隧道等点式工程。

① 挡渣坝的位置。一般应选在距渣源较近的河沟中，要求河沟地形狭窄、容积大、沟道平缓、地质条件好、建筑材料具备、施工方便、泥沙量小、耕地少及对周围环境影响小的荒沟。河沟集水面积不宜大，一般约 2～3m^2，上游来水量少，洪水流量小，排水设施简单，且不危害下游城镇、村庄及道路等的安全。若弃渣量多，可以建造梯级挡渣坝。

② 挡渣坝渣库的容积。取决于弃渣量的多少，若弃渣量多，则要求渣库较大，相应挡渣坝也高，但坝高了勘测设计技术复杂，施工工作量大，投资也大，相应的风险也增加。渣库最好控制在 500000m^3 以下，坝高也不宜超过 15～20m。

③ 挡渣坝的坝型。应根据拦渣量和当地建筑材料进行选择，一般有浆砌块石或混凝土重力坝、土坝或堆石坝。土石坝基础宽，体积大，占渣库容积多，同时若洪水漫坝，垮坝概率高，对下游威胁大，安全性差。其填筑材料，最好选用适合建土石坝的弃渣，既经济又不多占渣库容积。

④ 挡渣坝弃渣堆筑方式。弃渣堆筑的方式，分为水平式堆筑、斜坡式堆筑两种。水平式堆筑即渣体表面与拦渣坝坝顶齐平或略低，适合于渣库容积较小的沟道。与斜坡式堆筑相比，在同样容积条件下，挡渣坝较高，投资较大。斜坡式堆筑即在坝后按一定边坡向上堆放，边坡大小视渣体土石组成及粒径大小而定，一般下级边坡（1∶2)～(1∶3)，中级（1∶1.5)～(1∶2.5)，上级（1∶1)～(1∶2)。但要用瑞典圆弧法（条分法）进行边坡稳定分析，确定其边坡坡比。渣体每级高差不大于 10m，并设马道，宽 1～1.5m。渣面可植树种草或另作他用。此种形式多用于渣库容积大的沟道，在相同容积的条件下，挡渣坝较矮，一般在 10m 以下，相应投资小。

⑤ 挡渣坝渣库的排水设施。当挡渣坝建成，渣库弃渣堆满后，截断了原沟道径流的出路，山洪将会沿渣面漫流，冲毁渣体。为此，需布设排水工程，将暴雨洪水顺畅排到下游河沟中。其排水型式要根据挡渣坝控制流域面积、降雨量、工程等级及相应设计洪水标准确定。排水工程型式一般分为两类：a. 涵洞式，即埋在渣体下部河沟沟底，穿过挡渣坝与出口消力池连接。它适用于汇水面积较大，设计洪水流量亦大的渣库。b. 排水渠，布置在渣面与山坡坡脚相交处，出水口在挡渣坝两岸的坝头沿山坡与原河沟相接。它适用于汇水面积较小，且设计洪水流量不大的渣库。

排水工程的设计洪水流量可按下列公式计算：

$$Q_0=0.278kiF \tag{3-28}$$

式中 Q_0——设计洪水流量，m^3/s；

k——洪峰径流系数；

i——汇流历时内平均降雨强度，mm/h；

F——山沟集水面积，km^2。

排水涵洞的过水断面：要根据设计洪水流量，采用宽顶堰出流公式进行计算，无压流公式如下：

$$Q_0=1.4Bh^{3/2} \tag{3-29}$$

式中 Q_0——设计洪水流量，m^3/s；

B——涵洞宽度，m；

h——涵洞进1∶3水深，m。

排水渠过水断面：按照设计洪水流量，采用明渠均匀流曼宁公式进行计算，公式如下：

$$Q_0=\frac{1}{n}A_i^{1/2}R^{2/3} \tag{3-30}$$

式中 n——糙率，浆砌石取0.025，土壤取0.02；

A_i——渠道比降，一般取1/1000，1/1500，1/2000；

R——水力半径，由以下公式计算。

$$R=\frac{S}{X} \tag{3-31}$$

式中 S——渠道断面面积，m^2，矩形断面 $S=6Xh$；

X——湿周，m，矩形断面 $X=b+2h$；

b——渠底宽度，m；

h——渠道水深，m。

⑥ 排水涵洞的结构尺寸。涵洞分为方涵与拱涵两种。方涵构造简单，适用于无压流、过水流量较小且洞顶填渣较低的排水涵洞，方涵侧墙及底板均用浆砌块石或混凝土建造。拱涵是利用混凝土或石料的抗压强度大，承载能力强的一种拱形涵洞。适用于无压流、排水流量较大且洞顶堆渣较高的排水涵洞。它由底板、侧墙及拱圈组成。拱涵用浆砌块石或混凝土修建。

⑦ 排水渠结构尺寸。一般采用矩形断面，侧墙及底板均用浆砌块石修建。一般渠底宽0.3～0.9m，侧墙顶宽0.4～0.5m，底宽0.5～0.7m，渠底板厚0.3m。

（2）挡渣墙

挡渣墙是布置在弃渣体边坡坡脚，抵抗渣体压力的一种挡渣建筑物。能起到稳定渣体边坡，缩短边坡长度，防止弃渣流失的目的。多用于铁路、公路、渠道和输变电线路等线性工程，且弃渣量较小的弃渣场。

① 挡渣墙的位置。一般布置在渣体坡脚。要求地形坡度较缓，且耕地少的荒坡，地质条件良好，建筑材料足够，施工方便，工程量和投资少，保证渣体安全稳定，不危害周围环境。

② 挡渣墙的型式。应根据弃渣场的地形坡度、当地建材、墙的高矮决定。其型式有重力式、仰卧式及扶壁式墙等。扶壁式结构轻，适合软基基础，但钢材多，投资大。仰卧式抗滑力弱，适合弃渣量少，地形坡度缓，其工程量小，投资少。重力式墙靠自重稳定，设计施工简便，能就地取材，安全可靠，属常用挡渣形式。其断面尺寸，墙背边坡为（1∶0.2)～(1∶0.7)，墙面为垂直面，墙顶宽约0.8～1.5m。墙高为3～5m，用浆砌块石或混凝土修建。

③ 挡渣墙的渣体堆筑方式。挡渣墙的渣体堆筑采取多级边坡。其边坡大小与山坡坡度和渣体物质及粒径等有关，一般下级边坡（1∶2)～(1∶3)，中级（1∶1.5)～(1∶2.5)，上级（1∶1)～(1∶2.0)。渣体堆高不超过30m，每级高差不大于10m，各级之间设有马道。堆渣量大的渣体边坡要用瑞典圆弧法进行稳定分析，安全系数与工程等级有关，可控制在1.25以内。为了防止渣体遭雨水侵蚀冲刷，渣体顶部不宜有过大的集水面积，并在渣面与坡脚交界处布置排洪沟，将雨水排入天然沟道。在马道上布置横向排水沟，沿渣体长度方向约20～30m布设纵向排水沟，断面为矩形，底宽0.4m，高0.5m，侧墙及底板均用浆砌块石材料，各厚0.4m。渣面要植树种草，防止弃渣流失。

（3）挡渣堤

挡渣堤是将弃渣围在堤内的挡渣建筑物，具有拦渣和抵挡洪水的作用。多用于堤防和水利枢纽等地形较平的弃渣场。

① 挡渣堤的位置。应选在距渣源不远，地形宽阔的河岸滩地或阶地上的渣体坡脚。要求地基条件较好，具有挡水防洪功能，适合当地砂石料少，弃渣量小，不影响河道下游城镇、村庄及农田防洪安全的弃渣场。

② 挡渣堤的型式。挡渣堤相对较低，高约 3m 以下。若挡渣堤在洪水位以上，堤的高度由堆渣量和地面面积确定。若堆渣体与防洪堤结合，堤的高度应按防洪堤标准设计，临水面还要布置防冲、防渗措施。挡渣堤的断面多采用重力式，堤顶宽约 0.8～1.2m，临渣面边坡（1∶0.2）～（1∶0.8）。底宽 1.4～3.6m。

③ 挡渣堤的渣体堆筑方式。渣体一般只设一级马道，边坡坡度大小与弃渣颗粒粒径有关，一般取（1∶1.51）～（1∶2.5），堆渣高度不宜大于 5m。为了防止雨水冲刷渣面边坡，渣面边缘设排水沟，采用矩形断面，底宽 0.3m，深 0.4m，侧墙底板各厚 0.3m，用浆砌块石材料渣面要植树种草，防止弃渣流失。

(4) 弃渣场设计及防洪问题

① 荒沟弃渣场排水沟泄洪能力。荒沟弃渣场应设置两道以上拦渣坝，最上游一道坝应为不透水拦洪坝，并设置排水沟将弃渣场上游山坡洪水和弃渣区周边地表产生的径流排向下游。排水沟设计应根据集水面积、产流参数以及降雨强度等确定其结构型式、布置方式和过水能力，设计洪水一般按 10 年一遇标准，可采用式(3-28) 计算。

挟沙水流洪峰流量按下式计算：

$$Q_s=Q_0[1+(\gamma_b-1)/(\gamma_s-\gamma_b)] \tag{3-32}$$

式中 Q_0——设计洪水流量，m^3/s；

Q_s——挟沙水流洪峰流量，m^3/s；

γ_b——挟沙水流容重，t/m^3；

γ_s——泥沙容重，t/m^3。

当 $\gamma_b<1.3t/m^3$ 时，按式(3-32) 设计排水沟；当 $\gamma_b\geqslant1.3t/m^3$ 时，荒沟为泥石流沟，不宜设置弃渣场。

根据设计流量，并利用曼宁公式和水量连续方程来推求排水沟断面的大小。当荒沟的集水面积很小时（假若$<0.5km^2$），排水沟很大，荒沟基本处于渠化状态，工程量较大，建议按沟台地设计弃渣场。

② 沟台地弃渣场的设计流量。在沟台地上建设弃渣场，首先要判别溪沟是清水沟还是泥石流沟，泥石流沟洪峰流量按下式计算：

$$Q_c=nQ_0[1+(\gamma_c-1)/(\gamma_s-\gamma_c)] \tag{3-33}$$

式中 Q_c——泥石流洪峰流量，m^3/s；

γ_c——泥石流容重，t/m^3；

n——泥石流阻塞系数，取 1.0～1.5。

当 $\gamma_c<1.3t/m^3$ 时，设计流量可按式(3-31) 和式(3-32) 计算。当 $\gamma_c>1.8t/m^3$ 时，溪沟内出现稠性泥石流，阻塞系数 n 难以确定，洪峰流量可能是清水流量的数倍至数十倍，溪沟内不宜设置弃渣场，否则会形成更大的泥石流灾害。

在溪沟的沟台地上建设弃渣场，需要沿沟溪主槽纵向设置拦渣堤，如果为清水沟，设计标准为 20 年一遇洪水，一般拦渣堤高 2～5m、埋深为 1.5m。当溪沟内是容重 $\gamma_c=1.8t/m^3$

的泥石流时，取 $n=1.5$，则泥石流洪峰流量为清水流量的 3 倍，即 $Q_c=3Q_0$。所以，拦渣堤设计时按清水流量的 3 倍验算埋深和堤顶高程。拦渣堤前沿的冲刷深度计算可参考河滩弃渣场烂渣墙前沿冲刷深度计算式。

③ 河滩弃渣场拦渣墙前沿冲刷深度。在河滩地上建设弃渣场，沿河滩必须设置拦渣墙。山区河流泥沙主要是推移质，利用沙莫夫泥沙启动流速公式和水流连续方程可以得到 100 年一遇洪水时最大冲刷状态下的水深与流量的关系，即：

$$H_1=K_1Q^{0.86} \tag{3-34}$$

式中　H_1——水深，m；

K_1——系数 $K_1=(4.6d^{0.33}B)^{-0.86}$，与冲刷达到平衡后的河宽和河床组成有关，泥沙粒径 d 的单位为 mm，水面宽 B 的单位为 m；

Q——流量，m^3/s。

该河段平均水深与流量的关系可由水位与流量关系推出，即

$$H_2=K_2Q^m \tag{3-35}$$

式中　K_2，m——水深与流量关系的系数和指数。

由于 100 年一遇洪峰流量时河道冲刷最深，可按 H_1 与 H_2 的差值计算河道平均冲刷深度。河滩地弃渣场位于高滩上，拦墙平面布置合理，河道不影响 100 年一遇洪水行洪，沿河挡墙埋深能满足 100 年一遇洪水的最大冲刷度。

3.1.3 尾矿库堆放

尾矿是指金属或非金属矿山开采出的矿石，经选矿厂选出有价值的精矿后排放的“废渣”。这些尾矿由于数量大，含有暂时不能处理的有用或有害成分，随意排放，将会造成资源流失，大面积覆没农田或淤塞河道，污染环境。尾矿库是指由筑坝拦截谷口或围地构成的，用以堆存尾矿或其他工业废渣的场所。尾矿库是一个具有高势能的人造泥石流危险源，存在溃坝危险，一旦失事，容易造成重特大事故。

(1) 尾矿库的特点

① 是矿山选矿厂生产必不可少的组成部分。尾矿库是矿山企业最大的环境保护工程项目，可以防止尾矿向江、河、湖、海、沙漠及草原等处任意排放。一个矿山的选矿厂只要有尾矿产生，就必须建有尾矿库。所以说尾矿库是矿山选矿厂生产必不可少的组成部分。

② 投资及运行费用巨大。尾矿库的基建投资一般约占矿山建设总投资的 10%以上，占选矿厂投资的 20%左右，有的几乎接近甚至超过选矿厂投资。尾矿设施的运行成本也较高，有些矿山尾矿设施运行成本占选矿厂生产成本的 30%以上。为了减少运行费，有些矿山的选矿厂厂址取决于尾矿库的位置。

③ 是矿山企业生产最大的危险源。尾矿库是一个具有高势能的人造泥石流的危险源。在长达十多年甚至数十年的时间里，各种自然的（雨水、地震、鼠洞等）和人为的（管理不善、工农关系不协调等）不利因素时时刻刻或周期性地威胁着它的安全。事实一再表明，尾矿库一旦失事，将给工农业生产及下游人民生命财产造成巨大的灾害和损失。

(2) 尾矿库的构成

尾矿库一般由堆存系统、排洪系统、回水系统等几部分组成（图 3-7）。

① 堆存系统。该系统一般包括坝上放矿管道、尾矿初期坝、尾矿后期坝、浸润线观测、

位移观测以及排渗设施等。

② 排洪系统。该系统一般包括截洪沟、溢洪道、排水井、排水管、排水隧洞等构筑物。

③ 回水系统。该系统大多利用库内排洪井、管将澄清水引入下游回水泵站，再扬至高位水池。也有在库内水面边缘设置活动泵站直接抽取澄清水，扬至高位水池。

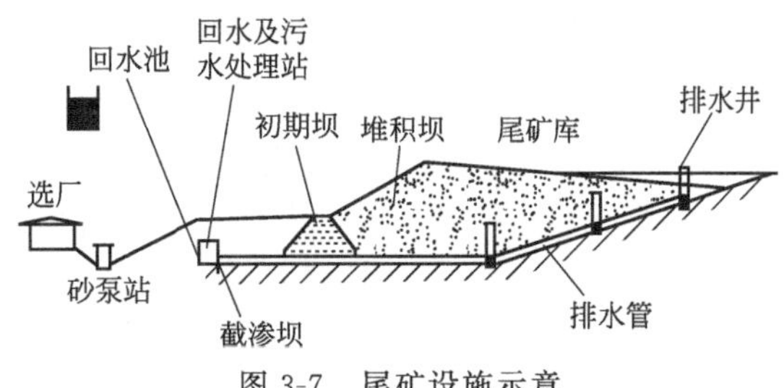

图 3-7　尾矿设施示意

(3) 尾矿库的类型

① 山谷型尾矿库。山谷型尾矿库是在山谷谷口处筑坝形成的尾矿库，如图 3-8 所示。它的特点是初期坝相对较短，坝体工程量较小，后期尾矿堆坝较易管理维护；库区纵深较长，尾矿水澄清距离及干滩长度易满足设计要求；我国现有的大、中型尾矿库大多属于这种类型。

② 傍山型尾矿库。傍山型尾矿库是在山坡脚下依山筑坝所围成的尾矿库，如图 3-9 所示。它的特点是初期坝相对较长，初期坝和后期尾矿堆坝工程量较大；汇水面积较小，调洪能力较差，库区纵深较短，尾矿水澄清距离及干滩长度受到限制，堆积坝的高度和库容一般较小；国内低山丘陵地区中小矿山常选用这种类型尾矿库。

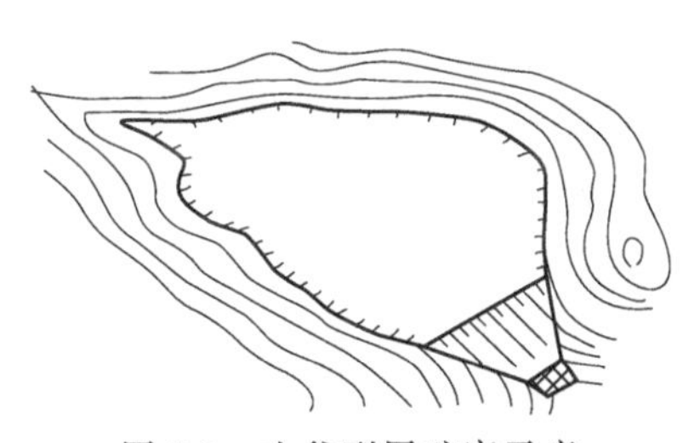

图 3-8　山谷型尾矿库示意

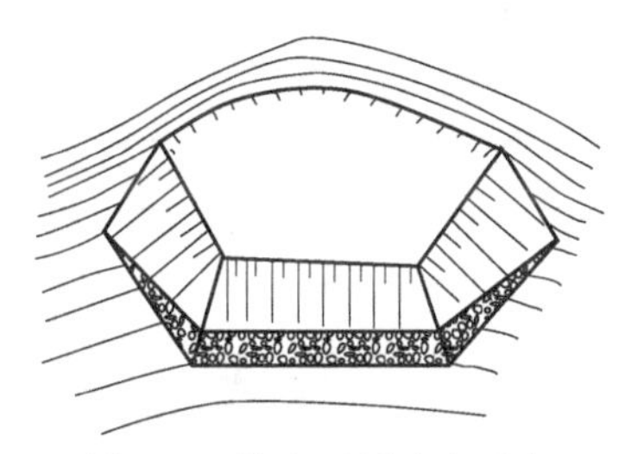

图 3-9　傍山型尾矿库示意

③ 平地型尾矿库。平地型尾矿库是在平缓地形周边筑坝围成的尾矿库，如图 3-10 所示。其特点是初期坝和后期尾矿堆坝工程量大；堆坝高度受到限制，一般不高；但汇水面积小，排水构筑物相对较小；国内平原或沙漠戈壁地区常采用这类尾矿库。

④ 截河型尾矿库。截河型尾矿库是截取一段河床，在其上、下游两端分别筑坝形成的尾矿库，如图 3-11 所示。它的特点是库区汇水面积不大，但尾矿库上游的汇水面积通常很大，库内和库上游都要设置排洪系统，配置较复杂。这种类型的尾矿库维护管理比较复杂，国内采用不多。

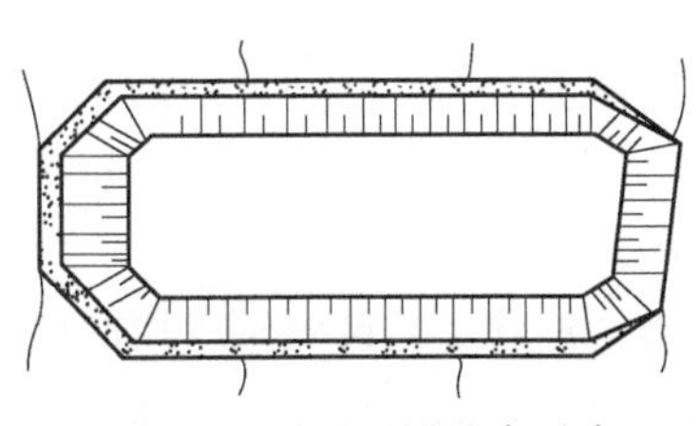

图 3-10　平地型尾矿库示意

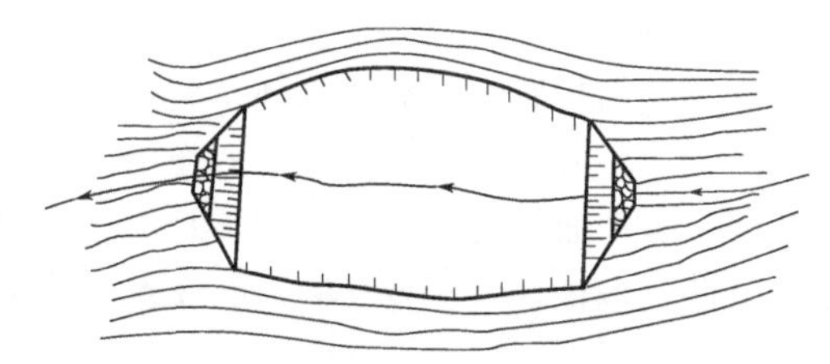

图 3-11　截河型尾矿库示意

(4) 尾矿库级别

尾矿库各使用期的设计等别应根据该期的全库容和坝高分别按表 3-4 确定。当两者的等差为一等时，以高者为准；当等差大于一等时，按高者降低一等。尾矿库失事将使下游重要城镇、工矿企业或铁路干线遭受严重灾害者，其设计级别可提高一等。

表 3-4　尾矿库等别

等别	全库容 $V/(\times 10^4 m^3)$	坝高 H/m
一	二等库具备提高等别条件者	
二	$V \geqslant 10000$	$H \geqslant 100$
三	$1000 \leqslant V < 10000$	$60 \leqslant H < 100$
四	$100 \leqslant V < 1000$	$30 \leqslant H < 60$
五	$V < 100$	$H < 30$

尾矿库构筑物的级别根据尾矿库等别及其重要性按表 3-5 确定。

表 3-5　尾矿库构筑物的级别

等别	构筑物的级别		
	主要构筑物	次要构筑物	临时构筑物
一	1	3	4
二	2	3	4
三	3	5	5
四	4	5	5
五	5	5	5

注：主要构筑物指尾矿坝、库内排水构筑物等失事后难以修复的构筑物；次要构筑物指失事后不至造成下游灾害或对尾矿库安全影响不大并易于修复的构筑物；临时构筑物指尾矿库施工期临时使用的构筑物。

3.2 废物的输送

3.2.1 流态化基础

3.2.1.1 流态化现象

（1）流态化现象概述

在现代石油、化工、能源、轻工、冶金、材料、环保工业中，有大量的颗粒和粉末状的固体物料被作为原料、催化剂及能源使用。这些散状固体物料在加工、储存、输送过程中与气体和液体物料相比有诸多不便之处，如何能使上述散状固体物料也具有一定的流体性能，是许多工程技术人员的愿望。

处于自然堆积状态下散状固体物料可以与流体一样，会充满并具有所盛容器的形状。当堆积角度大于散料内摩擦角时，在重力作用下会有自然流动。但由于颗粒间内摩擦力的作用，当散料表面与水平面夹角等于内摩擦角时，流动即终止，而不能像流体一样在重力作用下自然形成水平表面。也正是由于内摩擦力的存在，在一定受力范围内，散状物料可以承受切向应力的作用。只有在切向应力超过一定限度后，散状物料才与黏性流体一样会产生剪切运动，并表现出一定的黏性。另外，在散料层内应力的传递行为与流体相差更为显著，它不具备散料层内任意一点上各方向上的正应力相等，且数值上正比于散料层密度和层高的线性关系。总之，固体散料层与流体行为的不同，主要是由于散料层的内摩擦力远大于流体的内摩擦力。所以，只要能通过某种方式消除这一摩擦力的作用，即可期待散料层具有某种流体的特性。

假定我们所讨论的是一个颗粒直径相同的球形散料层，并且颗粒之间的范德华力、静电力等与其重力相比可以忽略不计的简单情况。如果悬浮的颗粒之间有足够大的距离，譬如颗粒之间的距离较颗粒直径大几个数量级或更大，这时颗粒层中的每个颗粒的行为可以作为单一悬浮颗粒来研究，其悬浮的条件为颗粒的重力减去其在流体中浮力等于其在流体中所受到的曳力，即

$$\underset{\text{重力}}{\frac{1}{6}\pi(d_p)^3\rho_s g}-\underset{\text{浮力}}{\frac{1}{6}\pi(d_p)^3\rho_f g}=\underset{\text{曳力系数}}{C_D}\times\underset{\text{迎风面积}}{\frac{\pi}{4}(d_p)^2}\times\underset{\text{动压头}}{\frac{1}{2}\rho_f\mu^2}\tag{3-36}$$

在传统流体力学中，对单颗粒的曳力系数的研究表明，曳力系数 C_D 的计算式如下：

$$C_{Ds}=\frac{24}{Re_t}\qquad Re_t<0.4\tag{3-37}$$

$$C_{Ds}=\frac{10}{Re_t^{0.5}}\qquad 0.4<Re_t<500\tag{3-38}$$

$$C_{Ds}=0.43\qquad 500<Re_t<200000\tag{3-39}$$

把曳力系数公式(3-37) 代入式(3-36)（假定 $C_D=C_{Ds}$），可以获得单颗粒的终端速度或悬浮速度 u_t。u_t 又称为单颗粒被气流夹带时，气固两相间的相对速度（夹带速度）：

$$u_t=\frac{gd_p^2(\rho_s-\rho_f)}{18\mu}\qquad Re_t<0.4\tag{3-40}$$

$$u_t=\sqrt{\frac{2d_p(\rho_s-\rho_f)gRe_t^{0.5}}{\rho_f}}\qquad 0.4<Re_t<500\tag{3-41}$$

$$u_t=\sqrt{\frac{4}{3}\frac{d_p(\rho_s-\rho_f)g}{0.43\rho_f}}\qquad Re_t>500\tag{3-42}$$

可以看出，在低雷诺数条件下（即颗粒直径较小，流体黏度较大，容重较小），单颗粒悬浮速度与粒径的平方成正比，而与流体的密度无关。此种情况称为黏滞力控制区；在高雷诺数条件下，单颗粒悬浮速度与粒径的平方根成正比，而与流体黏度无关，此时称为惯性力控制区。可以从图 3-12 中获取不同球形度 ϕ 的粒子在不同雷诺数下的曳力系数 C_{Ds} 值。

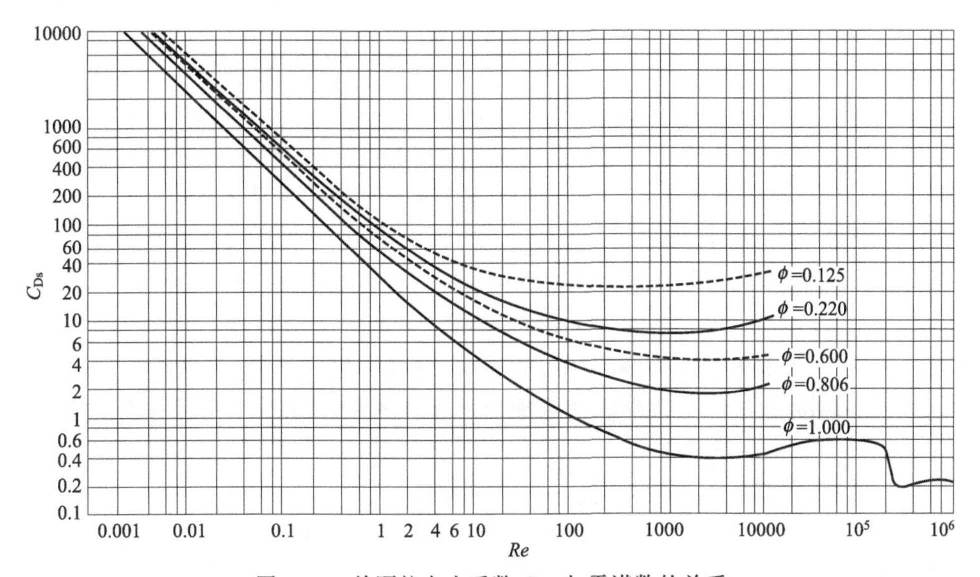

图 3-12　单颗粒曳力系数 C_{Ds} 与雷诺数的关系

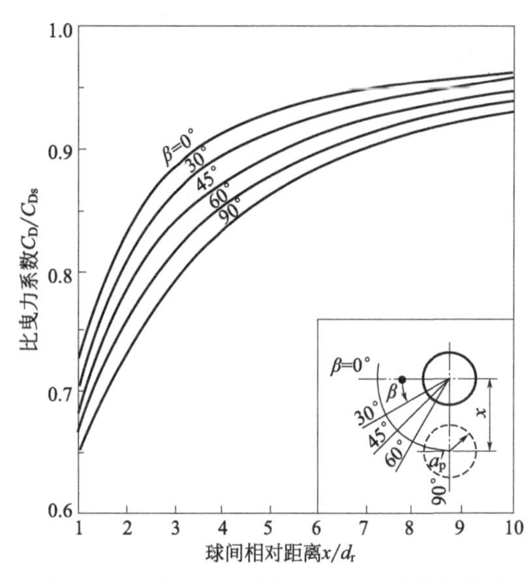

图 3-13　颗粒间相互作用对比曳力系数的影响

如果在某单一颗粒的附近存在有另一颗粒，则由于后一颗粒对流体流场的干扰，使原颗粒在流体中受到的曳力变小。变小了的曳力系数 C_{Ds} 可以由图 3-13 中求得。

如果讨论的是一个大量颗粒悬浮于气流之中，形成较浓密的气固两相流体的工程问题，这时每个颗粒由于其周围颗粒的存在，所受到气流的曳力发生了变化，使曳力系数下降。这时曳力系数可以用以下不同表达式来描述。

$$C_D/C_{Ds}=0.06329\bar{\varepsilon}^{-35.91} \tag{3-43}$$

$$C_D/C_{Ds}=0.29\bar{\varepsilon}^{-35.91} \tag{3-44}$$

$$C_D/C_{Ds}=1.68\bar{\varepsilon}^{0.253}(Re_r/Re_t)^{-1.213}(d_p/D)^{0.105} \tag{3-45}$$

上两式中 C_{Ds}，Re_r，Re_t 可用下式求取：

$$C_{Ds}=\frac{24}{Re_r}+\frac{3.6}{Re_r^{0.313}} \qquad Re_r\leqslant 2000 \tag{3-46}$$

$$C_{Ds}=0.44 \qquad Re_r>2000 \tag{3-47}$$

$$Re_t=\frac{u_t d_p \rho}{\mu} \qquad Re_t=\frac{u_r d_p \rho}{\mu} \tag{3-48}$$

由上述方程组所限定的流体——固体散料体系，是针对快速流态化系统的，快速流态化的特征之一在于流体的操作速度远大于单颗粒的带出速度 μ_t，床层密度比较稀。在快速流态化状态下，由于颗粒和颗粒相互屏蔽，使曳力系数减小到远远小于单颗粒的曳力系数，造成颗粒群与流体之间的相对速度 μ_r 显著加大，因而在较高流体操作速度下，也能形成固体颗粒浓度相当高的床层。快速流态化的存在条件是床层内流体与固体粒子流要连续、稳定地加入和引出，根据气固两相加入和引出的速率及其物系物性就可以确定快速流态化的操作状态。

如果把流体的操作速度 μ 显著地降低下来，固体颗粒被流体夹带出来的量将显著变小，并最终变得与床内所存的颗粒量之比可以忽略。这时悬浮于流体之中的颗粒群已十分密集，使流经粒隙之间的流体真实速度显著大于流体操作速度（以空床截面计算，也称表观速度）。此时，在用操作速度计算固体颗粒所受到的曳力时，会发现这时的曳力系数 C_D 显著大于 C_{Ds}。Wen 和 Yu 推荐用以下关联式来计算两者之比与床层平均空隙率 $\bar{\varepsilon}$ 的关系：

$$C_D/C_{Ds}=\bar{\varepsilon}^{-4.7} \tag{3-49}$$

从式(3-49) 可以看出，流体表观速度越小，$\bar{\varepsilon}$ 越小，曳力系数 C_D 就越大。所以在一个很宽的流体速度范围和很宽的颗粒浓度范围内，流体的曳力总能平衡掉颗粒的重力与浮力差，使颗粒层稳定处于悬浮状态中。这时的流体与固体散料体系称之为传统流态化。它是最早被人们认识和利用的流态化技术。这一体系具有以下特性：a. 它能像液体一样，在重力场中具有水平状态的上界面；b. 它能像液体一样，从一个容器流入另一个容器，而且床层中的静压仅与其所处的床层深度与密度成正比，与水平位置无关；c. 它能像液体一样，在两个相连通的容器间传递静压。

总之，由于固体散料与流体相互作用机制复杂，可以在很宽的操作范围内，通过大幅度改变流、固相之间的曳力系数，或通过形成不同的聚集状态，来保持相对稳定并有一定固体浓度的流-固悬浮体，使固体散料处于具有一定的流体行为特性的状态下，这一现象统称为固体流态化现象。

(2) 流化质量、聚式与散式流态化

从起始流化起，继续加大流化介质的流速，而理想的流化状态是固体颗粒间的距离随着流体流速的增加而均匀地增加，以保持颗粒在流体中的均匀分布。这种颗粒的均匀悬浮使所有颗粒都有均等的机会和流体接触，也使所有的流体都流经同样厚度的颗粒床层，因而流体和颗粒之间有充分且均等的接触和反应机会。这对化学反应和物理操作都是十分有利的，因为均匀的流化保证了全床中均匀的传质和传热效率以及均匀的流体停留时间。所以，这时的流化质量（fluidization quality）是最高的，但在实际的流化床中，并不总是能达到以上所描述的理想流化状态，而会出现颗粒及流体在床层中的非均匀分布，这就导致了流化质量的下降。床层越不均匀，相应的流化质量就越差。

如果用液体作流化介质，由于流体与固体颗粒间的密度差较小，其流化状态比较接近于理想化。在很大的液速操作范围内，颗粒都会较均匀地分布在床层中。我们将这种流化状态称为散式流态化（particulate fluidization）。如果用气体做流化介质，一般会出现两种情况。对于较大和较重的颗粒如 B 类和 D 类颗粒（定义见本章后续小节），当气速超过起始流态化速度时，多余的气体并不是进入颗粒群中去进一步增加颗粒间的距离，而是形成气泡，并以气泡的形式很快地通过床层，这种流化状态被称为聚式流态化（aggregative fluidization）；对于较小和较轻的颗粒，如 A 类颗粒（定义见 3.2.1.2 节），在气速刚刚超过起始流化速度的一段操作范围内，多余的气体仍进入颗粒群中供其均匀膨胀而形成散式流态化，但进一步提高气速将导致气泡的生成而形成聚式流态化。气泡产生时的相应速度称为最小鼓泡速度（minimum bubbling velocity）u_{mb}，相应的床层空隙率称为最小鼓泡空隙率（minimum bubbling）ε_{mb}。超过 u_{mb} 的“多余”气体的绝大部分将以气泡的形式通过床层。不过在这种情况下，所形成的气泡一般比 B 类和 D 类流化床中的小，所以，较细颗粒（指 A 类，C 类除外）的流化质量一般都比较粗颗粒的流化质量高。

3.2.1.2　颗粒的基本性质和分类

(1) 单颗粒的流动行为

当置于流体中的颗粒与流体间存在相对运动时，颗粒与流体之间将产生相互作用力。如果把颗粒视为静止的，那么就流体而言，它受到颗粒的阻力；就颗粒而言，它受到流体的曳力。如果把流体视为静止的，那么也可以反过来说。曳力与阻力的大小相等，方向相反，是一个事物的两个方面。无论颗粒在静止流体中以一定速度运动，还是流体以一定速度流过静止颗粒，或两者都在运动，都是流体与固体壁面之间的相对运动，其阻力性质相同。所以作用在颗粒上的曳力 F_d 可采用与流体阻力类似的公式表示：

$$F_d = C_D A \frac{\rho_f v^2}{2} \tag{3-50}$$

式中　C_D——曳力系数，无量纲；

A——颗粒与流体相对运动方向上颗粒的垂直投影面积，cm^2；

ρ_f——流体密度，g/cm^3；

v——颗粒与流体间的相对运动速度，cm/s。

考察一个在静止流体中由静止状态开始自由沉降的光滑球体颗粒，如果颗粒密度大于流体密度，则颗粒所受向下的重力 F_g 大于向上的浮力 F_b，两力之差使颗粒加速降落。随着颗粒降落速度的增大，流体对颗粒的向上的曳力 F_d 不断增大。当 $F_g=F_b+F_d$ 时，颗粒呈等速降落。此时颗粒相当于流体的运动速度 v_t，称为颗粒的自由沉降速度。自由沉降速度是加速段终了时颗粒相对于流体的速度，也称为终端沉降速度或终端速度。据此可推导出球体颗粒的终端速度：

由
$$F_g=F_b+F_d \tag{3-51}$$

有
$$\frac{\pi}{6}d^3\rho_p g=\frac{\pi}{6}d^3\rho_f g+C_D\frac{\pi d^2}{4}\frac{\rho_f v_t^2}{2} \tag{3-52}$$

整理得
$$v_t=\left[\frac{4}{3}\frac{gd(\rho_p-\rho_f)}{C_D\rho_f}\right]^{\frac{1}{2}} \tag{3-53}$$

式中 v_t——颗粒的终端速度，m/s；

C_D——曳力系数，无量纲。

曳力系数 C_D 是终端雷诺数 Re_t 的函数$\left(Re_t=\frac{dv_t\rho_f}{\mu}\right)$。对于球体颗粒（$\phi_s=1$），曲线可大致划分为 3 个区域。

① 滞流区

$Re_t<0.4$，C_D 与 Re_t 在双对数坐标上呈线性关系：

$$C_D=\frac{24}{Re_t} \tag{3-54}$$

② 过渡流区

$Re_t=2\sim500$，C_D 有 Re_t 的关系可近似地用下式表示：

$$C_D=\frac{18.5}{Re_t^{0.6}} \tag{3-55}$$

③ 湍流区

$Re_t=500\sim200000$，C_D 趋近一常数：

$$C_D=0.44 \tag{3-56}$$

将式(3-54)、式(3-55) 和式(3-56) 分别代入式(3-53)，即得球体颗粒终端速度的解析式。

① 滞流区

$$v_t=\frac{gd^2(\rho_p-\rho_f)}{18\mu} \tag{3-57}$$

此式称为斯托克斯（Stokes）定律。

② 过渡流区

$$v_t=0.153\frac{g^{0.71}d^{1.14}(\rho_p-\rho_f)^{0.7}}{\rho_f^{0.29}\mu^{0.43}} \tag{3-58}$$

此式称为阿伦（Allen）定律。

③ 湍流区

$$v_t=1.74\left[\frac{gd(\rho_p-\rho_f)}{\rho_f}\right]^{\frac{1}{2}} \tag{3-59}$$

此式称为牛顿（Newton）定律。

颗粒所受到的曳力还与颗粒的形状有直接关系。对非球形颗粒的 v_t，不同的研究者提出了各自的计算方法，最常用的是如式(3-60）和式(3-61）的修正式(3-64)。

当 $Re_t<0.05$ 时，
$$v_t=K_1\frac{gd_v^2(\rho_p-\rho_f)}{18\mu} \tag{3-60}$$

当 $Re_t=2\times10^3\sim2\times10^5$ 时，
$$v_t=1.74\left[\frac{gd_v(\rho_p-\rho_f)}{K_2\rho_f}\right]^{\frac{1}{2}} \tag{3-61}$$

式中　K_1，K_2——修正系数，其值可用式(3-62）和式(3-63）计算。

$$K_1=0.843\lg\frac{\phi_s}{0.065} \tag{3-62}$$

$$K_2=5.31-4.88\phi_s \tag{3-63}$$

当 $Re_t=0.05\sim2\times10^3$ 时，
$$v_t=\left[\frac{4}{3}\frac{gd_v(\rho_p-\rho_f)}{C_D\rho_f}\right]^{\frac{1}{2}} \tag{3-64}$$

式中，C_D 的值可由表 3-6 中查得。上述修正式也是由实验得出的，所关联的 ϕ_s 范围为 0.67～1.0。

表 3-6　非球形颗粒的曳力系数

ϕ_s	$Re_t=\frac{dv_t\rho_f}{\mu}$				
	1	10	100	400	1000
0.670	28	6	2.2	2.0	2.0
0.806	27	5	1.3	1.0	1.1
0.846	27	4.5	1.2	0.9	1.0
0.946	27.5	4.5	1.1	0.8	0.8
1.000	26.5	4.1	1.07	0.6	0.46

用图 3-12 中的曲线求曳力系数 C_D，然后由式(3-53）计算沉降速度 v_t，需先知道 Re_t；若直接用式(3-57)～式(3-59）或式(3-60)～式(3-64）计算 v_t，也必须先根据 Re_t 来判断流形，才能选用相应的计算式。但是 v_t 尚未求得，Re_t 仍未知，这就需要采用试差法。即先假设沉降速度 v_t，计算 Re_t，再按相应方式算出 v_t。如所设和计算结果不符，则另设 v_t 值，直到计算结果与所设 v_t 值之差在所要求的误差范围内为止。

[例题 3-1]　流化的速度范围

计划将固体颗粒流化。如果必须避免颗粒的带出，求床层中气体允许表观速度的最小值和最大值。

固体的粒度取 $\overline{d}_p=98\mu m$，$\rho_s=1g/cm^3$，$\phi_s=1$，$\varepsilon_{mf}=0.4$，$\varepsilon_t=0.5$（整个床层），流化空气在气压 p 下进入并在 20℃和 1atm（1atm=101.325kPa，下同）下离去。其性质为：$\mu=0.0178cP$（$1cP=10^{-3}Pa\cdot s$），$\rho_g=0.001204g/cm^3$，在 1atm 下。

解：最小速度为 u_{mf}，在气体压力最大的床层底部发生。其值求定如下。假定床层为小颗粒，$\overline{d_p}=98\mu m$。其次，假定 $Re_p<20$，计算 u_{mf}，再看此假定是否恰当。

$$u_{mf}=\frac{(1\times 0.0098)^2\times 1\times 980\times 0.4^3}{150\times 0.000178\times 0.6}=0.3759cm/s$$

校核雷诺数，得到

$$Re_p=\frac{d_p\rho_g u_t}{\mu}\times\frac{0.0098\times 0.3759\times 0.001204p}{0.000178}=0.025p$$

对 p 小于 800atm 时，$Re_p<20$ 的假定是恰当的。

然后确定流化床中的最大允许速度。对均匀空隙度的床层，这常发生在气体压力最小的床层顶部。由于不希望有夹带，气速不能超过床层中的最小颗粒的 u_t。保守一些，取此粒度为 $d_p=50\mu m$。再次假定床层性状是小颗粒床层的性状，或 $Re_p<0.4$（尚待验证），用式(3-57) 的斯托克斯定律关系，于是

$$u_t=\frac{980\times 1\times 0.0050^2}{18\times 0.000178}=7.647cm/s$$

$$Re_t=\frac{d_p\rho_g u_t}{\mu}\times\frac{0.0050\times 7.647\times 0.001204}{0.000178}=0.0259<0.4\text{（假定成立）}$$

因此根据这两方面的判据，本题为小颗粒床层，并且

最大允许表观气体速度=7.6cm/s

最小允许表观气体速度=0.38cm/s

这两速度的比约为 20∶1，在无旋风分离器的操作，所选气速应不接近于这范围的任一极限。

(2) 颗粒群的粒度分布与平均当量直径

① 颗粒群的粒度分布

单一粒度的颗粒系统在实践中是不多见的。如果一个颗粒系统是由许多大小不同的颗粒所组成，则称之为多组分颗粒系统。对这样的颗粒系统往往必须测量其粒度分布。

颗粒群的粒度分布常采用筛析法（或称筛分法）来测定。筛析在一套由金属丝网制成的标准筛中进行。标准筛又有不同的系列，最常用的是 Tyler 标准筛，其筛孔大小是按筛网上每英尺长度上的筛孔数目表示，称为目。如 10 目的筛子，其筛网每英寸（1in=0.0254m，下同）长度上有 100 个筛孔。各筛网按筛孔大的在上，小的在下，依次顺序叠放。相邻的上下两层筛子的筛孔尺寸之比为$\sqrt{2}$，更精密的则为$\sqrt[4]{2}$。筛析时，将物料放在顶部筛网上，经过有规则的振动，各种粒度的颗粒顺次落在相应的各层筛网面上。

若用于筛析的 $n+1$ 个筛子，其筛孔尺寸从大到小分别为 d'_1，d'_2，…，d'_i，…，d'_{n+1}，则颗粒群某一粒度组分的粒径 d_i 是指通过筛孔尺寸为 d'_i，而留存于筛孔尺寸为 d'_{i+1} 的相邻两筛网间的粒子的平均粒径。取相邻两筛网孔径的平均值。最常用的是几何平均值：

$$d_i=\sqrt{d'_i d'_{i+1}} \tag{3-65}$$

有时也用算术平均值：

$$d_i=(d'_i+d'_{i+1})/2 \tag{3-66}$$

式中，$i=1,2,3,\cdots,n$。

当颗粒直径很小时，如小于 $100\mu m$，筛析法就不能准确地测定颗粒粒度了。必须采用仪器分析。常用的仪器分析法包括电导法、重力沉降法、离心沉降法、显微镜法、摄影法和

激光衍射法等。描述颗粒群的粒度分布有不同的基准，如质量基准、体积基准、颗粒数基准等。质量基准是用颗粒群中各个粒度范围的颗粒质量在颗粒群总质量中所占的份额（质量百分数）来描述粒度分布的。相应地，颗粒数基准是用各个粒度范围的颗粒数在总颗粒数中所占的份额（颗粒数百分数）来描述粒度分布的。按一定基准测得的粒度分布数据有 3 种表示形式，即表格形式、图示形式以及函数形式。表格形式最为简单，图示形式较直观，函数形式便于处理。其中，图示颗粒分布有两种表达方式：一种是直接画出不同粒径区段的颗粒百分比，图形直接显示出粒度分布［图 3-14(a)］；另一种是以粒径为横坐标，以小于所在粒径的所有颗粒的累积百分比为纵坐标，图形给出的是累积的粒度分布［图 3-14(b)］。两者各有其特点，可根据需要选用。

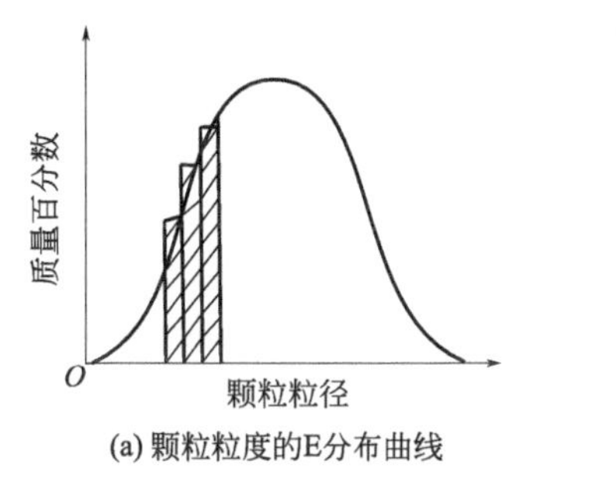

(a) 颗粒粒度的E分布曲线

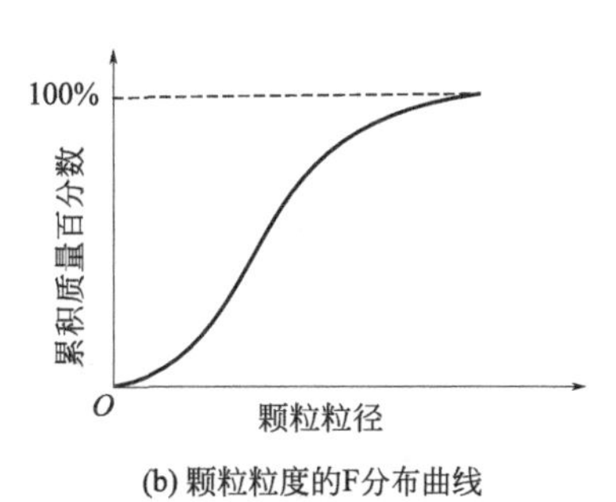

(b) 颗粒粒度的F分布曲线

图 3-14　颗粒粒度的 E 分布曲线和 F 分布曲线

② 颗粒群的平均当量直径（equivalent mean diameter）

由粒度分布计算颗粒群的平均粒度，不但和粒度组成及描述粒度组成的基准（如质量基准、体积基准、颗粒数基准等）有关，而且和求平均粒度的数学方法有关。因为流化床中人们关心的是颗粒的质量分数或体积分数，而且质量分数最容易获得，所以，最常用的是按质量基准求平均粒度。设在一定量的颗粒物料（颗粒群）中，直径为 d_1 的颗粒的质量分数为 x_1；直径为 d_2 的颗粒的质量分数为 x_2……直径为 d_n 的颗粒的质量分数为 x_n。

a. 假定某一单一粒度的颗粒群具有与被考察的颗粒群相同的颗粒总比表面积，则可推导出颗粒群的等比表面积平均当量直径 $\overline{d}_p$，由

$$\frac{\pi \overline{d}_p^2}{\frac{\pi}{6}\overline{d}_p^3}=\sum_{i=1}^{n}\frac{x_i \pi d_i^2}{\frac{\pi}{6}d_i^3} \tag{3-67}$$

得

$$\frac{1}{\overline{d}_p}=\sum_{i=1}^{n}\frac{x_i}{d_i} \tag{3-68}$$

b. 假定某一单一粒度的颗粒群具有与被考察的颗粒群相同的平均表面积，则可推导出颗粒群的平均表面积当量直径 $\overline{d}_s$：

$$\overline{d}_s=\left(\sum_{i=1}^{n}x_i d_i^2\right)^{\frac{1}{2}} \tag{3-69}$$

c. 假定某一单一粒度的颗粒群与被考察的颗粒群有相同的平均体积，由此可推导出颗粒群的平均体积当量直径 $\overline{d}_v$ 为：

$$\overline{d}_v=\left(\sum_{i=1}^{n}x_i d_i^3\right)^{-\frac{1}{3}} \tag{3-70}$$

除上述 3 种平均直径法以外，还有若干种平均直径法，如算术（线性）平均直径法、几

何平均直径法、立方平均直径法等。详见相关文献和书籍。

选用何种平均当量直径，完全取决于实际应用。其原则是所选当量直径必须能准确表达所关心的物理量。对流化床体系来说，一般应该用等比表面积当量直径，因为化学反应所关心的是表面积，而床料经常是以体积（或质量）来计算的，比表面积是联系两者的关键参数。

［例题 3-2］ 非均匀固体颗粒粒度的度量

计算具有下述粒度分布的物料的平均直径。

一个有代表性的 360g 样品的积累质量	直径小于 d_{pi}	一个有代表性的 360g 样品的积累质量	直径小于 d_{pi}
0	50	270	125
60	75	330	150
150	100	360	175

解： 作出下表。

直径范围 /μm	D_{pi} /μm	颗粒的质量分率，间隔范围为 $(p\Delta d_p)_i = x_i$	$\left(\frac{x}{d_p}\right)_i$
50～75	62.5	(60～0)/360=0.167	0.167/62.5=0.002668
75～100	8705	(150～60)/360=0.250	0.250/87.5=0.002858
100～125	112.5	0.333	0.002962
125～150	137.5	0.167	0.001212
150～175	162.5	0.083	0.000513
			$\sum(x/d_p)_i=0.010213$

由式(3-70)，平均直径为 $\bar{d}_p = \frac{1}{\sum\limits^{全部i}(x/d_p)_i} = \frac{1}{0.010213} = 98\mu m$

(3) 颗粒密度的几种定义及其测定方法

和颗粒粒度一样，颗粒密度也是颗粒状物质的基本特性之一。因为颗粒与颗粒之间存在空隙，颗粒本身也可能存在内孔，所以，依据不同的条件，颗粒密度有不同的定义。

① 真密度 ρ_s

又称骨架密度、颗粒密度或材料密度。颗粒的真密度是指其组成材料本身的密度，用颗粒质量除以不包括所有内孔在内的颗粒体积求得。

② 表观骨架密度 ρ_{sa}

颗粒的表观骨架密度等于颗粒的质量除以不包括开放孔在内的颗粒体积。由此可知，如果颗粒不存在封闭内孔，则表观骨架密度 ρ_{sa} 与真密度 ρ_s 相等。表观骨架密度在流态化领域极少使用。

③ 表观密度 ρ_p

又称假密度。指整个颗粒的平均密度，等于颗粒的质量除以包括所有内孔在内的颗粒体积。

④ 松散堆积密度 ρ_{bl}

包括颗粒内外空及颗粒间隙的松散颗粒堆积体的平均密度。用处于自然堆积状态的未经振实的颗粒物料的总质量除以堆积物总体积求得。

⑤ 振实堆积密度 ρ_{bt}

包括颗粒内外孔及颗粒间空隙的经振实的颗粒堆积体积的平均密度。其计算方法为将容器中的颗粒物料振实后，用颗粒物料的总质量除以堆积物总体积。此种密度是非常不确定的，取决于振实的方式。

几种颗粒密度之间有如下关系：

$$\rho_p=\rho_s(1-\varepsilon) \tag{3-71}$$

$$\rho_b=\rho_p(1-\varepsilon_b)=\rho_s(1-\varepsilon_b)(1-\varepsilon) \tag{3-72}$$

$$\rho_s \geqslant \rho_{sa} \geqslant \rho_p \geqslant \rho_{bt} \geqslant \rho_{bl} \tag{3-73}$$

其中，ε_b 为颗粒堆积体中颗粒体之间气体所占的体积分率；ε 为空隙率，当颗粒不存在内孔时

$$\rho_s=\rho_{sa}=\rho_p \tag{3-74}$$

真密度 ρ_s 与表观骨架密度 ρ_{sa} 的测定方法相同。但是按定义真密度的颗粒体积不包括颗粒的封闭内孔。所以测定有封闭内孔颗粒的真密度时，需将颗粒充分磨细，直到颗粒不存在内孔为止。表观骨架密度的颗粒体积包括颗粒封闭内孔，测定时不用将颗粒磨细。这两种密度的测定方法包括比重瓶法、气体容积法、压力比较法和压汞法等。

颗粒密度 ρ_p 的测定方法包括滴水测定法、压汞法和无孔粉末充填法等。测定松散堆积密度 ρ_{bl} 时，测定结果往往随所使用容器的形状、大小以及充填方法的不同而有所不同。所以，根据特定目的，测定容器和充填方法必须保持一致。测定振实堆积密度 ρ_{bt} 时，将一定量的颗粒装入振动容器中，在规定条件下进行振动，直到颗粒在容器中的体积不再减少为止。然后用颗粒总质量除以测得的振实体积，即得颗粒的振实堆积密度。同样，根据特定目的，测定容器和振动方式必须保持一致。

(4) 颗粒性质对流化行为的影响——Geldart 颗粒分类法

气固流化床中颗粒的粒度以及颗粒的表观密度与气体密度之差对流化特性有显著影响。Geldart 在大量实验的基础上，提出了具有实用意义的颗粒分类法——Geldart 颗粒分类法。这种分类法只适用于气固系统。如图 3-15 所示，根据不同的颗粒粒度及气、固密度差，颗粒可分为 A、B、C、D 四类。

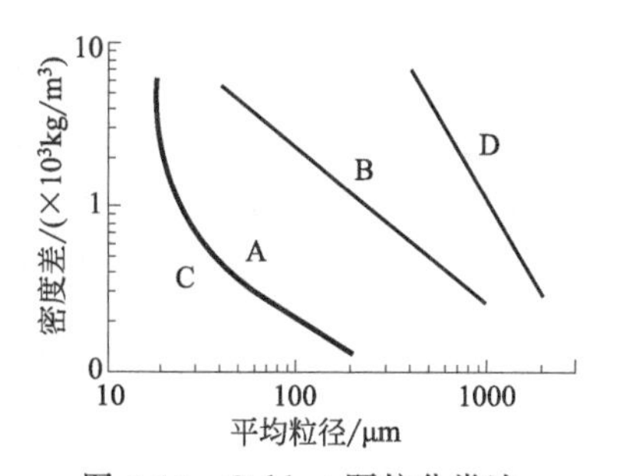

图 3-15 Geldart 颗粒分类法

A 类颗粒称为细颗粒或可充气颗粒，一般具有较小的粒度（30～100μm）及表观密度（ρ_p＜1400kg/m^3）。A 类颗粒的初始鼓泡速度 μ_{mb} 明显高于初始流化速度 μ_{mf}，并且床层在达到鼓泡点之前有明显膨胀。形成鼓泡床后，密相中空隙率明显大于初始流化空隙率 ε_{mf}，且密相中的气固返混较严重，气泡相和密相之间气体交换速度提高。随着颗粒粒度分布变宽或平均粒度降低，气泡尺寸随之减小。催化裂化催化剂（FCC）是典型的 A 类颗粒。

B 类颗粒称为粗颗粒或鼓泡颗粒，一般具有较大的粒度（100～600μm）及表观密度（ρ_p=1400～4000kg/m^3）。其初始鼓泡速度 μ_{mb} 与初始流化速度 μ_{mf} 相等。因此，气速一旦超过初始流化速度，床层内即出现两相，即气泡相和密相。密相的膨胀率基本等于 ε_{mf}，且密相中气固返混较小。气泡相和密相之间气体交换速度亦较低。且气泡尺寸几乎与颗粒粒度

分布宽窄和平均粒度无关。砂粒是典型的 B 类颗粒。

C 类颗粒属黏性颗粒或超细颗粒，一般平均粒度在 20μm 以下。此类颗粒由于粒径很小，颗粒间的作用力相对变大，极易导致颗粒的团聚。因其具有较强的黏聚性，极易产生沟流，所以极难流化。传统上认为这类颗粒不适用于流化操作。

D 类颗粒属于过粗颗粒或喷动用颗粒，一般平均粒度在 0.6mm 以上。该类颗粒流化时易产生极大气泡或节涌，使操作难以稳定。它更适用于喷动床操作。玉米、小麦颗粒等均属于这类颗粒。

同类颗粒一般具有相同或相似的流化行为，因此，颗粒的流化行为可以依据 Geldart 颗粒分类法进行预测。

该分类法是 Geldart 于 1973 年提出的。随着研究的深入，人们发现 D 类颗粒中，当 $\overline{d}_p<1.5\text{mm}$ 时，是完全可以流化的。多数 C 类颗粒也是可以流化的，而且有很广阔的应用背景，现在从事这方面研究的学者较多，近年来也报道了不少 C 类颗粒流化成功的例子。

3.2.1.3 气-固流化床

(1) 流化床反应器的基本结构

如前所述，流态化现象是一种由于流体向上流过堆积在容器中的固体颗粒层而使得固体具有一般流体性质的现象。因此，容器、固体颗粒层及向上流动的流体是产生流态化现象的 3 个基本要素。图 3-16 所示为一典型的流化床反应器。其中，容器、固体颗粒层、分布板及风机（或泵）是构成流化床反应器不可或缺的基本构件。图 3-16 中其他元件是否出现取决于具体的应用需要。例如，当固体颗粒粒度分布较宽或操作气速较高时，就需要使用旋风分离器收集被流体带出床层的颗粒。旋风分离器可以放在床内（内旋风），也可以放在床外（外旋风）。如颗粒夹带较多或夹带颗粒粒度分布较宽时，有可能需要多级旋风分离器来分离。有时旋风分离器也可以用其他气固分离器来代替。经旋风分离器或其他气固分离器回收的颗粒，常常通过返料管返回流化床。当反应具有较大的反应热或生成其他气体时，可采用换热管或夹套换热器对床层进行加热或冷却。如果用流化床进行造粒或干燥操作，必然要有螺旋加料器或液体喷嘴。

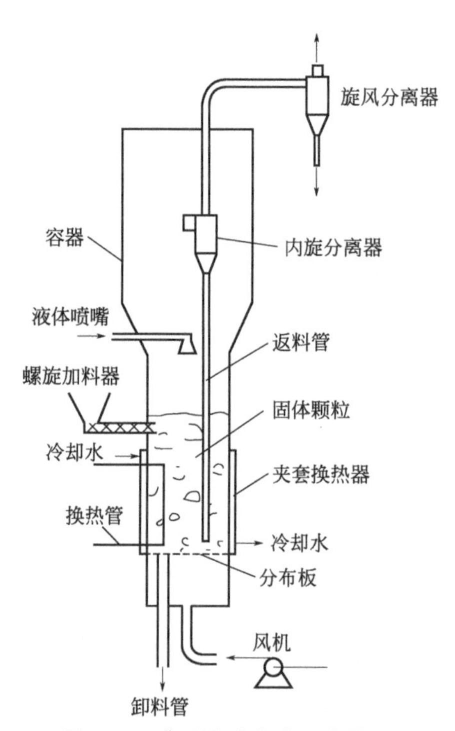

图 3-16　典型的流化床反应器

(2) 流化形成的条件

设想在一个上边敞口，底部是一块带有许多细微小孔的多孔板的容器中放入一些固体颗粒。由于重力的作用，颗粒将堆积在容器的底部，形成一个颗粒床层，其全部质量由容器底部的多孔板来支持。此时如果从底部多孔板的微孔中向容器内通入少量的流体，该流体就会经过床层中颗粒之间的孔隙向上流过固体床层。当流体的流量很小时，固体颗粒不因流体的经过而移动。这种状态被称之为固定床（fixed bed）。在固定床的操作范围内，由于颗粒之间没有相对的运动，床层中流体所占的体积分率亦即床层空隙率 ε 是不变的。但随着流体流速的增加，流体通过固定床层的阻力将不断增加。固定床中流体流速和压降关系可用经典的 Ergun 公式来表达。

$$\frac{\Delta p}{H}=150\frac{(1-\varepsilon)^2}{\varepsilon^3}\times\frac{\mu u}{d_v^2}+1.75\frac{(1-\varepsilon)}{\varepsilon^3}\times\frac{\rho_f u^2}{d_v} \tag{3-75}$$

式中 Δp——具有 H 高度的床层上下两端的压降；

ε——床层空隙率；

d_v——单一粒径颗粒等体积当量直径，对非均匀粒径颗粒可用 $\overline{d}_p$ 即等比表面积平均当量直径来代替；

u——流体的表观速度，由总流量除以床层的截面积得到；

μ——流体的黏度。

继续增加流体流速将导致床层压降的不断增大，直到床层压降等于单位床层截面积上的颗粒质量。此时如果不是人为地限制颗粒流动（如在床层上面压上筛网），则由于流体流动带给颗粒的曳力平衡颗粒的重力，导致颗粒被悬浮，此时颗粒开始进入流态化状态，称之为初（起）始流态化或临界流态化。相应的流体流速即临界流化速度，又称为初（起）始流化速度（incipient fluidization velocity）或最小流化速度（minimum fluidization velocity），用符号 u_{mf} 表示。此后，如果继续增大流体流速，床层压降将不再变化，但颗粒间的距离会逐渐增加以减小由于增加流体流量而增大的流动阻力。颗粒间距离的增大使得颗粒可以相对运动，并使床层具备一些类似流体的性质，比如较轻的大物体可以悬浮在床层表面；将容器倾斜以后，床层表面自动保持水平；在容器的底部侧面小孔，颗粒将自动流出；如将小孔开向另一具有同样流速的空容器中，颗粒将像水一样自动流入空容器，直到两边的床高相同。这种使固体具备流体性质的现象被称之为固体流态化，简称流态化。相应的颗粒床层称为流化床。颗粒床层处在起始流态化时的床层空隙率称作起始流态化空隙率 ε_{mf}，其值一般在 0.41～0.45 之间。较细颗粒的 ε_{mf} 有时会大一点。增大流速会使流化床的空隙率增大，这种现象称为流化床的膨胀。

不是任何尺寸的固体颗粒均能被流化。一般适合流化的颗粒尺寸是在 30μm～3mm，大至 6mm 左右的颗粒仍可流化，特别是其中杂有一些小颗粒的时候。近年来，人们开始探索流化 30μm 以下的超细颗粒，发现该类颗粒也可在一定条件下被很好地流化。综上所述，形成固体流态化要有以下几个基本条件：

① 有一个适合的容器做床体，底部有一个流体分布器。

② 有大小适中的足够量的颗粒来形成床层。

③ 有连续供应的流体（气体或液体）充当流化介质。

④ 流体的流速大于起始流化速度，但不超过颗粒的带出速度。

如果不包括高流速下的循环流态化和顺重力场下行流态化，传统固体流态化（无论用气体或液体或两者一起做流化介质）有如下的最基本特征：

① 流化床具有许多液体的性质，如很好的流动性、低黏度、很小的剪切应力、传递压力的能力、对浸没物体的浮力等。流化颗粒的流动性还使得颗粒随时或连续地从流化床中卸出，并使得向流化床内加入颗粒物料成为可能。

② 通过流化床层的流体压降等于单位截面积上所含有的颗粒和流体的总质量：

$$\Delta p=[\rho_p(1-\varepsilon_{mf})+\rho_f\varepsilon_{mf}]gH \tag{3-76}$$

从理论上说，此压降和流化介质的流速变化无关。事实上，在流速很高时，由于壁效应及颗粒架桥等原因，实测压降会比上式所得偏高。

(3) 床层压降、流速及起始流化速度

流过固定床的流体，其压降随着流体流速的增大而增大。流体压降与流速之间的关系近似于线性关系（见图 3-17 中虚线），可用式(3-75) 即 Ergun 公式表示。但是，随着流体流速 u 的不断增大，当 u 达到某一临界值以后，压降 Δp 与流速 u 之间不再遵从 Ergun 公式，而是在达到一最大值 Δp_{max} 之后，略有降低，然后趋于某一定值，即床层静压（$\Delta p = W_b / A_c$）。此后床层压降几乎保持不变，并不随流体速度的进一步提高而显著变化。如果缓慢降低流体速度使床层逐步回复到固定床，则压降 Δp 将沿略为降低的路径返回，如图 3-17 中实线所示。

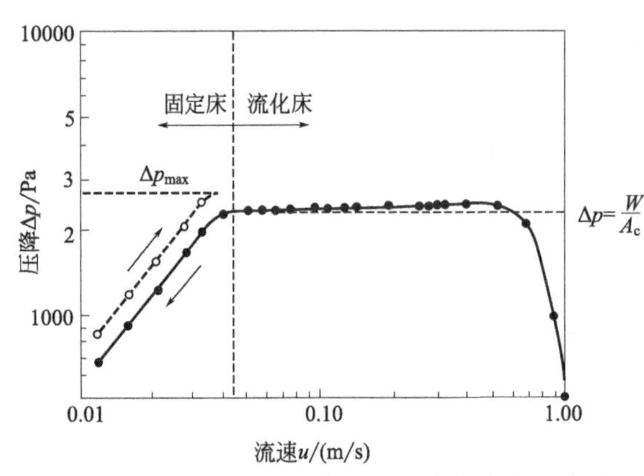

图 3-17　均匀粒度沙粒床层的压降与流速的关系

临界流化速度是用以上降速法所得的流化床区压降曲线与固定床区压降曲线的交点来确定的。在双对数坐标纸上将测得的数据点分别在流化床区和固定床区进行线性关联（不考虑过渡区内数据），两直线的交点即为临界流化点，其对应的横坐标即为临界流化速度 μ_{mf}。用升速法所得的压降曲线由于体系的迟滞效应（hysterisis）而带任意性，因而已不再使用。

对临界流化现象最基本的理论解释应该是：当向上运动的流体对固体颗粒所产生的曳力等于颗粒重力时，床层开始流化。如果不考虑流体和颗粒与床壁之间的摩擦系力，则根据静力分析，床层压降（与床层截面积的乘积）全部转化为流体对颗粒的曳力，即

床层压降×床层截面积＝床层总质量

＝床层体积×(固体颗粒分率×固体颗粒密度)＋

流体分率×流体密度×重力加速度

$$\Delta p A_c = W_b = H_{mf} A_c [(1-\varepsilon_{mf})\rho_p g + \varepsilon_{mf}\rho_f g] \tag{3-77}$$

经简化得临界流化条件为

$$\Delta p = H_{mf}[(1-\varepsilon_{mf})\rho_p + \varepsilon_{mf}\rho_f]g \tag{3-78}$$

将上式与 Ergun 公式联立求解［注意这里所用的是包括了颗粒的球形度的原始的 Ergun 公式（Ergun，1949)］，可得出 u_{mf} 的二次方程：

$$\frac{1.75}{\phi_s \varepsilon_{mf}^3}\left(\frac{d_p u_{mf} \rho_f}{\mu}\right)^2 + \frac{150(1-\varepsilon_{mf})}{\phi_s \varepsilon_{mf}^3}\left(\frac{d_p u_{mf} \rho_f}{\mu}\right) = \frac{d_p^3 \rho_f (\rho_p - \rho_f) g}{\mu^2} \tag{3-79}$$

1966 年，Wen 和 Yu 发现，对各种不同的系统均有如下近似关系成立：

$$\frac{1}{\phi_s \varepsilon_{mf}^3} \approx 14 \tag{3-80}$$

$$\frac{1-\varepsilon_{mf}}{\phi_s^3 \varepsilon_{mf}^3} \approx 11 \tag{3-81}$$

代入式(3-79) 得

$$\frac{d_p u_{mf}\rho_f}{\mu}=\left[C_1^2+C_2\frac{d_p^3\rho_f(\rho_p-\rho_f)g}{\mu^2}\right]^{\frac{1}{2}}-C_1 \tag{3-82}$$

或
$$Re_{mf}=[C_1^2+C_2Ar]^{\frac{1}{2}}-C_1 \tag{3-83}$$

式中，$C_1=33.7$，$C_2=0.0408$。该式适用于全部雷诺数范围。

对雷诺数较低的情况，Ergun 公式中黏度损失项可以忽略，仅需考虑动能损失项。按与上述相同的方法，可以推导出在特别高和特别低雷诺数情况下临界流化速度的简化方程：

$$u_{mf}=\frac{d_p^2(\rho_p-\rho_f)g}{1650\mu}\qquad Re_p<20 \tag{3-84}$$

$$u_{mf}^2=\frac{d_p(\rho_p-\rho_f)g}{24.5\rho_f}\qquad Re_p>1000 \tag{3-85}$$

式(3-84) 与式(3-85) 是既适用于气固体系又适用于液固体系的通用公式。对气固和液固流态化，研究者们根据各自的实验结果，分别提出了相应的修正式。

以上的几个求取最小流化速度的公式都是基于联用固定床与流化床的压降关系式，然后修正其系数，可以算是半经验公式。还有一些为纯经验公式。纯经验公式因为不受任何框架的限制，所以在其适用范围内一般准确性较高，但必须注意其适用范围，超出其回归所依赖的实验数据范围就可能导致较大的误差。

(4) 流化型式及分布板的计算

① 鼓泡对平稳流态化

普遍认为，以液-固系统为典型的平稳或散式流化与以气-固系统为典型的鼓泡或聚式流化，两者的差别归因于其中流体相对密度之间的巨大差别，在高压气-固系统中，这种差别就不清楚，因此，必须找到估量从鼓泡至平稳流化过渡的判别依据。

在实验中，威廉（Wilhelm）和郭慕荪发现，无量纲数群弗鲁德数可区分这两种流化形态。

$$\left.\begin{array}{ll}Fr_{mf}<0.13, & \text{平稳式或散式}\\ Fr_{mf}>1.3, & \text{鼓泡或聚式}\end{array}\right\}Fr_{mf}=\frac{\mu_{mf}^2}{d_p g} \tag{3-86}$$

从原先由赖斯（Rice）和威廉所提出的床层-流体界面稳定性方程式出发，罗梅洛(Romero) 和约翰森（Johanson）建议采用四个无量纲数群以表征流化质量：Fr_{mf}、$Re_{p,mf}$、$\frac{\rho_s-\rho_g}{\rho_g}$和$\frac{L_{mf}}{d_t}$。这四个数群中每一数值都随床层稳定性的降低，也即鼓泡流化的局势而增加；通过和实验相比较，建议以四个无量纲数群的乘积作为判别这两种流化形态的依据，即：

$$\left.\begin{array}{l}Fr_{mf}Re_{p,mf}\dfrac{\rho_s-\rho_g}{\rho_g}\times\dfrac{L_{mf}}{d_t}<100,\text{平稳式或散式}\\ Fr_{mf}Re_{p,mf}\dfrac{\rho_s-\rho_g}{\rho_g}\times\dfrac{L_{mf}}{d_t}>100,\text{鼓泡或聚式}\end{array}\right\} \tag{3-87}$$

按此，空心树脂、流化催化裂化催化剂、UOP 催化剂的空气流化和高压力系统均被正确地归为散式范围，而以水流将重而大的颗粒流化则正确地归为聚式流化范围。因为它和至今所得的全部实际情况相符，作为判断依据，式(3-86) 比式(3-87) 更为可靠。

② 分布板的压降

经验指出，为使通过开孔的流量均匀，分布板必须有足够的压降，所以通过分布板的压降必须较进入气流（经过分布板后）重新组合所需的固有阻力大得多。其压降可粗略用下式表示：

$$\Delta p_{d,\min}=\mathrm{Max}(0.1\Delta p_{\text{床层}}\text{或}35\mathrm{cmH_2O}\text{或}100\Delta p_{\text{进入容器时膨胀}}) \tag{3-88}$$

式中，$1\mathrm{cmH_2O}=98.07\mathrm{Pa}$。式(3-88) 可用作通过锐孔或狭缝型分布的最小推荐压降的设计准则。

[例题 3-3] 流化形态

预测具有下列性质的高压气体流化床（达 75atm）的流化形态。

$\rho_s=2.5\mathrm{g/cm^3}$；$\rho_g=0.10\mathrm{g/cm^3}$；$d_p=150\mu\mathrm{m}=0.015\mathrm{cm}$；$\phi_s=0.785$；$\varepsilon_{mf}=0.48$；$\mu=2.4\times10^{-4}\mathrm{g/(cm\cdot s)}$

解： 由式(3-86) 和式(3-87)，全部用厘米-克-秒单位，得到

$$u_{mf}=1.927\mathrm{cm/s}$$

$$Re_{p,mf}=\frac{0.015\times0.10\times1.927}{2.4\times10^{-4}}=12.04<20$$

$$Fr_{mf}=\frac{1.927^2}{980\times0.015}=0.2526$$

$$\frac{\rho_s-\rho_g}{\rho_g}=\frac{2.5-0.10}{0.10}=24$$

然后式(3-87) 判别值为

$$Fr_{mf}Re_{p,mf}\frac{\rho_s-\rho_g}{\rho_g}\times\frac{L_{mf}}{d_t}=0.2526\times12.04\times24\times3=219>100$$

表明为鼓泡或聚式流化。注意，按照式(3-87)，Fr_{mf} 恰好在不确定的区域。在某些边缘情况，这些判别依据可能得出相反的预测结果。

(5) 流化床的空隙度

① 平均值。过去致力于研究流化床的宏观性质，如空隙度和速度之间的关系。但是，床层高度 L_f，还有空隙度 ε_f，由于床层上表面常是不平的且有不同程度的振荡（在气固系统中尤甚），仅能视作时间平均值。床层高度、空隙度和平均密度之间的关系如下：

$$\frac{L_f}{L_{mf}}=\frac{1-\varepsilon_{mf}}{1-\varepsilon_f}=\frac{\rho_{mf}}{\rho_f} \tag{3-89}$$

或

$$\frac{L_f}{L_{mf}}=\frac{1-\varepsilon_m}{1-\varepsilon_f}=\frac{\rho_m}{\rho_f} \tag{3-90}$$

对液体流化系统，许多研究者发展了关联空隙度与流化速度的一些式子，这些式子大多采用颗粒在流体中的终端速度，并假定颗粒与液体间的相互作用与固体颗粒沉降相同。应用这些公式，单一粒度的固体床层中的空隙度能相当可靠地估计出来。

对气体流化系统，已提出为数众多的根据实验室规模设备上的实验所综合出来的关联式。表 3-7 比较了典型情况下这些公式的计算值，并可以看出，即使在小型床层中，它们之间的差异也很大，以致在估量床层膨胀和空隙度时没有把握选择哪个关联式。计算值的不相符合，部分原因是床层料面剧烈波动，而其位置是由主观判定的。再者，这些公式不能期望用于大床层。图 3-18（由曾兹和奥斯默计算而得）指出了这一点，其中表明，床层空隙度

以及床层高度振荡的幅度，和管径显著相关。这由巴克（Barker）和希尔泰斯（Heertjes）所证实，他们指出空隙度也随高度而变。

表 3-7 床层高度计算值

关联式作者	L_f/L_{mf}	
	u_0=10cm/s	u_0=20cm/s
李伐等	1.20	1.30
盛和约翰斯通	1.30	1.65
刘易斯等	1.45	2.80
矢木等	1.45	2.85

注：计算的条件为颗粒的 d_p=100μm，ρ_s=2.5g/cm³，ϕ_s=0.785，u_{mf}=1.2cm/s，u_t=28cm/s。

因为结果不相符合，并且以前的程序都没有将床径和分布板型式作为参数变数，看来对估算在气体流化系统中的平均空隙度，目前尚无普遍应用。

② 鼓泡床内空隙度随高度的变化。空隙度分布由巴克和希尔泰斯应用小型电容器测定；并以时间平均值计算，其结果可归纳如下：鼓泡床氛围三个区域，下部颗粒密度略低的入口区，一直到高度为 L_{mf} 处的恒定密度主要区域和上部密度减小的稀相区。增加气速时，主要区域的密度成线形降低，而上部区域更向管子上部扩展。

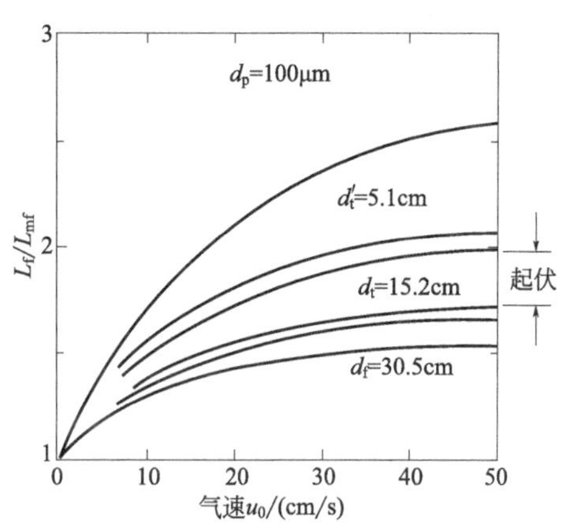

图 3-18 管径对气体流化床膨胀比的影响

采用 γ 射线衰减技术，范（Fan）等和浦部等发现有些相似的结果，但下部入口区由于他们无法探测而除外。

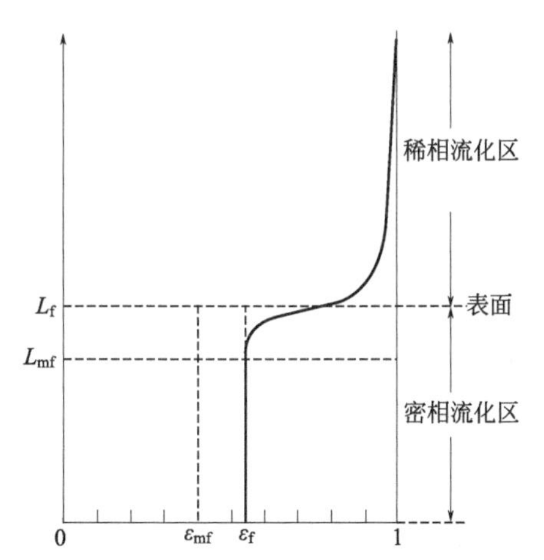

图 3-19 流化床内空隙度分布的简单模型

这些关于床层空隙度纵向分布的研究，可用图 3-19 中的简单模型来归纳。其中，床层分为两个区域，浓相流化区和稀相流化区。在浓相空隙度随流化条件的变化，是以气泡向上通过床层时气泡的频率、尺寸和速度来解释的。因此，对床层空隙度的了解，最终决定于对流化床气泡的研究。

（6）夹带分离高度

在上一节中，仅考虑了固体颗粒密度的时间平均值。事实上喷出的气泡能够把固体颗粒远远地抛入自由空域，即位于床层平均表面以上的区域。

假如气体出口刚好在床层料面以上，相当数量的固体颗粒被气体带出。气体出口越高，夹带量就越小，最后，会达到某一高度，在此高度以上夹带即趋近于常数，则夹带量可以忽略不计；而如果固体颗粒含有大量细粉或气速很高，则此夹带量不可忽略。夹带接近为常数的气体出口处距床层料面的高度，称为夹带分离高度（transport disengaging height，TDH）。对经济的设计来说，气体出口（或旋风分离器入口）

不需比夹带分离高度更高。

虽然夹带分离高度在设计上很重要，但除曾兹和韦尔（Weil）以及曾兹和奥斯默关于 20μm 和 50μm 粒度范围的利于催化裂化催化剂的工作外，对于 TDH 很少有公布的资料。对给定的固体颗粒和容器，其夹带量对气速非常敏感，粗略地以 $u^2 \sim u^4$ 的关系变化。但 TDH 对气速并不敏感，气速加倍时，它才增加约 70%。对一给定的气速，TDH 随容器尺寸增大而增加。

虽然这些结论是粗糙的，并局限于一定粒度分布的 FCC 催化剂，但还是可以看出，有各种因素可能会影响 TDH。

(7) 功率消耗

功率消耗在采用流化床的任何操作中是一个重要因素，偶尔也能很高，以至完全能抵消这种操作的优点。由于这个原因，在设计的早期阶段，并且必须在详细设计或决定中间实验之前，应对所需功率进行粗略估计。

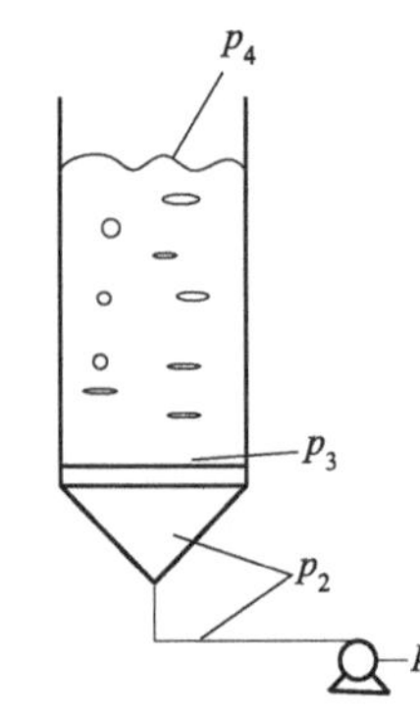

图 3-20 流化床内不同位置上的压力标志

图 3-20 表明，为供应足够的压力为 p_3 的进入流化气体，其所需的功率即为将这些气体由压力 p_1 压缩到 p_2 的数值。这可对鼓风机做机械能恒算而求得。于是，压缩每克分子气体所需的轴功，$-W_s$ 如下。

$$-W_s = \frac{g}{g_c}\Delta l + \int_{p_1}^{p_2} \frac{dp}{\rho} + \frac{u_2^2 - u_1^2}{2g_c} = 摩擦损失 \tag{3-91}$$

对无动能和势能效应的绝热可逆操作，式(3-91) 可变为理想功 W_{si}

$$-W_{si} = \int_{p_1}^{p_2} \frac{dp}{\rho} = \int_{p_1}^{p_2} v dp \text{，其中 } v = 体积/克分子 \tag{3-92}$$

假定为理想气体性状，$pv = nRT$，每小时可逆功以各种有用的形式表示

$$-W_{si/t} = \frac{\gamma}{\gamma-1} nRT_1 \left[\left(\frac{p_2}{p_1}\right)^{(\gamma-1)/\gamma} - 1\right] \tag{3-93}$$

$$= \frac{\gamma}{\gamma-1} p_1 v_1 \left[\left(\frac{p_2}{p_1}\right)^{(\gamma-1)/\gamma} - 1\right] \tag{3-94}$$

$$= \frac{\gamma}{\gamma-1} nRT_2 \left[\left(\frac{p_2}{p_1}\right)^{(\gamma-1)/\gamma} - 1\right] \tag{3-95}$$

$$= \frac{\gamma}{\gamma-1} p_2 v_2 \left[\left(\frac{p_2}{p_1}\right)^{(\gamma-1)/\gamma} - 1\right] \tag{3-96}$$

式中 n，v——每小时气体的摩尔数流量和体积流量，且 $\gamma = C_p / C_v$。

对具有摩擦损失和热效应的实际操作，对气体所做实际功为

$$W_{s2} = \frac{W_{si/t}}{\eta} \tag{3-97}$$

其中，用于 W_{si} 的 p_1 和 p_2 为测定压力值，而 η 为压缩机效率，粗略地为

对透平鼓风机	$\eta = 0.55 \sim 0.75$
对罗兹鼓风机	$\eta = 0.75 \sim 0.8$
对轴流式鼓风机或	$\eta = 0.8 \sim 0.9$

［例题 3-4］ 不同床层所需要的泵送功率

在 4m 内径、8m 高和 2m 内径、32m 高的两个床层中，所用进入气体的表观速度均为$u_0=1$cm/s，试比较使［例题 3-1］和［例题 3-2］中的固体颗粒流化所需要的泵送功率。

数据：对空气，$\gamma=1.4$ 且鼓风机效率为 80%；空气离开鼓风机进入床层温度为 20℃。

分布板的压降由式(3-88) 求得。

所有其他物理性质可由［例题 3-1］和［例题 3-2］取得。

［例题 3-4］图示表示该两种情况。

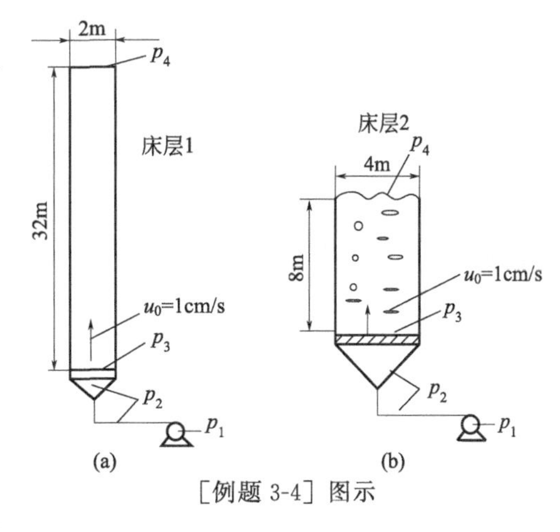

［例题 3-4］图示

解：所需的功可很容易地求得，对此两床层得出下式

$$-W_{s2}=\frac{1.4}{1.4-1.0}p_2v_2\left[1-\left(\frac{1}{p_2}\right)^{(1.4-1.0)/1.4}\right]\frac{1}{\eta}=4.375p_2v_2(1-p_2^{-2/7}) \qquad (1)$$

然后计算两床层的 p_1 和 v_2

床层 1　床层的压降可由式(3-88) 得出：

$$p_3-p_4=\Delta p=L(1-\varepsilon_f)(\rho_s-\rho_g)\frac{g}{g_c}$$

$$=3200\text{cm}\times(1-0.5)\times1\text{g/cm}^3\times\frac{980\text{cm/s}^2}{980\text{g}\cdot\text{cm/(s}^2\cdot\text{g)}}\times\frac{1\text{cm}^2\cdot\text{atm}}{1033\text{g}}$$

$$=1.548\text{atm}$$

当式(3-88) 的第一种情况占主导地位时，通过分布板的床层压降的 10%，即

$$p_2-p_3=0.1548\text{atm}$$

因此分布板进口处气体压力为

$$p_2=1+1.548+0.1548=2.703\text{atm}$$

注意在求 u_2 时，已知压力为 p_3 时的气速 u_0。假设通过分布板为等温过程，且此近似表示尚可满意，可算出下相应的气速，亦即 u_2。故

$$u_2=u_0A_t\frac{p_3}{p_2}=1\times\frac{\pi}{4}\times200^2\times\frac{2.548}{2.703}=29600(\text{m}^3/\text{s})=29.6(\text{L/s})$$

而泵送能量，即式(Ⅰ) 成为

$$-W_{sa/t}=4.375\times2.703\text{atm}\times29.6\text{L/s}\times$$

$$(1-2.703^{-2/7})\times0.1359\text{hp}[1]\cdot\text{s/(L}\cdot\text{atm)}$$

$$=11.7\text{hp}$$

床层 2　按同样的程序

$$p_3-p_4=0.387\text{atm}$$

$$p_2-p_3=0.0387\text{atm}$$

$$p_3=1.387\text{atm}$$

$$p_2=1.426\text{atm}$$

---

[1] 1hp(马力)=745.7 瓦。

$$u_2=122200\text{cm}^3/\text{s}=122.2\text{L/s}$$

和由式(Ⅰ)

$$-W_{sa/t}=4.375\times1.426\times122.2\times(1-1.426^{-2/7})\times0.1359$$

$$=9.96(\text{hp})$$

说明：这例子说明粒度相同而床层几何尺寸不同，其功率需要大致相同。当所有其他因素保持不变，所需功率与流量成线性变化。因此，大粒度颗粒床层需要较高流化速度，例如，1m/s（100倍），于是其功率需要也达约1000hp（100倍）。

3.2.2 气力输送

3.2.2.1 概述

气力输送又称气流输送，利用气流的能量，在密闭管道内沿气流方向输送颗粒状物料，是流态化技术的一种具体应用。气力输送装置的结构简单，操作方便，可做水平的、垂直的或倾斜方向的输送，在输送过程中还可同时进行物料的加热、冷却、干燥和气流分级等物理操作或某些化学操作。与机械输送相比，此法能量消耗较大，颗粒易受破损，设备也易受磨蚀。含水率高、有黏附性或在高速运动时易产生静电的物料，不宜于进行气力输送。气力输送系统与传统输送方式的比较见表3-8。

表3-8 气力输送系统与传统输送方式的比较

比较项目	气力输送	空气槽	水力输送	带式输送机	链式输送机	螺旋输送机	斗式提升机	振动输送机
被输送物料颗粒径/mm	<30	—	<30	无特别限制	<50	<30	<100	<30
被输送物料的最高温度/℃	600	80	80	普通胶带80 耐热胶带180	300	300	80	80
输送管线倾斜角/(°)	任意	向下 4～10	任意	0～40	0～90	0～90	90	0～90
最大输送能力/(t/h)	500～1000	300	200	3000	300	300	600	10
最大输送距离/m	1000	200	10000以上	8000	200	10	50	10
所需功率消耗	稍大	小	大	小	大	中	小	大
最大输送速度/(m/s)	0～35	30～120	120～360m/min	15～180m/min	10～30	20～100r/min	20～40	—
输送物料飞扬	无	无	无	有可能	无	无	无	有可能
异物混入及污损	无	无	无	有可能	无	无	无	无
输送物料残留	极少量	极少量	无	无	有	少量	有	有
管线配置灵活度	自由	直线	自由	直线	直线	直线	直线	直线
分流的可能	容易	可能	容易	可能	困难	不能	不能	困难
断面占据空间	小	中	小	大	大	中	大	大
主要检修部位	弯管、阀	—	弯管、阀	托滚、轴承	链、轴承	全面	链、轴承	全面

(1) 气力输送的优点和缺点

从气力输送的输送机理和应用实践均表明它具有一系列的优点。输送效率高，设备结构总体较简单，维护管理方便，易于实现自动化以及有利于环境保护等。特别是用于工厂车间内部输送时，可以将输送过程和生产工艺相结合，这样有助于简化工艺过程的设备。为此，可大大地提高劳动生产率、降低成本和减少占地空间。

概括起来，气力输送有如下的特点。输送管道能灵活地布置，从而使工厂设备工艺配置合理。然而，与其他输送形式相比，其缺点是动力消耗稍大，由于输送风速较高，易产生管道磨损和被输送物料的破碎。当然，上述不足之处在采用低输送风速、高混合比输送情况下可得到显著地改善，此外，被输送物料的颗粒尺寸也受到一定的限制，一般当颗粒尺寸超过30mm，黏结性、吸湿性强的物料其输送均较困难。吸送式和压送式气力输送装置优缺点的比较见表 3-9。

表 3-9　吸送式和压送式气力输送装置优缺点的比较

输送形式	优点	缺点	实用场合
吸送式	①易于取料，适用于要求取料不产生粉尘场合 ②适用于从低处、深处或狭窄取料点以及由几处向一处集中送料的场合	一般工作真空度小于 0.05MPa，故输送量和输送距离不能同时取大值	①从船舱、卡车中卸料 ②食品工业中输送
低压压送式	适用于从一处向数处的分散输送	供料较吸送式困难，应对应被输送物	一般工业部门
高压压送式	由于使用排气压力高的气源设备，故输送条件即使有所变化仍可实现输送	属密闭式压力容器的仓式发送，若作为连续输送系统时应在发送罐之前部设置中间储料斗	长距离、大容量输送(水泥、铝矾土、砂)
栓流压送式	由于低输送风速、高浓度输送、物料破碎少	是利用空气的静压推动输送，压力需要较高	长距离、大容量输送(水泥、铝矾土)
沸腾上行式	输送浓度较高	速度相对稍高	中短程距离输送

(2) 气力输送状态的分类

根据气力输送状态而言，在气固两相流动时，物料的运动状态会随着输送风速风量的变化而变化。当物料风速高时，物料处于悬浮状态，呈均匀分布状被气流输送；随着输送风速的降低，物料开始团聚；之后部分物料在管道中聚集，呈集团脉动态输送；继续降低输送风速，物料堵塞截面，形成不稳定的料栓，这时料栓被空气的压力推动；再降低输送风速，不稳定的料栓将成为稳定的料栓，由空气的压力推动输送。

根据颗粒在输送管道中的密集程度，气力输送分为：a. 稀相输送。固体含量低于100kg/m 或固气比（固体输送量与相应气体用量的质量流率比）为 0.1～25 的输送过程。操作气速较高（约 18～30m/s）。按管道内气体压力，又分为吸送式（图 3-21）和压送式（图 3-22）。前者管道内压力低于大气压，自吸进料，但须在负压下卸料，能够输送的距离较短；后者管道内压力高于大气压，卸料方便，能够输送距离较长，但需用加料器将粉粒送入有压力的管道中。b. 密相输送。固体含量高于 100kg/m 或固气比大于 25 的输送过程。操作气速较低，用较高的气压压送。间歇充气罐式密相输送是将颗粒分批加入压力罐，然后通气吹松，待罐内达一定压力后，打开放料阀，将颗粒物料吹入输送管中输送。脉冲式输送是将一股压缩空气通入下罐，将物料吹松；另一股频率为 20～40min 脉冲压缩空气流吹入输料管入口，在管道内形成交替排列的小段料柱和小段气柱，借空气压力推动前进。密相输送的输送能力大，可压送较长距离，物料破损和设备磨损较小，能耗也较低。在水平管道中进行稀相输送时，气速应较高，使颗粒分散悬浮于气流中。气速减小到某一临界值时，颗粒将开始在管壁下部沉积。此临界气速称为沉积速度。这是稀相水平输送时气速的下限。操作气速低于此值时，管内出现沉积层，流道截面减少，在沉积层上方气流仍按沉积速度运行。

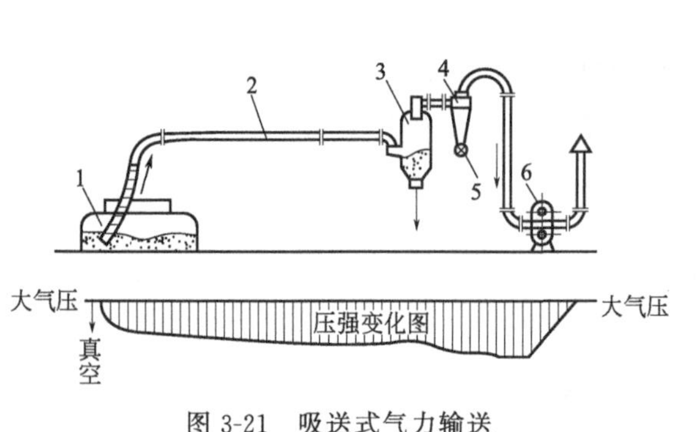

图 3-21 吸送式气力输送

1—料仓；2—输送管；3—收料仓；4—除尘器；5—控制阀；6—抽风机

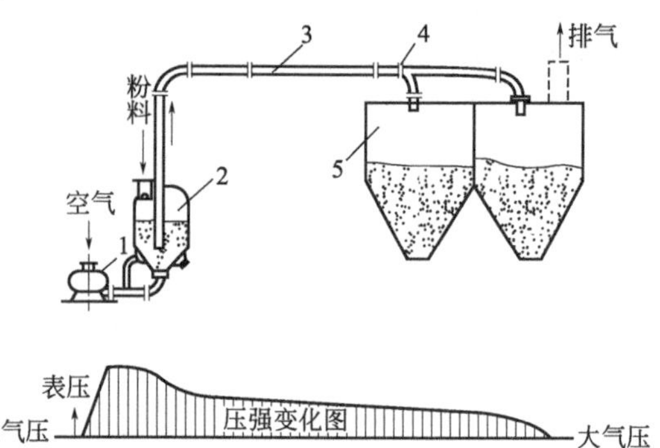

图 3-22 压送式气力输送

1—鼓风机；2—料仓；3—输送管；4—转向阀；5—储仓

在垂直管道中做向上气力输送，气速较高时颗粒分散悬浮于气流中。在颗粒输送量恒定时，降低气速，管道中固体含量随之增高。当气速降低到某一临界值时，气流已不能使密集的颗粒均匀分散，颗粒汇合成柱塞状，出现腾涌现象（见流态化），压降急剧升高。此临界速度称噎塞速度，这是稀相垂直向上输送时气速的下限。对于粒径均匀的颗粒，沉积速度与噎塞速度大致相等。但对粒径有一定分布的物料，沉积速度将是噎塞速度的 2～6 倍。

① 压送式气力输送装置（图 3-22）。其特点如下：

a. 输送距离较远；可同时把物料输送到几处。

b. 供料器较复杂；只能同时由一处供料。

c. 风机磨损小。

② 吸送式气力输送装置（图 3-21）。其特点如下：

a. 供料装置简单，能同时从几处吸取物料，而且不受吸料场地空间大小和位置限制。

b. 因管道内的真空度有限，故输送距离有限。

c. 装置的密封性要求很高。

d. 当通过风机的气体没有很好除尘时，将加速风机磨损。

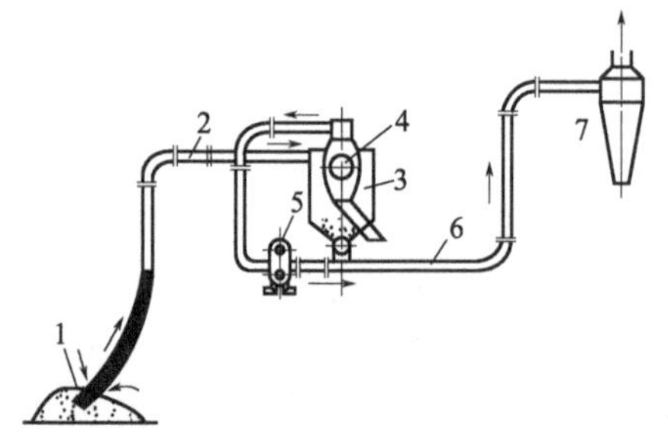

图 3-23 混合式气力输送

1—原料堆；2—吸入管；3—中间收料仓；4—除尘器；5—抽风机；6—输送管；7—收料仓

③ 混合式气力输送装置（图 3-23）。其特点如下：

a. 可以从几处吸取物料，又可把物料同时输送到几处，且输送距离较远。

b. 含料气体通过风机，使风机磨损加速；整个装置设备较复杂。

④ 流送式气力输送装置（图 3-24）。其特点如下：

a. 空气输送斜槽将空气不断通过多孔透气层充入粉状物料中，使物料变成类似流体性质，因而能由机槽的高端流向低端。

b. 物料集团输送也称为栓流气力输送，是通过气体压力将管道内的物料分割成许多间断的料栓，并被气力推动沿管道输送。

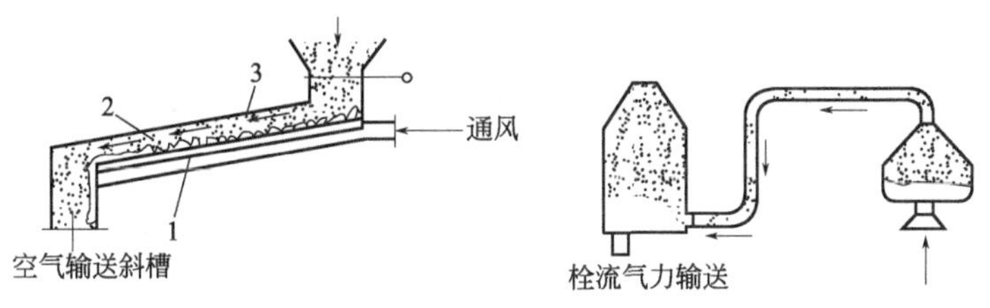

图 3-24 流送式气力输送

1—多孔透气层；2—物料；3—输送槽

(3) 气力输送系统设计

气力输送是清洁生产的一个重要环节，它是以密封式输送管道代替传统的机械输送物料的一种工艺过程，是适合散料输送的一种现代物流系统。气力输送系统功能见表 3-10。

① 气力输送系统具有以下特点

a. 气力输送是全封闭型管道输送系统。

b. 布置灵活。

c. 无二次污染。

d. 高放节能。

e. 便于物料输送和回收，无泄漏输送。

f. 气力输送系统以强大的优势将取代传统的各种机械输送。

g. 计算机控制，自动化程度高。

表 3-10 气力输送系统功能

项目	气源压力/MPa	输送距离/m	物料粒度/mm	输送量/(t/h)
正压系统	0.4～0.6	2000	<13	<100
负压系统	−0.04～0.08	300	<13	<60

② 常见适合气力输送的物料。可以气力输送的粉粒料品种繁多，每种物料的料性对气力输送装置的适合性和效率都有很大的影响。因此，在选定输送装置前要先对物料进行性能测定。现在常见适合气力输送的物料如下（表 3-11）。

表 3-11 常见适合气力输送的物料

面粉	干豆粉	调味粉	鱼粉	小麦	可可(颗粒)	盐	稻谷	大豆
干酵母	棉籽	纤维素	淀粉	粒糖	饲料	烟叶	滑石粉	白云石
石灰石	氧化镁	二氧化硅	钛白粉	高岭土	萤石粉	膨润土	黏土	铁矾土
白土	长石	洗涤剂粉	化肥(颗粒状)	芒硝	尿素(颗粒)	氧化锌	消石灰	碳酸钠
硅胶	硝酸钠	氢氧化铝	氯酸钠	磷酸钠	碳酸氢钠	硼砂(酸)	石膏粉	锌粉
镍粉	炭黑	氧化铁粉	聚丙烯	PTA 颗粒	PET 颗粒	ABS 颗粒	SBS 颗粒	PVC 颗粒
煤粉	粉煤灰	尼龙切片	碳素(颗粒)	焦炭粒状	水泥	铁丸颗粒	橡胶粒	木屑

注：PTA 为精对苯二甲酸；PET 为聚对苯二甲酸乙二醇酯；ABS 为丙烯腈-丁二烯-苯乙烯三元共聚物；SBS 为苯乙烯-丁二烯-苯乙烯嵌段共聚物；PVC 为聚氯乙烯。

3.2.2.2 气力输送计算

(1) 颗粒在静止流体内的沉降

当物体在真空中降落时，降落速度

$$u=gt \tag{3-98}$$

式中 g——重力加速度，m/s^2；

t——降落时间，s。

所以，降落速度随时间而异，物体自始至终做匀加速运动。但当悬浮在静止的流体介质中的颗粒受到其本身重力的作用而降落时，当流体的摩擦阻力等于颗粒扣除浮力之后所剩下的重力时，做匀速运动，颗粒以不变的速度下降。这个不变的速度叫末速，以 u_0 表示。

对于球形颗粒在静止流体中的沉降，所遇到的流体的摩擦阻力 F 可以表示为：

$$F=C_D A \frac{u^2}{2}\rho \tag{3-99}$$

式中 u——颗粒在静止流体中的运动速度，m/s；

ρ——流体密度，kg/m^3；

C_D——阻力系数，无量纲；

A——颗粒在本身降落方向上的投影面积，m^2。

对于球形颗粒：

$$A=\frac{\pi}{4}D_n^2 \tag{3-100}$$

式中 D_n——球形颗粒直径，m。

假设此颗粒的密度为 ρ_n(kg/m^3)，则颗粒在流体中的剩余重力为：

$$G_0=\frac{\pi}{6}D_n^3(\rho_n-\rho)g \tag{3-101}$$

当 $F=G_0$ 的时候，颗粒做匀速运动，于是

$$C_D \frac{\pi D_n^2}{4}\frac{u_0^2}{2}\rho=\frac{\pi}{6}D_n^3(\rho_n-\rho)g \tag{3-102}$$

$$u_0=\sqrt{\frac{4gD_n(\rho_n-\rho)}{3\rho C_D}} \tag{3-103}$$

式中阻力系数 C_D 同 Re 的关系要通过实验确定。因颗粒在流体中相对运动情况的不同，有着几种不同的流态。实验结果表明：

① $Re<1$ 属于层流范围

$$C_D=\frac{24}{Re} \tag{3-104}$$

将 C_D 值代入式(3-103)，于是

$$u_0=\frac{D_n^2 g(\rho_n-\rho)}{18\mu} \tag{3-105}$$

式中 μ——流体黏度，Pa • s。

② $1 \leqslant Re < 500$ 时属于过渡范围

$$C_D = \frac{18.5}{Re^{0.6}} \tag{3-106}$$

将 C_D 值代入式(3-103)，于是

$$u_0 = 0.293 D_n^{1.14} \left(\frac{\rho_n - \rho}{\rho}\right)^{0.71} \left(\frac{\rho g}{\mu}\right)^{0.43} \tag{3-107}$$

③ $500 \leqslant Re < 150000$ 时属于湍流范围，$C_D = 0.44$，将 C_D 值代入式(3-103)，于是

$$u_0 = 5.48 \sqrt{\frac{D_n(\rho_n - \rho)}{\rho}} \tag{3-108}$$

(2) 颗粒在垂直流动的流体内受重力作用的运动

假设流体对于固定的空间以匀速度 v 垂直向上流动，处在流体中的颗粒亦以某一速度 w 对于固定的空间运动。经过片刻时间，当流体的摩擦阻力等于颗粒在流体中的剩余重力时，w 亦是匀速度。这时颗粒对于流体的相对运动速度 u 也是一个定值，即

$$u = w + v \tag{3-109}$$

设颗粒是球形的，则流体对于颗粒的摩擦阻力为：

$$F = C_D \frac{\pi D_n^2}{4} \times \frac{u\rho^2}{2} \tag{3-110}$$

而颗粒的剩余重力

$$G_0 = \frac{\pi}{6} D_n^3 (\rho_n - \rho) g \tag{3-111}$$

式中　D_n——球形颗粒直径，m；

ρ_n——颗粒密度，kg/m^3；

ρ——流体密度，kg/m^3。

当 $F = G_0$ 时，

$$u = \sqrt{\frac{4gD_n(\rho_n - \rho)}{3\rho C_D}} \tag{3-112}$$

将此式与式(3-103) 比较，可见 $u = u_0$。将此关系式代入式(3-109) 得

$$w = u_0 - v \tag{3-113}$$

因此，颗粒受重力的作用在垂直向上流动的流体中运动时，经过若干时间后，它对于流体的相对运动速度 u 的大小将与其在静止的同一种流体内沉降时的末速相等，是一个定值；而颗粒的绝对速度 w 则等于此一定值与流体流动速度之差。

当流体速度 v 等于定值 u_0，则 $w = 0$，颗粒将停留在空间内不动。此时的流体速度称为对应颗粒大小的悬浮速度。悬浮速度在数值上与该颗粒在静止流体内的沉降末速相等。

当 $v > u_0$ 时，u 为负值，则颗粒运动方向与流体一致，向上运动。

当 $v < u_0$ 时，w 为正值，则颗粒运动方向与流体相反，向下沉降。

(3) 颗粒在水平流动的流体内受重力作用的运动

设流体对于固定空间以匀速度 v 做水平运动。处在流体中的颗粒对于固定空间在水平方向上的运动速度为 w，则在水平方向上颗粒对于流体的相对运动速度如下。

$$u = v - w \tag{3-114}$$

设颗粒呈球形，则在水平方向上流体对于颗粒的作用力为：

$$F=C_{\mathrm{D}}\frac{\pi D_{\mathrm{n}}^{2}}{4}\times\frac{(v-w)^{2}}{2}\rho \tag{3-115}$$

如果起初颗粒速度大于流体速度，则 F 为阻力；反之，则为流体对颗粒的牵引力。力 F 作用的结果，使颗粒减速或加速，从而最后使：

$$C_{\mathrm{D}}\frac{\pi D_{\mathrm{n}}^{2}}{4}\times\frac{(v-w)^{2}}{2}\rho=0 \tag{3-116}$$

于是 $w=v$。即经过若干时间后，颗粒在水平方向上的速度等于流体的速度，而颗粒在垂直方向上的速度则等于沉降末速 u_0。因此，在水平流动的流体内，颗粒是在横向流动和重力场的共同作用下沿着颗粒的水平运动速度 w 和沉降末速 u_0 合速度的方向上运动。

3.2.3 机械输送

3.2.3.1 胶带输送

(1) 胶带输送机的特点

胶带输送机是以输送带兼作牵引机构和承载机构的连续运输机械，由于胶带输送机运输能力大、运距长、工作阻力小、耗电量小，而且运输过程中破碎性小、撒煤少，降低了煤尘和能耗，因而被广泛地应用于煤矿井下的工作面顺槽以及主要运输巷道中。广泛应用于输送堆积密度小于 1.67t/m^3，易于掏取的粉状、粒状、小块状的低磨琢性物料及袋装物料，如煤、碎石、砂、水泥、化肥、粮食等。被送物料温度小于 60℃。其机长及装配形式可根据用户要求确定，传动可用电滚筒，也可用带驱动架的驱动装置。

常用的胶带输送机可分为普通帆布芯胶带输送机、钢绳芯高强度胶带输送机、全防爆下运胶带输送机、难燃型胶带输送机、双速双运胶带输送机、可逆移动式胶带输送机、耐寒胶带输送机等。皮带式输送机/运用输送带的连续或间歇运动来输送各种轻重不同的物品，既可输送各种散料，也可输送各种纸箱、包装袋等单件重量不大的件货，适合食品、电子、化学、印刷等广大行业。

(2) 胶皮带输送机工作原理

带式输送机主要由两个端点滚筒及紧套其上的闭合输送带组成。带动输送带转动的滚筒称为驱动滚筒（传动滚筒）；另一个仅在于改变输送带运动方向的滚筒称为改向滚筒。驱动滚筒由电动机通过减速器驱动，输送带依靠驱动滚筒与输送带之间的摩擦力拖动。驱动滚筒一般都装在卸料端，以增大牵引力，有利于拖动。物料由喂料端喂入，落在转动的输送带上，依靠输送带摩擦带动运送袋卸料端卸出。皮带输送机输送能力强，输送距离远，结构简单易于维护，能方便地实行程序化控制和自动化操作。皮带输送机运用输送带的连续或间歇运动来输送 100kg 以下的物品或粉状、颗状物品，其运行高速、平稳，噪声低，并可以上下坡传送。皮带输送机可在环境温度−20～40℃范围内使用，输送物料的温度在 50℃以下。

胶带输送机主要由机架、输送皮带、皮带辊筒、张紧装置、传动装置等组成。机身采用优质钢板连接而成，由前后支腿的高低差形成机架，平面呈一定角度倾斜。机架上装有皮带辊筒、托辊等，用于带动和支承输送皮带。

(3) 胶带输送机工作参数

一般根据物料搬运系统的要求、物料装卸地点的各种条件、有关的生产工艺过程和物料的特性等来确定各主要参数。

① 输送能力。输送机的输送能力是指单位时间内输送的物料量。在输送散状物料时，以每小时输送物料的质量或体积计算；在输送成件物品时，以每小时输送的件数计算。

② 输送速度。提高输送速度可以提高输送能力。在以输送带做牵引件且输送长度较大时，输送速度日趋增大。但高速运转的带式输送机需注意振动、噪声和启动、制动等问题。对于以链条作为牵引件的输送机，输送速度不宜过大，以防止增大动力载荷。同时进行工艺操作的输送机，输送速度应按生产工艺要求确定。

③ 构件尺寸。输送机的构件尺寸包括输送带宽度、板条宽度、料斗容积、管道直径和容器大小等。这些构件尺寸都直接影响输送机的输送能力。

④ 输送长度和倾角。输送线路长度和倾角大小直接影响输送机的总阻力和所需要的功率。

(4) 胶带输送机的选型设计

带式输送机的选型设计有两种，一种是成套设备的选用，这只需验算设备用于具体条件的可能性；另一种是通用设备的选用，需要通过计算选择各组成部件，最后组合成适用于具体条件下的带式输送机。设计选型分为两步：初步设计和施工设计。在此，仅介绍初步设计。初步选型设计带式输送机，一般应给出下列原始资料：

a. 输送长度 L，m；b. 输送机安装倾角 b，(°)；c. 设计运输生产率 Q，t/h；d. 物料的散集密度 ρ，t/m^3；e. 物料在输送机上的堆积角 θ，(°)；f. 物料的块度 a，mm。

计算的主要内容如下：

a. 运输能力与输送带宽度计算；b. 运行阻力与输送带张力计算；c. 输送带悬垂度与强度的验算；d. 牵引力的计算及电动机功率确定。带式输送机的优点是运输能力大，而工作阻力小，耗电量低，约为刮板输送机耗电量的 1/5～1/3。因在运输过程中物料与输送带一起移动，故磨损小，物料的破碎性小。由于结构简单，既节省设备，又节省人力，故广泛应用于我国国民经济的许多工业部门。国内外的生产实践证明，带式输送机无论在运送能力方面，还是在经济指标方面，都是一种较先进的运送设备。目前在大多数矿井中，主要有钢丝绳芯带式输送机和钢丝绳牵引带式输送机两种类型，它们担负着煤矿生产采区乃至整个矿井的主运输任务。由于其铺设距离较长且输送能力较大，故称其为大功率带式输送机。在煤矿生产中，还有装机功率较小的通用带式输送机，这些带式输送机在煤矿中也起着不可缺少的作用。

3.2.3.2 螺旋输送

(1) 概述

螺旋输送机俗称绞龙，是一种利用螺旋叶片的旋转推动散料沿着料槽向前运动的输送设备。其结构简单紧凑，工作性能可靠，成本低廉，广泛应用于粮食工业、建筑工业、化学工业、交通运输等部门，适用于水平或小于 20°倾角，输送粉状、颗粒状、小块状物料，如水泥、煤粉、粮食、化肥、灰渣、沙子、焦炭等。

螺旋输送机主要特点如下：

① 承载能力大，安全可靠。

② 适应性强，安装维修方便，寿命长。

③ 整机体积小、转速高，确保快速均匀输送。

④ 密封性好，外壳采用无缝钢管制作，端部采用法兰互相连接成一体，刚性好。

（2）螺旋输送机工作原理

物料从进料口加入，当转轴转动时，物料受到螺旋叶片反向推力的作用。该推力的径向分力和叶片对物料的摩擦力，有可能带着物料绕轴转动，但由于物料本身的重力和料槽对物料的摩擦力的缘故，才不与螺旋叶片一起旋转，而在叶片法向推力的轴向分力作用下，沿着料槽轴向移动（图 3-25）。

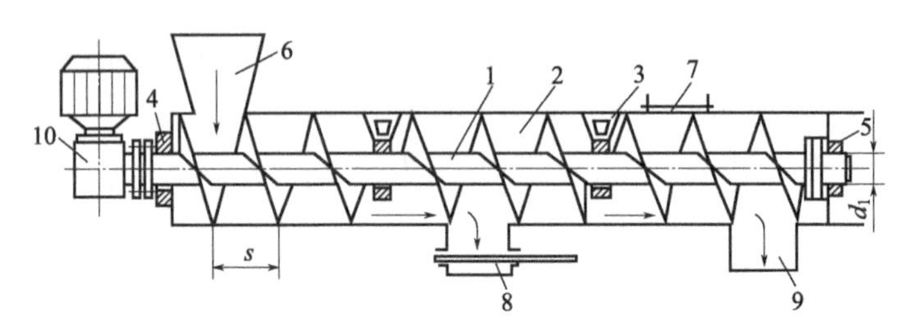

图 3-25　水平螺旋输送机

1—转轴；2—料槽；3—轴承；4—末端轴承；5—首端轴承；6—装载漏斗；7—中间装载口；8—中间卸载口；9—末端卸载口；10—驱动装置

（3）螺旋输送机机体的设计

螺旋轴的叶片大部分都由厚 4～8mm 的薄钢板冲压而成，然后焊接到轴上，并在相互间加以焊接，螺旋面厚度 δ 选取可参照表 3-12。

表 3-12　螺旋面厚度 δ 选取

输送物料		δ/mm
谷物		2～4
煤、建筑材料、矿石等	**D=200～300mm**	4～5
	D=500～600mm	7～8

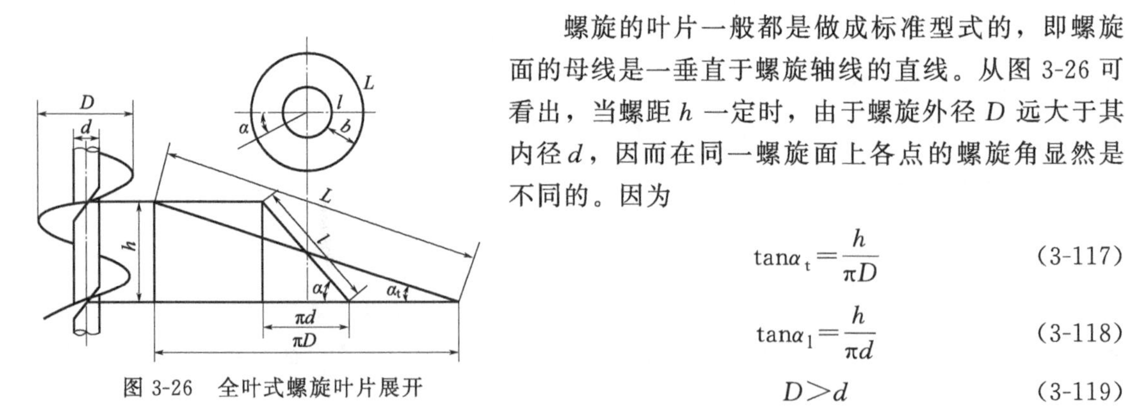

图 3-26　全叶式螺旋叶片展开

螺旋的叶片一般都是做成标准型式的，即螺旋面的母线是一垂直于螺旋轴线的直线。从图 3-26 可看出，当螺距 h 一定时，由于螺旋外径 D 远大于其内径 d，因而在同一螺旋面上各点的螺旋角显然是不同的。因为

$$\tan\alpha_t=\frac{h}{\pi D} \tag{3-117}$$

$$\tan\alpha_1=\frac{h}{\pi d} \tag{3-118}$$

$$D>d \tag{3-119}$$

所以

$$\alpha_t<\alpha_1 \tag{3-120}$$

全叶式叶片下料钢板圆周的大小，可用如下方法确定：

$$L=\sqrt{(\pi D)^2+h^2} \tag{3-121}$$

$$l=\sqrt{(\pi d)^2+h^2} \tag{3-122}$$

由于螺旋线 L 和 l 在平面上是圆心角相同的两条同心圆弧，若此两圆弧的直径为 D 和 d，则

$$\frac{D}{d}=\frac{L}{l} \tag{3-123}$$

由于 $D=2b+d$，代入式(3-123) 则有：

$$l(2b+d)=dL \tag{3-124}$$

$$2bl+ld=dL \tag{3-125}$$

$$2bl=d(L-l) \tag{3-126}$$

$$d=\frac{2bl}{L-l} \tag{3-127}$$

根据 D 和 d 的大小，可以对钢板圆周进行下料，然后再根据圆心角 α 切开，冲压或单个的叶片，α 的大小为：

$$\alpha=\frac{\pi D-L}{\pi D}\times 360^{\circ} \tag{3-128}$$

输送机的螺旋可以是右旋（普通的形式）或左旋的，单线、双线或三线的。实际上一般都是做成单线的，很少用双线和三线，后者只在卸车机中采用。根据运送物料的种类，螺旋选用下列结构的一种，当输送流动性好的干燥小颗粒物料或粉状物料时，宜于采用全叶式螺旋［图 3-27(a)］，当输送块状的或黏滞性的物料时，宜用带式螺旋［图 3-27(b)］，当输送有压缩性的物料时，则用叶片式［图 3-27(c)］或齿形［图 3-27(d)］螺旋。

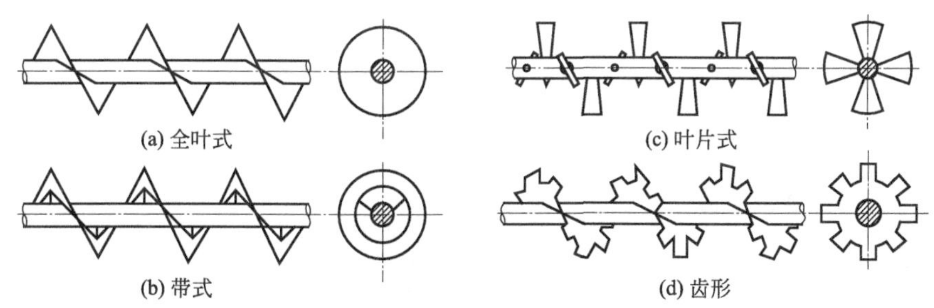

图 3-27　螺旋叶片形状

螺旋轴可以是实心的或管形的，管形轴在强度相同的情况下重量要小得多，并且相互间的连接更为方便（图 3-28）。

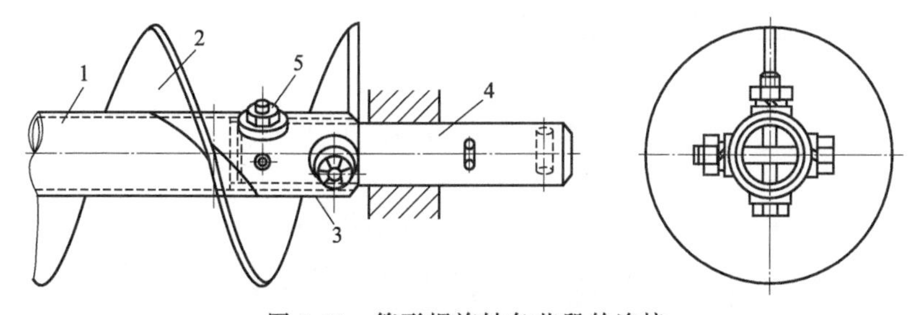

图 3-28　管形螺旋轴各节段的连接

1—管形轴；2—螺旋面；3—衬套；4—圆轴；5—螺钉

螺旋输送机输送物料时，螺旋在一定的转数之前，对物料颗粒运动的影响并不显著。但是，当超过一定的转数时，物料颗粒便开始产生垂直于输送方向沿径向的跳跃，不仅扰动飞

扬，而且冲撞剧烈，磨损增大。若转速太低则运输量不大。因此，螺旋转速根据输送量和物料的特性而定，应在保证一定输送量的条件下，不使物料受太大的力而被抛起，以致降低输送效率，所以实际转速与最大转速之间有一定的关系，即：

$$\omega_s^2 R \leqslant \omega_{max}^2 R = g \tag{3-129}$$

$$2\pi R n_s \leqslant \sqrt{gR}$$

$$2\pi R n_s = k\sqrt{gR}$$

$$n_s = \frac{k\sqrt{g}}{2\pi\sqrt{R}} = \frac{A}{\sqrt{D}} \tag{3-130}$$

式中　$A=\frac{k\sqrt{g}}{\sqrt{2}\,\pi}$——常数，称为无料综合特性系数；

R——螺旋半径，m；

D——螺旋外径，m，$D=2R$。

螺旋输送机的最大输送能力见表 3-13。

表 3-13　螺旋输送机的最大输送能力

螺旋直径/mm	煤粉		水泥		水泥生料	
	螺旋最大转速/(r/min)	最大输送能力/(t/h)	螺旋最大转速/(r/min)	最大输送能力/(t/h)	螺旋最大转速/(r/min)	最大输送能力/(t/h)
150	190	4.5	90	4.1	90	3.6
200	150	8.5	75	7.9	75	7.0
250	150	16.5	75	15.6	75	13.8
300	120	23.3	60	21.2	60	18.7
400	120	54	60	51.0	60	45.0
500	90	79	60	84.8	60	74.5
600	90	139	45	134.2	45	118

注：表列螺旋输送机的转数和输送能力均为最大值，选型时应通过计算确定转数和实际输送能力。

求得的螺旋轴转速，应调整为表 3-14 所列的螺旋轴标准转速。

表 3-14　螺旋输送机螺旋轴标准转速系列　　单位：r/min

20	30	35	45	60	75	90	120	150	190

螺旋直径的确定：

因为
$$Q = 47k_1 A\psi c\rho D^{2.5} \tag{3-131}$$

所以
$$D = \sqrt[2.5]{\frac{1}{47k_1 A}\frac{Q}{\psi c\rho}} \tag{3-132}$$

令
$$K = \sqrt[2.5]{\frac{1}{47k_1 A}} \tag{3-133}$$

则
$$D = K\sqrt[2.5]{\frac{Q}{4\psi c\rho}} \tag{3-134}$$

式中，ψ、K、A 值见表 3-15。

表 3-15　ψ、K、A 值

物料块度	物料的磨磋性	物料种类	填充系数 ψ	推荐的螺旋叶片形状	K	A
粉状	无磨磋性、半磨磋性	石灰粉、石墨	0.35～0.40	全叶式	0.0415	75
粉状	磨磋性	干炉灰、水泥、石膏粉	0.25～0.30	全叶式	0.0565	35
粒状	无磨磋性、半磨磋性	谷物、泥煤	0.25～0.35	全叶式	0.0490	50
粒状	磨磋性	砂、型砂、炉渣	0.25～0.30	全叶式	0.0600	30
小块状 $\alpha<60$mm	无磨磋性、半磨磋性	煤、石灰石	0.25～0.30	全叶式	0.0537	40
	磨磋性	卵石、砂岩、炉渣	0.20～0.25	全叶式或带式	0.0645	25
中等及大块度 $\alpha>60$mm	无磨磋性、半磨磋性	块煤、块石灰	0.20～0.25	全叶式或带式	0.0600	30
	磨磋性	干黏土、硫矿石、焦炭	0.125～0.20	全叶式或带式	0.0795	15

如果物料的块度较大，螺旋直径还应按物料的计算块度进行校核：

对于筛分过的物料：$D\geqslant(4\sim6)d$，d 为最大颗粒尺寸。

对于未筛分过的物料：$D\geqslant(8\sim12)d$。

需要选择较大的螺旋直径时，可在输送量不变的情况下，选取较低的螺旋转速，以延长使用寿命。

螺旋输送机螺旋直径应根据下列的标准系列进行圆整：

$D=150$mm；200mm；250mm；300mm；400mm；500mm；600mm。

圆整以后，填充系数 ψ 可能不同于原先所选的数值，故应进行验算，即

$$\psi=\frac{Q}{47ck_1D^3n\rho} \tag{3-135}$$

如验算出的 ψ 值仍在表 3-15 所推荐的范围内，则表示圆整得合适。验算所得的 ψ 值允许略低于表 3-15 所列数值的下限，但不得高于表 3-15 所列数值的上限。

斗式提升机具有输送量大、提升高度高、运行平稳可靠、寿命长的显著优点，适于输送粉状、粒状及小块状的无磨琢性及磨琢性小的物料，如煤、水泥、石块、砂、黏土、矿石等，由于提升机的牵引机构是环行链条，因此，允许输送温度较高的材料（物料温度不超过250℃）。一般输送高度最高可达 40m。TG 型最高可达 80m。

根据连续输送机生产率的公式：

$$Q=3600S\rho v \tag{3-136}$$

式中　S——被输送物料层的横断面积，m^2；

ρ——被输送物料的堆积密度，kg/m^3；

v——被输送物材的轴向输送速度，m/s。

料层横断面为：

$$S=\psi c\,\frac{\pi D^2}{4} \tag{3-137}$$

式中　D——螺旋直径，m；

ψ——填充系数，其值与物料的特性有关；

c——倾斜修正系数，见表 3-16。

表 3-16 螺旋输送机倾斜修正系数 c

倾斜角 β	0°	≤5°	≤10°	≤15°	≤20°
c	1.00	0.90	0.80	0.70	0.65

在料槽中，物料的填充系数影响输送过程和能量的消耗。当填充系数较小（即 $\psi=5\%$）时，物料堆积的高度低矮且大部分物料靠近槽壁并且具有较低的圆周速度，运动的滑移面几乎平行于输送方向［图 3-29(a)］。物料颗粒沿轴向的运动要较圆周方向显著得多。所以，这时垂直于输送方向的附加物料流不严重，单位能量消耗也较小。但是，当填充系数提高（即 $\psi=13\%$或 40%）时，则物料运动的滑移面将变陡［图 3-29(b) 和图 3-29(c)］。此时，在圆周方向的运动将比输送方向的运动强，导致输送速度的降低和附加能量的消耗。因而，对于水平螺旋输送机来说，物料的填充系数并非越大越好，相反，取小值有利，一般取 $\psi<50\%$。各种微粒物料的填充系数 ψ 值可参考表 3-15。

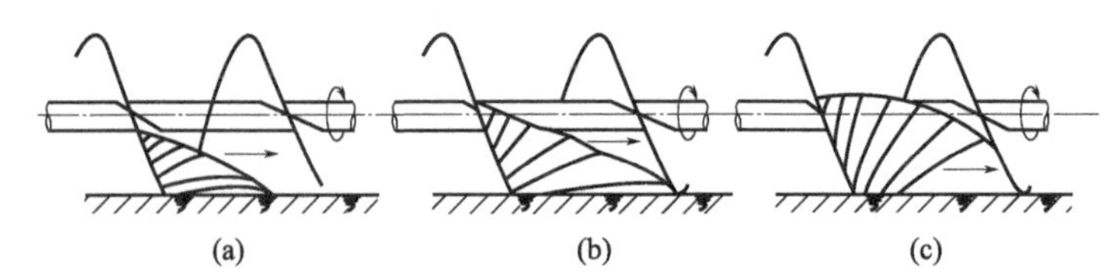

图 3-29 不同充填系数时物料层堆积情况及其滑移面

物料的轴向输送速度 v(m/s) 按下式计算：

$$v=\frac{hn_s}{60} \tag{3-138}$$

式中 h——螺旋节距，m；

n_s——螺旋转速，r/min。

螺距 h(m) 通常为：

$$h=k_1D \tag{3-139}$$

式中 k_1——螺旋节距与螺旋直径的比值，与物料性质有关，通常取 $k_1=0.7\sim1$，对于摩擦系数大的物料，取小值（$k_1=0.7\sim0.8$）；对于流动性较好，易流散的物料，可取 $k_1=1$。

将上式结合起来，则有：

$$Q=47\psi ck_1D^3n_s\rho \tag{3-140}$$

即：

$$\frac{Q}{\rho}=47\psi ck_1D^3n_s \tag{3-141}$$

3.2.3.3 斗式提升

(1) 概述

斗式提升机是一种固接在牵引件上的一系列料斗，在垂直方向或在很大倾斜角时输送粉状、颗粒状及块状物料的输送机，在建筑材料、耐火材料、机械铸造、矿山运输、食品加工等行业获得广泛应用。近年来随着高强度牵引构件的开发应用，在很大程度上扩展了它的应用范围。

斗式提升机适用于低处往高处提升，供应物料通过振动台投入料斗后机器自动连续运转向上运送。根据传送量可调节传送速度，并随需选择提升高度，料斗为自行设计制造，适用于食品、医药、化学工业品、螺钉、螺母等产品的提升上料，可通过包装机的信号识别来控制机器的自动停启。

根据料斗运行速度的快慢不同，斗式提升机可分为离心式卸料、重力式卸料和混合式卸料等三种形式。离心式卸料的斗速较快，适用于输送粉状、粒状、小块状等磨琢性小的物料；重力式卸料的斗速较慢，适用于输送块状的、相对密度较大的、磨琢性大的物料，如石灰石、熟料等。斗式提升机的牵引构件有环链、板链和胶带等几种。环链的结构和制造比较简单，与料斗的连接也很牢固，输送磨琢性大的物料时，链条的磨损较小，但其自重较大。板链结构比较牢固，自重较轻，适用于提升量大的提升机，但铰接接头易被磨损。胶带的结构比较简单，但不适宜输送磨琢性大的物料，普通胶带物料温度不超过 60℃，夹钢绳胶带允许物料温度达 80℃，耐热胶带允许物料温度达 120℃，环链、板链输送物料的温度可达 250℃。

（2）工作原理

料斗把物料从下面的储槽中舀起，随着输送带或链提升到顶部，绕过顶轮后向下翻转，斗式提升机将物料倾入接受槽内。带传动的斗式提升机的传动带一般采用橡胶带，装在下面或上面的传动滚筒和上下面的改向滚筒上。链传动的斗式提升机一般装有两条平行的传动链。斗式提升机一般都装有机壳，以防止斗式提升机中粉尘飞扬。

（3）类型和特点

① 斗式提升机的分类。按安装方式分为垂直式和倾斜式；按卸载特性分为离心式、重力式；按装载特性分为掏取式和流入式；按料斗形式分为深斗式、浅斗式、带导向槽的尖棱面斗式；按牵引构件分为带式、环链式和板链式；按工作特性分为重型、中型和轻型。

按照斗式提升机的装载方式分类有掏取式和流入式两种。掏取式主要用于输送粉状、粒状、小块状等磨琢性小的散状物料，由于在掏取物料时不会产生很大的阻力，所以允许料斗的运行速度较高，为 0.8～2m/s。流入式主要用于输送大块和磨琢性大的物料，其料斗的布置很密，以防止物料在料斗之间撒落，料斗的运行速度不得超过 1m/s。流入式斗式提升机的优点如下：

第一，驱动功率小，采用流入式喂料、诱导式卸料，大容量的料斗密集布置，在物料提升时几乎无回料和挖料现象，因此无效功率少。

第二，提升范围广，这类提升机对物料的种类、特性要求少，不但能提升一般粉状、小颗粒状物料，而且可提升磨琢性较大的物料，密封性好，环境污染少。

第三，运行可靠性好，先进的设计原理和加工方法，保证了整机运行的可靠性，无故障时间超过 20000h。

第四，提升高度高，提升机运行平稳，因此，可达到较高的提升高度。

第五，使用寿命长，提升机的喂料采取流入式，无须用斗挖料，材料之间很少发生挤压和碰撞现象。本机在设计时保证物料在喂料、卸料时少有撒落，减少了机械磨损。

② 斗式提升机的特点。斗式提升机在建材工业各厂矿中被广泛应用于垂直输送块状、粒状和粉状物料，例如，熟料、水泥、矿渣、粉碎煤、破碎后的石灰石和石膏等。一般情况下多采用垂直斗式提升机，仅当垂直斗式提升机不能满足特殊工艺要求时，才采用倾斜斗式提升机。由于倾斜斗式提升机的牵引构件在垂直度过大时需增设支承牵引构件的装置，而使

结构复杂，因此，一般很少采用倾斜斗式提升机。

优点：结构简单，在平面内占地面积小，输送能力大，输送高度较高（一般为12～32m，最高可达80m），密封性能较好，扬尘少，管理方便，操作维护简单。

缺点：过载敏感性大，必须均匀地供给物料，斗和链易损坏。

一般来说，物料的形态直接决定物料的卸料方式，常用规律为粉状物料采用离心抛射卸料、块状物料采用重力卸料，而卸料方式的不同决定斗式提升机采用的料斗类型的不同，离心抛射卸料多采用浅斗和弧形斗，而重力卸料需采用深斗。斗式提机所采用料斗的类型不同则单位时间内提升的物料输送量是不一样的。斗式提升机最终的输送量是取决于料斗型式、斗速、物料相对密度、物料性质、料斗数量的一个综合参数。选型过程如下：物料相对密度→传动方式（斗提型号）→物料性质→卸料方式→料斗形式→该系列斗式提升机的提升量→确定机型。

(4) 斗式提升机的主要参数的确定

① 生产率的计算。其计算式如下：

$$Q=0.36\times10^{-3}\frac{V_0}{a}vg\rho\psi \tag{3-142}$$

式中 Q——生产率，t/h；

V_0——料斗容积，L；

a——料斗间距，m；

v——提升速度，m/s；

g——重力加速度，$g=9.8m/s^2$；

ρ——物料的堆积密度，kg/m^3；

ψ——料斗的填充系数。

在实际生产中，最大的填充系数一般取 $\psi=0.8\sim0.85$。

由于在实际生产中存在着供料的不均匀性，为了防止斗式提升机的超载运行，应取平均的实际生产率 Q_p，即：

$$Q_p=\frac{Q}{K} \tag{3-143}$$

式中 K——供料不均匀系数，取 $K=1.2\sim1.6$。

② 料斗的计算。在斗式提升机选型设计时，可根据不同规格、型号斗式提升机的特性表，查到斗式提升机的输送量生产率、料斗容积及料斗间距，所以不需要进行料斗的计算。

当进行非标准斗式提升机设计时，在已知生产率的情况下，料斗容积 V_0 为

$$V_0=a\frac{10^3Q}{0.36v\rho g\psi} \tag{3-144}$$

式中，料斗间距 a 通常是给定的，主要考虑在装料时不会因料斗布置过密而影响对料斗的装料；在卸料时，不会使物料在途中碰到前面的料斗而落不到卸料口内等因素，其值一般取为：对浅料斗和深料斗，$a=(2\sim3.5)h$；对有导向边料斗，$a=(5\sim10)h$。式中，h 为料斗的高度，mm。

在确定料斗间距 a 后，可由所需的料斗容积 V_0 按物料特性查得料斗的形式、宽度和其他外形尺寸。在选择输送块状物料的料斗时，必须根据被输送物料的最大粒度 d_{max}(mm) 对料斗口尺寸 A(mm) 按下式进行验算：

$$A \geqslant md_{\max} \tag{3-145}$$

式中 m——粒度系数。

如验算结果不满足上式所规定的条件，则需将料斗口的尺寸做相应的增加，或换选大尺寸的料斗。

③ 驱动功率的计算。垂直斗式提升机所需的驱动轴功率 P_0 为

$$P_0=\frac{Fv}{1000} \tag{3-146}$$

式中 F——驱动轴上的圆周力，N。

驱动轴上的圆周力是用来克服一系列的运动阻力，其中主要包括提升物料的阻力，运行各部分的摩擦阻力及料斗掏取物料的阻力等。由于精确计算圆周力 F 较烦琐，在初步计算时，也可按下列近似的经验式计算轴功率 P_0。

$$P_0=\frac{QH}{367}(1.15+K_1K_2v) \tag{3-147}$$

式中 H——提升高度；

K_1，K_2——系数。

于是，所需的驱动电动机功率 P 为：

$$P=\frac{P_0}{\eta_1\eta_2}K' \tag{3-148}$$

式中 η_1——减速机传动效率，$\eta_1=0.94\sim0.95$；

η_2——V带或链传动效率，对V带传动取 $\eta_2=0.96$，对链传动取 $\eta_2=0.93$；

K'——与提升高度 H 有关的功率备用系数［$H<10$m 时，$K'=1.45$；$10\text{m}\leqslant H<20$m 时，$K'=1.25$；$H\geqslant20$m 时，$K'=1.15$。对于高速斗式提升机，还要考虑空气阻力的影响，在计算功率时一般要再加大5%］。

(5) 斗式提升机的选型原则与主要参数的关系探讨

正确选择斗式提升机的类型，关键在于能否充分发挥其使用效率，满足生产的需要，最大限度地提高生产率。斗式提升机的实际使用过程中的一些情况表明，其生产率与料斗的提升速度、料斗容积及安装密度等主要参数密切相关。

① 料斗的提升速度不但影响生产率，还影响卸料，应根据输送物料的不同进行选用。实验证明，当提升速度过低，斗式提升机的产量难以提高，并且料斗中物料所受离心力较小，主要受自身重力的作用。当料斗间距稍大时，部分物料会从头部散落到提升筒体内，而不能被抛向出料口，影响斗式提升机的生产率，严重时甚至会出现堵塞现象。当提升速度过高，有料斗绕上滚筒时，料斗中物料所受离心力较大，对于流散性好的物料，部分会被过早地抛出料斗，与头部机壳碰撞后散落到筒体中。对于流散性不良的物料，如潮湿的粉料，部分会贴住料斗外侧不易抛出造成返料，斗式提升机生产率也会降低。因此，提升速度应根据输送物料的不同进行选用。

实践证明，输送干燥、流散性好的物料易倒空，为提高生产率提升速度可选用大一些，一般以1.2～2.2m/s为宜（采用离心式卸料）；输送潮湿、流散性不良的物料，一般提升速度以0.6～0.8m/s为宜（采用离心-重力式卸料）。

② 应依据物料特性和提升速度选择斗型并控制单位长度的料斗数量来保证斗式提升机的生产率。料斗容积的变化即型号不同会影响斗式提升机的生产率。在提升带宽度相同的条

件下，深料斗的容积较大。因此，相同型号的斗式提升机采用深料斗时，生产率较高。但斗型的选择主要依据物料特性和提升速度。一般深料斗用于输送干燥、流散性好的物料，浅料斗用于提升潮湿、流散性不良的物料，提升速度较低时可用深料斗，提升速度较高时宜用浅料斗，这样有利于提高斗式提升机的生产率。单位长度上料斗数量的多少，也会直接影响斗式提升机的生产率，同时对料斗的填充系数也有影响。从生产率计算公式可以看出，单位长度上料斗数量越多，生产率越高，但另一方面，单位长度上料斗数量过多，又会降低料斗的填充系数，使生产率降低。目前大多数斗式提升机采用提高提升速度、控制单位长度上的料斗数量，来保证斗式提升机的生产率。通常输送粉状、颗粒状、块状物料，每米长度安装3～4个料斗。从实际使用效果来看，这样的布置是合理的。

思考题

1. 仓内粉体结拱的类型有哪几种？引起结拱的各自原因是什么？

2. 以知粉体的容积相对密度为1.5，它和铁板的摩擦角为40°，将其装入题2图示所示尺寸的矩形料斗中。图中B点的角度应取多少？堆积中心分别为A、B、C时，试计算其装料质量。其次，试画出同A点装料有相同实际容积，边长为4m的正方形料斗和直径为4m的圆筒形料斗的尺寸图，并比较其壁用铁板的必要面积。设立体角取42°，可认为是安全的。此外，用上述矩形料斗相同的底面积（根据平面图为18.2m），设计与A点装料有相同实际容积的正方形和圆筒形料斗时，总高度应取多少？

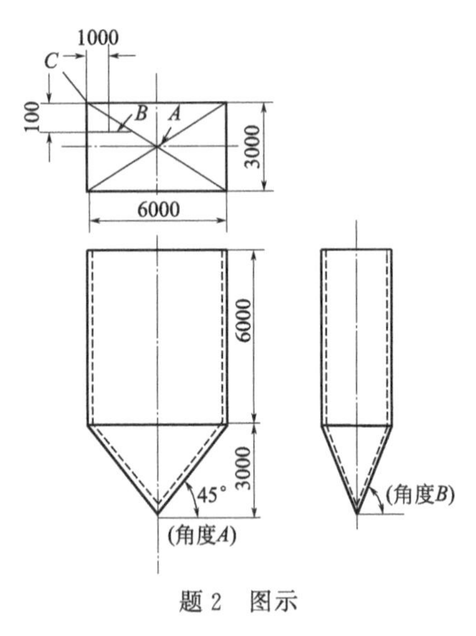

题2　图示

3. 一填充床装有圆球，其直径应为多大，使其压降与一任意堆积的边长1mm的正方体床层相同。假设床层几何尺寸和空隙度相同。

4. 一填充床装有圆球，其直径应为多大，使其压降与一任意堆积的1mm与2mm圆球等质量混合物床层相同。多少个上述单一直径圆球，能替换原来混合物的9个代表性圆球？假设床层几何尺寸和空隙度相同。

5. 计算下述粒度分布的物料的平均直径d_p。

物料质量分数/%	其直径小于d_p/μm	物料质量分数/%	其直径小于d_p/μm
0	10	90	80
3	20	97	100
8	30	100	150
16	40		

6. u_{mf}和u_t两者的性状表现为三个范围：对小颗粒为层流（低Re_p），经过一中间区，至对大颗粒为湍流（高Re_p）。假设为室温（20℃）下空气流化床，球体$\rho_s=1$。

① 按上述定义，何种粒度范围的固体颗粒可称为小颗粒床层？

② 何种粒度范围的固体颗粒可称为大颗粒床层？

③ 如颗粒密度为 $\rho_s=5g/cm^3$，重复①和②。

7. 对一相当大和重的颗粒床层，计划进行在接近与临近流化条件下的流型实验。可惜在一圆管中初步实验表明，床层上部流化良好时，下部并不发生流化，而当下部流化良好时，上部发生腾涌。为克服这困难，试用锥形床。

为要保持床层内气速恒定，锥形管截面比（顶部和底部面积之比）应用多少？锥度约为多少？

数据如下：

固体颗粒：$\phi_s d_p=1mm$，$\rho_s=8g/cm^3$，$\varepsilon_{mf}=0.4$；

所需流化床高度=1.5m；

所需床层平均直径≈15cm；

操作温度=20℃；

空气加压通过床层，离去时为 1atm。

8. 计算气体流化颗粒床层的临界流化速度。

数据如下：

固体颗粒：$\rho_s=5g/cm^3$，$\overline{d}_p=100mm=0.01cm$，$\phi_s=0.63$；

气体：$\rho_g=1.22\times10^{-3}g/cm^3$，$\mu=1.8\times10^{-4}mPa\cdot s$。

用下表以估计 ε_{mf}。

$d_p/\times10^3cm$	5	8	10	12	14	15	16	17	18	20	22	24	26
p/cm^{-1}	5	13	23	45	95	135	145	115	8	5	22	12	1

9. 计算 0～260μm 的宽粒度分布微球催化剂床层的临界流化速度 u_{mf}。将得到的数值和实验值 $u_{mf}=3.4cm/s$ 相比较。

数据如下：

固体颗粒：$\rho_s=0.83g/cm^3$，$\phi_s=1$，$\varepsilon_{mf}=0.45$；

气体：$\rho_g=1\times10^{-3}g/cm^3$，$\mu=1.7\times10^{-4}mPa\cdot s$。

10. 计算直径为 10mm、100mm、1000mm 的微球催化剂在下述条件下的终端速度。

固体颗粒：$\rho_s=2.5g/cm^3$，$\phi_s=1$；

流体：$\rho_g=1.2\times10^{-3}g/cm^3$，$\mu=1.8\times10^{-3}mPa\cdot s$。

11. 床层颗粒 $d_p=0.1mm$，$\rho_s=2.5g/cm^3$，$\phi_s=0.86$，$L_{mf}/d_t=2$，气体所用压力不同，试估计其流化形态。

① $\rho_g=0.2g/cm^3$，$\mu=4\times10^{-4}mPa\cdot s$。

② $\rho_g=0.02g/cm^3$，$\mu=3\times10^{-4}mPa\cdot s$。

③ $\rho_g=0.002g/cm^3$，$\mu=2\times10^{-4}mPa\cdot s$。

12. 估计一 6m 高、4m 内径的反应器在下述条件下的功率消耗。

① 反应器出口气体和进口气体均在大气压力（或 $1033g/cm^2$）。

② 鼓风机进口气体为大气压力；然而，反应器出口气体为绝对压力 $(1033+300)g/cm^2$，需要的附加数据可取自例题 3-4。

13.假设为层流，估计通过一 d_t=12cm 垂直圆管的摩擦压降，其中充气微细颗粒向下流动。所需数据如下：

$$\bar{d}_p=0.1\text{mm}，\rho_s=2.5\text{g/cm}^3；$$

$$u_0\text{cm/s}，u_s=12\text{cm/s}，\varepsilon_f=0.75。$$

14.斗式提升机有何功用？由哪些基本装置组成？

15.斗式提升机有哪些类型？各适用于哪些场合？

16.斗式提升机的装料与卸料方式各有哪些？分别适用于何种性质的物料输送？

参考文献

[1] 柏跃勤，常茂德.黄土高原地区小流域坝系相对稳定研究进展与建议［J].中国水土保持，2002（10）：12-13.

[2] 陈彰岑，于德广，雷元静，等.黄河中游多沙粗沙区快速治理模式的实践与理论［M].郑州：黄河水利出版社，1998.

[3] 方学敏，曾茂林.黄河中游淤地坝坝系相对稳定研究［J].泥沙研究，1996（3）：12-20.

[4] 曾茂林，朱小勇，康玲玲，等.水土流失区淤地坝的拦沙减蚀作用及发展前景［J].水土保持研究，1999，6（2）：126-133.

[5] 胡宗武，徐履冰，石来德.非标准机械设备设计手册［M].北京：机械工业出版社，2003.

[6]《运输机械设计选用手册》编辑委员会编.运输机械设计选用手册［M].北京：化学工业出版社，2004.

[7] 王鹰.连续输送机械设计手册［M].北京：中国铁道出版社，2001.

[8] 罗又新.起重运输机械［M].北京：冶金工业出版社，1993.

[9] 任进，门庄妍.大倾角螺旋输送机设计与参数的选择［D].内蒙古公路运输，1995，2，38-39.

第4章

废物的浸取与富集

4.1 废物的浸取

浸取为一种处理固体混合物的固-液萃取方法。当溶剂为水，被分离的溶质为不需要的组分时，则可称为洗涤。在食品工业中浸取尤为重要，因为食品工业的原料多呈固体状态，为了分离出其中的纯物质，或除去不需要的物质，多采用浸取操作。工业大规模上采用浸取操作的例子有油料种粒和甜菜的浸取。此外，固体废物中有价金属的回收，废催化剂的回收利用，香料色素、植物蛋白、鱼油、肉汁和玉米淀粉等的制造都要利用浸取操作。

与液-液萃取不同的是，在浸取操作中，两相的分离较为容易，因为固体与液体的分离比两个液相的分离容易得多。两相间的接触面积主要取决于固体物料的几何尺寸。当物料的几何尺寸较小时，固体可以增加比表面积，缩短扩散距离，但同时必须考虑到液体在固体物料间隙内的流动，考虑到固体物料本身的机械强度。这些都是浸取设备设计和操作中必须重视的因素。

4.1.1 浸取概述

4.1.1.1 浸取的步骤

浸取是物质由固相转移到液相的一个传质过程，整个过程一般包含以下几个步骤：

① 溶剂从液相主体以分子的对流形式进入液膜。

② 液膜内的溶剂以分子扩散形式进入固相界面的滞留层内。

③ 固相滞留层内的溶剂以分子扩散形式进入固体内部，溶质随即溶解形成溶液。

④ 固体内部的溶液通过内部粒子间的空隙，扩散到固相界面滞留层。

⑤ 固相滞留层内的溶液以分子扩散形式进入液膜。

⑥ 液膜内的溶液又以分子对流形式进入液相主体。

4.1.1.2 浸取的分类

根据浸取过程的作用原理可分为物理浸取、化学浸取和细菌浸取。物理浸取是单纯的溶质溶解过程，所用的溶剂有水、醇或其他有机溶剂。化学浸取常用于处理矿物，常用酸、碱及一些盐类的水溶液，通过化学反应，将某些目标组分溶出。

(1) 物理浸取

水为浸取介质的水浸取是最具有代表性的物理浸取方式。当金属在固相中以可溶于水的化合物形态存在时，则可用水把有价值的成分简单地从固相溶解入溶液。某些重金属化合物经酸化焙烧或氯化焙烧后的水浸取，是物理浸取的典型例子，如硫化铜经酸化焙烧后，转变为易溶于水或稀硫酸的硫酸铜。

(2) 化学浸取

① 酸浸取。常用的酸浸取剂是硫酸、盐酸和硝酸，有时也用氢氟酸、亚硫酸及王水等。酸浸取的过程可能是简单的溶解，也可能是配合反应或氧化还原反应。

② 碱浸取。氢氧化钠、碳酸钠、氨水、硫化钠和氰化钠是碱浸取时常用的试剂。可利用复分解反应，使不溶物转变为可溶物，如用氢氧化钠将独居石矿中的磷酸盐转换成氢氧化物。在碱浸取过程中更多的是利用配合反应，如在铀矿的处理过程中广泛地使用碳酸钠和碳酸氢钠的混合溶液使矿石中的铀形成配合离子进入溶液，而杂质元素则存在于沉淀中。

③ 盐浸取。氯化铁、硫酸铁、氯化铜、氯化钠、次氯酸钠等盐类也常用作为浸取剂。盐的作用有两种：一类盐浸取剂起氧化剂作用，如氯化铁、硫酸铁、氯化铜、次氯酸钠等；另一类盐浸取剂如氯化钠、氯化钙、氯化镁等，不起氧化还原作用。

(3) 细菌浸取

细菌浸取是利用某些特殊细菌及其代谢产物的氧化作用，使得矿石中的有用组分进入溶液的过程，这是近20年来发展起来的新技术。它最初发现于铜矿的开采过程，人们发现从铜矿上流出的矿坑水中含铜量相当的高，同时也发现在此种矿坑水中有特殊的细菌。此后细菌浸取开始应用于金属的水法冶炼过程，现在主要用于铜和铀的生产中。这是一种处理残留残渣、残矿和低品位矿的很有前途的方法。

除此之外，根据浸取工艺的操作条件可将浸取分为常压浸取、热压浸取。有些反应在常温常压下不能实现时，提高温度和压力，化学反应速率大大提高，使得一些在常温常压下不能实现的反应成为可能，同时在密闭容器中反应也可以使气体和易挥发的物质作为反应试剂。热压浸取最早是从碱浸取氧化铝开始，现在此技术已经用于铀、钨、钼、铜、镍、钴、锌、钒、锰、铝等金属的浸取。

4.1.2 浸取理论

4.1.2.1 浸取体系组成的表示法

浸取体系通常可简化为一个三元物系，即溶质 A、溶剂 S 和惰性固体 B。为表示系统的组成，可参照液-液萃取，用直角三角形相图表示，见图4-1。仍以三角形的三个顶点表示纯组分，AS 边上的一点则代表由溶质和溶剂构成的溶液的组成。

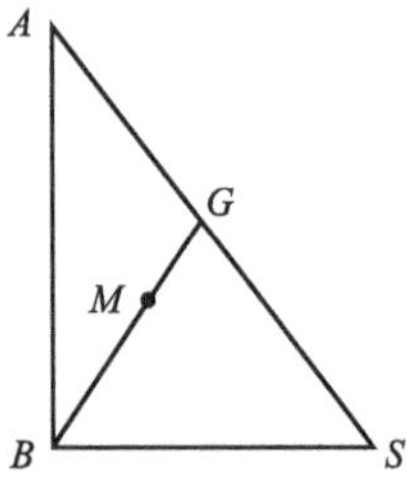

在三角形内的一点 M 表示三元物系的组成。将 M 点和 B 点相连并延长到与 AS 相交于点 G，此点代表了溶液的组成。因此，三元物系可视作由某溶液和一定量的惰性固体混合而成。

图4-1 浸取体系组成的表示

4.1.2.2 浸取体系的平衡关系

溶质分布在固、液两相中，在固相中的溶质浓度和在液相中的溶质浓度间必然存在一定的平衡关系。浸取体系的平衡关系甚为复杂，其机理尚未搞清，按溶质 A 和溶剂 S 之间的溶解情况，可分为三类。

① A 原来呈固态，则 A 在 S 中必有一饱和溶解度。设该饱和溶解度即图 4-1 中的 G 点所代表的组成，则 BG 线把相图分为两个区域，其中位于 BG 线下方的区域为不饱和区，亦即 A 与 S 量之比小于饱和溶解度，而位于 BG 上方的区域则为饱和区。很明显，只有在不饱和区才能进行浸取。

② A 原来呈液态，且与 S 完全互溶，此时整个三角形均为不饱和区。

③ A 原来呈液态，且与 S 部分互溶。此时相图上将出现两个不饱和区和一个饱和区。这是一种较复杂的情形。在实践中应避免，避免的方法是选择另一种溶剂。

在浸取操作中可以假定固体 B 与溶质 A 之间无物理和化学作用，而且溶质 A 的量相对于溶剂 S 量而言未达饱和溶解度。这样，当固体与溶剂经过充分长时间的接触后，溶质完全溶解，固体空隙中液体的浓度将等于固体周围液体的浓度，液体的组成将不再随接触时间延长而改变，即达到了平衡。这样的接触就称为理论级或理想级。由此可见，在理论级中，液体并未达到饱和，这一点与液-液萃取不同。

4.1.2.3 溢流与底流平衡关系的表达

浸取操作是在浸取器（或称萃取器）内进行的。固体物料与溶剂接触达一定时间后，由顶部排出的澄清液称为溢流，由底部排出的残渣称为底流。底流中除所含的惰性固体之外，尚有固体内部的液体和外部的液体。所有随惰性固体一起排出的液体均被视为与固体依附在一起。如果此浸取器为一理论级，则底流液体中的溶质浓度必等于溢流中的溶质浓度。

在三角形相图上，如果溢流中不含惰性固体，则其组成点必位于 AS 边上，如图 4-2 中的 E 点。底流则可看作由一定量的惰性固体和其夹带的组成与溢流相同的溶液混合而成，故其组成必位于 BE 连线上。设其状态点 R，则由杠杆规则支点 E 及 R 的位置必满足如下的关系。

$$\overline{BR}/\overline{RE}=\text{惰性固体的持液量/惰性固体量} \tag{4-1}$$

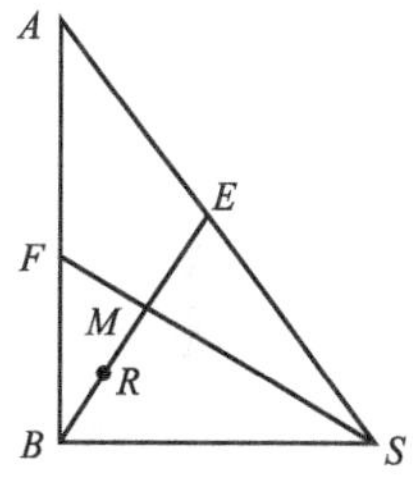

图 4-2 溢流与底流平衡关系

4.1.2.4 单级浸取过程的表示

单级浸取过程与单级萃取相似。被浸取的原料与溶剂混合，原料组成点 F 位于 AB 边上，混合物组成点 M 位于 SF 连线上，其位置由溶剂对原料量之比决定，经充分长时间接触达到平衡后，分成溢流和底流，其组成点分别为 E、R 点，如图 4-2 所示。E 和 R 点均位于过 M 点的平衡线上，亦即 BM 连线上，R 点的位置与固体的持液量有关。

4.1.3 传质机理与浸取速率

4.1.3.1 传质方程

浸取过程也就是溶质 A 从固相向溶剂相的传递过程，一般认为包括以下三个步骤。

① 溶剂浸润，进入固体内，同时溶质溶解于溶剂中。

② 溶解的溶质从固体内部液体中扩散到固体表面。

③ 溶质继续从固体表面通过液膜扩散，到达外部溶剂主体。

在通常的浸取条件下，第①步不是传质的控制因素，可以忽略。实际上，当原料为动、植物细胞这样的生物体时，溶质 A 常常处于细胞内部的液体中，也就是说在浸取前固相内部已有一定量的液体存在。

若第③步为控制因素，则意味着浸取速率由溶质在固体表面的边界层中的扩散所决定，溶剂的流动状态将对浸取速率起重要的影响。

然而实践表明多数情况下第②步为控制因素，此时浸取速率主要由内部扩散所决定。内部扩散与许多因素有关。常把固体看成是一种多孔介质，在固体的微孔中存在的溶液，把分子扩散理论应用于浸取操作的研究。

在浸取过程中，就每一片（块）固体而言，其内部的溶质浓度随浸取时间的延长而不断降低，故属于不稳定扩散过程。描述不稳定分子扩散过程的方程与描述不稳定热传导的方程在数学形式上不相似，其形式如下。

$$\frac{\partial q}{\partial \tau}=D_{\mathrm{i}}\left(\frac{\partial^2 q}{\partial x^2}+\frac{\partial^2 q}{\partial y^2}+\frac{\partial^2 q}{\partial z^2}\right) \tag{4-2}$$

式中　q——固体内部物质的浓度，可以用各种表示法；

D_{i}——溶质在固体内部的扩散系数；

τ——浸取时间。

式(4-2) 称为扩散方程，又称菲克（Fick）第二定律，其求解需根据具体的边界条件和初始条件进行积分。与热扩散方程一样，也仅在几何形状简单的几种情况下有解析法。

4.1.3.2　平板扩散模型

设固体为无限大平板，内部空隙均匀，厚度均匀，仅两面与溶剂接触，内部毛细管极细，因而不受外部流动的扰动，此时式(4-2) 简化为一维方程：

$$\frac{\partial q}{\partial \tau}=D_{\mathrm{i}}\frac{\partial^2 q}{\partial x^2} \tag{4-3}$$

施伍德（Sherwood）和纽曼（Newman）做如下假定：a. 扩散沿垂直于两平面的方向进行；b. 平板厚度均匀；c. 浸取开始时，溶质在平板内分布均匀；d. 溶剂中溶质浓度保持不变；e. 扩散系数保持不变；f. 固体表面的扩散阻力忽略不计。

根据上述假定，浸取完全由内部扩散控制。在上述条件下积分，其解为：

$$\begin{aligned}E&=\frac{8}{\pi^2}\sum_{n=0}^{\infty}\frac{1}{(2n+1)}\exp\left[-\frac{D_{\mathrm{i}}(2n+1)_2\pi^2\tau}{l^2}\right]\\&=\frac{8}{\pi^2}\left[\exp\left(-\frac{D_{\mathrm{i}}\pi^2\tau}{l^2}\right)+\frac{1}{9}\exp\left(-\frac{9\pi^2 D_{\mathrm{i}}\tau}{l^2}\right)+\cdots\right]\end{aligned} \tag{4-4}$$

式中　l——板的厚度；

E——萃余率，其定义如下：

$$E=\frac{q-q_0}{q_1-q_0} \tag{4-5}$$

式中　q_0——平衡时固体中溶质浓度，$\mathrm{kg/m^3}$；

q_1——初始时固体中溶质浓度，$\mathrm{kg/m^3}$；

q——时刻 τ 时固体中溶质平均浓度，$\mathrm{kg/m^3}$。

式(4-5) 收敛极快，若无量纲数群 $D_i\tau/l^2$ 充分大，则取第一项已足够精确。此时式(4-5)变为：

$$E=\frac{8}{\pi^2}\exp\left(-\frac{\pi^2 D_i\tau}{l^2}\right) \tag{4-6}$$

若将上述平板模型的结果用于正六面体，设三个方向的尺寸分别为 l_1、l_2、l_3，沿三个方向的扩散系数分别为 D_1、D_2、D_3，则按菲克定律有：

$$\frac{\partial q}{\partial \tau}=D_1\frac{\partial^2 q}{\partial l_1^2}+D_2\frac{\partial^2 q}{\partial l_2^2}+D_3\frac{\partial^2 q}{\partial l_3^2} \tag{4-7}$$

设三个方向的萃余率分别为 E_1、E_2、E_3，而总萃余率 $E=E_1E_2E_3$，可得：

$$E\approx\left(\frac{8}{\pi^2}\right)^3\exp\left[-\pi^2\tau\left(\frac{D_1}{l_1^2}+\frac{D_2}{l_2^2}+\frac{D_3}{l_3^2}\right)\right] \tag{4-8}$$

为简化起见，令：

$$k=\pi^2\left(\frac{D_1}{l_1^2}+\frac{D_2}{l_2^2}+\frac{D_3}{l_3^2}\right) \tag{4-9}$$

则上式为：

$$E\approx\left(\frac{8}{\pi^2}\right)^3\exp(-k\tau) \tag{4-10}$$

4.1.3.3 浸取速率

浸取速率可用单位时间内从单位浸取接触面积上浸取的溶质质量来定义。以平板型浸取为例，将式(4-4) 两边对时间进行微分得：

$$-\frac{\mathrm{d}q}{\mathrm{d}\tau}=\frac{8D_i(q_1-q_0)}{l^2}\sum_{n=0}^{\infty}\exp\left(-\frac{D_i(2n+1)^2\pi^2\tau}{l^2}\right) \tag{4-11}$$

设 ρ_B 为单位体积固体片状物中惰性固体的质量，则 $\rho_B q$ 为单位体积固体片状物中溶质的质量。同时，此片状物的比表面积为 $2/l$。据此，将上式两边乘以 $\rho_B l/2$，其左边即为浸取速率，即：

$$-\frac{\mathrm{d}m}{A\mathrm{d}\tau}=\frac{4\rho_B D_i(q_1-q_0)}{l}\sum_{n=0}^{\infty}\exp\left(-\frac{D_i(2n+1)^2\pi^2\tau}{l^2}\right) \tag{4-12}$$

式中　m——惰性固体中溶质质量；

　　　A——浸取接触面积。

式(4-12) 表示浸取速率随时间 τ 的变化规律。

此外，也可将式(4-4) 与式(4-12) 结合消去 τ 后得到浸取速率随残留量 q 而变化的规律。将两式相除得：

$$-\frac{\mathrm{d}m}{A\mathrm{d}\tau}=\frac{\pi^2\rho_B D_i(q_1-q_0)}{2l}\times\frac{\sum\limits_{n=0}^{\infty}\exp\left[-(2n+1)^2\frac{\pi^2 D_i\tau}{l^2}\right]}{\sum\limits_{n=0}^{\infty}\exp\frac{1}{(2n+1)}\exp\left[-(2n+1)^2\frac{\pi^2 D_i\tau}{l^2}\right]} \tag{4-13}$$

当浸取时间相当长时，上式右边第二个分式因子趋于 1，于是有：

$$-\frac{\mathrm{d}m}{A\mathrm{d}\tau}=\frac{\pi^2\rho_B D_i}{2l}(q-q_0) \tag{4-14}$$

或以残留量 q 表示得：

$$-\frac{dq}{d\tau}=\frac{\pi^2 D_i}{l^2}(q-q_0) \tag{4-15}$$

方程成为“速率＝推动力/阻力”的常见形式。

以上讨论为浸取操作为内部扩散控制场合。在一定的条件下，当内部扩散速率很快，外部扩散阻力成为有一定影响的因素时，则必须计及外部的阻力。从溶剂相一侧考虑，浸取速率式可写成：

$$-\frac{dm}{A d\tau}=k_L(\rho_i-\rho) \tag{4-16}$$

液相传质膜系数 k_L 受搅拌影响很大，可用如下特征数关联式计算：

$\frac{d^2 N\rho}{\mu}<6700$ 时：
$$\frac{k_L d}{D_e}=2.7\times10^{-5}\left(\frac{d^2 N\rho}{\mu}\right)^{1.4}\left(\frac{\mu}{\rho D_e}\right)^{0.5} \tag{4-17}$$

$\frac{d^2 N\rho}{\mu}>6700$ 时：
$$\frac{k_L d}{D_e}=0.16\left(\frac{d^2 N\rho}{\mu}\right)^{0.62}\left(\frac{\mu}{\rho D_e}\right)^{0.5} \tag{4-18}$$

式中 N——搅拌器转速；

D_e——液相中外扩散系数；

μ——液体黏度；

ρ——液体密度；

d——容器直径。

综上所述，影响物料浸取速率的因素如下。

(1) 可浸取物质的含量

原料中溶质含量高，则浸取的推动力就大，浸取速率就快。应指出的是，在复杂体系如动植物性原料的浸取中，溶质并不是单一的某一化学组分，而是所有可溶于溶剂中的组分。因此，溶剂的种类和温度等操作条件也可改变推动力的大小。

(2) 原料的形状和大小

科特（Coats）和温加德（Wingard）研究了大豆、棉籽、花生仁、玉米胚芽、亚麻籽等油料种子的形状和大小对浸取速率的影响，提出以残油率到达1%所需时间 τ 作为浸取速率的指标，并以厚度 l 表示片状原料的尺寸，以平均直径表示细粒状原料的尺寸，得出如下的关系式：

$$\tau=al^m \tag{4-19}$$

式中 l——厚度，m；

m——大体上为常数，它的值与固体原料有关；

a——表示浸取进行的相对难易程度，对同一原料还因其品质、产地不同而有显著的差别。

(3) 温度

温加德以各种溶剂处理大豆、棉籽、亚麻籽等，改变浸取温度以测定浸取速率，得出如下关系式：

$$t=a'(t-17.8)^{m'} \tag{4-20}$$

式中 t——温度，℃；

a'，m'——常数，m'的数值大小表示温度对浸取速率影响的程度。

对甜菜丝的浸取，则必须在 72～75℃以上方有好的效果，因为在此温度下细胞壁膜变性而失去半透性，从而使糖分可以扩散出来。

(4) 溶剂

溶剂的影响是溶解度、亲和力、黏度、分子大小等各种因素的综合影响，难以得出一般的规律。

选择浸取剂时应遵循下面几个原则：a. 选择性，浸取剂除了对固体混合物中所需浸取的组分应有良好的溶解性外，对于其他不需要的组分应以不溶解为佳，也就是说浸取剂必须具有较好的溶解选择性。b. 回收性，浸取液或残渣中的溶剂往往价格较贵，因此溶剂能否回收以及回收是否经济，对浸取操作具有重要意义。c. 黏度，在浸取操作时，为了使固体界面上的溶剂及时更新以增大浸取速率，应选择黏度较低的溶剂为好。d. 稳定性和安全性，作为浸取剂，应具有较好的化学稳定性，在浸取过程中不能有任何化学变化发生。

4.1.4 浸取操作的计算

4.1.4.1 浸取操作方式

浸取操作通常采用三种基本方式，即单级间歇式、多级接触式和连续式。

单级间歇式操作使用单一的浸取罐，有每次都使用新鲜溶剂者，也有将浸取液从浓到稀分成若干组（一般 2～3 组）做溶剂，按顺序分段进行浸取，最后阶段才使用新鲜溶剂。单级间歇式设备常用作中试设备或小规模的生产设备。

多级接触式操作是将若干浸取罐组合成一定顺序，以逆流的方式使新鲜原料与最后的浓浸取液相接触，而大部分溶质中已被浸取的物料则与新鲜溶剂相接触。这种操作法与上述单级间歇式的相同点是被浸取物料在浸取过程中并不移动，而仅溶剂做逆流的流动。不同点是单级操作将此多次接触作用分阶段在同一设备上运行，而多级接触则是同时在不同的设备内进行。由于这种操作方法固体在级间并不移动，而溶剂则顺序流过各级，当最后一级浸取终了时，新鲜溶剂必须从此级截断，并改为逆流流入前一级。为此，不仅需要更多的浸取管以供洗涤、卸料和装料等操作，还需安装溶液和溶剂的总管以改变流动的方向，达到每一阶段组合一定浸取罐以进行逆流操作的目的。

连续式浸取操作是原料和溶剂同时做连续的逆流流动，不仅溶剂（或溶液）做连续流动，固体也做连续的移动。

4.1.4.2 浸取操作的计算方法

浸取所需的时间决定于浸取的速率。前已述及，在理论上浸取完毕后，固体中残留的溶质（被浸取组分）量与浸取时间存在一定的函数关系。由于浸取机理的复杂性，这个关系常凭实际经验来确定。因此，浸取所需的必要时间也必须取决于实际经验。

浸取器的大小，通常也凭经验确定。浸取器的容积可取其等于原料混合物和溶液所占的容积，加上所有浸取器内附属设备（如搅拌器、蛇管等）所占的容积，此外，尚需留有30%的自由容积。

溶剂的需用量可根据浸取过程中物料的开始和终了情况，由物料衡算式求取。

在多级逆流接触的浸取中，浸取器的数目（级数）是重要的计算项目。多级浸取级数的计算建立在理论级数的基础之上。实际上由于接触时间不可能无限长，惰性固体也不可能对浸取质绝无吸附作用等，所以，浸取的浓度变化也就不可能达到平衡。这样，实际所需的级数 N_R 就比理论级数 N_T 为多。理论级数与实际级数之比，称为级效率，即：

$$\eta = N_T / N_R \tag{4-21}$$

一般级效率 η 由经验确定。下面主要介绍两种理论级数的计算方法，即代数计算法和三角相图法。

(1) 浸取级数的代数计算法

代数计算法主要适用于恒底流的情况。所谓恒底流，即底流中的溶液量对每一级而言均相同。根据这一定义，若溢流中无固体，固体全在底流中，则底流中固体量及溶液量均保持不变，亦即底流总量保持不变，从而溢流量亦保持不变。因此，恒底流必然伴随恒溢流。

如图 4-3 所示的多级逆浸取系统，设进入第 1 级的原料量为 F，各级的底流量以惰性固体所持的液量计为 L，以逆流方式进入末级的溶剂量为 S，逐级流动的溢流量为 V，则必有 $V=S$。

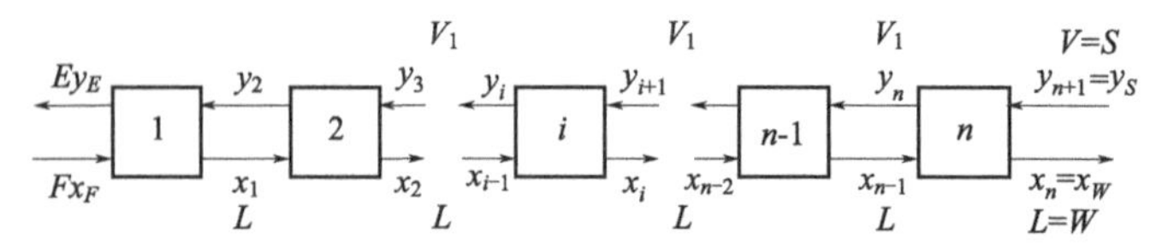

图 4-3 多级逆流浸取系统

今取第 i 理论级分析，若以 y_i 表示离开第 i 级的溢流浓度（质量分数），x_i 表示离开第 i 级底流所持溶液的浓度。第 i 级的溶质物料衡算式的通式为：

$$Vy_i + Lx_i = Vy_{i+1} + Lx_{i-1} \tag{4-22}$$

因为是理论级，故 $x_i = y_i$，$x_{i+1} = y_{i+1}$，并令

$$a = V/L \tag{4-23}$$

对恒底流，比值 a 为常数。则上式变为：

$$x_{i-1} = (a+1)x_i - ax_{i+1}$$

对第 N 级（末级）：　$x_{N-1} = (a+1)x_N - ax_{N+1}$

对第 $N-1$ 级：

$$x_{N-2} = (a+1)x_{N-1} - ax_N = (a+1)[(a+1)x_N - ax_{N+1}] - ax_N$$

$$\vdots$$

$$= (a^2 + a + 1)x_N - a(a+1)x_{N+1}$$

以此类推，对第二级：

$$\begin{aligned} x_1 &= (a^{N-1} + a^{N-2} + \cdots + 1)x_N - a(a^{N-2} + a^{N-1} + \cdots + 1)x_{N+1} \\ &= \frac{1-a^N}{1-a}x_N - a\,\frac{1-a^{N-1}}{1-a}x_{N+1} \end{aligned} \tag{4-24}$$

对第 1 级，由于溢流量 $E \neq V$，底流的溶液量也不等于原料中所含的溶液量，故不可应用通式。对全系统进行物料衡算，得：

$$Ey_E + Lx_N = Fx_F + Vy_{N+1} \tag{4-25}$$

第 1 级的溢流比不同于其他各级，令：

$$a_1=E/L \tag{4-26}$$

由于：

$$y_E=x_1 \tag{4-27}$$

故有：

$$a_1L\left[\frac{1-a^N}{1-a}x_N+\frac{1-a^{N-1}}{1-a}x_{N+1}\right]+Lx_N=Fx_F+Vy_{N+1} \tag{4-28}$$

整理得：

$$Lx_N\left(a_1\frac{1-a^N}{1-a}+1\right)-Vy_{N+1}\left(a_1\frac{1-a^{N-1}}{1-a}+1\right)=Fx_F \tag{4-29}$$

两端除以 Lx_N 后经整理而得：

$$\frac{1}{R}=\left(1+a_1\frac{1-a^N}{1-a}\right)-\frac{y_S}{x_N}\left(a+a_1\frac{a-a_N}{1-a}\right) \tag{4-30}$$

如果加入末级的溶剂中不含溶质，即 $y_S=0$，则有：

$$\frac{1}{R}=1+a_1\frac{1-a^N}{1-a} \tag{4-31}$$

$$R=Lx_N/Fx_F$$

式中 R——残留率或损失率，其意义为残渣排走的溶质量与原料所含的溶质量之比；

x_N——残渣中溶液的浓度；

x_F——原料中溶质浓度，其计算基准与原料 F 的基准同；

a——恒底流的溢流-底流比，即等于 V/L；

a_1——第一级的溢流-底流比，即等于 E/L，E 为最后浓液产品量；

S——进入末级的溶剂量；

y_S——进入末级溶剂中的溶质浓度，如不含溶质，则 $y_S=0$；

N——多级浸取的理论级。

(2) 浸取级数的三角形相图计算法

以三级逆流操作为例，其流程如图 4-4 所示。所有物流均以总量表示，故用 L_1、L_2、L_3 分别表示各级底流，其中，$L_3=\omega$ 为末级排出的残渣。

若溢流中不含惰性固体，则溢流为溶质 A 和溶剂 S 的二元混合物。底流则为三元混合物。在图 4-5 中第一个下标为浸取级序号，第二个下标表示组分。由原料和底流中惰性固体的物料衡算可知：

$$Fx_{FB}=L'_1x_{1B}=l'_2x_{2B}=l'_3x_{3B} \tag{4-32}$$

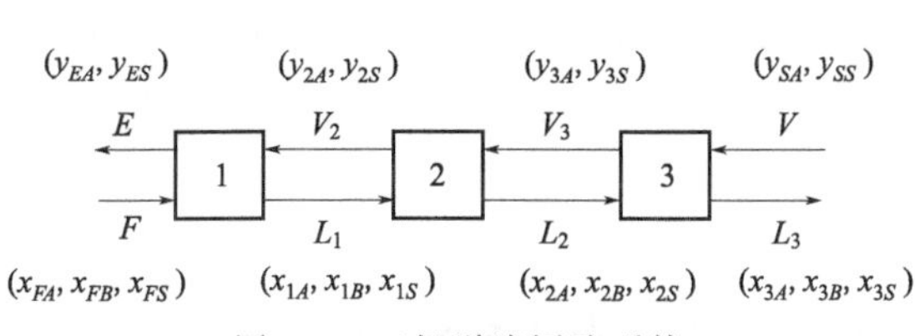

图 4-4 三级逆流浸取系统

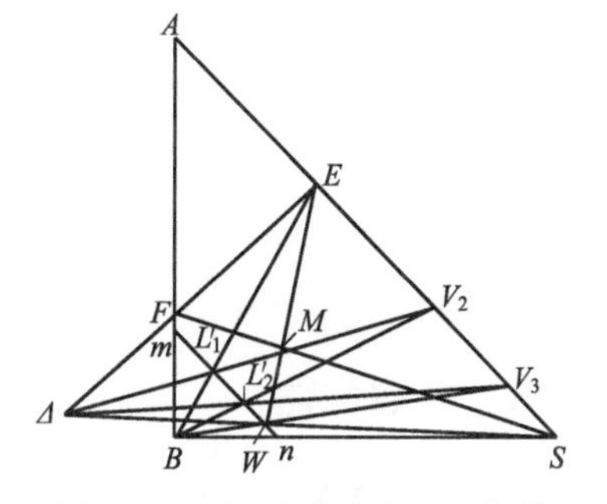

图 4-5 三级逆流浸取的三角形相图图解法

设单位质量惰性固体所持有的溶液量为 K_1，则 L_1' 中的溶液量为 $K_1L_1'x_{1B}$，其所含的溶质量则为 $y_{EA}K_1L_1'x_{1B}$，故 L_1' 中溶质 A 的分率为：

$$x_{1A}=\frac{y_{EA}K_1L_1'x_{1B}}{K_1L_1'x_{1B}+L_1'x_{1B}}=y_{EA}\frac{K_1}{1+K_1} \tag{4-33}$$

同理，对 L_2'、L_3' 有：

$$x_{2A}=y_{2A}\frac{K_2}{1+K_2},\ x_{3A}=y_{3A}\frac{K_3}{1+K_3} \tag{4-34}$$

而 L_1' 中惰性固体分率则为：

$$x_{1B}=\frac{L_1'x_{1B}}{K_1L_1'x_{1B}+L_1'x_{1B}}=\frac{1}{1+K_1} \tag{4-35}$$

同理，对 L_2'、L_3' 有：

$$x_{2B}=\frac{1}{1+K_2},\ x_{3B}=\frac{1}{1+K_3} \tag{4-36}$$

恒底流意义即为各级底流中惰性固体的持液量相等，故：

$$K_1=K_2=K_3=K$$

此时有：

$$x_{1B}=x_{2B}=x_{3B}=x_B=\frac{1}{K+1} \tag{4-37}$$

$$\frac{x_A}{y_A}=\frac{x_{1A}}{y_{1A}}=\frac{x_{2A}}{y_{2A}}=\frac{x_{3A}}{y_{3A}}=\frac{K}{1+K} \tag{4-38}$$

由此可知，恒底流情况下 x_B = 常数，从而 x_A+x_S = 常数。换言之，底流组成在三角形相图上为一条平行于斜边的直线 mn。如将 B 和 mn 上任两点 L' 相连并延长交斜边于 V，则点 V 分线段 BV 为 BL' 和 $L'V$ 两部分，线段 BL' 与 $L'V$ 的长度之比即为底流中溶液量与惰性固体量之比。由于底流中溶液的组成与溢流组成相同，故点 V 亦代表溢流的组成，具体如图 4-5 所示。

三级逆流浸取在三角形相图上的表示方法如图 4-5 所示。由各级的物料衡算得如下关系。

$$E-F=V_2-L_1'=V_3-L_2'=S-W=\Delta=\text{常数} \tag{4-39}$$

按杠杆规则，在相图上 Δ 代表线段 EF、V_2L_1'、V_3L_2' 和 SW 的共同处分点，即为它们的延长线的交点，此点称为差点，亦称操作点。而三条平衡线 V_3L_3'、V_2L_2'、V_1L_1' 分别代表三个理论级。作图方法是先根据总物料衡算确定第四个点，然后连接 EF 和 SW，其延长线的交点即为差点 Δ。然后连接 BW，延长得斜边上交点，将此交点和 Δ 点相连而成的直线与 mn 线相交于一点，再将此点和 B 相连并延长到斜边上得第二个交点。如此继续进行，直至斜边上交点跨过斜边上点 E 为止。也可采用相反的方法，从 BE 线开始求理论级数。

上述差点的关系式不仅对恒底流适用，底流量变化时，同样也适用。所以只要用实验方法，求取底流曲线，仍可按上法求取理论级数。此时底流曲线不再是平行于斜边的直线，而是一条曲线。

4.1.5 浸取设备

浸取操作通常有三种基本方式：单级接触式、多级接触式和连续接触式。多级接触式操作可视作若干个单级的串联，从而实现连续操作。连续接触式操作一般指原料和溶剂做连续逆流流动或移动，而如何实现固体物料的移动，则为关键。就物料和溶剂间的接触情况而言，又有浸泡式、渗滤式和两者结合的接触方式之分。

4.1.5.1　浸取罐

浸取罐又称固定床浸取器，早年曾用于甜菜的浸取，现多用于从树皮中浸取单宁酸，从树皮和种子中浸取药物，以及咖啡豆、油料种子和茶叶的浸取等。这种设备一般是间歇操作的。图4-6为典型浸取罐的结构。罐主体为一圆筒形容器，底部装有假底以支持固体物料，溶剂则均匀地喷淋于固体物料床层上，整个浸取罐的结构类似于一填料塔。下部装有一可开启的封盖。当浸取结束以后，打开封盖，可将物料排出。有时为增强浸取效果，还将下部排出的浸取液循环到上部。有的浸取罐下部装有加热系统，用以将挥发性溶剂蒸发，等于同时实现了溶剂回收。

4.1.5.2　立式浸泡式浸取器

立式浸泡式浸取器又称塔式浸取器，图4-7为其结构示意图。浸取器由呈U形布置的三个螺旋输送器组成，由螺旋输送器实现物料的移动。物料在较低的塔的上方加入，被输送到下部，在水平方向移动一段距离后，再由另一垂直螺旋输送到较高的塔的上部排出。溶剂与物料成逆流流动。在浸取器内，物料浸没于溶剂中，故它属于浸泡式浸取设备。这类设备的优点是占地面积较小。油脂和制糖工业均有采用此类设备的实例。

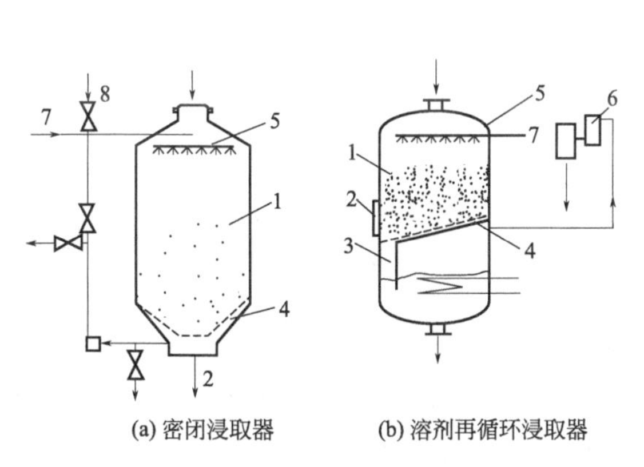

图4-6　典型浸取罐的结构

1—物料；2—固体卸出口；3—溶液下降管；4—假底；5—溶剂再分配器；6—冷凝器；7—新鲜溶剂进口；8—洗液进口

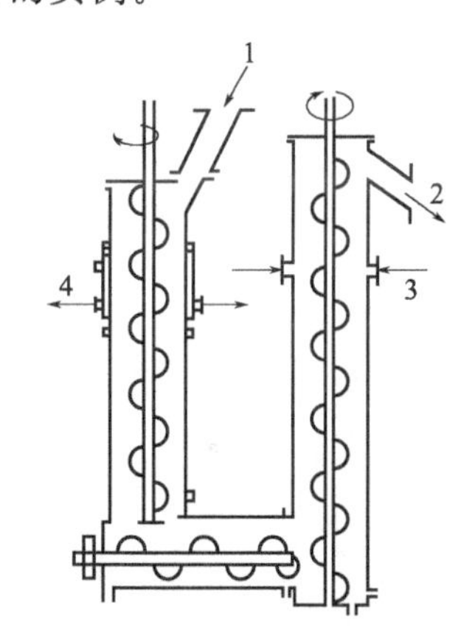

图4-7　立式浸泡式浸取器的结构

1—原料；2—残渣；3—溶剂；4—浸取液

4.1.5.3　立式渗滤式浸取器

立式渗滤式浸取器的结构如图4-8所示，实质上为一斗式提升机，在垂直安置的输送带上有若干个料斗，物料被置于料斗内，料斗底部有孔，可让溶液穿流而过。新鲜物料在右侧顶部加热，到达左侧顶部后料斗即翻转，将浸取后的物料卸出。溶剂则从左侧顶部加入，借重力作用渗滤而下，在左侧与物料呈逆流接触。在底部得到中间混合液，用泵送至右侧上方，同样渗滤而下，但在右侧与物料呈并流接触，在右侧底部得到浓的溶液。

4.1.5.4　平转式浸取器

平转式浸取器又称旋转隔式浸取器，也是渗滤式浸取器的一种，其结构如图4-9所示。

它在密封的圆筒形容器内，沿中心轴周长装置若干块隔板，形成若干个隔室。圆筒形容器本身绕中心轴缓慢旋转。隔室内有筛网，网上放物料。隔室底部可开启。实际上每一隔室相当于一固定床浸取器，当空隔室转至加料管下方时，即将原料加入于筛网上，当旋转将近一周时，隔室底自动开启，残渣下落至器板，由螺旋输送器排出。在残渣快排出前加入新鲜溶剂，喷淋于床层上，至筛网下方均是。用泵送至前一个隔室的上方再做喷淋，这样形成逆流接触。在刚加入原料的隔室下方排出的即为浸取液。这种设备广泛应用于植物油的浸取，也用于甘蔗糖厂的取汁。

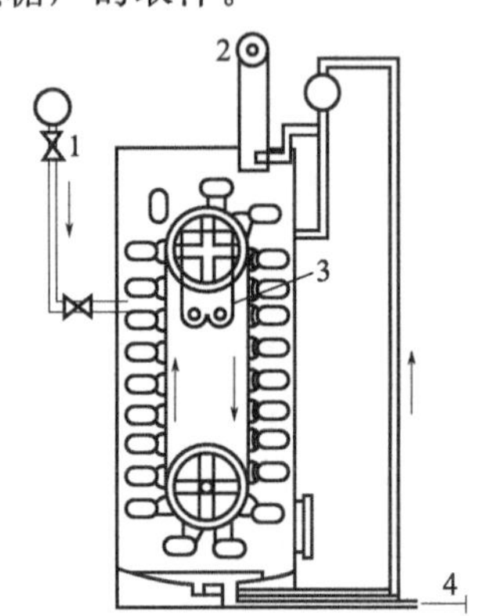

图 4-8　立式渗滤式浸取器的结构

1—溶剂；2—原料；3—卸料；4—浸取液

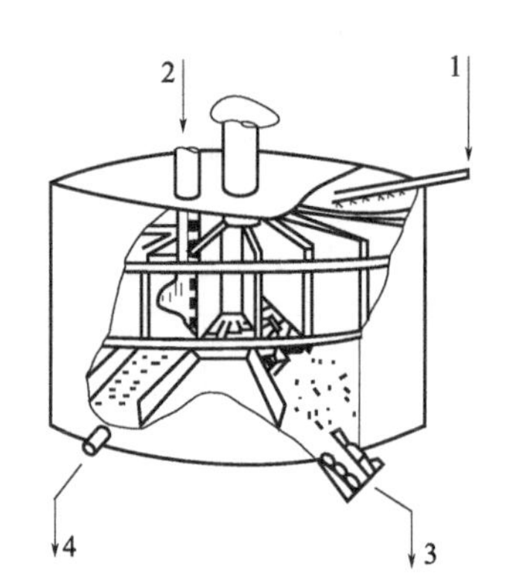

图 4-9　平转式浸取器的结构

1—溶剂；2—原料；3—卸渣；4—浸取液

4.1.5.5　搅拌式浸取器

将固体先粉碎成 70 目（粒径 0.074mm）左右的细颗粒，在有溶剂存在时，略搅拌就可使它处于悬浮状态。接触一定时间后，再用一固液分离设备将固体颗粒分离出来，这样就构成了一级浸取。图 4-10 为用增稠器作为固-液分离设备的三级逆流浸取示意图。新鲜溶剂加在第一级中，固体物料则加在最末一级。物料与来自前一级的液体相互接触，然后进入增稠器。在增稠器内分解，器底耙子将固体物料卸出，因固体仍含有相当量的液体，实际上为浆状，故可用泵打入下一级。为使接触更充分，可在两个增稠器之间安装一混合器。

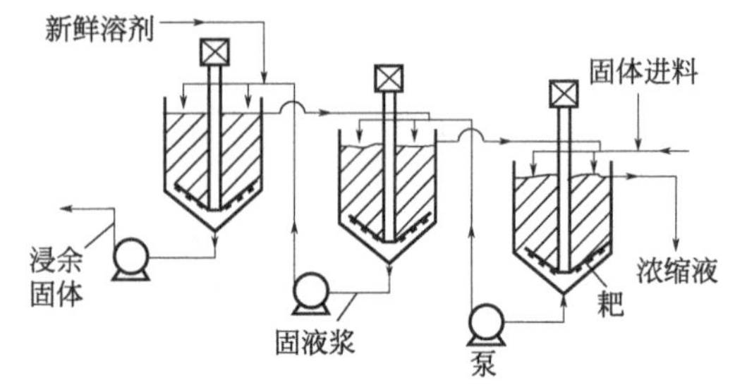

图 4-10　用增稠器作为固-液分离设备的三级逆流浸取

4.1.5.6　转筒式浸取器

这是一种在甜菜糖厂应用较广的浸取器，又称为 RT 渗出器。其结构如图 4-11 所示，主体为一卧式圆筒形容器，内壁上焊钢板，成为双头螺旋，当圆筒缓慢旋转时，物料即被从一端输送到另一端，汁则成逆向流动。整个设备的结构类似于转筒式干燥器。设计者在隔板的形状方面作了精心研究，使物料和汁的流动较符合浸取的要求，这种浸取器的浸取效率较高，操作弹性大。缺点是填充系数低，圆筒内大部分空间未被利用，而且占地面积大。

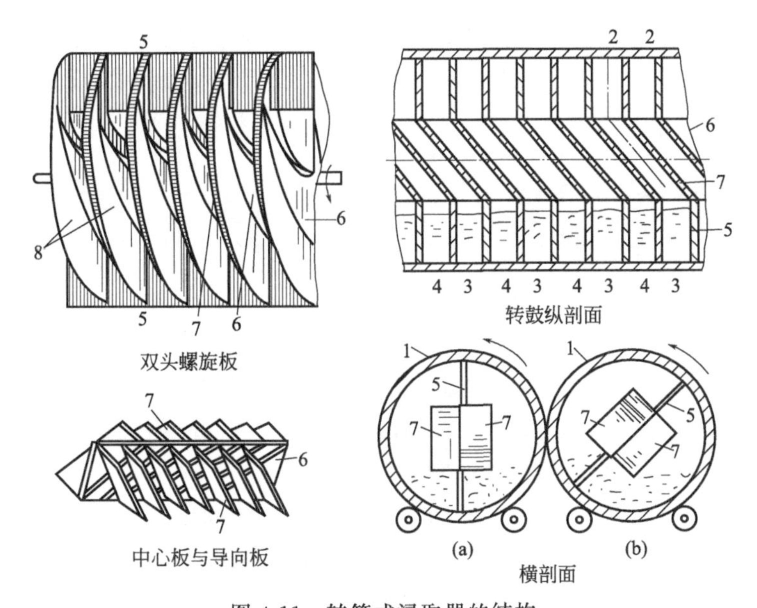

图 4-11　转筒式浸取器的结构

1—渗出器外壳；2—双头螺旋板；3,4—糖汁流；5—箅子；6—中心隔板；7—导向板；8—栅隔板

4.1.5.7　卧式渗滤式浸取器

典型的设备是某些甘蔗糖厂所用的 De Smet 渗出器，其结构如图 4-12 所示。其主体是一卧式输送带，带本身为筛网状结构。物料在带上铺成一定厚度的床层。在尾端将溶剂喷淋在床层上，溶剂与物料接触后，通过带上的筛孔流下，并被收集。然后用泵输送到上方较靠前的地方再度喷淋。如此重复，直至在输送带首端获得浸取液。这种设备内物料的移动较均匀，不致在被输送时受损。但附属的泵较多，动力消耗大。

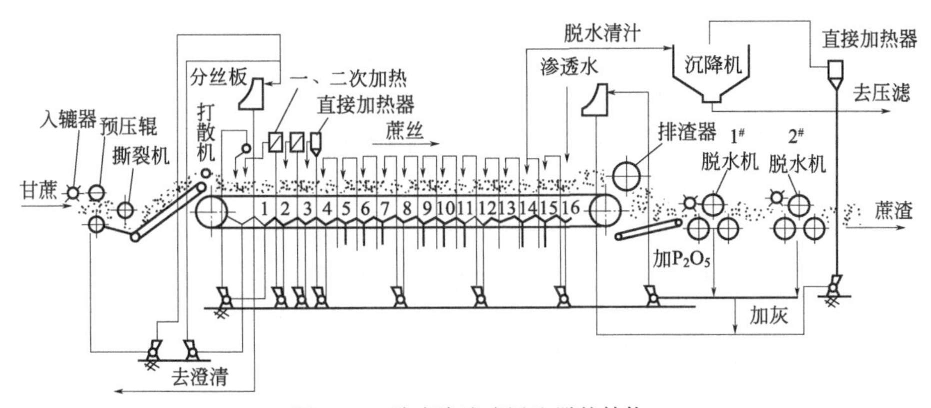

图 4-12　卧式渗滤式浸取器的结构

4.2　废物的吸附

4.2.1　吸附类型和吸附剂

吸附是一种表面现象，吸附过程是指多孔固体吸附剂与流动相接触，流动相中的一种或

多种溶质向多孔固体颗粒表面选择性传递，被吸附和积累于多孔固体吸附剂微孔表面的过程。相应的逆向操作称之为解析过程，它可以使已吸附于多孔固体吸附剂表面的各类溶质有选择性地脱出。

4.2.1.1 吸附的类型

吸附作用是根据吸附剂和吸附质相互作用力的不同来分类的。按照范德华力、分子间作用力或键合力的特性，吸附可以分为三种类型。

（1）物理吸附

吸附剂与吸附质之间作用力是通过分子间引力（范德华力）产生的吸附称为物理吸附。这是最常见的一种吸附现象，它的特点是吸附不局限于一些活性中心，整个吸附界面都起吸附作用。物理吸附分离在原理上可分为四种类型：

① 选择性吸附。固体表面的原子或基团与外来分子间的引力称为吸附力，它的本质是范德华力。吸附力的大小与表面上原子（离子或基团）和被吸附分子的电荷、偶极矩、四极矩，表面的几何特性以及被吸附分子的极化率和分子的形状及尺寸有关。各种表面和分子的这些性质的差异引起了吸附力的差异，这就是选择性吸附，对同一表面而言，吸附力大的分子在吸附相的浓度高。选择性吸附应用的实例有用硅胶、活性氧化铝或沸石脱除气（液）体中的水分，用活性炭脱除水中的有机物，用5A分子筛从含氧气体制取高纯氢，用X型分子筛分离二甲苯异构体等。

② 分子筛效应。有些多孔固体中的微孔孔径是均一的，而且与分子尺寸相当。尺寸小于微孔孔径的分子可以进入微孔而被吸附，比孔径大的分子则被排斥在外，这种现象称为分子筛效应。根据该原理吸附的有以CaA沸石分离正构烷烃与其他烃类，以NaA沸石脱除氟氯烷烃中的水等。

③ 通过微孔的扩散。气体在多孔固体中的扩散速率与气体的性质、吸附剂材料的性质以及微孔尺寸等因素有关。利用扩散速率的差别可以将混合物分离，例如，空气中氧和氮在碳分子筛吸附剂上的分离。

④ 微孔中的凝聚。毛细管中液体曲面上的蒸气压力与正常蒸气压不同。在大多数情况下，毛细管上的可凝缩气体会在小于其正常蒸气压的压力下在毛细管中凝聚。例如，用活性炭吸附工业气体中的有机化合物。

（2）化学吸附

化学吸附是由吸附质与吸附剂分子间化学键的作用所引起的，与物理吸附比较，其结合力大得多，放热量与化学反应热数量级相当，过程往往是不可逆的。化学吸附在催化中起重要作用，分离过程中使用较少。

（3）交换吸附

吸附剂表面如为极性分子或离子所组成，它会吸引溶液中带相反电荷的离子而形成双电层，这种吸附称为极性吸附。同时吸附剂与溶液发生离子交换，即吸附剂吸收离子后，同时等当量的离子进入溶液中，因此也成为交换吸附。

吸附分离技术中常用的吸附操作主要基于物理吸附，化学吸附的应用很少。另外，各类吸附之间不可能有明确的界限，有时几种吸附同时发生。吸附技术作为分离和净化流体混合物的方法已经大量应用于化工、石油化工、生物化工和环境工程等领域。开发吸附技术的一个重要组成部分是研究使用具有不同孔径结构和表面性质的大范围的微孔和中孔吸附剂，并不断推出新型吸附剂或吸附剂的物理化学改性修饰。

4.2.1.2　吸附剂

因为吸附是一种在固体表面上发生的过程，所以吸附剂的物理性质相当重要。吸附剂的主要特征是多孔结构和具有很大的比表面积。吸附剂的选用首先取决于它的吸附性能，根据吸附剂表面的选择性，可分为亲水与憎水两大类。一般来说，吸附剂的性能不仅取决于其化学组成，而且与制造方法有关。

(1) 吸附剂的物理性质

大部分固体都能够吸附气体和液体中的一些组分，但其中仅有少数具有足够高的选择性和吸附能力，适于作工业吸附剂。按国际纯粹与应用化学联合会（IUPAC）的定义：微孔孔径小于 2nm，中孔为 2～50nm，大孔大于 50nm。工业吸附剂可以是球形、圆柱形、片状和粉末状，粒度范围为 50μm～1.2cm，比表面积为 600～1200m^2/g。颗粒的孔隙度为 30%～85%（体积分数），平均孔径为 1～20nm。若某圆柱孔径 d_p，长度 L，则表面积与体积比

$$S/V=\pi d_p L/(\pi d_p^2 L/4)=4/d_p \tag{4-40}$$

设颗粒的孔隙度是 ε_p，颗粒密度 ρ_v，则比表面积

$$S_g=\frac{4\varepsilon_p}{\rho_p d_p} \tag{4-41}$$

例如，某吸附剂 $\varepsilon_p=0.5$，$\rho_p=1g/cm^3$，$d_p=2nm$，则代入式(4-41) 得 $S_g=1000m^2/g$。

工业吸附剂有一系列重要的物理性质。除上述的平均孔径 d_p、粒子的孔隙度 ε_p、颗粒密度（假密度）ρ_p 和比表面积 S_g 之外，尚有比孔体积 V_p，即

$$V_p=\varepsilon_p/\rho_p \tag{4-42}$$

当吸附剂用于固定床操作时，也用到主体密度 ρ_b 和床层空隙度（即外部空隙度）ε_b，它们之间的关系：

$$\varepsilon_b=1-\frac{\rho_b}{\rho_p} \tag{4-43}$$

同理，ε_p 与吸附剂颗粒的真密度 ρ_s 之间也有类似的关系式

$$\varepsilon_p=1-\frac{\rho_p}{\rho_s} \tag{4-44}$$

比表面积通常采用 BET 方法测定。在 6.66×10^2～3.33×10^4Pa 压力范围，测定纯 N_2 在吸附剂上吸附的平衡体积。Brunauer、Emmett 和 Teller 推导了模拟该吸附的理论方程，该方程允许多层吸附，并假设单层吸附的吸附热 ΔH_{ads} 是常数，而后继吸附层的热效应等于冷凝热 ΔH_{cond}，BET 方程为

$$\frac{p}{v(p'-p)}=\frac{1}{v_m C}+\frac{(C-1)}{v_m C}\left(\frac{p}{p'}\right) \tag{4-45}$$

式中　p——总压，Pa；

p'——吸附质在测试温度下的蒸气压，Pa；

v——被吸附气体在标准状态下的体积，m^3；

v_m——被吸附气体在标准状态下单分子层吸附的体积，m^3；

C——BET 吸附等温方程的常数，$C \approx \exp[(\Delta H_{cond} - \Delta H_{ads})/(RT)]$。

将测定数据绘制成 v-p 曲线。按照式(4-45)，再拟合数据 $p/[v(p'-p)]-p/p'$ 为直线关系，则由直线的斜率和截距分别求出 v_m 和 C_0。然后由下式计算 S_g 值：

$$S_g = \frac{a v_m N_A}{V} \tag{4-46}$$

式中 N_A——阿伏伽德罗常量，$6.023 \times 10^{23} mol^{-1}$；

V——标准状态下 1mol 气体的体积，$0.0224 m^3/mol$；

a——表示一个被吸附分子所覆盖的表面积，m^2。

如果假设球形分子在二维表面上紧密排列，则投影表面积即为 a 值：

$$a = 1.091\left(\frac{M}{N_A \rho_{ad}}\right)^{2/3} \tag{4-47}$$

式中 M——吸附质的分子量；

ρ_{ad}——吸附质的密度，g/cm^3，取测试温度下的液体密度。

尽管 BET 表面积并不能总表示吸附某特定分子可用的表面积，但 BET 测试有重现性，并广泛用于表征吸附剂。

比孔体积（即孔容）定义为单位质量吸附剂中微孔的容积。测定方法为取少量吸附剂（m_p），测量被吸附剂取代的氦的体积 V_{He} 和汞的体积 V_{Hg}。氦不被吸附但充满吸附剂的孔中。在正常压力下由于界面张力和接触角的关系，汞不能进入微孔中。于是由下式可得到比孔体积 V_p。

$$V_p = (V_{Hg} - V_{He})/m_p \tag{4-48}$$

在测定孔容的同时，吸附剂颗粒的假密度和真密度分别由下列公式求得：

$$\rho_p = \frac{m_p}{V_{Hg}} \tag{4-49}$$

$$\rho_s = \frac{m_p}{V_{He}} \tag{4-50}$$

然后由式(4-42) 得到吸附剂颗粒的孔隙度。

在整个孔径范围内孔径分布对吸附是很重要的性质。图 4-13 表示了一些吸附剂的累积孔容-孔径分布曲线。

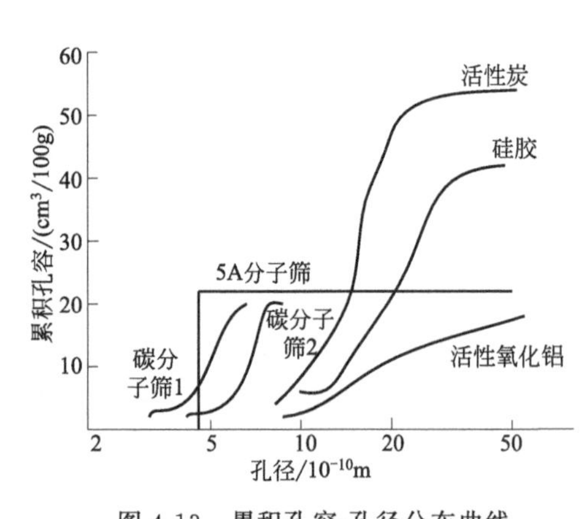

图 4-13　累积孔容-孔径分布曲线

对不同孔径范围的孔其测定方法略有不同。对大直径的孔（>10nm），使用汞孔率计测定；对孔径为 1.5～25nm 的孔，用氮气解吸法；对孔径小于 1.5nm 的孔，用分子筛筛分法测定。在汞孔率计法中，测定汞渗入孔中的程度与所施加的流体静压的函数关系。沿具有圆形横截面的直孔的轴方向上，在汞和吸附剂表面之间存在着压力和表面张力的力的平衡，故得到

$$d_p = -\frac{4\sigma_1 \cos\theta}{p} \tag{4-51}$$

式中，汞的界面张力 $\sigma_{Hg}=0.48N/m$；接触角 $\theta=140°$。将这些值代入式(4-51)，

$$d_p=-\frac{4\times0.48\times\cos140°}{p}=\frac{1.471}{p} \tag{4-52}$$

这样，$d_p=10nm=10\times10^{-9}m$ 时，欲使汞进入微孔中，需要施加 1.471×10^8Pa 的压力。

用氮气解吸法测定 1.5～25nm 孔径范围的孔径分布更重要些。该法是前述比表面测定的 BET 法的扩展。当提高 N_2 压力超过 8.0×10^4Pa 时，多层吸附达到架桥点，导致毛细管冷凝。在 $p/p'=1$ 的条件下整个孔体积被 N_2 充满。然后逐步降压，随之 N_2 选择性地解吸，处于比较大的孔中的 N_2 先解吸。该选择性起因于孔径对孔中冷凝相蒸气压的影响，用 Kelvin 方程描述：

$$p'_p=p'\exp\left(-\frac{4\sigma v_L\cos\theta}{RTd_p}\right) \tag{4-53}$$

式中 p'_p——微孔中液体的蒸气压，Pa；

p'——液体的正常蒸气压，Pa；

σ——微孔中液体的表面张力，N/m；

v_L——微孔中液体的摩尔体积，cm^3/mol。

由于 d_p 和 p'_p 影响大，使得微孔中冷凝相的蒸气压小于正常蒸气压。例如，液氮在－195.6℃时，$p'=1.013\times10^5Pa$，$\sigma=0.00827N/m$，$\theta=0$，$v_L=34.7cm^3/mol$，将其代入式(4-53)得到

$$d_p=1.79/\ln(p'/p'_p) \tag{4-54}$$

由式(4-54)，当 $d_p=3nm$ 时，$p'_p=5.57\times10^4Pa$，蒸气压降低了大约 50%。而当 $d_p=20nm$ 时，仅仅降低大约 10%。在 5.57×10^4Pa 压力下，只有＜3nm 的孔中仍然充满着液氮。为使 Kelvin 方程具有较高的准确度，需对吸附层的厚度加以修正。

(2) 工业吸附剂

化学工业中常用的吸附剂有活性氧化铝、硅胶、活性炭、分子筛和吸附树脂。

① 活性氧化铝。活性氧化铝的化学式是 $Al_2O_3\cdot nH_2O$，具有适中的吸附表面积、较大的平均孔径和大孔体积，因此，颗粒内部的传质速率快。活性氧化铝是一种极性吸附剂，一般用于脱除气体和液体中的水分，可脱至低于 1×10^{-6}。活性氧化铝表面上具有高官能团密度，这些官能团为极性分子的吸附提供了活性中心。活性氧化铝表面组成和性质以及孔结构可以进行改性，例如酸（HCl 或 HF）或碱（用于改变酸度）处理以及受控热处理（调整孔结构）。

② 硅胶。硅胶的化学式是 $SiO_2\cdot nH_2O$，由 H_2SiO_3 溶液经缩合、除盐、脱水等处理制得。硅胶是 SiO_2 微粒的堆积物，在制造过程中控制胶团的尺寸和堆积的配位数，可以控制硅胶的孔容、孔径和表面积。但高比表面积往往对应着很小的孔径。硅胶为亲水的极性吸附剂，其主要用途是脱除工业气体和空气中的水，也可用于吸附硫化氢、油蒸气和醇，还可用于分离烷烃与烯烃、烷烃与芳烃等。此外，其表面很容易通过与有机配位体单分子层反应（或接枝）进行改性。

③ 活性炭。活性炭是非极性的，为疏水性和亲有机物的吸附剂，具有很高的比表面积。活性炭的主体是炭，表面上的官能团较少，由于极性弱，对烃类及其衍生物的吸附力强。活性炭用于回收气体中的有机气体，脱除废水中的有机物，脱除水溶液中的色素。活性炭纤维可以编织成各种织物，使装置更为紧凑并减小流体阻力。它的吸附力比一般的活性炭高 1～

10 倍，碳纤维的解吸速度比颗粒活性炭要快得多，且没有拖尾现象。

④ 分子筛。分子筛亦称沸石，化学通式为 $Me_{x/n}[(AlO_2)_x(SiO_2)_y]\cdot mH_2O$。其中，$x$ 为可交换金属阳离子的数目，n 为价数。它是强极性吸附剂，对极性分子有很大的亲和力，并有筛分的性能。在吸附质浓度很低的情况下，分子筛仍保持很大的吸附量。分子筛的类型很多，例如，常用的 A 型、X 型、Y 型和 ZSM-5 型分子筛。所有的沸石都可用于脱除气体和液体中的微量水分，可达 0.1mg/kg。沸石中的阳离子种类对于其吸附选择性有影响。为了分离特定的混合物体系，可以用含特定阳离子的沸石，例如，用 BaX 沸石从混合二甲苯中分离对二甲苯。

⑤ 吸附树脂。吸附树脂是具有网状结构的高分子聚合物，常用的有聚苯乙烯树脂和聚丙烯酸树脂。专用的吸附树脂品种很多，单体变化和单体上官能团的变化可赋予树脂各种特殊的性能。吸附树脂有非极性、中极性、极性和强极性 4 大类。它们可用于除去废水中的有机物，分离和精制天然产物和生物化学制品等。

4.2.2 吸附平衡和动力学

吸附质分子必须通过几步扩散才能达到吸附剂的内表面或微孔体积，各步的扩散阻力影响和制约了吸附速率。吸附能力属于平衡范畴，而扩散阻力属动力学范畴，为了分析和设计吸附过程，需要吸附平衡和吸附动力学等基础知识。

4.2.2.1 吸附平衡

在一定条件下，当流体与吸附剂接触时，流体中的吸附质将被吸附剂吸附，经过足够长的时间，吸附质在两相中的含量达到恒定值，称为吸附平衡，该平衡关系决定了吸附过程的方向和极限，是吸附过程的基本依据。与气-液和液-液平衡不同，没有成熟的理论用于估计流体-固体的吸附平衡。因此，必须通过特定的物系实验测定其一定温度下的吸附平衡数据，并绘制吸附质浓度或分压之间关系的吸附等温线。

(1) 单组分气体吸附平衡

Brunauer 等将纯气体实验的物理吸附等温线分为五类，如图 4-14 所示。

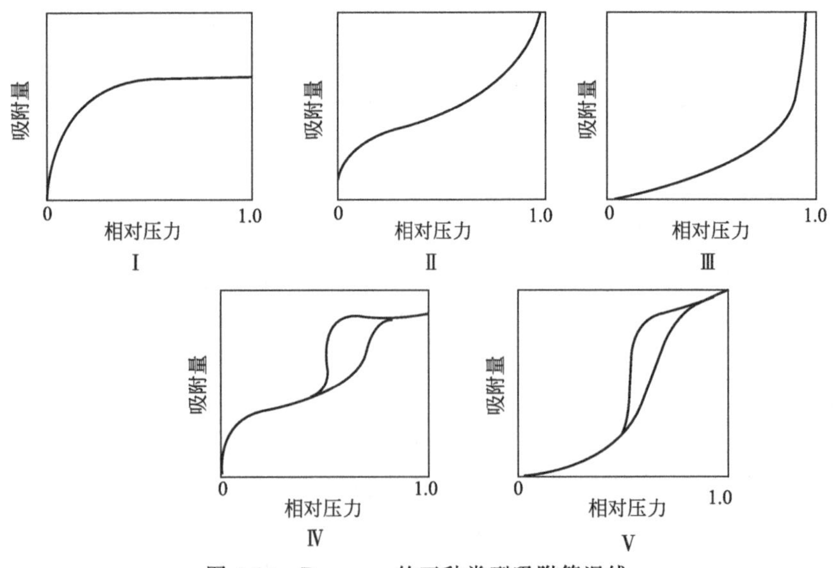

图 4-14　Brunauer 的五种类型吸附等温线

Ⅰ类吸附等温线是最简单的，它相应于单分子层吸附，常适用于处于临界温度以上的气体。Ⅱ类等温线更复杂些，它与BET类型的多分子层吸附相关，气体的温度低于其临界温度，压力较低，但接近于饱和蒸气压。Ⅰ、Ⅱ两类吸附等温线显示出强吸附性能。

Ⅲ类等温线在压力较低的初始阶段，曲线下凹，吸附量低，只有在高压下才变得容易吸附，按照BET理论，这种情况相应于多层吸附，第一吸附层的吸附热比后继吸附层低。例如碘蒸气在硅胶上吸附属这种类型。其中，Ⅰ类吸附等温线是向上凸的Langmuir型曲线，在气相中吸附质浓度很低的情况下仍有相当高的平衡吸附量，是优惠的吸附等温线。只有这类型等温线的吸附剂能够将气相中的吸附质脱除至痕量的浓度。反之，Ⅲ类等温线是向下凹的反Langmuir型曲线，称为非优惠型吸附等温线。

Ⅳ类和Ⅴ类分别是Ⅱ类和Ⅲ类由于毛细管冷凝现象而演变出来的吸附等温线。

Ⅳ、Ⅴ两类等温线在多层分子吸附区域出现滞后现象。滞后圈的上行吸附的分支表示多层吸附和毛细管冷凝同时发生。而在曲线的下行解吸分支，则仅有毛细管冷凝现象。当系统中存在着强吸附性杂质时，整个等温线也会出现滞后现象。因此，在测定纯气体吸附等温线时，需要对吸附剂进行预脱气以便净化内孔表面。不同类型的吸附等温线反映了吸附剂吸着吸附质的不同机理，因此提出了多种吸附理论和表达吸附平衡关系的吸附等温式。

① 亨利定律。在固体表面上的吸附层从热力学意义上被认为是性质不同的相，它与气体之间的平衡应遵循一般的热力学定律。在足够低的浓度范围，平衡关系可用亨利定律表述，即

$$q=K'p \tag{4-55}$$

或

$$q=Kc \tag{4-56}$$

式中 K，K'——亨利常数；

p——分压；

c——浓度。

显然，亨利常数是吸附平衡常数，与温度的依赖关系用Vant Hoff方程表示：

$$K'=K'_0 e^{-\Delta H/(RT)} \tag{4-57}$$

$$K=K_0 e^{-\Delta U/(RT)} \tag{4-58}$$

式中，$\Delta H=\Delta U-RT$，是吸附的焓变。由于吸附放热，ΔH和ΔU均为负值，所以亨利常数即随温度的增高而降低。

② Langmuir吸附等温方程。Langmuir基于他提出的单分子层吸附理论，对气体推导出简单和广泛应用的近似表达式。

$$q=q_m \frac{Kp}{1+Kp} \tag{4-59}$$

式中 q，q_m——吸附剂的吸附量和单分子层最大吸附量；

p——吸附质在气体混合物中的分压；

K——Langmuir常数，与温度有关。

式(4-59)中，q_m和K可以从关联实验数据得到。

尽管与Langmuir过程完全吻合的物系相当少，但有大量的物系近似符合。该模型在低浓度范围就简化为亨利定律，使物理吸附系统符合热力学一致性要求。正因为如此，Langmuir模型被公认为定性或半定量研究变压吸附系统的基础。

③ Freundlich 和 Langmuir-Freundlich 吸附等温方程。Freundlich 方程是用于描述平衡数据的最早的经验关系式之一，其表达式为

$$q=Kp^{1/n} \tag{4-60}$$

式中 q——吸附质在吸附相中的浓度；

p——吸附质在流体相中的分压；

K，n——特征常数，与温度有关。

n 值一般大于 1，n 值越大，其吸附等温线与线性偏离越大，变成非线性等温线。吸附质的相对吸附量（q/q_0）对相对压力（p/p'）作图，如图 4-15 所示。p'为参考压力，q_0 为该压力下吸附质在吸附相中的浓度。

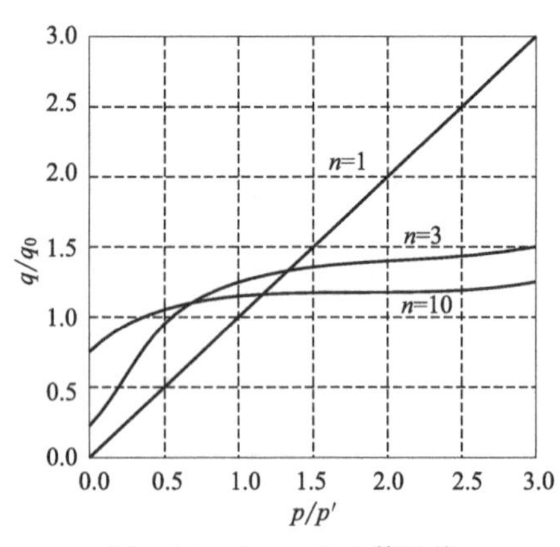

图 4-15 Freundlich 等温线

由图 4-15 可见，当 $n>10$，吸附等温线几乎变成矩形，是不可逆吸附等温线。Freundlich 方程能够从似乎合理的理论依据推导出来，其根据是在表面吸附活性中心中亲和力的分配，但最好还是把它视为经验式。为了提高经验式的适应性，有时将 Langmuir 和 Freundlich 方程结合起来，即

$$\frac{q}{q_s}=\frac{Kp^{1/n}}{1+Kp^{1/n}} \tag{4-61}$$

该式包含三个常数 K，q_s 和 n。应该指出，该式纯属经验关系，无坚实的理论基础。

④ Gibbs 吸附等温方程。为了理解和推导 Gibbs 吸附等温方程，需从经典热力学入手并引出分散压的概念。假设吸附剂具有惰性结构，它提供了一个力场，可改变吸附质-吸附剂系统的自由能。热力学性质的变化完全归于吸附质。由于吸附层是一冷凝相，故它的热力学性质对环境压力是不敏感的。

对于 n_a 摩尔的吸附剂和 n_s 摩尔的吸附质，吸附相的化学位表示为

$$\mu_s=\left(\frac{\partial G_s}{\partial n_s}\right)_{T,n_a} \tag{4-62}$$

定义一个特殊的能力函数 φ，即

$$\varphi=-\left(\frac{\partial G_s}{\partial n_a}\right)_{T,n_s} \tag{4-63}$$

这个量与主体相中的量不同。例如，对于气相系统，应该是在总压恒定、吸附质的量（物质的量）保持不变的情况下自由能对惰性组分的偏导数。而对于一个吸附相来说，由于吸附质分散在表面上，所以 φ 可以认为是单位吸附剂上内能的变化，该变化可视为一种功，等于力和位移的乘积。因此，无论把吸附相看作二维或三维流体，都可写出

$$\varphi \mathrm{d}n_s=\pi \mathrm{d}A=\varphi \mathrm{d}V \tag{4-64}$$

式中 A，V——分别为每摩尔吸附剂的面积和微孔体积；

π——分散压；

φ——三维模拟量。

显然，φ（或 π）起着主体相中压力的作用，故相应吸附相的自由能 F_s 应为

$$F_s\equiv A_s+\varphi n_a=A_s+\pi A\approx G_s+\pi A \tag{4-65}$$

对主体相 $G=A+pV$，此处 Gibbs 自由能的定义是类似的。式中 $G_s \approx A_s$。

按照推导 Gibbs-Duhem 方程基本相同的方法，直接得出 Gibbs 吸附等温方程，即

$$q=\frac{n_s}{A}=\frac{p}{RT}\left(\frac{\partial \pi}{\partial p}\right)_T \tag{4-66}$$

分散压可取“吸附”膜的表面张力，或取清洁表面的表面张力和覆盖吸附质表面的表面张力之差。代入不同的吸附相状态方程 $\pi(n_s, A, T)$，即可得到相应的平衡吸附方程。

⑤ 吸附势理论。Polanyi 提出的吸附势理论的要点如下：

a. 当气相的压力为 p 时，固体表面的吸附量为 q，吸附相的体积为 V_a。

b. 吸附相的凝聚态为液态，因此，$V_a=q/\rho_L$（ρ_L 为吸附质液态的密度），而且其蒸气压为吸附质在该温度下的蒸气压 p'。

c. 吸附相依附在固体表面上，其外缘是一个等势面，该面上各点的吸附势相等。一个气相压力对应着一个吸附相体积，因而有一个对应的等势面，该面的吸附势 ε（kJ/mol）为 1mol 气体从 p 压缩至 p' 所需的功，即

$$\varepsilon=RT\ln\frac{p'}{p} \tag{4-67}$$

d. q-p 的函数关系用 V_a-ε 的关系代替。实验表明，对特定的吸附剂-吸附质体系，所有温度下（V_a，ε）标绘点都落在同一条特征曲线上，如图 4-16 所示。

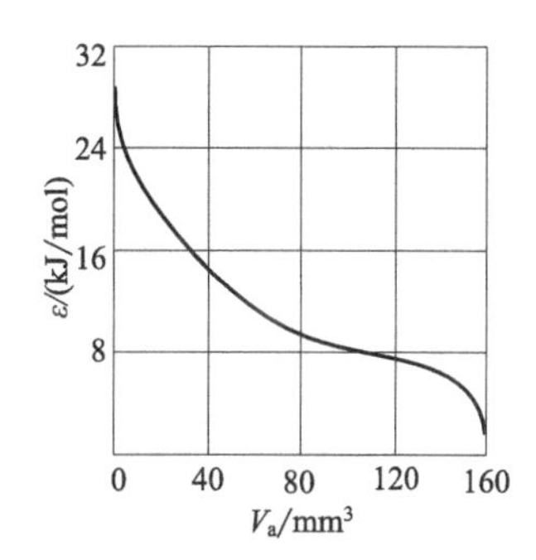

图 4-16　活性炭吸附 CO_2 特征曲线

ε 对 T 的偏导数

$$\left(\frac{\partial \varepsilon}{\partial T}\right)_{V_n}=0 \tag{4-68}$$

同一吸附剂吸附各种吸附质的特征曲线可以用一个亲和系数 β 来关联

$$\beta_{12}=\left(\frac{\varepsilon_1}{\varepsilon_2}\right)=\text{常数} \tag{4-69}$$

吸附势理论在应用上的困难是没有解吸表达式。但它能将某一吸附剂在各个温度下吸附各种物质的数据归纳在一条普遍化的曲线上，仍不失为一种好方法。可以由很少的实验数据标绘出特征曲线，然后推算许多吸附平衡关系。实验结果表明，吸附势理论也适用于描述液相的吸附平衡。

⑥ 其他单组分气体吸附平衡模型。BET 吸附等温式是在单分子层吸附理论基础上提出的多分子层吸附理论，即在原先被吸附的分子上仍可能吸附另外的分子，而且不一定是第一层吸附满后再吸附第二层，总吸附量等于各层吸附量之和。第一层吸附是靠吸附剂与吸附质的分子引力，而第二层吸附是靠吸附质分子间的引力。BET 吸附等温式只适用于多层的物理吸附，常用于Ⅱ类和Ⅲ类等温线，也用来测定固体物质的比表面积、孔结构等。Dubinin-Raduskeich（DR）方程是另一类重要的机理模型，称为微孔填充型，仅用于具有微孔结构的吸附剂。该过程能很好地拟合大量活性炭吸附平衡数据，但对细孔固体，如炭分子筛和沸石适用性不太好。

对实际固体吸附剂，由于复杂的表面和孔结构，很难符合理论的吸附平衡关系，因此提出很多经验方程描述吸附平衡关系。Toch 方程在低和高负荷下都能准确描述平衡数据。Unilan 是另一个经验方程，假设固体表面每一小区是理想的，在小区内部使用 Langmuir 等

温线，提出三参数方程，通常关联了很多固体的吸附平衡数据，如活性炭和沸石。这两个经验方程描述烃类、CO_2 在活性炭和沸石上的吸附数据，效果很好。

(2) 气体混合物吸附平衡

大多数吸附过程的工业应用都含有多个组分。为分析和设计这类系统，必须讨论多组分吸附平衡。目前已提出的平衡理论繁多，本节仅简述扩展的 Langmuir 等温方程和理论吸附溶液理论。

① Langmuir 方程扩展式。Markham 和 Benton 提出忽略各吸附组分之间的相互作用，其他组分的吸附仅仅减小了吸附表面上的空位。每个组分的吸附量为

$$q_i = q_{m,i} \frac{K_i p_i}{1+\sum_{j=1}^{c} K_j p_j} \tag{4-70}$$

式中 $q_{m,i}$，K_i——纯组分吸附时的对应值；

p_i——气相中组分 i 的分压。总吸附量为各组分吸附量之和。

Langmuir-Freundlich 方程扩展式

$$q_i = q_{m,i} \frac{K_i p_i^{1/n_i}}{1+\sum_{j=1}^{c} K_j p_j^{1/n_j}} \tag{4-71}$$

由于这两个方程缺乏热力学一致性，故理论依据不充分，只具有半经验性质，但应用起来比较简便。

② 理想吸附溶液理论（LAS）。Myers 和 Prausnitz 理想吸附溶液理论的要点是将与气相成平衡的由混合吸附质构成的吸附相作为溶液处理。这样，液相的基本热力学关系都适用于吸附相。例如，吸附相的总内能 U 和总 Gibbs 自由能 G 可以分别表示为

$$\mathrm{d}U = T\mathrm{d}S - \pi \mathrm{d}A + \sum \mu_i \mathrm{d}n_i \tag{4-72}$$

$$\mathrm{d}G = -S\mathrm{d}T + A\mathrm{d}\pi + \sum \mu_i \mathrm{d}n_i \tag{4-73}$$

式中 π，A——分别代替了原热力学关系中的 p 和 V。被吸附的混合物处理为二维相，它并不限于单层吸附。参数 A 是表面积，π 是分散压。分散压在应用溶液平衡到混合物吸附中起着主要作用。分散压的物理意义与气-液界面上的单分子膜相类似。

$$\pi = \sigma' - \sigma \tag{4-74}$$

式中 σ'，σ——清洁表面和单分子层覆盖表面的表面张力。这样，π 表示了气-固吸附界面的表面张力的降低程度。π 是不可测量的参数，它被定义为

$$\pi = -\left(\frac{\partial U}{\partial A}\right)_{\mathrm{s},\mathrm{n}_i} \tag{4-75}$$

π 也能应用可测量的参数，由式(4-74) 计算得到。从式(4-75) 可得到等温下的 Gibbs 吸附等温方程：

$$A\mathrm{d}\pi = \sum n_i \mathrm{d}\mu_i \tag{4-76}$$

该方程类似于 Gibbs-Duhem 方程。对于纯气体吸附和假设为理想气体时，

$$A\mathrm{d}\pi = qRT\mathrm{d}\ln p \text{ 或 } \frac{\pi A}{RT} = \int_0^p \frac{q}{p}\mathrm{d}p \tag{4-77}$$

式(4-77) 能用于从纯气体等温线计算分散压。

在式(4-73) 中，π、T 和组成是强度变量。Myers 和 Prausnitz 提出，混合吸附质中的活度系数按在溶液中情况定义。因此，在恒定 T 和 π 的情况下，混合吸附质的摩尔吉布斯自由能是

$$g_{\mathrm{m}}(T,\pi,x_i)=RT\sum x_i\ln(\gamma_i x_i) \tag{4-78}$$

式中 γ_i——i 组分在吸附相的活度系数。

使用上式定义的活度系数以及每一组分在吸附相和气相中化学位相等的平衡准则，可得到

$$py_i=p_i'(\pi)x_i\gamma_i \tag{4-79}$$

式中 p_i'——纯 i 组分在混合物吸附相相同的 π 和 T 下的吸附平衡“蒸气压”。

当 $\gamma_i=1$ 时，式(4-73) 简化为拉乌尔定律。采用同样的处理方法，从式(4-78) 可推导出混合吸附质的摩尔面积。

$$\frac{1}{q_{\mathrm{t}}}=\sum\frac{x_i}{q_i'}+\frac{RT}{A}\sum x_i\left(\frac{\partial\ln\gamma_i}{\partial\pi}\right)_{x_i} \tag{4-80}$$

$$q_i=q_{\mathrm{t}}x_i \tag{4-81}$$

式中 q_{t}——被吸附混合物的总吸附量，mol/g；

q_i'——在混合物 π 和 T 下纯组分 i 的吸附量，mol/g。

式(4-80) 右端第一项为各组分所占摩尔表面积之和，第二项为混合效应。

式(4-79)～式(4-81) 用于由单组分气体吸附等温线预测混合物的吸附。式(4-77) 用于估计 p_i'。如果气相是非理想的，例如，在高压下则在所有方程中都应以逸度替换压力。上述公式是吸附溶液理论的基础。

对于理想溶液，活度系数等于 1，则式(4-79) 与拉乌尔定律一致。

$$py_i=p_i'\pi x_i \tag{4-82}$$

式(4-80) 简化为

$$\frac{1}{q_{\mathrm{t}}}=\sum\frac{x_i}{q_i'} \tag{4-83}$$

对于理想吸附溶液理论，式(4-67)、式(4-81) 和式(4-83) 用于预测气体混合物的吸附。下面以预测二元混合物的吸附为例说明计算步骤。构成二元混合物的单组分气体等温线分别为 $q_1(p)$ 和 $q_2(p)$。假设分散压对于各纯组分和混合物是相同的。由式(4-77) 得

$$\int_0^{p_1'}\frac{q_1}{p}\mathrm{d}p=\int_0^{p_2'}\frac{q_2}{p}\mathrm{d}p \tag{4-84}$$

由式(4-82)，对每一组分可写成

$$py_1=p_1'x_1 \tag{4-85}$$

$$p_2y_2=p_2'x_2=p_2'(1-x_1) \tag{4-86}$$

以上三个方程确定了吸附混合物。例如，若规定 p 和 y_1 (T 已给定)，由上述三个方程求解 p_1'、p_2'和 x_1。如果等温线是诸如 Langmuir 和 Freundlich 方程等形式，则式(4-87) 可积分得到代数方程，否则需图解。由求得的 p_1、p_2'和 x_1 值，使用从式(4-81) 和式(4-83) 演变出的下列方程计算 q_1、q_2 和 n_{t}。

$$\frac{1}{n_{\mathrm{t}}}=\frac{x_1}{q_1(p_1')}+\frac{x_2}{q_2(p_2')} \tag{4-87}$$

$$q_1 = q_1 x_1 \tag{4-88}$$

$$q_2 = q_1 x_2 \tag{4-89}$$

总之，多组分系统吸附平衡理论没有单组分系统进展那样快，主要原因是：缺乏广泛的多组分系统的实验数据；固体表面太复杂，模型化难度大。

（3）液相吸附平衡

液相吸附的机理比气相复杂，除温度和溶质浓度外，吸附剂对溶剂和溶质的吸附、溶质的溶解度和离子化、各种溶质之间的相互作用以及共吸附现象等都会对吸附产生不同程度的影响。

① 液相吸附等温线的分类。Giles 研究了一批有机溶剂组成的溶剂液，按吸附等温线离原点最近一段曲线的斜率变化，可将液相吸附等温线分成四类，如图 4-17 所示。

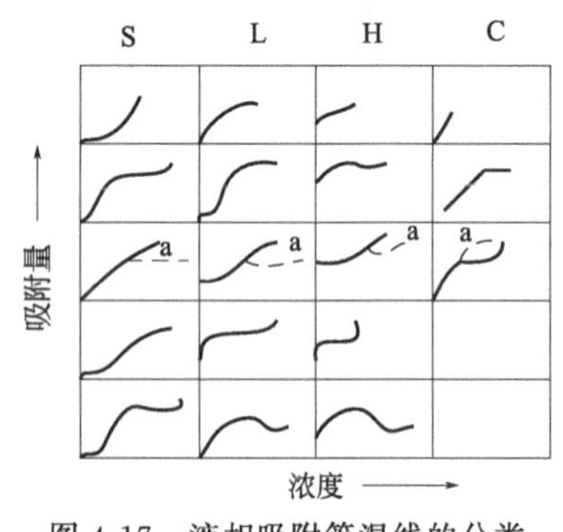

图 4-17　液相吸附等温线的分类

a. S 曲线。被吸附分子垂直于吸附剂表面，吸附曲线离开原点的一段向浓度坐标轴方向凸出。

b. L 曲线。为 Langmuir 吸附等温线，被吸附的分子在吸附剂表面上构成平面，有时在被吸附的离子之间有特别强的作用力。

c. H 曲线。高亲和力吸附等温线，该曲线最初离开原点后向吸附量坐标轴方向高度凸出，低亲和力的离子为高亲和力的离子所交换。

d. C 曲线。吸附量和溶液浓度之间呈线性关系，被吸附物质在溶液和吸附剂表面之间有一定的分配系数。

上述吸附等温线形状的变化与吸附层分子和溶液中分子的相互作用有关。如果溶质形成单层吸附，它对溶液中溶质分子的引力较弱，则曲线有一段较长的平坡线段。如果吸附层对溶液中溶质分子有强烈的吸引力，则曲线陡升。图 4-17 中 H_2、L_3、S_1、L_4 和 S_5 这五种曲线与 Brunauer 气相吸附等温线相当。

② 吸附等温方程。Langmuir 方程和 Freundlich 方程除用于单组分气体吸附平衡外，对于低浓度溶液的吸附也适用。当用于液体时，压力 p 用浓度 c 代替，故 Langmuir 方程式和 Freundlich 方程分别变为

$$q = q_m \frac{Kc}{1+Kc} \tag{4-90}$$

$$q = Kc^{1/n} \tag{4-91}$$

该方程在工程上广为使用，例如，有机物或水溶液的脱色，环保中生化处理后污水中总有机炭的脱除，其吸附平衡关系常用式(4-90）和式(4-91）表示。式中特征常数由拟合实测吸附数据得到。

③ 表观吸附量。当使用多孔吸附剂吸附纯气体时，气体的吸附量由总压的降低确定。但对于液体吸附，压力没有变化，所以无简单的实验方法测定纯液体的吸附量。如果液体是均相二元混合物，则按习惯，称组分 1 为溶质，组分 2 为溶剂。假设与多孔固体接触的液相主体浓度的变化完全是由于溶质吸附的结果，即认为溶剂不吸附。当然，若液体混合物是溶质的稀溶液，那么溶剂吸附与否无关紧要。为了表示溶质的吸附量，提出表观吸附量的概念，即

$$q_1^e=\frac{n'(x_1'-x_1)}{m} \tag{4-92}$$

式中 q_1^e——表观吸附量，即单位质量吸附剂所吸附溶质的物质的量；

n'——与吸附剂接触的二元溶液总物质的量；

m——吸附剂质量；

x_1'——与吸附剂接触前溶液中溶质的摩尔分数；

x_1——达到吸附平衡后液相主体中溶质的摩尔分数。

该式由溶质的物料衡算式得到，并假设溶剂不被吸附，忽略液体混合物总物质的量的变化。

④ 浓度变化等温线。如果将恒温条件下在全浓度范围内得到的吸附平衡数据按式(4-92)处理，再画出吸附等温线，则曲线形状不属于图 4-18(a) 所示的类型，而是图 4-18(b) 和图 4-18(c) 所表示的类型，这些等温线应称为浓度变化等温线或组合等温线（composite isotherm）。吸附量 q_1^e 称为表面过剩量更合适。

由图 4-18(b) 和图 4-18(c) 可知，它们的区别很大，造成的原因用图 4-19 的几个示例说明。该图为各种假设的吸附等温线的结合，A 为溶质，B 为溶剂。当溶剂不被吸附时，组合曲线不出现负值，如图 4-19(a) 所示。但除情况图 4-19(a) 以外的所有图，即图 4-19(b) ～图 4-19(f) 均出现负的表面过剩。

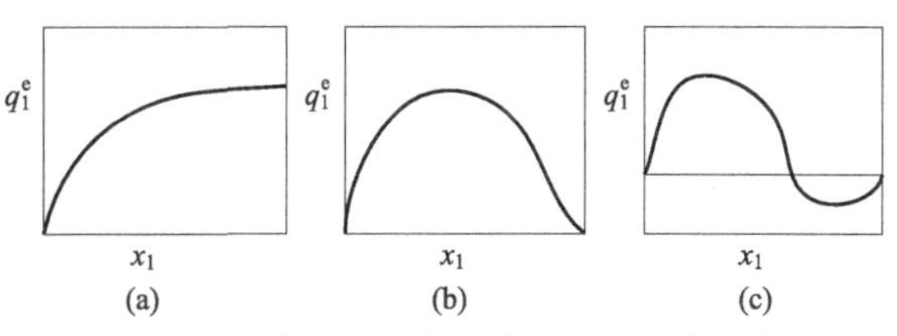

图 4-18 典型的液体吸附浓度变化等温线

当仅仅使用二元组分稀溶液的吸附数据时，即使溶剂被吸附也可以作为常数处理，总吸附量的变化完全是由于溶质吸附所致，这种情况下的吸附等温线是图 4-19(a) 的形式。由于它与纯气体的吸附等温线相似，故用式(4-90) 和式(4-91) 拟合数据。属于这类物质的有：少量有机物溶解在水中，少量水溶解在烃类中。对于含有两种或多种溶质的稀溶液，可用扩展的 Langmuir 方程式(4-70) 估计多组分吸附，注意也应将压力换成浓度，式中常数可从单个溶质的实验数据得到。如果认为溶质、溶剂有相互作用，则必须由多组分数据确定常数。

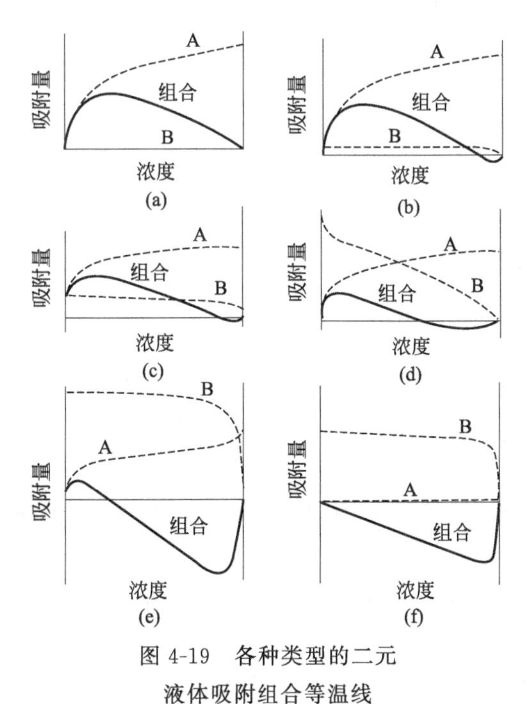

图 4-19 各种类型的二元液体吸附组合等温线

[例题 4-1] 水中少量挥发性有机物（VOCs）可以用吸附法脱除。通常含有两种或两种以上的 VOCs。现有含少量丙酮（1）和丙腈（2）的水溶液用活性炭处理。Radke 和 Praausitz 已利用单个溶液的平衡数据拟合出 Freundlich 和 Langmuir 方程常数。对小于 50mmol/L 的溶质浓度范围，给出公式的绝对平均偏差，见本例的附表。

［例题 4-1］附表

丙酮水溶液(25℃)	q 的绝对平均偏差/%	丙腈水溶液(25℃)	q 的绝对平均偏差/%
$q_1=0.141c_1^{0.597}$ (1)	14.2	$q_2=0.138c_2^{0.658}$ (3)	10.2
$q_1=\frac{0.190c_1}{1+0.146c_1}$ (2)	27.6	$q_2=\frac{0.173c_2}{1+0.0961c_2}$ (4)	26.2

注：表内的公式 q_i 为溶质吸附量，mmol/g；c_i 为水溶液中溶质浓度，mmol/L。

已知水溶液中含丙酮 40mmol/L，含丙腈 34.4mmol/L，操作温度 25℃，使用上述方程预测平衡吸附量，并与 Radke 和 Praunsnitz 的实验值进行比较。实验值：$q_1=0.175$mmol/g，$q_2=0.822$mmol/g，$q_t=1.537$mmol/g。

解：从式(4-90)，得用于液相的 Langmuir 方程扩展式如下。

$$q_i=\frac{q_{i,m}K_ic_i}{1+\sum_j K_jc_j} \tag{5}$$

从式(2)
$$q_{1,m}=\frac{0.190\times 40}{1+0.146\times 40}=1.111\text{mmol/g}$$

从式(4)
$$q_{2,m}=\frac{0.173\times 34.4}{1+0.0961\times 34.4}=1.380\text{mmol/g}$$

从式(5)
$$q_1=\frac{1.111\times 0.146\times 40}{1+0.146\times 40+0.0961\times 34.4}=0.639\text{mmol/g}$$

$$q_2=\frac{1.380\times 0.0961\times 34.4}{1+0.146\times 40+0.0961\times 34.4}=0.449\text{mmol/g}$$

$$q_t=1.088\text{mmol/g}$$

与实验数据比较 q_1、q_2 和 q_t 的偏差分别是 4.6%、−26.6%和−16.1%。

4.2.2.2 吸附动力学

单位时间内所吸附的吸附质的量称为吸附速率。吸附速率是吸附过程设计与操作的重要参数。

(1) 吸附传质

吸附质在吸附剂的多孔表面上被吸附的过程分为下列四步。

① 吸附质从流体主体通过分子扩散与对流扩散穿过薄膜或边界层传递到吸附剂的外表面，称之为外扩散过程。

② 吸附质通过孔扩散从吸附剂的外表面传递到微孔结构的内表面，称为内扩散过程。

③ 吸附质沿孔表面的表面扩散。

④ 吸附质被吸附在孔表面上。

吸附剂的再生过程是上述四步的逆过程，并且物理解吸也是瞬时完成的。吸附和解吸伴随有热量的传递，因此吸附放热，而解吸吸热。对于化学吸附，吸附质和吸附剂之间有键的形成，第④步可能较慢，甚至是控制步骤。但对于物理吸附，由于第④步仅仅取决于吸附质分子与孔表面的碰撞频率和定向作用，几乎是瞬间完成的，吸附速率由前三步控制，统称扩散控制。因此本节将讨论这三步的传递过程。

在装填吸附剂颗粒的固定床中，溶质浓度和温度随时间和位置连续变化。图 4-20 给出吸附剂颗粒在某一时刻的温度分布和流动相溶质浓度分布，图 4-20(a) 为吸附过程，图 4-20(b) 为解吸过程，温度 T 和浓度 c 的下标 b 和 s 分别表示流动相主体和颗粒外表面。

流体的浓度梯度通常在里内变得陡峭，相反温度梯度在边界层变化剧烈。由此可以分析出，传热阻力主要在吸附剂颗粒以外，而传质阻力主要在颗粒里面。图 4-20 的四条分布曲线其端点都趋于渐近线的值。

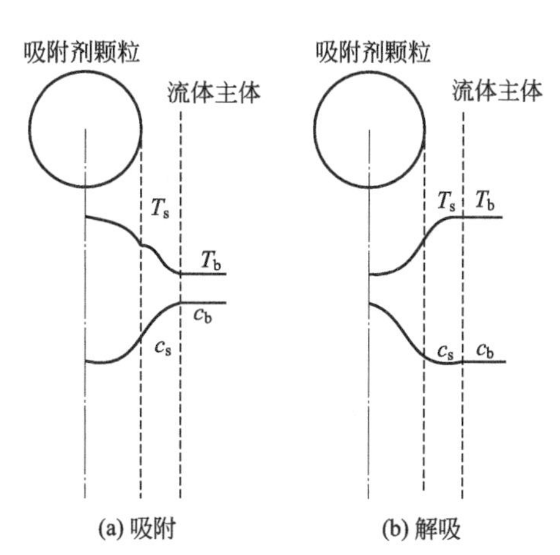

图 4-20 多孔吸附剂中浓度分布和温度分布

(2) 外扩散传质过程

吸附质从流体主体对流扩散到吸附剂颗粒外表面的传质速率方程为

$$\frac{dq_i}{dt}=k_cA(c_{b,i}-c_{s,i}) \tag{4-93}$$

式中 q_i——单位质量吸附剂上吸附质 i 的吸附量；

dq_i/dt——吸附质 i 的吸附速率；

k_c——流动相侧的传质系数；

A——单位质量吸附剂的外表面积；

$c_{b,i}$，$c_{s,i}$——流动相主体和吸附剂表面上流动相中吸附质 i 的浓度。

相应的传热方程为

$$e=\frac{dQ}{dt}=hA(T_s-T_b) \tag{4-94}$$

式中 e 即 $\frac{dQ}{dt}$——外扩散过程的传热速率；

h——外扩散过程的传热系数；

T_b，T_s——流动相主体和吸附剂表面上的温度。

一个球形颗粒被无限的静止流体包围时其传质和传热系数最小。假设不溶性固体球形颗粒半径为 R_P（直径为 D_P），悬浮在无限的流体介质中。颗粒在稳态中加热，其表面温度恒定于 T_s。流体介质绝对静止（无自然对流）并且忽略辐射传热，使得唯一的传热方式是流体的导热。热导率 k 是常数，远离颗粒的温度是 T_b。对于球形坐标，流体热传导的 Fourier 第二定律为：

$$\frac{d}{dr}\left(kr^2\frac{dT}{dr}\right)=0 \tag{4-95}$$

该式应满足 $r\geqslant R_P$，而 r 是从颗粒中心的半径距离。边界条件是：

$$T(r=R_P)=T_s \tag{4-96}$$

$$T(r=\infty)=T_b \tag{4-97}$$

如果式(4-96)、式(4-97) 对 r 二次积分，则得到：

$$T=\frac{C_1}{r}+C_2 \tag{4-98}$$

代入边界条件式(4-96) 和式(4-97)，得到流体中温度分布的表达式：

$$\frac{T-T_b}{T_s-T_b}=\frac{R_P}{r},\ r\geqslant R_P \tag{4-99}$$

将热传导 Fourier 第一定律应用于邻近颗粒的流体，得到颗粒外表面上的传热通量：

$$\frac{e}{A}\Big|_{r=R_P}=-k\frac{dT}{dr}\Big|_{r=R_P} \tag{4-100}$$

由式(4-99)：

$$\frac{\mathrm{d}T}{\mathrm{d}r}\Big|_{r-R_P}=-\frac{(T_s-T_b)}{R_P} \tag{4 101}$$

我们有可以用牛顿冷却定律表示传热通量：

$$\frac{e}{A}\Big|_{r=R_P}=h(T_s-T_b) \tag{4-102}$$

结合式(4-100) 和式(4-102)：

$$h=k/R_P$$

将其重排成努塞尔数：

$$Nu=hD_P/k \tag{4-103}$$

类似的推导可用于对流传质，从菲克扩散定律出发，得到

$$Sh=k_cD_P/D_i \tag{4-104}$$

式中 D_i——混合物中组分 i 的扩散系数。

当流体经过单个颗粒时，对流导致传质系数和传热系数的增加，大于由式(4-103) 和式(4-104) 的计算值。进而分析，这些传质系数沿颗粒周边是变化的，其最大值出现在颗粒上首先受到流体冲击的位置。因此，通常从实验传递数据关联出颗粒表面的平均传递系数。典型的关联结果如下：

$$Nu=2+0.60Re^{1/2}Pr^{1/3} \tag{4-105}$$

$$Sh=2+0.60Sc^{1/3}Re^{1/2} \tag{4-106}$$

式中 Pr——普朗特数（$=C_p\mu/k$）；

Sc——施密特数（$=\mu/\rho D$）；

Re——雷诺数（$=DG/\mu$）。

全部流体性质要在边界层平均温度下估计。当流体质量流速 $G=0$ 时，式(4-105) 和式(4-106) 分别简化为式(4-103) 和式(4-104)。

当吸附剂颗粒被装进吸附床中，则流体的流型受到限制。式(4-105) 和式(4-106) 不适用于估计床层中颗粒的外传递系数。Wakao 和 Funazkri 分析了文献中发表的传质数据，引入施伍德数修正轴向弥散，提出如下关联式：

$$Sh=\frac{k_cD_P}{D_i}=2+1.1\left(\frac{D_PG}{\mu}\right)^{0.6}\left(\frac{\mu}{\rho D_i}\right)^{1/3} \tag{4-107}$$

该数据的覆盖范围：施密特数 0.6～70600；雷诺数 3～10000；颗粒直径 0.6～17.1mm。颗粒形状包括球形、短圆柱形、片状和粒状。按类似的方法推导出填充床中流体——颗粒的努塞尔数关联式。

$$Nu=hD_P/k=2+1.1\left(\frac{D_PG}{\mu}\right)^{0.6}\left(\frac{C_P\mu}{k}\right)^{1/3} \tag{4-108}$$

当式(4-107) 和式(4-108) 用于非球形颗粒填充床时 D_P 应变成颗粒的当量直径。

[例题 4-2] 氮气流中的丙酮蒸气通过填充活性炭的固定床吸附器脱除，在床层中某处，压力 166kPa，气相主体温度 297K，丙酮在气相主体中的浓度 0.05（摩尔分数），已知平均颗粒直径 0.004m，气体的流率 0.00625kmol/(m^2·s)。估计丙酮外扩散的传质系数和颗粒外表面到气相的传热系数。

解： 由于仅已知气相主体的温度和浓度，故按气相主体条件求气体性质，使用式(4-100)

和式(4-103)、式(4-104) 所涉及的性质如下。

黏度 $\mu=0.0000165\text{Pa}\cdot\text{s}$，密度 $\rho=1.627\text{kg/m}^3$

热导率 $k=0.0240\text{W/(m}\cdot\text{K)}$

定压热容 $C_p=1.065\text{kJ/(kg}\cdot\text{K)}$

分子量 $M=29.52$

其他参数：

气体质量流速 $G=0.00352\times29.52=0.1039\text{kg/(m}^2\cdot\text{s)}$

假设球形度 $\psi=0.65$；所以 $D_\text{P}=0.65\times0.04=0.0026\text{m}$，在 297K 和 166kPa 条件下，丙酮在氮气中的扩散系数 D_i 与浓度无关，近似为 $0.085\times10^4\text{m}^2/\text{s}$

$$Re=D_\text{P}G/\mu=0.0026\times0.1039/0.0000165=16.4$$

$$Sc=\mu/\rho D_i=0.0000165/(1.627\times0.0000085)=1.19$$

$$Pr=C_p\mu/k=1.065\times0.0000165/0.000024=0.73$$

从式(4-107)：$Sh=2+1.1\ (16.4)^{0.6}\ (1.19)^{1/3}=8.24$

由式(4-107)，丙酮的传质系数

$$k_\text{c}=Sh(D_i/D_\text{P})=8.24\times(0.0000085/0.0026)=0.027\text{m/s}$$

从式(4-105) 与式(4-106)：$Nu=2+1.1\times16.4^{0.6}\times0.73^{1/3}=7.31$

$$h=Nu(k/D_\text{P})=7.31\times(0.0240/0.0026)=67.5\text{W/(m}^2\cdot\text{K)}$$

(3) 颗粒内部传质过程

从吸附剂外表面通过微孔向颗粒内部的传质过程，与吸附剂颗粒的微孔结构有关。由于微孔贯穿颗粒内部，吸附质从颗粒外表面的孔口到内表面吸着处的路径不同，所以吸附质的内部传质是一个逐步渗入的过程。

吸附质在微孔中的扩散有两种形式：沿孔截面的扩散和沿孔表面的表面扩散。前者根据孔径和吸附质分子平均自由程之间大小的关系又有三种情况：分子扩散、纽特逊扩散和介于这两种情况之间的扩散。当微孔表面吸附有吸附质时，沿孔口向里的表面上存在着吸附质的浓度梯度，吸附质可以沿孔表面向颗粒内部扩散，称为表面扩散。

在吸附剂颗粒的微孔中进行传质的数学模型很类似于在多孔催化剂颗粒中的催化反应，现分析一个球形微孔吸附剂颗粒内的溶质浓度分布，如图 4-21 所示。图 4-21 中 c 表示溶质的浓度。对厚度为 Δr 的球壳体积作单位时间的物料衡算，包括扩散进入半径为 $r+\Delta r$ 的壳体的溶质量，壳体内的吸附量以及自半径为 r 的壳体扩散出去的溶质量。应用菲克第一定律：

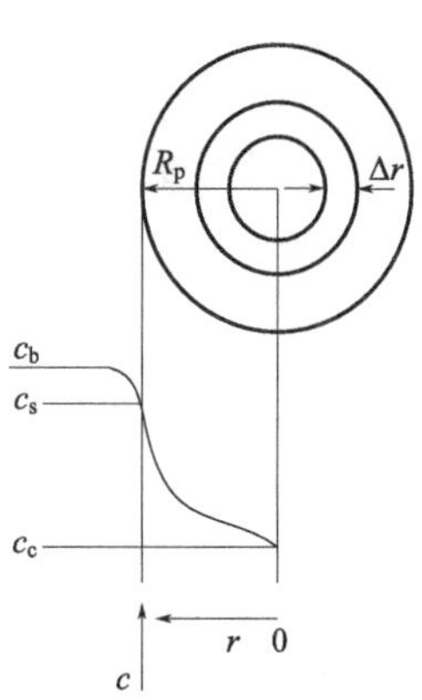

图 4-21 吸附剂颗粒内溶质的浓度分布

$$4\pi(r+\Delta r)^2D_\text{e}\frac{\partial c}{\partial r}\Big|_{r+\Delta r}=4\pi r^2\Delta r\frac{\partial q}{\partial t}+4\pi r^2D_\text{e}\frac{\partial c}{\partial r}\Big|_r \tag{4-109}$$

令 $\Delta r\rightarrow0$，经整理得到

$$D_\text{e}\left(\frac{\partial^2c}{\partial r^2}+\frac{2}{r}\frac{\partial c}{\partial r}\right)=\frac{\partial q}{\partial t} \tag{4-110}$$

变量 q 是单位体积多孔颗粒的吸附量。有效扩散系数 D_e 应用于整个球形壳体的表面，即使只有大约 50%的孔对扩散是有效的。对于在孔中的液相扩散，有效扩散系数由下式

计算：

$$D_e=\frac{\varepsilon_p D_i}{\tau}K_{ri} \tag{4-111}$$

式中 D_i——溶质 i 在溶液中的分子扩散系数；

ε_p——孔隙度；

τ——微孔的弯曲因子；

K_{ri}——约束因子，它考虑了孔径 d_p 的影响。

当 $d_m/d_p>0.01$ 时（d_m 为分子直径），约束因子由下式计算：

$$K_r=\left[1-\frac{d_m}{d_p}\right]^4,\ (d_m/d_p)\leqslant 1 \tag{4-112}$$

对于气相在孔中扩散，有效扩散系数为

$$D_e=\frac{\varepsilon_p}{\tau}\left[\frac{1}{(1/D_i)+(1/D_K)}\right] \tag{4-113}$$

它考虑了纽特逊扩散的可能性。虽然式(4-111) 和式(4-113) 只能直接用于等分子逆流扩散，但也能近似用于溶质稀溶液的单分子扩散。上述分析中没有考虑表面扩散的影响。

在微孔中流体流动的分子扩散用菲克第一定律描述：

$$n_i=-D_iA(\mathrm{d}c_i/\mathrm{d}x) \tag{4-114}$$

式中 n_i——i 组分通过垂直于横截面 A 的 x 方向上流体的正常扩散摩尔速率；

c_i——i 组分的浓度，mol/单位体积。

Schneider 和 Smith 提出，用修正的第一菲克定律描述表面扩散，即

$$(n_i)_s=-(D_i)_s b\,\mathrm{d}(c_i)_s/\mathrm{d}x \tag{4-115}$$

式中 b——表面的面积；

$(c_i)_s$——吸附质的表面浓度，mol/单位表面积；

$(D_i)_s$——按式(4-117) 定义的表面扩散系数。

为方便起见，式(4-115) 转变为式(4-114) 的通量形式，使得两种扩散机理能够结合成一个传质速率方程。式(4-114) 的通量形式为

$$N_i=n_i/A=-D_i(\mathrm{d}c_i/\mathrm{d}x) \tag{4-116}$$

相应的式(4-115) 的通量形式为：

$$(N_i)_s=-(D_i)_s\frac{\rho_P}{\varepsilon_P}\left(\frac{\mathrm{d}q_i}{\mathrm{d}x}\right) \tag{4-117}$$

假设为线性吸附，即符合亨利定律：

$$q_i=K_ic_i \tag{4-118}$$

由式(4-117)、式(4-116) 和式(4-115)，得到总通量：

$$N_i=-\left[D_i+(D_i)_s\frac{\rho_P K_i}{\varepsilon_P}\right]\frac{\mathrm{d}c_i}{\mathrm{d}x} \tag{4-119}$$

按式(4-111)，应使用有效扩散系数：

$$D_e=\frac{\varepsilon_P}{\tau}\left\{\left[\frac{1}{(1/D_i)+(1/D_K)}\right]+(D_i)_s\frac{\rho_P K_i}{\varepsilon_P}\right\} \tag{4-120}$$

使用式(4-120) 时需当心，因为孔体积扩散的弯曲因子与表面扩散的弯曲因子不一定相同。

根据Sladek等的研究，轻质气体物理吸附的表面扩散系数值在$5\times10^{-6}\sim5\times10^{-3}cm^2/s$的范围内，比较高的值用于低微分吸附热的情况。对非极性吸附剂，表面扩散系数$D_s(cm^2/s)$，可由下列关系式估算：

$$D_s=1.6\times10^{-2}\exp[-0.45(-\Delta H_a)/(mRT)] \tag{4-121}$$

式中，$m=2$（对于传导型吸附剂）或$m=1$（对于绝热型吸附剂）。

[例题4-3] 多孔硅胶吸附剂的物理性质：颗粒直径1.0mm，颗粒密度$1.13g/cm^3$，孔隙度0.466，平均微孔半径1.1nm，弯曲因子6.65。用该吸附剂从氦气中吸附丙烷。吸附温度100℃，丙烷在微孔中扩散为纽特逊和表面扩散控制。微分吸附量是－24702J/mol，100℃下线性等温线的吸附常数是$19cm^3/g$。试估计有效扩散系数。

解： 计算丙烷的纽特逊扩散系数如下。

$$D_K=4850d_P(T/M)^{1/2}$$

$$=4850\times22\times10^{-8}\times(373/44.06)^{1/2}=3.7\times10^{-3}(cm^2/s)$$

根据式(4-121)，取$m=1$，则

$$D_s=1.6\times10^{-2}\exp[-0.45\times24702/(8.314\times373)]=4.45\times10^{-4}(cm^2/s)$$

式(4-120) 化简为

$$D_e=\frac{\varepsilon_P}{\tau}D_K+\frac{\rho_P K}{\tau}D_s$$

$$=\frac{0.486}{3.35}\times3.17\times10^{-3}+\frac{1.13\times19}{3.35}\times4.45\times10^{-4}=3.31\times10^{-3}(cm^2/s)$$

4.2.3 吸附设备及工艺

根据待分离物系中各组分的性质和过程的分离要求（如纯度、回收率、能耗等），在选择适当的吸附剂和溶剂的基础上，采用相应的工艺过程和设备。

常用的吸附分离设备有吸附搅拌槽、固定床吸附器、移动床和流化床吸附塔。吸附分离过程的操作分类一般是以固定床吸附为基础的。若以分离组分的多少分类，可分为单组分和多组分吸附分离，即单波带体系、双波带或多波带体系；以分离组分浓度的高低分类，可分为痕量组分脱除和主体分离；以床层温度的变化分类，可分为不等温（绝热）操作和恒温操作；以进料方式分类，可分为连续进料和间歇的分批进料等。

4.2.3.1 固定床吸附器

固定床吸附器是装有颗粒状吸附剂的塔式设备。固定床循环操作由两个主要阶段组成。在吸附阶段，物料不断地通过吸附塔，被吸附的组分留在床中，其余组分从塔中流出。吸附过程可持续到吸附剂饱和为止，然后是解吸（再生）阶段，用升温、减压或置换等方法将被吸附的组分解吸下来，使吸附剂再生，并重复吸附操作。

固定床吸附器结构简单，操作方便，是吸附分离中应用最广泛的一类吸附器。例如，从气体中回收溶剂蒸气、气体净化和主体分离、气体和液体的脱水以及难分离有机液体混合物的分离等。

(1) 固定床的浓度波和透过曲线

固定床内流体中溶质的吸附是非稳态传质过程，此过程中床层内吸附质的浓度分布随时

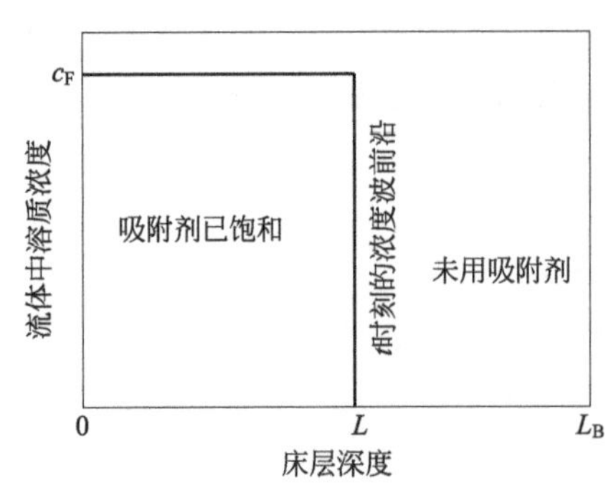

图 4-22 理想固定床吸附的浓度分布

间和沿床层位置不断变化。首先分析一个理想固定床吸附过程，含溶质的流体自上而下通过吸附剂床层。假设：a. 外扩散和内扩散阻力很小；b. 流体为活塞流；c. 忽略轴向弥散；d. 初始状态的吸附剂中不含吸附质；e. 流体和吸附剂之间瞬时即达到平衡。在此情况下，床层内流体的溶质浓度沿床层位置的变化如图 4-22 所示。浓度波前沿是垂直于横轴的直线。

在浓度波前沿的上游，吸附剂已经饱和，流体中溶质浓度等于进料浓度 c_F。吸附剂的吸附量 q_F 与 c_F 成平衡，故该区称为吸附平衡区或饱和区。

在浓度波前沿的下游，流体中溶质浓度为 0，吸附剂尚未使用，该区称为未用区。随着吸附时间的延长，表示浓度波前沿的垂直线向出口平移。

通过物料衡算和吸附平衡可得到浓度波前沿的位置与时间的函数关系：

$$Q_F c_F t_{id} = q_F S L_{id} / L_B \tag{4-122}$$

式中 Q_F——进料的体积流率；

c_F——进料中溶质的浓度；

t_{id}——浓度波前沿到达 L_{id}（$<L_B$）所需的时间；

q_F——单位质量吸附剂的吸附量，与进料浓度平衡；

S——床层中总的吸附剂质量；

L_B——床层总长度；

L_{id}——已用床层长度。

已用床层长度：
$$L_{id} = \left(\frac{Q_F c_F t_{id}}{q_F S}\right) L_B \tag{4-123}$$

未用床层长度：
$$L_{ub} = L_B - L_{id} \tag{4-124}$$

对于实际的固定床吸附器，由于存在一定的内、外传质阻力，对于低流速和薄床层的情况，轴向弥散尤为严重，因此床层中的浓度分布变宽，如图 4-23 所示。图 4-23(a) 中表示出不同吸附时间 t_1、t_2 和 t_b 所对应的流体中溶质浓度分布：在 t_1 时刻床层中无饱和区；在 t_2，长度 L_s 的床层几乎饱和；L_f 以后的床层未使用。L_s 至 L_f 之间的区域是传质区(MTZ)。由于难确定 MTZ 的起点和重点，定义 $c/c_F=0.05$ 处的位置为 L_f，$c/c_F=0.95$ 处为 L_s；从 t_2 到 t_b，S 型传质前沿在床层中移动至 t_b，MTZ 的前端正好到达床层的末端，

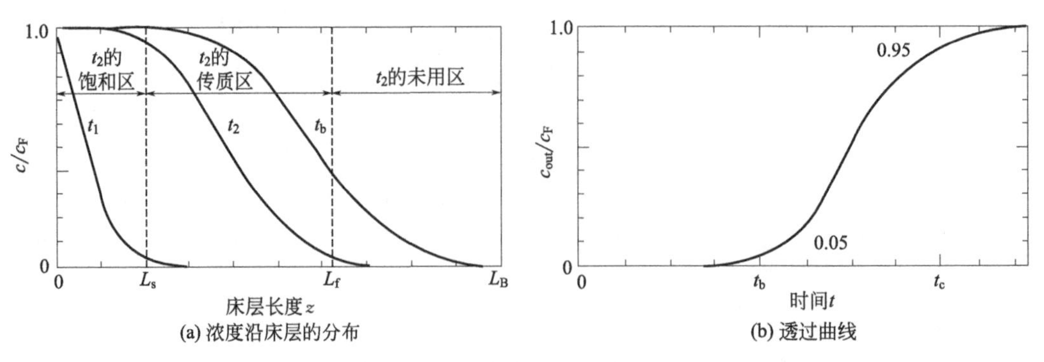

图 4-23 固定床中溶质被前沿

该点称为穿透点。穿透浓度不一定是 $c/c_F=0.05$，而是出口流体中溶质的最高允许浓度。

图 4-23(b) 表示了 c_{out}/c_F 的关系。c_{out} 为出口流体中溶质浓度，该曲线称为透过曲线。当 $t<t_b$ 时 c_{out} 小于最高允许值（即 $c_{out}<0.05c_F$）。当 $t=t_b$ 时，通常吸附操作终止，开始再生阶段或更换吸附剂。如果 $t>t_b$ 时继续吸附，则 c_{out} 迅速上升，当床层全部饱和后 $c_{out}=c_F$。定义达到 $c_{out}/c_F=0.95$ 的时间为 t_e。

透过曲线的陡峭程度确定了床层中吸附容量的利用程度。因此曲线的形状在确定吸附床长度上是很重要的。透过曲线越宽，相应 MTZ 越宽，吸附剂的利用率越低。

假设：a. 流体以活塞流通过床层，实际速度（流经空隙的速度）是常数 u；b. 流体主体中溶质与吸附剂上的吸附质瞬时达到平衡；c. 无轴向弥散；d. 等温下操作。进料前床层中有吸附质或从 $t=0$ 向床层进料开始，进料组成不是恒定的。床层中流体的表观流速 $\varepsilon_b u$。在微分时间 dt 内流体流经微分吸附床长度 dZ 的溶质的物料衡算：

$$\varepsilon_b u A_b c\,|_Z=\varepsilon_b u A_b c\,|_{Z+\Delta Z}+\varepsilon_b A_b \Delta Z\frac{\partial c}{\partial t}+(1-\varepsilon_b)A_b\Delta Z\frac{\partial q}{\partial t} \tag{4-125}$$

式中　A_b——床层横截面积；

ε_b——床层空隙度；

c——流体中溶质的浓度。该式除以 ΔZ，并取 $\Delta Z\to 0$，得到

$$\frac{\partial c}{\partial t}+u\frac{\partial c}{\partial Z}+\frac{(1-\varepsilon_b)}{\varepsilon_b}\frac{\partial q}{\partial t}=0 \tag{4-126}$$

式中　q——单位体积吸附剂颗粒的吸附量，由合适的吸附等温线得到。由偏微分性质，得

$$\frac{\partial q}{\partial t}=\frac{\partial q}{\partial c}\frac{\partial c}{\partial t} \tag{4-127}$$

式(4-126) 为 $c=f(Z,t)$ 的双曲偏微分方程。由隐式偏微分的规则：

$$u_c=\left(\frac{\partial Z}{\partial t}\right)_c=-\frac{\left(\frac{\partial c}{\partial t}\right)}{\left(\frac{\partial c}{\partial Z}\right)} \tag{4-128}$$

式中　u_c——恒定浓度 c 的浓度波移动速度。将式(4-126)～式(4-128) 结合，得

$$u_c=\frac{u}{1+\left(\frac{1-\varepsilon_b}{\varepsilon_b}\right)\frac{dq}{dc}} \tag{4-129}$$

该方程依据床层空隙中的流体速度 u 和吸附等温线的斜率 $\frac{dq}{dc}$ 得到浓度波移动的速度。如果 $\frac{dq}{dc}$ 是定值，则浓度波以恒定速度移动。

一般说来，浓度波在床层中移动的速度比流体流经床层缝隙的速度小得多。例如，假设 $\varepsilon_b=0.5$，吸附平衡关系 $q=5000c$，则 $dq/dc=5000$。从式(4-129) 计算出 $u_c/u=0.0002$。如果缝隙速度 $u=0.914\text{m/s}$，则 $u_c=0.000183\text{m/s}$。若床层高度 1.66m，那么浓度波穿过床层需 2.76h。

(2) 吸附等温线对浓度波前沿的影响

对于线性等温线［图 4-24(a) 中曲线 A］，MTZ 的宽度和波形保持不变。对于像 Freundlich 或 Langmuir 等类型的优惠吸附等温线［图 4-24(a) 中曲线 B］，高浓度区比低浓度

区移动得更快。浓度波随时间变得越来越陡，直至达到恒定模式的前沿（CPF），如图 4-24(b) 所示。对于较少一类的非优惠吸附等温线［图 4-24(a) 中曲线 C］，低浓度区域移动的更快，波前沿随时间变宽。另一种情况是，如果起始状态的床层中无吸附质，从 $t=0$ 开始通入恒定溶质的原料，波前沿近乎图 4-22 中的垂直线，此时浓度波与吸附等温线的类型无关。

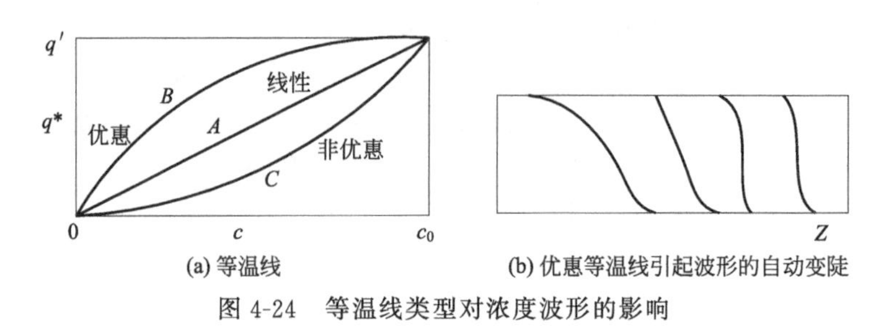

(a) 等温线 (b) 优惠等温线引起波形的自动变陡

图 4-24 等温线类型对浓度波形的影响

(3) 实际固定床吸附过程

一般情况下，吸附过程有一定外扩散和内扩散阻力，轴向弥散也不能忽略，预测浓度分布和透过曲线是一个广泛研究的课题。但传质阻力是一个影响因素时，浓度波的推进与上述平衡波的情况大相径庭。Ruthven 对大量简化情况的求解方法做了详尽的讨论。左右动态特性的偏微分方程是式(4-126) 经改进后得到的方程，其中，第一项考虑了轴向弥散。

$$-D_{\mathrm{L}}\frac{\partial^2 c}{\partial Z^2}+\frac{\partial(uc)}{\partial Z}+\frac{\partial c}{\partial t}+\frac{(1-\varepsilon_{\mathrm{b}})}{\varepsilon_{\mathrm{b}}}\frac{\partial \overline{q}}{\partial t}=0 \tag{4-130}$$

式中 D_{L}——涡流扩散系数；

$\frac{\partial(uc)}{\partial Z}$——容许流体速度沿轴向变化；

$\partial\overline{q}$——单位质量吸附剂的平均体积吸附量，考虑了由于内部传质阻力所造成的吸附剂颗粒在不同部位 q 的变化：

$$\overline{q}=\left(\frac{3}{R_{\mathrm{P}}^3}\right)\int_0^{R_{\mathrm{P}}} r^2 q\,\mathrm{d}r \tag{4-131}$$

式中 R_{P}——吸附剂颗粒半径。

式(4-132) 给出流体主体中溶质浓度与时间和床层位置的函数关系。式(4-110) 给出在吸附剂颗粒微孔中流体的溶质浓度。这两个方程由颗粒表面上的连续性条件偶联在一起：

$$D_{\mathrm{e}}\left(\frac{\partial c}{\partial r}\right)_{R_{\mathrm{P}}}=k_{\mathrm{c}}(c-c_{R_{\mathrm{P}}}) \tag{4-132}$$

式中 k_{c}——外传质系数；

D_{e}——颗粒内的有效扩散系数。

联立求解式(4-130)、式(4-131)、式(4-110) 和式(4-132) 是很棘手的。若使用线性推动力，求解常微分方程则要简便得多。该模型广泛应用于固定床吸附的模拟和设计，以下列方程为基础，用它代替式(4-131) 和式(4-132)：

$$\frac{\partial\overline{q}}{\partial t}=k(q^*-\overline{q})=kK(c-c^*) \tag{4-133}$$

式中 q^*——与流体主体中溶质浓度 c 成平衡的吸附量；

c^*——与平均吸附量 $\overline{q}$ 成平衡的溶质浓度；

k——包括内、外传质阻力的总传质系数；

K——线性吸附等温线 $q=Kc$ 中的平衡常数。

对系数 kK 的合适的关系式是：

$$\frac{1}{kK}=\frac{R_P}{3k_c}+\frac{R_P^2}{15D_e} \tag{4-134}$$

等式右边第一项表示外传质阻力 $1/(k_c a_v)$。对球形粒子，比表面由下式计算：

$$a_v=4\pi R_P^2/(4\pi R_P^3/3)=3/R_P \tag{4-135}$$

式(4-134) 右边第二项表示内传质阻力，推导如下：假设颗粒中吸附质负荷呈抛物线分布，即

$$q=a_0+a_1 r+a_2 r^2 \tag{4-136}$$

常数 a_i 取决于时间和所处床层中的位置，但与 r 无关。因在 $r=0$ 处 $\partial q/\partial r=0$，故 $a_1=0$。在颗粒表面扩散进入颗粒的菲克第一定律等同于吸附质在颗粒中的累积速率，假设有效扩散系数与浓度无关，得到

$$\frac{\partial \bar{q}}{\partial t}=D_e a_v \frac{\partial q}{\partial r}\Big|_{r=R_P}=\frac{3D_e}{R_P}\frac{\partial q}{\partial r}\Big|_{r=R_P} \tag{4-137}$$

在颗粒表面上，由式(4-136)

$$q_{R_P}=a_0+a_2 R_P^2 \tag{4-138}$$

将 $a_1=0$ 的式(4-138) 代入式(4-131)，积分得到

$$\bar{q}=a_0+\frac{3}{5}a_2 R_P^2 \tag{4-139}$$

式(4-138) 和式(4-139) 相结合消去 a_0 后得到

$$a_2=\frac{5}{2R_P^2}\ (q_{R_P}-\bar{q}) \tag{4-140}$$

从式(4-136)，得

$$\frac{\partial q}{\partial t}\Big|_{r=R_P}=2a_2 R_P \tag{4-141}$$

式(4-139)、式(4-140) 和式(4-137) 相结合：

$$\frac{\partial \bar{q}}{\partial t}=\frac{15D_e}{R_P^2}(q_{R_P}-\bar{q}) \tag{4-142}$$

比较式(4-133) 和式(4-137) 可以看到，式(4-134) 中右边第二项表示内传质阻力。

假设忽略轴向弥散，流体流速恒定以及采用线性传质推动力模型，则式(4-136) 可以简化并得到解析解。下面给出一个近似解。

$$\frac{c}{c_F}\approx\frac{1}{2}\left[1+\mathrm{erf}\left(\sqrt{\tau}-\sqrt{\xi}+\frac{1}{8\sqrt{\tau}}+\frac{1}{8\sqrt{\xi}}\right)\right] \tag{4-143}$$

$$\xi=\frac{kKZ}{u}\left(\frac{1-\varepsilon_b}{\varepsilon_b}\right) \tag{4-144}$$

式中，ξ 为无量纲距离。

$$\tau=k\left(t-\frac{Z}{u}\right) \tag{4-145}$$

为修正位移的无量纲时间坐标，得：

$$\mathrm{erf}(-x)=-\mathrm{erf}(x) \tag{4-146}$$

$$\mathrm{erf}(x)=\frac{2}{\sqrt{\pi}}\int_0^x \mathrm{e}^{-\eta^2}\mathrm{d}\eta \tag{4-147}$$

对于与平均吸附量成平衡的溶质浓度分布，其近似解如下：

$$\frac{c^*}{c_F}=\frac{\bar{q}}{q_F^*}\approx\frac{1}{2}\left[1+\mathrm{erf}\left(\sqrt{\tau}-\sqrt{\xi}-\frac{1}{8\sqrt{\tau}}-\frac{1}{8\sqrt{\xi}}\right)\right] \tag{4-148}$$

式中，$c^*=\frac{\bar{q}}{K}$，$\frac{c^*}{c_F}=\frac{\bar{q}}{q_F^*}$，$q_F^*$ 为与 c_F 平衡的吸附量。

[例题 4-4] 20℃和 101.3kPa 的空气中含 0.9%（摩尔分数）的苯，以 10.7kg/min 的流率进入固定床吸附塔。塔内径 0.61m，4×6 筛孔规格的硅胶装填高度 1.629m。硅胶的有效粒径 0.26cm，床层空隙度 0.5。苯的吸附等温线通过实验测定，在所需浓度范围内为线性关系：

$$q=Kc^*=5120c^* \tag{1}$$

式中 q——苯在硅胶上的吸附量，kg/m^3；

c^*——苯在气体中的平衡浓度，kg/m^3。

模拟 0.61m 直径吸附床的条件进行了传质实验，拟合成线性推动力模型；

$$\frac{\partial\bar{q}}{\partial t}=0.206K(c-c^*) \tag{2}$$

式中，时间单位为 min；常数$k=0.206\mathrm{min}^{-1}$，包括气膜和吸附剂孔中的传质阻力。

使用近似浓度分布方程计算一组透过曲线，确定苯在出口空气中的浓度上升至进口浓度5%时的操作时间。将该透过时间与用平衡模型预测值进行比较。

解： 对于平衡模型，床层完全被进口的苯浓度所饱和。

进口气体的分子量：$M=0.009\times78+0.991\times29=29.44$

进口气体的密度$=29.44\times101.3\times10^3/8314\times(21+273)=1.22\mathrm{kg/m^3}$

气体流率$=10.7/1.22=8.77\mathrm{m^3/min}$

苯的进口流率$=\frac{10.7}{29.44}\times0.009\times78=0.255\mathrm{kg/min}$

或 $$c_F=\frac{0.255}{8.77}=0.029\mathrm{kg/m^3}$$

从式(1) $$q=5120\times0.029=148.48\mathrm{kg/m^3}$$

$$苯总的平衡吸附量=\frac{148.48\times3.14\times0.61^2\times1.829\times0.5}{4}=39.66\mathrm{kg}$$

$$操作时间=\frac{39.66}{0.255}=155\mathrm{min}$$

对于实际操作，应考虑内、外传质阻力，从式(4-144) 和式(4-145) 得

$$\xi=\frac{0.206\times5120Z}{u}\times\frac{1-0.5}{0.5}=1055Z/u$$

而 $$u(空气速度)=\frac{8.77}{0.5\times\frac{3.14\times0.61^2}{4}}=60\mathrm{m/min} \tag{3}$$

所以 $$\xi=\frac{1055}{60}Z=17.58Z$$

当 $Z=1.829\mathrm{m}$ 时

$$\xi=32.15,\ \tau=0.206\left(t-\frac{Z}{60}\right) \tag{4}$$

将理想吸附数据 $t=155\text{min}$、穿透 $Z=1.829\text{m}$ 床层代入式(4)，得到 $\tau=32$。

这样，从式(4-143) 可计算透过曲线，τ 和 ξ 值不要大于 62。例如，当 $\xi=32.2$（稍大一点）和 $\tau=30$ 时，苯在出口气体中的浓度是：

$$\frac{c}{c_F}=\frac{1}{2}\left[1+\text{erf}\left(30^{0.5}-32.2^{0.5}+\frac{1}{8\times30^{0.5}}+\frac{1}{8\times32.2^{0.5}}\right)\right]=0.4147 \text{ 或 } 41.47\%$$

该计算值大大超过 $c/c_F=0.05$ 的规定值。因此床层的实际操作时间远远低于理想的操作时间。[例题 4-4] 附图绘出按式(4-143) 计算得到的一系列透过曲线，图中无量纲距离 ξ 分别为 2、5、10、15、20、25、30 和 32.2，最后一个数值对应于床层出口。当 $c/c_F=0.05$ 和 $\xi=32.2$ 时，相应的 τ 值约为 20。从式可计算出穿透整个床层的时间 $t=\frac{20}{0.206}+\frac{1.829}{60}=97.1\text{min}$，该值仅为理想吸附时间的 62.6%。

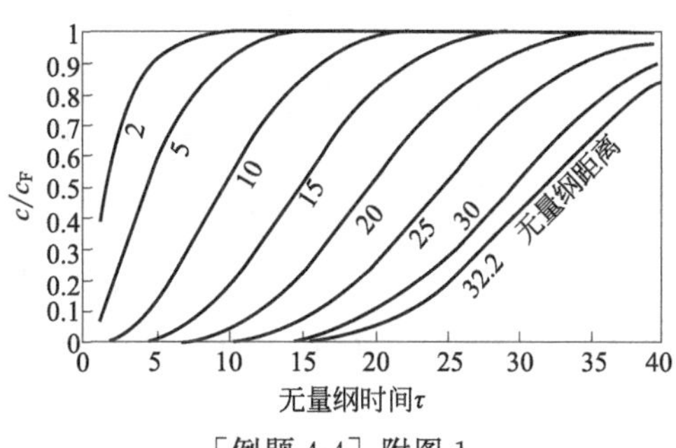

[例题 4-4] 附图 1

式(4-143) 可用于计算苯在床层不同位置的液相主体浓度。固定 $\tau=20$，计算结果见附表 1、附表 2。

[例题 4-4] 附表 1

ξ	Z/m	c/c_F
2	0.114	1.00000
5	0.264	0.99946
10	0.566	0.97426
15	0.652	0.62446
20	1.166	0.56151
25	1.420	0.25091
30	1.704	0.06657
32.2	1.629	0.05156

[例题 4-4] 附表 2

ξ	Z/m	$\frac{c^*}{c_F}=\frac{\bar{q}}{q_F^*}$	$\bar{q}$/(kg/m³)
2	0.114	0.99996	146.65
5	0.264	0.99666	146.49
10	0.566	0.96054	142.72
15	0.652	0.77702	115.49
20	1.166	0.46649	69.66
25	1.420	0.20571	60.56
30	1.704	0.06769	10.06
32.2	1.629	0.06627	5.69

我们也能计算床层不同位置的硅胶吸附量。当 $\tau=20$ 时，相应于 c_F 的最大吸附量 $q_{max}=148.65kg/m^3$，以固体吸附量表示的透过曲线如图 4-26 所示。当固定 $\tau=20$ 时，计算结果见附表 2。

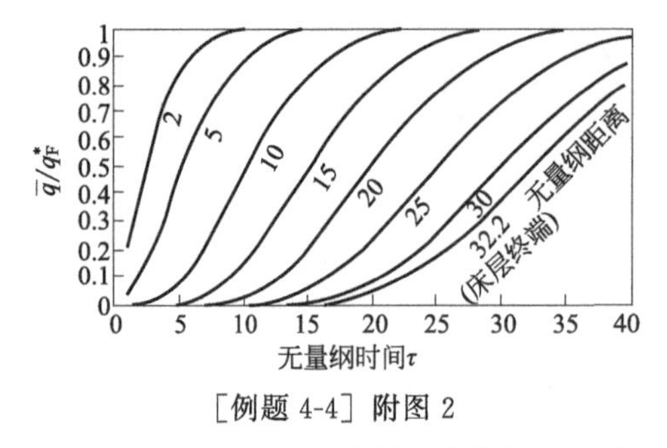

［例题 4-4］附图 2

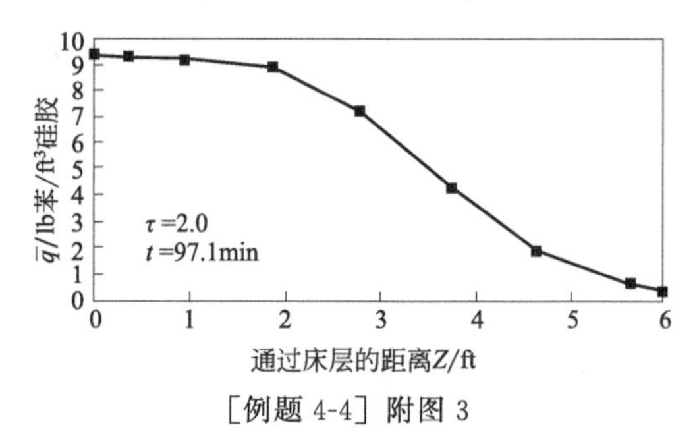

［例题 4-4］附图 3

（图中 $\overline{q}$ 的单位为 lb/ft^3，$lb/ft^3=16.0185kg/m^3$，$1ft=0.3048m$）

将附表 2 中的 $\overline{q}$ 值画于附图 3，在整个床层高度上积分，得到平均床层负荷：

$$\overline{q}_{av}=\int_0^{1.829} q\mathrm{d}Z/6$$

结果为 $91.62kg/m^3$ 硅胶，该数值为基于进口苯浓度的最大吸附负荷的 61.6%。

如果床层增至 9.145m（为原床层的 5 倍），则 $\xi=161$。理想操作时间是 760min，考虑到传质的影响，计算穿透床层的无量纲操作时间 $\tau=132$，相应的穿透时间

$$t_b=\frac{132}{0.206}+\frac{9.145}{60}=641\text{min}$$

为理想时间的 82.2%。可见床层的利用率有了相当大的提高。

4.2.3.2 变温吸附（TSA）

变温吸附循环操作在两个平行的固定床吸附器中进行。其中一个在环境温度附近吸附溶质，而另一个在较高温度下解吸溶质，使吸附剂床层再生。变温吸附原理可由图 4-25 形象地说明。最简单的双器流程如图 4-26 所示。

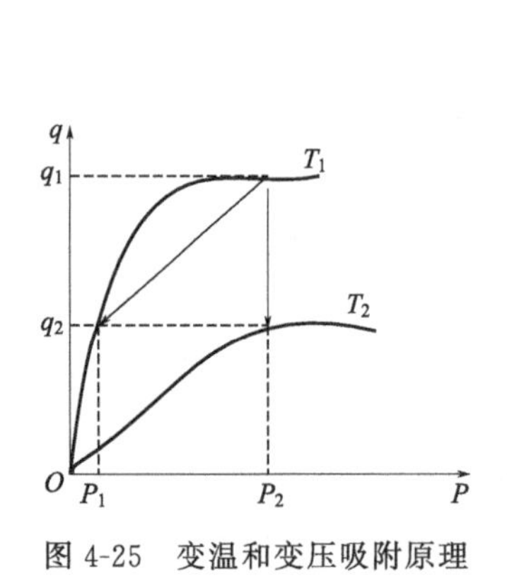

图 4-25 变温和变压吸附原理

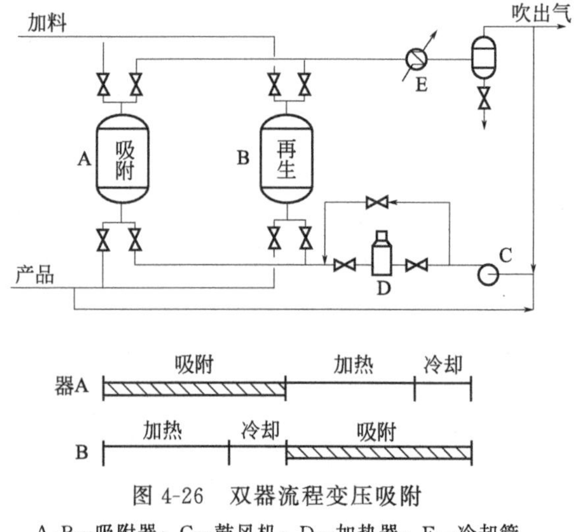

图 4-26 双器流程变压吸附

A,B—吸附器；C—鼓风机；D—加热器；E—冷却管

尽管仅靠溶质的气化而不用清洗器也可达到解吸的目的，但当床层冷却时部分溶质蒸气会再吸附，所以最好还是使用清洗剂脱除解吸的吸附质。解吸温度一般都比较高，但不能高到引起吸附剂性能变坏的程度。TSA 最好应用于脱除原料中低浓度杂质。在这种情况下，吸附和解吸均可在接近恒温的条件下进行。TSA 理想循环包括以下四步：a. 在 T_1 温度下吸附至达到透过点；b. 加热床层至 T_2；c. 在 T_2 温度下解吸达到低级吸附质负荷；d. 冷却床层至 T_1。实际循环操作没有恒温这一阶段。作为循环的再生阶段，b 和 c 两步是结合在一起的，床层被加热的同时，用经预热的清洗气解吸，直至进出口温度接近为止。a 和 d 两步也是同时进行的。床层冷却后期即开始进料，因此，吸附基本上在进料流体温度下进行。

床层的加热和冷却过程不能瞬时完成，因为床层的热导率相当低。虽然可采用床外夹套或设置内部换热管间接加热，但还是以预热或预冷清洗流体的方式使床层温度变化更快。清洗流体可以是原料或流出物的一部分，或使用其他流体。在解吸阶段也能使用清洗流体。

由于加热和冷凝需要时间，故 TSA 的循环周期较长，通常需要几小时或几天。循环时间越长，所需床层越长，则吸附过程床层利用率越高。当 MTZ 比较长时，物料只在一个吸附器中进行吸附操作，达到穿透点时很大一部分吸附剂都未达饱和，床层利用率低，这种情况宜采用 lead-trim 固定床，即二床串联吸附的流程，如图 4-27 所示。流程中共有三个吸附器，原料先进入吸附器 A，在经吸附器 B 进行吸附，吸附器 C 进行再生。此时 MTZ 可从吸附器 A 延伸到吸附器 B，这个操作过程一直可进行到吸附器 B 流出的物料达到透过点为止。接着将吸附器 A 转入再生，吸附器 C 转入吸附，而原料先送入吸附器 B，再进吸附器 C，即把刚再生好的吸附器放在后面。这种流程的特点是转入再生操作时的吸附器中，吸附剂基本上接近饱和。

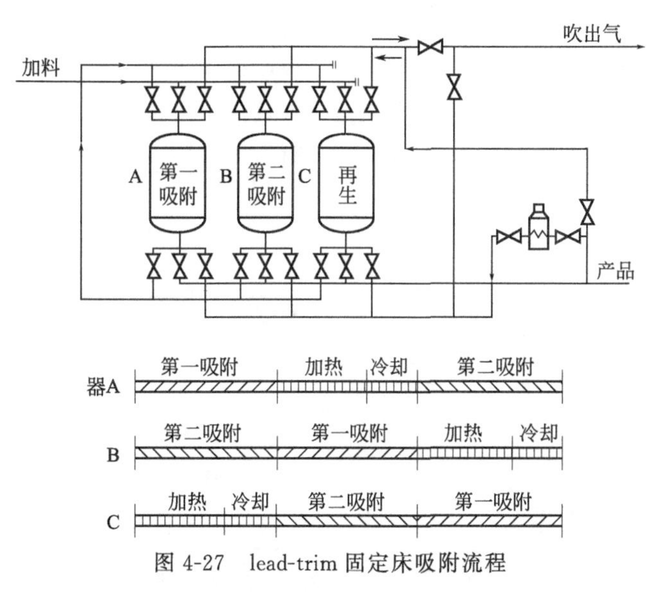

图 4-27 lead-trim 固定床吸附流程

4.2.3.3 变压吸附（PSA）

变压吸附过程是利用压力的变化来实现再生（高压吸附，低压再生），利用压力的降低释放已吸附的物质，从而实现气体的分离以及吸附剂的再生。若吸附在常压下进行，脱附在真空下进行，称为真空变压吸附（vacuum swing adsorption，VSA）。PSA 和 VSA 分离受吸附平衡或吸附动力学的控制。PSA（VSA）工艺通常由两个或多个吸附床组成，这样可以在循环状态下连续操作。

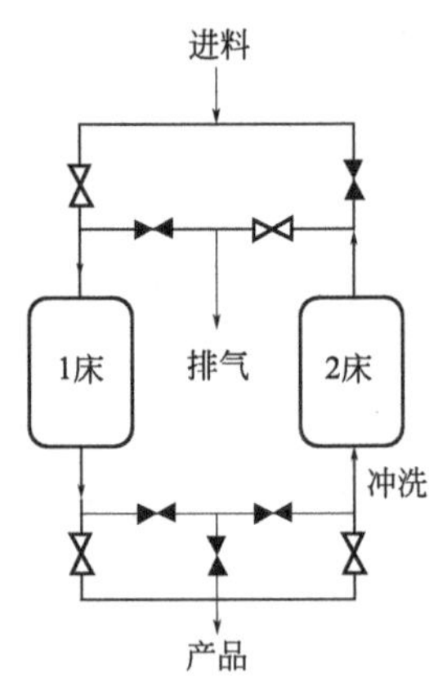

图 4-28　变压吸附循环

具有两个固定床变压吸附循环如图 4-28 所示，称为 Skarstrom 循环。每个床在两个等时间间隔的半循环中交替操作：a. 充压后吸附；b. 放压后吹扫。实际上分四步进行。

原料气用于充压，流出产品气体的一部分用于吹扫。在图 4-28 中 1 床进行吸附，离开 1 床的部分气体返回至 2 床吹扫用，吹扫方向与吸附方向相反。从图 4-29 可看出，吸附和吹扫阶段所用的时间小于整个循环时间的 50%。在 PSA 的很多工业应用中，这两步耗用的时间占整个循环中较大的百分数，因为充压和放压进行很快，所以 PSA 和 VSA 的循环周期是很短的，一般是数秒至数分钟。因此，小的床层能达到相当高的生产能力。

由于变压吸附和真空变压吸附一般在室温下操作，床层不需要外加热源加热，可以实现循环、连续操作，对进料气的质量要求不高，易适应处理量和进气组成的波动，具有操作弹性大、吸附剂寿命长、自动化程度高、能耗低、安全与循环时间短等优点，所以在工业应用中呈现出日益快速增长的趋势。有研究表明以硅胶作为吸附剂，采用真空变压吸附法脱除与回收邻二甲苯可达到较高的回收率，且费用低，具有较好的工业应用前景。除此之外，也有研究利用硅铝基多孔材料变压吸附电厂烟气中的二氧化碳。

为了提高产品纯度、回收率、吸附剂的生产能力和能量的效率等，可在变压吸附基本循环方式的基础上做出如下改进：a. 采用三台、四台或多台吸附床；b. 增加均压阶段，吹扫结束后的床与吸附后的另一个床均压；c. 增加预处理或保护床，脱除影响分离任务的强吸附性杂质；d. 采用强吸附气体作为吹扫气；e. 缩短循环周期。过长的循环周期会引起床层在吸附阶段升温和在解吸阶段降温，图 4-29 为 PSA 的循环步骤，图 4-30 为四床 PSA 分离空气流程。

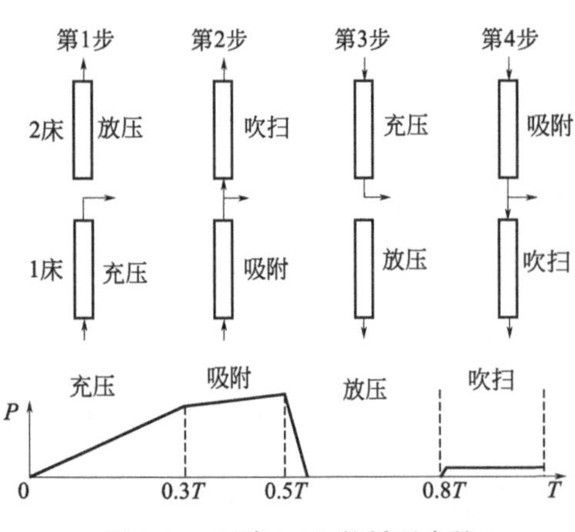

图 4-29　四床 PSA 的循环步骤

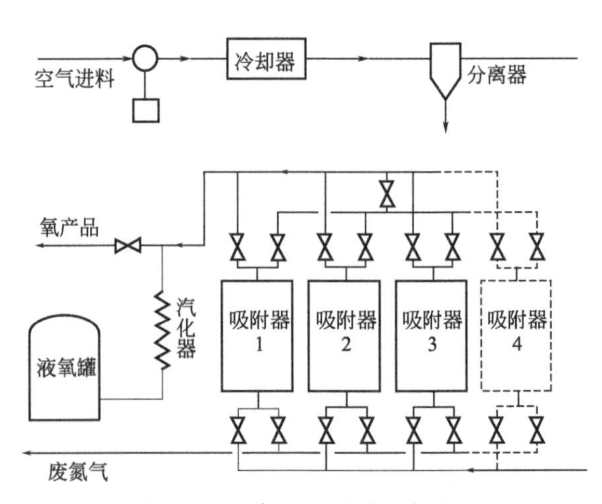

图 4-30　四床 PSA 分离空气流程

4.3 废物的离子交换

离子交换是应用离子交换剂进行混合物分离和其他过程的技术。离子交换剂是一种带有可交换离子的不溶性固体。利用离子交换剂与不同离子结合力的强弱，可以将某些离子从水溶液中分离出来，或者使不同的离子得到分离。

在离子交换过程中，溶液（通常是水溶液）中的阳离子或阴离子与固体离子交换剂上具有相同电荷的可交换的不同离子进行离子交换反应。离子交换是可逆的，不会引起固体离子交换剂结构的永久性变化。离子交换按化学式计量进行，与离子交换容量的性质无关。

离子交换剂也与吸附剂一样使用一定时间后接近饱和而需要再生。因此离子交换过程的传质动力学的特性、采用的设备形式、过程设计与操作均与吸附过程相似，可以把离子交换看成是一种特殊情况，前述吸附中基本原理也适用于离子交换过程。离子交换是速率控制过程，控制因素通常为穿过颗粒表面液膜的外扩散或颗粒本身的内扩散。

4.3.1 离子交换原理

4.3.1.1 离子交换分离过程的化学基础

(1) 离子交换反应

利用离子交换树脂进行溶液中电解质的分离主要基于如下反应。

① 分解盐的反应。强型离子交换树脂能够进行中性盐的分解反应，生成相应的酸和碱，例如：

$$R_{C,S}H(s)+NaCl \longrightarrow R_{C,S}Na+HCl \tag{4-149}$$

$$R_{A,S}OH(s)+NaCl \longrightarrow R_{A,S}Cl+NaOH \tag{4-150}$$

式中　C——阳离子交换树脂；

A——阴离子交换树脂；

S——强型树脂。

② 中和反应。强型树脂和弱型树脂均能与相应的碱和酸进行中和反应。强型树脂的反应性强、反应速度快、交换基团的利用率高，但中和得到的盐型树脂再生困难，再生剂用量多。弱型树脂中和后再生剂用量少，可接近理论用量。

③ 离子交换反应。盐式强、弱型树脂均能进行交换反应。但强型树脂的选择性不如弱型树脂的选择性好。强型树脂可用相应的盐直接再生，例如：

$$2RSO_3Na+Ca^{2+} \longrightarrow (RSO_3)_2Ca+2Na^+ \tag{4-151}$$

交换后的 $(RSO_3)_2Ca$ 可以用浓 NaCl 溶液进行再生，弱型树脂则很难用这种方法再生，而需用相应的酸和碱再生。

$$R_2Ca+2HCl \longrightarrow 2RH+CaCl_2 \tag{4-152}$$

$$RH+NaOH \longrightarrow RNa+H_2O \tag{4-153}$$

(2) 离子交换分离的类型

利用离子交换树脂进行的分类过程归纳起来可分为三种类型。

① 离子转换或提取某种离子。例如，水的软化，将水中的 Ca^{2+} 转换成 Na^+。此时可利

用对 Ca^{2+} 有较高选择性的盐式阳离子交换树脂，将 Ca^{2+} 从水中分离出来。

② 脱盐。例如除掉水中的阴阳离子制取纯水，此时需利用强型树脂的分解中性盐反应和强型或弱型树脂的中和反应。例如，水溶液中除去 NaCl 可用下列反应。

$$R_{C,S}H(s)+NaCl(aq)\longrightarrow R_{C,S}Na(s)+HCl(aq) \tag{4-154}$$

$$R_{A,S}OH(\text{或 } R_{A,W}OH)(s)+HCl(aq)\longrightarrow R_{A,S}Cl(s)+H_2O \tag{4-155}$$

式中，R 的下标 W 表示弱型树脂。

③ 不同离子的分离。当溶液中诸离子的选择性相差不大时，应用简单的离子转换不能单独将某种吸附而分离出来，此时需用类似吸附分馏离子交换色谱法分离。

4.3.1.2 离子交换平衡

离子交换平衡在很大程度上取决于官能团的类型和交联度。交联度确定了矩阵结构的致密度和空隙度。树脂交联从颗粒的外壳到中心是变化的，通常用交联剂二乙烯苯的含量表征交联度。新型离子交换树脂含有更严格的清晰的大网状结构，它们由高度交联的微球构成大的球形结构。然而这些树脂的平衡性质基本上是相同的。

(1) 简单二元系统的离子交换

质量作用定律是表示离子交换平衡的最常用的方法。分析阳离子 A 和 B 在阳离子交换树脂和溶液之间交换反应，系统中不含其他阳离子。假设开始时反离子 A 在溶液中，B 在离子交换树脂中，离子交换反应为

$$z_A B(s)+z_B A\longrightarrow z_B A(s)+z_A B \tag{4-156}$$

式中　s——树脂相；

z_A 和 z_B——反离子 A 和 B 的离子价。

定义热力学平衡常数 K 如下：

$$K=\frac{(\bar{a}_A)^{z_B}(a_B)^{z_A}}{(\bar{c}_B)^{z_A}(c_A)^{z_B}} \tag{4-157}$$

式中　a——活度；

"—"——树脂相。

由于估计活度系数是困难的，在实际应用中通常假设溶液相的活度系数等于 1，这一点对稀溶液特别适用。树脂相活度系数通常结合到平衡常数 K 中，变成一个新的假平衡常数，即选择性系数 K：

$$K=\frac{(\bar{c}_A)^{z_B}(c_B)^{z_A}}{(\bar{c}_B)^{z_A}(c_A)^{z_B}} \tag{4-158}$$

经常使用摩尔分数表示溶液和树脂相的浓度，对于二元系统：

$$x_A=c_A/c_0 \tag{4-159}$$

$$y_A=\bar{c}_A/\bar{c}_0 \tag{4-160}$$

式中　x_A 和 y_A——反离子 A 在液相和固相中的摩尔分数；

c_A 和 c_0——液相中反离子 A 和全部反离子的物质的量浓度，mol/L；

$\bar{c}_A$ 和 $\bar{c}_0$——单位质量离子交换树脂中所含反离子 A 和全部反离子的物质的量，mol/kg。

$\bar{c}_0$ 习惯用 Q_0 表示，称为树脂的总交换容量。

同理，y_B、x_B、c_B、$\bar{c}_B$ 表示反离子 B 相应的物理量。将上述定义式代入式(4-158)，得

$$K_{AB}=\frac{(y_A)^{z_B}(x_B)^{z_A}}{(y_B)^{z_A}(x_A)^{z_B}}\left(\frac{c_0}{Q_0}\right)^{z_A-z_B} \tag{4-161}$$

分配系数定义为

$$m_A-\frac{\bar{c}_A}{c_A}=\frac{y_A Q_0}{x_A c_0} \tag{4-162}$$

分离因子 α 定义为

$$\alpha_{AB}=\frac{y_A/x_A}{y_B/x_B}=\frac{y_A x_B}{x_A y_B} \tag{4-163}$$

① 一价离子之间的交换。如果 A、B 均为一价离子，$z_A=z_B=1$，则

$$K_{AB}=\frac{y_A x_B}{x_A y_B}=\frac{y_A(1-x_A)}{x_A(1-y_A)}=\alpha_{AB} \tag{4-164}$$

一价离子交换典型的选择性系数曲线如图 4-31 所示。由图 4-31 可见，如果 $K_{AB}>1$，则反离子 A 优先交换到树脂，并且随 K_{AB} 的增加 y_A 增加显著，即 α_{AB} 增加显著。反之，$K_{AB}<1$ 时，反离子 B 优先交换到树脂。

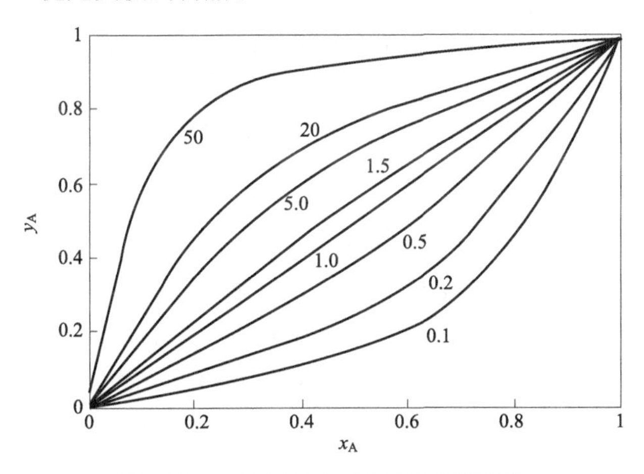

图 4-31　一价离子之间交换的平衡曲线

表 4-1 给出了一价离子的选择性系数。以 Li 离子为基准，表中数据均为对 Li 离子的相对选择性系数。

任何一对离子的选择性系数：

$$K_{ij}=K_i/K_j \tag{4-165}$$

该估计方法主要用于筛选目的或初步计算。

表 4-1　一价离子在不同交联度磺酸型阳离子交换树脂上的选择性系数

离子	4%DVB	6%DVB	16%DVB	离子	4%DVB	6%DVB	16%DVB
Li^+	1.00	1.00	1.00	Rb^+	2.46	6.16	4.62
H^+	1.62	1.27	1.47	Cs^+	2.67	6.25	4.66
Na^+	1.56	1.96	2.67	Ag^+	4.76	6.51	22.9
NH_4^+	1.90	2.55	6.64	Ti^+	6.71	12.4	26.5
K^+	2.27	2.90	4.50				

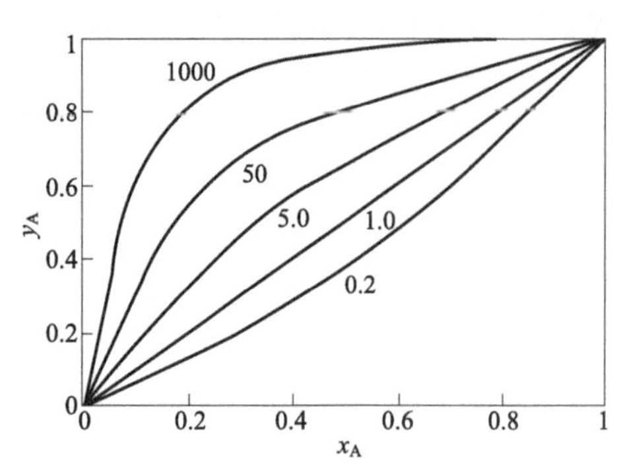

图 4-32 二价与一价离子交换的平衡曲线

② 二价与一价离子的交换。二价与一价离子的交换在工业应用中是最重要的，即 $z_A=2$，$z_B=1$。选择性系数表达式变为

$$K_{AB}=\frac{y_A(1-x_A)^2}{x_A(1-y_A)^2}\left(\frac{c_0}{Q_0}\right) \tag{4-166}$$

在这种情况下，y_A 和 x_A 之间强烈地依赖于溶液相的浓度 c。平衡曲线如图 4-32 所示。

显然，随着溶液浓度的降低，树脂上反离子 A 的当量浓度明显增大。反之，溶液浓度增大导致二价离子对一价离子的选择性减小。

二价阳离子的选择性系数列于表 4-2 中，其基准离子仍然是 Li。

表 4-2 二价离子在不同交联度磺酸型阳离子交换树脂上的选择性系数

离子	4%DVB	6%DVB	16%DVB	离子	4%DVB	6%DVB	16%DVB
UO_2^{2+}	2.66	2.45	6.64	Ni^{2+}	6.45	6.96	4.06
Mg^{2+}	2.95	6.29	6.51	Ca^{2+}	4.15	5.16	7.27
Zn^{2+}	6.16	6.47	6.76	Sr^{2+}	4.70	6.51	10.1
Co^{2+}	6.26	6.74	6.61	Pd^{2+}	6.56	9.91	16.0
Cu^{2+}	6.29	6.65	4.46	Ba^{2+}	7.47	11.5	20.6
Cd^{2+}	6.67	6.66	4.95				

③ 阴离子交换树脂的选择性系数。表 4-1 列出了在季铵盐型强碱性阴离子交换树脂上很多离子的相对选择性系数值。这些离子可分为两类：选择性系数与树脂组成无关和有关。前者在达到平衡时离子处于随机分散状态，而后者大概是由在树脂形成簇或团所致。

(2) 复杂系统的离子交换

对于多组分离子交换进行理论分析是很复杂的，特别是涉及不同价态离子的交换更加如此。对只包括同价离子的离子交换平衡，其处理是简单的，因可以假设选择性系数或分离因子在整个离子浓度范围是常数。

对于任意两种离子 i 和 j，分离因子定义为

$$\alpha_{ij}=\frac{y_i/x_i}{y_j/x_j}=\frac{y_i x_j}{y_j x_i} \tag{4-167}$$

即使是不同价离子，也可以假设 α 近似为常数。如果可交换的总的离子种类为 n，则有上述类型独立方程（$n-1$）个。为了从给定固相浓度求解液相浓度，将这些方程汇总得到

$$x_i=\frac{y_i}{\sum_j \alpha_{ij} y_j}=\frac{\alpha_{ki} y_i}{\sum_j \alpha_{kj} y_j} \tag{4-168}$$

式中 i——系统中任一离子；

k——任意选定的离子，$\alpha_{ii}=\alpha_{jj}=\alpha_{kk}=1$。

已知 x_i 求 y_i 时，可导出以下类似的方程：

$$y_i=\frac{x_i}{\sum_j \alpha_{ji}x_j}=\frac{\alpha_{ik}x_i}{\sum_j \alpha_{jk}x_j} \tag{4-169}$$

如果 x_i 是常数，y_i 变成其他 y 值的线性函数；反之，如果 y_i 是常数，x_i 变成其他 x 值的线性函数。对于由 A、B、C 组成的三元系统，假设都是一价离子，则 $K_{AB}=\alpha_{AB}$，$K_{BC}=\alpha_{BC}$，$K_{CA}=\alpha_{CA}$，它们符合：

$$\alpha_{AB}\alpha_{BC}\alpha_{CA}=1 \tag{4-170}$$

三元平衡数据可用三角相图表示。三角形的三个顶点表示一相（通常是树脂相）的三个纯组分，故三角形坐标表示该相组成；另一相用等值线表示，每一等值线相应恒定一个组分的浓度。图 4-33 表示一假想的三元系统：$\alpha_{AC}=4$，$\alpha_{BC}=2$。等值线均为直线。例如 $x_A=0.1$ 的等值线作图如下：a. 从 A-C 二元平衡关系直接确定该等值线与三角形 AC 边的交点；b. 从 A-B 二元平衡关系确定在 AB 边的交点；c. 连接两交点的直线即为 $x_A=0.1$ 的溶液相浓度线。

对于二价与一价离子交换系统，分离因子 α_{AB} 随组成变化。在表示平衡数据时必须考虑浓度的影响。图 4-34 表示分离因子变化的系统，可以看出，图中等组成线变成曲线。

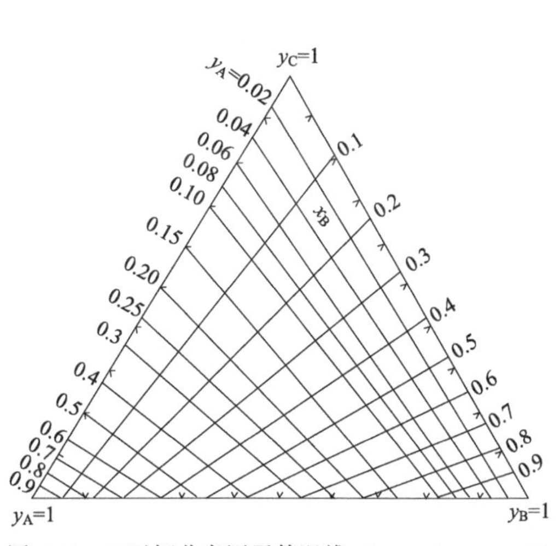

图 4-33 三元恒分离因子等温线（$\alpha_{AC}=4$，$\alpha_{BC}=2$）

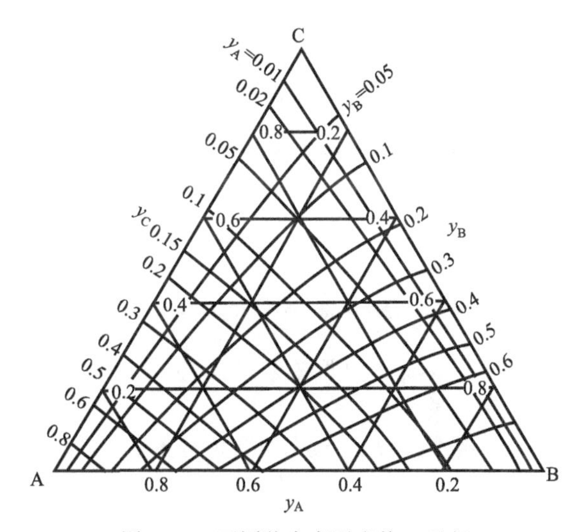

图 4-34 不同价态离子交换三元相

$$(x_A/y_A)(y_C/x_C)^2=0.86(x_B/y_B)(y_C/x_C)^2=3.87 \tag{4-171}$$

(3) 影响选择性系数的因素

离子交换树脂的选择性与许多因素有关。首先，是离子交换剂本身的特性，如交换剂的结构、官能团的类型和交联度等。其次，是被交换的反离子特性，如离子价态和溶剂化作用以及离子交换条件（如溶液浓度、操作温度等）。

① 交联度对离子交换树脂的影响很大。从表 4-1 和表 4-2 可看出，交联度越高，同种离子的选择性系数越大。树脂的溶胀程度也与交联度密切相关。交联度越高，树脂的溶胀度越小，对较小溶剂化当量体积的反离子有较高的选择性。而低交联度和高溶胀度的树脂会降低小离子对其他离子的选择性系数。

② 反离子特性的影响。对于等价离子，选择性随原子序数的增加而增强。对于不同价离子，高价反离子优先交换，有较高的选择性。当反离子能与树脂中固定离子团形成

较强的离子对或形成键合作用时，这些反离子有较高的选择性。例如，弱酸性阳离子交换树脂对 H^+、弱碱性阴离子交换树脂对 OH^- 有特别强的亲和力，因而都有较高的选择性。溶液中存在的其他离子若与反离子产生缔合或络合反应时，将使该反离子的选择性降低。

③ 溶液浓度的影响。高价反离子有较高的选择性，但随溶液浓度的增加而降低。例如，Cu^{2+} 和 Na^+ 在阳离子交换树脂和溶液中交换时，溶液浓度由 0.01mol/L 增至 4.0mol/L。则 Cu^{2+} 的选择性会发生逆转。

④ 温度影响。离子交换平衡与温度的关系符合热力学基本关系。通常温度升高，选择性系数变小。压力与离子交换平衡无关。

[例题 4-5] 用含 2%（质量分数）$NaNO_3$ 的 HNO_3 溶液再生 H 型强酸性阳离子交换树脂。当通入足够多的酸溶液之后达到平衡，树脂中有 10%为反离子 Na^+ 所交换。问再生用酸溶液中 HNO_3 的浓度是多少？

已知溶液的密度为 $1030kg/m^3$，选择性系数 $K_{Na^+,H^+}=1.56$。

解： 设 m 为质量，w 为质量分数，M 为摩尔质量，V 为体积，c 为物质的量浓度，ρ 为密度。

已知 $M(NaNO_3)=85g/mol$，$M(Na)=23g/mol$，$M(HNO_3)=63g/mol$。

以 1kg 再生溶液为基准，

$$\text{再生溶液中 } Na^+ \text{ 的浓度 } c(Na^+)=\frac{m(Na^+)/M(Na^+)}{V}=\frac{w(NaNO_3)\rho_{液}VM(Na^+)}{M(NaNO_3)M(Na^+)V}=\frac{w(NaNO_3)\rho_{液}}{M(NaNO_3)}$$

$$=\frac{0.02\times 1030g/L}{85g/mol}=0.242mol/L$$

设 HNO_3 的质量浓度为 $p\%$

$$\text{溶液中 } H^+ \text{ 浓度 } c(H^+)=\frac{w(HNO_3)\rho_{液}}{M(HNO_3)}=\left(\frac{10p}{63}\right)\Big/\left(\frac{1000}{1030}\right)=0.163p\,mol/L$$

$$\text{溶液中反离子 } Na^+ \text{ 的摩尔分率：} x_{Na^+}=\frac{0.242}{0.242+0.163p}$$

$$\text{因 } Na^+\text{、}H^+ \text{ 为同价离子：} \quad K_{Na^+,H^+}=\frac{y_{Na^+}(1-x_{Na^+})}{x_{Na^+}(1-y_{Na^+})}=1.56$$

其中，$y_{Na^+}=0.1$，代入已知数据，解得：$p=20.8\%$

[例题 4-6] 有一水质分析结果：Ca^{2+} 34mmol/L，Mg^{2+} 10mmol/L，Na^+ 30mmol/L，Cl^- 36mmol/L，SO_4^{2-} 38mmol/L。拟采用阴离子交换树脂处理，要求脱除 SO_4^{2-} 至 1mmol/L，已知树脂的总交换容量为 1.3mol/L，选择性系数 $K_{SO_4^{2-},Cl^-}=2.55$。试估计每升树脂最多能处理多少升水？

解： 离子交换式为 $\quad SO_4^{2-}+2Cl^-(s)\rightleftharpoons 2Cl^-+SO_4^{2-}(s)$

设 A 表示 SO_4^{2-}，根据题意有：$Q_0=1.3mol/L$，$c_0=36+38=74mmol/L$

$$x_A=c_A/c_0$$
$$=1/74=0.0135$$

$$K_{SO_4^{2-},Cl^-}=\frac{y_A(1-x_A)^2}{x_A(1-y_A)^2}\times\frac{c_0}{Q_0}$$

代入：

$$2.55=\frac{y_A(1-0.0135)^2}{0.0135(1-y_A)^2}\times\frac{74\times10^{-3}}{1.3}$$

解得 $y_A=0.302$，$\bar{c}_A=y_A Q_0=0.302\times1.3=0.393$

每升树脂的最大处理量为：$0.393/[(38-1)\times10^{-3}]=10.6L$

4.3.2 离子交换树脂

4.3.2.1 离子交换树脂的种类

根据可交换的反离子的电荷性质，离子交换树脂分为阳离子交换树脂与阴离子交换树脂两大类，每一类中又根据电离度的强弱分为强型与弱型两种。根据树脂的物理结构，离子交换树脂分为凝胶型与大孔型两类。a. 凝胶型：这类树脂为外观透明的均相高分子凝胶结构，通道是高分子链间的间隙，成为凝胶孔，孔径一般在 6nm 以下。离子通过高分子链间的这类孔道扩散进入树脂颗粒内部进行交换反应。凝胶孔的尺寸随树脂交联度与溶胀情况而异。b. 大孔型：大孔型树脂具有一般吸附剂的微孔，孔径从几纳米到上千纳米。它的特点是比表面积大、化学稳定性和力学性能都较好，吸附容量大和再生容易。目前各国生产的离子交换树脂种类繁多，均按上述分类，但每类中各种牌号树脂的性能亦有较大的差别，要根据使用情况选用。

(1) 强酸性阳离子交换树脂

由苯乙烯与二乙烯苯（DVB）共聚物小球经浓硫酸硫化等生产过程制成。交换容量为 4～5mmol/g（干树脂）。$—SO_3H$ 官能团有强电解质性质，在整个 pH 范围内都显示离子交换功能。树脂可以是 H 型或 Na 型。这种树脂的特点是可以用无机酸（HCl 或 H_2SO_4）或 NaCl 再生。它比阴离子交换树脂热稳定性高，可承受 120℃高温。

(2) 弱酸性阳离子交换树脂

这类树脂的交换基团一般是弱酸，可以是羧基（—COOH）、膦酸基（$—PO_3H_2$）和酚基等。其中以含羧基的树脂用途最广，如丙烯酸或甲基丙烯酸和二乙烯苯的共聚物。在母体中也可以有几种官能团，以调节树脂的酸性。

弱酸性阳离子交换树脂有较大的离子交换容量，对多价金属离子的选择性较高。交换容量 9～11mmol/g，仅能在中性和碱性介质中解离而显示交换功能。耐用温度 100～120℃。H 型弱酸性树脂较难为中性盐类如 NaCl 分解，只能由强碱中和。

(3) 强碱性阴离子交换树脂

这类树脂有两种类型：端位带有季铵基团［如季铵碱基$—N(CH_3)_3OH$ 和季氨盐基$—N(CH_3)_3Cl$］和季氨基上连有羟乙基基团［$—N^+(CH_3)_2—CH_2—CH_2—OH$］的树脂。为使它们易于水解，多用 Cl 型。对弱酸的交换能力，第一类树脂较强，但其交换容量比第二类小。一般来说，碱性离子交换树脂比酸性离子交换树脂的热稳定性、化学稳定性都要差些，离子交换容量也小些。

(4) 弱碱性阴离子交换树脂

指含有伯胺（$—NH_2$）、仲胺（—NHR）或叔胺（$—NR_2$）的树脂。这类树脂在水中的解离程度小，呈弱碱性，因此容易和强酸反应，较难与弱酸反应。弱碱性树脂需用强碱如

NaOH 再生，再生后的体积变化比弱酸性树脂小，交换容量 1.2～2.5mol/L，使用温度 70～100℃。

4.3.2.2 离子交换树脂的物理化学性质

(1) 交联度

离子交换树脂是具有立方体交联结构的高分子电解质，立体交联结构使它对水和有机溶液呈现不溶性和化学稳定性。交联结构由树脂合成时加入交联剂来实现，交联剂的用量用质量百分数表示，称为交联度。交联度直接影响树脂的物化性能，如交联度大，树脂结构紧密、溶胀小、选择性高和稳定性好。但交联度太高影响树脂内的扩散速率。交联剂多用二乙烯苯，交联度使用范围 4%～20%DVB。

(2) 粒度

离子交换树脂通常为球形颗粒，粒径 0.6～1.2mm，特殊用途的树脂粒径可小至 0.04mm。

(3) 密度

离子交换树脂的密度随含水率而异，一般阳离子树脂的密度比阴离子树脂大。前者的真密度一般为 1300kg/m^3 左右，视密度 700～850kg/m^3；后者真密度 1100kg/m^3，视密度 600～750kg/m^3。

(4) 亲水性

离子交换树脂具有亲水性，所以常含有水分，其含水率与官能团的性质和交联度有关，一般为 40%～50%（质量分数），高者到 70%～80%。

(5) 溶胀性

离子交换树脂在水中由于溶剂化作用体积增大，称为溶胀。树脂的溶胀程度与其交联度、交联结构、基团与反离子的种类有关。一般弱型树脂溶胀程度较大。例如，强酸性阳离子交换树脂溶胀 4%～8%（体积分数），弱酸性阳离子交换树脂体积溶胀 100%；强碱性阴离子交换树脂溶胀 5%～10%，而弱碱性阳离子交换树脂溶胀 60%。在设计离子交换柱时需考虑树脂的溶胀特性。

(6) 稳定性

包括机械稳定性、热稳定性和化学稳定性。机械稳定性是指树脂在各种机械力的作用下抵抗破碎的能力，其表征方法有磨后圆球不破率、耐压强度和体积胀缩强度。热稳定性的优劣决定了树脂的最高使用温度。化学稳定性指树脂抵抗氧化剂、试剂的能力。

(7) 交换容量

离子交换树脂的交换容量用单位质量或体积的树脂所交换的离子的当量数表示，又分总交换容量和工作交换容量。总交换容量是指单位质量（或体积）的树脂中可以交换的化学基团的总数，故也称理论交换容量。总交换容量对每种树脂来说都有确定的数值。离子交换树脂在使用条件下，原树脂上的反离子不能完全被溶液中的反离子所代替，所以实际交换容量小于总交换容量。再生水平、被处理溶液的离子成分、树脂对被交换离子的亲和性或选择性、树脂的粒度、泄漏点的控制水平以及操作流速和温度等因素也会影响交换容量。

(8) 选择性

选择性是离子交换树脂对不同反离子亲和力强弱的反映。与树脂亲和力强的离子选择性高，可取代树脂上亲和力弱的离子。室温下，在低浓度离子的水溶液中，多价离子比单价离子优先交换到树脂上，例如：

$$Na^{+} < Ca^{2+} < La^{3+} < Th^{4+}$$

在低浓度和室温条件下，等价离子的选择性随着原子序数的增加而增加，例如：

$$Li < Na < K < Rb < Cs$$

$$Mg < Ca < Sr < Ba$$

$$F < Cl < Br < I$$

对于高浓度反离子的溶液，多价离子的选择性随离子浓度的增高而减小。

工业应用上对离子交换树脂的要求是交换容量高、选择性好、再生容易、机械强度高、化学与热稳定性好和价格低。

思考题

1. 浸取的基本原理是什么，何谓溢流，何谓底流？

2. 浸取的三元相图各点表示含义？各种浸取器各有什么优缺点？

3. 双塔变压吸附分离空气制富氧，空塔气体线速为 1.9cm/s，吸附床层长为 1.8m，氧的平衡吸附量，$\Delta q=0.396$，$f(c)=0.1\%$，求传质区的长度和总传质系数。

4. 试绘出双塔、三塔变压吸附操作示意图。

5. 离子交换的基本原理是什么？影响离子交换的扩散速度的因素有哪些？

6. 简述离子交换树脂的作用、性能和分类，离子交换树脂选择的依据。

7. 强酸性阳离子交换树脂交换容量测定方法：称 1g 干树脂于 250mL 干燥锥形瓶中，称取 1.5g 氢型阳离子交换树脂装入交换柱中，用 NaCl 溶液冲洗，至流出液使甲基橙呈橙色为止。收集全部洗出液，用甲基橙作指示剂，以 0.1000mol/L NaOH 标准溶液滴定，用去 24.51mL，计算树脂的交换容量。

参考文献

[1] Ulrich J. Some Aspects in the Purification by Directed Crystallization [J]. Chem. Eng. Symp. Ser. Jpn., 1988 (18): 172-175.

[2] 何炳林，黄文强. 离子交换与吸附树脂 [M]. 上海：上海科技教育出版社，1997.

[3] 刘明华. 混凝剂和混凝技术 [M]. 北京：化学工业出版社，2011.

第5章 废物的转化与分离

5.1 废物的转化

5.1.1 热转化

5.1.1.1 焚烧

(1) 概述

焚烧法是一种高温热处理技术，即以一定的过剩空气量与被处理的有机废物在焚烧炉内进行氧化燃烧反应，废物中的有毒有害物质在高温下氧化、热解而被破坏，是一种可同时实现废物无害化、减量化、资源化的处理技术。

焚烧的主要目的是尽可能焚毁废物，使被焚烧的物质变为无害和最大限度地减容，并尽量减少新的污染物质产生，避免造成二次污染。对于大、中型的废物焚烧厂，能同时实现使废物减量，彻底焚毁废物中的毒性物质，以及回收利用焚烧产生的废热这三个目的。

焚烧处理技术特点是处理量大、减容性好、无害化彻底，且有热能回收作用。因此，对生活垃圾实行焚烧处理是无害化、减量化和资源化的有效处理方式。世界各国普遍采用这种垃圾处理技术。最科学、最合理的垃圾处理方式是将垃圾分拣分类，将可以回收的有用物质回收再生处理应用，不能回收的废弃物焚烧处理。

焚烧法不但可以处理固体废物，还可以处理液体废物和气体废物；不但可以处理城市垃圾和一般工业废物，而且可以用于处理危险废物。危险废物中的有机固态、液态和气态废物，常常采用焚烧来处理。在焚烧处理城市生活垃圾时，也常常将垃圾焚烧处理前暂时储存过程中产生的渗滤液和臭气引入焚烧炉焚烧处理。

焚烧适合处理可燃有机成分多、热值高的废物。当处理可燃有机物组分含量很少的废物时，需补加大量的燃料，这会使运行费用增高。但如果有条件辅以适当的废热回收装置，则可弥补上述缺点，降低废物焚烧成本，从而使焚烧法获得较好的经济效益。

(2) 焚烧处理方式

废物焚烧处理的工艺流程及其焚烧炉的结构，主要由废物种类、形态、燃烧特性和补充燃料的种类来决定，同时还与系统的后处理以及是否设置废热回收设备等因素有关。

一般说来，对于易处理、数量少、种类单一及间歇操作的废物处理，工艺系统及焚烧炉本体尽量设计得比较简单，不必设置废热回收设施。对于数量大的废物，并需连续进行焚烧处理时，焚烧炉设计要保证高温，除将废物焚毁外，应尽可能地考虑废热回收措施，以充分利用高温烟气的热能。热能利用的具体方式有热电联产、预热废物本身，以及预热燃烧空气等，这将由系统热能平衡情况来决定。如果某废物焚烧后的燃烧产物中的固体物质需以湿法捕集，则就难以设置废热设备来回收高温烟气的热量，但可将低位能的热量加以回收。对于焚烧规模较大、能量利用价值高的废物，为了安全可靠地回收热能，工艺上若有可能，可将那些低熔点物质预先分出（另做处理），这样多数的废物焚烧后，所产生的烟气就较干净且可减少对废热锅炉等设备的危害。当被焚烧的废物自身不具备可维持焚烧所必需的热值时，需要补充辅助燃料。如无十分把握时，只能暂时放弃热能的利用，服从焚毁废物这个主要目的。

废物焚烧后的高温烟气除了应积极考虑热量回收外，还有烟气净化问题，即焚烧产物的后处理问题，也是焚烧处理工艺过程中一个重要的组成部分，有时还成为较难处理的问题，必须按相应标准处理后达标排放。

有关废物焚烧处理的具体方案要综合考虑各种情况。

① 固体废物焚烧处理方式。固体废物的种类、形状有较大差别，如有块状、粒状的废物，也有糨糊状的污泥。有可燃质含量多的废物，也有不能自燃，另需添加燃料助燃的废物等。它们在具体进行焚烧处理时所采用的工艺方法，以及焚烧炉选型上都有所不同。一般说废物的形态和燃烧特性是决定焚烧工艺流程及其焚烧炉炉型的主要依据。

例如：当废物具有一定形状、可以搁置在炉排上，且燃烧形态是以表面燃烧和分解燃烧方式进行时，则可选用炉排式焚烧炉；但如废物的颗粒细微，或是泥浆状的，则它无法搁置在炉排上，就需要选用炉床式焚烧炉。有些物质呈一定形状，但稍稍加温尚未燃烧就会发生熔融，堵住炉排通风缝隙（如含有低熔点盐类的废物或塑料废物），此种废物也无法置于炉排上焚烧，故只能用炉床式焚烧炉或采用更新的流化床焚烧炉进行处理。

② 废液焚烧处理方式。即使高浓度的有机废液也往往含有大量水分而不能自燃，需要添加燃料助燃。为了节约燃料，在可能情况下可利用高温烟气浓缩废液，或设置废热锅炉副产蒸汽。当焚烧后的烟气含有某种盐分不能直接排放时，则系统还要采取捕集回收措施。当废液黏度较高或含有一些杂质，影响废液的雾化质量，甚至难以符合喷嘴的要求时，需对该废液进行过滤，除去固体微粒杂质。对黏度大的废液要加温或稀释，使之符合所选用喷嘴的要求。因此，废液的焚烧处理方式将视废液的组分情况而定。

③ 废气焚烧处理方式。废气的焚烧处理有直接燃烧和催化燃烧两种处理方式。废气的直接燃烧法同固体、液体废物的焚烧一样。一般的焚烧处理是指直接高温燃烧的方式。催化燃烧是以白金矿、氧化铜、氧化镍等作为催化剂，在较低的温度下（150～400℃）使废气中的可燃组分进行氧化分解的方法。由于温度较低，故可大大节约燃料。但由于催化剂较贵，不能处理含尘废气，因此，应用不多。

废气的直接燃烧法又可分为两种方式：一种是采用焚烧炉，将废气通入炉内燃烧；另一种是采用火炬（即石油化工普遍采用的火炬烧嘴）在炉外大气中燃烧废气。用火炬式烧嘴来焚烧废气通常是指那些自身具有较高热值，可以维持高温燃烧的废气，火炬本身只是燃烧器，而非炉子。

(3) 焚烧处理指标、标准及要求

① 焚烧处理技术指标。用于衡量焚烧处理废物减量化效果的指标是减量比（MRC），

定义为可燃废物经焚烧处理后减少的质量占所投加废物总质量的百分比，即：

$$MRC=\frac{m_b-m_a}{m_b-m_c}\times 100\% \tag{5-1}$$

式中　MRC——减量比；

m_a——焚烧残渣的质量，kg；

m_b——投加的废物质量，kg；

m_c——残渣中不可燃物质量，kg。

焚烧残渣在（600±25）℃经 3h 热灼后减少的质量占原焚烧残渣质量的百分数，称为热灼减量，其计算方法如下：

$$Q_R=\frac{m_a-m_d}{m_a}\times 100\% \tag{5-2}$$

式中　Q_R——热灼减量；

m_a——焚烧残渣在室温时的质量，kg；

m_d——焚烧残渣在（600±25）℃经 3h 灼热后冷却至室温的质量，kg。

焚烧处理城市垃圾及一般工业废物时，多以燃烧效率（CE）作为评估是否可以达到预期处理要求的指标：

$$CE=\frac{C_{CO_2}}{C_{CO_2}+C_{CO}}\times 100\% \tag{5-3}$$

式中　C_{CO}，C_{CO_2}——烟道气中该种气体的浓度值。

对危险废物，验证焚烧是否可以达到预期的处理要求的指标还有特殊化学物质［有机性有害主成分（$POHC_S$）］的破坏去除效率（DRE），定义式为：

$$DRE=\frac{W_{进}-W_{出}}{W_{进}}\times 100\% \tag{5-4}$$

式中　$W_{进}$——进入焚烧炉的 $POHC_S$ 的质量流率；

$W_{出}$——从焚烧炉流出的该种物质的质量流率。

烟气排放浓度限制指标：废物在焚烧过程中会产生一系列新污染物，有可能造成二次污染。对焚烧设施排放的大气污染物控制项目大致包括四个方面。a. 烟尘：常将颗粒物、黑度、总碳量作为控制指标；b. 有害气体：包括 SO_2、HCl、HF、CO 和 NO_x；c. 重金属元素单质或其化合物，如 Hg、Cd、Pb、Ni、Cr、As 等；d. 有机污染物：如二噁英类物质，包括多氯代二苯并-对-二噁英（PCDDs）和多氯代二苯并呋喃（PCDFs）。

② 焚烧处理标准及限制值。生活垃圾焚烧污染控制标准（GB 18485—2014）见表 5-1；一些国家地区垃圾焚烧大气污染物排放限值见表 5-2。

表 5-1　生活垃圾焚烧污染控制标准

序号	污染物项目	限值	取值时间
1	颗粒物/(mg/m^3)	30	1h 均值
		20	24h 均值
2	氮氧化物(NO_x)/(mg/m^3)	300	1h 均值
		250	24h 均值

续表

序号	污染物项目	限值	取值时间
3	二氧化硫(SO_2)/(mg/m^3)	100	1h 均值
		80	24h 均值
4	氯化氢(HCl)/(mg/m^3)	60	1h 均值
		50	24h 均值
5	汞及其化合物(以 Hg 计)/(mg/m^3)	0.05	测定均值
6	镉、铊及其化合物(以 Cd+Tl 计)/(mg/m^3)	0.1	测定均值
7	锑、砷、铅、铬、钴、铜、锰、镍及其化合物 (以 Sb+As+Pb+Cr+Co+Cu+Mn+Ni 计)/(mg/m^3)	1.0	测定均值
8	二噁英类/(ng TEQ/m^3)	0.1	测定均值
9	一氧化碳(CO)/(mg/m^3)	100	1h 均值
		80	24h 均值

表 5-2 一些国家地区垃圾焚烧大气污染物排放限值

污染物	欧共体(1989)	荷兰(1989)	瑞士(1990)	瑞典(1990)	法国(1990)	丹麦(1990)	韩国	新加坡
参考基准	11%O_2	11%O_2	12%O_2	10%CO_2	9%CO_2			12%CO_2
监测要求	日平均	小时平均	日平均	月平均	日平均	年平均		
颗粒物	30	5	20	20		35	300	200
CO/(mg/L)	100	50		100	130		400	1000
HCl/(mg/L)	50	10	20	30	65	100	25	200
HF/(mg/L)	2~4	1	2		2	2	10	
SO_2/(mg/L)	300	40	50		330	300	1800	
NO_x/(mg/L)		70	80				250	1000
Ⅰ类金属(Cd+Hg)/(mg/L)	共 0.2	各 0.05	各 0.1	Hg 0.08	Hg 0.1		Hg 1.0	各 10
Ⅱ类金属/(mg/L)	Ni+As 0.1						As 3	As 20
Ⅲ类金属/(mg/L)	Pb+Cr+Cu+Mn 5.0					Pb 1.4	Pb 30, Cr 1	Pb 20,Cu 20,Sb 10
PCDFs/(ng TEQ/m^3)		0.1		0.1				

国外危险废物焚烧污染控制标准：以美国法律为例，危险废物焚烧的法定处理效果标准为：废物中所含的主要有机有害成分的销毁及去除率（DRE）为 99.99%以上。排气中粉尘含量不得超过 180mg/m^3（以标准状态下干燥排气为基准，同时排气流量必须调整至 50%过剩空气百分比条件下）。氯化氢去除率达 99%或每小时排放量低于 1.8kg，以两者中数值较高者为基准。多氯联苯的销毁去除率为 99.9999%，同时燃烧效率超过 99.9%。

(4) 焚烧过程及原理

① 燃烧原理与特性。燃烧是一种剧烈的氧化反应，常伴有光与热的现象，也常伴有火

焰现象，会导致周围温度的升高。燃烧系统中有三种主要成分：燃料或可燃物质，氧化物及惰性物质。燃料是含有 C—C、C—H 和 H—H 等高能量化学键的有机物质，这些化学键经氧化后，会放出热能。

氧化物是燃烧反应中不可缺少的物质，最普通的氧化物为含有 21%氧气的空气，空气量的多寡及与燃料的混合程度直接影响燃烧的效率。惰性物质虽然不直接参与燃烧过程中的主要氧化反应，但是它们的存在也会影响系统的温度及污染物的产生。在任何燃烧或焚烧系统中，这三种主要成分相互影响，必须小心控制其成分及速率，才能达到燃烧或焚烧的最终目的。

a. 燃烧形态：燃烧方式可依据反应前燃料与氧化物的物态分为五种（表 5-3），而燃烧的火焰形态又可依燃料与氧化物的混合方式区分为预混焰与扩散焰。固体废物的焚烧是燃烧形式中的一种形态，属于第四种方式，火焰形态属于扩散焰。一座理想的焚烧炉应具有燃烧速度快，同时产生最大的能量，并且所产生的污染气体与粉尘最少等优点。

表 5-3　燃烧方式的分类

序号	反应前物态		燃料与反应物	
	燃料	氧化物	预先混合	未混合
1	气体	气体	预混焰	扩散焰
2	液体	气体	预混焰	扩散焰
3	液体	液体	单推进剂燃烧	
4	固体	气体		扩散焰
5	固体	固体	推进剂燃烧	

b. 废物的焚烧特性：大部分废物及辅助燃料的成分非常复杂，分析所有的化合物成分不仅困难，而且没有必要。一般仅要求提供主要元素分析的结果，也就是碳、氢、氧、氮、硫、氯等元素含量，水分及灰分的含量。有机物的化学方程式虽然复杂，但是从燃烧的观点而论，它们可用 $C_xH_yO_zN_uS_vCl_w$ 表示，一个完全燃烧的氧化反应可表示为：

$$C_xH_yO_zN_uS_vCl_w+\left(x+v+\frac{y-w}{4}-\frac{z}{2}\right)O_2\longrightarrow xCO_2+wHCl+\frac{u}{2}N_2+vSO_2+\left(\frac{y-w}{2}\right)H_2O$$

上述有机废物在燃烧过程中，有成千上万种反应途径，最终的反应产物未必是上述的 CO_2、HCl、N_2、SO_2 与 H_2O。事实上完全燃烧反应只是一种理论上的假说。

在实际燃烧过程中要考虑废物与氧气混合的传质问题，燃烧温度与热传导问题等，包括流场及扩散现象。通过加入足够的氧气、保持适当温度和反应停留时间，控制燃烧反应使之接近理论燃烧，不致产生有毒气体。若燃烧控制不良可能产生有毒气体，包括二噁英类、多环芳烃（PAH）和醛类等。

固体燃料燃烧包括分解燃烧、蒸发燃烧、扩散燃烧与表面燃烧。

有机固体废物焚烧，从固体状态转化为气态的碳氢化合物，然后与氧接触、燃烧。但是，固体废物并不像液体燃料，可直接挥发至气相中燃烧。必须先经过热裂解，产生成分复杂的碳氢化合物，继而从废物表面挥发，并与氧气充分接触，经氧化反应，快速燃烧。一般在分解燃烧中，几乎看不到火焰，或火焰颜色暗淡，只有充分挥发气化与氧气接触燃烧后，才发现有光耀火焰燃烧。

固体废物受热后的相变化如图 5-1 所示。

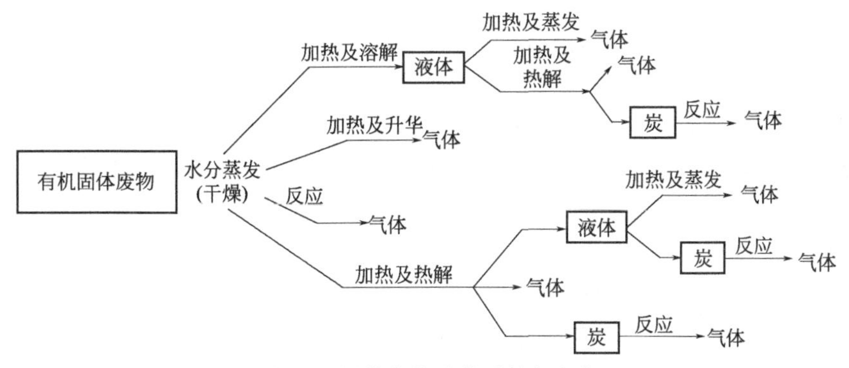

图 5-1 固体废物受热后的相变化

炭粒是黑烟生成的主要原因，炭颗粒形成的主要途径如图 5-2 所示。可分为直接凝缩反应与间接断键反应两种方式形成的炭粒。一般由凝缩反应形成的颗粒较大，类似石墨状的结构，可经由撞击或凝缩现象形成 1000～10000 个结晶体，每个结晶体含有 5～20 层炭原子。若经由直链分子断键所形成的炭颗粒，则粒径比上述凝缩反应形成的炭颗粒小，约在 0.01～0.1μm。

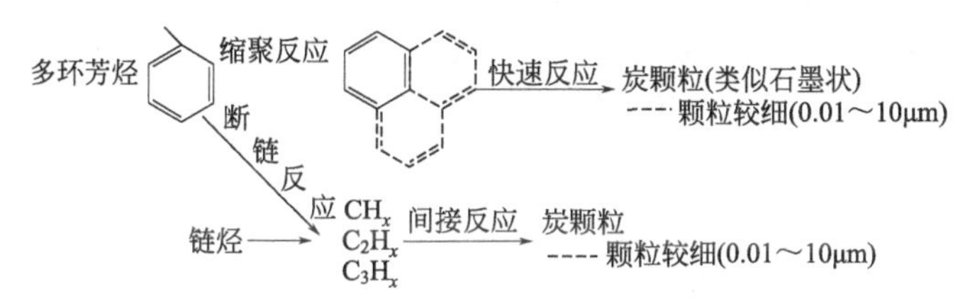

图 5-2 炭颗粒形成的主要途径

② 废物的燃烧方式。废物在焚烧炉内的燃烧方式，按照燃烧气体的流动方向，大致可分为反向流、同向流及旋涡流等几类；按照助燃空气加入阶段数分类，可分为单段燃烧和多段燃烧；按照助燃空气供应量，可分为过氧燃烧、缺氧燃烧（控气式）和热解燃烧等方式。

a. 按燃烧气体流动方向分类：可分为如下几类。

反向流：焚烧炉的燃烧气体与废物流动方向相反，适合难燃性、闪点高的废物燃烧。

同向流：焚烧炉的燃烧气体与废物移动方向相同，适用于易燃性、闪点低的废物燃烧。

旋涡流：燃烧气体由炉周围切线方向加入，造成炉内燃烧气流的旋涡性，可使炉内气流扰动性增大，不易发生短流。

b. 按助燃空气加入段数分类：可分为如下几类。

单段燃烧：废物燃烧过程如图 5-3 所示。由于废物在燃烧过程中，首先，是先将水分蒸发，这必须克服水分潜热后，温度才开始上升，故反应时间长；其次，是废物中的挥发分开始热分解，成为挥发性碳氢化合物，迅速进行挥发燃烧；最后才是炭颗粒的表面燃烧，需要较长燃烧反应时间，约需数秒至数十秒，才能完全燃烧。因此单段燃烧时，一般必须送入大

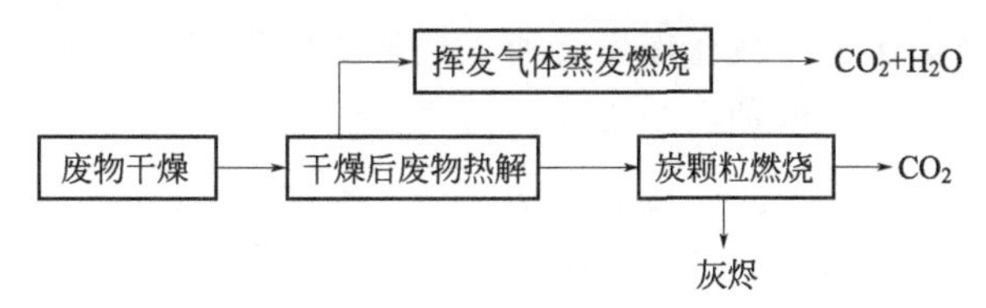

图 5-3 废物燃烧过程

量的空气，且需较长停留时间才能将未燃烧的炭颗粒完全燃烧。

多段燃烧：在两段燃烧中，首先，在一次燃烧过程中提供未充足的空气量，使废物进行蒸发和热解燃烧，产生大量的CO、碳氢化合物气体和微细的炭颗粒；然后在第二次和第三次燃烧过程中，再供给充足空气使其逐次氧化成稳定的气体。多段燃烧的优点是燃烧所必须提供的气体量不需要太大，因此，在第一燃烧室内送风量小，不易将底灰带出，产生颗粒物的可能性较小。目前最常用的是两段燃烧。

c. 按助燃空气供应量分类：可分为如下几类。

过氧燃烧：即第一燃烧室供给充足的空气量（即超过理论空气量）。

热解燃烧：第一燃烧室与热解炉相似，利用部分燃烧炉体升温，向燃烧室内加入少量的空气（约为理论空气量的20%～30%）加速废物裂解反应的进行，产生部分可回收利用的裂解油，裂解后的烟气中仅有微量的粉尘与大量的CO和碳氢化合物气体，加入充足的空气使其迅速燃烧放热。此种燃烧型适合处理高热值废物，但目前技术尚未十分成熟。

③ 焚烧过程污染物形成机制。烟气中常见空气污染物有粒状污染物、酸性气体、氮氧化物、重金属、一氧化碳与有机氯化物等。

a. 粒状污染物：焚烧过程中所产生的粒状污染物大致可分为三类。

ⓐ 废物中的不可燃物，在焚烧后（较大残留物）成为底灰排出，而部分的粒状物随废气排出炉外成为飞灰。飞灰所占的比例随焚烧炉操作条件（送风量、炉温等），粒状物粒径分布、形状与其密度而定。粒状物粒径一般大于10m。

ⓑ 部分无机盐类在高温下氧化而排出，在炉外遇热而凝结成粒状物，或二氧化硫在低温下遇水滴而形成硫酸盐雾状微粒等。

ⓒ 未燃烧完全而产生的炭颗粒与煤烟，粒径约在0.1～10m。由于颗粒微细，难以去除，最好的控制方法在高温下使其氧化分解。可利用下述经验公式计算高温氧化碳颗粒的消耗率q[g/(cm^2·s)]：

$$q=\frac{p_{O_2}}{1/K_s+1/K_d} \tag{5-5}$$

式中 p_{O_2}——氧气分压；

K_d——扩散速度常数；

K_s——反应速度常数。

可推导出的废气停留时间t_b(s)为：

$$t_b=\frac{1}{p_{O_2}}\left[\frac{d_0}{0.13\exp[(-35700/R)(1/T-1/1600)]}+\frac{d_0^2}{5.04\times10^{-6}T^{0.75}}\right] \tag{5-6}$$

式中 R——理想气体常数，其值为8.314kJ/(mol·K)；

T——反应温度，K；

d_0——炭颗粒的粒径，cm。

对于一氧化碳排放，由于一氧化碳燃烧所需的活化能很高，它是燃烧不完全过程中的主要代表性产物。依据一氧化碳的动力学反应，可得到下式：

$$-\mathrm{d}f_{CO}/\mathrm{d}t=1.8\times10^{13}f_{CO}f_{O_2}^{0.5}f_{H_2O}^{0.5}(p/RT)\exp(-2500/RT) \tag{5-7}$$

式中 f_{CO}，f_{O_2}，f_{H_2O}——CO、O_2与H_2O的摩尔分数；

R——摩尔气体常数，8.314J/(K·mol)。

$$(f_{CO})_f/(f_{CO})_i=\exp(-kt) \tag{5-8}$$

式中　$(f_{CO})_f$——燃烧前 CO 的摩尔分数；

$(f_{CO})_i$——燃烧后 CO 的摩尔分数；

k——动力常数。

用下式计算 k：

$$k=1.8\times10^{13}f_{O_2}^{0.5}f_{H_2O}^{0.5}(p/RT)\exp(-2500/RT) \tag{5-9}$$

若采取较保守的经验式，可采用 Morgan 式进行估算：

$$df_{CO}/dt=12\times10^{10}\exp\left(-\frac{16000}{RT}\right)f_{CO}f_{O_2}^{0.3}f_{H_2O}^{0.5}[p/RT]^{1.8} \tag{5-10}$$

而动力常数 k 用下式估算：

$$k=12\times10^{10}\exp\left(-\frac{16000}{RT}\right)f_{CO}f_{O_2}^{0.3}f_{H_2O}^{0.5}(p/RT)^{0.8} \tag{5-11}$$

由式(5-11) 得知氧气含量越高时，越有利于 CO 氧化成 CO_2。不过式(5-11) 是理论式，事实上焚烧过程中仍夹杂炭颗粒。只要燃烧反应仍能继续进行，CO 就可能产生，故焚烧炉二燃室较为理想的设计是炉温在 1000℃，废气停留时间为 1s。

此外，若焚烧有机性氯化物时，由于有机性氯化物的化学性质，大多数很稳定，在燃烧反应进行时，常夹杂 CO 与中间性燃烧产物，而中间性燃烧产物（包括二噁英类物质等）的废气分析较为困难，因此，常以 CO 的含量来判断燃烧反应完全与否。

b. 酸性气体：焚烧产生的酸性气体，主要包括 SO_2、HCl 与 HF 等，这些污染物都是直接由废物中的 S、Cl、F 等元素经过焚烧反应而形成。诸如含 Cl 的 PVC 塑料会形成 HCl，含 F 的塑料会形成 HF，而含 S 的煤焦油会产生 SO_2。研究表明，一般城市垃圾中硫含量为 0.12%，其中 30%～60%转化为 SO_2，其余则残留于底灰或被飞灰所吸收。

c. 氮氧化物：焚烧所产生的氮氧化物主要来源有二：一是高温下，N_2 与 O_2 反应形成热氮氧化物，其中热氮氧化物的动力平衡公式为：

$$K_p=\frac{p_{NO}^2}{p_{N_2}p_{O_2}}=21.9\exp\left(-\frac{43400}{RT}\right) \tag{5-12}$$

式中　R——8.314J/(K·mol)；

T——热力学温度，K；

p_{NO}、p_{N_2}、p_{O_2}——NO、N_2、O_2 的分压，atm。

二是废物中的氮组分转化成的 NO_x，称为燃料氮转化氮氧化物。N 转化成 NO 的转化率 Y 为：

$$Y=\left[\frac{2}{1/Y-[2500/T\exp(-3150/t)](C_{NO}/C_{O_2})}\right]-1 \tag{5-13}$$

式中　C_{NO}——N 转化成 NO 的浓度，g/(mol·cm^3)；

C_{O_2}——烟气中残余氧气浓度，g/(mol·cm^3)。

d. 重金属：废物中所含重金属物质，高温焚烧后除部分残留于灰渣中之外，部分则会在高温下气化挥发进入烟气；部分金属物在炉中参与反应生成的氧化物或氯化物，比原金属元素更易气化挥发。这些氧化物及氯化物，因挥发、热解、还原及氧化等作用，可能进一步发生复杂的化学反应，最终产物包括元素态重金属，重金属氧化物及重金属氯化物等。元素态重金属，重金属氧化物及重金属氯化物在尾气中将以特定的平衡状态存在，且因其浓度各不相同，各自的饱和温度亦不相同，遂构成了复杂的连锁关系。元素态重金属挥发与残留的比例与各种重金属物质的饱和温度有关，当饱和温度越高则越易凝结，残留在灰渣内的比例亦随之增高。重金属及其化合物的挥发度见表5-4。

表5-4　重金属及其化合物的挥发度

名　称	沸点/℃	蒸气压/mmHg		类别
		760℃	980℃	
汞(Hg)	357	—	—	挥发
砷(As)	615	1200	180000	挥发
镉(Cd)	767	710	5500	挥发
锌(Zn)	907	140	1600	挥发
氯化铅($PbCl_2$)	954	75	800	中度挥发
铅(Pb)	1620	3.5×10^{-2}	1.3	不挥发
铬(Cr)	2200	6.0×10^{-3}	4.4×10^{-5}	不挥发
铜(Cu)	2300	9.0×10^{-3}	5.4×10^{-5}	不挥发
镍(Ni)	2900	5.6×10^{-10}	1.1×10^{-6}	不挥发

注：1mmHg=133.3Pa。

重金属本身凝结而成的小粒状物粒径都在1μm以下，而重金属凝结或吸附在烟尘表面也多发生在比表面积大的小粒状物上，因此小粒状物上的金属浓度比大颗粒要高，从焚烧烟气中收集下来的飞灰通常被视为危险废物。

e.毒性有机氯化物：废物焚烧过程中产生的毒性有机氯化物主要为二噁英类，包括多氯代二苯-对-二噁英（PCDDs）和多氯代二苯并呋喃（PCDFs）。PCDDs是一族含有75个相关化合物的通称；PCDFs则是一族含有135个相关化合物的通称。在这210种化合物中，有17种（2,3,7,8位被氯原子取代的）被认为对人类健康有巨大的危害，其中的2,3,7,8-四氯代二苯并-对-二噁英（TCDD）为目前已知毒性最强的化合物，且动物试验表明其具有强致癌性。

(5) 焚烧过程控制参数

焚烧温度、搅拌混合程度、气体停留时间（一般合称为3*T*）及过剩空气率合称为焚烧四大控制参数。

① 焚烧温度控制。废物的焚烧温度是指废物中有害组分在高温下氧化、分解，直至破坏所需要达到的温度。它比废物的着火温度高得多。

一般说提高焚烧温度有利于废物中有机毒物的分解和破坏，并可抑制黑烟的产生。但过高的焚烧温度不仅增加了燃料消耗量，而且过高的温度会增加废物中金属的挥发量及氮氧化物数量，引起二次污染。因此不宜随意确定较高的焚烧温度。

大多数有机物的焚烧温度范围在800～1100℃，通常在800～900℃。通过生产实践，提供以下经验数可供作参考。

a.对于废气的脱臭处理，采用800～950℃的焚烧温度可取得良好的效果。

b.当废物粒子在0.01～0.51m，并且供氧浓度与停留时间适当时，焚烧温度在900～1000℃即可避免产生黑烟。

c. 含氯化物的废物焚烧，温度在 800～850℃以上时，氯气可以转化成氯化氢，回收利用或以水洗涤除去；低于 800℃会形成氯气，难以除去。

d. 含有碱土金属的废物焚烧，一般控制在 750～800℃以下。因为碱土金属及其盐类一般为低熔点化合物。当废物中灰分较少不能形成高熔点炉渣时，这些熔融物容易与焚烧炉的耐火材料和金属零部件发生腐蚀而损坏炉衬和设备。

e. 焚烧含氰化物的废物时，若温度达 850～900℃，氰化物几乎全部分解。焚烧可能产生氧化氮（NO_x）的废物时，温度控制在 1500℃以下，过高的温度会使 NO_x 急骤产生。

f. 高温焚烧是防治 PCDDs 与 PCDFs 的最好方法，估计在 925℃以上这些毒性有机物即开始被破坏，足够的空气与废气在高温区的停留时间可以再降低破坏温度。

② 气体停留时间。废物中有害组分在焚烧炉内，处于焚烧条件下，该组分发生氧化、燃烧，使有害物质变成无害物质所需的时间称之为焚烧停留时间。停留时间的长短直接影响焚烧的完全程度，停留时间也是决定炉体容积尺寸的重要依据。废物在炉内焚烧所需停留时间是由许多因素决定的，如废物进入炉内的形态（固体废物颗粒大小、液体雾化后液滴的大小以及黏度等）对焚烧所需停留时间影响甚大。当废物的颗粒粒径较小时，与空气接触表面积大，则氧化、燃烧条件就好，停留时间就可短些。因此，尽可能做生产性模拟试验来获得数据。对缺少试验手段或难以确定废物焚烧所需时间的情况，可参阅以下几个经验数据。

a. 对于垃圾焚烧，如温度维持在 850～1000℃，有良好搅拌与混合，使垃圾的水汽易于蒸发，燃烧气体在燃烧室的停留时间为 1～2s。

b. 对于一般有机废液，在较好的雾化条件及正常的焚烧温度条件下，焚烧所需的停留时间在 0.3～2s，而较多的实际操作表明停留时间为 0.6～1s；含氰化合物的废液较难焚烧，一般需较长时间，约 3s。

c. 对于废气，为了除去恶臭的焚烧温度并不高，其所需的停留时间不需太长，一般在 1s 以下。例如，在油脂精制工程中产生的恶臭气体，在 650℃焚烧温度下只需 0.3s 的停留时间，即可达到除臭效果。

③ 搅拌混合程度。要使废物燃烧完全，减少污染物形成，必须要使废物与助燃空气充分接触、燃烧气体与助燃空气充分混合。为增大固体与助燃空气的接触和混合程度，扰动方式是关键所在。焚烧炉所采用的扰动方式有空气流扰动、机械炉排扰动、流态化扰动及旋转扰动等，其中，以流态化扰动方式效果最好。中小型焚烧炉多数属固定炉床式，扰动多由空气流动产生，包括：

a. 炉床下送风：助燃空气自炉床下送风，由废物层孔隙中窜出，这种扰动方式易将不可燃的底灰或未燃碳颗粒随气流带出，形成颗粒物污染，废物与空气接触机会大，废物燃烧较完全，焚烧残渣热灼减量较小。

b. 炉床上送风：助燃空气由炉床上方送风，废物进入炉内时从表面开始燃烧，优点是形成的粒状物较少，缺点是焚烧残渣热灼减量较高。

二次燃烧室内氧气与可燃性有机蒸气的混合程度取决于二次助燃空气与燃烧气体的相互流动方式和气体的湍流程度。湍流程度可由气体的雷诺数决定，雷诺数低于 10000 以下时，湍流与层流同时存在，混合程度仅靠气体的扩散达成，效果不佳。雷诺数越高，湍流程度越高，混合越理想。一般来说，二次燃烧室气体速度在 3～7m/s 即可满足要求。如果气体流速过大，混合度虽大，但气体在二次燃烧室的停留时间会降低，反应反而不易完全。

④ 过剩空气率。在实际的燃烧系统中，氧气与可燃物质无法完全达到理想程度的混合

及反应。为使燃烧完全，仅供给理论空气量很难使其完全燃烧，需要加上比理论空气量更多的助燃空气量，以使废物与空气能完全混合燃烧。其相关参数可定义如下。

过剩空气系数 m 用于表示实际空气与理论空气的比值，定义如下。

$$m=\frac{A}{A_0} \tag{5-14}$$

式中 A_0——理论空气量；

A——实际供应空气量。

过剩空气率由下式求出：

$$过剩空气率=(m-1)\times 100\% \tag{5-15}$$

废气中含氧量是间接反映过剩空气多少的指标。由于过剩氧气可由烟囱排气测出，工程上可以根据过剩氧气量估计燃烧系统中的过剩空气系数。废气中含氧量通常以氧气在干燥排气中的体积百分比表示，假设空气中氧含量为21%，则过剩空气比可粗略表示如下：

$$过剩空气比=\frac{21\%}{21\%-过剩氧百分比} \tag{5-16}$$

燃烧或焚烧排气的污染物的排放标准是以50%过剩空气为基准，由于过剩空气无法直接测量，因此以7%过剩氧气为基准，再根据实际过剩氧气量加以调整。

废物焚烧所需空气量，是由废物燃烧所需的理论空气量和为了供氧充分而加入的过剩空气量两部分所组成。空气量供应是否足够，将直接影响焚烧的完善程度。过剩空气率过低会使燃烧不完全，甚至冒黑烟，有害物质焚烧不彻底；但过高时则会使燃烧温度降低，影响燃烧效率，造成燃烧系统的排气量和热损失增加。因此，控制适当的过剩空气量是很必要的。

理论空气量可根据废物组分的氧化反应方程式计算求得，过剩空气量则可根据经验或实验选取适当的过剩空气系数后求出。如果废物内所含的有机组分复杂，难以对各组分一一进行理论计算，则需通过试验予以确定。

工业锅炉和窑炉与焚烧炉所要求的过剩空气系数有较大不同。前者首要考虑燃料使用效率，过剩空气系数尽量维持在1.5以下；焚烧的首要目的则是完全摧毁废物中的可燃物质，过剩空气系数一般大于1.5。

根据经验选取过剩空气量时，应视所焚烧废物种类选取不同数据。焚烧废液、废气时过剩空气量一般取20%～30%的理论空气量；但焚烧固体废物时则要取较高的数值，通常占理论需氧量的50%～90%，过剩空气系数为1.5～1.9，有时甚至要大于2以上，才能达到较完全的焚烧。一般窑炉及焚烧炉的过剩空气系数见表5-5。

表5-5 一般窑炉及焚烧炉的过剩空气系数

燃烧系统	过剩空气系数
小型锅炉及工业炉(天然气)	1.2
小型锅炉及工业炉(燃料油)	1.3
大型工业锅炉(天然气)	1.05～1.10
大型工业锅炉(燃料油)	1.05～1.15
大型工业锅炉(燃煤)	1.2～1.4
流动床锅炉(燃煤)	1.2～1.3
大型工业窑炉(燃油)	1.3～1.5

续表

燃烧系统	过剩空气系数
废气焚烧炉	1.3～1.5
液体焚烧炉	1.4～1.7
流动床焚烧炉	1.31～1.5
固体焚烧炉(旋窑,多层炉)	1.8～2.5

在焚烧系统中，过剩空气率由进料速率及助燃空气供应速率决定。气体停留时间由燃烧室几何形状、供应助燃空气速率及废气产率决定。而助燃空气供应量亦将直接影响到燃烧室中的温度和流场混合（湍流）程度，燃烧温度则影响垃圾焚烧的效率。这四个焚烧控制参数，相互影响，其关系如表5-6所列。

表5-6 焚烧控制参数关系

参数变化	垃圾搅拌混合程度	气体停留时间	燃烧室温度	燃烧室负荷
燃烧温度上升	可减少	可减少	—	会增加
过剩空气率增加	会增加	会减少	会降低	会增加
气体停留时间增加	可减少	—	会降低	会降低

焚烧温度和废物在炉内的停留时间有密切关系，若停留时间短，则要求较高的焚烧温度；停留时间长，则可采用略低的焚烧温度。因此，设计时不宜采用提高焚烧温度的办法来缩短停留时间，而应从技术经济角度确定焚烧温度，并通过试验确定所需的停留时间。同样，也不宜片面地以延长停留时间而达到降低焚烧温度的目的。因为这不仅使炉体结构设计得庞大，增加炉子占地面积和建造费用，甚至会使炉温不够，使废物焚烧不完全。

(6) 焚烧参数计算

焚烧炉质能平衡计算，是根据废物的处理量、物化特性，通过质能平衡计算，确定所需的助燃空气量、燃烧烟气产生量和其组成以及炉温等主要参数，供后续炉体大小、尺寸、送风机、燃烧器、耐火材料等附属设备设计参考的依据。

燃烧需要空气量的两种形式如下。

① 理论燃烧空气量。理论燃烧空气量是指废物（或燃料）完全燃烧时，所需要的最低空气量，一般以 A_0 来表示。其计算方式是假设液体或固体废物 1kg 中的碳、氢、氮、氧、硫、灰分以及水分的质量分别以 C、H、N、O、S、A_{sh} 及 W 来表示，则理论空气量如下。

体积标准

$$A_0=\frac{1}{0.21}\times\left[1.867C+5.6\left(H-\frac{O}{8}\right)+0.7S\right] \tag{5-17}$$

质量标准

$$A_0=\frac{1}{0.231}\times(2.67C+8H-O+S) \tag{5-18}$$

其中，$(H-O/8)$ 称为有效氢。因为燃料中的氢是以结合水的状态存在，在燃烧中无法利用这些与氧结合成水的氢，故需要将其从全氢中减去。

② 实际需要燃烧空气量。实际供给的空气量 A 与理论需空气量 A_0 的关系如下：

$$A=mA_0 \tag{5-19}$$

烟气产生量：假定废物以理论空气量完全燃烧时的燃烧烟气量称为理论烟气产生量。如果废物组成已知，以 C、H、N、O、S、Cl、W 表示单位废物中碳、氢、氮、氧、硫、氯和水分的质量比，则理论燃烧湿基烟气量为：

$$G_0=0.79A_0+1.867C+0.7S+0.631Cl+0.8N \tag{5-20}$$

或

$$G_0=0.77A_0+3.67C+2S+9H'+1.03Cl+N+W \tag{5-21}$$

式中

$$H'=H-Cl/35.5 \tag{5-22}$$

而理论燃烧干基烟气量如下：

$$G_0'=0.79A_0+1.867C+0.7S+0.631Cl+0.8N \tag{5-23}$$

或

$$G_0'=0.79A_0+3.67C+2S+1.03Cl+N \tag{5-24}$$

将实际焚烧烟气量的潮湿气体和干燥气体分别以 G 和 G' 来表示，其相互关系为：

$$G=G_0+(m-1)A_0 \tag{5-25}$$

$$G'=G_0'+(m-1)A_0 \tag{5-26}$$

固体或液体废物燃烧烟气组成，可如表 5-7 所列方法计算。

表 5-7 焚烧干、湿烟气百分组成计算

项目	体积百分组成		质量百分组成	
	湿烟气	干烟气	湿烟气	干烟气
CO_2	$1.867C/G$	$1.867C/G'$	$3.67C/G$	$3.67C/G'$
SO_2	$0.7S/G$	$0.7S/G'$	$2S/G$	$2S/G'$
HCl	$0.631Cl/G$	$0.631Cl/G'$	$1.03Cl/G$	$1.03Cl/G'$
O_2	$0.21(m-1)A_0/G$	$0.21(m-1)A_0/G'$	$0.23(m-1)A_0/G$	$0.23(m-1)A_0/G'$
N_2	$(0.8N+0.19mA_0)/G$	$(0.8N+0.79mA_0)/G'$	$(N+0.77mA_0)/G$	$(N+0.77mA_0)/G'$
H_2O	$(11.2H'+1.244W)/G$		$(9H'+W)/G$	

(7) 发热量计算

常用发热量的名称，大致可分为干基发热量、高位发热量与低位发热量三种。

干基发热量：废物不包括含水分部分的实际发热量，称干基发热量（H_d）。

高位发热量：又称总发热量，是燃料在定压状态下完全燃烧，其中的水分燃烧生成的水凝缩成液体状态。热量计测得值即为高位发热量（H_h）。

低位发热量：实际燃烧时，燃烧气体中的水分为蒸气状态，蒸气具有的凝缩潜热及凝缩水的显热之和 2500kJ/kg 无法利用，将之减去后即为低位发热量或净发热量，也称真发热量（H_1）。

干基发热量、高位发热量与低位发热量之间的关系：

$$H_d=\frac{H_h}{(1-W)} \tag{5-27}$$

$$H_1=H_h-2500\times(9H+W) \tag{5-28}$$

式中 W——废物水分含量；

H——废物湿基元素组分氢的含量；

H_d——干基发热量，kJ/kg；

H_h——高位发热量，kJ/kg；

H_1——低位发热量，kJ/kg。

发热量计算公式如下。

Du long 公式：

$$H_h=34000C+143000\left(H-\frac{O}{8}\right)+10500S \tag{5-29}$$

Sheurer，Kestner 公式：

$$H_h=34000C+143000\left(H-\frac{O}{2}\right)+9300S \tag{5-30}$$

Steuer 公式：

$$H_h=34000\left(C-\frac{3}{4}O\right)+143000H+9400S+23800\times\frac{3}{4}O \tag{5-31}$$

化学工学便览公式：

$$H_h=34000\left(C-\frac{3}{8}O\right)+23800\times\frac{3}{8}O+144200\left(H-\frac{1}{16}O\right)+10500S \tag{5-32}$$

式中，C、H、O、S 表示废物湿基元素分析组成；其他同上。

(8) 废气停留时间

废气停留时间是指燃烧所生成的废气在燃烧室内与空气的接触时间，通常可以表示如下：

$$\theta=\int_0^V \mathrm{d}V/q \tag{5-33}$$

式中 θ——气体平均停留时间，s；

V——燃烧室内容积，m^3；

q——气体的炉温状况下的风量，m^3/s。

(9) 燃烧室容积热负荷

在正常运转下，燃烧室单位容积在单位时间内由物料及辅助燃料所产生的低位发热量，称为燃烧室容积热负荷（Q_V），是燃烧室单位时间、单位容积所承受的热量负荷，单位为 $kJ/(m^3 \cdot h)$。

$$Q_V=\frac{F_f\times H_{f1}+F_W\times[H_{W1}+AC_{pa}(t_a-t_0)]}{V} \tag{5-34}$$

式中 F_f——辅助燃料消耗量，kg/h；

H_{f1}——辅助燃料的低位发热量，kJ/kg；

F_W——单位时间的废物焚烧量，kg/h；

H_{W1}——废物的低位发热量，kJ/kg；

A——实际供给每单位辅助燃料与废物的平均助燃空气量，kg/kg；

C_{pa}——空气的平均定压比热容，kJ/(kg·℃)；

t_a——空气的预热温度，℃；

t_0——大气温度，℃；

V——燃烧室容积，m^3。

(10) 焚烧温度估算

若燃烧过程中化学反应所释出的热，完全用于提升生成物本身的温度时，则该燃烧温度称为绝热火焰温度。从理论上而言，对单一燃料的燃烧，可以根据化学反应式及各物种的定压比热容，借助精细的化学反应平衡方程组推求各生成物在平衡时的温度及浓度。但是焚烧处理的废物组成复杂，计算过程十分烦琐。故工程上多采用较简便的经验法或半经验法推求燃烧温度。

① 精确算法。化学反应中的反应物或生成物，均可依热力学将所含有的能量状态定义成热焓 H_T^0，其中上标“0”表示在标准状态，下标 T 为温度，表示在某温度下时的标准状态下某纯物质的热焓，若在 0K 的 H_O^0 为已知时，该物质能量即可定义为 $H_T^0-H_O^0$，则各物质的生成热可以用 $(\Delta H_f^0)_{T,i}$ 来表示。

对任何已知化学反应，若反应温度为 T_2，参考温度为 T_0，反应物进入系统时的温度 T_1，则反应热可表达为：

$$\Delta H=\sum_{i(\text{生成物})} n_i\{[(H_{T_2}^0-H_O^0)-(H_{T_i}^0-H_O^0)]+(\Delta H_f^0)_{T_0}\}_i-\sum_{j(\text{反应物})} n_j\{[(H_{T_2}^0-H_O^0)-(H_{T_i}^0-H_O^0)]+(\Delta H_f^0)_{T_0}\}_j \tag{5-35}$$

若最终生成物将抵达平衡温度 T_2，且所有反应热均用于提高生成物的温度，则上式变成

$$\sum_{i(\text{生成物})} n_i\{[(H_{T_2}^0-H_O^0)-(H_{T_i}^0-H_O^0)]+(\Delta H_f^0)_{T_0}\}_i=\sum_{j(\text{反应物})}\{[(H_{T_2}^0-H_O^0)-(H_{T_i}^0-H_O^0)]+(\Delta H_f^0)_{T_0}\}_j \tag{5-36}$$

在反应物中，各物种的 T_1 可能不同，若将参考温度设定为 $T_0=298\text{K}$，则：

$$[(H_{T_2}^0-H_O^0)-(H_{T_0}^0-H_O^0)]=H_{T_2}^0-H_{T_0}^0 \tag{5-37}$$

从理论上而言，对单一燃料的燃烧，可以根据化学反应式及各物种的定压比热来推求燃烧温度（绝热火焰温度）。

② 工程简算法。不考虑热平衡条件：若已知元素分析及低位发热量，则近似的理论燃烧温度 t_g 可用下式计算：

$$H_1=V_gC_{pg}(t_g-t_0) \tag{5-38}$$

式中 C_{pg}——废气在 t_g 及 t_0 间的平均定压比热容；

t_0——大气温度，℃；

t_g——燃烧烟气温度，℃；

V_g——燃烧场中废气体积，m^3。

仅用低位发热量来估计燃烧温度时，经常会有高估的现象，若采用较精确的热平衡计算，则可进一步改善计算的精度。

a. 简单热平衡法：假设助燃空气没有预热，则简易的热平衡方程可表达如下。

$$C_{pg}[G_0+(\alpha-1)A_0]F_Wt_g=\eta F_WH_1(1-\sigma)+C_WF_Wt_W+C_{pg}\alpha A_0F_Wt_0 \tag{5-39}$$

式中 F_W——单位时间的废物燃烧量，kg/h；

H_1——废物的低位发热量，kJ/kg；

A_0——废物燃烧的理论需空气量，m^3/kg；

α——过剩空气系数；

G_0——理论焚烧烟气量，m^3/kg；

C_{pg}——焚烧烟气的平均定压比热容，$kJ/(m^3\cdot℃)$；

C_W——废物的平均比热容，kJ/(kg·℃)；

σ——辐射比率,%；

t_g——焚烧温度,℃；

t_W——废物最初温度,℃；

t_0——大气温度,℃；

η——燃烧效率,%。

上式右端中 ηF_W(kJ/h) 为单位时间的供热量，而 $\eta F_W H_1(1-\sigma)$ 为辐射散热后可用的热源，$C_W F_W t_W$(kJ/h) 为废物原有的热焓，$C_{pg}\alpha A_0 F_W t_0$ 为助燃空气带入的热焓；左端 $C_{pg}[G_0+(\alpha-1)A_0]F_W t_g$(kJ/h) 为废物燃烧后废气的热焓。因此燃烧温度可推求如下：

$$t_g(℃)=\frac{\eta H_1(1-\sigma)+C_W t_f+C_{pg}\alpha A_0 t_0}{C_{pg}[G_0+(\alpha-1)A_0]} \tag{5-40}$$

式中，燃烧废气的平均定压比热为 1.30～1.46kJ/(m^3·℃)；C_W 用下式确定：

$$C_W=1.05(A+B)+4.2W \tag{5-41}$$

式中　A——灰分含量,%；

B——可燃分含量,%；

W——水分含量,%。

b. 半经验法：第一，美国。Tillman 等根据焚烧厂数据，推导出大型垃圾焚烧厂燃烧温度的回归方程如下：

$$t_g=0.0258H_h+1926\alpha-2.524W+0.59(t_a-25)-177 \tag{5-42}$$

式中　H_h——高位发热量，kJ/kg；

α——等值比；

W——垃圾的含水率,%；

t_a——助燃空气预热温度,℃。

第二，日本。田贺根据热平衡提出用下式确定理论燃烧温度。

无空气预热：

$$t_{g1}=\frac{(H_1+6W)-5.898W}{0.847\alpha(1-W/100)+0.491W/100} \tag{5-43}$$

有空气预热：

$$t_{g2}=\frac{(H_1+6W)-5.898W+0.800t_a\alpha(1-W/100)}{0.847\alpha(1-W/100)+0.491W/100} \tag{5-44}$$

5.1.1.2　热解

(1) 热解原理及方法

热解 (pyrolysis)，工业上也称为干馏。利用有机物的不稳定性，在无氧或缺氧状态下对其加热，使有机物发生热裂解。热解过程示意如图 5-4 所示。

国际上早期对热解技术的开发，以美国为代表的以回收储存性能源（燃料气、燃料油和炭黑）为目的；成分复杂需要配套前处理＋低熔点物质＋有害物质的混入——城市垃圾直接热解回收燃料实现工业化生产方面并没有取得太大的进展。以日本为代表的，减少焚烧造成的二次污染和需要填埋处置的废物量，以无公害型处理系统的开发为目的。与此相对，将热

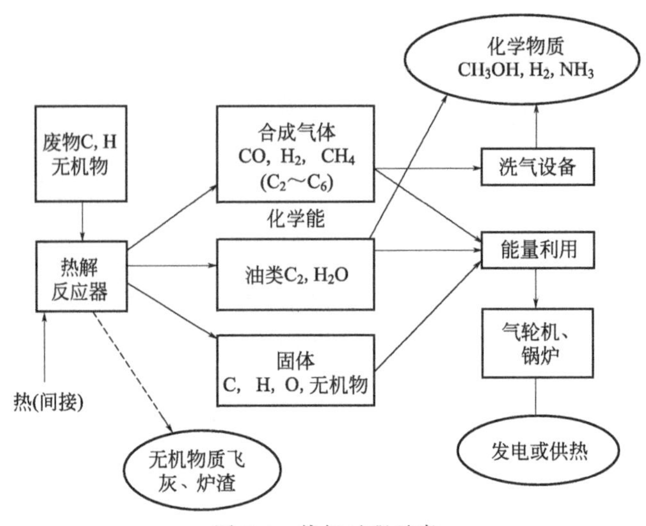

图 5-4　热解过程示意

解作为焚烧处理的辅助手段，利用热解产物进一步燃烧废物，在改善废物燃烧特性，减少尾气对大气环境造成二次污染等方面，许多工业发达国家已经取得了成功的经验。

热解在英文中使用“pyrolysis”一词，在工业上也称为干馏。它是将有机物在无氧或缺氧状态下加热，使之分解的过程，分解产物包括：a. 以氢气、一氧化碳、甲烷等低分子碳氢化合物为主的可燃性气体；b. 在常温下为液态的包括乙酸、丙酮、甲醇等化合物在内的燃料油；c. 碳单质（炭黑、炭块等）和玻璃、金属、土砂等混合形成的残渣。

最经典的定义是斯坦福研究所（Stanford Research Institute，SRI）的 J. Jones 提出的：“在不向反应器内通入氧、水蒸气或加热的一氧化碳的条件下，通过间接加热使含碳有机物发生热化学分解，生成燃料（气体、液体和炭黑）的过程。”他认为通过部分燃烧热解产物来直接提供热解所需热量的情况，应该称为部分燃烧（partial-combustion）或缺氧燃烧（starved-air-combustion）。他还提倡将二者统称为 PTGL（pyrolysis，thermal gasfication or liquification）过程。美国化学会为了表示对 J. Jones 的尊敬采纳了这一倡议，而将在欧洲和日本广为流行的不进行破碎、分选而直接焚烧的方式称为 mass burning。

（2）热解过程及产物

固体废物热解过程是一个复杂的化学反应过程。包括大分子的键断裂、异构化和小分子的聚合等反应，最后生成各种较小的分子。

有机物的热解反应可以用下列通式来表示：

$$\text{有机物}+\text{热}\xrightarrow{\text{无氧或缺氧}}G(g)+L(l)+S(s)$$

上述反应产物的收率取决于原料的化学结构、物理形态和热解的温度及速度。如 Shafizadeh 等对纤维素的热解过程进行了较为详细的研究后，提出了用图 5-5 描述纤维素的热解和燃烧过程。

热解反应所需的能量取决于各种产物的生成比，而生成比又与加热的速度、温度及原料的粒度有关。

影响有机固体废弃物热解产物的因素有很多，如物料特性、热解终温、炉型、堆积特性、加热方式、各组分的停留时间等，而且这些因素都是互相耦合的，形成非线性的关系。

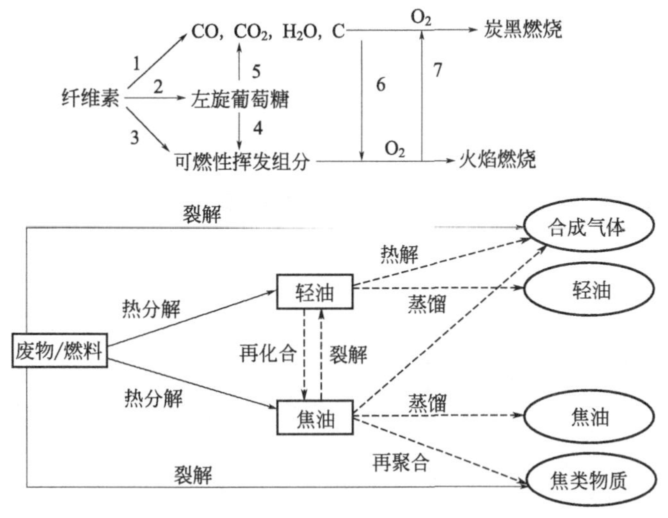

图 5-5　热解反应的典型过程

各种影响因素的关联度大小为：热解终温＞物料特性＞加热速率＞物料的填实度＞物料粒径。热解终温的关联度数值最大，这说明热解终温是一个最重要的参数之一。不同的温度分布会导致热解产物的产量和特性的不同，温度的提高可有利于加速反应的进行，而且也可能促使焦油蒸气发生二次裂解反应，使得反应程度加深，反应更彻底。同时温度的提高，物料的比表面积和孔体积都将扩大，这有利于热解产物的解吸扩散。

物料的工业分析特性将直接影响热解产物的产率。如挥发分含量对产气率影响较大；挥发分和水分的含量对焦油产率也影响较大。加热速率也是重要因素。因为热解反应的进行主要由物料在热解终温下的停留时间决定的，在同样反应终温和反应时间里，慢加热方式时物料在终温的反应时间要大大少于其在快加热方式时的反应时间。

固体废物的热解与焚烧的不同点如下：

a. 热解可以将固体废物中的有机物转化为以燃料气、燃料油等为主的储存性能源，焚烧尾气组分无法利用；

b. 由于是缺氧分解，排气量少，有利于减轻对大气环境的二次污染；

c. 热解温度相对较低，废物中的硫、重金属等有害成分大部分被固定在固体产物中，挥发量少，燃烧过程中有害金属挥发量高，尾气的污染性强；

d. 由于保持还原条件，Cr^{3+} 不会转化为 Cr^{6+}；

e. 热解过程为吸热过程，焚烧为放热过程；

f. NO_x 的产生量少。

(3) 热解类型

① 热解类型按加热方式分为直接加热和间接加热两种方式。

直接加热：由部分废弃物原料直接燃烧供热或利用辅助燃料加热方式。

间接加热：由反应器外侧供应热解所需热量的加热方式。

② 按热解设备分为固定床式、移动床式、流化床式、回转窑式等。

③ 按热解方式和产物分为气化、液化和炭化。

气化：废弃物发生不完全燃烧反应的过程。

液化：生成物以液态组分为主的热解过程。

炭化：以获得多孔质固体产物为主的热解过程。

④ 按热解温度分为低温热解、中温热解和高温热解。低温为600℃以下，中温为600～800℃，高温为800℃以上。

（4）热解过程的主要影响因素

热解过程主要受温度、含水率、热解时间和废弃物性质等因素影响。

① 热解温度。温度越高，碳氢化合物裂解率越高，液态产物越少，低分子气体产物越多。

② 含水率。废弃物含水率越高，热解温度越低，高分子碳氢化合物及液态产物越多。高温情况下，反应越易进行。

③ 热解时间。时间越短，热解反应越不完全，反之，热解原料层温度梯度小，热解彻底。

④ 废弃物性质。有机质组分越高，越易发生热解反应；高分子有机物完全裂解温度高，纤维质、生物质物质易于裂解。

固体废物热解是否得到高能量产物，取决于原料中氢转化为可燃气体与水的比例。美国城市垃圾的典型化学组成为 $C_{30}H_{48}N_{0.5}S_{0.05}$，其 H/C（摩尔比）值低于纤维素和木材质，日本城市垃圾的典型化学组成为 $C_{30}H_{53}N_{0.34}S_{0.02}Cl_{0.09}$，其 H/C 值高于纤维素（表 5-8）。

表 5-8 各种固体燃料组成及 $C_6H_xO_y$ 的固体废物组成

固体燃料	$C_6H_xO_y$	H/C	$H_2+1/2O_2 \longrightarrow H_2O$ 完全反应后的 H/C	固体燃料	$C_6H_xO_y$	H/C	$H_2+1/2O_2 \longrightarrow H_2O$ 完全反应后的 H/C
纤维素	$C_6H_{10}O_5$	1.67	0.00/6=0.00	半无烟煤	$C_6H_{2.3}O_{0.14}$	0.38	2.0/6=0.33
木材	$C_6H_{8.6}O_4$	1.43	0.6/6=0.1	无烟煤	$C_6H_{1.5}O_{0.07}$	0.25	1.4/6=0.23
泥炭	$C_4H_{7.2}O_{2.6}$	1.20	2.0/6=0.33	城市垃圾	$C_6H_{9.64}O_{3.75}$	1.61	2.14/6=0.36
褐煤	$C_6H_{8.7}O_2$	1.10	2.7/6=0.45	新闻纸	$C_6H_{9.62}O_{3.93}$	1.52	1.2/6=0.20
半烟煤	$C_6H_{0.7}O_{1.1}$	0.95	3.0/6=0.50	厨余物	$C_6H_{9.93}O_{2.97}$	1.66	4.0/6=0.67
烟煤	$C_6H_4O_{0.33}$	0.67	2.94/6=0.49				

一般的固体燃料，剩余 H/C 值均为 0～0.5。从氢转换这一点来看，甚至可以说城市垃圾优于普通的固体燃料。但在实际过程中，还同时发生其他产物的生成反应，不能以此来简单地评价城市垃圾的热解效果。不同热解工艺的产物见表 5-9。

表 5-9 不同热解工艺的产物

工艺	停留时间	加热速率	温度/℃	主要产物
炭化	几小时至几天	极低	350～500	焦炭
加压炭化	15min～2h	中速	450	焦炭
常规热解	几小时 5～30min	低速 中速	400～600 700～900	焦炭、液体①和气体② 焦炭和气体
真空热解	2～30s	中速	350～450	液体
快速热解	0.1～2s 小于1s 小于1s	高速 高速 极高	400～650 650～900 1000～3000	液体 液体和气体 气体

① 液体成分主要由乙酸、乙醇、丙酮等化合物组成，可通过进一步处理转化为低级的燃料油。

② 气体成分主要由氢气、甲烷、碳的氧化物等气体组成。

(5) 典型固体废物的热解

① 废塑料的热解产物及流程。主要产物为 $C_1 \sim C_{44}$ 的燃料油和燃料气以及固体残渣。在通常情况下，产生的燃料气基本上在系统内全部消耗掉，燃料油也部分消耗。聚烯烃在热作用下可以发生裂解，产生低分子量化合物，有气体、液体、固体，其中气体可做燃气，液体做汽油、柴油等，固体做铺路材料。有催化剂存在时会改变裂解机理或裂解速度，使产物组分发生改变。聚烯烃在催化剂存在下分解，其分解速度大大增加，如 PE 在熔融盐分解炉中有沸石催化剂存在时，在 420～580℃分解，其分解速度提高 2～7 倍。微波加热减压分解废塑料流程如图 5-6 所示。

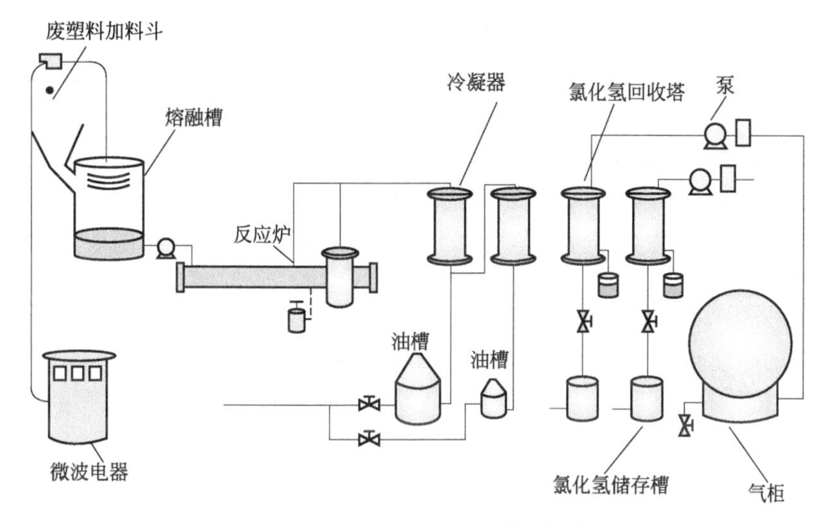

图 5-6 微波加热减压分解废塑料流程

废旧 PE 和 PP 聚合物在高温下可以发生裂解，随温度不同，裂解产物有所变化。裂解温度在 800℃时，热分解产物大部分是乙烯、丙烯和甲烷；在中等温度 400～500℃，热分解产物有液体、气体、固体残留物，其中气体占 20%～40%，液体 35%～70%，残留物 10%～30%；在较低温度下，裂解产生较多的是高沸点化合物。随温度提高，低分子量物质含量会提高，在常温下为气体。

流化床热分解装置如图 5-7 所示。

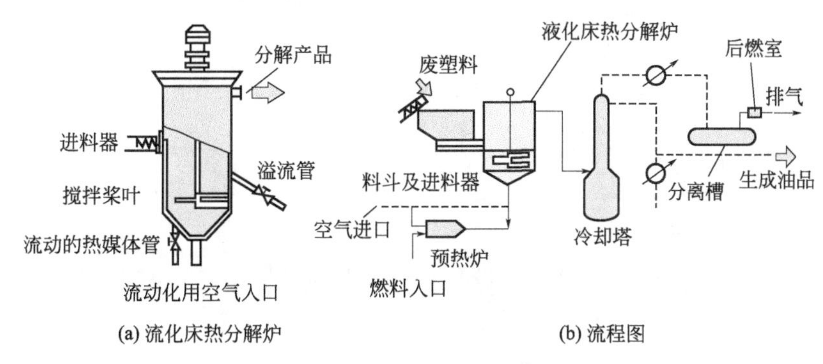

(a) 流化床热分解炉　(b) 流程图

图 5-7 流化床热分解装置

② 橡胶的热解处理。废轮胎高温热解靠外部加热使化学链打开，有机物得以分解或液

化、汽化。热解温度在250～500℃范围内，当温度高于250℃时，破碎的轮胎分解出的液态油和气体随温度升高而增加，400℃以上时根据采用的方法不同，液态油和固态炭黑的产量随气体产量的增加而减少。4% NaOH 溶液是最常用的废轮胎热解催化剂，它能加速高分子链的断裂，在相同的温度下可以增加液态油的产量，同时提高产品的质量。轮胎橡胶的热稳定性分为100～200℃、200～300℃及300℃以上3个区域。

a.在200℃以下无氧存在时，橡胶较稳定，橡胶作为一种高聚物，其物理状态取决于分子的运动形式。

b.在200～300℃，橡胶特性黏数迅速改变，低分子量的物质被“热馏”出来，残余物成为不溶性干性物。此时橡胶中的高分子链有些还未断裂，有些断裂成为较大分子量的化学物质，因此产生的油黑而且黏，分子量大，炭黑生成很不完全。

c.当温度高于300℃时，橡胶分解加快，断裂出来的化学物质分子量较小，产生的油流动性较好，而且透明。

③ 污泥热解。污泥热解重点主要放在解决焚烧存在的问题，即实现污泥的节能、低污染处理。干燥的污泥热解可以分为前段反应速率较快的部分和后段反应速率较慢的部分。后段反应主要是难分解的有机物继续反应，以及前段反应中产生的炭黑气化过程。通常碳的气化反应是在900～1000℃下发生的，所以需要控制反应温度在800℃以上。

④ 城市垃圾的热解。立式炉热分解系统流程如图5-8所示。

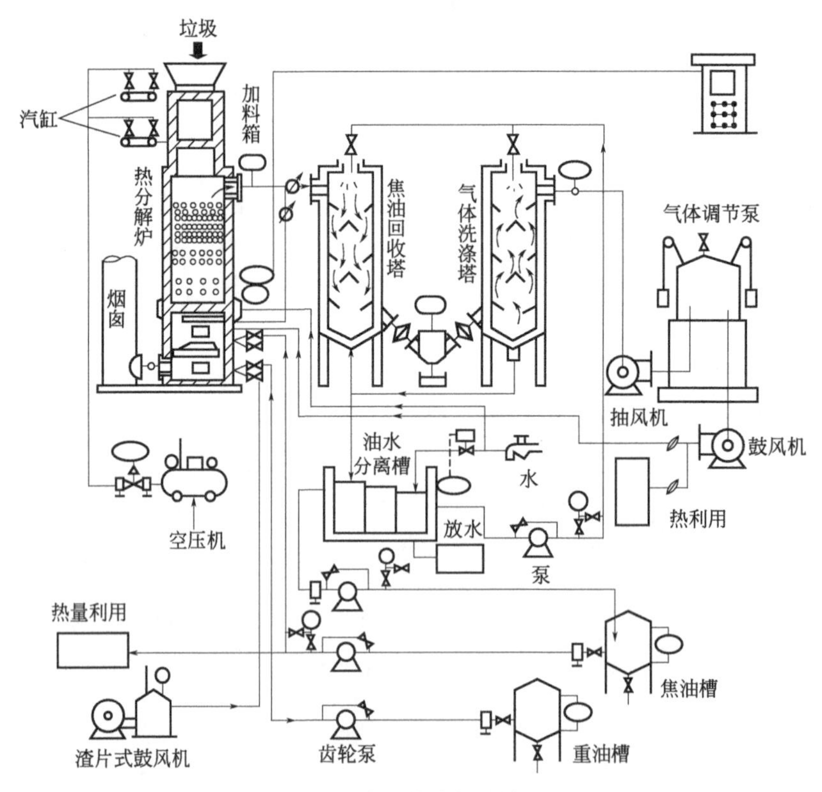

图5-8　立式炉热分解系统流程

随着人们环境资源意识的增强，各国政府对垃圾处理技术标准的提高，传统的填埋、堆肥、焚烧三种主要的垃圾处理技术日益显示出其缺陷，如垃圾填埋占用大片土地，堆肥法处理量小、效率低，焚烧法容易产生二次污染，特别是二噁英类物质的污染问题，使其在工业应用方面受到阻碍。垃圾热解技术具有二次污染小、无害化彻底、资源化程度高的特点，是处理垃圾的重要技术之一，正引起世界各国研究者的广泛重视。

生活垃圾的热解气化技术，是指将可气化的生活垃圾放入热解气化炉中，在高温、缺氧的条件下，经过一段时间热解气化反应，使生活垃圾中有机类组分得到充分的热解气化，在热解气化过程中有机质大分子态裂解成小分子态可燃气体，剩余物为熔融炉渣。各类细菌病原菌被彻底杀灭的工艺过程采用热解气化工艺时，可热解气化垃圾由上料系统液压推进送料，进入热解气化炉。在高温、空气、水蒸气的共同作用下，经过热解反应产生可燃气体。再经过除尘、电捕焦油、冷却降温、净化、脱氯、脱硫、加压、干燥等工艺，可得到热值为 5500～6500kJ/m^3、压力为 11000～25000Pa 的纯净商品燃气。主要反应如下：

$$C+O_2 = CO_2+408840kJ/kmol$$
$$C+1/2O_2 = CO+123217kJ/kmol$$
$$CO_2+C = CO-162405kJ/kmol$$
$$C+H_2O = CO+H_2-118821kJ/kmol$$
$$C+2H_2O = CO_2+2H_2-75237kJ/kmol$$

垃圾可燃物气化完成变成含少量固定碳的无机熔渣，通过特制出渣机构从反应炉底部排出。

5.1.2 生物质转化

5.1.2.1 生物质生物化学转化

(1) 生物质气化技术

生物质气化技术是通过热化学反应，将固态生物质转化为气体燃料的过程，其基本原理是在不完全燃烧条件下，将生物质原料加热，使较高分子量的有机化合物裂解成较低分子量的高品位可燃气体。

根据气化机理可分为热解气化和反应性气化，其中后者又可根据气化剂的不同分为空气气化、水蒸气气化、氧气气化、氢气气化及其这些气体的混合物的气化。根据采用的气化反应器的不同又可分为固定床气化、流化床气化和气流床气化。

生物质气化技术已有 100 多年的历史。最初的气化反应器产生于 1883 年，它以木炭为原料，气化后的燃气驱动内燃机，推动早期的汽车或农业排灌机械。生物质气化技术的鼎盛时期出现在第二次世界大战期间，当时几乎所有的燃油都被用于战争，民用燃料匮乏。因此，德国大力发展了用于民用汽车的车载气化器，并形成了与汽车发动机配套的完整技术。第二次世界大战后随着廉价优质的石油广泛被使用，生物质气化技术在较长时期内陷于停顿状态。但第二次石油危机后，使得西方发达国家重新开始审视常规能源的不可再生性和分布不均匀性，出于对能源和环境战略的考虑，纷纷投入大量人力物力，进行可再生能源的研究。作为一种重要的新能源技术，生物质气化的研究重新活跃起来，各学科技术的渗透，使这一技术发展到新的高度。生物质资源利用途径如图 5-9 所示。生物质热化学转换、气化方式如图 5-10 和图 5-11 所示。

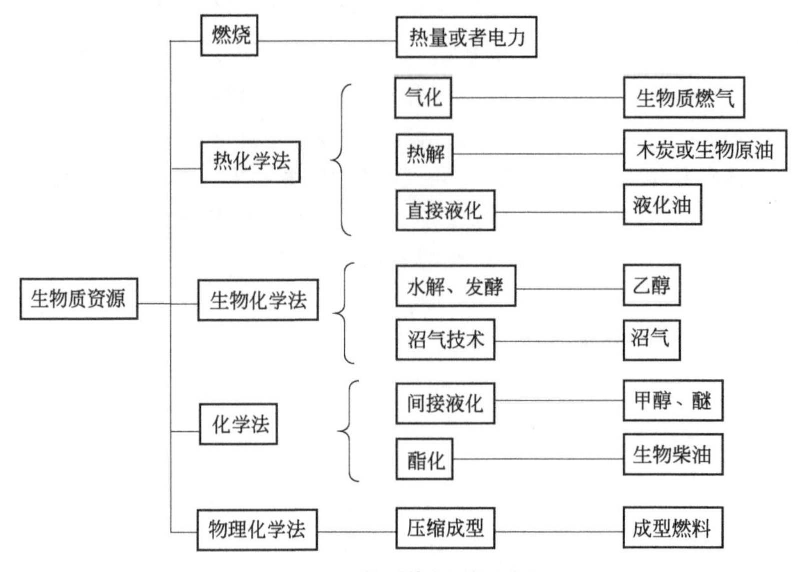

图 5-9 生物质资源利用途径

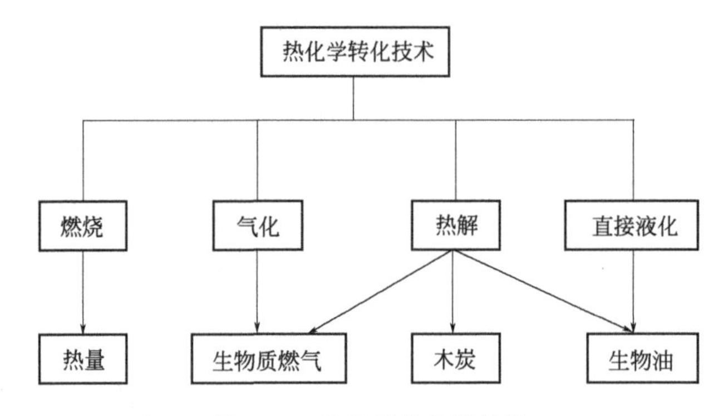

图 5-10 生物质热化学转换

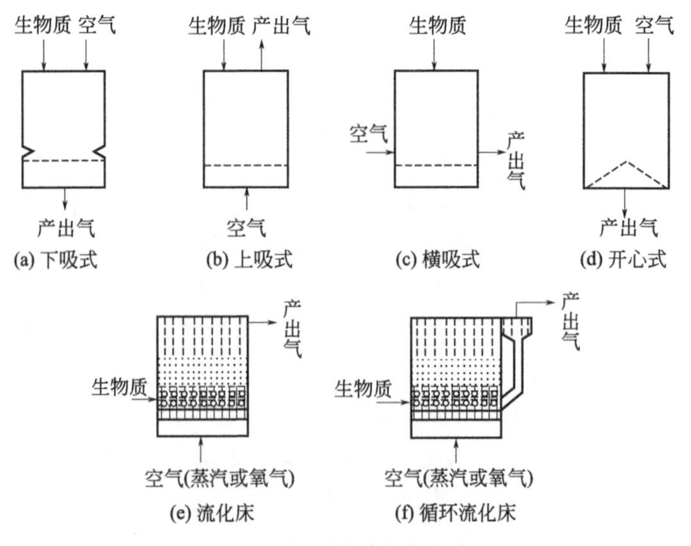

图 5-11 生物质气化方式

生物质气化的基本热化学反应如下：

$$C+O_2 \longrightarrow CO_2+408.86kJ/mol$$
$$C+1/2O_2 \longrightarrow CO+123.45kJ/mol$$
$$CO+O_2 \longrightarrow 1/2CO_2+286kJ/mol$$
$$CO_2+C \longrightarrow 2CO-162kJ/mol$$
$$C+H_2O \longrightarrow CO+H_2-118kJ/mol$$
$$C+2H_2O \longrightarrow CO_2+2H_2-76kJ/mol$$
$$C+2H_2 \longrightarrow CH_4+75kJ/mol$$

(2) 生物质热裂解技术

生物质热裂解是利用热能切断大分子量的有机物、碳氢化合物，使之转变成为含碳数更少的低分子量物质的过程，包括大分子的键断裂、异构化合小分子的聚合等反应，最后生成各种较小的分子。其中主要产品可通过控制反应参数，如温度、反应时间、加热速率、活性气体等加以控制。低温慢速裂解一般在400℃以下，主要得到焦炭（30%）；快速热裂解是在500℃，高加热速率（1000℃/s），短停留时间的瞬时裂解，主要得到气体产物（80%以上）。在生物质热裂解的各种工艺中，不同研究者采用了多种不同的试验装置。然而在所有热裂解系统中，反应器都是其主要设备，因为反应器的类型及其加热方式的选择在很大程度上决定了产物的最终分布，所以反应器类型的选择和加热方式的选择是各种技术路线的关键环节。反应器可分为机械接触式反应器、间接式反应器、混合式反应器和真空热裂解反应器4类。生物质快速热解工艺如图5-12所示。

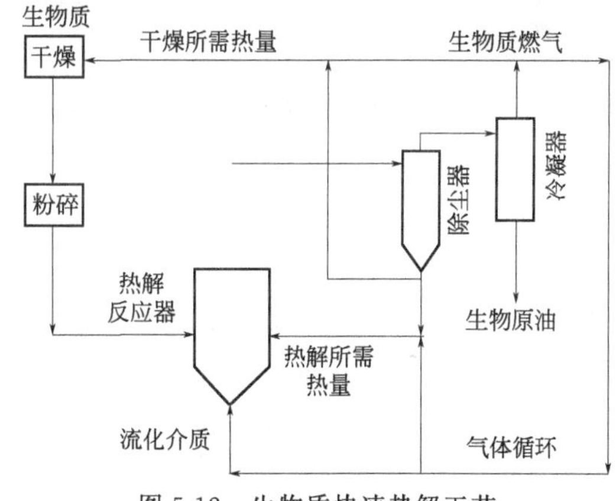

图5-12 生物质快速热解工艺

(3) 生物质液化技术

生物质液化是在低温（－250～－400℃）及高的反应气体压力（15MPa）下将生物质转化为稳定的液态碳氢化合物，可分为直接液化和间接液化。直接液化是在高温、高压和催化剂的共同作用下，在H、CO或其混合物存在的条件下，将生物质直接液化生成液体燃料，间接液化一般是先将生物质转化为适合化工生产工艺的合成燃料气，再通过催化反应合成碳氢液体燃料。生物质液化技术是最具有发展潜力的生物质能利用技术之一。生物质液化工艺如图5-13所示。

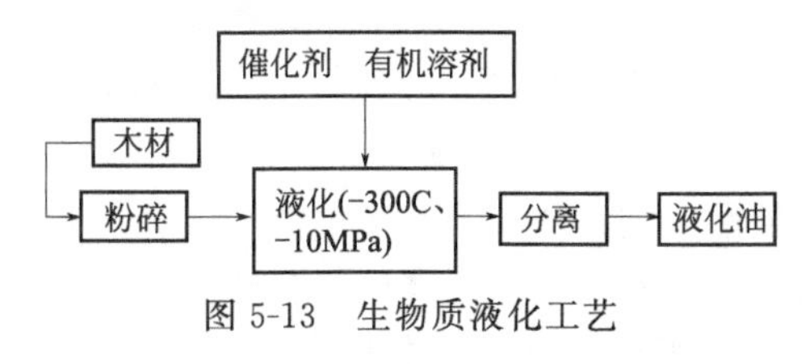

图5-13 生物质液化工艺

与热解液化相比，直接液化条件相对柔和。和热解油一样，直接液化产品需经过精制加工后方可使用。生物质热解与液化的区别见表5-10。

表5-10 生物质热解与液化的区别

热化学过程	催化剂	压力/MPa	主要产物
热解	不需要	0.1～0.5	生物原油
液化	需要	5～20	液化油

红泥和 CoO-MnO_3 催化下生物质液化的反应条件和结果见表 5-11。

表 5-11 红泥和 CoO-MoO_3 催化下生物质液化的反应条件和结果

生物质	催化剂	温度/K	初压/MPa	碳转化率/%						残渣/%	耗氢量/%
				CO	CO_2	C_1～C_4	汽油	苯酚	重油		
黑麦秸	无	673	15	5.3	8.2	8.5	13.0	10.5	43.5	11.0	1.3
黑麦秸	红泥+S	673	15	5.0	8.0	10.0	16.0	12.0	48.0	1.0	1.8
黑麦秸	CoO-MoO_3+S	673	15	3.8	7.0	12.3	23.6	9.8	43.0	0.5	4.4
纤维素	红泥+S	673	15	5.3	7.5	7.4	22.3	7.6	49.9	—	1.85
纤维素	CoO-MoO_3+S	673	15	2.0	3.5	5.0	35.6	1.5	52.4	—	5.3
木质素	红泥+S	673	15	3.0	3.8	12.3	16.2	21.3	37.9	5.5	2.8
木质素	CoO-MoO_3+S	673	15	3.5	1.3	13.0	32.4	18.0	27.8	4.0	3.9

生物柴油与常规柴油的特性比较见表 5-12。

表 5-12 生物柴油与常规柴油的特性比较

主要燃料特性	生物柴油	常规柴油	主要燃料特性	生物柴油	常规柴油
相对密度	0.88	0.83	十六烷值	≥56	≥49
运动黏度(40℃)/(mm^2/s)	4～6	2～4	燃烧功效(柴油=100%)/%	104	100
闭口闪点/℃	>100	60	S含量(质量分数)/%	<0.001	<0.2

5.1.2.2 生物质生物转化技术

(1) 生物质厌氧发酵技术

厌氧发酵是指在隔绝氧气的情况下，通过细菌作用进行生物质的分解，将有机废水（如制药厂废水、人畜粪便等）置于厌氧发酵罐（反应器、沼气池）内，先由厌氧发酵细菌将复杂的有机物水解并发酵为有机酸、醇、H_2、CO_2 等产物，然后由产氢产乙酸菌将有机酸和醇类代谢为乙酸和氢，最后由产 CH_4 菌利用已产生的乙酸和 H_2、CO_2 等形成 CH_4，可产生 CH_4（体积分数为 55%～65%）和 CO_2（体积分数为 30%～40%）气体混合物。许多专性厌氧和兼性厌氧微生物，如丁酸梭状芽孢杆菌、拜式梭状芽孢杆菌、大肠埃希杆菌、产气肠杆菌、褐球固氮菌等。能利用多种底物在氮化酶或氢化酶的作用下将底物分解制取氢气，底物包括甲酸、丙酮酸、CO 和各种短链脂肪酸等有机物、硫化物、淀粉纤维素等糖类，这些物质广泛存在于工农业生产的污水和废弃物中。研究发现，在产氢过程中反应器的 pH 值在 4.7～5.7 时生物质产氢率最高，其体积含量约 60%。另外，分解底物的浓度对氢气的产量也有很大的影响，厌氧发酵制氢的过程是在厌氧条件下进行的，因此氧气的存在会抑制产氢微生物催化剂的合成与活性。由于转化细菌的高度专一性，不同菌种所能分解的底物也有所不同。因此，要实现底物的彻底分解并制取大量的氢气，应考虑不同菌种的共同培养，厌氧发酵细菌生物制氢的产率较低，能量的转化率一般只有 33%。为提高氢气的产率，除选育优良的耐氧菌种外，还必须开发先进的培养技术才能够使厌氧发酵有机物制氢实现大规模生产。

(2) 生物质水解发酵技术

乙醇可以从含有糖、淀粉和纤维素的生物质制取。醇最主要的原料是甘蔗、小麦、谷类、甜菜、洋姜、木材。生物质原料的选择很重要，因为原料价格构成了最终产品乙醇销售价的 55%～80%。乙醇的生产过程（发酵流程）为先将生物质碾碎，通过催化酶作用将淀粉转化为糖，再用发酵剂将糖转化为乙醇，得到的乙醇体积分数较低（10%～15%）的产品，蒸馏除去水分和其他一些杂质，最后浓缩的乙醇（一步蒸馏过程可得到体积分数为 95%的乙醇）冷凝得到液体，通过蒸馏可将乙醇提纯，1t 干玉米可以生产 450L 乙醇，乙醇可用于汽车燃料，发酵过程中产生的固体残留物可为发酵过程提供热量，残留物也可作为动物饲料。对于蔗糖，其残留物可作为锅炉燃料或者是气化原料，淀粉类生物质通常比含糖生物质便宜，但需要进行额外的处理，由于存在长链的多聚糖分子以及将其通过发酵转化为乙醇之前需要酸化或者是酶化水解，木质纤维素生物质（木材和草）的转化较为复杂，其预处理费用昂贵，需将纤维素经过几种酸的水解才能转化为糖，然后再经过发酵生产乙醇，这种水解转化技术目前正处于实验研究阶段。

(3) 生物质生物制氢技术

1949 年，Gest 等首次报道了光合细菌深红红螺菌（*rhodospirillum rubrum*）在厌氧光照下能利用有机质作为供氢体产生分子态的氢，此后人们进行了一系列的相关研究。目前的研究表明，有关光合细菌产氢的微生物主要集中于红假单胞菌属、红螺菌属、梭状芽孢杆菌属、红硫细菌属、外硫红螺菌属、丁酸芽孢杆菌属、红微菌属 7 个属的 20 余个菌株。光合细菌产氢的机制，一般认为是光子被捕获得光合作用单元，其能量被送到光合反应中心，进行电荷分离，产生高能电子并造成质子梯度，从而形成腺苷三磷酸（ATP）。另外，经电荷分离后的高能电子产生还原型铁氧还原蛋白，固氮酶利用 ATP 和铁氧还原蛋白进行氢离子还原生成氢气，微藻光制氢的过程可以分为 2 个步骤：首先，微藻通过光合作用分解水，产生质子和电子，并释放氧气；然后微藻通过特有的产氢酶系（蓝藻通过固氮酶系和绿藻通过可逆产氢酶系）的电子还原质子释放氢气。

5.2 氧化还原

5.2.1 火法氧化还原

氧化还原过程伴随着火法冶金的始终，也是固废处理可利用的重要方法之一。例如，有色金属冶炼中硫的吹炼、硫化物的氧化焙烧、粗金属的精炼、炼钢中的脱碳、燃烧氧化等。

本节主要以炼钢反应为例，介绍氧化剂的种类及氧化方式，分析脱碳的氧化反应特点，以此方法可以作为冶金、固体废物等工业固废资源化综合利用技术手段。

5.2.1.1 氧化反应

(1) 氧化剂的种类及传递、反应的方式

冶金中常用氧化剂有氧气、空气、含氧矿物等。如氧气转炉是从氧枪吹入氧气；电炉是吸入炉内的少量空气、废钢带入的铁锈和装入的铁矿石以及吹入的氧气。

当气体氧与金属液面接触时，发生直接氧化反应：

$$\frac{2x}{y}[\mathrm{Me}]+\mathrm{O_2} = \frac{2}{y}\mathrm{Me}_x\mathrm{O}_y \tag{5-45}$$

$$2Fe(l)+O_2 \xlongequal{} 2FeO \tag{5-46}$$

即使溶解元素［Me］与氧具有较大的亲和力，但 Fe 的氧化仍占绝对的优势。因为熔池表面铁原子数远比被氧化元素的原子数多，所以在与气体氧接触的铁液面上，瞬时即有氧化铁膜形成，再将易氧化的元素氧化形成的氧化物和熔剂结合成熔渣层。在氧化性气体的作用下，这种渣层内的 FeO 又被氧化，形成 Fe_2O_3，向渣-金属液界面扩散，在此，Fe_2O_3 还原成 FeO。这样形成的 FeO，一方面作为氧化剂去氧化从金属熔池中扩散到渣-金属液界面上的元素。

$$[Me]+FeO \xlongequal{} (MeO)+[Fe] \tag{5-47}$$

另一方面以溶解氧原子的形式［O］进入钢液中，去氧化其内的元素：

$$FeO \xlongequal{} [O]+[Fe] \tag{5-48}$$

$$x[Me]+y[O] \xlongequal{} Me_xO_y \tag{5-49}$$

反应式(5-47) 和反应式(5-48) 称为间接氧化反应。

因此，熔池中作为氧化剂的氧有 3 种形式：气体氧 O_2、熔渣中的 FeO 及溶解于金属液中的氧［O］，分别对应三种氧化反应式(5-45)、反应式(5-47)、反应式(5-49)。反应式(5-45) 是分析氧质量平衡及能量平衡的物量基础，反应式(5-47)、反应式(5-49) 是熔池中元素反应热力学的条件及平衡计算的基础，因为金属液中残存元素［Me］不是与 O_2，而是与 FeO 或［O］保持平衡的。

熔渣的氧化能力取决于其组成和温度。通常用熔渣中最不稳定的氧化物（氧化铁）的多少来表示氧化能力的强弱。按分配定律，可由渣中 FeO 的活度确定：

$$\lg\frac{P_{[O]}}{a_{FeO}}=\frac{-6320}{T}+2.734 \tag{5-50}$$

式中　$P_{[O]}$——熔渣中平衡氧量，%；

a_{FeO}——FeO 的活度。

因此，为强化元素的氧化，渣中应保持有足够量的氧化铁，并使其具有较高的活度。可向渣中直接加入铁矿石（电弧炉炼钢法），更有效地是直接向熔池吹入氧气（转炉炼钢法）。

目前认为在氧气转炉中是以间接氧化为主。首先，氧流是集中于作用区附近，而不是高度分散在熔池中；其次，作用区附近温度高，使 Si 和 Mn 对氧的亲和力减弱；再次，从反应动力学角度来看，C 向氧气泡表面传质的速度比反应速度慢，在氧气同熔池接触的表面上大量存在的是铁原子，所以首先应当同 Fe 结合成 FeO。

(2) 脱碳反应

① 脱碳反应的作用。炼钢用的铁水是铁和碳以及其他一些杂质的熔液。脱碳是炼钢的重要任务之一。脱碳反应贯穿于炼钢整个过程，对炼钢具有举足轻重的作用，脱碳反应的产物——CO 气体，在炼钢过程中也具有多方面的作用。

a. 从熔池排出 CO 气体产生沸腾现象，使熔池受到激烈搅拌，起到均匀钢水成分和温度的作用。

b. 大量的 CO 气体通过渣层是产生泡沫渣和气-渣-金属三相乳化的重要原因。

c. 上浮的 CO 气体有利于清除钢中气体和夹杂物，提高钢的质量。

d. 在氧气转炉中，排出 CO 气体的不均匀性和由它造成的熔池上涨往往是产生喷溅的主要原因。

氧气顶吹转炉生产低碳钢时，当熔池中碳含量低于一定数值后，脱碳速度将随碳含量的降低而减小，脱碳反应成为决定转炉生产率的重要因素。

脱碳反应同炼钢中其他反应有着密切的联系。熔渣的氧化性、钢中含氧量等也受脱碳反应的影响。

② 脱碳反应的热力学条件。

a. 脱碳反应式：碳在氧气炼钢中一部分可在反应区同气体氧接触而受到氧化，反应式为：

$$2[C]+O_2 = 2CO \tag{5-51}$$

碳也同金属中溶解的氧发生反应而氧化去除，反应式为：

$$[C]+[O] = CO \tag{5-52}$$

$$[C]+2[O] = CO_2 \tag{5-53}$$

在通常的熔池中，碳大多是按式(5-52) 发生反应，即熔池中碳的氧化产物绝大多数是 CO 而不是 CO_2。因为熔池中含碳量高时，CO_2 也是碳的氧化剂，发生下列反应：

$$[C]+CO_2 = 2CO \tag{5-54}$$

根据式(5-52) 写出 C-O 反应的平衡常数如下：

$$K_C=\frac{p_{CO}/p^{\ominus}}{a_{[C]}a_{[O]}}=\frac{p_{CO}/p^{\ominus}}{f_C P_{[C]} f_O P_{[O]}} \tag{5-55}$$

式中 K_C——反应式(5-52) 的平衡常数；

p_{CO}——同熔池中 [C] 平衡的气相中 CO 的分压；

$p^{\ominus}$——标准大气压 (101.325kPa)；

f_C——C 的活度系数；

f_O——O 的活度系数；

$P_{[C]}$ —— [C] 的浓度，%；

$P_{[O]}$ ——O 的浓度，%。

表达反应式(5-52) 的平衡常数与温度之间关系式很多，常用的是：

$$\lg K_C=\frac{1160}{T}+2.003 \tag{5-56}$$

$$\lg K_C=\frac{811}{T}+2.205 \tag{5-57}$$

$$\lg K_C=\frac{1860}{T}+1.643 \tag{5-58}$$

式(5-56)～式(5-58) 的系数虽有不同，但所得的 K_C 非常相近。

C-O 反应的平衡常数值随温度的变化不大，并且随温度的升高呈现略有降低的趋势。因此推测反应式(5-52) 是一个微弱的放热反应 (15523～35606J/mol)。

b. 碳氧浓度积：为了分析炼钢过程中 [C] 和 [O] 间的关系，常将 p_{CO} 取为一个大气压，并且因为 $P_{[C]}$ 低时，f_C 和 f_O 均接近于 1，因此可以用 $P_{[C]}$ 和 $P_{[O]}$ 分别直接代入式(5-55)，则该式可简化为：

$$K_C=\frac{p_{CO}/p^{\ominus}}{a_{[C]}a_{[O]}}=\frac{p_{CO}/p^{\ominus}}{P_{[C]}P_{[O]}} \tag{5-59}$$

为讨论方便，以 m 代表上式中的 $1/K_C$，则可写出：

$$m=P_{[C]}P_{[O]} \tag{5-60}$$

式中 m——碳氧浓度积，其值也具有化学反应平衡常数的性质，在一定温度和压力下应是一个常数，而与反应物和生成物的浓度无关。

$P_{[C]}$ 和 $P_{[O]}$ 之间具有等边双曲线函数的关系。在 1600℃和 $p_{CO}=0.1$MPa 时，实验测得 $m=0.0025$（或为 0.0023）。这是炼钢文献上常用的碳氧浓度积数值。

实际上 m 不是一个常数，m 值随 $P_{[C]}$ 的增加而减小，其原因是在碳含量低时由于反应式(5-52) 和反应式(5-53) 同时发生，生成了 CO_2。在碳含量高时其活度系数不能忽略。

各种炼钢方法中实际的熔池［O］含量都高于相应的理论的含量。将与 $P_{[C]}$ 相平衡的 $P_{[O]b}$ 值和实际熔池中的 $P_{[O]r}$ 之差称为过剩氧 $\Delta P_{[O]}$。过剩氧 $\Delta P_{[O]}$ 的大小与脱碳反应动力学有关。脱碳速度大，则反应接近平衡，过剩氧值较小；反之，过剩氧就更大些。电炉钢水实际含氧量可达平衡 $P_{[O]}$ 的 2～4 倍，且炉渣中 a_{FeO} 越高，实际 $P_{[O]}$ 也越高。

过剩氧 $\Delta P_{[O]}$ 随碳含量而有不同，碳越低，$P_{[O]}$ 越靠近平衡线。正因为熔池中 $P_{[C]}$ 和 $P_{[O]}$ 基本上保持着平衡的关系，$P_{[C]}$ 高时，$P_{[O]}$ 低。因此，在 $P_{[C]}$ 高时增加供 O_2 量只能提高脱碳速度，而不会增加熔池中的 $P_{[O]}$；但是要使 $P_{[C]}$ 降低到很低的数值（0.15%～0.20%）必须维持熔池中有很高的 $P_{[O]}$。$P_{[C]}$ 低时，$P_{[O]}$ 还与渣中 a_{FeO}、熔池温度等有关。

因 C-O 反应产物为气体 CO 和 CO_2，所以当温度一定时，C-O 平衡关系还要受 p_{CO} 或总压变化的影响，如图 5-14 所示。

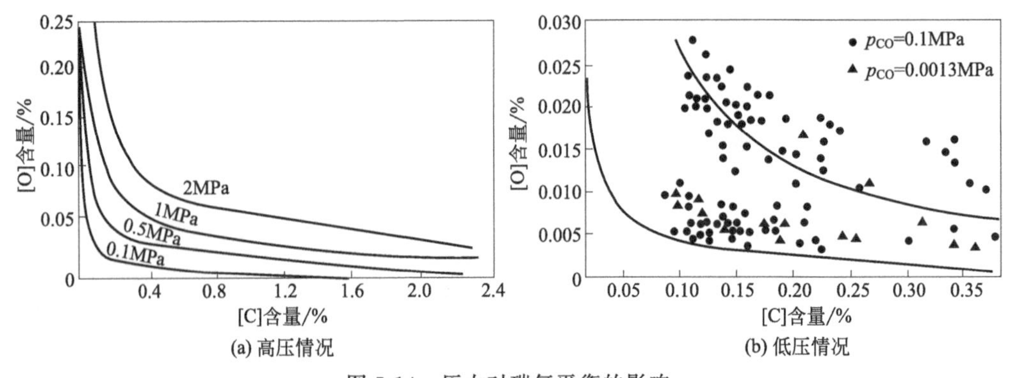

图 5-14 压力对碳氧平衡的影响

综上所述，从热力学条件考虑，对脱碳反应的影响是提高 f_C、f_O 和 $P_{[O]}$、降低气相中 CO 的分压均有利于脱碳。温度对脱碳反应的影响不大。

c. 脱碳反应的动力学条件：详细介绍如下。

ⓐ 脱碳反应的环节。熔池中碳和氧的反应至少包括 3 个环节。

第一，反应物 C 和 O 向反应区扩散。

第二，［C］和［O］进行化学反应。

第三，排出反应产物——CO 或 CO+CO_2 混合物。

在高温下，[C]+[O]══CO 的化学反应非常迅速，实际上是个瞬时反应。通常认为碳和氧向反应区扩散是整个脱碳反应速度的控制环节，［C］含量高［O］含量低时，［O］的扩散为控制环节；［C］含量低［O］含量高时，则［C］的扩散成为控制环节。某些特殊情况下，CO 气泡成核困难时，新相生成也可能是控制脱碳的主要环节。

ⓑ CO 产生的条件。虽然 CO 在熔铁中溶解度很小，但在钢液中没有现成的气液相界面时，在钢液内产生一个很小的 CO 气泡核心，需要克服上万个大气压的压力，因而实际上不可能生成。只有在钢液中有已经存在的气液界面时，才能减少生成气泡的阻力，使碳氧反应顺利进行。

氧气转炉炼钢，氧流在反应区和金属液直接接触，并有大量气泡弥散存在于金属熔池内，所以生成 CO 气泡很顺利，这也是转炉脱碳速度很快的原因。

在电炉和钢液真空处理时，金属被渣层所覆盖，最可能生成 CO 气相的地点是在炉底和炉壁的耐火材料表面上。由于气泡在炉底上生成，在上浮过程中可以继续在界面上生成 CO 气体而加大，因而其上浮速度也越来越快。这种 CO 气泡的上浮运动是电炉炼钢熔池均匀搅拌的主要动力。在氧气顶吹转炉中，CO 气泡对熔池的搅拌能力也有相当大的作用。

上浮的 CO 气泡对于钢液中的气体来说，相当于一个小的真空室，钢水中的气体扩散到气泡中，被它带出熔池而除去，因此脱碳沸腾是炼钢时去除气体的有效手段。在电炉氧化前期，熔池含氢量一般都有所下降，此后沸腾减弱，含氢量又有回升。转炉炼钢脱碳速度大，钢中含氢量也较低。这都说明熔池沸腾与去气是有关系的。

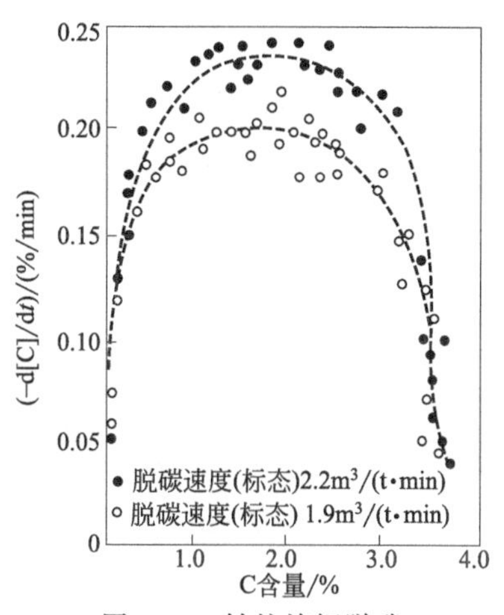

图 5-15　转炉炼钢脱碳速度随时间变化情况

ⓒ 实际熔池中脱碳速度的变化。转炉炼钢脱碳速度随时间变化情况如图 5-15 所示。脱碳过程可以分为 3 个阶段，吹炼初期以硅的氧化为主，脱碳速度较小；吹炼中期，脱碳速度几乎为定值；吹炼后期，随金属中碳含量的减少，脱碳速度亦降低。整个脱碳过程中脱碳速度变化的曲线形成台阶形。

对各阶段的脱碳速度可以写出下列关系式：

第一阶段：
$$-\frac{\mathrm{d}P_{[\mathrm{C}]}}{\mathrm{d}t}=k_1 t \tag{5-61}$$

第二阶段：
$$-\frac{\mathrm{d}P_{[\mathrm{C}]}}{\mathrm{d}t}=k_2 \tag{5-62}$$

第三阶段：
$$-\frac{\mathrm{d}P_{[\mathrm{C}]}}{\mathrm{d}t}=k_3 P_{[\mathrm{C}]} \tag{5-63}$$

式中　k_1——取决于［Si］及熔池温度等因素的常数；

t——吹炼时间；

k_2——高速脱碳阶段由氧气流量所确定的常数，氧气量 q_{O_2} 变化时，式(5-62) k_2 变化表示为 $K_2=k_2 q_{O_2}$；

k_3——碳含量减低后，脱碳反应受碳的传质控制时，由氧流量、枪位等确定的常数。

图 5-16 是不同供氧强度脱碳速度曲线模型，可见随着供氧强度的增大，中期脱碳速度显著增大，但台阶形特征仍然不变。

在炼钢吹炼初期，整个熔池温度低，硅、锰的含量高，硅和锰首先迅速地氧化，尤其是硅的氧化抑制脱碳反应的进行。当熔池温度升高到约 1480℃，碳才可能激烈氧化。

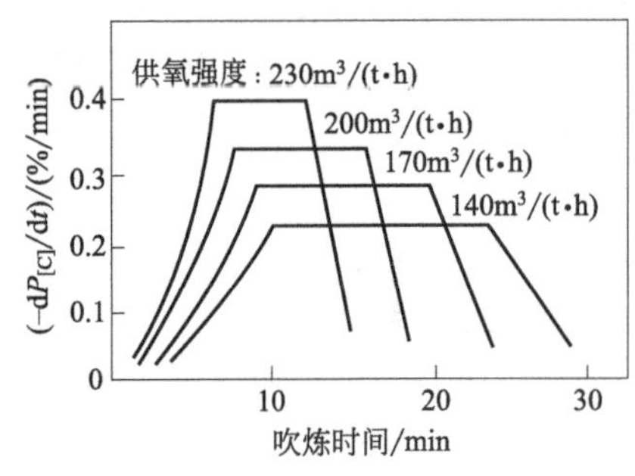

图 5-16　不同供氧强度脱碳速度曲线模型

第二阶段是碳激烈氧化的阶段，脱碳速度受氧的扩散控制，所以供氧强度越大，脱碳速度越大。

第三阶段当碳降低到一定程度时，碳的扩散速度减小了，成为反应的控制环节，所以脱碳速度和碳含量成正比。由于碳含量越降越低，脱碳速度也随着渐渐降低。

关于第二阶段向第三阶段过渡时的碳含量 $P_{[C]_{临}}$ 的问题，有种种研究和观点，差别很大。通常在实验室得出的 $P_{[C]_{临}}$ 可为 0.1～0.2 或 0.07～0.1，在实际生产中则可为 0.1～0.2 或 0.2～0.3，甚至高达 1.0～1.2。依供氧速度和供氧方式、熔池搅拌强弱和传质系数的大小而定。日本学者川合保冶指出，随着单位面积的供氧速度的加大，或熔池搅拌的减弱，$P_{[C]_{临}}$ 有所增高。

(3) 燃烧反应

火法冶金所用的燃料中，固体燃料有煤和焦炭，其可燃成分为 C；气体燃料有煤气和天然气，其可燃成分有 CO、H_2 和 CH_4 等；液体燃料有重油等，其可燃成分主要为 C_xH_y。冶金用还原剂有时是燃料本身，如煤和焦炭；有时是燃料燃烧产物，如 CO。参与燃烧的助燃剂为 O_2，主要来自空气，有时是氧化物中所含的氧。而燃烧和还原的气体产物则为 CO_2 和水蒸气。因而，燃烧反应是与 C-O 系和 C-H-O 系有关的反应。

① C-O 系燃烧反应热力学。碳氧系主要有以下 4 个反应：

碳的气化反应(也称为贝-波反应、布多耳反应)：

$$C+CO_2 = 2CO, \Delta G^{\ominus}=(170707-174.47T)J \quad (5\text{-}64)$$

煤气燃烧反应：

$$2CO+O_2 = 2CO_2, \Delta G^{\ominus}=(-564840+173.64T)J \quad (5\text{-}65)$$

碳的完全燃烧反应：

$$C+O_2 = CO_2, \Delta G^{\ominus}=(-394133-0.84T)J \quad (5\text{-}66)$$

碳的不完全燃烧反应：

$$2C+O_2 = 2CO, \Delta G^{\ominus}=(-223426-0.8431T)J \quad (5\text{-}67)$$

反应式(5-66) 和反应式(5-67) 由于碳在高温下与氧反应可同时生成 CO 和 CO_2，因而不能单独进行研究，通常其热力学数据由反应式(5-64) 和反应式(5-65) 间接求出。

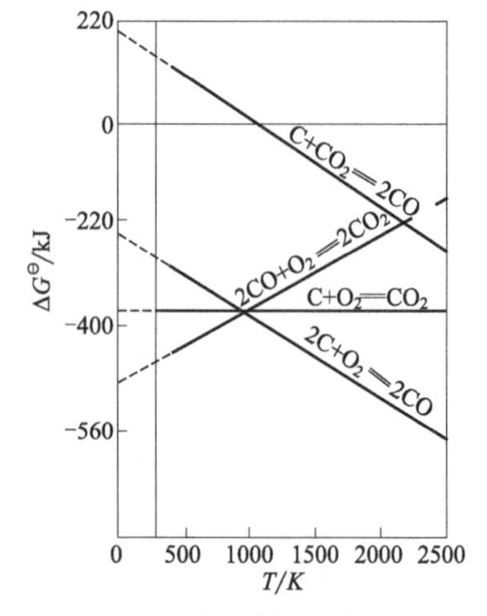

图 5-17　C-O 系燃烧反应的吉布斯自由能与温度关系图

图 5-17 是 C-O 系燃烧反应的吉布斯自由能与温度的关系图。由图 5-17 可看出，碳的完全燃烧和不完全燃烧反应的 $\Delta G^{\ominus}$ 在任何温度下都是负值，温度升高变得更负，因而这两个反应在高温下能完全反应。在 O_2 充足时，C 完全燃烧成 CO_2，而 O_2 不足时将生成一部分 CO，C 过剩时，将生成 CO。煤气燃烧反应的 $\Delta G^{\ominus}$ 随温度升高而加大，因而温度高时，CO 不易反应完全。对碳

的气化反应，温度低时 $\Delta G^{\ominus}$ 为正值，温度高时为负值，这一特征决定了气化反应的平衡对气相成分有着明显的影响。

a. 煤气燃烧反应：

$$2CO+O_2 = 2CO_2,\Delta G^{\ominus}=(-564840+173.64T)\text{J} \tag{5-68}$$

当用煤气作为燃料时，在温度较低时反应易完全，而在高温下燃烧时，由于 $\Delta G^{\ominus}$ 增大，CO 不能完全燃烧成 CO_2，存在不完全燃烧损失，这是煤气燃烧反应的特点。

CO 的不完全燃烧程度用 α 表示，α 也就是反应体系中 CO_2 的离解度，即：

$$\alpha=\frac{\text{离解为 CO 的}CO_2\text{ 物质的量}}{\text{未分解的}CO_2\text{ 物质的量}+\text{离解为 CO 的}CO_2\text{ 物质的量}} \tag{5-69}$$

列出煤气燃烧反应的平衡常数，并假定开始和平衡时该反应中的各物质的物质的量分数，可推得：

$$\alpha=\sqrt[3]{\frac{2p^{\ominus}}{K_{\text{P}}p}} \tag{5-70}$$

式(5-70) 为计算 CO 不完全燃烧程度的近似式，是基于通常的燃烧温度时 α 的值很小而简化得到的。其中，$p^{\ominus}$ 为标准大气压，值为 101325Pa；p 为反应的总压，单位为 Pa；K_{p} 为反应的平衡常数，可由 $\Delta G^{\ominus}$ 求出，因而给定温度和总压即可求出 α 值。

图 5-18 为 CO_2 离解度 α 的等压曲线。由图 5-18 可看出，在低压和高温下 α 具有相当高的值，此时，近似式(5-70) 将不适用。

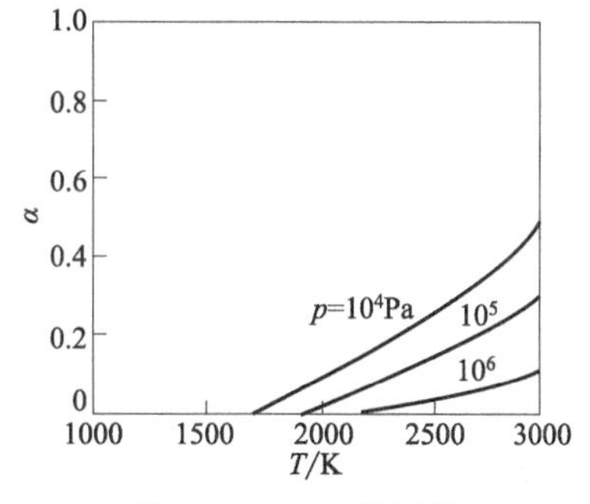

图 5-18　CO_2 离解度 α 的等压曲线

b. 碳的气化反应：

$$C+CO_2 = 2CO,\Delta G^{\ominus}=(170707-174.47T)\text{J} \tag{5-71}$$

这是火法冶金的一个重要反应。在竖式冶金炉（如高炉、鼓风炉）内风口前空气中的 O_2 与焦炭中的 C 燃烧生成 CO_2，而 CO_2 将按反应式(5-71) 生成 CO，在氧化物与 C（焦炭、煤粉等）共存的料层内，还原产物 CO_2 也将与 C 反应生成 CO，CO 可以反复还原氧化物，同时，当温度降低后炉内气体中的 CO 又将按反应式(5-71) 的逆反应生成 CO_2 和烟碳（在有催化剂存在时）。可见，只要 C 与 O 共存，气化反应必定存在。

以下推导平衡气相成分与温度及总压的关系式如下：

由

$$K_{\text{P}}=\frac{p_{CO}^2}{p_{CO_2}p^{\ominus}} \tag{5-72}$$

$$p_{CO_2}+p_{CO}=p \tag{5-73}$$

得

$$K_{\text{P}}=\frac{p_{CO}^2}{(p-p_{CO})p^{\ominus}} \tag{5-74}$$

$$p_{CO}^2+K_{\text{P}}p^{\ominus}p_{CO}-K_{\text{P}}p^{\ominus}p=0 \tag{5-75}$$

$$p_{CO}=\frac{-K_{\text{P}}p^{\ominus}\pm[K_{\text{P}}^2p^{\ominus 2}-4(-K_{\text{P}}p^{\ominus}p)]^{\frac{1}{2}}}{2}=\frac{-K_{\text{P}}p^{\ominus}}{2}+\frac{[K_{\text{P}}^2p^{\ominus 2}+4K_{\text{P}}p^{\ominus}p]^{\frac{1}{2}}}{4} \tag{5-76}$$

因 $$p_{CO}=P_{CO}p \tag{5-77}$$

故 $$P_{CO}=\left[\frac{-K_P p^{\ominus}}{2}+\left(\frac{K_P^2 p^{\ominus 2}}{4}+K_P p^{\ominus} p\right)^{\frac{1}{2}}\right]\times\frac{1}{p}\times 100\% \tag{5-78}$$

式(5-78) 即为平衡气相成分与温度及总压的关系式。

图 5-19 列出了碳的气化反应平衡气相成分的等压曲线。由图 5-19 可看出，压力降低和温度升高将有利于生成 CO。值得注意的是，碳的气化反应在 673～1273K 的温度范围是很敏感的，温度低于 673K，几乎全部生成 CO_2，而高于 1273K 则几乎全部生成 CO。

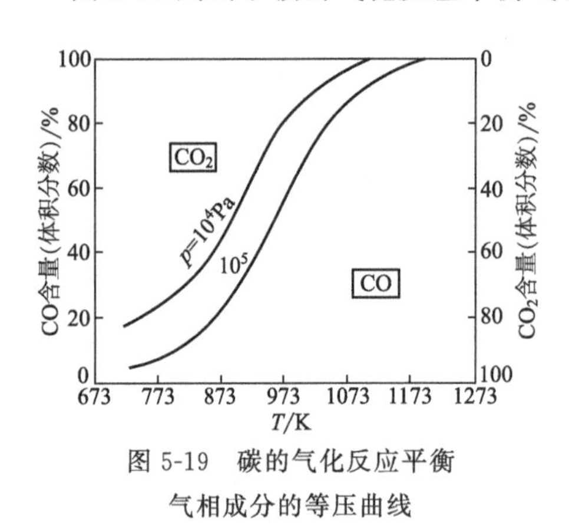

图 5-19 碳的气化反应平衡气相成分的等压曲线

图 5-19 中曲线为平衡曲线，表明了给定温度下的平衡成分，若实际气体成分高于曲线的平衡值，即实际的 CO 的体积分数大于平衡的 CO 的体积分数，则反应将向 CO 减少的方向进行，此时只有 CO_2 是稳定的，故曲线以上的区域是 CO_2 的稳定区。相反，曲线以下的区域是 CO 的稳定区。

c. 碳在空气中的不完全燃烧：当用 C 作为燃料时，作为助燃的空气如果过量，C 将全部燃烧生成 CO_2。

$$C+O_2(\text{过量})(N_2)\longrightarrow CO_2(NO_2) \tag{5-79}$$

当 C 既作为燃料又作为还原剂时，C 过量而空气不足，C 不完全燃烧，燃烧产物既有 CO_2，又有 CO。

$$C(\text{过量})+O_2[N_2]\longrightarrow xCO+yCO_2[N_2] \tag{5-80}$$

生成 CO_2 和 CO 的相对数量（x、y 之比）取决于碳的气化反应的平衡，即取决于温度和总压。为了推导碳在空气中不完全燃烧时，气相平衡成分与温度和总压的关系式，需要建立以下关系式。

反应平衡气相产物中：

$$P_{CO}+P_{CO_2}+P_{N_2}=100\% \tag{5-81}$$

由于平衡成分取决于气化反应，故：

$$K_{P(g)}=\frac{p_{CO}^2}{p_{CO_2}\cdot p^{\ominus}}=\frac{(P_{CO}p)^2}{(P_{CO_2}p)p^{\ominus}}=\frac{P_{CO}^2}{P_{CO_2}}\frac{p}{p^{\ominus}} \tag{5-82}$$

由于气相中除 CO、CO_2 外还存在 N_2，故还需建立一关系式，根据反应前后物质的原子数不变的规律，燃烧前空气中物质的量之比：

$$\frac{n_N}{n_O}=\frac{2n_{N_2}}{2n_{O_2}}=\frac{P_{N_2}\sum n_{\text{空气}}}{P_{O_2}\sum n_{\text{空气}}}=\frac{P_{N_2}}{P_{O_2}}=\frac{79}{21} \tag{5-83}$$

而燃烧产物中：

$$\frac{n_N}{n_O}=\frac{2n_{N_2}}{2n_{CO_2}+n_{CO}}=\frac{2P_{N_2}\sum n_{\text{产物}}}{2P_{CO_2}\sum n_{\text{产物}}+P_{CO}\sum n_{\text{产物}}}=\frac{2P_{N_2}}{2P_{CO_2}+P_{CO}} \tag{5-84}$$

燃烧产物中 n_N/n_O 应与空气中相等，故：

$$\frac{2P_{N_2}}{2P_{CO_2}+P_{CO}}=\frac{79}{21} \tag{5-85}$$

联立式(5-83)～式(5-85) 得：

$$P_{CO_2}=\frac{P_{CO}^2}{K_{P(g)}}\frac{p}{p^{\ominus}} \tag{5-86}$$

由式(5-86) 得：

$$P_{N_2}=\frac{79}{2\times21}[2P_{CO_2}+P_{CO}] \tag{5-87}$$

将式(5-86) 代入式(5-87)，得：

$$P_{N_2}=\frac{79}{42}\left[P_{CO}+\frac{P_{CO}^2}{K_{P(g)}}\frac{p}{50p^{\ominus}}\right] \tag{5-88}$$

将式(5-86)、式(5-87) 代入式(5-78)，得：

$$P_{CO}+\frac{P_{CO}^2}{K_{P(g)}}\frac{p}{p^{\ominus}}+\frac{79}{42}\left[P_{CO}+\frac{P_{CO}^2}{K_{P(g)}}\frac{p}{50p^{\ominus}}\right]=100\% \tag{5-89}$$

整理后得：

$$\left(\frac{1}{21}\times\frac{p}{p^{\ominus}K_{P(g)}}\right)P_{CO}^2+\frac{121}{42}P_{CO}-100\%=0 \tag{5-90}$$

解得：

$$P_{CO}=-\frac{30.25}{p}p^{\ominus}K_{P(g)}+\left(\frac{915K_{P(g)}^2p^{\ominus 2}}{p^2}+21\frac{K_{P(g)}p^{\ominus}}{p}\right)^{\frac{1}{2}} \tag{5-91}$$

根据式(5-91)，已知温度和总压即可求出平衡气相中 CO 的含量，再代入式(5-86)、式(5-87) 即可求出 CO_2、N_2 的含量。

若 $p=p^{\ominus}=10^5$ Pa，则式(5-91) 可简化为：

$$P_{CO}=-30.25K_{P(g)}+(915K_{P(g)}^2+21K_{P(g)})^{\frac{1}{2}} \tag{5-92}$$

② H-O 系和 C-H-O 系燃烧反应

a. 氢的燃烧：

$$2H_2+O_2=2H_2O,\Delta G^{\ominus}=(-503921+117.36T)\text{J} \tag{5-93}$$

氢燃烧反应的热力学规律与煤气燃烧反应相同，即温度升高后 H_2 的不完全燃烧程度加大，也就是 H_2O 的离解度 α 加大。

比较 H_2 和 CO 燃烧反应的 $\Delta G^{\ominus}$-T 图（图 5-20）可以看出，两直线有一交点，交点温度时两反应的 $\Delta G^{\ominus}$ 相等：

$$-503921+117.36T_t=-564840+173.64T_t \tag{5-94}$$

据此可求出转换温度：

$$T_t=1083\text{K}$$

在转换温度以下 CO_2 比 H_2O 更稳定，CO 与 O_2 反应的能力（还原能力）大于 H_2，而在 1083K 以上则相反，H_2 的还原能力大于 CO。

b. 水煤气反应：

$$CO+H_2O=H_2+CO_2,\Delta G^{\ominus}=(-304591+28.14T)\text{J} \tag{5-95}$$

水煤气反应及反应的 $\Delta G^{\ominus}$ 值可由煤气燃烧反应与氢燃烧反应之差求出，其 $\Delta G^{\ominus}$-T 图如图 5-20 所示。由图 5-20 可看出，1083K 时反应的 $\Delta G^{\ominus}=0$，$K_P=1$，温度低于此温度时，$\Delta G^{\ominus}$ 小于零，CO 转变为 CO_2，而高于此温度时，H_2 转变为 H_2O。

c. 水蒸气与碳的反应：

用空气来燃烧碳时，由于空气中含有水蒸气，因而存在 H_2O 与 C 的反应：

$$2H_2O+C = 2H_2+CO_2, \Delta G^{\ominus}=109788-118.32T, J \tag{5-96}$$

$$H_2O+C = H_2+CO, \Delta G^{\ominus}=140248-146.36T, J \tag{5-97}$$

H_2O-C 反应与 O_2-C 反应一样，生成 CO、CO_2 的两个反应是同时进行的，因而其热力学数据也是通过间接计算求出的。反应式(5-96)、反应式(5-97) 的关系如图 5-21 所示。两直线交点仍为 1083K，温度低生成 CO_2 趋势大，温度高生成 CO 趋势大。

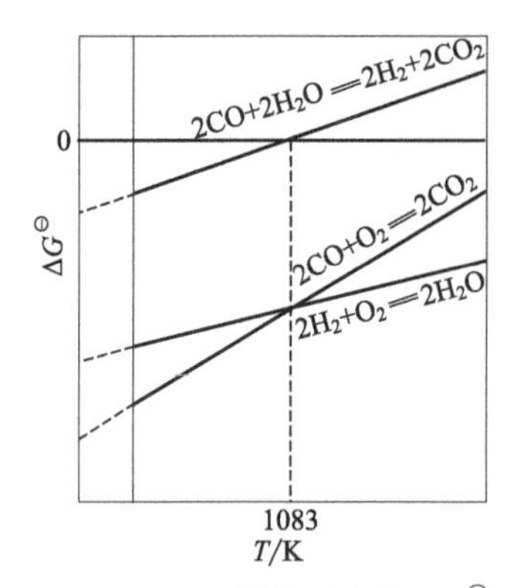

图 5-20　H_2 和 CO 燃烧反应的 $\Delta G^{\ominus}$-T 图

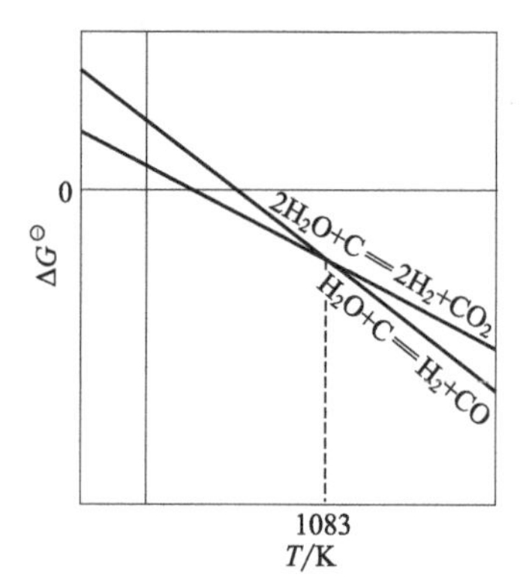

图 5-21　H_2O 和 C 反应的 $\Delta G^{\ominus}$-T 图

5.2.1.2　还原反应

许多金属是由氧化物还原制取的，所以金属氧化物在高温下还原为金属是火法冶金中非常重要的一个冶炼过程，广泛地应用于黑色、有色及稀有金属冶金中。火法还原按原料和产品的特点可分为以下几种情况。氧化矿或精矿直接还原为金属，如锡精矿和铁矿石的还原熔炼；硫化精矿经氧化焙烧后再还原，如铅烧结矿、锌焙烧矿的还原；湿法冶金制取的纯氧化物还原为金属，如三氧化钨粉的氢还原、四氯化钛的镁热还原；含两种氧化物的氧化矿选择性还原其中一种氧化物，另一种氧化物富集在半成品中，如钛铁矿还原铁后得出含高二氧化钛的高钛渣等。在冶金过程中，有时也会通过还原获得某种需要的化合物形态及物理化学性能，如铁氧化物的还原磁化焙烧，就是为了获得高磁性的铁氧化物。按所用还原剂的种类来划分，还原过程可分为气体还原剂还原、固体碳还原、金属热还原等，以下将按还原剂类型来讨论氧化物的还原原理。火法冶金技术同样可以用于工业固废有价金属回收利用、还原分解等过程，因此，本节主要介绍还原过程及与还原剂相互联系的燃烧反应的热力学。

(1) 气体还原

冶金所用矿物主要以氧化物和硫化物形态存在。硫化物也常常经过氧化焙烧转化为氧化物，而后各种氧化物采用气体或固体碳或金属等还原为金属。故此，氧化物的还原是冶金生产中重要的反应环节。本节主要介绍氧化物用 CO 和 H_2 还原的热力学。

① 氧化物用 CO 还原。氧化物用 CO 还原反应可表示为：

$$MeO+CO = Me+CO_2 \tag{5-98}$$

当 MeO 和 Me 都是纯凝聚相，且因压力对反应平衡无影响而不加考虑时，影响反应平衡的条件只有温度和气体成分。

平衡气相成分与温度的关系可表示为：

$$\Delta G^{\ominus}=-RT\ln\frac{p_{CO_2}/p^{\ominus}}{p_{CO}/p^{\ominus}}=-RT\ln\frac{P_{CO_2}p}{P_{CO}p}=-RT\ln\frac{P_{CO_2}}{P_{CO}} \tag{5-99}$$

即

$$\lg\frac{P_{CO}}{P_{CO_2}}=\frac{A+BT}{19.15T}=\frac{A'}{T}+B' \tag{5-100}$$

同时

$$P_{CO}+P_{CO_2}=100\% \tag{5-101}$$

当给定 MeO 时，即可求出 A'、B'值，联解上两式，即可求出 P_{CO} 与 T 的关系。当反应为吸热反应时，$A'>0$，P_{CO} 随温度升高而降低，而对放热反应，$A'<0$，P_{CO} 随温度升高而增大。

图 5-22 为 MeO 用 CO 还原（放热反应）反应的平衡图，图 5-22 中曲线表示了 CO 平衡成分随温度而变化的规律。当体系的温度和气体成分正好位于曲线上时，反应处于平衡状态，即 MeO 与 Me、CO 与 CO_2 平衡共存，如图 5-22 中温度为 T'时，气体成分正相当于 b 点。若在给定温度下气体成分中 P_{CO} 大于平衡浓度，如 a 点，则反应将向使 CO 减少的方向进行，即 MeO 将被 CO 还原。因而曲线以上的区域是 Me 的稳定区。相反，若气体成分中 P_{CO} 小于平衡成分，如 c 点，则反应将向使 CO 增多的方向进行，即 Me 将被 CO_2 氧化，因而曲线以下的区域是 MeO 的稳定区。同样，在气体成分一定时，如体系温度低于该成分下的平衡温度，如图 5-22 中 e 点，Me 也是稳定的，相反，如图 5-22 中 f 点，则 MeO 是稳定的。

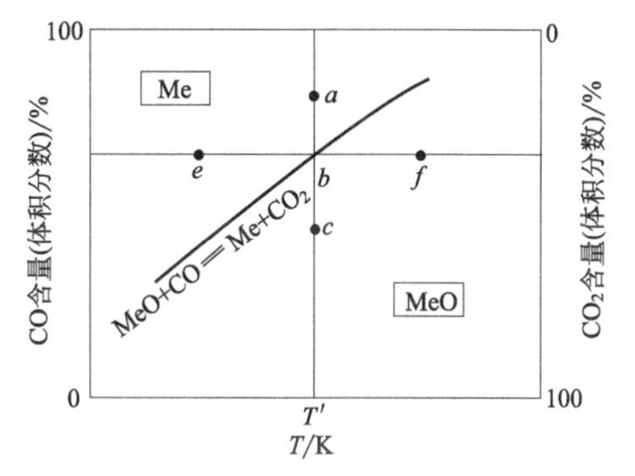

图 5-22 MeO 用 CO 还原反应的平衡图

根据以上分析可以知道，对于 MeO 的还原，只要控制一定的还原条件，即温度和气相中 CO 的浓度，就可以使给定 MeO 的还原反应按预期的方向进行。同时，根据反应的热力学数据，还可以准确地计算反应在给定温度下的 CO 最低浓度。

还可以根据氧势图上的 CO/CO_2 标尺来分析 CO 气体还原金属氧化物的还原反应，以及气相中 CO 和 CO_2 的关系。

CO/CO_2 标尺也称碳标尺，由理查德森和杰弗森设计。设计理论如下：

当金属及其氧化物与 CO、CO_2 气体接触时，会发生下面的反应。

$$MO_2(s)+2CO═M(s)+2CO_2 \qquad \Delta G_1 \tag{5-102}$$

将上述反应看作下面两个反应的组合：

$$2CO+O_2(100kPa)═2CO_2 \qquad \Delta G_2 \tag{5-103}$$

$$M(s)+O_2(100kPa)═MO_2(s) \qquad \Delta G_3 \tag{5-104}$$

所以

$$\Delta G_1=\Delta G_2-\Delta G_3 \tag{5-105}$$

对于反应式(5-102)，因为 M(s) 及 MO_2(s) 均为纯物质，且 $p_{O_2}=100kPa$，故 $\Delta G_3=\Delta G_3^{\ominus}$。生成各种氧化物的 $\Delta G_3^{\ominus}$ 与 T 的关系已在氧势图中表示出。

对于反应式(5-103)，当 $p_{O_2}=100kPa$ 时，反应吉布斯自由能变化为：

$$\Delta G_2=\Delta G_2^{\ominus}-2RT\ln\frac{p_{CO}}{p_{CO_2}} \tag{5-106}$$

由有关数据可求出：

$$\Delta G_2^{\ominus} = -558150 + 167.78T \tag{5-107}$$

在压力不太高的情况下，CO 及 CO_2 的分压比可看作是相同温度和压力下的体积比，故：

$$\Delta G_2 = \Delta G_2^{\ominus} - 2RT\ln\frac{P_{CO}}{P_{CO_2}} = -558150 + \left[167.78 - 16.63\ln\frac{P_{CO}}{P_{CO_2}}\right]T \tag{5-108}$$

可以看出，反应式(5-108) 的 ΔG_2 与 T 也成直线关系。直线在纵坐标上的截距为 −558150J，即图 5-23 中热力学温度为零的标尺上“C”点，也称为碳点。直线斜率与 CO/CO_2 比值有关。因此，ΔG_2 与 T 的关系是一组从“C”点出发和辐射线（图 5-23），每一根线均代表一定的 CO/CO_2 比值。将这些辐射线延长，与氧势图外的 CO/CO_2 标尺相交，标出各交点所对应的 CO/CO_2 比值即构成 CO/CO_2 标尺。

由式(5-105) 可知，当反应式(5-102) 达到平衡时：

$$\Delta G_1 = \Delta G_2 - \Delta G_3 = \Delta G_2 - \Delta G_3^{\ominus} \tag{5-109}$$

即

$$\Delta G_2 = \Delta G_3^{\ominus} \tag{5-110}$$

这就是说，金属氧化的 $\Delta G^{\ominus} = A + BT$ 线与 CO/CO_2 比值相关的交点，即为反应式(5-102) 达到平衡状态的点。交点所对应的 CO/CO_2 比值，即为交点温度下反应的平衡 CO/CO_2 比。由图 5-23 可以看出，当温度变化时，反应式(5-102) 的平衡 CO/CO_2 比值也随之变化。

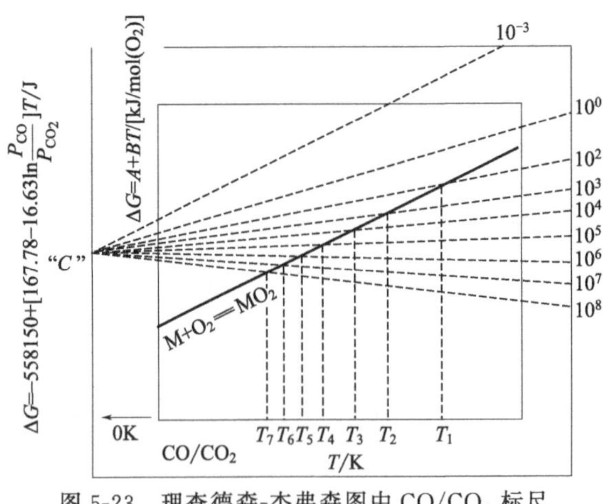

图 5-23　理查德森-杰弗森图中 CO/CO_2 标尺

CO/CO_2 标尺的用途如下：

a. 给定温度后，可直接求出金属氧化物被 CO 还原达到平衡时的 CO/CO_2 比。

方法是：在指定温度下作垂线，与金属氧化的 $\Delta G^{\ominus} = A + BT$ 线相交，连接交点与“C”点并延长至 CO/CO_2 标尺线，其交点所对应的 CO/CO_2 比值即为所求的平衡 CO/CO_2 比。

b. 给定 CO/CO_2 比，可直接求出金属氧化物被 CO 还原的温度。

方法是：在 CO/CO_2 标尺上找出所给 CO/CO_2 比值点，将该点与“C”点相连，所连直线与 $\Delta G^{\ominus} = A + BT$ 线相交，交点温度即为还原温度。

c. 在给定温度及 CO/CO_2 比值条件下，判断气氛对金属性质的影响。

方法是：先求出指定温度下的平衡 CO/CO_2 比，然后将指定的 CO/CO_2 比值与 CO/CO_2 的平衡值相比较，若前者大于后者，则气氛对金属是还原性的，即发生金属氧化物被 CO 还原的反应，反之，发生金属被 CO_2 氧化的反应。

［例题 5-1］ 如在 1500K 时用 $CO+CO_2$ 混合气体还原 CoO 为 Co，气相中 CO 浓度至少应控制为多大？

已知　　$2CO + O_2 = 2CO_2$，$\Delta G_1^{\ominus} = (-564840 + 173.64T)$J

$$2Co+O_2 = 2CoO, \Delta G_2^{\ominus}=(-467771+143.72T)J$$

解：

$$CoO+CO = Co+CO_2 \quad \Delta G^{\ominus}=(\Delta G_1^{\ominus}-\Delta G_2^{\ominus})/2=(-48534.5+14.96T)J$$

$$\lg\frac{P_{CO}}{P_{CO_2}}=\frac{A+BT}{19.15T}=\frac{-48534.5+14.96\times1500}{19.15\times1500}=-0.909$$

$$\frac{P_{CO}}{P_{CO_2}}=0.1233$$

$$\frac{P_{CO}}{100\%-P_{CO}}=0.1233$$

求出 $$P_{CO}=10.98\%$$

故气体中CO浓度至少应等于10.98%。

② 氧化物用 H_2 还原。氧化物用 H_2 还原反应与CO还原相似，由以下两个离解-生成反应组成：

$$2H_2+O_2 = 2H_2O \tag{5-111}$$

$$-2Me+O_2 = 2MeO \tag{5-112}$$

$$MeO+H_2 = Me+H_2O \tag{5-113}$$

同样可得出：

$$P_{H_2}+P_{H_2O}=100\% \tag{5-114}$$

$$\lg\frac{P_{H_2}}{P_{H_2O}}=\frac{A'}{T}+B' \tag{5-115}$$

据此可作出平衡图，其分析方法与图5-23相同。

MeO用 H_2 还原与CO还原相比较，两者之间相差一个水煤气反应：

$$MeO+CO = Me+CO_2 \tag{5-116}$$

$$-CO+H_2O = CO_2+H_2 \tag{5-117}$$

$$MeO+H_2 = Me+H_2O \tag{5-118}$$

由于水煤气反应是强放热反应（$\Delta H_{298}^{\ominus}=-40535J$），因而MeO用 H_2 还原要比用CO还原多吸热（298K时为40535J），故MeO用CO还原时，有放热反应，也有吸热反应。而用 H_2 还原则几乎都是吸热反应，即常数 $A'>0$，P_{H_2} 随温度升高而降低，曲线斜率向下。

与 CO/CO_2 标尺类似，还可以在理查德森-杰弗森图中做出 H_2/H_2O 标尺，用该标尺可分析金属氧化物被 H_2 还原反应，其设计原理、使用方法与 CO/CO_2 标尺相同。

③ 熔体中氧化物用气体还原。熔体中的氧化物一般表示为（MeO），如果还原出的金属为液态，则可记为［Me］。由熔体中还原氧化物或还原产物形成溶液的反应，其热力学分析将与（MeO）及［Me］在熔体（溶液）中的活度有关。由于高温熔体中组分的活度或活度系数数据比较缺乏，热力学计算有一定困难，通常只能做定性分析。

a. 还原产物为固态：如果还原出的金属为固态，则还原反应可写为

$$(MeO)+CO = Me+CO_2 \tag{5-119}$$

该反应由纯MeO还原和MeO溶解两反应组成：

$$MeO+CO = Me+CO_2 \qquad \Delta G_1^{\ominus}=A+BT \tag{5-120}$$

$$-MeO = (MeO) \qquad \Delta G_s^{\ominus} \tag{5-121}$$

$$(MeO)+CO=\!=\!=Me+CO_2 \qquad \Delta G_2^{\ominus}=\Delta G_1^{\ominus}-\Delta G_s^{\ominus} \tag{5-122}$$

上述反应的平衡常数为：

$$K=\frac{p_{CO_2}/p^{\ominus}}{p_{CO}/p^{\ominus}}\times\frac{1}{a_{MeO}}=\frac{P_{CO_2}}{P_{CO}}\times\frac{1}{\gamma_{MeO}x_{MeO}} \tag{5-123}$$

可见反应平衡常数不仅取决于气相成分，而且还与（MeO）的活度有关。对熔体中（MeO）的还原与纯 MeO 的还原分析发现，由熔体中还原 MeO 要比还原纯 MeO 困难，在同一温度下需要更高的 CO 浓度，且平衡常数越小，CO 含量需要越高。

b. 还原产物形成溶液：如果还原出的金属为液态，则还原反应可写为

$$(MeO)+CO=\!=\!=[Me]+CO_2 \tag{5-124}$$

平衡常数为：

$$K=\frac{p_{CO_2}/p^{\ominus}}{p_{CO}/p^{\ominus}}\times\frac{a_{Me}}{a_{MeO}}=\frac{P_{CO_2}}{P_{CO}}\times\frac{a_{Me}}{\gamma_{MeO}x_{MeO}} \tag{5-125}$$

可见，反应平衡常数不仅取决于气相成分，而且还与（MeO）和［Me］的活度有关。

c. 熔体中有 C 存在时（MeO）的还原：当有碳存在时，要考虑温度的影响。当温度低于 1000℃时，还原反应取决于以下两反应的同时平衡，即

$$MeO+CO=\!=\!=Me+CO_2 \tag{5-126}$$

$$CO_2+C=\!=\!=2CO \tag{5-127}$$

影响还原反应平衡的因素中有温度、压力、气相组成和 MeO 在溶液中的浓度。

当温度高于 1000℃时，还原反应由下两反应组成：

$$(MeO)+CO=\!=\!=Me+CO_2 \tag{5-128}$$

$$CO_2+C=\!=\!=2CO \tag{5-129}$$

$$(MeO)+C=\!=\!=Me+CO \tag{5-130}$$

相当于用固体碳对（MeO）的还原。

（2）选择性还原

自然界中金属的化合物很少以纯态存在，虽然经过一系列的矿石处理可以获得纯度较高的化合物，但从经济角度出发必须面对含有杂质（提取金属元素化合物以外的其他化合物）或多种有用金属复合矿的提取冶金问题。

根据氧化物标准生成自由能 $\Delta G^{\ominus}$-T 关系图和铁氧化物用碳还原平衡图，可以看出在约 685℃以上，C 可还原 FeO。由于 Cu_2O、PbO 等的还原温度均远低于 685℃，所以它们将先于 FeO 还原。对含 Cu_2O、PbO 等氧化物的铁矿还原结果将获得含 Cu、Pb 的合金，而非纯金属。实际生产过程温度可能远高于此值，如炼铁过程为了保证炉渣和金属的顺利分离和排出，炉缸温度可达 1500℃以上，使其他氧化物的还原进一步加剧。

对在 $\Delta G^{\ominus}$-T 关系图中，$\Delta G^{\ominus}$ 与目标金属差别较大的其他金属氧化物，还原过程不易调控，如矿石中 CuO、PbO 等将全部还原，进入铁水，而 Al_2O_3 则很少还原。$\Delta G^{\ominus}$ 与目标金属差别较小的金属氧化物，工艺过程参数可能直接影响到还原过程的实际进程，如高炉冶炼过程随碱度降低，炉缸温度升高，SiO_2 还原量增大。可以通过调整工艺过程、参数（温度、压力、活度等）实现对这些氧化物的选择性还原，这也正是冶金过程控制的核心所在。

当还原产物以气相等存在时，可使选择性还原更容易。虽然过程控制可以抑制部分杂质

的还原，但多数情况下获得的合金中仍含有其他杂质元素或有用元素，必须采用其他方法进一步分离。

5.2.2 湿法氧化还原

5.2.2.1 湿法氧化

湿法氧化（WAO）是在高温高压下，在水溶液中有机物发生氧化反应的处理技术。利用催化剂，用空气中的氧气和纯氧为氧化剂，可以在较低的温度和压力下，使有机物氧化。湿法氧化作为高浓度难降解有机废水的处理技术在国外已有应用，国内有湿法氧化法处理染料和有机磷废水的实验室研究，但是还没有到实际工业应用阶段，但是随着催化湿法氧化水处理技术研究的发展和日益严峻的难降解有机废水处理的需求，该技术的应用研究已经受到人们的重视，并被认为是处理化工难降解废水中应优先考虑发展的技术领域。湿法氧化和干法氧化反应基本相同，但是湿法氧化成本低、污染少、设备相对简单。湿法氧化现在在金属冶炼、污染物消除等方面获得了迅猛的发展，如炼油、石油化工、印染废水、焦化废水、有机化工废水的处理等。

目前，湿法氧化技术的研究重点应是温和反应条件下（温度106℃以下，压力0.6MPa以下），作为高浓度（5000mg/L以上）难降解有机废水的预处理。研究适合于湿法氧化的非贵金属催化剂、选择优化的反应条件和防止反应器材料的腐蚀等。超临界氧化（SCWO）废水处理技术是在湿法氧化基础上发展的一种有毒有机固废物和工业废水的高级氧化技术。SCWO在水临界点（22.1MPa、374℃）以上，在极短时间内将各种有机物完全氧化为二氧化碳和水，不产生二次污染，被称为生态水处理技术。当废水中的有机物浓度在2%以上时，利用有机物氧化反应产生的热量维持系统的反应温度，基本不需要外界供热。

(1) 湿法氧化基本原理

WAO法一般是在高温（150～350℃）高压（0.5～20MPa）下，在液相中用氧气或空气作为氧化剂，氧化水中的有机物和还原性无机物的一种处理方法，最终产物为二氧化碳和水。

WAO反应比较复杂，一般包括传质和化学反应两个过程。目前普遍的研究认为WAO反应属于自由基反应，包括链的引发、链的传递和链的终止三个过程。

① 链的引发。WAO过程中链的引发主要指反应物分子生成自由基的过程，在此过程中，氧通过热反应产生过氧化氢，反应方程式为：

$$RH+O_2 \longrightarrow R\cdot+HOO\cdot \tag{5-131}$$

$$2RH+O_2 \longrightarrow 2R\cdot+H_2O_2 \tag{5-132}$$

$$H_2O_2+\text{催化剂} \longrightarrow 2OH\cdot \tag{5-133}$$

② 链的传递。链的传递指自由基与分子接触，相互作用，使自由基数量迅速增加的过程。其基本反应为：

$$HO\cdot+RH \longrightarrow R\cdot+H_2O \tag{5-134}$$

$$R\cdot+O_2 \longrightarrow ROO\cdot \tag{5-135}$$

$$ROO\cdot+RH \longrightarrow R\cdot+ROOH \tag{5-136}$$

③ 链的终止。自由基之间相互碰撞，若生成比较稳定的分子，那么链的增长过程将中断。有关反应过程为：

$$2R\cdot \longrightarrow R—R \tag{5-137}$$

$$R\cdot +ROO\cdot \longrightarrow ROOR \tag{5-138}$$

$$2ROO\cdot +RH \longrightarrow ROH+ROR+O_2 \tag{5-139}$$

研究发现，WAO 反应过程中不稳定的中间化合物和大分子有机物 A 被氧化降解，生成稳定的中间产物 B，然后继续氧化为二氧化碳和水。

(2) 湿式氧化动力学

WAO 法的反应动力学模型主要有理论模型和半经验模型。

① 理论模型。WAO 过程的理论模型基本表达式为：

$$-\frac{dC}{dt}=k_0\exp(-E_0/RT)[C]^m[O]^n \tag{5-140}$$

式中 t——反应时间，s；

k_0——指前因子；

E_0——活化能，kJ/mol；

R——摩尔气体常数，8.314J/(mol·K)；

T——热力学温度，K；

C——有机物浓度，mol/L；

O——氧化剂浓度，mol/L；

m，n——反应级数。

② 半经验模型。J. N. Foussard 等提出了湿式氧化半经验模型，认为污泥的湿式氧化为一级反应，反应动力学模型为：

$$-\frac{da}{dt}=k_1a \tag{5-141}$$

$$-\frac{db}{dt}=k_2b \tag{5-142}$$

式中 a——易氧化的有机物浓度；

b——难氧化的有机物浓度；

k_1，k_2——反应速率常数。

表 5-13 列出了不同温度下反应速率常数 k_1 和 k_2 的值。

表 5-13 不同温度下反应速率常数 k_1 和 k_2 的值

T/K	p_{O_2}/MPa	k_1/($\times10^3s^{-1}$)	k_2/($\times10^3s^{-1}$)
528	0.65	28.6	1.90
536	0.44	80	3.25

(3) 湿式氧化的主要影响因素

① 温度。温度是湿式氧化过程非常重要的因素。反应温度对湿式氧化处理起决定作用，若反应温度过低，反应时间会延长，反应物的去除率也会下降。温度越高，越有利于反应进行，表现为反应速率加快，反应进行得彻底。另外，随着温度升高，溶解氧及氧气的传质速率也在增大，液体黏度变小，表面张力降低，有利于氧化反应的进行。

温度对湿式氧化处理的影响如图 5-24 所示。从图 5-24 中可看出，实现同样的有机物去除率，温度越高，反应所需时间越短，相应地反应容器可以制作得越小。但由于温度过高，需考虑设备的承受能力，实际应用过程不经济，因此实际操作时温度一般控制在 150～280℃；反应时间越长、温度越高，有机物去除效果越好。温度高于 200℃时，有机物去除率较高。当温度低于某个限度时，即使延长氧化时间，去除效果也不会显著提高。湿式氧化处理温度一般不低于 180℃。

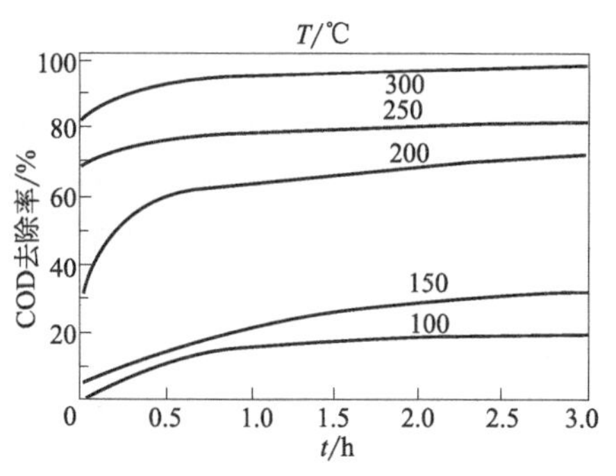

图 5-24 温度对湿式氧化处理的影响

② pH 值。pH 值对氧化效果有一定的影响。酸碱度不同，污染物的存在形态可能不同，氧化还原电位也不同。水介质中的自由基反应也与 pH 值有密切关系，pH 值对不同废水的影响效果不同。一般可以分为以下几种。

a. 对有些废水采用湿式氧化法进行处理时，pH 值对 COD 的去除存在最大值，研究发现，用湿式氧化法处理有机磷农药废水时，在 pH=9 时，氧化降解效果最低；当处理含酚废水时，pH 值为 3.5～4.0 时降解效果最佳。

b. 对有些废水，处理效果随 pH 值增大而增强。有关研究显示，当 pH>10 时，采用湿式氧化法降解氨的效果比较显著；对橄榄油和酒厂废水，温度达 130℃时，pH 值越大，降解效果越好。

c. 对有些废水，处理效果随 pH 值增大而减弱。研究发现，采用湿式氧化法处理有机磷农药废水时，pH 值越低，有机磷的水解速率越大。

d. 在湿式氧化过程中，同时伴有有机物质氧化和中间产物生成，反应体系中的 pH 值会不断地发生变化，一般表现为先变小后变大。温度越高，有机物质氧化速率越快，pH 值变化越剧烈。因此，pH 值可作为反应过程的重要指示参数。

③ 催化剂。催化剂指在化学反应里能改变化学反应速率，而本身的质量和化学性质在化学反应前后都没有发生改变的物质。添加适量的催化剂，可以加快湿式氧化反应速率，降低反应的活化能，缩短反应时间。催化剂有的是单一化合物，有的是络合化合物，有的是混合物。催化剂具有选择性，不同的反应所用的催化剂有所不同。通过选择合适的催化剂，可以改变反应过程来实现能力及容量的提高，达到节能与高效的目的。在有催化剂存在的情况下，处理效果明显改善，见表 5-14。

表 5-14 催化氧化与非催化氧化效果比较

处理方式		温度/℃	停留时间/min	COD/(mg/L)	去除率/%
湿式氧化法	乙酸	248	60	5000	15
	苯酚	250	30	1400	98.5
	氨	220～270	60	1000	5
湿式催化氧化法	乙酸	248	60	5000	90
	苯酚	200	60	2000	94.8
	氨	263	60	1000	50

④ 废水中有机物的性质。研究表明，有机物的性质不同，其氧化的难易程度也不同。有机物氧化与其空间结构和电荷性质有关，不同废水中有机物的种类不同，其表观活化能不同，反应所需的活化能不一样，湿式氧化反应进行的难易程度也是有所差别的。

如果有机污染物只由碳、氢、氧三种元素组成，那么其湿式氧化反应的难易程度与分子中碳和氧元素的质量分数呈良好的线性关系，即分子中氧元素含量越低，该有机物的氧化性越高；碳元素含量越高，该有机物的氧化性越高。对于含有其他取代基的化合物，可以采用校正法（校正分子量）来判断湿式氧化反应的可能性。碳元素在校正后的分子量中占的比例越大，反应越容易发生。醇类和酸类物质（甲酸除外）碳原子数越多，其氧化性越强，反应活性由高到低依次为 $C_1 < C_2 < C_3 < C_4 < C_5 < C_6$，胺类物质不明显。另外，物质的氧化性与分子异构体有关，例如，醇的异构体稳定性顺序为正醇＞异醇＞叔醇。

废水中有机污染物的转化过程主要包括有机污染物首先转化为中间产物，中间产物进一步氧化为小分子化合物两个过程。第一步氧化速率比较迅速，第二步反应通常比较缓慢。研究指出，大分子有机污染物氧化降解生成的甲酸和乙酸能够抑制湿式氧化过程，乙酸是常见的中间产物，因其具有较高的氧化值，很难被氧化，所以容易积累。因此，湿式氧化处理有机废水的效率在很大程度上取决于乙酸进一步氧化的难易程度。

⑤ 废水的反应热和所需的空气量。湿式氧化也称为湿式燃烧，在系统中主要依靠有机物氧化释放的氧化热来维持反应温度。在氧化过程中单位质量的氧化物产生的热值称为燃烧值。湿式氧化过程还需要空气中的氧气，根据废水中 COD 的浓度可计算出所需氧气的量，然后根据氧的利用率进一步计算所需空气量。虽然不同物质和组分的燃烧热值及所需空气量不同，但是它们每消耗单位千克空气所释放的热量基本相同，一般为 700～800kcal（1kcal＝4.184J），表 5-15 给出了一些燃料和废料的热值和每消耗单位质量［以千克（kg）计］空气的热值。

完全去除时，空气的理论值与废水的 COD 浓度之间的关系为：

$$A = 4.3\mathrm{COD} \tag{5-143}$$

对应的放热量为：

$$H = 4.3\mathrm{COD} \times 3.16 = 13.6\mathrm{COD} \tag{5-144}$$

表 5-15 一些燃料和废料的热值及每消耗单位质量［以千克（kg）计］空气的热值

物料		物质/(kJ/g)	完全氧化所需的氧化剂		空气/(kJ/kg)
			/(kg O_2/kg 物质)	/(kg 空气/kg 物质)	
燃料	乙烯	50	3.42	14.8	3375
	草酸	2.8	0.18	0.77	3642
	氢	142	7.94	34.34	4141
	碳	33	2.66	11.53	2839
	燃料油	45	3.26	14.0	3211
	乳糖	16	11.13	4.87	3383
废料	亚硫酸盐法纸浆废液	19	1.32	5.70	3224
	一次沉淀池污泥	18	1.33	5.75	3174
	半化学法纸浆废液	14	0.96	4.13	3282
	二次沉淀池活性污泥	15	1.19	5.14	2956

⑥ 压力。系统压力对氧化反应的影响并不大，其主要作用为保持反应系统内液相的存在。如果压力过低，大量的反应热用于水的蒸发，这样不仅难以保证反应温度，而且反应器有蒸干的危险。在一定温度下，总压应高于该温度下的饱和蒸气压。

氧气分压可用来表示反应系统内氧气的含量，所以氧气分压在一定程度上直接影响氧化分率。氧气分压不仅向反应系统提供所需的氧气，而且可以推动氧气在液相的传输。氧气分压产生影响的强弱与温度有关，温度越高，影响程度越不明显。当氧气分压增加至一定值时，它对反应速率和有机物的降解几乎不起作用。反应压力与反应温度之间有一定的关系，表 5-16 给出了通常湿式氧化反应装置内反应温度与反应压力之间的经验关系。

表 5-16 湿式氧化反应装置内反应温度与反应压力之间的经验关系

反应温度/K	503	523	553	573	593
反应压力/MPa	4.5～6.0	7.0～8.5	10.5～12.0	14.0～16.0	20.0～21.0

图 5-25 为湿式氧化的典型工艺流程，废水经高压泵从储存罐打入热交换器，与反应后的高温氧化液体进行换热，当温度上升至反应温度后进入反应器。与此同时，空气由空压机打入反应器。在高温高压条件下，废水中的有机物与氧气接触，被氧化成 CO_2 和 H_2O 以及小分子有机酸等中间产物。反应后的气液混合物经分离器分离，液相经热交换器预热原废水，回收热能。高温高压的尾气首先经过再沸器产生蒸汽或经热交换器预热锅炉进水，其冷凝水经第二分离器分离后通过循环泵再打入反应器，分离后的高压尾气送入透平机产生电能或机械能。在此典型的湿式氧化工艺中，在处理废水的同时，对能量进行逐级利用，减少了有效能量损失。

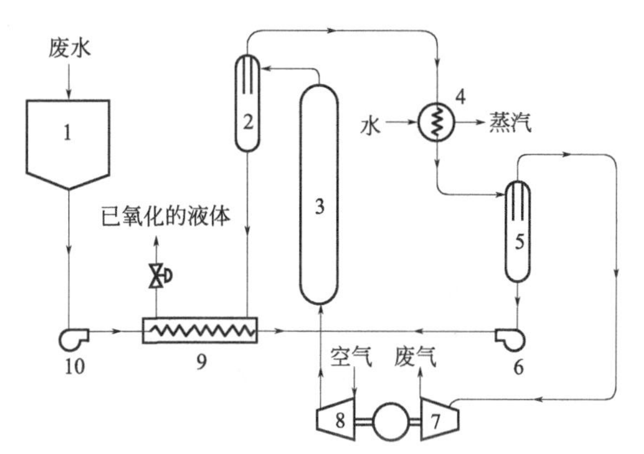

图 5-25 湿式氧化的典型工艺流程

1—储存罐；2,5—分离器；3—反应器；4—再沸器；6—高压泵；7—热交换器；8—空压机；9—透平机；10—循环泵

5.2.2.2 湿法还原

湿法还原主要用于湿法冶金中的还原过程，又称置换法。该过程是利用还原剂将水溶液中的金属离子（或其配电子）由高价还原成低价或金属的过程。主要应用于以下几个方面：

① 由水溶液中富集金属。某些稀有分散性金属或贵金属，其原料品位很低，相应地在溶液中其浓度和相对含量都很低，选用适当的还原剂可使其优先被还原进入固相，而将还原电势相对较负的杂质留在溶液中。例如，处理质量分数分别为 In 0.2%～0.6%，Zn 38%，Cd 2%的物料回收铟时，将物料酸溶，使 In、Zn、Cd 均进入溶液，再用锌置换铟，使锌及比锌更负电性的金属均留在溶液中，而使铟富集在固相，制备了海绵铟。

② 制取粗金属和某些化工产品。例如，用锌还原法从含金、银的氰化物溶液中回收金银以及用 SO_2 还原法从 Na_3AsO_4 溶液中制取 As_2O_3 等。

③ 制取有一定化学成分及物理形态的金属粉末。在特定物件表面制取金属镀层，例如，在某些非金属材料表面制备镍、金、银的镀层并进而用化学镀的方法制备某些电子元件。

④ 将溶液净化除杂。如锌冶金中将 $ZnSO_4$ 溶液用锌粉置换法除铜、镉等。

⑤ 改变某些离子的价态，扩大某些相似元素性质的差异，相应地提高净化分离的效果。

(1) 置换反应热力学

从热力学角度考虑，任何金属（M_1）均可能按其在电势序中的位置被更负电性的金属

（M_2）从溶液中置换出来，其反应通式可表示为：

$$z_2 M_1^{z_1+} + z_1 M_2 = z_2 M_1 + z_1 M_2^{z_2+} \tag{5-145}$$

置换反应为典型的原电池反应，组成该原电池反应的两个电极反应为：

$$M_1^{z_1+} + z_1 e^- = M_1 \tag{5-146}$$

$$M_2^{z_2+} + z_2 e^- = M_2 \tag{5-147}$$

设两金属价数相同，即 $z_1 = z_2 = z$，该置换反应可简化为 $M_1^{z+} + M_2 = M_1 + M_2^{z+}$，并可得此置换反应的平衡常数：

$$K = a_{M_2^{z+}} / a_{M_1^{z+}} = \exp\left(\frac{zF}{RT} \times E^{\ominus}\right) = \exp\left[\frac{zF}{RT}(E_1^{\ominus} - E_2^{\ominus})\right] \tag{5-148}$$

式中　$E_1^{\ominus}$，$E_2^{\ominus}$——电极反应式(5-146)、反应式(5-147)的标准电极电势；

$a_{M_1^{z+}}$，$a_{M_2^{z+}}$——M_1^{z+} 和 M_2^{z+} 的平衡活度。

以锌（M_2）置换铜（M_1）为例，将它们各自在 25℃ 的标准电极电势值代入此式，则得：

$$\frac{a_{Zn^{2+}}}{a_{Cu^{2+}}} = \exp\left[\frac{zF}{RT} \times (0.345 + 0.762)\right] = 2.88 \times 10^{37} \tag{5-149}$$

计算结果表明，25℃下反应平衡时溶液中 Zn^{2+} 的活度相当于 Cu^{2+} 活度的 2.88×10^{37} 倍，可见，用金属锌能够从溶液中将铜置换沉积出来，而且，其置换是很彻底的。

（2）置换过程动力学

置换过程也称为内电解，其机理是沿着原电解池理论的发展建立起来的。根据原电池的概念，可视置换金属的溶解即离子化为负极过程，而被置换金属的沉积为正极过程。也就是说，在与电解质溶液相接触的金属表面上，进行着共轭的氧化还原电化学反应。当较负电性的金属放入含更正电性金属离子的溶液时，在金属与溶液之间立即开始离子交换，并在金属表面上形成了被置换金属覆盖的表面区。随着反应的进行，电子将由置换金属流向被置换金属的正极区，而在负极区则是金属的离子化。

从反应机理说，置换过程的速度可能受电化学反应步骤的控制，即受负极或正极反应速度控制，也可能受扩散传质步骤控制，用电化学的研究方法进行测定所得结果表明：若过程受负极反应速度控制，在被置换金属表面上测得的电势是向更正的方向移动；相反，若过程受正极反应速度控制，则被置换金属的电势向更负值方向移动，并趋近于该原电池反应中负电性金属的电势。例如，镍置换铜时，铜的电势向更正值方向移动，说明置换过程受负极反应即镍的离子化控制。相反，在锌置换铜的过程中，铜的电势向负值方向移动，说明置换过程取决于正极反应即铜的沉积反应速度。

至于整个置换过程的速度是受扩散步骤控制还是受电化学步骤控制则决定于一系列的因素，其中，最重要的是取决于组成的原电池的标准电势，当标准电势足够大，则电化学反应的速度大，即受扩散步骤控制。事实上绝大多数有实用价值的置换沉积体系，其标准电势均较大，因此，绝大多数置换沉积过程的速度是受扩散传质步骤控制。若是这样，便可基于扩散传质过程的速度方程，在反应表面积 S 大体不变的条件下，导出下列适用于绝大多数置换沉积过程的速度方程：

$$\lg \frac{C_t}{C_0} = \frac{-KS}{2.303V} t \tag{5-150}$$

式中　C_0，C_t——溶液中被置换金属离子的起始浓度和时间为 t 时的浓度，mol/L；

K——扩散速度常数，cm/min；

S——反应表面积，cm^2；

V——溶液体积，cm^3；

t——反应时间，min。

可将上述方程式扩展，用于描述整个置换过程的速度。当受扩散步骤控制时，K 值为扩散速率常数；当受电化学反应步骤控制时，则 K 值为电化学反应的速率常数。

(3) 置换沉积过程的副反应

在置换沉积法实际应用过程中，必须重视下述一些副反应。

金属的氧化溶解反应中，从金属-水系的电势-pH 图可以看出，从热力学角度出发，氧完全有可能置换金属溶解，甚至有可能使被置换沉积出来的金属返溶，从而造成金属置换的损耗。因此，有必要尽可能避免溶液与空气接触，或采取措施脱除溶液中被溶解的氧。例如，用锌粉从氰化物溶液中置换沉积金属以前，将含金氰化物溶液进行真空脱气，已经成为金属冶金工艺的一个重要环节。

(4) 有机物还原法

许多有机物，如联胺（水合肼）、甲醛、草酸等都可以作为还原剂，这些还原剂主要用于贵金属的提纯，也常用于化学镀的过程。

① 联胺还原法。联胺是含氮有机化合物，结构式 $H_2N—NH_2$，商品联胺为联胺含量不等的水合联胺，亦称水合肼。联胺的还原能力相当强，而且随着溶液 pH 值升高而增大，目前多用于还原沉积银。用联胺从硝酸银和银氨溶液中还原沉积银的反应式可表示如下。

$$AgNO_3+N_2H_4 = Ag\downarrow+NH_4NO_3+\frac{1}{2}N_2$$

$$4Ag(NH_3)_2^+ + N_2H_4 + 4OH^- = 4Ag\downarrow + 8NH_3 + 4H_2O + N_2$$

联胺还可以用来从固体 AgCl 料浆中还原沉积银：

$$4AgCl + N_2H_4 + 4OH^- = 4Ag\downarrow + 4Cl^- + 4H_2O + N_2$$

如果硝酸银或银氨溶液中含有其他可被还原的杂质，则可先加入盐酸使银呈难溶 AgCl 沉淀下来，而杂质元素仍保留在溶液内，从而达到银与杂质分离的目的，所得 AgCl 沉淀经洗涤、浆化继而还原，便可获得纯度高的银粉。

② 甲醛还原法。甲醛是一种羰基化合物，结构式为 HCHO，甲醛既有氧化性，也有还原性，即可被还原为甲醇：

$$HCHO+2H_2O+2e^- = CH_3OH+2OH^-, E^\ominus=-0.59V$$

也可被氧化为 H_2CO_3，HCO_3^- 或 CO_3^{2-}：

$$H_2CO_3+4H^++4e^- = HCHO+2H_2O, E^\ominus=-0.05V$$

$$HCO_3^-+5H^++4e^- = HCHO+2H_2O, E^\ominus=-0.0044V$$

$$CO_3^{2-}+6H^++4e^- = HCHO+2H_2O, E^\ominus=-0.197V$$

从标准电极电势可以看出，甲醛的还原能力弱于联胺，随着溶液 pH 值增高其还原能力增强，目前，甲醛还原法多用来提取银。

甲醛还原沉积银，通常是在一般机械搅拌槽中于室温及 pH>8 的条件下进行，甲醛消耗量为理论量的 1.3 倍，从上列反应可以看出，1mol 的 HCHO 可以还原出 4mol 的银，而

HCHO 的摩尔质量仅为 32，故甲醛的用量相当少，这个是甲醛还原法的重要优点。

③ 草酸还原法。草酸的结构式为 HOOC—COOH，学名为乙二酸。草酸的还原能力相当强，其氧化产物为 CO_2：

$$2CO_2+2H^++2e^- \xlongequal{} H_2C_2O_4, E^\ominus=-0.49V$$

目前，草酸还原法主要用于从氧化性较强的溶液中提取金。其反应式可写为：

$$2HAuCl_4+3H_2C_2O_4 \xlongequal{} 2Au+8HCl+6CO_2$$

还原过程是在 pH 值为 2～3 的条件下进行，溶液中的铂和钯不能被草酸还原，随后用锌粉置换法产出铂钯精矿。

5.2.3 催化氧化还原

5.2.3.1 光催化氧化及其应用

20 世纪 70 年代初，由于全球性的能源危机，人们开始了将太阳能转变为可实际使用的能源的研究。1972 年，Fujishima 在 N-型半导体 TiO_2 电极上发现了水的光催化分解作用，从而开辟了半导体光催化这一新的领域。光催化氧化法对水中表面活性剂、含氮有机物等均有很好的去除效果，即使是较难降解的污染物，也可达到完全激发。

(1) 半导体光催化氧化原理

半导体材料能作为催化剂与它自身的光电特性有关。半导体光催化剂大多是 N-型半导体（以 TiO_2 最为广泛），都具有区别于金属或绝缘物质的特别的能带结构，即在价带和导带之间存在一个禁带。

由于半导体的光吸收阈值与带隙具有 $\lambda_s=1240E_s$ 的关系，因此，常用的宽带隙半导体的吸收波长阈值大都在紫外区域。当光子能量高于光照射半导体的吸收阈值时，半导体的价带电子发生带间跃迁，即从价带跃迁到导带，从而产生光生电子（e^-）和空穴（h^+）。此时吸附在纳米颗粒表面的溶解氧捕获电子形成超氧负离子，而空穴将吸附在催化剂表面的氢氧根离子和水氧化成羟基自由基。而超氧负离子和羟基自由基具有很强的氧化性，能将绝大多数的有机物氧化至最终产物 CO_2 和 H_2O，甚至对一些无机物也能彻底分解。

以 TiO_2 为例，其基本反应式为：

$$TiO_2+h\nu \longrightarrow e^-+h^+$$

$$h^++e^- \longrightarrow 热量$$

$$H_2O \longrightarrow H^++OH^-$$

$$h^++OH^- \longrightarrow OH\cdot$$

$$h^++H_2O+O^{2-} \longrightarrow OH\cdot+H^++O_2^-$$

$$h^++H_2O \longrightarrow OH\cdot+H^+$$

$$e^-+O_2 \longrightarrow O_2^-$$

$$O_2^-+H^+ \longrightarrow HO_2\cdot$$

$$2HO_2\cdot \longrightarrow O_2+H_2O_2$$

$$H_2O_2+O_2^- \longrightarrow OH\cdot+OH^-+O_2$$

$$H_2O_2+h\nu \longrightarrow 2OH\cdot$$

$$M^{n+}(金属离子)+ne^- \longrightarrow M^0$$

其催化机理如图 5-26 所示。

从反应历程看，通过光激发后，TiO_2 产生高活性光生空穴和光生电子，形成氧化-还原体系，经一系列可能的反应之后产生大量的高活性自由基，在众多自由基中，OH· 是主要的自由基。光催化表面的羟基化，是光催化氧化有机物的必要条件。

从利用太阳光效率上看，半导体的光催化特性还存在着以下缺陷：第一，半导体的光吸收波长范围窄，对太阳光的利用比例低。第二，半导体载流子的复合率高，从而量子效率低。

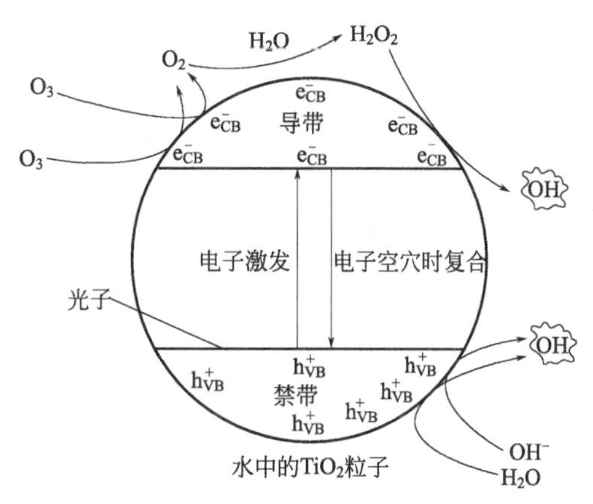

图 5-26　TiO_2 的光催化反应机理

影响 TiO_2 光催化氧化有机物的因素有如下几方面：

① 溶液中物质的影响。在处理污水时，溶液中无机盐的影响是不可忽视的，有些无机盐对光降解起促进作用，而有些盐则起阻碍作用。另外 pH 值对量子效率也有影响，不同物质的降解有不同的最佳 pH 值，且 pH 值影响也比较显著。

② 外加氧化剂的影响。有效地使电子和空穴分离，也可以提高光催化效率。通常用的实验方法是通入电子的良好受体，通常通入 O_2 和 H_2O_2，但 H_2O_2 比 O_2 更好，但也不可投入太多。

③ TiO_2 载体的影响。目前较实用简便的方法是固定法，在不同固定床上，光降解速度也会有很大不同。

(2) 光催化反应在水处理中的应用

① 降解酚类物质。酚类化合物在废水中也是常见的污染物之一。研究采用 TiO_2 光催化氧化法降解邻硝基苯酚、对苯二酚、邻氨基酚等酚类化合物，结果表明，酚类物质降解效果好。它们在水溶液中的浓度与时间的关系变化曲线如图 5-27 所示。

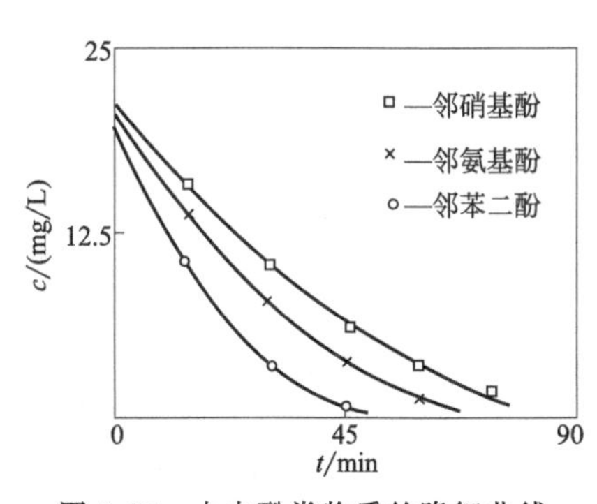

图 5-27　水中酚类物质的降解曲线

由图 5-27 可以看出，溶液中残留浓度随光照时间的增长而逐渐减小。经过 120min 降解处理后，去除率高达 98%。实验发现，水中酚类物质较易发生光催化降解，去除率高。作为一种高效水处理方法，光催化降解法在去除水中其他有机物时，也有相对较高的去除效率。目前，光催化降解有机物仍处于理论研究阶段，实际应用很少。但这种高效、无二次污染的光催化降解法在废水处理领域有着广阔的应用前景。

② 处理农药废水。目前，主要采用生化法降解有机磷农药废水，但处理后的废水中有机磷含量仍高于国家废水的排放标准，不能直接排放。采用 TiO_2 光催化降解法处理此农药废水，可将有机磷完全转化为 PO_4^{3-}，COD_{Cr} 降解率高达 70%～90%。

TiO_2 单独作为催化剂降解某些农药废水，处理效果不能满足排放的要求。此时可以采取其他物质与 TiO_2 复合的方式增强其降解性能。采用活性层包覆法在超细 $SnO_2 \cdot nH_2O$ 胶状粒子活性层表面包覆 TiO_2，制成 TiO_2-SnO_2 复合催化剂（半导体-半导体复合），可使

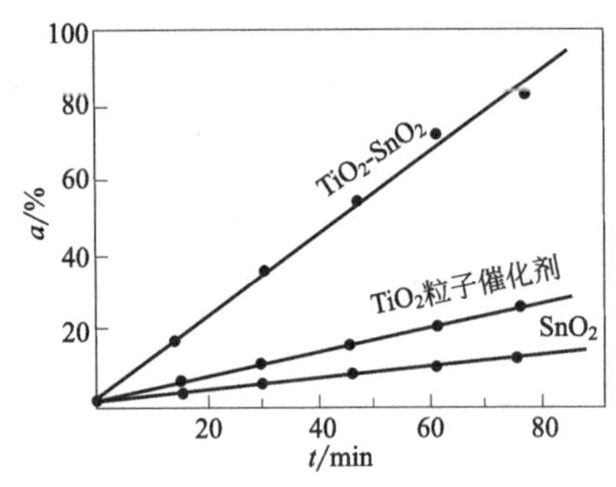

图 5-28　光催化降解敌敌畏农药

TiO_2 的光催化活性大大提高。分别采用相同质量的 SnO_2、TiO_2、TiO_2-SnO_2 粒子作为催化剂，光催化降解敌敌畏［学名 *O*,*O*-二甲基-*O*-(2,2-二氯乙烯)磷酸酯］农药，降解后结果如图 5-28 所示。

由图 5-28 可知，使用 3 种光催化剂催化降解敌敌畏时，无机磷回收率均基本与光照时间呈线性关系。以 TiO_2-SnO_2 粒子作为催化剂，处理 80min 后可将较低浓度的敌敌畏废水完全降解，为有机磷农药废水的降解开辟了新的途径。

5.2.3.2　催化铝电解还原技术

目前，在实验研究和工程实践中，已经有很多关于零价铁和催化铁电解法处理工业废水的研究报道，其成果得到了认可。但还存在一些局限：零价铁和催化铁电解法处理废水的最适 pH 值都是酸性和中性，在碱性特别是 pH>12 时处理效果差，而实际的印染废水大都呈强碱性，若用酸去中和废水，需要耗费大量的酸。而铝是两性金属，能与碱反应，在碱性条件下处理废水，会比铁更有优势。

电化学还原的有关情况如下。

(1) 电偶腐蚀

电偶腐蚀是在一定条件下，某种金属由于与电极电位较高的金属接触而使得腐蚀速率增大的现象。在双电偶中，活泼性较强的金属被腐蚀，而不活泼的金属则不直接参与反应，仅作为电子传递的导体。在 Cu/Al 双电偶中，Al 被腐蚀，其腐蚀速率比相同条件下未构成双电偶的 Al 的腐蚀速率要大得多。故用 Cu/Al 体系来处理活性艳红的效果比单独用 Al 处理更好，见表 5-17。

表 5-17　强酸、强碱条件下催化铝电解体系和单质铝体系对活性艳红去除率的对比

反应时间/min	pH 值	(Cu/Al)/%	Al/%	差值/%
15	1.5	92.0	82.1	9.9
	12	98.7	91.8	6.9

(2) 点蚀

点蚀是一种常见的局部腐蚀，多数发生在表面有钝化膜或保护膜的金属上，如铝及铝合金、不锈钢、耐热钢、钛合金等。点蚀的发生、发展分为两个阶段，即蚀孔的成核过程和蚀孔的生长过程。在用催化铝系统处理活性艳红废水的过程中，Al 表面易形成 Al_2O_3 膜，反应前由于酸洗或废水中存在 Cl^-，该氧化膜被破坏，即生成了小蚀孔。小蚀孔内的活化 Al 能与活性艳红反应使蚀孔进一步变大，蚀孔内外构成了活化-钝化微电偶的腐蚀电池。

蚀孔内：

$$Al \longrightarrow Al^{3+} + 3e^-$$

蚀孔外：

$$\text{活性艳红} + 3e^- \longrightarrow \text{苯胺} + \text{其他}$$

$$\frac{1}{2}O_2 + H_2O + 2e^- \longrightarrow 2OH^-$$

过程中的 Al^{3+} 和 OH^- 反应生成的 $Al(OH)_3$ 有絮凝作用，因而夹带了一部分活性艳红堆积在蚀孔口处。蚀孔内便形成了一个不断自催化的体系，腐蚀不断加大，蚀孔不断变深，活性艳红也不断被降解。

单质 Al 很活泼，具有较强的还原能力；即使不能与其他金属形成原电池，单质铝也可以还原某些有机物。活性艳红中的—N ═N—偶氮双键是染料的发色基团，偶氮双键易与电子结合加氢后断键，从而使色度去除。我们可以推测活性艳红能与 Al 发生如下反应：

$$活性艳红+Al \longrightarrow Al^{3+}+苯胺+其他$$

不论是催化铝电解体系的电化学还原，还是单质铝的直接还原，在反应过程中必定都检测出苯胺。在催化铝电解体系中加入 pH＝6.5、100mg/L 的活性艳红废水进行反应，反应时间为 4h，以使反应尽可能地进行完全，测定苯胺的实际生成量，其与理论生成量的比值即为还原作用在活性艳红的去除中所占比例。结果如图 5-29 所示。

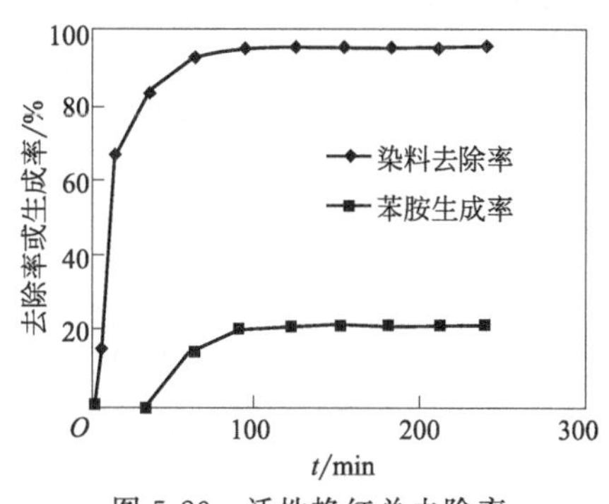

图 5-29 活性艳红总去除率与还原作用的关系

由图 5-29 可看出，当反应进行到 30min 时，活性艳红的总去除率达到了 60%，但苯胺的生成量却很小；当反应进行到 100min 时，活性艳红的去除率已接近 100%，此时苯胺的生成量也达到了一个稳定值。由此求得还原作用在活性艳红的去除中所占的比例为 21.7%。

5.3 废物的分离

5.3.1 物理分离

5.3.1.1 固液分离

(1) 稀释和浓缩悬浮液的沉降

沉降是依靠体积力的作用将颗粒从流体中分离出来的过程，该体积力可以是作用在颗粒上的浮力、重力或离心力。颗粒通过粒径大小和密度表现出来的质量以及悬浮液中颗粒的体积浓度，都与这些状况下悬浮液的沉降行为的描述密切相关。稀释悬浮液的沉降过程中，颗粒可以作为个体进行沉降。在高浓度时，用干涉沉降或干涉浓缩来描述悬浮液沉降过程，这时沉降速度更主要的是与浓度而不是颗粒大小有关。

沉降悬浮液的行为主要由两个因素来决定：一个是颗粒固相物的浓度；另一个是颗粒的聚集状态。如果固相物浓度低而且也不以任何方式聚集，也就是说，以“颗粒”状态存在，那么颗粒将作为个体进行沉降，其运动可以用牛顿定律或斯托克斯定律来描述。然而，如果颗粒浓度非常大以至于颗粒之间几乎都有接触，其干涉程度致使颗粒大小对沉降速度的影响变小，此时沉降速度受浓度的影响要大于其他任何特性参数的影响。这些因素之间的关系概括于图 5-30 中。

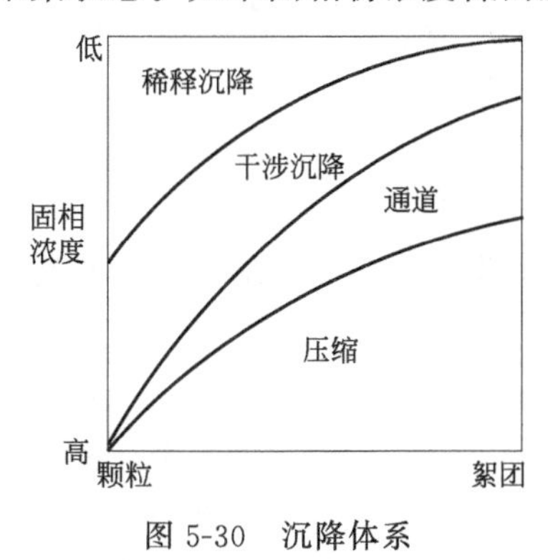

图 5-30 沉降体系

图 5-30 中各区的分离机理是不同的，明白这一点很重要。例如，在压缩区悬浮液变得非常浓，其内的分离机理与其说是沉降，倒不如说更像过滤，而且此时通道对分

离非常重要。

1）稀释悬浮液的沉降

将牛顿第二运动定律应用于实际的场合，可以得到液体中一个小固相颗粒运动的通式。单个颗粒所受的力可用式(5-151)表示：

$$A-D+F+P-L-B=0 \tag{5-151}$$

式中 A——作用于颗粒上的惯性力；

D——作用于颗粒上的阻力；

F——作用于颗粒上的场力；

P——流体中压力梯度引起的压力；

L——作用于颗粒表观质量上的加速力；

B——考虑因非稳定状态引起流型偏离的力。

若将上式全面展开，该式将非常复杂而难以求解，因此求解前通常进行简化。例如，如果流体中的压力梯度不太大，则 P 可以忽略不计；如果流态稳定，则 B 为零；当流体密度低于固相密度时，L 通常可以忽略。如果进行这些简化，则式(5-151)变为：

$$A-D+F=0 \tag{5-152}$$

如果颗粒是直径为 x 的球形，则惯性力 A 可用下式给出：

$$A=\frac{\pi x^3}{6}\rho_s\frac{du}{dt} \tag{5-153}$$

式中 ρ_s——固相密度；

u——颗粒与流体间的相对速度；

t——时间，通常用（$\rho_s+k\rho$）代替式中的 ρ_s 项，以计入 L 的影响，符号 k 是一个考虑颗粒周围流体层存在的因子，ρ 是流体密度，k 的值一般取为 0.5。

阻力通常用牛顿定律来描述，即：

$$D=C_D(Re_p)A_p\frac{\rho}{2}u^2 \tag{5-154}$$

式中 A_p——颗粒在流动方向上的投影面积；

C_D——阻力系数。

对于任何形状的颗粒，阻力系数是下述颗粒雷诺数的函数：

$$Re_p=\frac{xu\rho}{\mu} \tag{5-155}$$

该雷诺数表征颗粒周围流体流动的特性。

阻力系数也可以被看成是颗粒单位投影面积（垂直于运动方向测量）上的力 τ 与流体动能之比，于是：

$$C_D=\frac{2\tau}{\rho u^2} \tag{5-156}$$

C_D 与 Re_p 的关系，即标准阻力曲线，示于双对数坐标图 5-31 中。

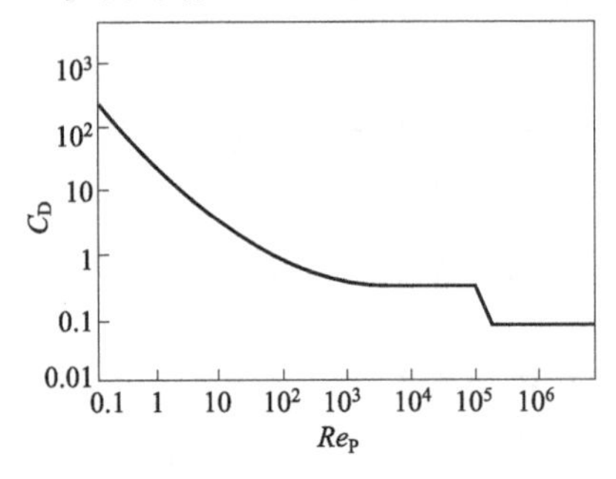

图 5-31 标准阻力曲线

随着雷诺数的增大，阻力系数值减小。许多研究者导出了一些描述 C_D 与 Re_p 关系的方程式，这些方程式通常局限于一个有限的 Re_p 范围。例如，当 Re_p

值在 10^5 以下时，Khan 和 Richardson 建议采用下式：

$$C_D=(2.249Re_p^{-0.31}+0.358Re_p^{0.06})^{3.45} \tag{5-157}$$

可以看到，当 Re_p 值处于 $10^3\sim2\times10^5$ 的范围内时，C_D 的值恒定为 0.44；而当 Re_p 值在约 2×10^5 附近时，C_D 值迅速下降到另一个恒定值 0.1。该 C_D 值的陡降现象是由球形颗粒周围流体边界层的流动状态变化而引起的，此时边界层流动状态从层流变为湍流，并且颗粒后方流体边界层开始与颗粒表面分离。

在重力沉降中，起主导作用的场力是作用在颗粒上的重力和浮力，于是：

$$F=\frac{\pi x^3}{6}(\rho_s-\rho)g \tag{5-158}$$

因此，式(5-152) 力平衡变为：

$$\frac{\pi x^3}{6}\rho_s\frac{du}{dt}-C_D\left(\frac{\pi x^2}{4}\right)\left(\frac{\rho}{2}\right)u^2+\frac{\pi x^3}{6}(\rho_s-\rho)g=0 \tag{5-159}$$

而且，如果其中加速度项被认为非常小而忽略不计，则速度 u 的值变为沉降终速 u_t，由下式给出：

$$\frac{\pi x^3}{6}(\rho_s-\rho)g=C_D\left(\frac{\pi x^2}{4}\right)\left(\frac{\rho}{2}\right)u_t^2 \tag{5-160}$$

即

$$u_t=\left[\frac{4(\rho_s-\rho)gx}{3\rho C_D}\right]^{1/2} \tag{5-161}$$

如果 C_D 值已知，则 u_t 的值可以由该式算出。

在稀释悬浮液沉降中，颗粒雷诺数通常很低（<1.0），此时 C_D 与 Re_p 的关系可以简单地描述。斯托克斯（Stokes）解出了 Navier-Stokes 方程，该式在忽略惯性项的假设前提下，描述了仅有重力作为体积力时不可压缩流体中微元体的行为，得到了如下结果：

$$D=3\pi\mu xu \tag{5-162}$$

或

$$C_D=\frac{24}{Re_p} \tag{5-163}$$

当 Re_p 值在 0.2 以下时，这些方程应用时最大误差约为 4%。这些方程应用到某一给定系统时，适用的最大颗粒尺寸可用下式求得：

$$x_{max}=\left[\frac{3.6\mu^2}{(\rho_s-\rho)\rho g}\right]^{1/3} \tag{5-164}$$

当采用斯托克斯阻力方程时，式(5-152) 的简化力平衡变为：

$$\frac{\pi x^3}{6}\rho_s\frac{du}{dt}-3\pi\mu xu+\frac{\pi x^3}{6}(\rho_s-\rho)g=0 \tag{5-165}$$

经过初期加速阶段（通常很短）之后，可取加速度项为零，并令 $u=u_t$，则沉降终速 u_t 可由式(5-166) 求得：

$$u_t=\frac{x^2}{18\mu}(\rho_s-\rho)g \tag{5-166}$$

此即是适用于球形颗粒的斯托克斯定律。

斯托克斯定律的应用受到两点限制：一点限制是涉及浓度的影响，适用的浓度应该非常低，要保证沉降颗粒的行为不受任何相邻颗粒存在的影响；另一点限制是颗粒雷诺数必须小于 0.2。如果这些条件能满足，沉降过程通常称为“自由沉降”。如果浓度的影响非常显著，则沉降行为不能用上述方法进行描述，而需要寻求其他途径。当颗粒雷诺数大于 0.2 时，需要求解将阻力用上述牛顿定律表示的力平衡方程，而且因阻力系数与沉降速度的相互关系需通过雷诺数联系起来而变得复杂。

当惯性力不能忽略时，Oseen 得出了一个针对球形颗粒的改进的解，其公式为：

$$C_D = \frac{24}{Re_p}\left(1+\frac{3}{16}Re_p\right) \tag{5-167}$$

当雷诺数小于 1.0 时，该式是精确的。

对于包含阻力系数的方程的求解，可以采用迭代程序或者是采用分离变量 u 和 x 的函数。例如：

$$C_D Re_p^2 = \frac{4(\rho_s-\rho)\rho x^3 g}{3u^2} = P^3 x^3 \tag{5-168}$$

以及

$$\frac{Re_p}{C_D} = \frac{3\rho^2 u^3}{4(\rho_s-\rho)g\mu} = \frac{u^3}{Q^3} \tag{5-169}$$

$$P=\left[\frac{4(\rho_s-\rho)\rho g}{3\mu^2}\right]^{1/3};Q=\left[\frac{4(\rho_s-\rho)\mu g}{3\rho^2}\right]^{1/3}$$

$[(\rho_s-\rho)\rho x^3 g]/\mu^2$ 项通常称为伽利略 (Galileo) 特征数 Ga 或阿基米德 (Archimedes) 特征数 Ar，这些符号将会在关联式中出现。

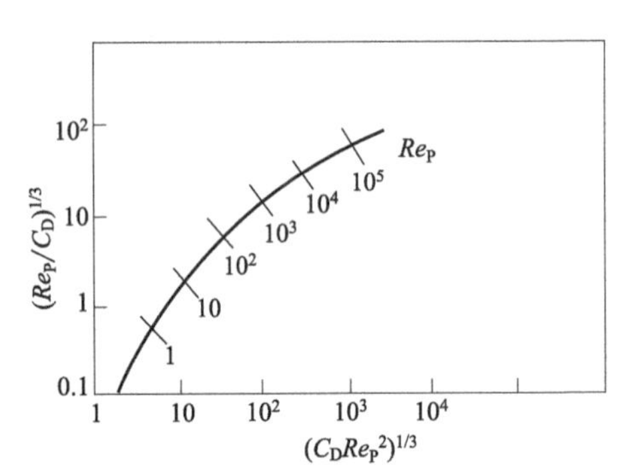

图 5-32　$(Re_p/C_D)^{1/3}$ 与 $(C_D Re_p{}^2)^{1/3}$ 的关系

从式(5-168) 和式(5-169) 中可以清楚看到，P 和 Q 仅仅依赖于系统特性。利用 $(Re_p/C_D)^{1/3}$ 与 $(C_D Re_p^2)^{1/3}$ 的曲线图（见图 5-32 或者表 5-18 和表 5-19）可以使这些问题的求解变得容易。

表 5-18　球形颗粒以 lgPx 为自变量的 lg（u_t/Q）值

lg(u_t/Q) u_t / lgPx	0.00	0.01	0.02	0.03	0.04	0.05	0.06	0.07	0.08	0.09
−0.2	−1.780									
−0.1	−1.580	−1.600	−1.620	−1.640	−1.660	−1.680	−1.700	−1.720	−1.740	−1.760
−0.0		−1.402	−1.422	−1.442	−1.461	−1.481	−1.501	−1.521	−1.541	−1.560
0.0	−1.382	−1.362	−1.343	−1.323	−1.303	−1.283	−1.264	−1.244	−1.225	−1.205
0.1	−1.185	−1.166	−1.146	−1.126	−1.106	−1.087	−1.068	−1.048	−1.029	−1.010
0.2	−0.990	−0.971	−0.952	−0.932	−0.912	−0.893	−0.874	−0.855	−0.836	−0.817
0.3	−0.799	−0.780	−0.762	−0.743	−0.725	−0.707	−0.688	−0.670	−0.652	−0.634
0.4	−0.616	−0.598	−0.580	−0.562	−0.544	−0.527	−0.510	−0.492	−0.475	−0.457
0.5	−0.440	−0.423	−0.406	−0.389	−0.373	−0.357	−0.341	−0.325	−0.308	−0.292
0.6	−0.276	−0.260	−0.245	−0.229	−0.213	−0.198	−0.183	−0.168	−0.153	−0.138
0.7	−0.123	−0.109	−0.095	−0.080	−0.066	−0.052	−0.038	−0.024	−0.011	0.003
0.8	0.017	0.030	0.043	0.057	0.070	0.083	0.096	0.109	0.122	0.135

续表

lg(u_t/Q) \ u_t lgPx	**0.00**	**0.01**	**0.02**	**0.03**	**0.04**	**0.05**	**0.06**	**0.07**	**0.08**	**0.09**
0.9	0.148	0.161	0.173	0.186	0.199	0.211	0.224	0.236	0.248	0.261
1.0	0.273	0.285	0.297	0.309	0.321	0.333	0.345	0.356	0.368	0.380
1.1	0.391	0.402	0.414	0.425	0.436	0.447	0.458	0.469	0.480	0.491
1.2	0.502	0.513	0.253	0.534	0.545	0.555	0.565	0.576	0.586	0.596
1.3	0.607	0.617	0.627	0.637	0.647	0.657	0.667	0.677	0.686	0.696
1.4	0.706	0.715	0.725	0.734	0.744	0.753	0.762	0.772	0.781	0.790
1.5	0.800	0.809	0.818	0.827	0.836	0.844	0.853	0.862	0.870	0.879
1.6	0.887	0.895	0.904	0.912	0.920	0.928	0.936	0.944	0.951	0.959
1.7	0.967	0.974	0.981	0.989	0.996	1.004	1.011	1.018	1.026	1.031
1.8	1.040	1.048	1.055	1.062	1.069	1.076	1.083	1.090	1.097	1.104
1.9	1.111	1.118	1.125	1.132	1.139	1.146	1.153	1.160	1.167	1.174
2.0	1.180	1.187	1.194	1.200	1.207	1.214	1.220	1.227	1.233	1.240
2.1	1.246	1.253	1.259	1.265	1.272	1.278	1.284	1.290	1.296	1.302
2.2	1.307	1.313	1.319	1.324	1.329	1.335	1.340	1.345	1.350	1.355
2.3	1.360	1.364	1.369	1.374	1.378	1.383	1.388	1.392	1.397	1.401
2.4	1.406	1.411	1.415	1.420	1.424	1.428	1.433	1.437	1.441	1.445
2.5	1.450	1.454	1.458	1.462	1.466	1.470	1.474	1.478	1.482	1.486
2.6	1.490	1.494	1.498	1.502	1.506	1.510	1.514	1.518	1.521	1.525
2.7	1.529	1.533	1.537	1.541	1.545	1.549	1.553	1.557	1.561	1.565
2.8	1.569	1.573	1.578	1.582	1.586	1.590	1.594	1.598	1.603	1.607
2.9	1.611	1.616	1.620	1.624	1.629	1.633	1.637	1.642	1.646	1.651
3.0	1.655	1.660	1.665	1.669	1.674	1.679	1.684	1.689	1.694	1.698
3.1	1.703	1.708	1.713	1.718	1.724	1.729	1.734	1.740	1.746	1.751
3.2	1.757	1.763	1.770	1.776	1.782	1.788	1.795	1.801	1.808	1.814
3.3	1.821	1.828	1.834	1.841	1.848	1.854	1.861	1.868	1.875	1.881

注：$P=\left[\frac{4(\rho_s-\rho)\rho g}{3\mu^2}\right]^{1/3}$；$Q=\left[\frac{4(\rho_s-\rho)\mu g}{3\rho^2}\right]^{1/3}$；$x$=颗粒半径；$\mu_t$=终速。

表 5-19　球形颗粒以 lg(u_t/Q) 为自变量的 lgPx 值

lgPx \ u_t Q	**0.00**	**0.01**	**0.02**	**0.03**	**0.04**	**0.05**	**0.06**	**0.07**	**0.08**	**0.09**
−1.7	−0.160									
−1.6	−0.110	−0.115	−0.120	−0.125	−0.130	−0.135	−0.140	−0.145	−0.150	−0.155
−1.5	−0.060	−0.065	−0.070	−0.075	−0.080	−0.085	−0.900	−0.095	−0.100	−0.105
−1.4	−0.009	−0.014	−0.019	−0.024	−0.029	−0.034	−0.040	−0.045	−0.050	−0.055
−1.3	0.041	0.036	0.031	0.026	0.021	0.016	0.011	0.006	0.001	−0.004

续表

$\lg Px$ \ u_t Q	0.00	0.01	0.02	0.03	0.04	0.05	0.06	0.07	0.08	0.09
−1.2	0.093	0.087	0.082	0.077	0.072	0.067	0.062	0.057	0.052	0.046
−1.1	0.143	0.138	0.133	0.128	0.123	0.118	0.113	0.108	0.103	0.098
−1.0	0.195	0.190	0.185	0.179	0.174	0.169	0.164	0.159	0.154	0.148
−0.9	0.246	0.241	0.236	0.231	0.226	0.221	0.216	0.211	0.206	0.200
−0.8	0.299	0.293	0.288	0.283	0.278	0.272	0.267	0.262	0.257	0.252
−0.7	0.354	0.348	0.343	0.337	0.332	0.326	0.321	0.316	0.310	0.305
−0.6	0.409	0.404	0.398	0.392	0.387	0.382	0.376	0.370	0.364	0.359
−0.5	0.465	0.460	0.454	0.448	0.442	0.437	0.432	0.426	0.420	0.414
−0.4	0.524	0.518	0.512	0.506	0.500	0.494	0.488	0.483	0.477	0.471
−0.3	0.585	0.579	0.573	0.567	0.561	0.555	0.548	0.542	0.536	0.530
−0.2	0.649	0.642	0.636	0.629	0.623	0.616	0.610	0.604	0.597	0.591
−0.1	0.716	0.709	0.702	0.695	0.688	0.682	0.675	0.668	0.662	0.656
−0.0		0.781	0.773	0.766	0.759	0.752	0.745	0.738	0.730	0.723
0.0	0.788	0.795	0.802	0.810	0.818	0.825	0.832	0.840	0.848	0.856
0.1	0.863	0.871	0.879	0.886	0.894	0.902	0.910	0.917	0.925	0.933
0.2	0.941	0.949	0.957	0.965	0.973	0.981	0.989	0.997	1.006	1.014
0.3	1.022	1.031	1.039	1.048	1.056	1.064	1.073	1.082	1.090	1.099
0.4	1.108	1.117	1.126	1.135	1.144	1.153	1.162	1.171	1.180	1.189
0.5	1.198	1.208	1.217	1.227	1.236	1.245	1.255	1.265	1.274	1.284
0.6	1.294	1.303	1.313	1.323	1.333	1.343	1.353	1.363	1.373	1.384
0.7	1.394	1.404	1.415	1.425	1.436	1.446	1.457	1.468	1.479	1.490
0.8	1.500	1.511	1.522	1.533	1.545	1.557	1.568	1.580	1.592	1.604
0.9	1.616	1.628	1.640	1.652	1.665	1.678	1.691	1.704	1.718	1.731
1.0	1.745	1.759	1.773	1.786	1.800	1.813	1.827	1.841	1.855	1.870
1.1	1.884	1.899	1.913	1.927	1.941	1.956	1.970	1.985	2.000	2.015
1.2	2.030	2.045	2.060	2.075	2.090	2.106	2.122	2.138	2.154	2.170
1.3	2.187	2.204	2.222	2.241	2.260	2.280	2.300	2.321	2.343	2.365
1.4	2.387	2.409	2.431	2.454	2.477	2.500	2.524	2.549	2.574	2.600
1.5	2.626	2.651	2.677	2.703	2.728	2.753	2.778	2.803	2.827	2.851
1.6	2.874	2.897	2.920	2.943	2.966	2.988	3.010	3.032	3.053	3.073
1.7	3.093	3.113	3.133	3.152	3.170	3.188	3.204	3.220	3.236	3.252
1.8	3.268	3.283	3.298	3.313	3.328	3.343	3.358	3.373	3.388	3.402

在黏性流动中，不规则形状的颗粒将以这样一种方式进行沉降：反应中心与质量中心的

连线平行于重力方向，于是得到了其优先方向和确定的沉降速度。通过测量颗粒沉降终速，利用斯托克斯定律［式(5-166)］得到不规则形状颗粒的当量球径 x_{sE}，是普通颗粒大小分析方法的基本原理。其他描述颗粒大小的当量直径可以通过球形系数 Ψ 与 x_{sE} 进行关联，球形系数定义为相等体积的球表面积与颗粒的实际表面积之比。

$$x_{sE}=x_{v}\Psi^{1/4} \tag{5-170}$$

$$x_{sE}=x_{sA}\Psi^{1/2} \tag{5-171}$$

式中　x_{v}——与颗粒等体积圆球的直径，可以采用粒径分析方法得到，如用库尔特计数(coulter counter) 法；

x_{sA}——与颗粒等表面积圆球的直径，可以通过渗透性实验测得。

Heywood 测量了大量不规则矿物颗粒在大范围雷诺数条件下颗粒形状对沉降终速的影响，这些结果以及获得精确沉降终速的表解方法可以从文献中查到。

［例题 5-2］　计算一个直径为 70μm、密度为 $2.6\times10^{3}\text{kg/m}^{3}$ 的球形颗粒在 18℃水（密度 $1.0\times10^{3}\text{kg/m}^{3}$、黏度为 $1\times10^{-3}\text{N}\cdot\text{s/m}^{2}$）中的沉降终速。

解： 从式(5-164) 可以计算出严格应用斯托克斯定律的最大颗粒尺寸

$$x_{max}=\left[\frac{3.6\times10^{-6}}{(2.6-1.0)\times10^{3}\times1.0\times10^{3}\times9.81}\right]^{1/3}=61.2\mu\text{m}$$

因此，对于 70μm 的直径，斯托克斯定律并不是非常精确；但是，仍然可以对沉降终速进行合理的估算：

$$u_{t}=\frac{(70\times10^{-6})^{2}\times(2.6-1.0)\times10^{3}\times9.81}{18\times10^{-3}}=4.27\times10^{-3}\text{m/s}$$

对应该速度的颗粒雷诺数则可以得到：

$$Re_{p}=\frac{70\times10^{-6}\times4.27\times10^{-3}\times1.0\times10^{3}}{1.0\times10^{-3}}=0.2989$$

C_{D} 可以由 Oseen 公式(5-167) 算出：

$$C_{D}=\frac{24}{0.2989}\times\left(1+\frac{3}{16}\times0.2989\right)=84.79$$

另从牛顿定律[式(5-161)]可得：

$$u_{t}=\left[\frac{4(\rho_{s}-\rho)gx}{3\rho C_{D}}\right]^{1/2}=\frac{4\times1.6\times10^{3}\times9.81\times70\times10^{-6}}{3\times1.0\times10^{-3}\times84.79}$$

于是

$$u_{t}=4.16\times10^{-3}\text{m/s}$$

(一次迭代)

对于这次最新估算，颗粒雷诺数可以计算为：

$$Re_{p}=\frac{70\times10^{-6}\times4.16\times10^{-3}\times1.0\times10^{3}}{1.0\times10^{-3}}=0.2912$$

类似地，C_{D} 和 u_{t} 的最新计算值分别为 86.92m/s 和 $4.10\times10^{-3}\text{m/s}$

(二次迭代)

$$Re_{p}=0.287, C_{D}=88.12, u_{t}=4.077\times10^{-3}\text{m/s}$$

(三次迭代)

$$Re_{p}=0.2854, C_{D}=88.593, u_{t}=4.066\times10^{-3}\text{m/s}$$

（四次迭代）

$$Re_p=0.2846,\ C_D=88.829,\ u_t=4.061\times10^{-3}\,\text{m/s}$$

求解过程很快收敛。应用斯托克斯定律的误差大约为5%，最初的阻力系数计算大约有2.5%的出入。第三次和第四次迭代之间的改善幅度为0.12%。

［例题5-3］ 计算直径分别为50μm、100μm和1000μm的球形颗粒的沉降终速。固相密度为$2.8\times10^3\text{kg/m}^3$，液相密度为$1.0\times10^3\text{kg/m}^3$，液相黏度为$1\times10^{-3}\text{N}\cdot\text{s/m}^2$。

解：用式(5-168）和式(5-169）计算参数P和Q

$$P=\left(\frac{4\times9.81\times1.8\times10^3\times10^3}{3\times10^{-3}\times10^{-3}}\right)^{1/3}=2.8661\times10^4$$

$$Q=\left(\frac{4\times9.81\times1.8\times10^3\times10^{-3}}{3\times10^3\times10^3}\right)^{1/3}=2.866\times10^{-2}$$

从表5-18和表5-19中查出$\lg Px$对应的$\lg(u_t/Q)$值见下表。

x/μm	x/m	Px	$\lg Px$	$\lg(u_t/Q)$	u_t/Q	u_t/(m/s)
50	5×10^{-5}	1.433	0.15625	−1.076	0.0839459	2.406×10^{-3}
100	10^{-4}	2.866	0.45729	−0.515	0.306193	8.776×10^{-3}
1000	10^{-3}	28.661	1.45729	0.759	5.741165	0.1645

用式(5-164）计算斯托克斯定律适用的最大颗粒尺寸：

$$x_{\max}=\left[\frac{3.6\times(10^{-3})^2}{(2.8-1.0)\times10^3\times10^3\times9.81}\right]^{1/3}=58.9\mu\text{m}$$

于是斯托克斯定律可以用来计算50μm的球形颗粒：

$$u_t=\frac{(5\times10^{-5})^2\times(1.8\times10^3)\times9.81}{18\times10^{-3}}=2.453\times10^{-3}\,\text{m/s}$$

该计算值与Heywood表格中给出值的误差在2%以内。

2）干涉沉降

当颗粒浓度足够高时颗粒不再作为个体沉降。通常随着浓度的增大，沉降行为会发生变化：迅速经过一个产生颗粒群并以浑浊团形式沉降的过渡区，然后是颗粒一起沉积的干涉沉降。这种情况下，颗粒或絮团不相互接触，但由于它们之间非常靠近而不能作为个体进行沉降。最初，悬浮液呈均匀混合状态，接着，出现了一个位于整体沉降固相与上清液之间的界面；最后，当沉降完成时该界面停止移动。

① 孔隙率函数。对于非絮凝体系，Richardson和Zaki比较了沉降和流态化，结果表明可以用孔隙率或空隙度（表现为颗粒雷诺数函数的幂）将沉降速度与颗粒沉降终速联系起来，它们之间的关系用下式描述：

$$U=u_t\varepsilon^n \tag{5-172}$$

式中 U——颗粒悬浮液的沉降速度（等同于流化中的表观速度）；

u_t——无限流体中颗粒的沉降终速；

ε——系统的孔隙率或空隙度；

n——指数，随着颗粒雷诺数变化，同时也随沉降过程所在容器的直径D而变化。后者的影响往往只在实验室实验中才显著。相应的关系式列于表5-20。

表 5-20　相应的关系式

$Re_p=\frac{xu\rho}{u}$	n(小管)	n(大管)
<0.2	$4.65+19.5x/D$	4.65
$0.2<Re_p<1$	$(4.35+17.5x/D)Re_p^{-0.03}$	$4.35Re_p^{-0.03}$
$1<Re_p<200$	$(4.45+18x/D)Re_p^{-0.1}$	$4.45Re_p^{-0.1}$
$200<Re_p<500$	$4.45Re_p^{-0.1}$	$4.45Re_p^{-0.1}$
$Re_p>500$	2.39	2.39

② 间歇沉降：Kynch 理论。干涉沉降的一个重要特征是上清液与沉降固体之间明显界面的出现。对于絮凝或凝聚体系，该分界面通常更明显。

考虑容器底部的沉积行为是很重要的。如图 5-33 所示，第一层高浓度层出现在底部。在第一个单元时间增量 δt 内，在容器底部由于沉降颗粒的到达使浓度变为 $C+\delta C$。在第二个单元时间增量内，更多的颗粒聚集到底部，使底部浓度变为 $C+2\delta C$，而其上一层浓度变为 $C+\delta C$。依此类推，在第三个单元时间增量内，底部浓度变为 $C+3\delta C$，而紧挨其上一层的浓度变为 $C+2\delta C$，再上一层的浓度变为 $C+\delta C$。由于任意时刻的最高浓度都出现在容器底部，所以恒定浓度层出现上移的现象。

当上述现象在底部发生的同时，清液与沉降固体之间的界面则在下移。这个界面的高度随时间的变化即是间歇沉降曲线，用来表征该体系。

典型间歇沉降曲线的特征，如图 5-34 所示。

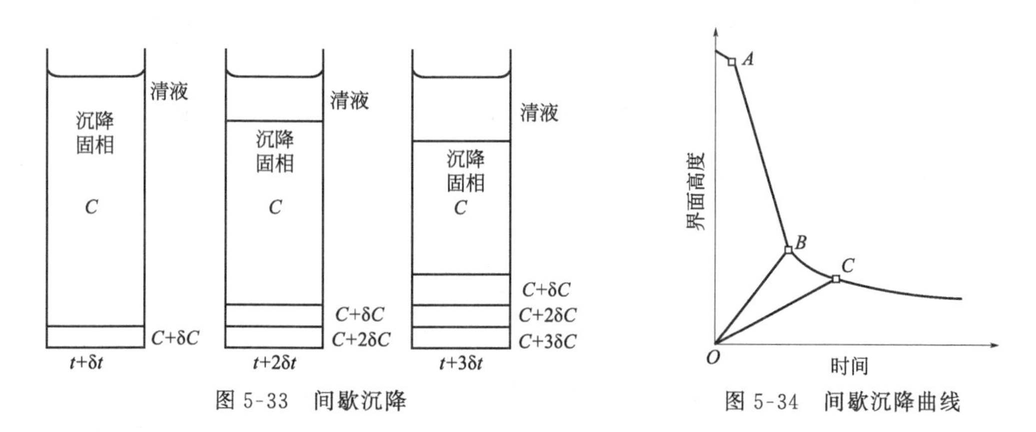

图 5-33　间歇沉降

图 5-34　间歇沉降曲线

在初期，一直到点 A，呈现为引导期，悬浮液从初始的干扰中复原；如果是絮凝或凝聚悬浮液，则形成被称为絮团的松散聚集的颗粒团。从 A 点到 B 点，可以观察到界面恒速下降。在 B 点，开始向第一个降速区转换，该降速区在被称为“压缩点”的 C 点结束，C 点之后是第二个降速区。最开始，所有的颗粒显然以相同的速度沉降，高于初始浓度的高浓度首先出现在沉降容器的底部。最后由于高于初始浓度的高浓度区从底部上升，出现在沉降界面处——点 B。沉降速度与固相浓度成反比，所以观察到沉降速度开始下降。到了压缩点，可以认为颗粒之间开始相互接触，于是沉降不再进行。因此，该点标志着干涉沉降阶段的结束。

间歇沉降的理论主要归功于 Kynch，该理论建立在假设沉降速度 U 仅是固相浓度 C 的函数的基础上。颗粒通量 G 定义为：

$$G=UC \tag{5-173}$$

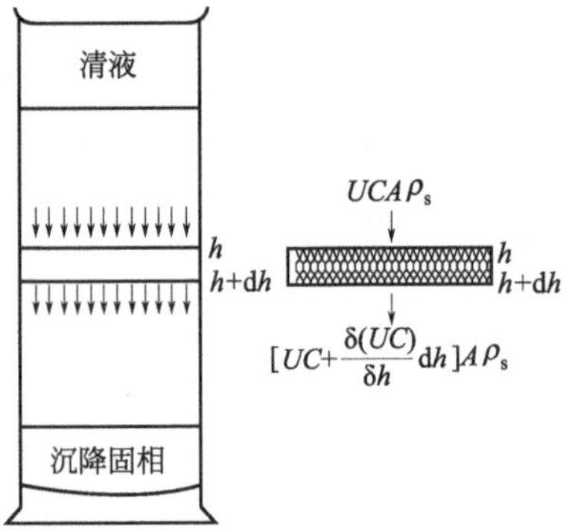

如图 5-35 所示，考虑介于高度 h 和 $h+\mathrm{d}h$ 之间的单元层。在时间间隔 δt 内，颗粒在点内的积聚可由通量差来描述：

流入量－流出量＝积聚量

$$UCA\rho_s-\left[UC+\frac{\delta(UC)}{\delta h}\mathrm{d}h\right]A\rho_s=\frac{\delta C}{\delta t}A\rho_s\mathrm{d}h \tag{5-174}$$

(kg/s)　　(kg/s)　　(kg/s)

图 5-35　间歇沉降过程中通量变化

因此

$$-\frac{\delta(UC)}{\delta h}\mathrm{d}h=\frac{\delta C}{\delta t}\mathrm{d}h$$

得到：

$$\frac{\delta C}{\delta t}=-\frac{\delta(UC)}{\delta h} \tag{5-175}$$

重新整理：

$$\frac{\delta h}{\delta t}=-\frac{\delta(UC)}{\delta C} \tag{5-176}$$

式(5-175) 表述的是某一固定高度的浓度变化率与容器中固相通量随距离变化之间的关系。式(5-176) 表述的是某一固定浓度传播经由沉降柱的速率（$\mathrm{d}h/\mathrm{d}t$），该速率是固体通量随固体浓度变化的函数。如果沉降速率（U）是浓度的唯一函数，则式(5-176) 表明传播速率的值也将是一个固定值——产生一条从原点到沉降界面的恒定浓度传播线，这些线被称为“浓度特性线”，如图 5-34 所示。式(5-175) 和式(5-176) 都能转化为微分形式，然后积分，以获得描述初始浓度和最终沉积物浓度之间的固相沉降速度的表达式。所得到的方程式为：

$$U=-\frac{1}{C}\int_0^h\frac{\partial C}{\partial t}\mathrm{d}h \tag{5-177}$$

以及

$$U=-\frac{1}{C}\int_{C_{\max}}^{C}\frac{\partial h}{\partial t}\mathrm{d}C \tag{5-178}$$

为了求解式(5-177) 和式(5-178)，需要知道沉降界面以下局部固相浓度分布。这可以用许多实验手段来测得，例如，超声波、电流和 X 射线衰减。当沉降物料表现出压缩性时，这些方程很有用。当函数 $\mathrm{d}h/\mathrm{d}t$ 随浓度平稳变化时，式(5-178) 很容易进行数值积分。然而，在不可压缩物料的沉降过程中，一个更简单的方法将用来确定初始和最终浓度之间的沉降速度，将在下一节叙述。沉降速率和浓度的知识使我们能确定间歇沉降通量曲线。

浓度特性线从间歇沉降容器的底部向上传播的速率为图 5-34 中斜线的斜率。对于不可压缩物料，每一固相浓度的沉降速率和传播速率都与容器的几何形状无关。当从实验室数据放大设计间歇沉降槽时，该结论特别有用。在下一节中我们将做进一步讨论。

③ 间歇通量。通常间歇通量定义为沉降速率与以体积分率表示的固相浓度的乘积。国际单位为 m/s。在大多数场合下，固相密度和容器面积均为常数，而且通量平衡是必需的，

所以面积和密度被省略掉。于是，真实的固体通量定义为：

$$G'=UCA\rho_s \tag{5-179}$$

但是，为了方便，忽略式中的面积和密度，于是应用式(5-173)。现在，如果沉降速率是浓度的唯一函数，如式(5-172) 所示那样，那么就有可能做一系列具有不同起始浓度的间歇沉降实验，并测出相应的沉降速率，如图 5-36 所示（图中 $C_1<C_2<C_3$）。沉降速率与浓度的乘积便是间歇沉降通量。

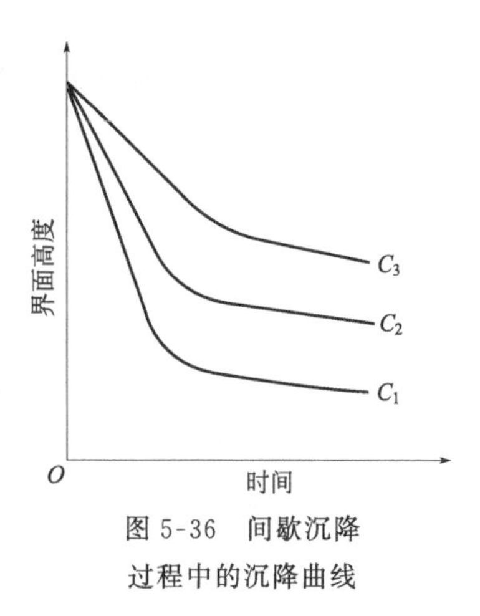

图 5-36　间歇沉降过程中的沉降曲线

Talmage 和 Fitch 进一步扩展了这一方法，他们的方法可以用图 5-37 中的图解和一个简单的质量平衡进行描述。最开始浓度为 C_1、高度为 H_1 的均匀悬浮液准备进行沉降。t_2 时间后，出现大量的上清液，移出其中部分后新高度变为 H_2。如果沉淀物和上清液重新混合得到均匀悬浮液，悬浮液的浓度将比原始浓度高。然而，呈现的固相质量相同，而液相质量减少了。新的浓度 C_2 可以通过固相质量平衡推导出：

$$C_1H_1A\rho_s=C_2H_2A\rho_s \tag{5-180}$$

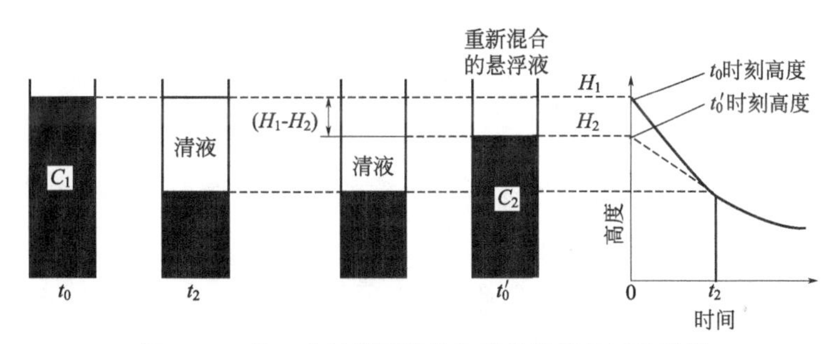

图 5-37　从一个间歇沉降获取通量数据的图示投影

新的起始浓度大于原始的起始浓度，因此，沉降速率变慢了。经过一段时间，到达时刻 t_2 之后，新的沉降曲线与原来的沉降曲线相遇，并且从那以后两者重合。注意到 t_2 时刻界面上的浓度略大于 C_2，这个浓度是从沉降柱底部传播上来的。这些传播速度是浓度的函数，所以当从浓度 C_1 和浓度 C_2 沉降时，它们在沉降界面相遇的速率是相同的。因此，从时刻 t_2 开始，沉降曲线是相同的。根据这个理论，采用不断去掉上一次沉降实验中的上清液的方法，有可能产生一套不同浓度条件下的沉降速率数据。然而，这项技术的意义在于不需要进行实验——所需数据可以由图 5-37 所示的沉降曲线而获得。在沉降曲线上可以画一些切线，然后很快读出截距。于是，式(5-180) 可用于预测浓度，而沉降速率则可由切线的斜率得出。这样，就可以从一个简单的间歇沉降实验，得到一全套沉降速率、浓度和通量。

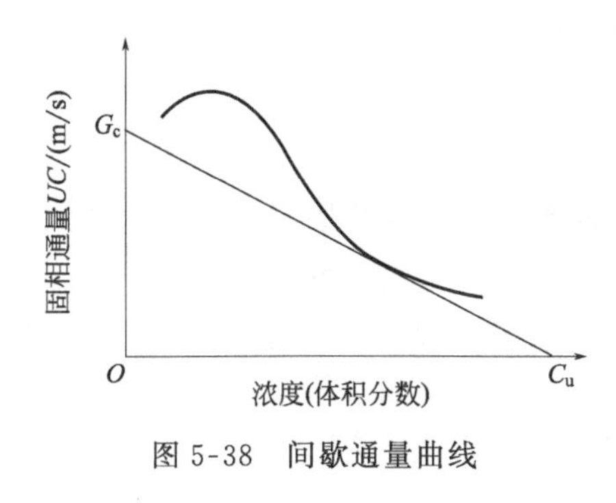

图 5-38　间歇通量曲线

间歇通量曲线如图 5-38 所示。当固相浓度为零以及当沉降速度为零即浓度最大时，通量为零。介于这两个极限之间时，通量都有确定值，而且如图 5-38 所示，必定有一个最大值。然而，通常发现该最大值出现在实验测不出的非常低的浓度条件下。

④ 利用间歇通量曲线求局部浓度。如果实验导出的间歇通量曲线存在，则可以依照式(5-176) 微分来求出沉降过程中浓度传播速率的值。推导出的沉降和传播速率可用于预测任何操作条件下间歇沉降曲线的形状，例如，研究增加容器高度或改变进料浓度的影响。

一种物料干涉沉降性能的估算可以根据其颗粒粒度分布进行，正如可以用海伍德（Heywood）表格估算自由沉降速率一样。在浓缩悬浮液的沉降中，应用下列力-动量平衡式：

$$\frac{\partial p_s}{\partial x}=Cg(\rho_s-\rho)-\frac{\mu}{k}U \tag{5-181}$$

式中 p_s——固相压缩压力；

k——颗粒集合的渗透性。

因此，式(5-181) 等号左边项可以被看成是由颗粒相互接触所形成的网络固相支撑产生的反作用力；等号右边第一项是重力，第二项是作用在颗粒上的液相曳力。如果沉降物料不能形成网络状接触，则应力梯度为零，式(5-181) 变为：

$$U=Cg(\rho_s-\rho)k/\mu \tag{5-182}$$

可以将渗透性的表达式代入式(5-182)，用固相体积浓度分率表征孔隙率，然后乘以浓度得到固相通量的一个表达式：

$$UC=\frac{g(\rho_s-\rho)(1-C)^3x_{sV}^2\Psi^2}{36k\mu} \tag{5-183}$$

式中 x_{sV}——粒径分布的沙得（Sauter）平均直径；

Ψ——球形度。

对于填充层，Kozeny 常数 K 通常取 5，而对于移动层通常取 3.36。微分式(5-183) 并结合式(5-176)，可得到一个特征量的传播速度：

$$\frac{\mathrm{d}h}{\mathrm{d}t}=-\frac{3g(\rho_s-\rho)(1-C)^2x_{sV}^2\Psi^2}{36k\mu} \tag{5-184}$$

因此，如果颗粒粒径分布已知，则可以用式(5-182) 估算出间歇沉降速度，用式(5-183) 计算出间歇通量，并用式(5-184) 计算出传播速度。这使任何条件下的间歇沉降的完整模拟都能得以进行。一个实例如图 5-39 所示，采用平均直径为 25μm、密度为 2650kg/m^3 的球形沙子颗粒，在水中从 0.34m 的高度沉降，Kozeny 常数采用式(5-178)。

界面沉降速率由式(5-182) 算得，起始浓度为 0.24（体积分数）。当第一个略高于初始浓度的特征浓度到达沉降界面［由式(5-184) 推导出］时，界面沉降速度开始变缓。沉降速度仍然用式(5-182) 来计算，但是采用连续增加的浓度值作为与沉降界面相遇的特征量。在图 5-39 的例中，用这种方法采用了 5 个特征量，图中给出了表示与这些特征量相应的沉降速度的线，将所有的线连接起来便可得到一条光滑的沉降曲线。

任意时刻的区域浓度分布都可以根据图 5-39 中相应浓度所对应的高度推导出来。沉降时间为 600s 时浓度和高度的关系图，如图 5-40 所示。

在对不可压缩物料间歇沉降过程模拟中，最重要的问题是确定最终固定的沉积浓度。在图 5-39 和图 5-40 中，这个问题都还找不到答案。于是，从原点画出浓度增加的特征量。但是，对于固相浓度超过 60％的沉积浓度却不太现实，经常遇到的无机沉淀物很可能只有 20％～30％的体积浓度。有机沉淀物的固相含量可能更低。因此，如果最终沉积高度可以用物料平衡式导出，则可以得到一个更加现实的模拟。如已知初始悬浮液浓度和高度以及估算的最大沉积浓度［用式(5-180)导出］，这个最终沉降高度可以标注到沉降模拟图上，如图5-39中的60%线所示。

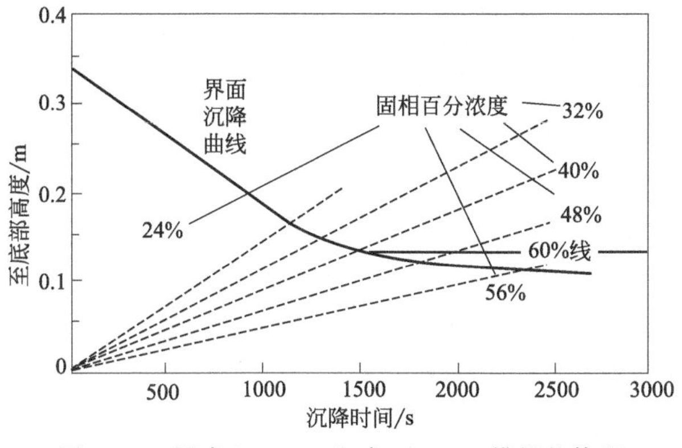

图5-39　用式(5-182)和式(5-183)模拟的体积浓度为24%的悬浮液的间歇沉降

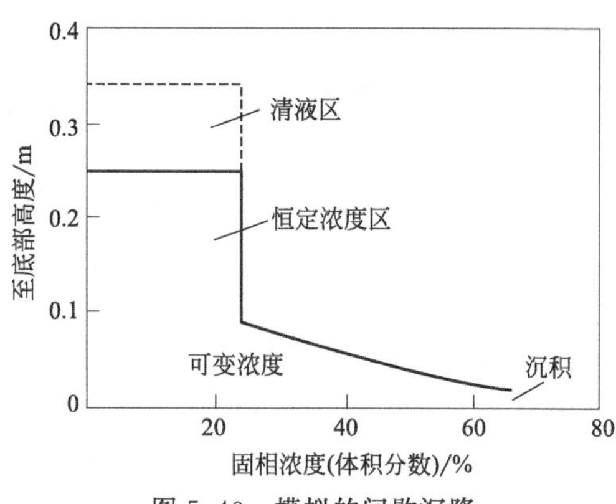

图5-40　模拟的间歇沉降中区域浓度分布

在上述分析中，根据通量理论和式(5-184)，整个沉降过程中的传播速率都是恒定的。然而，在间歇沉降趋于结束时，特征值连线变成曲线，最后变得与时间轴平行。这归结于压缩压力变得显著，于是式(5-181)中的P_s不能忽略，代表了沉积区的开始。有人曾经争论过为什么浓度特征量从沉积区顶部开始，而不是从容器的底部开始，于是Knych关于间歇沉降的分析也得到了修正。在具有明显压缩效应的物料的沉降中，这点显得更为重要。

如果压缩效应明显，则式(5-181)中的固相压力梯度就不能忽略。因此，固相沉降速度不再只是固相浓度的函数，而且用于沉降的间歇通量方法不再有效。对于式(5-181)和式(5-175)或式(5-176)所示的沉降方程，已经有许多数值解。对于包含压缩的间歇沉降，最早的数值解之一由Shirato等给出，他们在解偏微分方程之前，先把问题从笛卡尔坐标系转化为物料联合坐标系（material co-ordinates）。物料联合坐标系如图5-41所示。

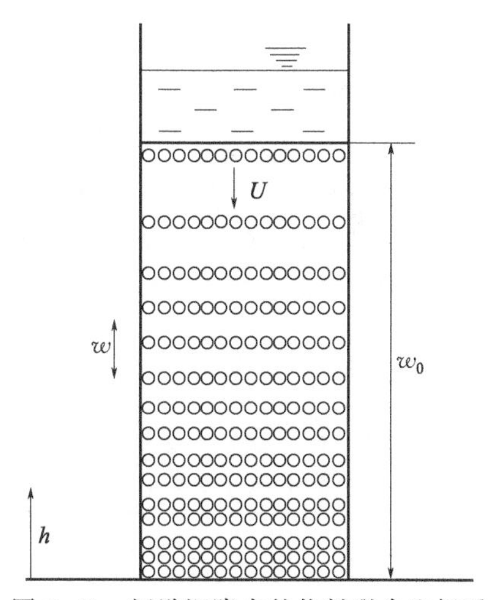

图5-41　间歇沉降中的物料联合坐标系

定义单位面积固相质量为“w”，则有：

$$w=C\rho_s\delta h \tag{5-185}$$

到某一个高度h的固相总质量为：

$$w_0=\int_0^h C\rho_s\mathrm{d}h \tag{5-186}$$

方程式(5-185)可用于将系统转换到物料联合坐标系。在该系统中，间歇沉降容器中的固相总质量被分为许多单元，每一单元包含着相同的物料单位面积质量Δw_i。只有在沉降开始的时候，每个单元体积相同，即相同的面积和高度。

结合液相力平衡，用物料联合坐标系表述的达西（Darcy）定律为：

$$U=\frac{kC\rho_s}{\mu}\times\frac{\partial p_L}{\partial w} \tag{5-187}$$

式中　p_L——由于悬浮固相物料的存在而产生的超过流体静压力的流体压力。

在物料联合坐标系中，连续性方程为：

$$\frac{1}{\rho_{\mathrm{s}}}\times\frac{\partial C}{\partial t}\times\frac{1}{C^{2}}=-\frac{\partial U}{\partial w} \tag{5-188}$$

将式(5-181) 和式(5-185) 代入式(5-188)，采用链式法则并重新整理，描述由可压缩紧密物的沉降而引起的额外液相压力随时间的变化。

$$\frac{\partial p_{\mathrm{L}}}{\partial t}=-\frac{\rho_{\mathrm{s}}C^{2}}{\mathrm{d}C/\mathrm{d}p_{\mathrm{s}}}\times\frac{\partial}{\partial w}\left(\frac{kC\rho_{\mathrm{s}}}{\mu}\times\frac{\partial p_{\mathrm{L}}}{\partial w}\right) \tag{5-189}$$

这是一个具有非线性系数的额外液相压力的抛物线方程。一个转换系数的可行方法是将式(5-189) 转化为无量纲方程，于是很容易用有限差分方法求解。可以看出，采用如式(5-189) 所示压力与浓度的关系式，得到上述方程中系数之一的常微分方程：固相压力只取决于液相压力，浓度只取决于固相压力，液相与固相压力梯度的关系式为：

$$\frac{\partial p_{\mathrm{s}}}{\partial h}=-\frac{\partial p_{\mathrm{L}}}{\partial h} \tag{5-190}$$

于是，任意高度和时刻的液相压力的知识可用来推导出固相压力和固相浓度。压缩中的悬浮液的总高度可用下式计算：

$$h=\sum_{i=1}^{m}\frac{\Delta w_{i}}{\rho_{\mathrm{s}}(C_{i}+C_{i-1})/2} \tag{5-191}$$

式中 Δw_i——沉降柱内被分成的单位面积的质量；

m——分区的数量。

对应于时间的沉降界面高度可由式(5-191) 算出。然而，在求解式(5-189) 之前，固相浓度对渗透率的影响必须先知道。可以采用后节中出现的 Kozeny 方程，但是在可压缩体系中，有足够的证据表明 Kozeny 常数应该是一个依赖于浓度的常数，而不是一个常数。许多情况下，Kozeny 常数与固相浓度呈线性关系。

将式(5-181) 应用于观察到的低固相浓度下间歇沉降的初始沉降速度，可以得到渗透率的实验确定值。在这些情况下，固相应力梯度可以忽略，重新整理式(5-181) 可以得出渗透率。图 5-42 给出了用两种渗透率确定法得出的滑石 Kozeny 常数的经验值。图 5-43 所示为用式(5-189) 和上述方法得出的数值解的结果，并与实验值进行了比较。

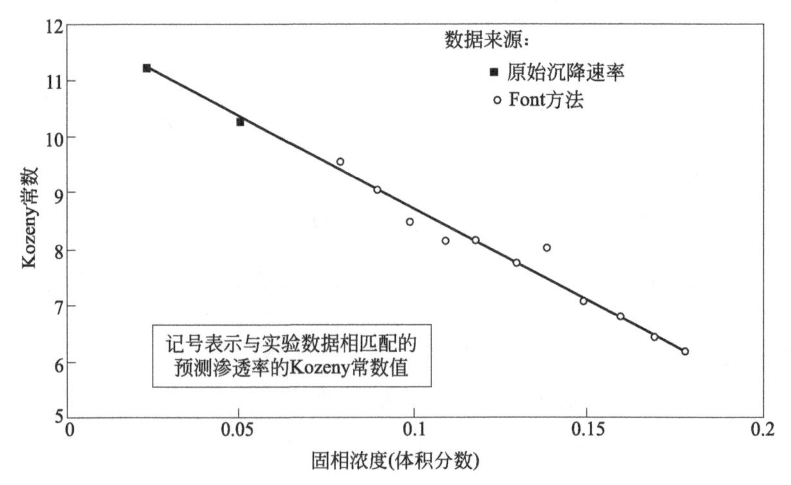

图 5-42 滑石间歇沉降中 Kozeny 常数的变化

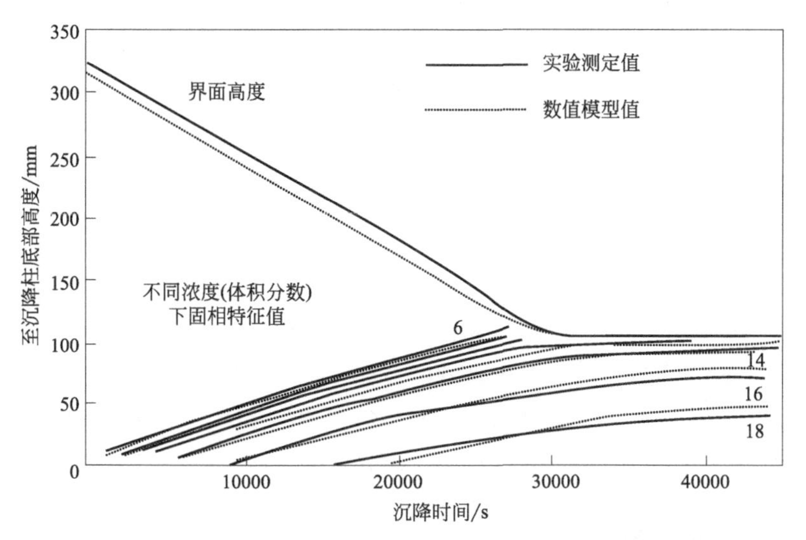

图 5-43 初始浓度（体积分数）为 5.2%时滑石的间歇沉降

界面高度根据观测记录，沉降界面下局部固相浓度用一个装有电极的沉降槽测局部电阻的方法测得。电阻和固相浓度之间关系的标定曲线用于把电阻转换成高度和时间的函数。数值模型值和实验测定值吻合良好。

（2）离心分离

离心分离是利用比重力更强大的场力来促进颗粒和液体的运动，不但用于液-固分离还用于液-液分离。离心分离主要可以分为两大类型：第一类采用沉降原理和用无孔转鼓或不开孔的圆锥形壳体来进行分离；第二类采用过滤的原理和用开孔的转鼓进行分离。在过滤离心机中，离心惯性力提供了迫使母液穿过滤饼的压力。水力旋流器与离心沉降有许多共同之处，但是，水力旋流器导致液体旋转的能量来源于液体自身，而并非外界提供的机械驱动。首先分析讨论与这三种过程均有关的基本颗粒在离心力场中的运动机理。

1）基本理论

① 角速度和加速度。如图 5-44 所示，以角速度 ω 绕中心 O 旋转的受限物体。

物体由点 A 变化到点 B，其速度变化，即加速度为：

$$v_B - v_A = v\frac{\delta\theta}{\delta t} \tag{5-192}$$

式中 v_A，v_B——物体在点 A 和点 B 处的速度矢量；

v——点或物体运动速度；

δ——角度 θ 或时间 t 的微小变化量。

如果当 $\delta\theta \to 0$ 时，利用矢量图对 $v_B \sim v_A$ 进行矢量合成，则其方向指向圆周中心 O 处。由此得出，存在有速度的变化，即加速度，因此产生了一个指向中心的力，这个力称为向心力。

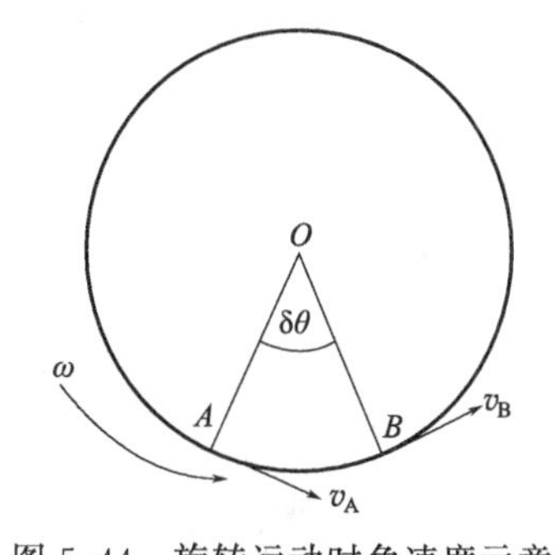

图 5-44 旋转运动时角速度示意

取极限，当 $\delta t \to 0$，有：

$$\frac{\delta\theta}{\delta t} = \frac{d\theta}{dt} = \omega \tag{5-193}$$

物体的速度大小是恒定的，方向在不断变化，因此加速度 a 为：

$$a=v\frac{\mathrm{d}\theta}{\mathrm{d}t}=v\omega \tag{5-194}$$

将 $v=r\omega$ 代入上式，得出离心加速度为：

$$a=r\omega^2 \tag{5-195}$$

它作用到受限物体上，方向指向旋转中心。

悬浮液中的颗粒是非受限物体，可以沿图 5-44 所示的轨迹自由离开。如果流体与其周围物体以同样的速度旋转，并且假定非受限颗粒在任意旋转半径处都加速到该处流体具有的速度，由于母液的黏性作用，颗粒将受到其经过的每层液体给予的推动力，所以，颗粒的轨迹不再是沿着一个圆的切线方向，而是一系列圆的切线方向，如图 5-45 所示。

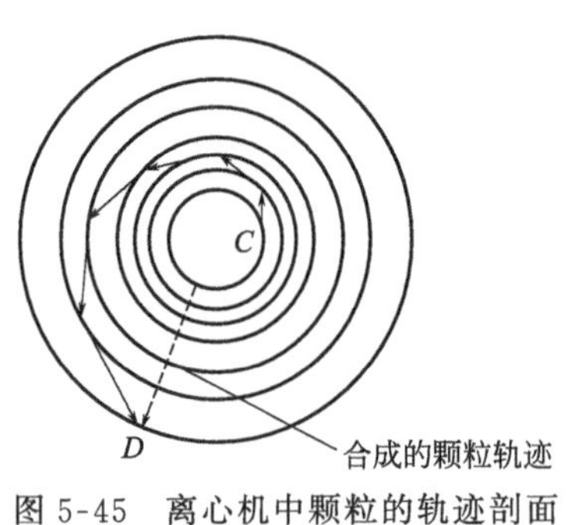

图 5-45　离心机中颗粒的轨迹剖面

最终的结果，颗粒相当于以与向心力大小相等，方向相反的力从旋转轨迹中心直接向外运动。

② 离心力场中的颗粒速度。假定颗粒为球形，并且质量力和离心力等于液体间的剪切力时，可以推导出与之相似的离心力场中颗粒的速度表达式：

$$\frac{\pi}{6}x^3(\rho_s-\rho)r\omega^2=3\pi\mu x\frac{\mathrm{d}r}{\mathrm{d}t} \tag{5-196}$$

式中　x——颗粒直径；

ρ_s——固相密度；

ρ——液相密度；

μ——液体黏度。

颗粒质量用其体积与密度之积代替，相当于水的浮力作用。然而，颗粒速度决定于其旋转半径；在加速度的表达式里面出现了半径 r 这一项，不像重力加速度是常数。因此，速度必须用微分的形式来表达而非常量。为了写成与重力加速度相似的表达式形式，该方程可重新整理为：

$$\frac{\mathrm{d}r}{\mathrm{d}t}=\frac{x^3}{18\mu}(\rho_s-\rho)r\omega^2 \tag{5-197}$$

这个方程在下面的章节中会经常出现。

比较式(5-196) 和式(5-197) 可以引进一个参数，即分离因数：

$$分离因数=\frac{r\omega^2}{g} \tag{5-198}$$

因此，机器产生的惯性离心力应是分离因数乘以质量和重力加速度。无论加速度如何变化，质量为定值。

③ Sigma 理论。这一理论主要针对具有圆筒形转鼓、用于澄清的离心机，如管式离心机等。它首先由 Herb 和 Smith 两人于 1948 年提出，1952 年经 Ambler 的发展，并命名为著名的 Sigma（Σ）理论。

Sigma 理论解决小的球形颗粒沉降问题，认为悬浮颗粒沉积到转鼓壁的时间与液体微元从入口到出口的时间相等。同时将液体沿着离心机轴线的运动假设为活塞流；并假设当小颗粒进入离心场中达到其末端沉降速度；Stokes 沉降速度仍然适用于离心分离。这一假设可以通过悬浮颗粒雷诺数来进行检验。在这种情形下，离心机中被捕集的颗粒将沿着图 5-46 所示的轨迹运动，并认为当颗粒到达转鼓壁的时候，就是颗粒离开系统的时刻，不能到达离心机转鼓壁的颗粒将从离心机中心区排出。颗粒将不得不沿图 5-46 所示的轨迹运动。

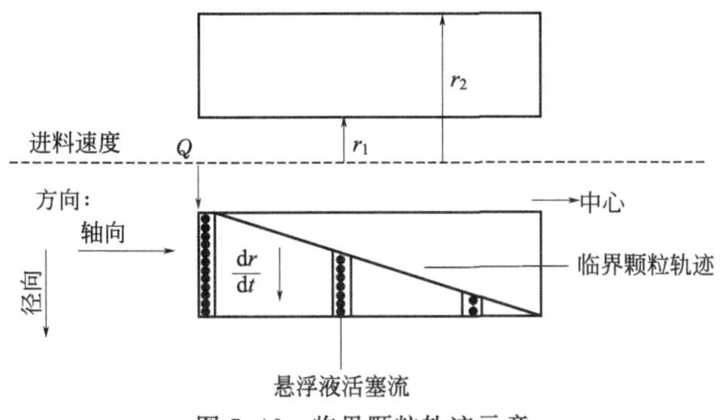

图 5-46　临界颗粒轨迹示意

临界颗粒的轨迹是在停留时间内，颗粒从离心机转鼓进口端（内径处）到转鼓的出口端（外径处）的颗粒直径。进入离心机转鼓内径 r_1 与外径 r_2 之间的具有相近直径的颗粒将不会存在问题，因为他们将在图示的颗粒临界轨迹线范围内平行流动，在离心机转鼓末端聚集。

颗粒沿轴线方向的停留时间（从左到右）为：

$$t=\frac{V_C}{Q} \tag{5-199}$$

式中　V_C——离心机内悬浮液体积；

Q——悬浮液进料体积流量。

径向速度遵循式(5-197)。在 $t=0$，$r=r_1$ 和 $t=t$，$r=r_2$ 区间上积分，并重新整理，则停留时间可表述为：

$$t=\frac{18\mu\ln(r_2/r_1)}{x^2(\rho_s-\rho)\omega^2} \tag{5-200}$$

联立式(5-199)、式(5-200) 可得：

$$\frac{Q}{V_C}=\left[\frac{x^2}{18\mu}(\rho_s-\rho)g\right]\frac{\omega^2}{g\ln(r_2/r_1)} \tag{5-201}$$

式中，第一个括号项是 Stokes 沉降速度 u_t，即式(5-166)，代入上述表达式，则有：

$$\frac{Q}{u_t}=\frac{V_C\omega^2}{g\ln(r_2/r_1)} \tag{5-202}$$

式(5-202) 的量纲为面积单位，是在相同的操作工况下，与离心机处理相同量的物料澄清时，沉降所需的当量面积。

式(5-202) 右侧部分称为机器技术参数，是效率为 100%时的理论面积值。左侧部分为过程参数。机器技术参数部分是由离心机自身的物理特征变量组成，是离心机澄清能力的表征。在给定分离任务下，沉降速度和物料体积流量是过程参数的函数。

前面讨论的 Sigma 理论是在假设直径为临界直径的颗粒 100%被捕集的情况下推导出的。但是仅有 50%颗粒被分离的情况，对于离心机来说是常见的。也就是 50%的颗粒在机器内被捕集，50%的颗粒进入离心机中心随液相一起被排放掉。考虑这种情况，那么 Sigma 理论应该重新修正，下面将进行讨论。

假设进入离心机的悬浮液是均匀混合的，那么分离 50%给定直径的颗粒，只需对一半悬浮液进行分离操作，因此，临界颗粒轨迹将改为如图 5-47 所示的形式，临界颗粒在 r_1 和 r_2 之间的径向位置进入离心机。

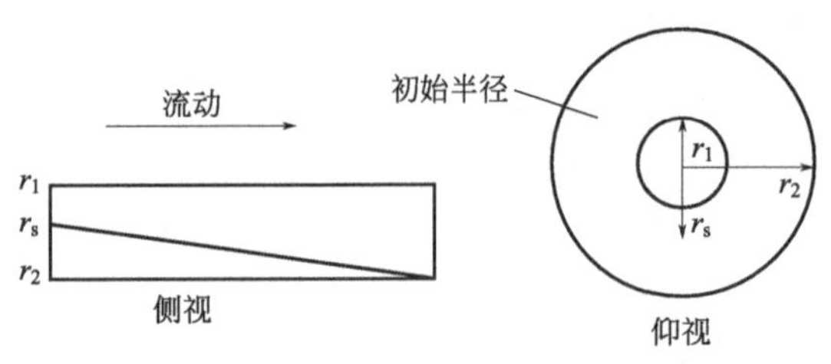

图 5-47　50%捕集效率下颗粒轨迹

注意：模型是建立在允许 50%的悬浮液体积或占用机器 50%的体积进行处理，并不是半径数值的一半。由于离心机的横截面为圆形，因此，一半的物料体积将聚集于靠近外径 r_2，而非内径 r_1 处。临界颗粒开始其运动时的半径称为起始半径 r_s。颗粒在轴向停留时间仍为：

$$t=\frac{V_C}{Q} \tag{5-203}$$

用起始半径 r_s 代替 r_1，此时径向停留时间为：

$$t=\frac{18\mu\ln(r_2/r_s)}{x^2(\rho_s-\rho)\omega^2} \tag{5-204}$$

离心机体积容量在 $r_1 \rightarrow r_s$ 与 $r_s \rightarrow r_2$ 区域内相等，则：

$$\frac{1}{2}=\frac{\pi L(r_2^2-r_s^2)}{\pi L(r_2^2-r_1^2)} \tag{5-205}$$

式中　L——离心机长度。

或者有：

$$r_2^2-r_s^2=r_s^2-r_1^2 \tag{5-206}$$

因此，有：

$$r_s=\left[\frac{(r_2^2+r_1^2)}{2}\right]^{1/2} \tag{5-207}$$

把式(5-207) 代入径向停留时间表达式，可以得到：

$$t=\frac{g\ln[2r_2^2/(r_2^2+r_1^2)]}{2u_t\omega^2} \tag{5-208}$$

最后，将上述方程联立可得：

$$\frac{Q}{u_t}=\frac{2V_C\omega^2}{g\ln[2r_2^2/(r_2^2+r_1^2)]} \tag{5-209}$$

这样，机器参数，即式(5-208) 中右侧项所包含的参变量比式(5-204) 增加了，而过程参数并没有发生任何变化。对于给定的分离机械，在相同处理量下，当仅捕集 50%的物料时，沉降槽的理论当量面积相比于 100%捕集效率时要大。注意这两个机械参数的差异，绝不是简单的因子问题，当考虑体积比时，r_s 不等于 r_2 与 r_1 之和的一半。

50%捕集情况下，与重力沉降相比有：

$$\frac{Q}{2u_t}=\sum\nolimits_{\text{离心机}}$$

$$\sum_{离心机}=\frac{V_C\omega^2}{g\ln[2r_2^2/(r_2^2+r_1^2)]} \tag{5-210}$$

管式离心机的有效体积容量为：

$$V_C=\pi L(r_2^2-r_1^2) \tag{5-211}$$

将自然对数写成级数的形式，并且只取其第一项，则：

$$\ln f(r)\approx 2\left[\frac{f(r)-1}{f(r)+1}\right] \tag{5-212}$$

$$f(r)=\frac{2r_2^2}{r_2^2+r_1^2} \tag{5-213}$$

联立式(5-210) 和上述级数近似值，可得：

$$\sum_{离心机}\approx\frac{\omega^2}{2g}\pi L(3r_2^2+r_1^2) \tag{5-214}$$

如果是一个薄的料层，即 $r_1 \to r_2$，则上式可以进一步简化：

$$\sum_{离心机}\approx\frac{2\omega^2}{g}\pi L r_2^2 \tag{5-215}$$

为便于比较，沉降槽在 100％或者 50％效率下，引入 Sigma 当量计划面积的概念是很有用的，但是这样容易导致错误的结论。非常小的颗粒间扩散力相对于离心力来说是非常小的一个力，因此沉降离心机可以用来处理重力沉降槽不能处理的物料。对于直径小于 2μm 的物料，重力沉降槽是很难处理的，但是在沉降式离心机中却很容易进行分离。

2）颗粒捕集效率

为了理解离心机的颗粒捕集效率，起始半径的概念及其与所处理的悬浮液体积间的关系是很重要的。例如，利用 Stokes 定律重写 u_t，可推导出捕集效率为 50％时的颗粒尺寸方程：

$$x=\left\{\frac{9Q\ln[2r_2^2/(r_2^2+r_1^2)]}{V_C\omega^2}\right\}^{1/2} \tag{5-216}$$

考虑表征其他效率情况，式(5-206) 可改写为：

$$p=\frac{\pi L(r_2^2-r_1^2)}{\pi L(r_2^2-r_1^2)} \tag{5-217}$$

式中　p——给定颗粒的体积比。

因此起始半径成为颗粒尺寸的函数，即：

$$r_s=[r_2^2-p(r_2^2-r_1^2)]^{1/2} \tag{5-218}$$

采用与式(5-209) 相同的数学推导，式(5-217) 可用来代替式(5-218)。重新整理可得到捕集比率：

$$p=\frac{r_2^2}{r_2^2-r_1^2}\left[1-\exp\left(\frac{-2u_tV_C\omega^2}{Qg}\right)\right] \tag{5-219}$$

同样，对于给定尺寸颗粒的起始半径可以通过联立径向和轴向停留时间方程而得出：

$$r_s=\frac{r_2}{\exp(u_tV_C\omega^2/gQ)} \tag{5-220}$$

捕集颗粒效率遵循式(5-218)。式(5-220) 只适用于 $r_1<r_s<r_2$ 的情况。图 5-48 给出了管式分离机颗粒捕集效率与颗粒直径的关系。从图 5-48 中可以发现，该曲线并没有表现

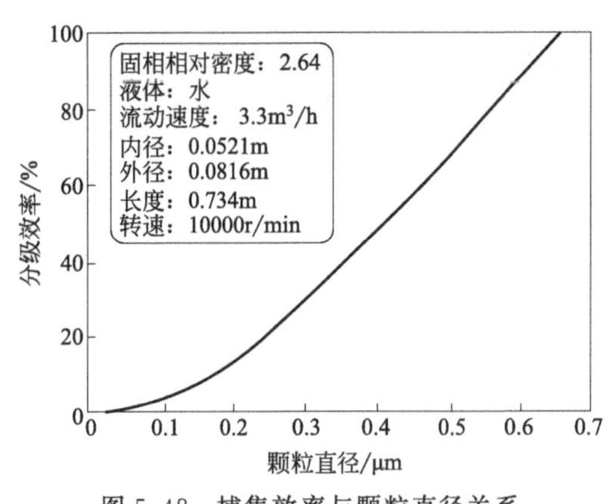

图 5-48 捕集效率与颗粒直径关系

出像级效率那样的“S”形曲线；曲线上面一段稍微偏离级效率轴。这是使用式(5-220)所遇到的问题之一。一般地，将会过高地估计了级效率，大约可达到 40%。误差的产生原因通常认为是由湍动现象、末端影响和前面的假设所致。为克服这一缺陷，可以引入一个效率因子来对机械参数值进行修正，该因子大约为 60%。更加准确的曲线可以通过过程测试获得，该曲线可用来比较机械参数和过程参数，使得所需分数与式(5-202) 平衡。需要注意的是，如果进料固体浓度太高(质量浓度高于 2%)，会出现一定程度的干涉沉降，这样，Stokes 定律就不再成立了。

3) 离心机的干涉沉降

在离心机物料停留时间内，排出离心机的固相浓度与进料速度的关系，可以借助于在机器内的停留时间，通过分析筒式离心机干涉沉降现象来说明。

图 5-49 为干涉沉降情形下，离心机内澄清液与悬浮液混溶情况的剖面图。在半径为 r_3 处设置挡板是为了限制澄清液中的固相物和某些连续固相物排放（图 5-49 中未表示）。分析靠近转鼓壁上的一层悬浮液。如果忽略惯性力沿固体颗粒所产生的应力梯度，那么离心机中，受限固相颗粒仅受其自身重力和液体的拖曳力。固体颗粒受力的平衡方程式：

$$0=C(\rho_s-\rho)r\omega^2-\frac{\mu\,dr}{k\,dt} \tag{5-221}$$

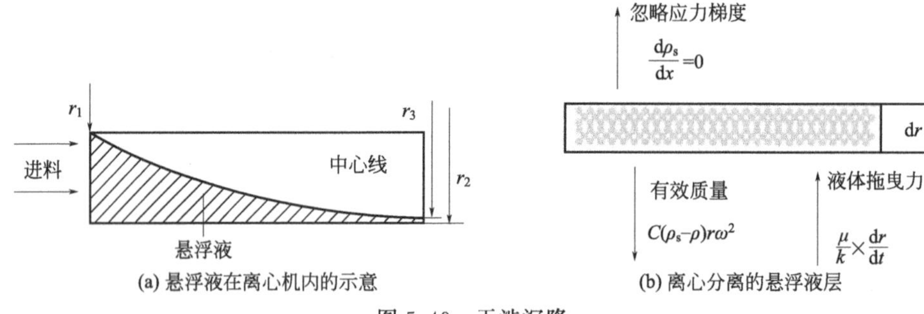

图 5-49 干涉沉降

假设排出液为净水，式中，k 为中心流穿过一层料浆的渗透率。

假定为活塞流，那么上层悬浮液从 r_1 运动到 r_3 的停留时间等于沿轴向运动到离心机底部的时间。轴向停留时间仍用式(5-197) 来表示，而径向停留时间为：

$$\int_0^t dt=\frac{\mu}{(\rho_s-\rho)\omega^2}\int_{r_1}^{r_3}\frac{dr}{Crk} \tag{5-222}$$

关于渗透率的表达式很多，最适合悬浮液沉降的可以由上式推导得出，并且令 $\varepsilon=1-C$，则：

$$k=\frac{x^2(1-C)^n}{18C} \tag{5-223}$$

且
$$\int_0^t \mathrm{d}t=\frac{18\mu}{x^2(\rho_s-\rho)\omega^2}\int_{r_1}^{r_3}\frac{\mathrm{d}r}{r(1-C)^n} \tag{5-224}$$

式中 x——所研究粒径分布物料的沉降速度的颗粒直径。

如果在最终出口的固相浓度假设为常数，以最慢的沉降速度设计，那么径向停留时间为：

$$t=\frac{g}{u_t\omega^2}\times\frac{1}{(1-C)^n}\int_{r_1}^{r_3}\frac{\mathrm{d}r}{r} \tag{5-225}$$

式(5-225) 中，引进 Stokes 沉降速度代替了几个常数。当 $C\rightarrow0$，$r_3\rightarrow r_2$ 时，式(5-225) 就是自由沉降时径向停留时间的表达式。

固相质量平衡方程式为：

$$\pi L(r_2^2-r_3^2)C=\pi L(r_2^2-r_1^2)C_0 \tag{5-226}$$

式中 C_0——进料体积浓度。

从而可以得出：

$$r_3=\left[r_2^2-\frac{C_0}{C}(r_2^2-r_1^2)\right]^{1/2} \tag{5-227}$$

图 5-50 所对应的实验条件为：角速度 $524\mathrm{s}^{-1}$，转鼓内径 52.1mm，转鼓外径 81.6mm，离心机长度 0.734m，固体颗粒直径 2μm，液体黏度 0.001Pa·s，物料进口质量浓度 4%，固体颗粒密度 $2640\mathrm{kg/m^3}$，液体密度 $1000\mathrm{kg/m^3}$。

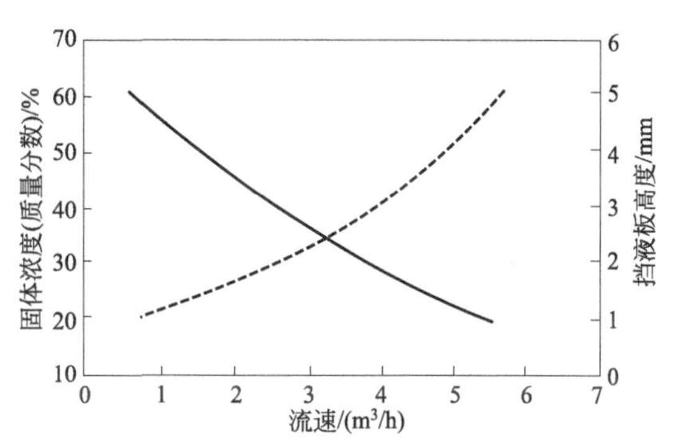

图 5-50 离心力场作用下滤渣固相浓度与进料速度的关系

通过求解式(5-200)、式(5-218) 和式(5-219) 可以得出进料速度对离心分离后固相成分的影响。图 5-50 表明了这一点，挡液板的高度（r_2-r_3）阻止悬浮液中固体颗粒的排出。在理想分离情况下，挡板的高度应最小；它的高度可能要超过图 5-50 给出的高度，以便能够保证滤液的澄清度。

［**例题 5-4**］ 设计计算例题

连续操作管式分离机，转鼓直径 0.75m，长度 1.5m，操作液层深度 0.1m，转速 1800r/min，以 $5.4\mathrm{m^3/min}$ 的流量分离母液为水的悬浮液。悬浮液颗粒直径大于 10μm，水的密度 $1.0\times10^3\mathrm{kg/m^3}$，黏度 0.001Pa·s，固体颗粒的密度为 $2.8\times10^3\mathrm{kg/m^3}$。计算该分离机的效率并估算级效率曲线。

解：计算出机械和过程（工艺）参数的Σ值

$$\Sigma_{工艺}=\frac{Q}{u_t}=\frac{5.4}{60}\times\frac{18\times(0.001)}{(1\times10^{-5})^2\times(2800-1000)\times9.81}=917\mathrm{m}^2$$

这是离心机所代替或等价的沉降槽的计划面积，该沉降槽与离心机起到相同的沉降作用，忽略扩散和局部转化效应，在 100%效率时，理论当量计划面积为：

$$\Sigma_{离心机}=\frac{V_c\omega^2}{g\ln(r_2/r_1)}=\frac{\pi(r_2^2-r_1^2)L\omega^2}{g\ln(r_2/r_1)}$$

式中，外半径为 0.75/2m，内半径为 0.1m～0.75/2（即液层深度）。计算结果是 $3580\mathrm{m}^2$，即在 100%捕集效率下，所需的当量沉降面积是 $3580\mathrm{m}^2$；然而，实际面积仅是

917m²，所以效率为 917/3580，约等于 25.6%。如果我们假定这一效率对所有颗粒尺寸成立，那么把这一因素引入式(5-219)，则：

$$p=\frac{r_2^2}{r_2^2-r_1^2}\left[1-\exp\left(\frac{-2u_t E_A V_C \omega^2}{Qg}\right)\right]$$

式中，E_A 是分数效率。下表为本例题目中不同颗粒尺寸下没有修正过的计算结果。

颗粒尺寸/μm	0.2	1	2	4	5	6.6	8	10
离心分离效果/%	级效率或捕集效率/%							
25	0.1	1.3	5.2	19.9	40.3	50	69.4	100
100	0.2	5.2	19.9	69.4	100	100	100	100

(3) 水力旋流器

水力旋流器是一种利用离心力场作用的设备，除了一台泵外，它不需要机械传动部件，并且廉价、紧凑，广泛用于固-液分离过程。其工作原理类似离心机，但具有大得多的分离因数（直径 300mm 的旋流器的分离因数为 800，直径 10mm 的旋流器的分离因数为 50000）。然而，该惯性离心力作用的停留时间非常短。离心机与水力旋流器在流体力学上的最明显差别在于液体在离心机内是以恒定的角速度像刚体一样旋转，是强制涡；而水力旋流器内则近似恒定角动量，是自由涡。前者的流场类似于留声机唱片轨迹，而后者则类似于滑冰运动员在通过摆臂而不断改变旋转速度。被分离悬浮液两相密度存在密度差是这两类分离设备所要求的必要条件。随着密度差的减小，分离效率也会随之而降低。延长在离心机内的停留时间可以作为弥补密度差小而造成分离效率降低的措施，甚至可以采用间歇分离操作；而类似的措施对于旋流器是不可行的。如果被分离混合物有足够大的密度差，旋流器可对直径达 2μm 的物料进行有效分离，而低于这一粒径的物料，由于旋流器内复杂的流型和湍动状态，分离效率会明显降低。图 5-51 为旋流器的主要结构特征及其内流型示意。

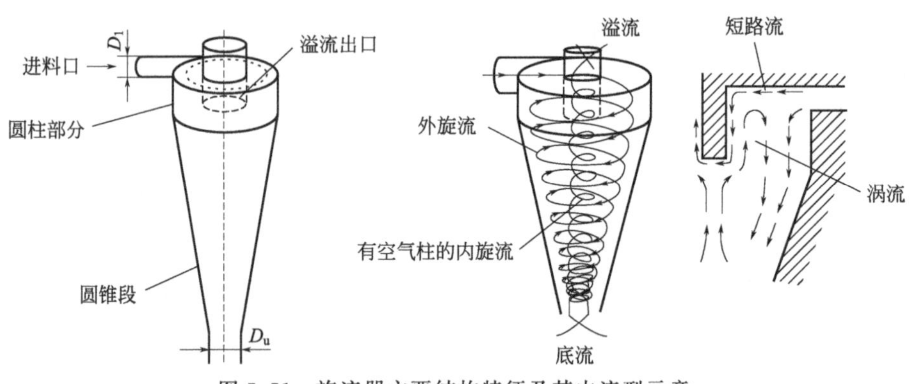

图 5-51　旋流器主要结构特征及其内流型示意

旋流器内最重要的流动为基本涡和二次涡。基本涡位于二次涡外围，并携带悬浮物沿旋流器轴向向下。

二次涡则携带物料沿轴向向上运动进入顶部的溢流出口。二次涡中心还存在一直径为几毫米的空气柱。一些悬浮物会通过“短路”的途径从旋流器顶部进入溢流。为了减少这种未分离物料的损失，溢流口段的设计是很重要的。旋流器可以看作是分级器或者增浓器。溢流为悬浮物浓度很低、含有微小颗粒的流体，底流为含粗颗粒悬浮物、浓缩的流体。图 5-52

为分别用于提高浓缩和分级效果的两种旋流器设计结构。长锥段结构可以得到更浓的底流，但是其分离精度比长柱段结构的差。

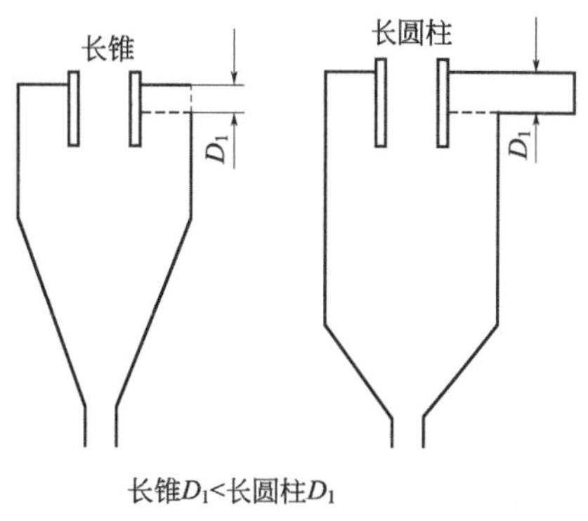

图 5-52　旋流器型式示意

1）分割点和分级

通常用 x_{50} 来描述旋流器的分离效率，其含义为在分离过程中，若某一粒度的颗粒进入底流和溢流的概率各为 50%，则该颗粒的粒度就是 x_{50}。图 5-53 为理想情况下旋流器进料的颗粒粒度分布曲线，该图解释了进料是如何分为底流（UF）和溢流（OF）的。图 5-54 为该旋流器分级效率曲线，定义为某特定粒径进料经分离后，进入底流部分的悬浮物质量与该粒径级别在进料中的质量之比：

$$E_i=\frac{\text{该粒径级别颗粒在底流中的质量}}{\text{该粒径级别颗粒在进料中的质量}} \tag{5-228}$$

式中，下角标 i 为所考虑的粒度级别。通常式(5-228) 中的质量一项可用质量流量来代替，级效率有时也称为固相回收率，回收率曲线（图 5-54）也称作 Tromp 曲线。值得注意的是“级”包含了颗粒尺寸的范围，显然，装置的效率则取决于其应用情况。因此，级效率曲线也可能与图 5-54 所示的呈反像，这时效率定义为固相在分级器的细粒产品（对于旋流器而言为溢流）中的回收率。

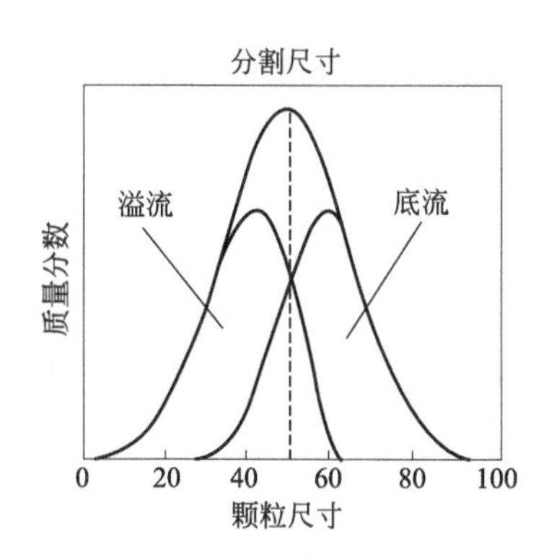

图 5-53　颗粒粒度分布曲线

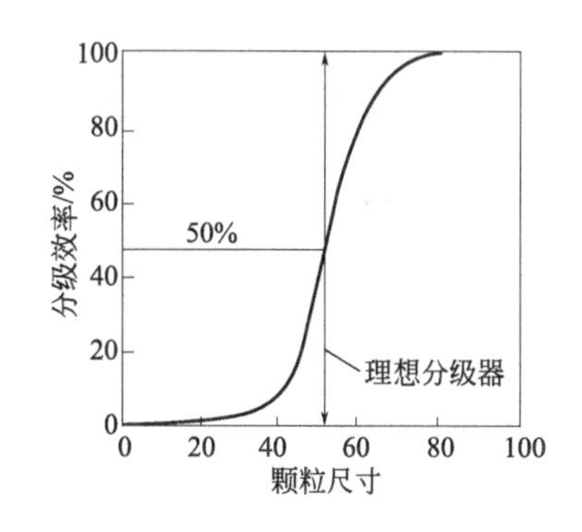

图 5-54　分级效率曲线

理想的分级器将把进料按颗粒粒度分为两部分：一部分粒度低于分割点；另一部分粒度则大于分割点。在实践中，只能用一把镊子手工将颗粒分成两堆后，才能达到这样的分级程度。所有机械分离操作将在粗颗粒产品中带有小颗粒，而且通常小颗粒产品中则含有大颗粒。分离精度系数可定为分级效率曲线上 75%与 25%效率值所对应的颗粒粒径之比，即：

$$\text{分级精度}=\frac{x_{25\%}}{x_{75\%}} \tag{5-229}$$

因此，理想分级器的分离精度应该等于 1。非理想情况下，分离精度是一个分数，该值越小，分离效果越差。如果被分离物料的所有粒径分布情况已知，那么建立在颗粒数、颗粒长度、颗粒面积、颗粒质量或颗粒体积基础上的级效率将是一样的，因为这些量之间的任何转换因素将（在式中）被消掉。然而，通常在实际中，并不确切知道被分离物料的所有粒径分布情况，用最适合的设备进行粒度分析，可以测得大量的粒度分布。因此，推荐采用基于质量分布来衡量分级效率的方法。进料固相进入底流的总质量分数定义为总效率，也称固相总回收率。

2）修正级效率

旋流器与其他湿式分级器一样，其底流中也有由于夹带和短路作用，而不是由于分级作用而从进料中来的固相颗粒。因此，根据前面定义，仅仅简单地将进料流分成两等份的过程将造成50%的级效率。该效率在任何颗粒尺寸级别下都相同。而且，通过简单地堵住溢流可以获得100%的效率，此时却未完成任何分离或分级。修正级效率的概念是用于消除由分流作用造成的影响。通常认为未经分级而进入底流（固相）的物料量与分流作用而进入底流（液相）的体积成正比。例如，假设旋流器的进料中某一特定粒级的固相为10kg/h，其中6kg/h进入底流，则级效率为：

$$\frac{6}{10}\times 100\%=60\%$$

如果分级后，进料总体积的20%进入底流，则修正级效率为：

$$\left(\frac{6}{10}-0.2\right)\times 100\%=40\%$$

即仅仅有4kg/h的物料是经过旋流器分级作用而进入底流的。

一般地，修正级效率 E_i^* 应表示为：

$$E_i^*=E_i-R_f \tag{5-230}$$

式中　R_f——底流与进料的体积分流比。

显然，式(5-230)在最小粒径下有一个修正极限为0，但是在最大粒径下则不可能达到100%效率。经过对级效率的这些考虑提出了下式以克服上述影响：

$$E_i^*=\frac{E_i-R_f}{1-R_f} \tag{5-231}$$

图5-55是不同级效率曲线示例。其他已知条件为：进料浓度20.3kg/m^3，流量2.02×10^{-4}m^3/s；溢流浓度7.6kg/m^3，流量1.81×10^{-4}m^3/s。因此，进料和溢流的质量流量分别为4.10kg/s和1.38kg/s，分流比为0.104。

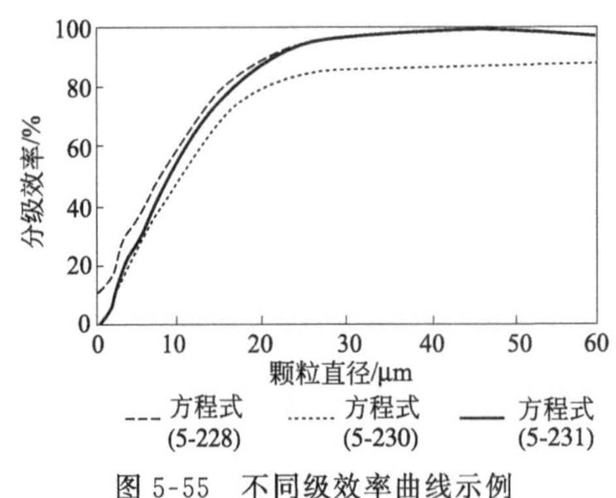

图5-55　不同级效率曲线示例

图5-55是根据颗粒尺寸级别中点描绘的三条级效率曲线。分割点是级效率曲线非常重要的部分，很明显它不会随定义的不同有大的改变。从图5-55可以看出，曲线拟合准确性与原始值有较大差别。进料或者溢流中很小的质量分数就可以对曲线位置造成很大的改变，甚至需使用三个明显的图精确描述这个区域的阶段变化。当用底流颗粒粒度分布来分析数据并计算级效率时，就必须强调这一问题，因为底流仅仅有非常小的一部分小粒度的物料。

3）速度

旋流器是依靠非轴对称流动来分离物料的分离器，即进料不在中心并且仅在一个或两个位置进料。为了理解旋流器的原理，必须考虑装置中存在的三个速度分量，并记住其不对称的性质。当考虑旋流器内数值解时，很重要的一点是要考虑其非对称性；任何假定其为对称结构求得的解，都是连续性方程的平凡解，对于液体流动不会提供任何有用的信息。在下面的讨论中，将强调液体和固体速度之间的差别：显然，液体趋于在溢流集中，而固体则趋于在底流集中。因此，液体和固体速度至少在一个方向上是不相同的。

① 切向速度。旋流器内切向速度是非常重要的，因为它将使由于受流体曳力作用而跟随液流轨迹运动的悬浮颗粒受到离心力作用。在旋流器入口处，固体颗粒的切向速度接近于液相的切向速度；而且，可以假定在其他任何时刻，在半径小于入口半径的地方，固体颗粒的切向速度也接近于液相的切向速度。

进料在进口的线速度定义为入口体积流量与进料口面积的比值，即：

$$v_{\mathrm{f}}=\frac{Q}{A_{\mathrm{I}}} \tag{5-232}$$

由式(5-232) 可计算得出旋流器外半径的切向速度。在半径小于旋流器半径处的切向速度可以通过角动量守恒原理来估算出，在无摩擦情况下：

$$v_i r_i = 常数 \tag{5-233}$$

式中　v_i——任意旋转半径 r_i 处的切向速度。

实际系统中是有能量浪费的，角动量将会比上述方程给出的要小些，通常用下列修正公式来表示：

$$v_i r_i^n = 常数 \tag{5-234}$$

注意，如果 $n \neq 1$，常数的国际单位为 $\mathrm{m}^{1+n}/\mathrm{s}$，而不是角动量的单位。事实上，如果 n 和 r 的值为分数时，那么速度和半径的乘积将比 n 为 1 时大些，即在这样的情况下，式(5-232) 将不再称为角动量的表达式，因为该动量比无摩擦情况下的大。后面将给出这一方程的应用，见式(5-234)。n 的经验值如下：对于水，$n=0.7$；对于质量分数为 15%～20%的料浆，$n \approx 0.5$。实验测量结果表明，切向速度的变化情况如图 5-56 所示。切向速度按照式(5-234) 的规律增长，直到接近中心空气柱附近为止，之后会下降。

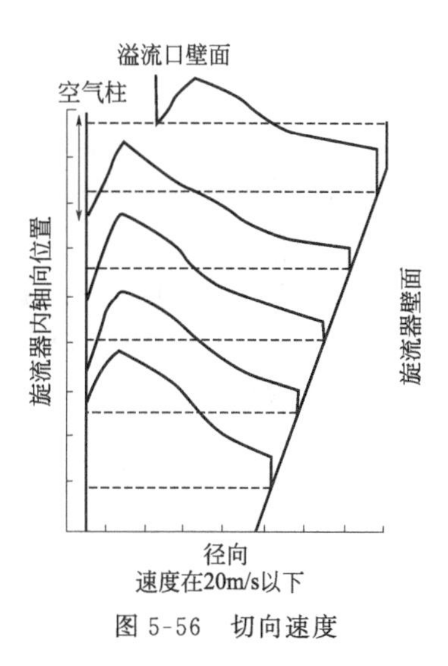

图 5-56　切向速度

② 径向速度（图 5-57）。固体颗粒和液体的径向速度应该有明显不同，因为相对于进料流而言，溢流中液固比应该上升，而底流中则相反。如前所述，在假定流体经过一个尺寸已知的表面以均匀流动形式向内流进溢流时，净流体向内流动的速度则能估算出来。旋流器内任意点处，向外运动的固体颗粒速度可以根据颗粒所受离心力和液体曳力的平衡估算出。固体颗粒和液体的最大速度在旋流器壁面处，在中心空气柱处减小为零。实验测量表明，在旋流器柱段部分，液体的径向速度可以忽略不计。

③ 轴向速度（图 5-58）。与径向速度不同，固体颗粒和液体的轴向流动方向是一致的，但是在旋流器内部存在两个截然不同的区域，其净（轴向）速度方向不同。二次涡旋转进入溢流管，并携带物料进入溢流。因此，二次涡流方向是向上的，而基本涡流的流向则向下，指向底流。出现两个方向相反的速度区，一个重要的推论是在两个区域之间肯定存在一个净

垂直动量为零的位置作为边界。该边界经过旋流器的柱段和锥段呈三维向下扩展，并且绕轴线旋转。这样的旋转将形成一个零轴向速度面或称包络面（LZVV)。关于包络面从什么位置开始由柱状变为锥状的，争议很多。表面上，其形状的改变似乎是随旋流器形状而进行，但实验研究却表明，其柱状部分延伸到锥段内。

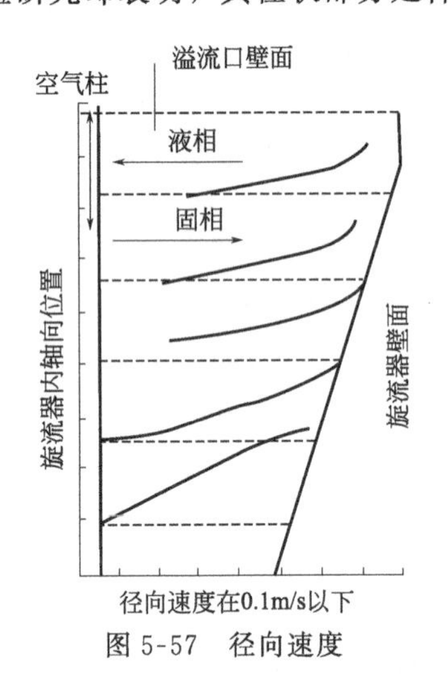

图 5-57 径向速度

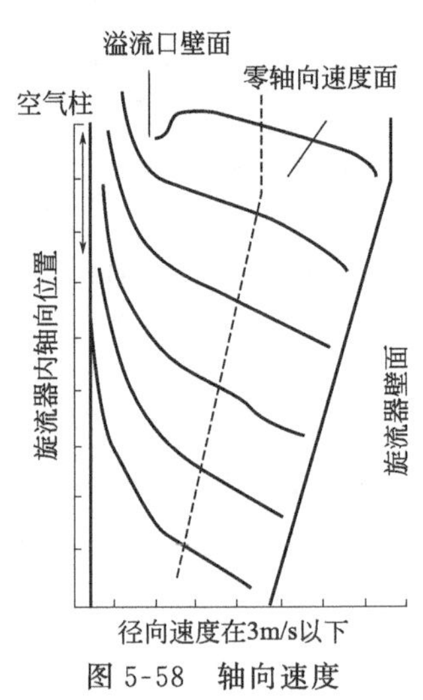

图 5-58 轴向速度

④ 零轴向速度包络面和罩面。实验研究表明，在 LZVV 顶部存在一个径向速度也为零的区域。示踪实验发现，示踪剂在这个区域聚集，并围绕溢流管形成一个中空柱形结构。这个液体停滞的面，会把颗粒围在里面，被称为罩面。研究发现，具有径向流动的 LZVV 是锥形结构，从锥段直径为 7/10 旋流器直径处向下延伸到旋流器底部。但是，对于所有几何尺寸的旋流器，很少有数据表明罩面会延伸进入到旋流器锥体段 $0.7Dc$ 处。

⑤ 平衡轨道理论。平衡轨道理论的基本原理是使由于径向流向旋流器中心的流体作用在颗粒上的流体曳力与颗粒所受的离心力相等。如果两力平衡，则颗粒将既不向内部也不向外部运动。对于特定的径向位置，将以一定的切向速度绕轨道运动。如果径向位置与 LZVV 一致，则颗粒进入溢流或底流的概率相同，也就是说以 LZVV 的半径绕行的颗粒直径将是旋流器分离粒度 x_{50}。为了应用平衡轨道理论，LZVV 的半径应该确定。这通常可以在考虑进入溢流的体积分流比时假设它与旋流器内的体积分流比相等来实现。这样基于进入溢流的体积流速和 LZVV 的表面积，就能够计算流体径向流动。如果只用罩面以下 LZVV 的部分，则必须已知罩面的详细情况。当采用 LZVV 的全部表面积的情况下，该理论预测的分割尺寸将比测量的要小些。经常使用 Stokes 定律来平衡通过该面的液体曳力与离心力。该理论的更精确表述采用了另外一个流体曳力公式，并加入了考虑干涉沉降效应的干涉项（如前节所描述)。为了方便说明，下面叙述的是应用整个 LZVV 的推导。

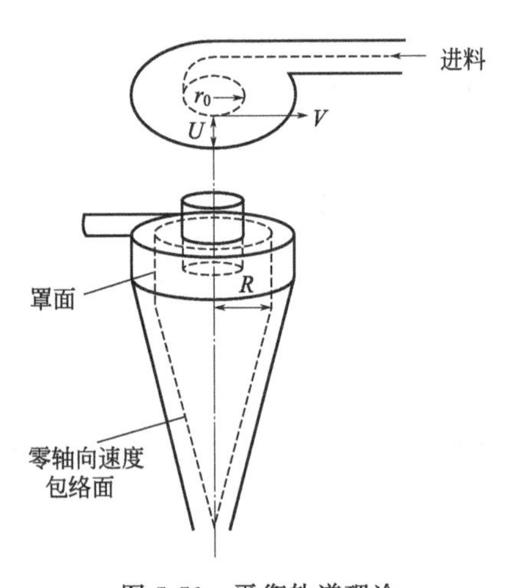

图 5-59 平衡轨道理论

如图 5-59 所示，假设旋流器有一个由圆柱和圆锥组成的 LZVV。圆柱和圆锥的体积分别是 $\pi R^2 l_1$ 和 $\frac{1}{3}\pi R^2 l_2$，且进入溢流的分流比是 $1-R_f$，所以：

$$1-R_f=\frac{\pi R^2 l_1+1/3\pi R^2 l_2}{\pi r_0^2 l_1+1/3\pi r_0^2 l_2}=\left(\frac{R}{r_0}\right)^2 \tag{5-235}$$

式中　R，r_0——平衡轨道和旋流器的半径。

旋流器内颗粒的离心加速度是：

$$a=r_i\omega^2 \tag{5-236}$$

式中　ω——角速度。

角速度可以用切向速度与半径的比率替代：

$$\omega=\frac{v_i}{r_i} \tag{5-237}$$

所以：

$$a=\frac{v_i^2}{r_i} \tag{5-238}$$

现在，离心力=Stokes 曳力

所以：

$$\frac{\pi}{6}x^3(\rho_s-\rho)\frac{v_i^2}{r_i}=3\pi\mu x u \tag{5-239}$$

整理可得：

$$x=\left[\frac{18\mu u R}{v_i^2(\rho_s-\rho)}\right]^{0.5} \tag{5-240}$$

式中，平衡半径 R 替代 r_i。

液体速度 u 可以由下式得到：

$$u=\frac{Q_{OF}}{2\pi R l_1+\pi R l_2} \tag{5-241}$$

或者是假定在罩面上没有径向液体流动，则：

$$u=\frac{Q_{OF}}{\pi R l_2} \tag{5-242}$$

也就是溢流体积流速除以圆柱和圆锥的表面积或圆锥的表面积。平衡轨道处的切向速度 v_R 可以由方程式(5-243) 得到：

$$v_R=v_f\left(\frac{r_0}{R}\right)^n \tag{5-243}$$

式中，v_f 为进口处的切向速度，它是由进口体积流量除以进口管的横截面积而得。

这样如果分流比和旋流器的几何形状已知，可以整理方程式(5-243) 得到 R 值。如果体积流速和 n 已知，从方程式(5-241) 或式(5-242) 得到 u 值，从方程式(5-243) 得到 v_R 值。如果固体颗粒和液体的物理性质已知，从方程式(5-240) 可以得到分割尺寸。图 5-60 描述平衡轨道理论预测在给定操作条件下，分割尺寸如何随进料流速而变化的。图上也包含有实验测量点和测量的压降。

对于修正和解释流速和旋流器分割尺寸的关系，平衡轨道理论是一个有效的方法。然而，作为预测工具，它的应用是受限制的，因为在模型中的几个参数要用实验确定，特别是旋流器内的分流比和速度公式中半径的指数。对于进行分离操作时必需的压降或分割精度，

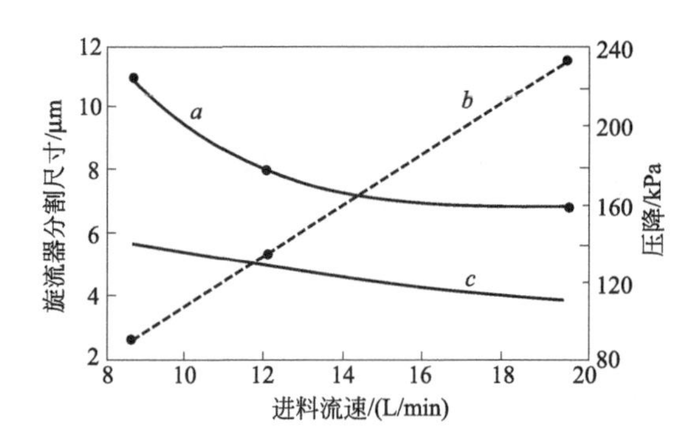

图 5-60 分割尺寸随进料流速的变化：测量值和平衡轨道理论预测值

（旋流器：总长 273mm，圆锥长 221mm，直径 42mm，进口直径 5mm，固体和液体密度为 2710kg/m^3 和 1000kg/m^3；黏度是 0.001Pa·s；对应于进料流速为 8.7L/min、12.1L/min、19.6L/min 时分流比分别是 0.138，0.104，0.082

a—分割尺寸；b—压降；c—$n=0.7$ 时的平衡轨道预测值）

它不能提供更多的信息。

⑥ 停留时间模型。初始的停留时间模型是在下述假设下提出的：假设指出当 50%收集效率时颗粒必然从进口管中心到达旋流器壁面位置，也就是说，颗粒在旋流器内停留的时间内所经过的（径向）距离为进口直径的一半。在前节的∑理论分析中采用了这样一个概念：进料中均匀悬浮的固体颗粒只有一半被用于计算收集效率为 50%时的颗粒直径，式(5-240)可以改写为：

$$\frac{\mathrm{d}r}{\mathrm{d}t}=\frac{x_{50}^{2}(\rho_{\mathrm{s}}-\rho)v_{i}^{2}}{18\mu r_{i}} \tag{5-244}$$

式中 $\frac{\mathrm{d}r}{\mathrm{d}t}$——固体颗粒在充分静止的液体中的径向速度。

假设局部向量与旋流器整体尺寸成比例，这时根据链式法则分解速度矢量为：

$$\frac{\mathrm{d}z}{\mathrm{d}r}=\frac{L}{r_0}=\frac{\mathrm{d}z}{\mathrm{d}t}\times\frac{\mathrm{d}t}{\mathrm{d}r} \tag{5-245}$$

于是：

$$\frac{\mathrm{d}z}{\mathrm{d}t}=\frac{L}{r_0}\times\frac{x_{50}^{2}(\rho_{\mathrm{s}}-\rho)v_{i}^{2}}{18\mu r_{i}} \tag{5-246}$$

离心压头为：

$$\frac{\mathrm{d}p}{\mathrm{d}r}=\rho\frac{v_i^2}{r_i} \tag{5-247}$$

而且：

$$\frac{\mathrm{d}z}{\mathrm{d}t}=v_z \tag{5-248}$$

所以：

$$v_z=\frac{L}{r_0}\times\frac{x_{50}^{2}(\rho_{\mathrm{s}}-\rho)}{18\mu}\times\frac{1}{\rho}\times\frac{\mathrm{d}p}{\mathrm{d}r} \tag{5-249}$$

方程两边除以体积流速有：

$$\frac{4v_z}{\pi d_I^2 v_f}=\frac{L}{r_0}\times\frac{x_{50}^2(\rho_s-\rho)}{18\mu Q}\times\frac{1}{\rho}\times\frac{dp}{dr} \tag{5-250}$$

式中　d_I——旋流器进料管的直径。

积分的距离边界是从进料管的中心到壁面，也就是从 0 到$\frac{1}{2}d_I$ 这时有：

$$\frac{x_{50}^2(\rho_s-\rho)L\Delta p}{\mu\rho Q}=\frac{36v_z r_0}{\pi v_f d_I} \tag{5-251}$$

从方程得到 $\Delta p=f(x_{50}^{-2})$。

对高效率的分离来说，方程式(5-251) 的左边项应当尽可能小，且方程的右边项是一固定值（轴向速度与进口速度之比是常数）。这样，利用方程式(5-251) 的最小值应该能得到一最优化设计的旋流器。

⑦ 无量纲数群模型。人们提出了用一系列的无量纲相关性数群来关联分割尺寸与旋流器的压降和流速。对各种商用旋流器，查其提供的参数表可预测分割尺寸和压降，而不需要任何实验室测试。所以这种方法比平衡轨道理论能提供更多的信息，而且有不用预先的实验就能给出结果的优点。当然，如果为了准确地给出按比例放大的常数而进行实验，则无量纲数群模型可以更加精确。对白垩和氢氧化铝的料浆应用此模型，它们的密度分别是 $2780kg/m^3$ 和 $2420kg/m^3$，在水中加入 1%六偏磷酸钠作为分散剂。进料体积从总体积的 1%到总体积的 10%变化。关联式要用到以下相关数群：

$$Stk_{50}=\frac{x_{50}^2(\rho_s-\rho)v_Z}{18\mu d_c} \tag{5-252}$$

式中　Stk_{50}——分割尺寸下的 Stokes-50 特征数；

d_c——分离器直径；

v_Z——旋流器内液体特征速度。

$$v_Z=\frac{4Q}{\pi d_c^2} \tag{5-253}$$

也就是与液体轴向速度相等。雷诺数定义为：

$$Re=\frac{v_Z d_c \rho}{\mu} \tag{5-254}$$

且欧拉数定义为：

$$Eu=\frac{\Delta p}{\rho v_Z^2/2} \tag{5-255}$$

$$\frac{x_{50}^2(\rho_s-\rho)L\Delta p}{\mu\rho Q}=3.5 \tag{5-256}$$

联立方程式(5-252)～式(5-254) 得到：

$$Stk_{50}Eu\ \frac{2L18}{\pi d_c}=3.5 \tag{5-257}$$

这时，Rietema 的最优化设计有$\frac{L}{d_c}=5$，所以：

$$Stk_{50}Eu=\frac{3.5\pi}{180}=0.061 \tag{5-258}$$

对于 Rietema 旋流器结构，欧拉数与雷诺数之间有下列经验关系式：

$$Eu=24.38Re^{0.3748} \tag{5-259}$$

这样，如果改变这种旋流器的进料流速，则新特征速度可以由方程式(5-253) 计算得到，雷诺数由方程式(5-254) 得到，欧拉数从式(5-255) 得到，压降由式(5-255) 得到。在用式(5-258) 给出新的 Stokes-50 特征数后，可以由方程式(5-252) 计算出新的分割尺寸。然而，只有对 Rietema 最优结构旋流器，方程式(5-258) 和式(5-259) 才有效。

Svarovsky 提出，对于所有几何尺寸的旋流器，在 Stokes 数和欧拉数之间存在一个通用关联式，于是：

$$Stk_{50}Eu=\text{常数} \tag{5-260}$$

在欧拉数与雷诺数之间的通用关联式为：

$$Eu=K_pRe^{n_p} \tag{5-261}$$

式中　K_p，n_p——由经验得到的常数。

对另外一些常见的旋流器，又给出了关于这些常数的表，见表 5-21。

表 5-21　无量纲放大常数

分离器形式和直径	$Stk_{50}Eu$	K_p	n_p	$Stk_{50}^{4/3}Eu$
Rietem d_c=0.075m	0.0611	316	0.134	2.12
Bradley d_c=0.038m	0.1111	447	0.323	2.17
Mozley d_c=0.022m	0.1203	6381	0	3.20
Mozley d_c=0.044m	0.1508	4451	0	4.88
Warman 模型 d_c=0.076m	0.1709	2.618	0.8	2.07
RW2515(AKW) d_c=0.125m	0.1642	2458	0	6.66

表 5-21 中最后一列的参数称为操作成本判据，其中：

$$\Delta p=Stk_{50}^{4/3}Eu \tag{5-262}$$

进行分离所必需的能量直接与压降成正比。

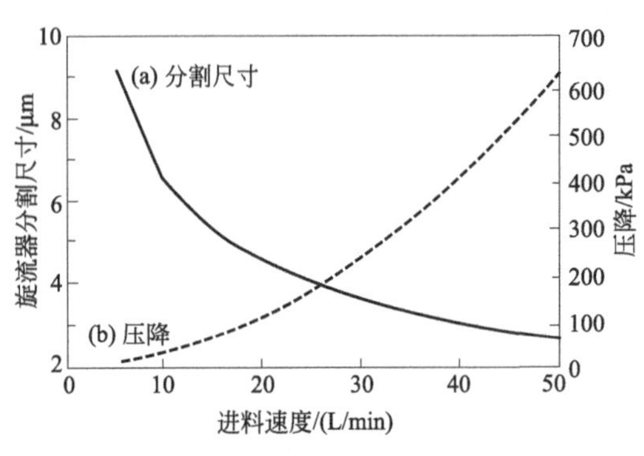

图 5-61　用 Svarovsky 放大常数得到的分割尺寸和压降

(旋流器直径 0.04445m；固体颗粒和液体密度为 7000kg/m³ 和 1000kg/m³；液体黏度是 0.001Pa · s；$Stk_{50}^{4/3}Eu=0.1508$，$K_p=4451$ 和 $n=0$)

从图 5-61 可以看出，分割尺寸和压降与流速之间的总变化趋势。如果一些已有的数据能被用于得到更精确“曲线拟合”的值，它也能调整关联式中应用的“常数”，而使之与数据更好地一致。将来在操作条件改变的情况下，这些数据能用于预测或优化旋流器的性能。正如大家知道的，悬浮液浓度影响旋流器性能的一系列因素，有于涉沉降、粒度改变等。

⑧ 应用。旋流器具有作为分级器和增稠器的双重功能，而且其相对较低的成本和制造的简单使它有很大的应用价值。可以使用串联的旋流器来克服分级精度差的缺陷，图 5-62 所示的便是这样一种布置。旋流器浓缩粗粒物料的能力，使之作为过滤之前的预处理设备尤其有用。底流可用作带式过滤机的

预敷层，再加入溢流过滤，从而使过滤介质不会因细颗粒（堵塞）而失去效果。如果一个固液分离装置不能完全满足所需的生产能力，这时旋流器也可用来辅助。它可以与增浓器或过滤器并联，帮助那些设备处理一部分液流。它也可以用于过滤器之前的增稠设备，因为过滤器的生产能力随料浆浓度的增加而增加，在这种情况下，通常可以将溢流再循环进入过程，从而使细粒物质在循环回路中聚集。

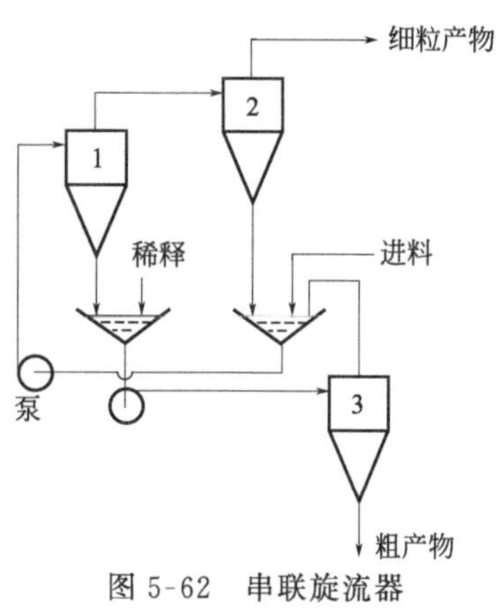

图5-62 串联旋流器用于提高分离精度

一个很普遍的应用是在湿式磨矿回路中，从球磨机出来的产品通过旋流器分级，底流再循环到球磨机中，即闭路磨矿。在矿物加工中，旋流器内部的剪切作用也被用于除去矿泥，除去松散地黏在大颗粒上的细颗粒。在矿物加工领域还可以找到其他应用，包括作为采用人工增加连续相密度（重介质分离，经常采用磁悬浮液）的分离器，此时其他悬浮矿物质靠密度和粒径得到分离。旋流分离器起源于矿物加工工业，如高岭土的生产、金属矿物的加工、煤炭的精选等，因为它没有运动部件并有相对便宜的成本，正在许多其他行业得到应用。

5.3.1.2 气固分离

气固分离指在某种力场的作用下，利用分散物质与分散介质的密度差异，使之发生相对运动而分离的单元操作。冶金、化工等工业生产过程中产生含有大量悬浮固体颗粒（烟或尘）的气体进行气固分离的操作过程又称为收尘。收尘设备可分为干式和湿式两大类，选择收尘设备的主要依据是尘粒性质、气体性质和对收尘的要求。

(1) 重力收尘器与惯性收尘器

1）重力收尘器

重力收尘利用烟尘受重力作用而自然沉降的原理将烟尘与气体分离的方法，重力收尘设备结构简单，操作方便，能有效地除去50μm以上的颗粒。此法捕集微小颗粒效率低，故一般用它分离较大的颗粒，作为预收尘器，以改善后面其他收尘器的条件。一般沉降室的阻力损失为50～100Pa，收尘效率为40%～60%。

沉降室还可以作成多层的（图5-63），在多层沉降室的气速与单层沉降室的气速保持相同时，由于颗粒沉降到底面的距离短了，所以多层沉降室的效率比单层的高。

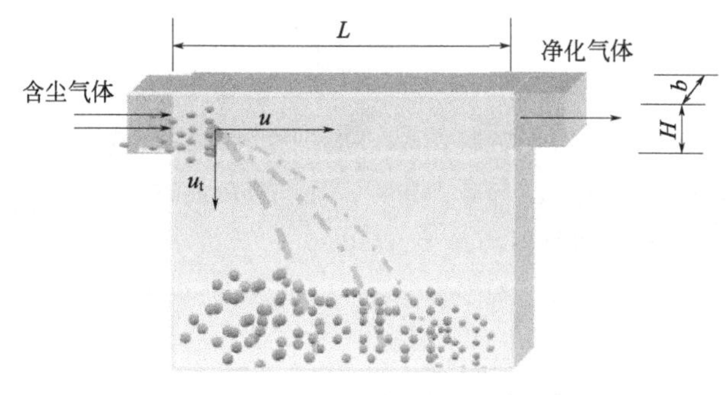

图5-63 重力沉降室示意

假设：颗粒水平分速度与气体流速 u 相同，则颗粒在沉降室停留时间：

$$\theta=L/u \tag{5-263}$$

沉降时间：

$$\theta_t=H/u_t \tag{5-264}$$

颗粒分离条件：

$$L/u \geqslant H/u_t ; H<L u_t/u$$

降尘室颗粒大小不同，沉降速度也不同。假设粒子在 θ 内沉降高度是 h，则

$$h=u_t\theta \tag{5-265}$$

且若 $h<H$，则其分离效率为：

$$\eta_d=\frac{h}{H}=\frac{u_t\theta}{H}=\frac{u_t L}{uH} \tag{5-266}$$

假设沉降处于沉流区，则：

$$\eta_d=\frac{d_p^2 gL(\rho_s-\rho)}{18\mu Hu} \tag{5-267}$$

假设沉降室的处理量为 Q(m^3/s)，则：

$$Q=uHB \tag{5-268}$$

$$\eta_d=\frac{d_p^2 gLB(\rho_s-\rho)}{18\mu Q} \tag{5-269}$$

颗粒在沉降室中的运动如图 5-64 所示。

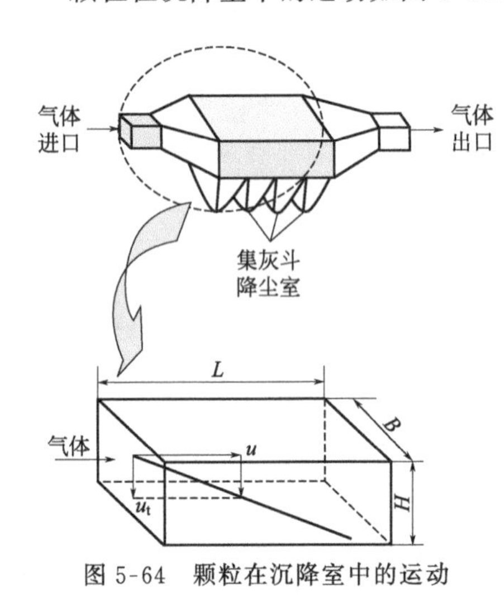

图 5-64 颗粒在沉降室中的运动

按照 100%的分离效率，则可求出可分离的最小粒径为：

$$d_{min}=\sqrt{\frac{18\mu}{(\rho_s-\rho)g}\times\frac{Q}{BL}} \tag{5-270}$$

$$d_{min}=\sqrt{\frac{18\mu}{(\rho_s-\rho)g}\times\frac{uH}{L}} \tag{5-271}$$

d_{min} 也称临界粒径（critical diameter）。对应的速度称临界沉降速度：

$$u_{tc}=\frac{Q}{BL} \tag{5-272}$$

由此可见：

① 当起速越小时，H 越小，d_{min} 越小，分离效率越高。

② 沉降室常做成扁平型，或采用多层沉降室的结构分离效率高。

③ 气速 u 不能太大，以免干扰颗粒沉降，或把尘粒重新卷起。一般 u 不超过 3m/s。

④ 生产能力 Q 只与底面积 BL 和 u_{tc} 有关，而与 H 无关。

⑤ 当用隔板分为 N 层，则每层高度为 H/N。若速度 u 不变，则：

a. 沉降高度为原来的 $1/N$；u_{tc} 降为原来的 $1/N$（$u_{tc}=Q/BL$）；

b. 临界粒径为原来的 $1/\sqrt{N}$；

c. 一般可分离 20μm 以上的颗粒；但排尘不方便。

多层隔板降尘示意如图 5-65 所示。

2）惯性收性器

惯性收尘原理（图 5-66）含尘气流进入惯性收尘器内与挡板相遇时，气流方向急剧改变，而颗粒因惯性力和离心力的作用，不能与气流同样改变方向，同挡板碰撞与气流分离，从而被捕集下来。这种利用颗粒惯性使其与气流分离的收尘方法称为惯性收尘。颗粒的惯性越大，即颗粒粒径、密度和气速越大，惯性收尘效率越高。

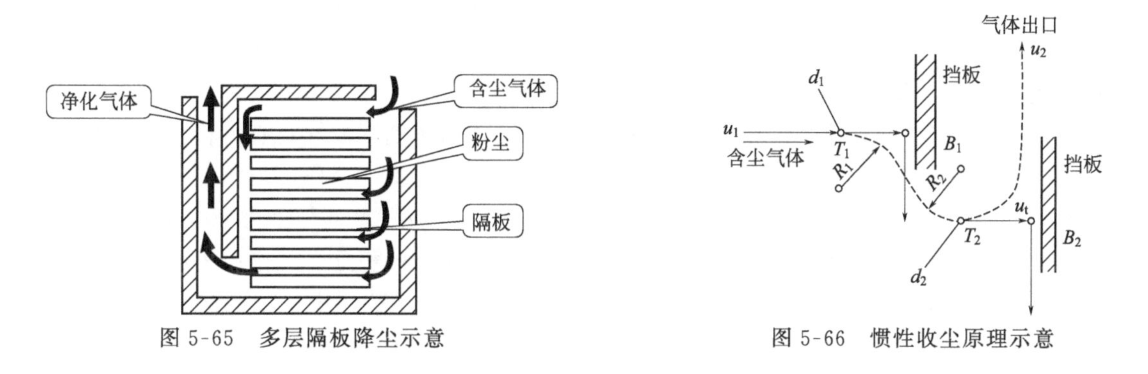

图 5-65 多层隔板降尘示意

图 5-66 惯性收尘原理示意

惯性收尘器种类与特性惯性收尘器有冲击式和反转式(图 5-67 和图 5-68)，其效率一般比沉降室高，能有效地捕集 10～20μm 的颗粒。阻力损失依收尘器类型和气速而异，流速一般为 2～30m/s，这时阻力损失为 100～1000Pa。其占地比重力收尘器小，部局紧凑，一般也作为预收尘器用。

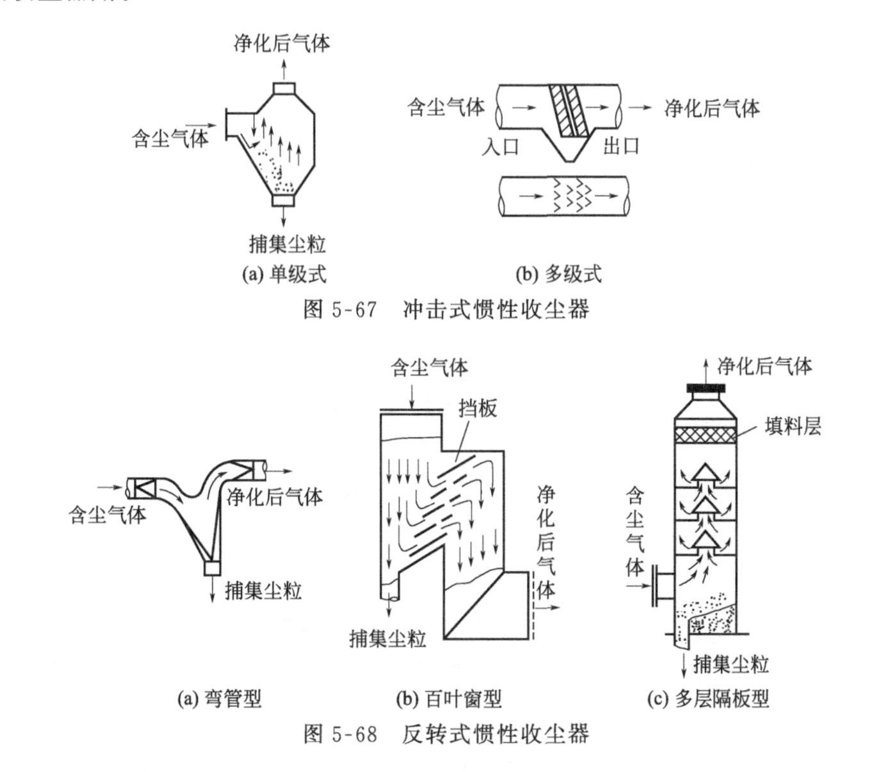

(a) 单级式 (b) 多级式

图 5-67 冲击式惯性收尘器

(a) 弯管型 (b) 百叶窗型 (c) 多层隔板型

图 5-68 反转式惯性收尘器

（2）离心沉降分离

依靠惯性力的作用而实现的沉降过程称为离心沉降。两相密度相差较小，颗粒粒度较细的非均相物系，在重力场中的沉降效率很低甚至完全不能分离，若改用离心沉降则可大大地提高沉降速度，设备尺寸也可缩小很多。

通常气固非均相物系的离心沉降是在旋风分离器中进行，液固悬浮物系一般可在悬液分离器或沉降离心机中进行。

1）惯性离心力作用下的沉降速度

当流体围绕某一中心轴做圆周运动时，便形成了惯性离心力。在与转轴距离为 R、切向速度为 u_t 的位置上，惯性离心力场强度为 u_T^2/R（即离心加速度）。显然，惯性离心力场强度不是常数，随位置及切向速度而变，其方向是沿旋转半径从中心指向外周。重力场强度 g（即重力加速度）基本上可视作常数，其方向指向地心。

当流体带着颗粒旋转时，如果颗粒的密度大于流体的密度则惯性离心力将会使颗粒在径向上与流体发生相对运动而飞离中心。与颗粒在重力场中受到三个作用力相似，惯性离心力场中颗粒在径向上也受到三个力的作用，即惯性离心力，向心力（与重力场中的浮力相当，其方向为沿半径指向旋转中心）和阻力（与颗粒径向运动方向相反，其方向为沿半径指向中心）。如果球形颗粒的直径为 d，密度为 ρ_s，流体密度为 ρ 颗粒与中心轴的距离为 R，切向速度为 u_T，则上述三个力分别为：

$$\text{惯性离心力}=\frac{\pi}{6}d^3\rho_s\frac{u_T^2}{R} \tag{5-273}$$

$$\text{向心力}=\frac{\pi}{6}d^3\rho_s\frac{u_T^2}{R} \tag{5-274}$$

$$\text{阻力}=\zeta\frac{\pi}{4}d^2\frac{\rho_s u_t^2}{2} \tag{5-275}$$

式中　u_T——颗粒与流体在径向上的相对速度，m/s。

如果上述三个力达到平衡，则

$$\frac{\pi}{6}d^3\rho_s\frac{u_T^2}{R}-\frac{\pi}{6}d^3\rho_s\frac{u_T^2}{R}-\zeta\frac{\pi}{4}d^2\frac{\rho_s u_t^2}{2}=0 \tag{5-276}$$

平衡时颗粒在径向上相对于流体的运动速度 u_T 便是它在此位置上的离心沉降速度。上式对 u_t 求解得

$$u_t=\sqrt{\frac{4d(\rho_s-\rho)}{3\rho\zeta}\times\frac{u_T^2}{R}} \tag{5-277}$$

式中　ρ——流体密度。

离心沉降时，如果颗粒与流体的相对运动属于层流，式(5-277) 变为：

$$u_t=\frac{d^2(\rho_s-\rho)}{18\mu}\times\frac{u_T^2}{R} \tag{5-278}$$

比较式(5-278) 与向心力可知，同一颗粒在同种介质中的离心沉降速度与重力沉降速度的比值为：

$$\frac{u_t}{u_t}=\frac{u_T^2}{gR}=K_e \tag{5-279}$$

这表明颗粒在上述条件下的离心沉降速度比重力沉降速度约大百倍，可见离心沉降设备的分离效果远较重力沉降设备高。

2）旋风分离器的操作原理

旋风分离器是利用惯性离心力的作用从气流中分离出尘粒的设备。图 5-69 所示为具有代表性结构的标准旋风分离器，主体的上部为圆筒形，下部为圆锥形。各部件的尺寸比例均标注于图中。含尘气体由圆筒上部的进气管切向进入，受器壁的约束向下做螺旋运动。在惯性离心力作用下，颗粒被抛向器壁而与气流分离，再沿壁面落至锥底的排灰口。净化后的气体在中心轴附近由下而上做螺旋运动，最后由顶部排气管排出。图 5-70 的侧视图描绘了气体在器内的运动情况。通常，把下行的螺旋形气流称为外旋流，上行的螺旋形气流称为内旋流（又称气芯）。内、外旋流气体的旋转方向相同。外旋流的上部是主要除尘区。

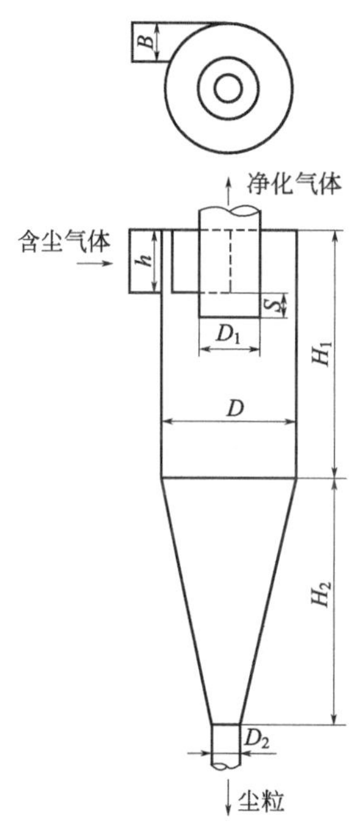

图 5-69　标准旋风分离器

$h=\frac{D}{2}$，$B=\frac{D}{4}$，$D_1=\frac{D}{2}$，$H_1=2D$

$H_2=2D$，$S=\frac{D}{8}$，$D_2=\frac{D}{4}$

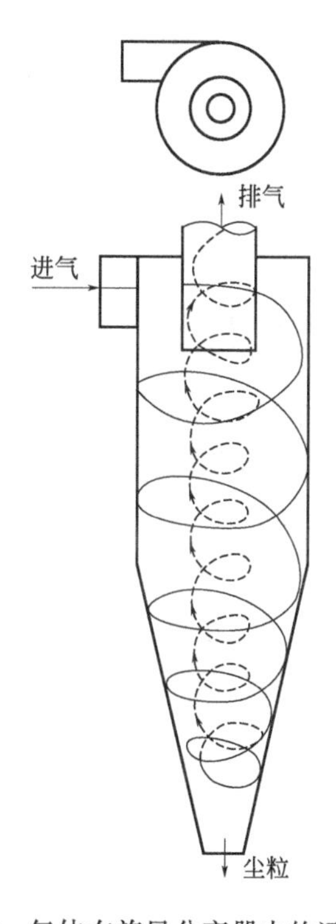

图 5-70　气体在旋风分离器内的运动情况

旋风分离器内的静压强在器壁附近最高，仅稍低于气体进口处的压强，往中心逐渐降低，在气芯处可降至气体出口压强以下。旋风分离器内的低压气芯由排气管入口一直延伸到底部出灰口。因此，如果出灰口或集尘室密封不良，便易漏入气体，把已收集在锥形底部的粉尘重新卷起，严重降低分离效果。

旋风分离器一般用来除去气流中直径在 5μm 以上的尘粒。对颗粒含量高于 $200g/m^3$ 的气体，由于颗粒聚结作用，它甚至能除去 3μm 以下的颗粒。旋风分离器还可以从气流中分离出雾沫。对于直径在 200μm 以上的粗大颗粒，最好先用重力沉降法除去，以减少颗粒对分离器器壁的磨损；对于直径在 5μm 以下的颗粒，一般旋风分离器的捕集效率已不高，需用袋滤器或湿式捕集。旋风分离器不适用于处理黏性粉尘、含湿量高的粉尘及腐蚀性粉体。此外，气量的波动对除尘效果及设备阻力影响较大。

3）旋风分离器的性能

评价旋风分离器性能的主要指标是尘粒从气流中的分离效果及气体经过旋风分离器的压降。

① 临界粒径。研究旋风分离器分离性能时，常从分析其临界粒径入手。所谓临界粒径是理论上在旋风分离器中能被完全分离下来的最小颗粒直径。临界直径是判断分离效率高低的重要依据。计算临界粒径的关系式，可在如下简化条件下推导出来。

a. 进入旋风分离器的气流严格按螺旋形路线做等速运动，其切向速度等于进口气速 u_i。

b. 颗粒向器壁沉降时，必须穿过厚度等于整个进气宽度 B 的气流层，方能到达壁面而被分离。

c. 颗粒在层流情况下做自由沉降，其径向沉降速度可用式(5-278) 计算。

因 $\rho \leqslant \rho_s$，故式(5-278) 中的 $\rho_s-\rho \approx \rho_s$，又旋转半径 R 可取平均值 R_m，则气流中颗粒的离心沉降速度为：

$$u_r=\frac{d^2\rho_s u_i^2}{18\mu R_m} \tag{5-280}$$

颗粒到达器壁所需的沉降时间为：

$$\theta_i=\frac{B}{u_i}=\frac{18\mu R_m B}{d^2\rho_s u_i^2} \tag{5-281}$$

令气流的有效旋转圈数为 N_c，它在器内运行的距离便是 $2\pi R_m N_c$，则停留时间为：

$$\theta=\frac{2\pi R_m N_c}{u_i} \tag{5-282}$$

若某种尺寸的颗粒所需的沉降时间 θ_i 恰好等于停留时间 θ，该颗粒就是理论上能被完全分离下来的最小颗粒。以 d_c 代表这种颗粒的直径，即临界粒径，则

$$\frac{18\mu R_m B}{d_c^2\rho_s u_i^2}=\frac{2\pi R_m N_c}{u_i} \tag{5-283}$$

解得：

$$d_c=\sqrt{\frac{9\mu B}{\pi N_c \rho_s u_i}} \tag{5-284}$$

当气体处理量很大时，常将若干个小尺寸的旋风分离器并联使用（称为旋风分离器组），以维持较高的除尘效率。

在推导式(5-284) 时所做的 a 和 b 两项假设与实际情况差距较大，但因这个公式非常简单，只要给出合适的 N_c 值尚属可用。N_c 的值一般在 0.5～3.0，对标准旋风分离器，可取 $N_c=5.0$。

② 分离效率。旋风分离器的分离效率有两种表示方法：一种是总效率，以 η_0 表示；另一种是分效率，又称粒级效率，以 η_p 表示。

总效率是指进入旋风分离器的全部颗粒中被分离下来的质量分数，即

$$\eta_0=\frac{C_1-C_2}{C_1} \tag{5-285}$$

式中 C_1——旋风分离器进口气体含尘浓度，g/m³；

C_2——旋风分离器出口气体含尘浓度，g/m³。

总效率是工程中常用的，也是最容易测定的分离效率。这种表示方法的缺点是不能表明旋风分离器对各种尺寸粒子的不同分离效果。

含尘气流中的颗粒通常是大小不均的，通过旋风分离器之后，各种尺寸的颗粒被分离下来的百分率互不相同。按各种粒度分别表示其被分离下来的质量分数，称为粒级效率。通常是把气流中所含颗粒的尺寸范围等分成 n 个小段，在第 i 个小段范围内颗粒（平均粒径为 d_i）的粒级效率定义为

$$\eta_{p,i}=\frac{C_{1,i}-C_{2,i}}{C_{1,i}} \tag{5-286}$$

式中 $C_{1,i}$——旋风分离器进口气体粒径在第 i 小段范围内的颗粒的浓度，g/m^3；

$C_{2,i}$——旋风分离器出口气体粒径在第 i 小段范围内的颗粒的浓度，g/m^3。

粒级效率 η_p 与颗粒直径 d_i 的对应关系可用曲线表示，称为粒级效率曲线。这种曲线可通过实测旋风分离器进、出口气流中所含尘粒的浓度及粒度分布而获得。

工程上常把旋风分离器的粒级效率 η_p 表示成粒径比 d/d_{50} 的函数曲线。d_{50} 是粒级效率恰为50%的颗粒直径，称为分割粒径。图5-71所示的标准旋风分离器，其 d_{50} 可用下式估算：

$$d_{50}=0.27\sqrt{\frac{\mu D}{u_i(\rho_s-\rho)}} \tag{5-287}$$

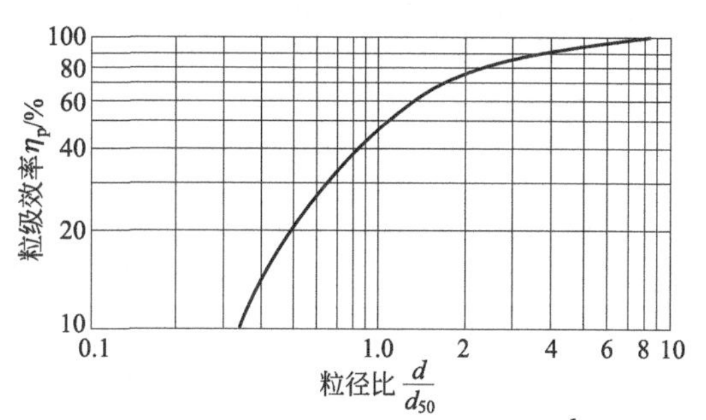

图5-71 标准旋风分离器的 η_p-$\frac{d}{d_{50}}$

这种标准旋风分离器的 η_p-$\frac{d}{d_{50}}$ 曲线对于同一结构形式且尺寸比例相同的旋风分离器，无论大小，皆可通过同一条 η_p-$\frac{d}{d_{50}}$ 曲线，这就给旋风分离器效率的估算带来了很大方便。

③ 压强降。气体经旋风分离器时，由于进气管和排气管及主体器壁所引起的摩擦阻力，流动时的局部阻力以及气体旋转运动所产生的动能损失等，造成气体的压降。将压降看作与进口气体动能成正比，即：

$$\Delta p=\zeta\frac{\rho u_i^2}{2} \tag{5-288}$$

式中的 ζ 为比例系数，亦即阻力系数。对于同一结构形式及尺寸比例的旋风分离器，ζ 为常数，不因尺寸大小而变。如图5-71所示的标准旋风分离器，其阻力系数 $\zeta=8.0$。旋风分离器压强降一般为500～2000Pa。

影响旋风分离器性能的因素多而复杂，物系情况及操作条件是其中的重要方面。一般来说，颗粒密度大、粒径大、进口气速高及粉尘浓度高等情况均有利于分离。但有些因素则有相互矛盾的影响，譬如进口气速稍高有利于分离，但过高则导致涡流加剧，反而不利于分离，陡然增大压强降。因此，旋风分离器的进口气速保持在10～25m/s范围内为宜。

[例题5-5] 如图5-69所示标准旋风分离器除去气流中所含固体颗粒。已知固体密度为 $1100kg/m^3$，颗粒直径为 $4.5\mu m$；气体密度为 $1.2kg/m^3$，黏度为 $1.8\times10^{-5}Pa\cdot s$，流量为 $0.40m^3/s$；允许压降为1780Pa。试估算采用以下各方案时的设备尺寸及分离效率。

① 一台旋风分离器；

② 四台相同的旋风分离器串联；

③ 四台相同的旋风分离器并联。

解：对于标准旋风分离器，阻力系数$\zeta=8.0$，依式(5-288) 可得

$$1780=8.0\times1.2\left(\frac{u_i^2}{2}\right)$$

解得进口气速 $u_i=19.26\text{m/s}$

旋风分离器进口截面积为

$$hB=\frac{D^2}{8}，同时\ hB=\frac{V_s}{u_i}$$

故设备直径为： $D=\sqrt{\frac{8V_s}{u_i}}=\sqrt{\frac{8\times0.40}{19.26}}=0.408\text{m}$

再根据式(5-287) 计算分割粒径，即

$$d_{50}\approx0.27\sqrt{\frac{\mu D}{u_i(\rho_s-\rho)}}=0.27\times\sqrt{\frac{(1.8\times10^{-5})\times0.408}{19.26(1100-1.2)}}=5.029\times10^{-6}=5.029\mu\text{m}$$

$$\frac{d}{d_{50}}=\frac{4.5}{5.029}=0.8948$$

压降为

$$\Delta p=\frac{1}{4}\times1780=445\text{Pa}$$

查图 5-71，得每台旋风分离器的效率为 22%，则串联四级旋风分离器的总效率为

$$\eta=1-(1-0.22)^4=63\%$$

当四台旋风分离器并联时，每台旋风分离器的气体流量为$\frac{1}{4}\times0.4=0.1\text{m}^3/\text{s}$，而每台旋风分离器的允许压降仍为 1780Pa，则进口气速仍为 19.26m/s。因此每台分离器的直径为：

$$D=\sqrt{\frac{8\times0.1}{19.26}}=0.2038\text{m}$$

$$d_{50}\approx0.27\sqrt{\frac{\mu D}{u_i(\rho_s-\rho)}}=0.27\sqrt{\frac{(1.8\times10^{-5})\times0.2038}{19.26(1100-1.2)}}=3.55\times10^{-6}=3.55\mu\text{m}$$

$$\frac{d}{d_{50}}=\frac{4.5}{3.55}=1.268$$

查图得$\eta=61\%$。

由上面的计算结果可以看出，在处理气量及压降相同的条件下，本例中四台串联与四台并联的效率大体相同，但并联时所需的设备小，投资省。

5.3.2 化学分离

5.3.2.1 化学浸出

(1) 萃取

利用有机溶剂从与其不相混溶的液相中把某种物质提取出来的方法称之为有机溶剂萃取法，简称溶剂萃取法。

溶剂萃取最早只用在分析化学领域。在提取冶金领域，由于溶剂萃取具有平衡速度快，

分离效果好，处理能力大，金属回收率高以及容易实现自动化操作等特点，在20世纪中叶就已发展成为分离提纯金属的一种重要手段。20世纪60年代前它还仅用于价格较高的金属如铀、稀土、钽、铌等的提纯与分离。随着新型萃取剂的合成和各种高效率的萃取设备的开发，溶剂萃取技术已大规模用于提取钨、钼、铜、镍、钴等金属，如今，元素周期表中绝大部分元素都可以采用溶剂萃取技术进行分离和提纯，而且正在逐步应用于废水处理等领域。因此研究萃取过程的热力学有重大意义。

1）萃取体系

溶剂萃取体系由互不相溶或基本不互溶的有机相和水相组成。由于两相相对密度差别而分层。通常有机相相对密度小于水相，所以在水相之上。水相中含有被萃取物及其他杂质以及为改善萃取效果而加入的各种添加剂，如络合剂和盐析剂等。有机相通常由萃取剂和稀释剂组成，有时还加入一些改质剂。现将有关的名词介绍如下。

① 萃取剂。萃取剂是一种有机试剂，能与被萃取物作用生成一种不溶于水而易溶于有机相的萃合物，从而在萃取时使被萃取物由水相转入有机相。例如，用含有三烷基胺、仲辛醇和煤油的有机相从偏钨酸钠水溶液中萃取钨，有机相中的三烷基胺是萃取剂，它与偏钨酸根离子作用生成不溶于水而易溶于有机相的萃合物，使钨从水溶液中转移到有机相中。有机相中的仲辛醇和煤油不与偏钨酸根离子作用，在这个萃取体系中，它们就不是萃取剂。

任何萃取剂分子中至少都有一个萃取功能基，通过它与金属离子结合形成萃合物。常见的萃取功能基上的活性原子是氧、磷、氮、硫原子。冶金工业中目前常见的萃取剂是含氧、磷、氮功能基的萃取剂。

a. 含氧萃取剂：分子中只含有碳、氢、氧三种元素的萃取剂，包括醚、醇、酮、醛、酸、酯各类有机化合物。

b. 含磷萃取剂：分子中除碳、氢、氧外尚含有磷元素的萃取剂。它们可视为正磷酸分子中羟基或羟基中氢原子被烷基取代的化合物。部分为烷基取代的化合物被称之为酸性磷型萃取剂，完全为烷基酯化或取代的化合物则称之为中性磷型萃取剂。

c. 含氮萃取剂：分子中除碳、氢、氧外尚含有氮元素的萃取剂。它们亦可视为氨的烷基取代物，其中氨中氢被烷基逐次取代的化合物称之为胺类萃取剂；一个氢被酞基取代，另两个氢为烷基所取代的化合物称为酰胺类萃取剂；此外，有机物分子中含有 C═NOH 结构的萃取剂，也属于含氮萃取剂的范畴，称为羟肟类萃取剂。

② 稀释剂。在萃取过程中用于改善有机相的物理性质如密度、黏度和极性的有机溶剂叫作稀释剂。它不与被萃物发生化学作用，只用来调节萃取剂的浓度和降低有机相的黏度与密度，增加萃合物在有机相中的溶解度。常用的稀释剂有煤油，如上述三烷基胺萃钨时，煤油就是稀释剂。

③ 改质剂。为了避免萃取或反萃时产生乳化或生成第三相，往有机相中加入一些高碳醇等有机化合物，以增加萃取剂、萃取剂的盐类或金属萃合物的溶解度。这些有机物统称为改质剂。改质剂有可能参与萃取化学反应。

④ 萃合物。萃取剂与被萃取物发生化学反应生成的不易溶于水而易溶于有机相的化合物称为萃合物。萃合物通常是一种配合物。

⑤ 络合剂。是溶于水相且与金属离子生成各种配合物的配位体。络合剂可分为抑萃络合剂和助萃络合剂两类。抑萃络合剂能降低萃取率，因而也叫掩蔽剂，对于水相中不希望被萃取的物质可加入相应的掩蔽剂来降低其萃取率。助萃络合剂能增加萃取率。

⑥ 盐析剂。是溶于水相不被萃取，又不与金属离子络合的无机盐。由于盐析剂的水合作用，吸引了一部分自由水分子，使被萃物在水相中浓度相对增加，因而有利于萃取。

常用下式来表示一个萃取体系：

被萃取物（浓度范围）/水相组成/有机相组成（萃合物分子式）。对于 Ta^{5+}，Nb^{5+}（100g/L）/4mol/L H_2SO_4，8mol/L HF/80%TBP-煤油［H_2Ta（Nd）$F_6\cdot 3TBP$］体系，它表示被萃物为五价的 Ta 和 Nb 离子；水相中起始浓度为 100g/L；水相组成为 4mol/L 的硫酸和 8mol/L 的氢氟酸；有机相的组成为 80%的 TBP 作为萃取剂，20%煤油作为稀释剂，萃合物分子式为 $H_2TaF_6\cdot 3TBP$ 及 $H_2NdF_6\cdot 3TBP$。

2）萃取工艺过程的基本概念

萃取工艺过程一般可分为三个主要阶段，如图 5-72 所示。

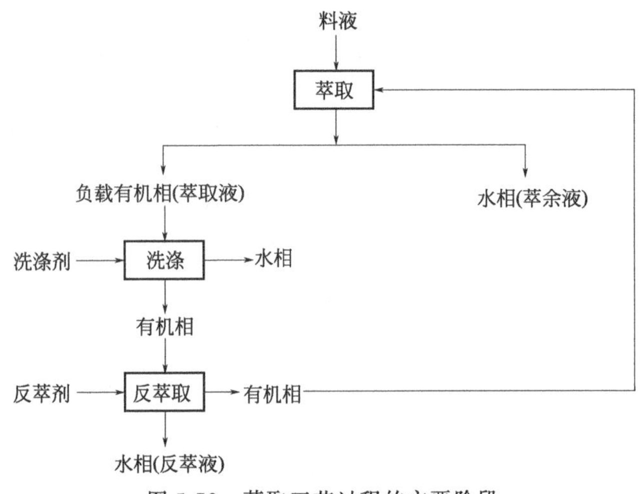

图 5-72 萃取工艺过程的主要阶段

① 萃取。将含有被萃取物的水溶液与有机相充分接触，使萃取剂与被萃取物结合生成萃合物而进入有机相的过程叫萃取。两相充分接触前的溶液称为萃取原液或料液，两相充分接触后的水溶液称为萃余液。含有萃合物的有机相叫做萃取液或负载有机相。

② 洗涤。用某种水溶液（通常为空白水相）与萃取液充分接触，使机械夹带的和某些同时进入有机相的杂质被洗回水相去的过程为洗涤。这种水溶液就称为洗涤剂。

③ 反萃取。用某种水溶液与经过洗涤后的萃取液充分接触，使被萃取物重新自有机相转入水相，这个与萃取相反的过程称为反萃取。所使用的水溶液称为反萃剂（含无机酸、碱的水溶液，有时可以是水）。经过反萃后的有机相可以返回再使用。反萃后得到的含金属离子的水溶液叫反萃液。

3）表征萃取平衡的基本参数及萃取等温线

① 表征萃取平衡的基本参数。

a. 分配定律和分配比。Nernst 分配定律认为：当某一溶质在互不相溶的两相中分配时，在给定温度下两相达到平衡后，且溶质在两相中分子形式相同，则该溶质在两相中的浓度比值为常数：

$$\lambda=\overline{[Me]}/[Me] \tag{5-289}$$

式中　　λ——分配系数；

$\overline{[Me]}$，$[Me]$——溶质 Me 在有机相中和水相中的浓度。

分配定律只适用于接近理想溶液的稀溶液中的简单物理分配体系。例如，溴在四氯化碳与水之间的分配情况（表 5-22)，在低浓度时能较好符合 Nernst 定律。

表 5-22 Br_2 在 CCl_4 和 H_2O 之间的分配（25℃）

水相浓度$[Br_2]$/(g/L)	有机相浓度$\overline{[Br_2]}$/(g/L)	$\lambda=\frac{\overline{[Br_2]}}{[Br_2]}$
2.054	58.36	28.41
0.7711	21.53	27.92
0.5761	15.72	27.28
0.4476	12.09	27.01
0.3803	10.27	27.00

在大多数金属萃取体系中，情况往往比较复杂，首先溶质在溶液中的浓度比较大；而且在萃取过程中，常常伴随着离解、缔合、络合等化学变化，溶质大多数情况下是以萃合物的形式进入有机相，因此溶质在两相的分子形式并不相同。所以说这些体系并不完全服从分配定律。实际溶剂萃取研究中一般采用分配比（D）来表示萃取平衡时被萃取物质在两相中的分配情况。

$$D=\frac{\overline{[m]_T}}{[m]_T}=\frac{\overline{[m_1]}+\overline{[m_2]}+\cdots+\overline{[m_n]}}{[m_1]+[m_2]+\cdots+[m_n]} \tag{5-290}$$

式中 $\overline{[m]}_T$，$[m]_T$——被萃取物在有机相和水相中的总浓度；

$\overline{[m_1]}$,$\overline{[m_2]}$，…,$\overline{[m_n]}$——各种形态的被萃取物在有机相中的浓度；

$[m_1]$，$[m_2]$，…，$[m_n]$——各种形态的被萃取物在水相中的浓度。

分配比 D 越大，则被萃取物越易被萃入有机相。分配比不是常数，随被萃取物的浓度、水相酸度、萃取剂浓度、稀释剂性质、温度以及其他物质的存在等因素的变化而变化。

分配比 D 与 Nernst 分配系数 λ 之间存在着一定的关系。分配定律指出了一种形态物质在两相之间发生分配时，两相浓度间的关系。同一金属离子在溶液中由于络合作用，可能具有多种形态，往往是其中一种或几种形态的离子同时被萃取。假设溶液中金属离子 Me 与配位体发生一系列络合反应，生成 MeX_1、MeX_2、…、MeX_n 等配合物，而只有MeX_n 能被萃取，则 λ 与 D 的关系如下（为简单起见，省去离子价数符号）。

设 Me 与 X 的络合反应及配合物稳定常 K_{com} 如下：

$$Me+X=MeX \quad K_{comMeX}=[MeX]/([Me][X])$$

$$Me+2X=MeX_2 \quad K_{comMeX_2}=[MeX_2]/([Me][X]^2)$$

$$Me+nX=MeX_n \quad K_{comMeX_n}=[MeX_n]/([Me][X]^n)$$

式中 K_{comMeX}，K_{comMeX_2}，…，K_{comMeX_n}——MeX_1，MeX_2，…，MeX_n 的稳定常数；

$[Me]$，$[X]$——水相中 Me 及 X 离子的浓度。

当只有 MeX_n 被萃取时，有机相中 Me 浓度为 $\overline{[Me]}_T$

$$\overline{[Me]}_T=\lambda[MeX_n]=\lambda K_{comMeX_n}[Me][X]^n$$

而水相 Me 的总浓度 $[Me]_T$ 为各种形态 MeX_n 浓度及游离 Me 浓度之和，即

$[Me]_T=[Me]+[MeX]+\cdots+[MeX_n]$

$$=[Me]+K_{comMeX}[Me][X]+K_{comMeX_2}[Me][X]^2+\cdots+K_{comMeX_n}[Me][X]^n$$

$$=[Me]\left\{1+\sum_{i=1}^{n}K_{comMeX_n}[X]^n\right\}=[Me]Y$$

式中　Y——络合度。

将 $\overline{[Me]}_T$ 和 $[Me]_T$ 代入分配比计算式得

$$D=\frac{\overline{[Me]}_T}{[Me]_T}=\frac{\lambda K_{comMeX_n}[X]^n}{Y} \tag{5-291}$$

由此可见，金属络离子在两相中的 Nernst 分配系数较大时，它的萃取分配比 D 也大。

b. 萃取率（q）。萃取率就是被萃取物进入有机相中的量占萃取前料液中被萃取物总量的百分比。它表征了萃取平衡时萃取剂的实际萃取效果。

$$q=\frac{\text{被萃取物在有机相中的量}}{\text{被萃取物在料液中的总量}}\times100\%=\frac{\overline{C}V_s}{\overline{C}V_s+CV}\times100\%$$

$$=\frac{\overline{C}}{\overline{C}+C\dfrac{V}{V_s}}\times100\%=\frac{\overline{C}/C}{\overline{C}/C+V/V_s}\times100\%=\frac{D}{D+\dfrac{V}{V_s}}\times100\%$$

式中　V_s——有机相体积；

　　　V——料液的体积。

$V_s/V=R$ 为相比，则

$$q=\frac{D}{D+1/R}\times100\%$$

由此式知，萃取率不仅和分配比有关，而且与相比有关。分配比和相比 R 越大则萃取率 q 越大。

c. 分离因素（$\beta_{A/B}$），也称分离系数。它是表示物质间可分离难易程度的一个物理量，等于在同一萃取体系内，同样萃取条件下两种物质分配比的比值：

$$\beta_{A/B}=D_A/D_B=[\overline{C}_A\times C_B]/[C_A\times\overline{C}_B]$$

式中　D_A，D_B——两物质的萃取分配比，一般 A 表示易萃取组分，B 表示难萃取组分；

　　　$\beta_{A/B}$——A、B 两种物质自水相转移到有机相难易程度的差别，$\beta_{A/B}$ 越大，就说明两物质越易分离，萃取的选择性越好。

d. 饱和容量。单位体积有机相或单位浓度萃取剂对某种金属的最大萃取能力，称为该有机相或萃取剂的饱和容量。以单位体积有机相中含被萃物的质量（g/L），或单位物质的量萃取剂中萃取的被萃物的质量（g/mol）来表示。饱和容量不受料液中金属浓度和相比的影响。

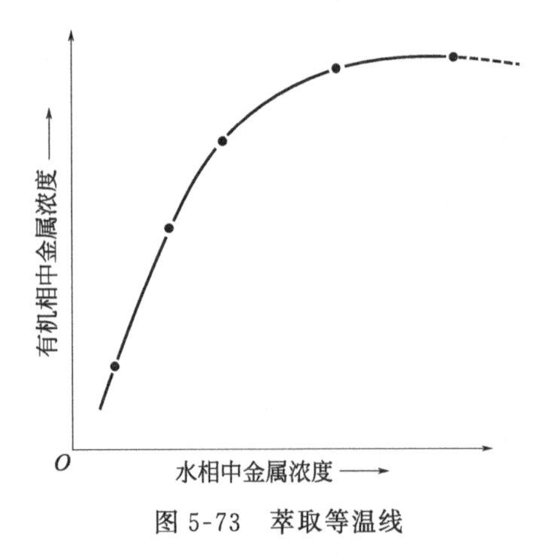

图 5-73　萃取等温线

② 萃取等温线。在一定温度下，被萃取物在两相的分配达到平衡时，以该物质在有机相中的浓度和它在水相的浓度关系作图，可得到图 5-73 曲线，称之为萃取等温线（又称萃取平衡线）。从图 5-73 可知，当水相金属离子浓度逐渐升高，有机相的金属离子浓度也相应升高，但到一定程度后，有机相中金属离子的浓度基本维持不变。此时曲线趋于水

平，表示有机相对金属离子的萃取已达到饱和，这时有机相中金属离子浓度，就是该萃取剂对该离子的饱和容量。

利用萃取等温线，可以计算不同浓度时的分配比，以及确定有机相的饱和容量和萃取级数及推测萃合物组成。

(2) 萃取机理及萃取平衡

萃取剂不同，则萃取机理不一样，根据各种萃取剂在萃取过程中的萃取机理，可以将其划分为四个体系：中性络合物萃取体系；阳离子交换萃取体系；阴离子交换萃取体系；协同萃取体系。以下分别介绍各萃取体系的萃取机理及萃取平衡。

1) 中性络合物萃取体系

① 基本概念。中性配合物萃取体系又称为中性溶剂配合物萃取，其特点是：a. 被萃取物是以中性分子与萃取剂作用，如 $UO_2(NO_3)_2$；b. 萃取剂本身也是中性分子，如 TBP、$RC=O$、R_2O 等；c. 生成的萃合物是一种中性溶剂化配合物，如 $UO_2(NO_3)_2 \cdot 2TBP$ 或 $UO_2(NO_3)_2 \cdot (H_2O)_4 \cdot 2R_2O$ 等。萃取剂的功能基直接与金属配位的称为一次溶剂化，通过与水分子形成氢键而溶剂化的称为二次溶剂化。其结构式如图 5-74 所示。

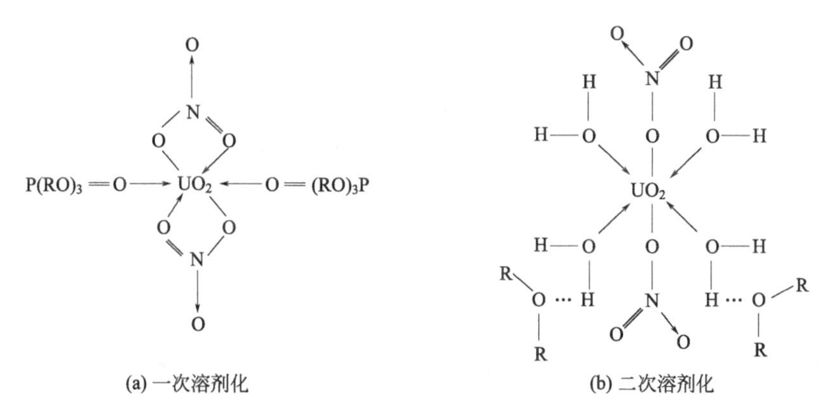

图 5-74　中性络合物结构式

按中性络合机理萃取金属离子的萃取剂有中性磷型萃取剂、含氧萃取剂及含有 $P=S$ 官能团的中性磷硫萃取剂和中性含氮萃取剂如吡啶等。在冶金工业中广泛使用的是中性磷型萃取剂。

中性磷型萃取剂的通式是 $G_3P=O$，其中 G 代表烷基 R 或烷氧基 RO，它们与中性金属盐生成萃合物时，通过氧原子上的孤对电子生成配位键 O→Me：

$$m[G_3P=O]+MeX_n = [G_3P=O]m \rightarrow MeX_n$$

配位键 O→Me 越强，则 $G_3P=O$ 的萃取能力越强，因为 R 基是斥电子基，RO 是吸电子基，与磷原子相连接的 R 基越多，则 $P=O$ 键上氧原子的电子云密度越大，配位键 O→Me 就越强，所以中性磷型萃取剂的萃取能力按下列次序增加：

$$(RO)_3P=O < (RO)_2\overset{\displaystyle R \atop |}{P}=O < R_2\overset{\displaystyle RO \atop |}{P}=O < R_3P=O$$

借助于 $P=O$ 键上氧原子的配位能力，中性磷型萃取剂可萃取酸，通常生成 1∶1 的配合物，TBP（磷酸三丁酯）对酸的萃取顺序如下。

$$H_2C_2O_4 \approx HAc > HClO_4 > HNO_3 > H_3PO_4 > HCl > H_2SO_4$$

在实际工作中有时为了防止萃取过程酸度变化，有机相要预先用酸饱和。

② 萃取平衡及影响因素。中性配合物萃取的规律性基本上是一致的，现以 TBP 及 P_{350}（甲基膦酸二庚酯）对稀土的萃取为例分析影响分配比及分离因数的因素。

TBP 萃取稀土（RE）硝酸盐的反应为：

$$RE^{3+}+3NO_3^-+3TBP \xlongequal{} RE(NO_3)_3 \cdot 3TBP$$

萃取反应平衡常数：

$$K=\frac{[\overline{RE(NO_3)_3 \cdot 3TBP}]}{[RE^{3+}][NO_3^-]^3[\overline{TBP}]^3} \tag{5-292}$$

假定稀土在水相主要以 RE^{3+} 形态存在，则分配比 D

$$D=\frac{[\overline{RE(NO_3)_3 \cdot 3TBP}]}{[RE^{3+}]} \tag{5-293}$$

联立上两式得：

$$D=K[NO_3^-]^3[\overline{TBP}]^3 \tag{5-294}$$

式中，$[\overline{TBP}]$ 为自由萃取剂浓度。它等于 TBP 的起始浓度（即总浓度 C_{TBP}）减去萃合物浓度的三倍，再减去 TBP 与 HNO_3 的萃合物浓度 $[\overline{HNO_3 \cdot TBP}]$ 即：

$$[\overline{TBP}]=C_{TBP}-3[\overline{RE(NO_3)_3 \cdot 3TBP}]-[\overline{HNO_3 \cdot TBP}] \tag{5-295}$$

以上各式也适用于 P_{350} 萃取稀土的反应。

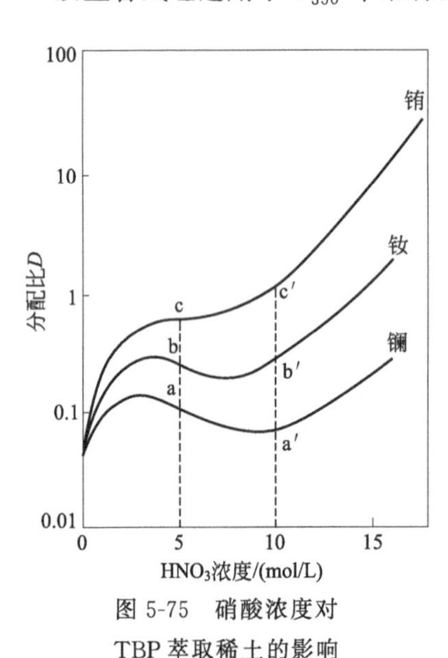

图 5-75 硝酸浓度对 TBP 萃取稀土的影响

根据这些关系式可以讨论 TBP 或 P_{350} 在硝酸体系中萃取稀土时，影响 D 和 β 的各种因素，进而了解中性络合萃取体系的基本规律。

a. 酸度的影响。以 TBP（100%）在无盐析剂情况下萃取硝酸稀土为例，如图 5-75 所示，D 对 HNO_3 浓度的曲线呈“S”形。这是因为 HNO_3 浓度对 D 的影响有三种作用：ⓐ在硝酸浓度不太高时，$[NO_3^-]$ 随 HNO_3 浓度增加而增加，而按式(5-294)，D 与 $[NO_3^-]$ 的三次方成正比，所以也相应增加；ⓑHNO_3 浓度增加引起 $[\overline{TBP \cdot HNO_3}]$ 的增加，按式(5-295)，自由萃取剂浓度 $[\overline{TBP}]$ 减少，而由式(5-294) 知，D 与 $[\overline{TBP}]^3$ 成正比，所以会相应减少；ⓒHNO_3 浓度继续增加时，水相盐析作用增加，故 D 又增大。

由图 5-75 显而易见，随着 $[HNO_3]$ 增加，各稀土元素的曲线间距离增大，即分离因数 $\beta_{A/B}$ 增加。

b. 盐析剂的影响。在 TBP 或 P_{350} 分离稀土的工艺中，常加入 $LiNO_3$ 或者 NH_4NO_3 作为盐析剂以提高分配比 D，有时还可提高相邻稀土元素之间的分离因数 $\beta_{A/B}$。盐析剂的作用是多方面的：ⓐ盐析剂如与被萃取化合物分子含有相同阴离子，则由于同离子效应可使 D 增加；ⓑ盐析剂的离子水化作用，减小了自由水分子浓度，抑制了稀土离子的水化作用，使之有利于转入有机相；ⓒ盐析剂可以降低水相介电常数，按库仑定律，介电常数降低可使带电质点间作用力增加，故有利于萃取过程进行；ⓓ盐析剂有可能抑制水相中金属离子的聚合等作用，这对萃合物形成有利。

在盐析剂的物质的量浓度相同的情况下，阳离子的价数越高，盐析效应越大。对于同价阳离子来说，半径越小盐析效应越大。一般金属离子的盐析效应，按下列次序递降。

$$Al^{3+} > Fe^{3+} > Mg^{2+} > Ca^{2+} > Li^{+} > Na^{+} > NH_4^{+} > K^{+}$$

虽然 Al^{3+} 盐析效应最大，但采用何种盐析剂尚应考虑不影响下一步分离、不影响产品质量、价格便宜、水中溶解度大小等因素，通常宜用 NH_4NO_3。有时为了简化流程，可用提高稀土料液浓度的办法来代替外加盐析剂，因为稀土的硝酸盐本身也有盐析作用，这种情况叫做“自盐析”。

c. 离子半径的影响。以 P_{350} 从硝酸盐溶液中萃取三价稀土离子为例，如图5-76所示：随原子序数增大，分配比先是增大，然后又下降，出现一极大值，称为倒序现象，原因如下：P_{350} 萃取稀土时，存在溶剂络合作用和水合作用。

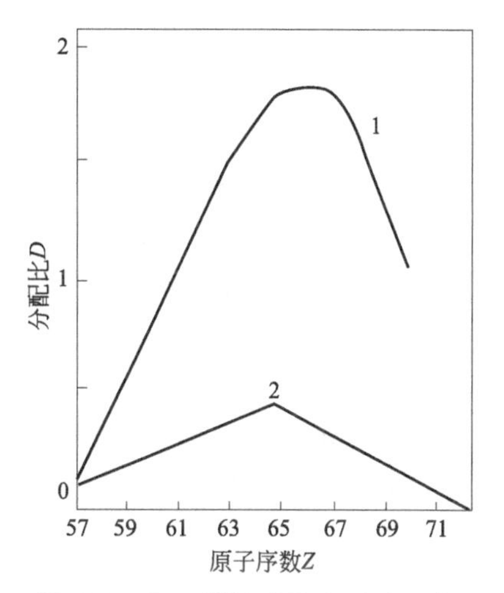

图5-76　P_{350} 萃取 $RE(NO_3)_3$ 时，分配比 D 与 RE 的原子序数的关系

1—有 6mol/L NH_4NO_3；2—无盐析剂

溶剂络合作用：稀土离子的电子层结构属惰气型（外层电子为 s^2p^6），氧原子易与它们配位，按照静电（极化）理论，络合物的稳定性与它们的电荷大小成正比，而与其离子半径大小成反比，稀土离子（三价）的电荷相同，但原子序数增大，离子半径减小（镧系收缩），故络合物稳定性应随原子序数的增加而增强。P_{350} 与其他惰气型结构的离子生成的络合物亦有其同样的规律。

水合作用：离子势 z^2/r 越大，水合作用越强烈，即离子亲水性越强，越不利于萃取。故从水合作用的角度来看，离子半径减小，离子势越大，则不利于萃取。

这两种作用竞争的结果，前者占优势则曲线上升，后者占优势则曲线下降。

对于其他金属离子的萃取，离子半径以及电荷的影响，一般也是由它们的络合稳定性或水化作用所决定。

d. 萃取剂浓度影响。由式(5-294)可见，其他条件恒定时，P_{350} 萃取稀土的分配比与自由萃取剂浓度的三次方成正比。实践中发现 P_{350} 浓度大于70%时，分配比增大，但分离因数有所降低，且有机相黏度增大，分层慢，不利于萃取操作。

e. 金属离子浓度的影响。通过实测发现，P_{350} 萃取硝酸稀土时，D 与水相离子浓度关系如图5-77所示，即曲线有一最大值，此现象可做如下解释：随着金属离子浓度增加，由于自盐析作用使 D 增加，但金属离子浓度过大，则自由萃取剂浓度下降，相应地从式(5-294)知，D 将下降。

图5-78为水相起始稀土浓度对 P_{350} 萃取分离镨镧分离系数的影响。高稀土浓度时，稀土的自盐析作用和相互竞争的结果使 $\beta_{Pr/La}$ 增加。

f. 络合剂的影响。络合剂的作用大多数是提高分离效果，抑萃络合剂使分配比下降；助萃络合剂使分配比增加，氨羧络合剂为稀土萃取分离中常使用的抑萃络合剂，它使分配比减小，但却能增大相邻稀土元素的分离因数。

上述中性磷型萃取剂对稀土萃取的影响，其一般规律也适用于其他中性络合萃取体系。

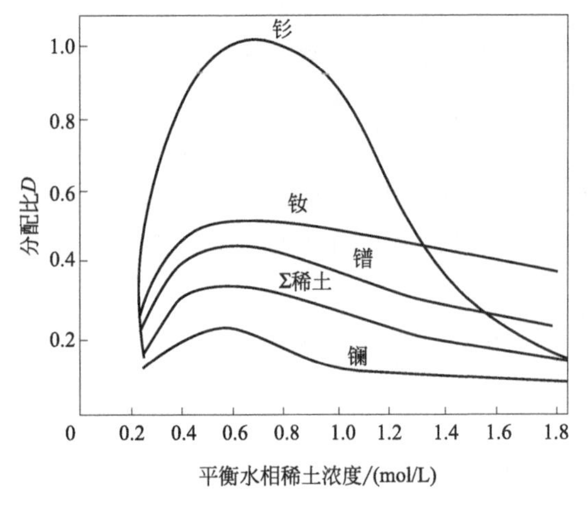

图 5-77　50%P_{350} 萃取 $RE(NO_3)_3$ 时分配比 D 与平衡水相稀土浓度的关系

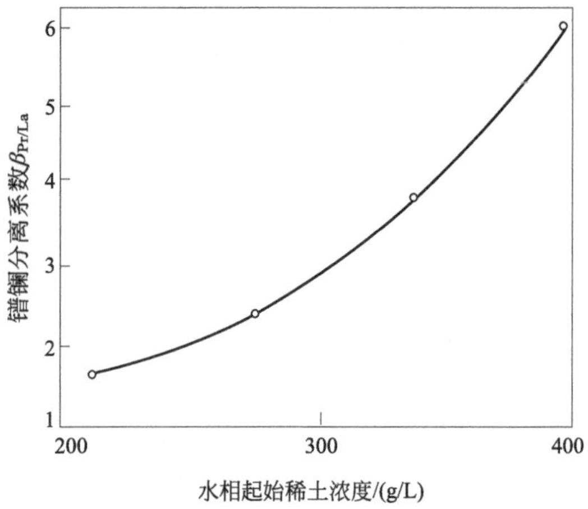

图 5-78　水相起始稀土浓度对 P_{350} 萃取分离镨镧分离系数 $\beta_{Pr/La}$ 的影响

2）阳离子交换萃取体系

① 基本概念。此类萃取体系又称为酸性络合萃取体系，其特点是：ⓐ萃取剂是有机酸 HA（以 A 代表失去一个 H^+ 的有机酸根离子）；ⓑ被萃取物是金属阳离子 Me^{n+} 或阳离子络合物及水解后的阳离子；ⓒ萃取机理是阳离子交换：

$$Me^{n+}+nHA \longrightarrow MeA_n+nH^+$$

此类萃取可又分为两类。

第一，螯合萃取剂的萃取。螯合萃取剂，如 β-双酮类、羟肟类萃取剂等，它们有两个官能团，即酸性官能团和配位官能团。金属离子与酸性官能团作用，置换出氢离子，形成一个共价键，而配位官能团又与金属离子形成一个配位键。故它们和金属离子形成疏水螯合物而进入有机相，这类萃取称为螯合萃取。

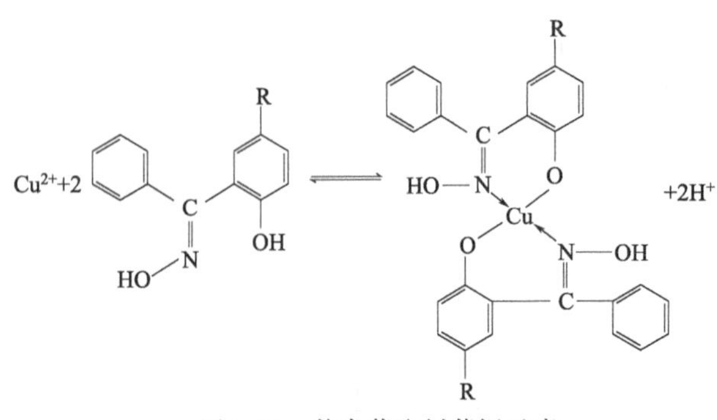

图 5-79　螯合萃取剂萃铜示意

螯合萃取剂是一种选择性较强的萃取剂，目前，湿法炼铜工业中广泛使用的 LiX 系列羟肟类萃取剂就是螯合萃取剂，它对铜离子的螯合萃取是通过羟基中氧的共价键和肟基中氮的配位键来实现的，萃取反应式和萃合物结构式如图 5-79 所示。

第二，酸性磷型萃取剂的萃取。酸性磷型萃取剂主要有三大类，其中最重要的为一元酸，例如，P_{204}、P_{507}、P_{215}、P_{229} 均属于这一类，以 P_{204} 为其代表，P_{204} 即二-2-乙基己基磷酸（HA），其结构式如下：

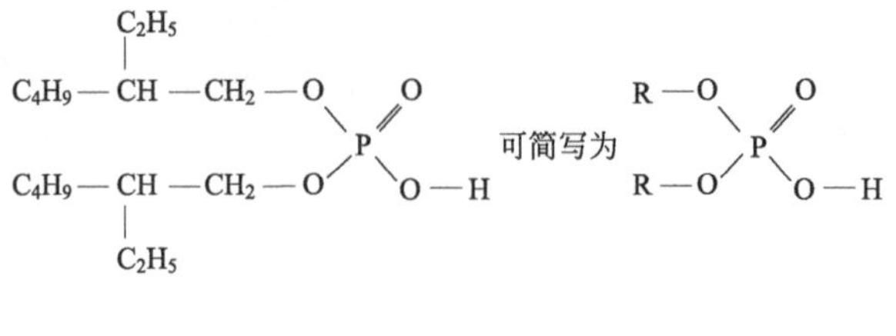

$C_4H_9-CH(C_2H_5)-CH_2-O$ 与 $C_4H_9-CH(C_2H_5)-CH_2-O$ 连于 $P(=O)-O-H$　可简写为　$(R-O)_2P(=O)-O-H$

它们在非极性溶剂中（如煤油）通常是以二聚分子 $(HA)_2$ 的形态存在，并以二聚分子形态与金属离子反应。P_{204} 萃取金属离子的反应如下。

$$UO_2^{2+}+2(HA)_2 \xlongequal{} UO_2(HA_2)_2+2H^+$$

$$Th^{4+}4(HA)_2 \xlongequal{} Th(HA_2)_4+4H^+$$

$$RE^{3+}+3(HA)_2 \xlongequal{} RE(HA_2)_3+3H^+$$

其通式为：

$$Me^{n+}+n(HA)_2 \xlongequal{} Me(HA_2)_n+nH^+$$

但对 Fe^{3+}、VO^{2+} 的萃取，据查明其反应式为：

$$Fe^{3+}+2(HA)_2+H_2O \xlongequal{} Fe(OH)A_4H_2+3H^+$$

$$2VO^{2+}+2(HA)_2+2H_2O \xlongequal{} \{VO(OH)\}_2A_4H_2+4H^+$$

萃合物的结构式，以 P_{204} 萃取稀土时稀土萃合物为例，如图 5-80 所示。

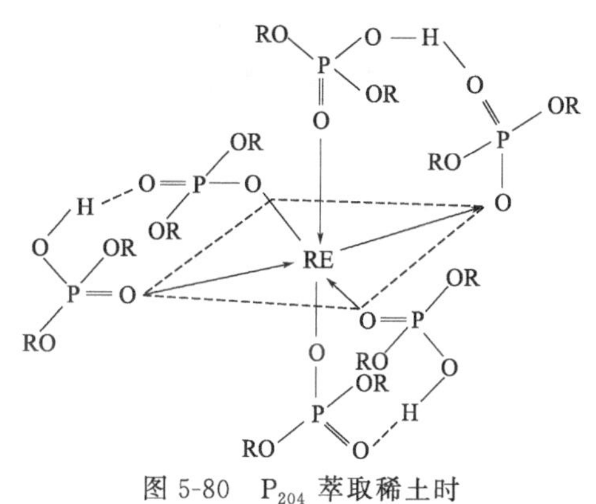

图 5-80　P_{204} 萃取稀土时稀土萃合物的结构

第三，羧酸类萃取剂的萃取。羧酸类萃取剂如 RCOOH 或简写成 HA，它在有机相中以单分子 HA 和二聚分子两种形式存在，萃取稀土离子的反应为：

$$RE^{3+}+3HA \xlongequal{} REA_3+3H^+$$

或 $$RE^{3+}+3(HA)_2 \xlongequal{} RE(HA_2)_3+3H^+$$

萃合物除 REA_3、$RE(HA_2)_3$ 外，还有其他中间形式如 $REA_3 \cdot xHA$，在萃合物 $RE(HA_2)_3$ 中也含有与 P_{204} 萃合物类似的螯环。在 REA_3 中也可能有不稳定的四元螯环。

$$\left(R-C \begin{matrix} =O \\ -O \end{matrix} \rightarrow RE \right)_3$$

因为脂肪酸是弱酸，其酸性比 P_{204} 弱，故一般在弱酸性到中性水溶液中才能萃取。经验证明，金属的最大萃取率刚好在接近该金属离子水解 pH 值时达到。同一 pH 值时，不同金属离子进入有机相的能力是有差别的。随金属碱性增加，其进入有机相的能力降低。

② 萃取平衡。当 HA 在有机相中仅有 H_2A_2、HA 两种形式，萃合物仅为 MeA_n，Me 在水相中除 Me^{n+} 外其他形式可忽略不计的情况下，阳离子交换萃取过程中发生的基本反应有：

第一，酸性萃取剂在两相间的分配。酸性萃取剂既能溶于有机相也能溶于水相，在两相间的分配常数 λ 为：

$$\lambda=[\overline{HA}]/[HA] \tag{5-296}$$

式中　$[\overline{HA}]$，$[HA]$ ——酸性萃取剂在有机相和水相中的平衡浓度。

通常要求 λ 大于 100，否则萃取剂的溶解损失太大。

第二，酸性萃取剂的电离平衡。其电离反应为：

$$HA \xlongequal{} H^+ + A^-$$

电离常数：

$$K_a=\frac{[H^+][A^-]}{[HA]} \tag{5-297}$$

其中，K_a 大的称为强酸性萃取剂，K_a 小的称为弱酸性萃取剂。

第三，HA 在有机相的聚合。HA 在有机相可能发生聚合反应：

$$2HA \Longrightarrow H_2A_2$$

其聚合常数

$$K_2 = [\overline{H_2A_2}]/[\overline{HA}]^2 \tag{5-298}$$

K_2 随溶剂不同而不同，例如，P_{204} 在 C_6H_6 中的 $K_2=4000$，在 $CHCl_3$ 中的 K_2 只有 500。

第四，萃取剂阴离子与金属阳离子 Me^{n+} 的络合反应。

$$nA^- + Me^{n+} \Longrightarrow MeA_n$$

$$K_{comMeA_n} = \frac{[MeA_n]}{[Me^{n+}][A^-]^n} \tag{5-299}$$

式中　$[MeA_n]$，$[Me^{n+}]$，$[A^-]$ ——MeA_n、Me^{n+}、A^- 在水相中的平衡浓度。

第五，MeA_n 在两相间的分配。MeA_n 易溶于有机相而难溶于水相，一旦在水相中形成 MeA_n，则马上被萃入有机相，它在两相之间的分配系数：

$$\Lambda = [\overline{MeA_n}]/[MeA_n] \tag{5-300}$$

式中　$[\overline{MeA_n}]$，$[MeA_n]$ ——MeA_n 在有机相和水相中的平衡浓度。

通常 MeA_n 在两相的分配系数远远大于 HA 在两相的分配系数。即 $\lambda(MeA_n) \gg \lambda(HA)$。

第六，HA 萃取 MeA_n 反应。

$$nHA + Me^{n+} \Longrightarrow MeA_n + nH^+$$

其平衡常数

$$K = \frac{[\overline{MeA_n}][H^+]^n}{[\overline{HA}]^n[Me^{n+}]} \tag{5-301}$$

根据式(5-296)～式(5-301) 得：

$$K = \frac{[\overline{MeA_n}][H^+]^n}{[\overline{HA}]^n[Me^{n+}]} = \frac{[H^+]^n[A^-]^n}{[\overline{HA}]^n} \times \frac{[HA]^n}{[\overline{HA}]^n} \times \frac{[MeA_n]}{[Me^{n+}][A^-]^n} \times \frac{[\overline{MeA_n}]}{[MeA_n]} = \frac{K_a^n K_{comMeA_n} \Lambda}{\lambda^n} \tag{5-302}$$

式中　K——萃取平衡常数，简称萃合常数。

因为分配比 $D = \frac{[\overline{MeA_n}]}{[Me^{n+}]}$，根据式(5-301) 可求出 D 与 K 的关系如下：

$$D = K[\overline{HA}]^n/[H^+]^n \tag{5-303}$$

式中　$[\overline{HA}]$ ——自由萃取剂浓度。

因为 $\lambda(MeA_n) \gg \lambda(HA)$，且 $K_{comMeA_n} \gg 1$，所以水相之 $[HA]$、$[A^-]$ 和 $[MeA_n]$ 可以忽略不计，又假定 MeA_n 在有机相不发生二聚作用，则：

$$[\overline{HA}] = C_{HA} - n[\overline{MeA_n}] \tag{5-304}$$

式中　C_{HA}——萃取剂的起始浓度。

对式(5-303) 两边取对数：

$$\lg D = \lg K + n\lg[\overline{HA}] + n\text{pH} \tag{5-305}$$

上面讨论的是酸性萃取体系最简单也是最典型的反应。实际情况往往还要复杂一些，例如，当溶液中除萃取剂的阴离子（A^-）外，还外加其他络合剂 X^-，则金属离子除与 A^- 络合外，还可能与 X^- 络合；另外，当溶液 pH 值过高时，某些金属离子将部分水解［例如 Y^{3+} 部分水解成 $Y(OH)^{2+}$、$Y(OH)_2^+$、以 $Y(OH)^{2+}$、$Y(OH)_2^+$ 形态被萃取］，这些都影响分配比。但是式(5-304)、式(5-305) 是酸性萃取体系最基本的关系式。现根据它们来讨论各种因素对分配比的影响。

③ 影响分配比和分离因数的因素。

a. pH 值的影响。由式(5-304) 及式(5-305) 看出，pH 值对分配比的影响是很大的。在自由萃取剂浓度 $[\overline{HA}]$ 维持恒定时，pH 值每增加一个单位，D 就增加 10^n 倍（n 为金属离子价）。相应地萃取率 q 亦随 pH 值增加而增大。

如果当萃取剂浓度一定时，以 q-pH 值作图可以得到对称的 S 形曲线，如图 5-81 所示。由图 5-81 可以看出，金属离子价数越高，曲线越陡直。

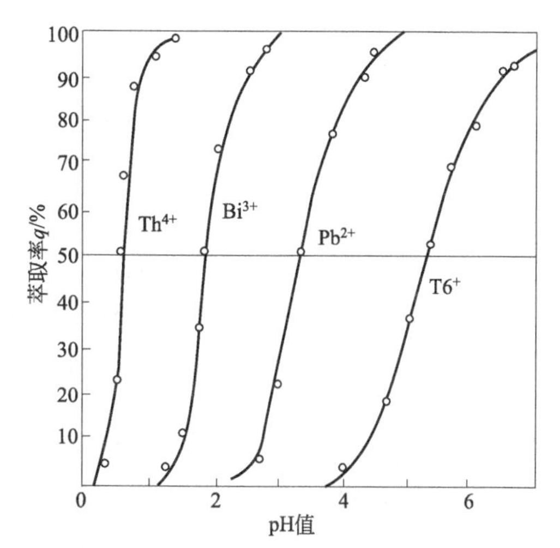

图 5-81 各种价态金属的理论萃取曲线

由于 D 随 pH 值而变，对给定的萃取体系而言，通常可以找出一个 pH 值，使 $D=1$，如相比 $R=1$，则平衡时萃取率 $q=\frac{D}{D+1}\times100\%=50\%$，此时 pH 值叫做半萃取 pH 值，以符号 $pH_{1/2}$ 表示，根据式(5-305) 知：

$$\lg D=\lg K+n\lg[\overline{HA}]+n\mathrm{pH}_{1/2}=0$$

所以

$$\mathrm{pH}_{1/2}=-\frac{1}{n}\lg K-\lg[\overline{HA}] \qquad (5\text{-}306)$$

因此，对酸性络合萃取体系，可以用 $pH_{1/2}$ 来比较金属离子被萃取的难易程度，$pH_{1/2}$ 越小，就越容易被萃取；不同的金属离子的 $pH_{1/2}$ 值相差越大，越容易分离。

b. 自由萃取剂浓度和饱和浓度的影响。由式(5-305) 知，分配比 D 与自由萃取剂的浓度 $[\overline{HA}]$ 的 n 次方成正比，又根据式(5-304)：$[\overline{HA}]=C_{HA}-n[\overline{MeA_n}]$，在 C_{HA} 一定的条件下，当有机相中 MeA_n 浓度增加甚至接近饱和时，自由萃取剂浓度 $[\overline{HA}]$ 就很小，此时半萃取 $pH_{1/2}$ 就增加［式(5-306)］，所以在稀溶液萃取时，环烷酸萃取 Y^{3+} 的 $pH_{1/2}$ 约为 4.2，但在接近饱和萃取时，$pH_{1/2}$ 应在 5～6。

c. 不同金属离子对萃取能力的影响。HA 萃取各种 Me^{n+} 的能力首先取决于 Me^{n+} 与 A^- 的络合物的稳定常数 K_{com} 的大小，K_{com} 越大，则由式(5-306) 知 K 也越大，越有利于萃取。

K_{com} 的大小与金属离子的价数 n 及离子半径有关。对于以氧原子为配位原子的酸性萃取剂而言，其与惰性气体型结构的离子配位形成配合物时，配合物的稳定性随离子价数增加而增加。对同价离子而言，随离子半径减小而增加（此规律对非惰性气体型离子不大适用）。

d. 不同萃取剂种类的影响。首先萃取剂的酸性强弱对萃取能力有显著影响，试比较 TTA（噻吩甲酰三氟丙酮）与乙酰丙酮。

TTA：其电离常数 $K_a=7.0\times10^{-7}$；与 Th^{4+} 的络合物稳定常数 $K_{comThA_4}=3\times10^{24}$。

乙酰丙酮：其电离常数 $K_a=1.3\times10^{-9}$；与 Th^{4+} 的络合物稳定常数 $K_{comThA_4}=5\times10^{26}$。

TTA 的电离常数 K_a 比乙酰丙酮增加了约 540 倍。K_a 增加即酸性增加，即 A^- 与 H^+ 结合力减弱，同样 A^- 与 Me^{n+} 结合力也减弱，所以络合物 MeA_n 的稳定常数 K_{com} 就要减小，从这一角度看，酸性强对萃取不利。

但根据式(5-306) 知，萃合常数 K 与 K_a 的 n 次方成正比，K_a 是影响 K 的主要因素，所以萃取剂酸性增强，总的结果将导致 K 的增加，即萃取能力的提高。这就是说，稳定性较强的萃合物，其萃取能力反而小些，故 TTA 与 Th 的萃合常数为 8，比乙酰丙酮与 Th 的萃合常数 10^{-12} 增加了 13 个数量级，相应地 TTA 萃取 $pH_{1/2}=0.51$，而乙酰丙酮萃取 $pH_{1/2}=5$。

至于萃取剂结构的影响比较复杂，一般来说螯合萃取剂的选择性比非螯合的酸性萃取剂好。因为螯合成环时，产生空间效应，对金属离子大小有一定要求。

e. 稀释剂对萃取能力的影响。稀释剂主要影响酸性萃取剂在两相间的分配常数 λ 和萃合物在两相间的分配平衡 Λ。当 λ 增加时，Λ 一般也增加，但因萃合常数 K 与 Λ/λ^n 成正比，λ 以 n 次方增加，Λ/λ^n 一般为减少，萃合常数 K 减小或萃取能力减弱。一般当萃取剂与稀释剂之间有氢键缔合时，或它们之间的结构相似性增加时，萃取能力减弱。

f. 温度的影响。分配系数实际上是两相间的平衡常数，根据等压方程

$$\left(\frac{\partial \ln K^{\ominus}}{\partial T}\right)_p=\frac{\Delta_r H^{\ominus}}{RT^2}$$

因此，λ 与温度的关系取决于萃取过程的热效应，当为吸热反应，分配系数随温度的升高而增大；当为放热反应，分配系数随温度的升高而减小，分配比亦相应减小。例如，用 P_{507} 在硫酸盐溶液中萃取分离镍钴，测定不同温度下镍钴萃取的分配比如表 5-23 所示。

表 5-23　温度对镍钴萃取分配比的影响

项目	10℃	20℃	30℃	40℃	50℃
D_{Co}	18.3	32.6	53.1	61.5	151
D_{Ni}	0.304	0.294	0.304	0.294	0.341
$\beta_{Co/Ni}$	60.2	111	202	412	443

从表 5-23 中可以看出，在 10～50℃温度范围内，镍的分配比变化不大，而钴的分配比随温度上升急剧增加，这是由于 P_{507} 萃取镍、钴虽然都为吸热反应，但萃钴的热效应大大高于镍的萃取热效应，因此钴的分配比随温度升高而增加的趋势比镍大得多，钴镍分离系数也就随温度升高而增大。

3）阴离子交换萃取体系

① 基本概念。阴离子交换萃取体系也称为碱性萃取体系或离子缔合萃取体系。该体系的特点是萃取剂先与 H^+ 形成有机物阳离子，再与金属络阴离子形成疏水性离子缔合体而进入有机相。以下以胺类萃取剂为例介绍阴离子交换萃取体系的一般规律。

胺类萃取剂可以按生成铵盐的机理萃取金属络阴离子。

因为伯胺、仲胺、叔胺上氮原子上未共用电子对可以与质子配位，它们均呈碱性，可与酸反应生成胺盐：

$$RNH_2+HX \longrightarrow RNH_3X$$
$$R_2NH+HX \longrightarrow R_2NH_2X$$
$$R_3N+HX \longrightarrow R_3NHX$$

其与酸反应的能力或对酸的萃取能力，与其碱性大小相一致，即叔胺>仲胺>伯胺。

当金属在溶液中形成络阴离子时可与胺盐的阴离子进行交换。伯胺、仲胺、叔胺及季铵盐与金属络阴离子的萃取反应可写为：

$$(m-n)R_3NH\cdot X+MeX_m^{(m-n)-} \longrightarrow (R_3NH)_{m-n}\cdot MeX_m+(m-n)X^-$$

胺盐是弱碱的盐，故与较强之碱作用可分解出相应的胺，如：

$$RNH_3Cl+NaOH \longrightarrow RNH_2+NaCl+H_2O$$

同时弱碱强酸盐还可以发生水解反应：

$$RNH_3Cl+H_2O \longrightarrow RNH_3OH+HCl$$

利用这种原理，可用碱和水作为伯胺、仲胺、叔胺萃取的反萃剂。

② 胺盐萃取体系的萃取平衡。以叔胺 R_3N 在氢卤酸中萃取金属离子 Me^{n+} 为例，萃取过程的反应如下。

a. 金属络阴离子的生成反应：

$$Me^{n+}+mX^- \longrightarrow MeX_m^{(m-n)-} \quad (m>n)$$

$$K_{\text{comMeX}_m}=\frac{[MeX_m^{(m-n)-}]}{[Me^{n+}][X^-]^m} \tag{5-307}$$

b. 胺盐生成反应：

$$R_3N+HX \longrightarrow R_3NHX$$

或

$$R_3N+X^-+H^+ \longrightarrow R_3NHX$$

$$K_{\text{amic}}=\frac{\overline{[R_3NHX]}}{\overline{[R_3N]}[H^+][X^-]} \tag{5-308}$$

c. 阴离子交换反应：

$$(m-n)R_3NH\cdot X+MeX_m^{(m-n)-} \longrightarrow (R_3NH)_{m-n}\cdot MeX_m+(m-n)X^-$$

$$K_{\text{cha}}=\frac{\overline{[(R_3NH^+)_{(m-n)}\cdot MeX_m^{(m-n)-}][X^-]^{(m-n)}}}{[R_3NHX]^{(m-n)}[MeX_m^{(m-n)-}]} \tag{5-309}$$

总的萃取反应：

$$Me^{n+}+(m-n)H^++mX^-+(m-n)R_3N \longrightarrow (R_3NH^+)_{(m-n)}MeX_m^{(m-n)-}$$

$$K_{\text{extr}}=\frac{\overline{[(R_3NH^+)_{(m-n)}\cdot MeX_m^{(m-n)-}]}}{[Me^{n+}][H^+]^{(m-n)}[X^-]^m\overline{[R_3N]}^{(m-n)}} \tag{5-310}$$

$$=K_{\text{cha}}K_{\text{amic}}^{(m-n)}K_{\text{comMeX}_m}$$

或

$$\frac{\mu}{\overline{[(R_3NH_3^+)_{(m-n)}MeX_m^{(m-n)-}]}}= \tag{5-311}$$

$$K_{\text{cha}}K_{\text{amic}}^{(m-n)}K_{\text{comMeX}_m}[Me^{n+}][H^+]^{(m-n)}[X^-]^m[R_3N]^{(m-n)}$$

同样考虑到 Me^{n+} 在溶液中的逐级成络作用 $[Me]_T=[Me^{n+}]Y$，知：

$$D=\frac{K_{\text{cha}}K_{\text{amic}}^{(m-n)}K_{\text{comMeX}_m}}{Y}\overline{[R_3N]}^{(m-n)}[H^+]^{(m-n)}[X^-]^m \tag{5-312}$$

分析式(5-312）知，影响胺盐萃取平衡的因素主要如下。

ⓐ 亲水性的影响：无论是金属离子、络离子或盐的亲水性降低均有利于反应向生成萃合物方向进行。因而对水的亲和力小和对有机相的亲和力大是保证阴离子交换体系萃取的基本条件。

一般离子势 z^2/r 越大，则越容易水化。所以通常用离子势 z^2/r 作为判断离子亲水性的标志。也可用离子电荷相对密度，即离子电荷与其表面积或半径之比来作为判断依据。不管用哪一种办法，都要知道离子半径，但是对于复杂离子，其半径往往是未知数，因此，提出了离子比电荷参数的概念，用以粗略地估计离子亲水性。离子比电荷等于离子电荷数与组成离子的原子数之比。其值越大则亲水性越强。有机离子的碳链越长则其比电荷越小，亲水性越弱。从亲水性判断，一价铬阴离子比较容易萃取，二价铬阴离子就困难多了。大离子易萃取，小离子难萃取。

胺盐分子的极化程度同样影响它们的亲水性，分子的极化程度越小，即极性越弱，它同偶极分子的相互作用就越弱，即亲水性越小。

ⓑ 络阴离子稳定性的影响：从式(5-310）知，络阴离子 $MeX_m^{(m-n)-}$ 的稳定高，即 K_{comMeX_m} 越大，分配比 D 越大，即越有利于萃取，但问题并非如此简单。只有在理想情况下，即在其他条件完全相同时才能如此。

ⓒ 萃取剂浓度的影响：按式(5-312）可知，萃取剂浓度增大，萃取分配比增大。

ⓓ 配位体（X^-）浓度、氢离子浓度及酸浓度的影响：根据式(5-312)，配位体浓度及氢离子浓度增大都有利于分配比 D 的提高。提高酸的浓度可使配位体及氢离子浓度增大，添加含配位体的其他盐类，也是增大配位体浓度的方法。但是随酸浓度增大，D 的变化曲线有时可以出现一极大值，其可能的原因是配位体增加使一价铬阴离子变成了二价乃至三价，或者是酸本身被萃取，使游离萃取剂浓度下降，从而导致了 D 的下降。胺盐或季铵盐萃取酸时，酸度高则生成所谓四离子缔合体如 $R_3CH_3N^+ \cdot NO_3^- \cdot H_3O^+ \cdot NO_3^-$。因此酸度应适当。

ⓔ 盐析剂的影响：盐析剂的作用是多方面的，总的结果是使 D 增大，对阴离子交换萃取体系而言，降低离子亲水性是主要的。如果盐析剂与络阴离子有相同配位体，则同离子效应也使分配比增加。

ⓕ 金属离子浓度的影响：金属离子浓度增大有可能使分配比下降，原因之一是游离萃取剂浓度相应下降了；另一方面被萃取金属在水相的聚合或者被萃取化合物在萃取剂中的离解都有可能使分配比下降。但如果在有机相中有被萃取金属的聚合作用，聚合体仍然在有机相有较大溶解，则分配比将随金属浓度增大而提高。此外金属离子浓度增大，将导致其活度系数改变，相应地使 D 改变。

ⓖ 萃取剂性质的影响：由于胺盐萃取的前提均是萃取剂必须与质子配位，因此配位原子的碱性大小对萃取过程有明显的影响。碱性越强，则 K_{acim} 大一些，故 D 亦大一些。氨、氮碱性比氧原子强，更易与质子配位，所以其萃取剂相应可在较低酸度下进行萃取，而季铵盐本身已形成阳离子，不再需与氢离子结合，因而可在中性或弱碱性溶液中进行萃取。

胺类萃取剂依其碱性强弱，其萃取能力的顺序一般是伯胺＜仲胺＜叔胺＜季铵。

萃取剂的性质还影响到萃取的选择性。萃取剂结构产生的空间位阻效应是影响萃取选择性的重要因素。

一般支链增加使萃取能力降低，但萃取选择性增加，如伯胺 N_{116}，碱性虽较弱，但有很多支链，所以成为钍的特效萃取剂。

$$CH_3-\left[\begin{array}{c}CH_3\\|\\C\\|\\CH_3\end{array}-CH_2\right]_n-\begin{array}{c}CH_3\\|\\C\\|\\CH_3\end{array}-N\begin{array}{l}H\\ \\H\end{array}\qquad n\approx3\sim4$$

4）协同萃取体系

以上介绍的均是由单一萃取剂或单一萃取剂与稀释剂所组成的有机相体系。如果有机相中含有两种或两种以上的萃取剂，则成为多元萃取体系，在这种体系中如果分配比 D_{ass} 显著大于每一萃取剂在相同条件下单独使用时的分配比之和 D_{har}，则认为此体系有协同效应，并称之为协萃体系。与此相反，若 $D_{ass}<D_{har}$，则称之为反协同效应和反协萃体系。如两值相等，则无协同效应，此时两个萃取剂相互不发生作用，它们与被萃取物也不生成包含两种或两种以上萃取剂的协萃配合物，因此，可认为是理想的二元或多元萃取体系。完全的理想的二元或多元萃取体系是不存在的。

协萃反应的机理比较复杂，一般认为协萃效应是由于两种或两种以上的萃取剂与被萃取金属离子生成一种更为稳定的含有两种以上配位体的可萃取络合物，或生成的配合物更具有疏水性而更易溶于有机相。

以 P_{204} 与 TBP 从硝酸体系中萃取 UO_2^{2+} 为例，此时的协同效应机理有三种解释（设 HA 代表酸性络合萃取剂 P_{204}，B 代表中性络合萃取剂 TBP）。

① 加成机理。这种机理认为：酸性萃取剂与金属离子所形成的电中性螯合物较金属离子的其他的中性配合物更易被中性溶剂萃取。

$$UO_2^{2+}+4HA = UO_2A_2(HA)_2+2H^+$$

$$UO_2A_2(HA)_2+B = UO_2A_2(HA)_2\cdot B$$

$UO_2A_2(HA)_2$ 比中性化合物 $UO_2(NO_3)_2$ 更容易被 B 萃取。

② 取代机理。这种机理假定中性溶剂可以从被萃取物中置换出酸性溶剂的游离分子，例如：

$$UO_2^{2+}+4HA = UO_2A_2(HA)_2+2H^+$$

$$UO_2A_2(HA)_2+2B = UO_2A_2B_2+2HA$$

被置换出的酸性溶剂又可以从溶液中萃取更多的离子。

③ 溶剂化机理。这种机理考虑到以酸性溶剂萃取时水分子也转入有机相，因而它假定中性溶剂具有置换这部分水的能力，从而减少了萃合物的水合，也就是说，使它更容易萃取。

$$[UO_2^{2+}(H_2O)_x]+4HA = UO_2(H_2O)_xA_2(HA)_2+2H^+$$

$$UO_2(H_2O)_xA_2(HA)_2+yB = UO_2A_2(HA)_2\cdot yB+xH_2O$$

以 MIBK 与二异丁酮混合溶剂从盐酸中萃取铌时也发现了明显的协同效应。在混合酮作萃取剂时，发现酮与酮之间有相互作用，这种作用使拉乌尔定律产生正偏差。因此，这说明分子间的相互作用使蒸气压曲线产生极大值，与萃取时混合溶剂的协同效应之间大约有一定联系。

总之，协萃取机理是复杂的，目前还在探索之中。

5.3.2.2 化学沉淀

沉淀过程与结晶过程没有本质区别，两者都是采取适当措施使溶液中的溶质过饱和，从而以固体形态析出。但按照习惯，沉淀过程一般是指向溶液中加入化学试剂，使其中某种组分形成难溶化合物析出，如在锌冶金中利用焙砂（主要为 ZnO）将含 Fe^{3+} 的 $ZnSO_4$ 溶液中和，使 Fe^{3+} 生成 $Fe(OH)_3$ 沉淀：

$$Fe_2(SO_4)_3 + 3ZnO + 3H_2O \xlongequal{} 2Fe(OH)_3 \downarrow + 3ZnSO_4$$

通过过滤除去 $Fe(OH)_3$ 后，即得基本上不含 Fe^{3+} 的 $ZnSO_4$ 溶液。而结晶过程则是指改变溶液的物理化学条件，使溶液中某组分过饱和，形成结晶析出的过程，如在钨冶金中将 $(NH_4)_2WO_4$ 溶液用蒸发法（或加 HCl 中和）除游离氨，使溶液的 pH 值降至 7.5 左右，则钨成仲钨酸铵（APT）结晶析出：

$$12(NH_4)_2WO_4 \longrightarrow 5(NH_4)_2O \cdot 12WO_3 \cdot nH_2O + 14NH_3 + (7-n)H_2O$$

沉淀与结晶作为一种开发最早的冶金、化工方法，在提取冶金领域和材料制备领域都得到广泛应用。在提取冶金领域中，它是作为一种分离提纯的方法而被广泛应用，其主要作用是两个方面。

① 从溶液中除去有害杂质，即加入化学试剂并控制适当的物理化学条件，选择性地使杂质形成难溶化合物从溶液中沉淀析出而与主要金属分离。例如，上述用中和法从含杂质 Fe^{3+} 的 $ZnSO_4$ 溶液中除 Fe 等。

② 从溶液中析出主要金属的纯化合物，冶金中粗溶液经提纯后得含金属化合物的纯溶液，为了进一步从中提取金属化工产品或冶金中间产品，往往采用沉淀和结晶法。例如，上述从纯 $(NH_4)_2WO_4$ 溶液中析出产品仲钨酸铵。

在材料制备领域中，沉淀法和结晶法由于产品纯度高，同时各组分预先可在溶液中达到分子间的均匀混合，且比例可任意控制，因而制品的成分均匀稳定，另外固体颗粒的结晶长大都是由溶液中单个分子逐步形成的，同时溶液中参数也易于控制，容易得到具有给定物理性能（如粒度、粒形等）的原始粉末，总之相对于高温合成法而言，沉淀法和结晶法在产品成分的均匀性、粒度和粒形的控制及结晶形貌的控制等方面有着独特的优势，因而近年来被广泛用以制备磁性材料、新型陶瓷材料、复合材料的粉末和纳米粉末，如特殊形状窄粒度分布的 α-Fe_2O_3 粉、用于光敏材料的 CdS 粉和 CdSe 粉、用于催化剂的单一粒级的 Co_3O_4 粉、铁氧体前驱体、增韧氧化锆陶瓷材料以及各种包覆粉等，呈现出越来越广泛的应用前景。

因此，研究沉淀与结晶过程的原理和工艺具有重大的意义。

沉淀过程的具体方法繁多，作为冶金工作者，最重要的是根据任务选择最恰当的沉淀方法，同时要充分研究所处理体系中各种离子及其化合物在溶解性能上的差异，并设法扩大这种差异，从而找出最佳沉淀条件。本节介绍沉淀法的热力学原理，即介绍在一定条件下用某种沉淀剂分离金属与杂质或将溶液中某些物质沉淀的可能性及影响最终效果的因素，为探索最佳的沉淀结晶条件提供理论依据。

(1) 基本原理

1）沉淀过程的离子平衡浓度

沉淀法的基本原理是加入沉淀剂离子使溶液中待沉淀的物质形成难溶化合物沉淀，其通式为：

$$nA + mB \xlongequal{} A_nB_m \downarrow$$

式中 A——待沉淀的离子，它可能是阳离子（例如某种金属离子），也可能某种阴离子（例如 AsO_4^{3-}、S^- 等）；

B——沉淀剂离子，它的电性与 A 相反，例如为沉淀金属阳离子常用的 OH^- 或 S^{2-} 或 CO_3^{2-}、$C_2O_4^{2-}$、AsO_4^{3-} 等。

因此，在冶金、化工、材料领域中当是为了从水溶液中除去 A 离子（或 B 离子），或是为了制备某种无机材料 AB，则可加入 B 离子（或 A 离子），与之共沉淀。

在实践中人们关心的重要问题之一是沉淀后 A（或 B）离子的平衡浓度，根据难溶化合物活度积理论，残余浓度可根据活度积进行计算。

根据活度积理论，水溶液中当 AB 为难溶化合物，则

$$K_{ap(A_nB_m)}=a_A^n a_B^m$$

式中　$K_{ap(A_nB_m)}$——A_nB_m 的活度积，在温度一定时 $K_{ap(A_nB_m)}$ 为常数；

a_A，a_B——A、B 的活度，一般在水溶液中许多化合物活度积尚未能测出，故用溶度积代。

$$K_{sp(A_nB_m)}=[A]^n[B]^m$$

因此已知化合物的溶度积，则可根据［A］求平衡［B］，或根据［B］求平衡［A］

$$[A]=(K_{sp(A_nB_m)}/[B]^m)^{1/n}$$

现进一步用氢氧化物沉淀（水解沉淀）为例说明如下。

除碱金属、一价铊及某些碱土金属外，其他金属的氢氧化物都难溶于水，因此将其盐的水溶液中和到一定 pH 值，则可能发生以下水解反应：

$$Me^{n+}+nOH^- = Me(OH)_n\downarrow$$

水解平衡时：

$$a_{Me^{n+}}a_{OH^-}^n=K_{ap}$$

而

$$a_{OH^-}a_{H^+}=K_W$$

故

$$a_{Me^{n+}}(K_W/a_{H^+})^n=K_{ap}$$

$$\lg a_{Me^{n+}}+n\lg K_W+n\mathrm{pH}=\lg K_{ap}$$

$$\lg a_{Me^{n+}}=\lg K_{ap}-n\lg K_W-n\mathrm{pH} \tag{5-313}$$

式中　K_{ap}——水溶液中 Me^{n+} 与 OH^- 的活度积；

K_W——水的离子积，常温下近似为 10^{-14}。

因此，水解平衡时，溶液中残留金属离子的活度的对数与 pH 值成直线关系，pH 值越高，则残留金属离子的活度越小，若将 K_{ap} 近似用溶度积 K_{sp} 代替，算出某些金属离子在水溶液的平衡浓度与溶液中 pH 值的关系如图 5-82 和表 5-24 所示。

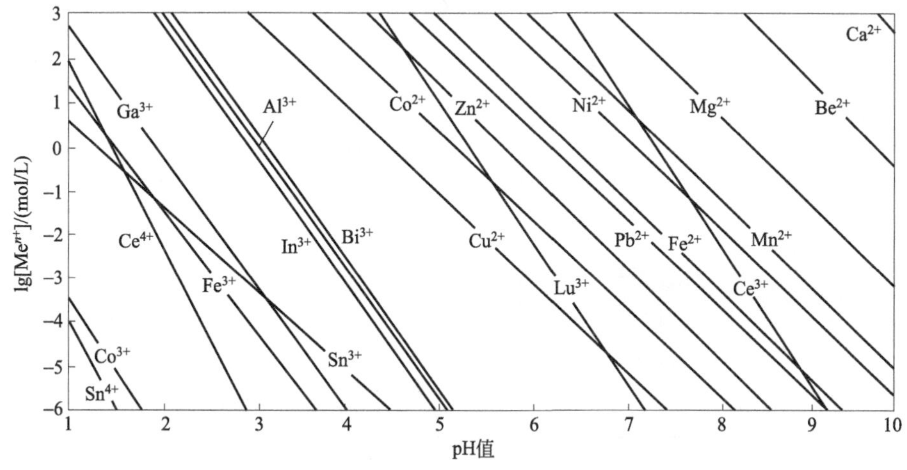

图 5-82　某些金属离子在水溶液中的平衡浓度与溶液中 pH 值的关系（25℃）

表 5-24 氢氧化物沉淀时，Me^{n+} 的平衡 pH 值（25℃）

Mn^{n+}		Ca^{2+}	Be^{2+}	Mg^{2+}	Mn^{2+}	Ce^{3+}	Ni^{2+}	Fe^{2+}	Pb^{2+}
平衡pH值	$[Mn^{n+}]=1mol/L$	11.37	9.21	8.37	7.4	7.3	7.1	6.35	6.22
	$[Mn^{n+}]=10^{-6}mol/L$	14.37	12.21	11.37	10.4	9.3	10.1	9.35	9.22
Mn^{n+}		Zn^{2+}	Lu^{3+}	Co^{2+}	Cu^{2+}	Bi^{3+}	Al^{3+}	In^{3+}	Ga^{3+}
平衡pH值	$[Mn^{n+}]=1mol/L$	5.65	5.3	5.1	4.37	3.2	3.09	2.9	1.9
	$[Mn^{n+}]=10^{-6}mol/L$	8.65	7.3	8.1	7.37	5.2	5.09	4.9	3.9
Mn^{n+}		Fe^{3+}	Sn^{2+}	Tl^{3+}	Co^{3+}	Sn^{4+}	Ce^{4+}		
平衡pH值	$[Mn^{n+}]=1mol/L$	1.53	1.35	−1.1	−0.2	0.0	1.4		
	$[Mn^{n+}]=10^{-6}mol/L$	3.53	4.35	0.9	1.8	1.5	2.9		

对其他难溶化合物的沉淀过程而言，亦可按类似的方法，根据难溶化合物的溶度积计算沉淀过程中残留离子的浓度，如表 5-25、表 5-26 所列。

表 5-25 某些硫化物的溶度积 K_{sp}

硫化物	温度/℃	K_{sp}	lgK_{sp}	硫化物	温度/℃	K_{sp}	lgK_{sp}
Ag_2S	25	1.6×10^{-49}	−48.8	MnS	25	2.8×10^{-13}	−12.55
As_2S_3	18	4×10^{-29}	−28.4	NiS(α)	25	2.8×10^{-21}	−20.55
Bi_2S_3	18	1.6×10^{-72}	−71.8	PbS	25	9.3×10^{-28}	−27.03
CdS	25	7.1×10^{-27}	−26.15	Sb_2S_3	18	1×10^{-30}	−30
CoS(α)	25	1.8×10^{-22}	−21.74	SnS	25	1×10^{-28}	−28
CuS	25	8.9×10^{-36}	−35.05	Tl_2S	18	4.5×10^{-23}	−22.35
Cu_2S	18	2×10^{-47}	−46.7	ZnS(β)	25	8.9×10^{-25}	−24.05
FeS	25	4.9×10^{-18}	−17.31	In_2S_3		5.7×10^{-74}	−73.24
HgS	18	1×10^{-47}	−47				

表 5-26 某些弱酸盐的溶度积（除注明者外，其他均为 25℃）

阳离子	弱酸盐				
	碳酸盐	砷酸盐	磷酸盐	草酸盐	氟化物
Ag^+	6.5×10^{-12}	1.0×10^{-19}	1.8×10^{-18}(20℃)	1.1×10^{-11}	
Ca^{2+}	5×10^{-9}		1×10^{-25}	1.78×10^{-9} ($CaC_2O_4\cdot H_2O$)	3.9×10^{-11}
Mg^{2+}	2.6×10^{-5}(12℃) ($MgCO_3\cdot 3H_2O$)	2.04×10^{-20}	1.62×10^{-25}	8.57×10^{-5}(18℃)	6.4×10^{-9}
Cu^{2+}	2×10^{-10}			2.87×10^{-8}	
Zn^{2+}	6×10^{-11}			1.4×10^{-9}	
Mn^{2+}	5.05×10^{-10}				
Co^{2+}	1×10^{-12}				
Pb^{2+}	1.5×10^{-13}			2.74×10^{-11}	
Ni^{2+}	1.35×10^{-7}				
La^{3+}			3.7×10^{-23} ($LaPO_4\cdot 3H_2O$)	2.02×10^{-28}(28℃)	7.58×10^{-18}

续表

阳离子	弱酸盐				
	碳酸盐	砷酸盐	磷酸盐	草酸盐	氟化物
Ce^{3+}				2.5×10^{-29} $[Ce_2(C_2O_4)_3\cdot10H_2O]$	8.7×10^{-18}
Nd^{3+}				5.87×10^{-29}	8.31×10^{-18}
Lu^{3+}					2.69×10^{-18}

［例题 5-6］ 由 $ZnSO_4$ 溶液中分别用 OH^-、S^{2-}、CO_3^{2-} 沉淀锌，沉淀后溶液中沉淀剂 OH^-、S^{2-}、CO_3^{2-} 的浓度均保持为 10^{-4}mol/L，温度为 25℃，试根据表 5-24 氢氧化物的溶度积、表 5-25 硫化物的溶度积、表 5-26 某些弱酸盐的溶度积数据求不同沉淀剂时，溶液中残留 Zn^{2+} 的浓度。

解： 当用 S^{2-} 沉淀时，根据表 5-25，25℃时 ZnS（β）的溶度积为 8.9×10^{-25}，故当最终 S^{2-} 浓度为 10^{-4}mol/L 时，Zn^{2+} 浓度为：

$$[Zn^{2+}]=K_{sp}(ZnS)/[S^{2-}]=8.9\times10^{-25}/10^{-4}=8.9\times10^{-21}\text{mol/L}$$

当用 CO_3^{2-} 沉淀时，根据表 5-26，25℃时，$ZnCO_3$ 的溶度积为 6×10^{-11}，故最终 $[CO_3^{2-}]$ 保持 10^{-4}mol/L 时

$$[Zn^{2+}]=6\times10^{-11}/10^{-4}=6\times10^{-7}\text{mol/L}$$

当用 OH^- 沉淀时，先根据表 5-24 的数据求 25℃时 $Zn(OH)_2$ 的 K_{sp} 值如下

25℃时在 $[Zn^{2+}]$ 为 1mol/L 时，平衡 pH 值为 5.65，即平衡时

$$[OH^-]=10^{-(14-5.65)}=10^{-8.35}$$

相应地

$$K_{sp[Zn(OH)_2]}=[Zn^{2+}][OH^-]^2=(10^{-8.35})^2=10^{-16.70}=2\times10^{-17}$$

算出当$[OH^-]$为 10^{-4}mol/L 时

$$[Zn^{2+}]=K_{sp[Zn(OH)_2]}/(10^{-4})^2=2\times10^{-9}\text{mol/L}$$

因此已知难溶化合物的溶度积，并控制适当的沉淀剂浓度，即可控制溶液中残留金属离子的浓度，同时当溶液中有多种金属离子存在时，亦可控制条件实现各种金属离子的分离。以水解沉淀为例，从表 5-25、图 5-82 可知，在离子活度相同的情况下，不同离子水解的 pH 值不同，位于图 5-82 左边的各种离子的平衡 pH 值小，它们的盐类容易水解，即在较小的 pH 值下便可沉淀；而位于右边的离子则难以形成氢氧化物沉淀，相应地当溶液中含有两种或两种以上离子，则可通过控制适当的 pH 值使之分离，例如，当溶液含 Cu^{2+} 和 Fe^{3+}，控制 pH 值为 4 左右，则大量 Fe^{3+} 将以 $Fe(OH)_3$ 形态沉淀，残留 $[Fe^{3+}]$ 将低于 10^{-6}mol/L，而 Cu^{2+} 保留在溶液中。

2）溶液中给定金属的总浓度

以上仅是根据溶度积计算单个离子的平衡浓度，但由于溶液中金属可能呈多种离子形态存在，例如，在含 OH^- 的水溶液中，Zn 就可能形成 Zn^{2+}、$Zn(OH)^+$、$Zn(OH)_{2s}$、$Zn(OH)_3^-$、$Zn(OH)_4^{2-}$，故总浓度 $[Zn]_T$ 为上述各种形态锌浓度的总和，即

$$[Zn]_T=[Zn^{2+}]+[Zn(OH)^+]+[Zn(OH)_{2s}]+[Zn(OH)_3^-]+[Zn(OH)_4^{2-}]$$

在这种情况下溶液中残留金属总浓度将受到一系列因素的影响，主要有：

① 沉淀剂的平衡浓度。根据溶度积理论，沉淀剂的平衡浓度增高，有利于使单一金属离子浓度降低，但有时对残留的金属总浓度则可能带来不利影响，其原因主要是由于许多沉淀剂本身也可能作为配位体与金属形成络离子进入溶液。

例如，在水解沉淀时，OH^- 除与 Me^{n+} 形成氢氧化物沉淀外，在 OH^- 浓度较大时，还能与它形成络离子保留在溶液中，

$$Me^{n+}+mOH^- = Me(OH)_m^{(n-m)+}$$

某些两性金属的氢氧化物更能与 OH^- 形成酸根，如

$$Al(OH)_3+OH^- = AlO^-+2H_2O$$

因此，实际上在广泛 pH 值范围内，许多金属在水溶液的总浓度 $[Me]_T$ 与 pH 值的关系比较复杂，在中性或弱碱性范围内，溶液中 OH^- 浓度不大，金属主要以 Me^{n+} 形态存在，金属的总浓度主要决定于 $[Me^{n+}]$，故总浓度与 $[OH^-]$ 的关系大体上服从式(5-313)，即随着 pH 值的升高（$[OH^-]$ 升高），总浓度降低。随着 pH 值的进一步升高，与 OH^- 形成的各种络离子浓度增加，故在高 pH 值范围内某些金属在水中的总浓度反而随 pH 值的升高而增加。对锌而言，lg $[Zn]_T$ 与 pH 值的关系如图 5-83 所示，J·克拉格滕（Kragten）综合了多种金属的 lg $[Me]_T$ 与 pH 值的关系如图 5-84 所示。对照图 5-83 和图 5-84 可知，在 pH 值不太高的范围内，各种金属离子从溶液析出的顺序大体相同，但是高 pH 值范围内，则变动较大。

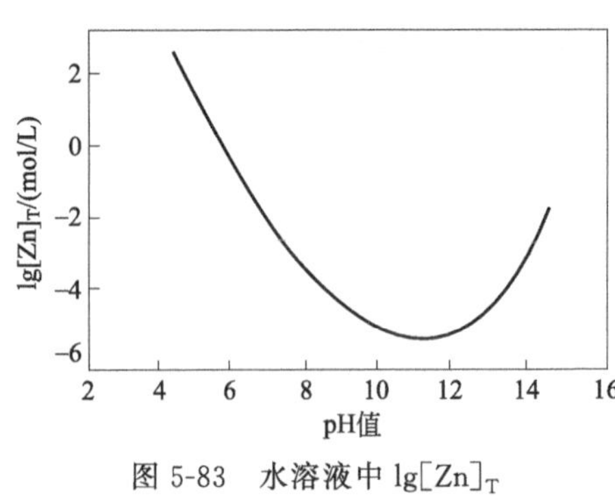

图 5-83　水溶液中 lg$[Zn]_T$ 与 pH 值的关系（298K）

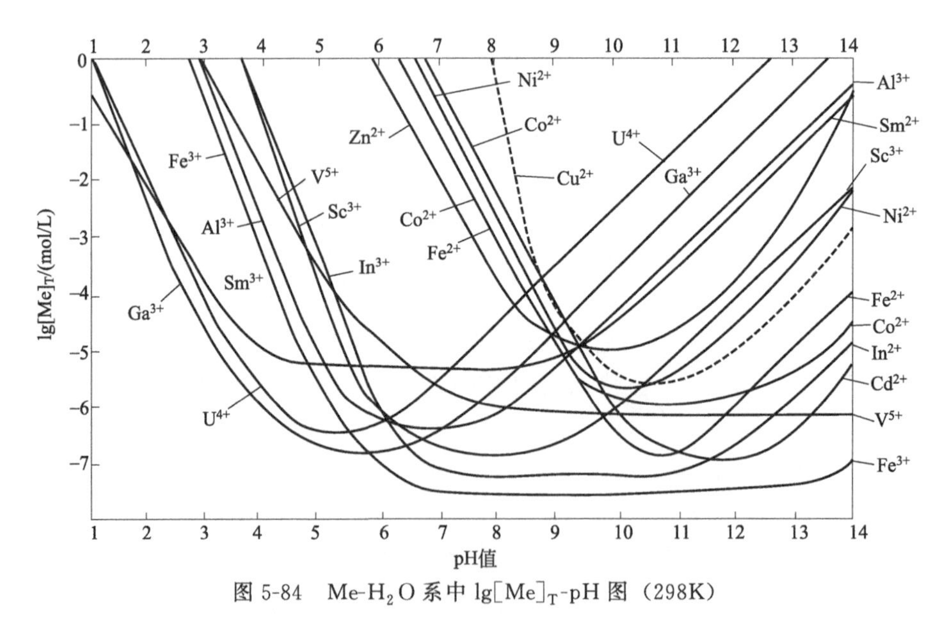

图 5-84　Me-H_2O 系中 lg$[Me]_T$-pH 图（298K）

在硫化物沉淀时，某些硫化物在一定条件下能形成 H_2MeS_2 型化合物，如 As_2S_3、Sb_2S_3、MoS_3 等能形成 H_3SbS_3、H_3AsS_3、H_3MoS_4 等化合物，它们的溶解度远超过相应的简单硫化物，例如，按溶度积计算在 pH 值为 1 和 5.5 时，PbS 在饱和 H_2S 溶液中的溶解

度分别为 4×10^{-4}g/L 和 4×10^{-13}g/L，而生成 H_2PbS_2 时，溶解度达 $(3\sim5)\times10^{-3}$g/L，大一个数量级，同理 AgS 沉淀过程中，溶液中 $[Ag^+]$ 和各种形态的银离子总浓度 $[Ag]_T$ 与 pH 值的关系如图 5-85、图 5-86 所示，从图 5-85 和图 5-86 可知，在同样 pH 值下 $[Ag]_T$ 比 $[Ag^+]$ 大 5～10 个数量级，因此，在这种情况下，沉淀效果变差，而且影响因素更为复杂。

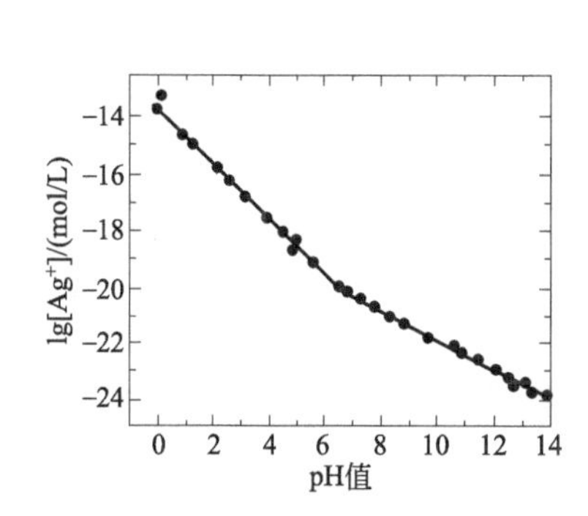

图 5-85 Ag_2S 沉淀时溶液中 $lg[Ag^+]$ 与 pH 值的关系（25℃溶液中）

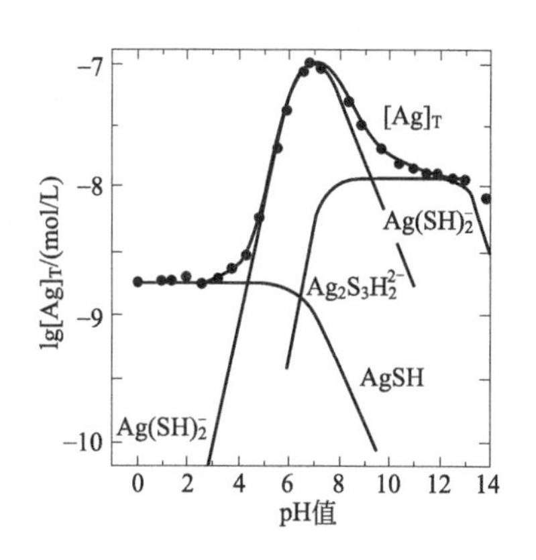

图 5-86 Ag_2S 沉淀时溶液中 Ag 的形态及 $lg[Ag]_T$ 与 pH 值的关系（25℃，溶液中 $S_T=0.02$mol/L）

因此，沉淀剂的用量应当适当。

② 溶液的 pH 值。在水解沉淀时，pH 值对沉淀后溶液中残留金属离子浓度的影响已在图 5-85、图 5-86 中表明，在以弱酸根离子为沉淀剂时，pH 值将影响溶液中沉淀剂离子的有效浓度，例如，以弱酸根离子 B^{m-} 为沉淀剂时，B^{m-} 同时能与溶液中的 H^+ 发生如下反应

$$B^{m-}+nH^+ \rightleftharpoons H_nB^{(m-n)-}$$

相应地，pH 值降低或者说 $[H^+]$ 升高，将使 B^{m-} 浓度下降，不利于沉淀过程，以下进一步以硫化物沉淀过程为例，对 pH 值的影响进行定量的说明。

对于二价金属离子的沉淀反应，平衡时：

$$[Me^{2+}][S^{2-}]=K_{sp(MeS)}$$

或

$$[Me^{2+}]=K_{sp(MeS)}/[S^{2-}] \tag{5-314}$$

而溶液中 $[S^{2-}]$ 决定于下列电离反应：

第一步电离：
$$H_2S_{(aq)} \rightleftharpoons H^+ + HS^-$$

其电离常数：
$$K_1=[HS^-][H^+]/[H_2S_{(aq)}]$$

第二步电离：
$$HS^- \rightleftharpoons H^+ + S^{2-}$$

其电离常数：

$$K_2=[S^{2-}][H^+]/[HS^-]$$

总反应：
$$H_2S_{(aq)} \rightleftharpoons 2H^+ + S^{2-}$$

其电离常数：
$$K_{H_2S}=K_1K_2=[S^{2-}][H^+]^2/[H_2S_{(aq)}]$$

故
$$[S^{2-}]=K_{H_2S}[H_2S_{(aq)}]/[H^+]^2$$

代入式(5-314) 可得：

$$[Me^{2+}]=K_{sp(MeS)}/(K_{H_2S}[H_2S_{(aq)}][H^+]^{-2})$$

$$\lg[Me^{2+}]=\lg K_{sp(MeS)}-\lg K_{H_2S}-\lg[H_2S_{(aq)}]-2pH \tag{5-315}$$

溶液中硫的总浓度 $[S]_T$ 为 $[H_2S_{(aq)}]$、$[HS^-]$、$[S^{2-}]$ 之和，但根据 K_1、K_2 值计算，在常温下，当 pH<6 左右时，$[HS^-]$、$[S^{2-}]$ 已很小，故可近似认为

$$[S]_T\approx[H_2S_{(aq)}]$$

代入式(5-315) 得

$$\lg[Me^{2+}]=\lg K_{sp(MeS)}-\lg K_{H_2S}-\lg[S]_T-2pH \tag{5-316}$$

已知 25℃时，$K_1=1.32\times10^{-7}$，$K_2=7.08\times10^{-15}$，故 $K_{H_2S}=9.35\times10^{-22}$。故 25℃时，$\lg[Me^{2+}]=\lg K_{sp(MeS)}+21.03-\lg[S]_T-2pH$。

按类似推导，对 Me_2S 型硫化物而言

$$\lg[Me^+]=\frac{1}{2}\lg K_{sp(Me_2S)}-\frac{1}{2}\lg K_{H_2S}-\frac{1}{2}\lg[S]_T-pH \tag{5-317}$$

25℃时 $$\lg[Me^+]=\frac{1}{2}\lg K_{sp(Me_2S)}+10.51-\frac{1}{2}\lg[S]_T-pH$$

同理，对 Me_2S_3 型硫化物而言

$$\lg[Me^{3+}]=\frac{1}{2}\lg K_{sp(Me_2S_3)}-\frac{3}{2}\lg K_{H_2S}-\frac{3}{2}\lg[S]_T-3pH \tag{5-318}$$

25℃时 $$\lg[Me^{3+}]=\frac{1}{2}\lg K_{sp(Me_2S_3)}+31.54-\frac{3}{2}\lg[S]_T-3pH$$

从式(5-317) 和式(5-318) 可知，对硫化物沉淀而言，溶液中金属离子的平衡浓度随 pH 值的升高而降低，当溶液中硫的总浓度为 0.1mol/L 时，25℃下某些金属离子的平衡浓度与 pH 值的关系如图 5-87 所示。

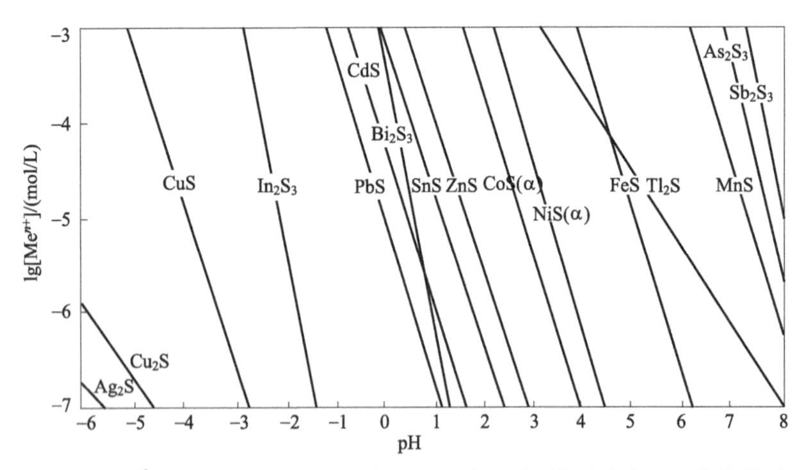

图 5-87 当溶液中 S^{2-} 浓度为 0.1mol/L 时某些金属离子的平衡浓度与 pH 值的关系（25℃）

其他弱阴离子沉淀法如砷酸盐沉淀、碳酸盐沉淀等都有类似的规律性，在砷酸盐沉淀过程中，存在下列平衡反应：

$$H_3AsO_4 \rightleftharpoons H_2AsO_4^- + H^+$$

$$H_2AsO_4^- \rightleftharpoons HAsO_4^{2-} + H^+$$

$$HAsO_4^{2-} \rightleftharpoons AsO_4^{3-} + H^+$$

在碳酸盐沉淀过程中，存在下列平衡反应：

$$H_2CO_3 \rightleftharpoons HCO_3^- + H^+$$

$$HCO_3^- \rightleftharpoons CO_3^{2-} + H^+$$

因此，当以 AsO_4^{3-} 或 CO_3^{2-} 为沉淀剂，总砷加入量（或总碳酸根加入量）一定的情况下，pH 值升高，则 $[AsO_4^{3-}]$（或 $[CO_3^{2-}]$）升高，有利于沉淀，同样当目的是用 Ca^{2+} 以 $Ca_3(AsO_4)_2$ 形态除去溶液中的砷，则升高 pH 值有利于使溶液中 H_3AsO_4、$H_2AsO_4^-$、$HAsO_4^{2-}$ 向 AsO_4^{3-} 迁移，使总砷量下降。

因此，一般说来，在弱酸盐沉淀时，pH 值不应太低，否则沉淀效果不好，但 pH 值过高，$[OH^-]$ 过大，则由于 OH^- 的配位作用，使部分 Me^{n+} 成为 $Me(OH)_m^{(n-m)+}$ 进入溶液，导致沉淀率减小。

③ 溶液中离子的价态。对变价金属而言，同一金属其不同价态的离子的沉淀效果不尽相同。

对水解沉淀而言，对照图 5-82 中 Fe^{2+} 与 Fe^{3+}、Co^{2+} 与 Co^{3+}、Ce^{3+} 与 Ce^{4+} 的水解平衡线可知，在 pH 值不太大的范围内，同一变价金属的高价离子比低价离子容易水解。因此改变其价态可改变其在水解过程中的行为，当工艺过程的目的是将其水解沉淀，则可预先加氧化剂使之氧化为高价；当目的是防止其沉淀时，则应使之预先还原为低价，例如，在含 Fe^{2+} 的 $ZnSO_4$ 溶液中，尽管 $Fe(OH)_2$ 的溶度积（$K_{sp[Fe(OH)_2]}=4.8\times10^{-16}$）与 $Zn(OH)_2$ 的溶度积（$K_{sp[Zn(OH)]_2}=2\times10^{-17}$）相近，为使杂质铁优先水解沉淀，只要预先加 MnO_2 将 Fe^{2+} 氧化成 Fe^{3+}（$K_{sp[Fe(OH)_3]}=3.8\times10^{-38}$），中和到 pH=5，则能使 Fe^{3+} 优先水解入沉淀，而 Zn^{2+} 保留在溶液中。

对砷酸盐沉淀而言，亦有类似的情况，许多金属五价砷酸盐的溶解度小于亚砷酸盐，因此预先氧化有利于从溶液中除砷。

④ 温度。温度对沉淀后残留金属离子浓度的影响比较复杂，一方面温度升高，水的离子积 K_W 以及 H_2S 的电离常数 K_{H_2S} 都增大，从式(5-316) 和式(5-318) 可知，它将导致水解沉淀以及硫化物沉淀过程中，残留金属离子浓度降低，另一方面温度将影响沉淀物在水中的溶解度，对大部分沉淀物而言，其溶解度随温度的升高而升高，因此，从这方面来看，将不利于沉淀过程。

此外，除上述 pH 值及沉淀剂浓度外，溶液中的其他成分也将影响沉淀过程，如某些配位体将与金属离子形成配合物，使沉淀效果变差等，但有时为了抑制某种离子的沉淀，要人为添加某种配位体，因此情况比较复杂。

（2）应用实例

1）水解沉淀法

水解沉淀法在提取冶金中广泛用于除杂质和相似元素分离，现将其中有代表性的工艺介绍如下。

① 从水溶液中除铁。氢氧化铁沉淀法是从水溶液中除铁的常用方法。其中最成熟的为锌焙砂中性浸出过程中将溶液中杂质铁、砷、锑除去，现以其为代表进行介绍。

在锌焙砂中性浸出过程中，中性浸出液中含有铁、砷、锑、锗以及铜、钴、镉等杂质，应在中性浸出后期将其中的铁、砷、锑、锗除去。为此采用氢氧化物沉淀法，即将溶液中和至 pH=5 左右，由于 $Fe(OH)_3$ 的 K_{sp} 小，如 18℃时仅 3.8×10^{-38}，控制 pH=5 时，溶液

中 Fe^{3+} 的活度将降至 10^{-9} 以下，而 Ni^{2+}、Co^{2+}、Zn^{2+} 将保留在溶液中。考虑到原始溶液中除 Fe^{3+} 外，还有部分 Fe^{2+}，为保证铁沉淀完全，一般先加 MnO_2 作为氧化剂，将溶液中的 Fe^{2+} 全部氧化成 Fe^{3+}，其反应为

$$2Fe^{2+}+MnO_2+4H^+ = 2Fe^{3+}+Mn^{2+}+2H_2O$$

然后，再加 ZnO 作为中和剂，使 Fe^{3+} 成为 $Fe(OH)_3$ 沉淀，最终溶液中铁含量可降到 0.01g/L 以下。

② 镍、钴分离。镍和钴为相似元素，难以分离，但从表 5-24 可知，当离子浓度均为 1mol/L 时，Ni^{2+} 和 Co^{3+} 开始水解沉淀的 pH 值分别为 7.1 和 0.2，因此，含镍、钴的溶液首先进行氧化，控制一定 pH 值则钴以 $Co(OH)_3$ 形态优先进入沉淀，而镍保留在溶液中。工业中常是在 60～65℃下以 NaClO 为氧化剂，以 $NiCO_3$ 为中和剂，控制 pH 值为 2 左右，则进行以下反应：

$$2Co^{2+}+NaClO+5H_2O = 2Co(OH)_3\downarrow+NaCl+4H^+$$

$$2NiCO_3+4H^+ = 2Ni^{2+}+2H_2O+2CO_2$$

2）硫化物沉淀法

硫化物沉淀法是提取冶金中应用较广的方法之一，它一方面用于从溶液中回收有价金属，另一方面它更广地用于从溶液中除杂质，其中最成熟的是在 Ni-Co 冶金领域，它既用以从稀溶液中富集镍和钴，亦用以从含 Ni-Co 的溶液中除杂。现将硫化物沉淀法从稀硫酸镍-硫酸钴溶液制取镍和钴硫化精矿情况简单介绍如下。

镍、钴矿高压酸浸得含 Ni^{2+} 质量浓度为 5～10g/L、Co^{2+} 为 0.1～1g/L、H_2SO_4 为 25g/L 的稀溶液，为了以硫化物形态回收其中的镍和钴，将溶液中和至 pH 值为 2.5～2.8，再在高压容器中加热至 118～120℃，通入压力为 1MPa 左右的 H_2S，则 99%的镍和 98%的钴以及全部铜、锌完全成硫化物沉淀析出，而溶液中的铝、锰不沉淀。当溶液中 Ni 的质量浓度为 4g/L、Co 为 0.45g/L 时得到的硫化物精矿中 Ni 的质量分数为 55.1%、Co 的质量分数为 5.87%。

镍、钴硫化物沉淀过程中，在低温下速度很慢，升高温度可加快反应速度。例如，在温度为 71℃、H_2S 分压为 0.68MPa 时，NiS 实际上不沉淀，但温度提至 113～121℃则迅速析出沉淀。加入少量铁粉或镍粉能起催化作用，加入晶种也能够强化反应。

3）镁盐法

从粗 Na_2WO_4 溶液中除砷、磷、氟：工业上钨精矿碱分解所得的粗 Na_2WO_4 溶液中含磷、砷、氟等杂质，在 pH 值为 8～10 的范围内，其形态主要为 HPO_4^{3-}、$HAsO_4^{2-}$ 和 F^-，为了除去这些阴离子，则加入 Mg^{2+}，使之成相应的镁盐沉淀，反应为：

$$2Na_2HPO_4+3MgCl_2 = Mg_3(PO_4)_2\downarrow+4NaCl+2HCl$$

$$2Na_2HAsO_4+3MgCl_2 = Mg_3(AsO_4)_2\downarrow+4NaCl+2HCl$$

$$Mg^{2+}+2F^- = MgF_2\downarrow$$

过程一般在煮沸的条件下进行，一般 As、P 都能降到 0.01g/L 以下。与此相似，在废水处理时亦常用 $Ca(OH)_2$ 沉淀法除去废水有毒物质 As。

5.3.3 固化分离

5.3.3.1 概述

固化技术是向废弃物中添加固化基材，使有害固体废物固定或包容在惰性固化基材中的

一种无害化处理过程，经过处理的固化产物应具有良好的抗渗透性、良好的机械性以及抗浸出性、抗干湿性、抗冻融特性。固化所用的惰性材料称为固化剂，有害废物经过固化处理所形成的固化产物称为固化体。

固化技术可按固化剂分为水泥固化、沥青固化、塑料固化、玻璃固化、石灰固化等。

(1) 固化处理的基本要求

① 固化处理后所形成的固化体应具有良好的抗渗透性、抗浸出性、抗干湿性、抗冻融性及足够的机械强度等；

② 固化过程中材料和能量消耗要低，增容比要低；

③ 固化工艺过程简单、便于操作；

④ 固化剂来源丰富，价廉易得；

⑤ 处理费用低。

(2) 固化效果评价

固化处理效果常采用浸出率、增容比、抗压强度等物理、化学指标予以衡量。所谓浸出率是指固化体浸于水中或其他溶液中时，其中有害物质的浸出速度。可用浸出率的大小预测固化体在储存地点可能发生的情况。

增容比是指所形成的固化体体积与被固化有害废物体积的比值，增容比是评价固化处理方法和衡量最终成本的一项重要指标。

抗压强度是保证固化体安全储存的重要指标。

对于一般的危险废物，经固化处理后得到的固化体，若进行处置或装桶储存，对抗压强度要求较低，控制在 0.1～0.5MPa 即可。如用作建筑材料，则对其抗压强度要求较高，应大于10MPa，对于放射性废物，其固化产品的抗压强度，苏联要求大于 5MPa，英国要求达到 20MPa。

固化分离方法及特点如表 5-27 所列。

表 5-27　固化分离方法及特点

方法	要点	评论
水泥基固法	将有害废物与水泥及其他化学添加剂混合均匀，然后置于模具中，使其凝固成固化体，将经过养生后的固化体脱膜，经取样测试，其有害成分含量低于规定标准，便达到固化的目的	方法简单，稳定性好，有可能作建筑材料，与固化的无机物，如氧化物可互溶，硫化物可能延缓凝固和引起破裂，除非是特种水泥，卤化物易浸出，并可能延缓凝固，可与重金属、放射性废物互溶
石灰基固法	将有害废物与石灰及其他硅酸盐类，并配以适当的添加剂混合均匀，然后置于模具中，使其凝固成固化体，固化体脱膜、取样测试方式和标准与“水泥基固法”相同	方法简单，固化体较为坚固，对固化的有机物，如有机溶剂和油等多数抑制凝固，可能蒸发逸出，与固化的无机物如氧化物、硫化物互溶，卤化物可能延缓凝固并易于浸出，可与重金属、放射性废物互溶
热塑性材料固化法	将有害物同沥青、柏油、石蜡或聚乙烯等热塑性物质混合均匀，经过加热冷却后使其凝固而形成塑胶性物质的固化体	固化效果好，但费用较高，只适用于某种处理量少的剧毒废物，对固化的有机物，如有机溶剂和油，在加热条件下可能蒸发逸出。对无机物如硝酸盐、次氯化物、高氯化物及其他有机溶剂等则不能采用此法，但与重金属、放射性废物互溶
高分子有机物聚合稳定法	将高分子有机物如脲醛等与不稳定的无机化学废物混合均匀，然后将混合物经过聚合作用而生成聚合物	此法与其他方法相比，只需少量的添加剂，但原料费用较昂贵，不适于处理酸性以及有机废物和强氧化性废物，多数用于体积小的无机废物
玻璃基固化法	将有害废物与硅石混合均匀，经高温熔融冷却后而形成玻璃固化体	固化体性质极为稳定，可安全地进行处置，但费用昂贵，只适于处理极有害化学废物和强放射性废物

本节以地聚物固化为例，介绍地聚合物化学在固体废物固化分离中原理及应用。

5.3.3.2 地聚合物结构

地聚合物的概念是在 1978 年由法国人 J. Davidovits 提出的，它是一种由 AlO_4 和 SiO_4 四面体结构单元组成三维立体网状结构的无机聚合物，化学式为 $M_n\{-(SiO_2)_z AlO_2\}_n \cdot wH_2O$，无定形到半晶态，属于非金属材料。这种材料具有优良的力学性能和耐酸碱、耐火、耐高温的性能，有取代普通波特兰水泥的可能和可利用矿物废物和建筑垃圾作为原料的特点，在建筑材料、高强材料、固核固废材料、密封材料和耐高温材料等方面均有应用。

最为广泛接受的是法国 J. Davidovits 提出的解聚和缩聚理论。他认为地聚合物材料的凝结硬化过程就是原材料中硅氧键和铝氧键在碱性催化剂作用下断裂后再重组的反应过程。J. Davidovits 在研究中假设铝硅酸盐地聚合过程是通过一些假设基团逐步发生缩聚过程，这些假设的组成单元进一步缩聚形成三维大分子结构。他将这些低分子量单元（单体、二聚体、三聚体等）称为低聚物。低聚硅铝酸盐指的是单体正硅铝酸盐、二聚体二硅铝酸盐等；类似地，也有低聚硅铝酸盐-硅氧体和低聚硅铝酸盐-二硅氧体。

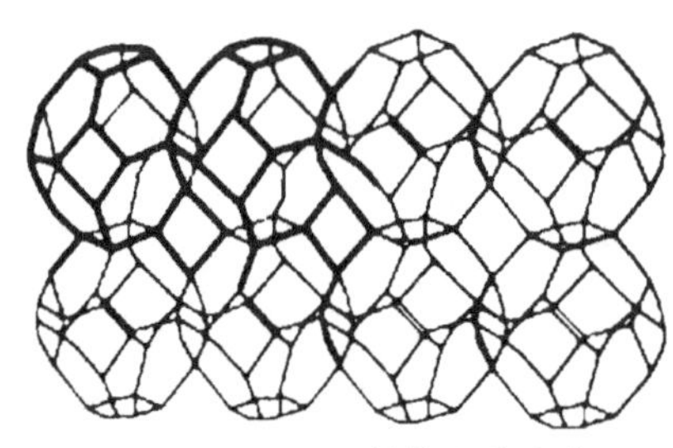

图 5-88 Na-PS 结构地聚合物

Na-PS 结构地聚合物如图 5-88 所示。

J. Davidovits 提出地聚合物的反应可以如下表述：

① 铝硅酸盐原料在碱性溶液（NaOH，KOH）中的溶解。

② 溶解的铝硅配合物由固体颗粒表面向颗粒间隙的扩散。

③ 凝胶相 $M\{-(SiO_2)_z-AlO_2\}_n \cdot wH_2O$ 的形成，导致在碱硅酸盐溶液和铝硅配合物之间发生聚合作用。

④ 凝胶相逐渐排出剩余的水分，固结硬化成矿物聚合材料块体。

对于不同原料成分、不同用途的地聚合物材料，其具体反应机理不完全相同，但骨干反应为上述过程。硅元素存在稳定的＋4 价态，因此地聚合物材料中的硅氧四面体显电中性；铝氧四面体中的铝元素是＋3 价态，但却与四个氧原子结合成键，因此铝氧四面体显电负性，需要吸收体系中的正离子来平衡电荷，总的结果使体系显电中性。铝离子的这一行为以及地聚合物材料本身的结构特点，使得该种材料具备多种功能特性。

5.3.3.3 地聚合物的合成

(1) 钙基地聚合物

主要包含钙-(硅铝-硅氧) 聚合物，钙铝黄长石水合物（$Ca_2Al_2SiO_7 \cdot H_2O$）。

近年研究发现以 MK-750（脱羟基高岭土）和 $Ca(OH)_2$ 水化钙铝黄长石合成的化学反应如下：

$$(Si_2O_5 \cdot Al_2O_2)+3Ca(OH)_2+nH_2O \longrightarrow Ca_2(Al_2SiO_7 \cdot nH_2O)+Ca(SiO_3 \cdot nH_2O)$$

其可能的合成过程分为以下五步：

步骤一：MK-750 碱化在侧基硅铝基团中形成四价铝。二价钙阳离子在两个带负电荷的铝原子中间占据一个位置，保护 Al—O—Al 序列中的氧原子不受亲核干扰。

步骤二：碱性溶解过程把 OH^- 黏附在硅和铝原子上，因此把其价键拓展为五共价状态，电子就从 Si 和 Al 向 Si—O 氧桥移动。

步骤三：反应后续通过硅氧中氧通过电子从 Si 和 Al 向 O 而分离，一方面形成中间体为硅醇 Si—OH；另一方面形成碱性 $Si—O^-$。硅和铝原子还原价键球成为四价状态。

步骤四：Al—O—Al 序列和硅氧烷连接 Si—O—Si 的断裂，通过碱性硅氧 $Si—O^-$ 与 Ca^{2+} 反应，形成 Si—OCa 端基。分离出正铝硅酸盐分子，形成地聚合物的基本单元。

步骤五（1）：步骤五（1）与步骤五（2）平行。

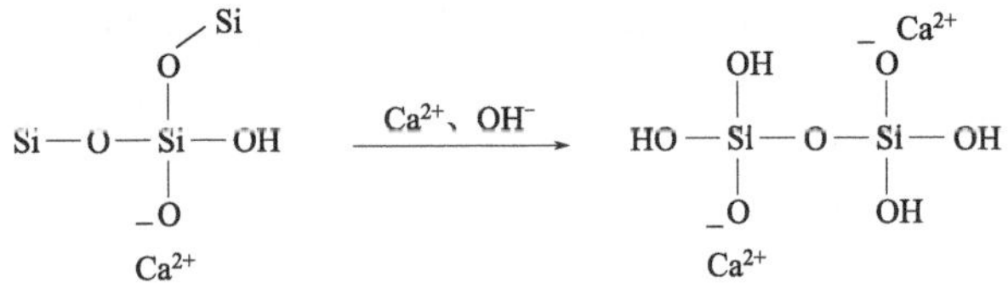

二硅氧化钙
托贝莫来石/CSH

硅氧烷连接 Si—O—Si 与进一步离解成硅氧体结构，氢氧化成 Si—OH，碱性硅氧 Si—O^- 与 Ca^{2+} 反应，形成 Si—OCa 端基，最终形成二聚体二硅氧化钙托贝莫来石（CSH）。

步骤五（2）：三个正铝硅酸盐分子缩聚，Si—OCa 与铝和氧 Al—OH 反应，释放 $Ca(OH)_2$ 并再发生反应。Si—OH 和 Al—OH 缩聚成钙铝黄长石结构——聚铝硅酸钙。

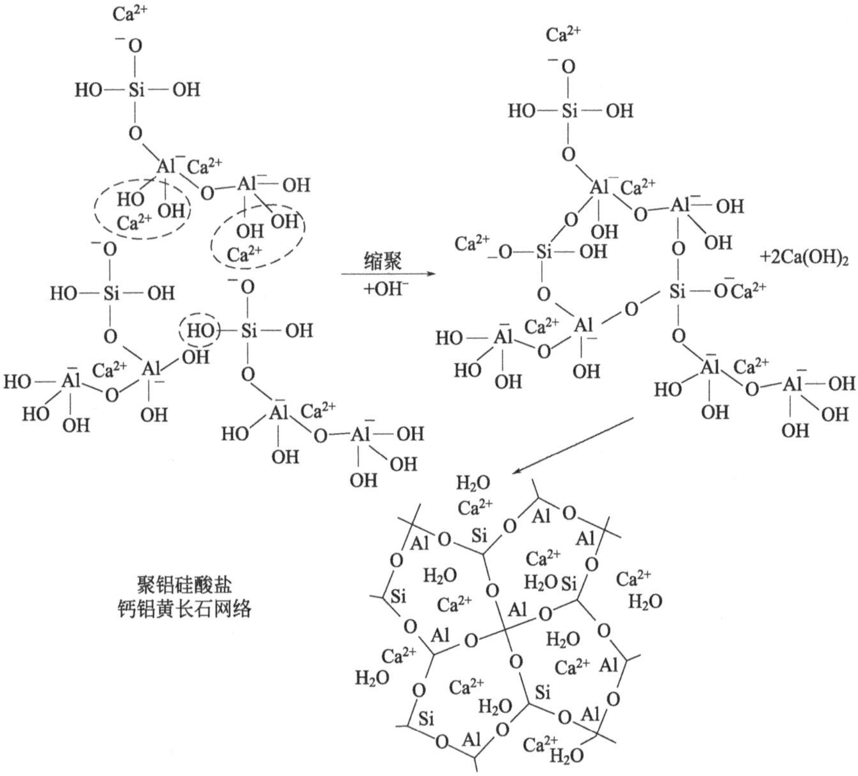

聚铝硅酸盐
钙铝黄长石网络

（2）粉煤灰地聚合物

粉煤灰和天然硅铝原料类似。一般来说，粉煤灰可分为两类，如表 5-28 所示。

表 5-28 粉煤灰的主要类型及成分

组成	低钙粉煤灰 F 级（CaO 含量少于 10%。通常以无烟煤和烟煤燃烧而得）	高钙粉煤灰 C 级（CaO 含量大于 10%。通常以次烟煤和褐煤燃烧而得）
SiO_2	47.2～54	18～24.8
Al_2O_3	27.7～34.9	12.1～14.9
Fe_2O_3	3.6～11.5	6.3～7.8
CaO	1.3～4.1	13.9～49

续表

组成	低钙粉煤灰　F 级 (CaO 含量少于 10%。通常以无烟煤和烟煤燃烧而得)	高钙粉煤灰　C 级 (CaO 含量大于 10%。通常以次烟煤和褐煤燃烧而得)
MgO	1.4～2.5	1.9～2.8
SO_3	0.1～0.9	5.5～9.1
Na_2O	0.2～1.6	0.5～2
K_2O	0.7～5.7	1～2
石灰含量不限	0.1	18～25

注：级数对应美国 ASTM618。

由于粉煤灰由大量玻璃相、中空和球形的空心微珠颗粒组成，适合合成地聚合物。但其形状、表面结构、表面包裹层等性质的不同取决于煤源和燃烧环境（温度、氧浓度等）。已有研究提出由粉煤灰合成沸石方法，以粉煤灰作为前驱体，与 NaOH 或者 KOH 在大气压、80～200℃温度下反应 3～48h 可合成得到 15 种不同的沸石。表 5-29 概括了由粉煤灰合成的沸石结构。粉煤灰的平均组成按 Si∶Al 来看比较适合合成单硅（Si∶Al=1）和双硅（Si∶Al=2）地聚合物。

表 5-29　粉煤灰合成沸石

沸石类型	Si∶Al
钠基的	1∶1
水化钠长石	1∶1
水化钙霞石沸石 A	1∶1
沸石 A	1∶1
Na-P1	1∶1
钙十字沸石	2∶1
方沸石	2∶1
碱菱沸石	2∶1
钾基的	2∶1
六方钾霞石	1∶1
沸石 K	1∶1
沸石 F	1∶1

粉煤灰基地聚物合成水泥于 1996 年由美国 Silverstrim 发明。以 F 级（或 C 级）粉煤灰为原料，加入硅酸盐黏结剂（最好由硅酸钠和氢氧化钠组成）。以含 24.44% 的 Na_2O、13.96%的 SiO_2 和 24.44%的水构成硅酸钠黏结剂，按表 5-30 所列比例与粉煤灰制备高强度水泥混合物（CAFA）。得到的制品在 90℃下养护 18h，按 ASTM C-39 测试成型制品 2 天抗压强度如表 5-31 所示。

表 5-30　CAFA 制备配比

组分	质量/g	质量分数/%	组分	质量/g	质量分数/%
氢氧化钠	741	14.82	F 级粉煤灰	3557	71.15
硅酸钠	702	14.03	添加水	0	0.0

表 5-31　制品 2 天抗压强度

例子	固化温度/℃	固化时间/h	抗压强度/psi
1	90	18	12588(86.8MPa)
2	90	18	11174(77.0MPa)

(3) 高岭土/水化方钠石基地聚合物

高岭土是一种非金属矿产，是一种以高岭石族黏土矿物为主的黏土和黏土岩。因呈白色而又细腻，又称白云土。高岭石的晶体化学式为 $2SiO_2 \cdot Al_2O_3 \cdot 2H_2O$，其理论化学组成为 46.54%的 SiO_2，39.5%的 Al_2O_3，13.96%的 H_2O。高岭土类矿物属于 1∶1 型层状硅酸盐，晶体主要由硅氧四面体和铝氢氧八面体组成，其中硅氧四面体以共用顶角的方式沿着二维方向连接形成六方排列的网格层，各个硅氧四面体未公用的尖顶氧均朝向一边；由硅氧四面体层和铝氧八面体层公用硅氧四面体层的尖顶氧组成了 1∶1 型的单位层。高岭土的主要优点是分布均匀且能得到 Si—O—Al 序列。通过水化和溶解，硅和铝发生离解以便进行地聚合，得到铝硅酸胶体。

1）基于离子键合概念的高岭土（图 5-89）地聚合机理

研究发现，高岭土在碱性溶液中的矿物相变包括两个主要过程：

① 高岭土溶解离解出单体硅和铝：

$$Al_2Si_2O_5(OH)_4 + 6OH^- + H_2O \longrightarrow 2Al(OH)_4^- + 2H_2SiO_4^{2-}$$

② 长石类水化方钠石的沉淀：

$$6Al(OH)_4^- + 6H_2SiO_4^{2-} + 6Na^+ \longrightarrow Na_6Si_6Al_6O_{24} + 12OH^- + 12H_2O$$

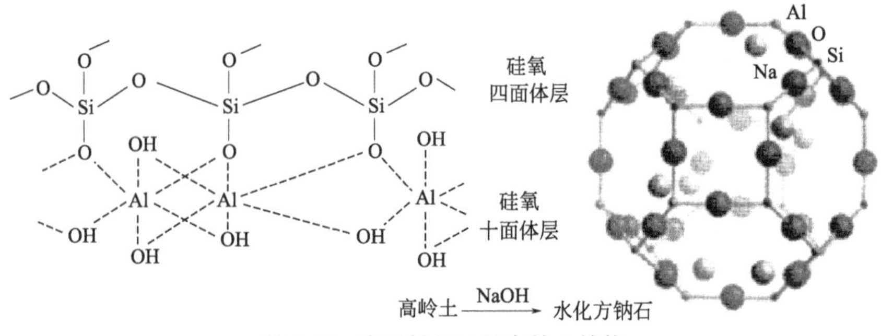

图 5-89　离子键概念的高岭土结构

影响硅酸盐反应速率的因素包括温度、压强、表面积、溶液组分、pH 值和反应亲和力。溶解速度与三水铝石十面体层水化相关。据研究，Al 原子从十面体离解出来可以用下面方程描述。

$$-\mathrm{Si}(-\mathrm{O}-\mathrm{Si}-)-\mathrm{O}-\mathrm{Al}(\mathrm{OH})_2 \xrightarrow{H_2O+OH^-} -\mathrm{Si}(-\mathrm{O}-\mathrm{Si}-)-\mathrm{OH} + \left[(\mathrm{HO})_2\mathrm{Al}(\mathrm{OH})_2\right]^-$$

理论上在溶解过程结束时，高岭土［$Al_2Si_2O_5(OH)_4$］释放的 Si∶Al＝1∶1。根据上面方程，Al $(OH)_4^-$ 进入溶液，Si 仍吸附在高岭土固态网络上。实际上这个过程是复杂的，有研究发现在 80℃的 2mol/L KOH 溶液中 Al 和 Si 的释放浓度是时间的函数，随时间推移，

Al 和 Si 原子是同时释放的。

2）基于共价键合概念的高岭土地聚合机理

通过共价键，氢氧化铝层的性能取决于 Al 原子的三价特点，见图 5-90，共价键理论包括硅氧层的解离和正硅铝分子 $(OH)_3$—Si—O—Al—$(OH)_3$ 的形成。所形成的正硅铝分子是可溶性的，溶于碱性溶液。在溶解结束时，高岭土同时释放出 1∶1 的 Al 和 Si。这是高岭土地聚合中形成的初始单体。然后，正硅铝酸盐缩合为环状二硅铝酸盐，水化方钠石-聚硅铝酸钠地聚合中的基本单元。

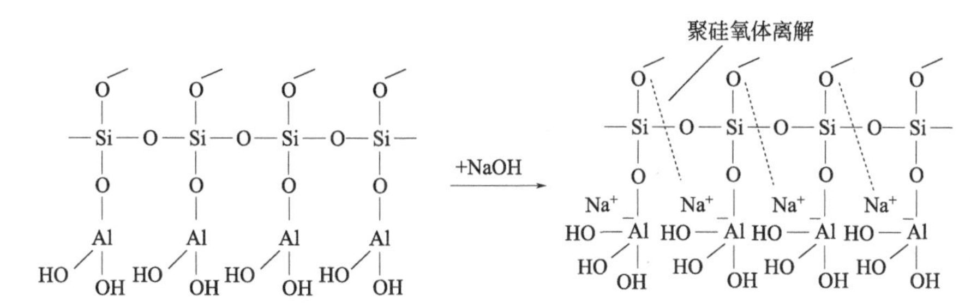

图 5-90　高岭土中聚硅氧层的碱性解离

其过程机理可解释如下：

步骤一：在侧基硅铝酸盐 O_3—Si—O—Al—$(OH)_3^-Na^+$ 中形成四价 Al，等价于离子理论中的单体 Al—$(OH)_3^-Na^+$。

步骤二：碱性溶液中碱基 OH^- 与硅原子键接，形成五价态。

步骤三：电子从 Si 传递到 O，一方面形成中间体硅醇 Si—OH，另一方面形成碱性硅氧体 Si—O^-。

步骤四：进一步形成硅醇 Si—OH 基团，独立成正硅酸盐分子，为地聚合中的基本单元。

步骤五：碱性硅氧 Si—O^- 与钠阳离子 Na^+ 反应形成 Si—ONa 端键合。

步骤六：Si—ONa 与羟基铝 OH—Al 缩合，产生环状二硅铝结构，同时释放出的碱（NaOH）再次反应。

步骤七：环状二硅铝盐缩聚为水和方钠石网络。

5.3.3.4　地聚合物的性能

地聚合物是以离子键和共价键为主，范德华力为辅的聚合铝-氧硅酸盐胶凝材料，同时包含有机聚合物的链状结构。因而具有无机化合物和有机化合物的共同特点。本节主要讨论地聚合物聚合机理的物理、化学性能。

（1）物理性能

① 密度和软化温度。通常，地聚合物密度指在不含填料、在固化或聚合物无任何限制的最终制品的表观密度。图 5-91 说明表观密度随着 Si∶Al 值增大而增大，即对应着地聚合物结构更加密实。在熔融之前，地聚合物经历脱羟基和结晶几个阶段，在一定温度下，一相软化，引发基体重结晶（或陶瓷化）。例如，硅铝酸钾（K-PS）的软化温度约为 1350℃，而六方钾霞石（$KSiAlO_4$）熔点在 1735℃。硅铝酸-硅氧聚合物（K-PSS）的软化温度约为 1300℃，而对应的白榴石（KSi_2AlO_6）熔点在 1690℃。

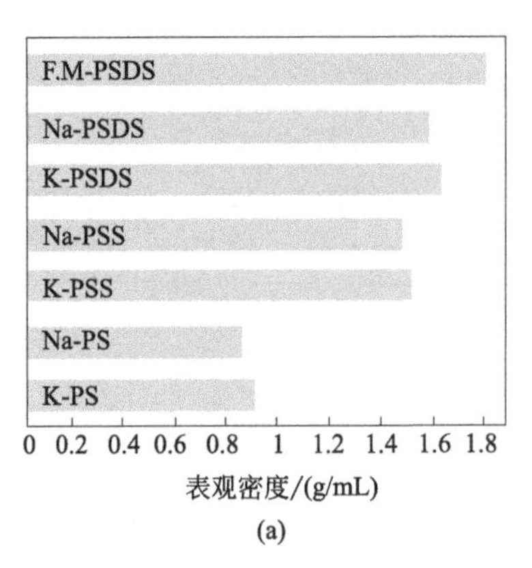

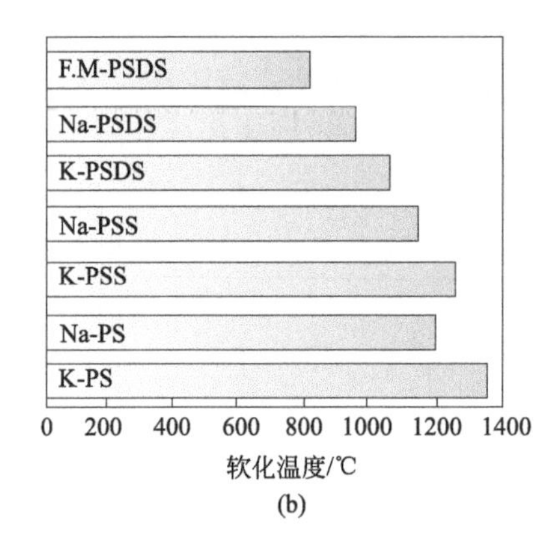

图 5-91　表观密度（a）和软化温度（b）

PS—聚硅铝酸盐；PSS—聚硅铝酸盐-硅氧体；PSDS—聚硅铝酸盐-二硅氧体

② 热行为、收缩和热脱羟基化。地聚合物所含水的形式有三种：物理键合水、化学键合水、羟基团 OH。

缩聚产生的部分水保留在三维地聚合物网络结构中。在地聚合物族束的表面和界面也存在羟基团 OH。当温度高于 100℃时，脱水和脱羟基化会导致失重达 1%～5%，这样在收缩时形成裂纹。图 5-92 为聚硅铝酸钾三个失水段造成的收缩。明显的，超过 70%的反应水是物理键合水，在 100℃前挥发。此时没有造成破坏应力，收缩很小。失水处在基体中形成空隙，从而造成地聚合物的微孔结构。其余 30%水造成的收缩占样品从 20～500℃受热总收缩的 90%。研究确认，地聚合物聚合反应中必需的水在固化后还存在，以“自由水”、缝间水和 OH 基团存在。在固化地聚合物后，自由水存在于粒子间区域，或以表面水膜形式存在。当加热到 150℃时会失去总量 60%左右的水，300℃以上时会失掉几乎所有的缝间水。地聚合物中羟基团碳酸含量很低，碳酸基团含量也低。

③ 热膨胀系数及平均线性热膨胀系数。地聚合物完全脱水形成的三维结构是不可逆的变化，这使得地聚合物在进一步热处理过程中是稳定的。在这种稳定化，即脱水和收缩后，地聚合物制品具有传统陶瓷的热变化特点，即可逆的热膨胀和结构变化的不可逆收缩。图 5-93 说明了这一点。在 DTA 测量中的第一次加热中，化学结合水的蒸发产生很宽的吸热峰，然后进行冷却（第一次冷却）。再重新加热（第二次加热），则不再具有这个吸热峰，曲线变成平的单线。

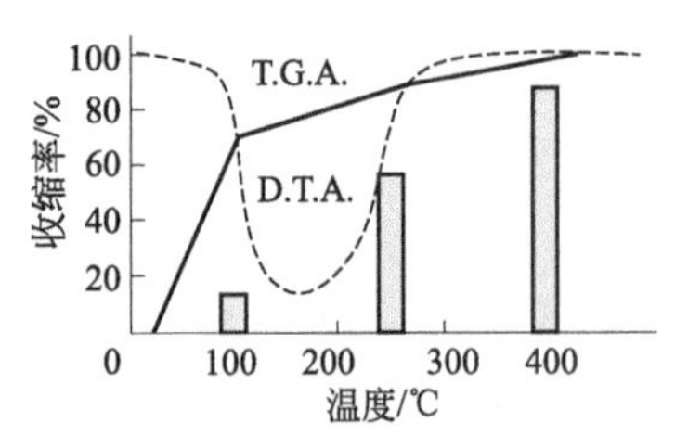

图 5-92　脱水和脱氢氧时聚硅铝酸钾-硅氧体的收缩率

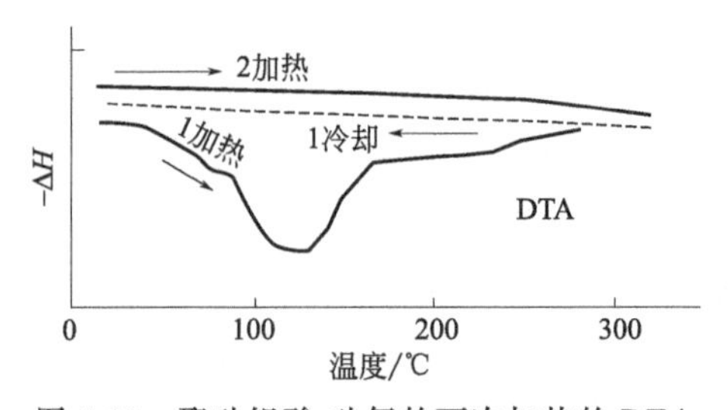

图 5-93　聚硅铝酸-硅氧的两次加热的 DTA

表 5-32 给出了几种钾基地聚合物的热膨胀系数（CTE），所测热膨胀系数的地聚合物是

未添加填料的商用地聚合物树脂。说明CTE是Si∶Al的函数。地聚合物树脂可以设计成与钢的膨胀系数一样，从而使钢能够用于嵌件或框架。也可以使其膨胀系数与其他金属、碳纤维、环氧复合材料制件或任何有机树脂匹配。

表5-32 钾基地聚合物及对应的工具材料的热膨胀系数

地聚合物	Si∶Al	CTE/($\times10^{-6}$℃$^{-1}$)	材料
聚硅铝酸-硅氧(K-PSS)	2	4	陶瓷
聚硅铝酸-二硅氧(K-PSDS)	3	6	石墨/环氧树脂
F,M型聚硅铝酸-二硅氧(F,M-PSDS-1)	3.5	10	钢
F,M型聚硅铝酸-二硅氧(F,M-PSDS-2)	5	15	铜
F,M型聚硅铝酸-二硅氧(F,M-PSDS-3)	20	25	铝

地聚合物在脱水阶段容易产生裂纹和很大的收缩，因此不能单独使用。添加陶瓷填料后会获得适度的热性能。图5-94说明聚硅铝酸（钠、钾）盐和聚硅氧-硅氯酸钾添加堇青石和云母后的性能。添加堇青石和云母后，得到了两种聚硅铝酸盐（Na，K-PS），其微观结构在650℃以上收缩很大，这是由方钠石笼结构坍塌造成的。在稳定阶段（200～600℃）其膨胀热膨胀系数为线性增加。堇青石是有低热膨胀系数的陶瓷，而云母则有高的热膨胀系数，这可通过形成的地聚合物的膨胀曲线看出。

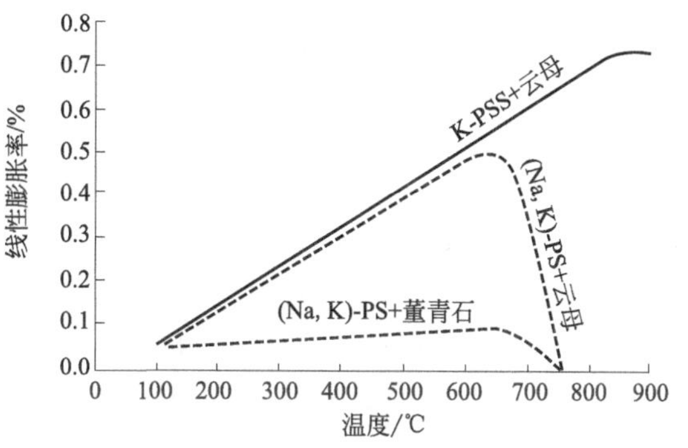

图5-94 含不同陶瓷填料地聚合物在650℃热处理2h后的热膨胀行为

④ 吸湿性。与大多数沸石类似，地聚合物可以进行适度的脱水，并且其后还会发生再水化。如表5-33所示的失湿及重吸湿特性。

表5-33 石英-聚硅铝酸钠混合物的加热失水和其后的重吸湿特性

热处理条件	加热失水/%	重吸湿/%	热处理条件	加热失水/%	重吸湿/%
加热:110℃,24h	1.27	1.27	加热:300℃,48h	2.50	0.39

(2) 化学性能

铝-硅酸盐的化学骨架对任何对有机聚合物有害的化学品都有抵抗性。

① 耐酸性。地聚合物网络结构中Si—O和Al—O在室温下较难与酸（HF酸除外）反应，可以用其制造耐酸材料。经试验对比：把波特兰水泥和地聚合物材料浸渍于硫酸（pH=0）中，结果发现60天后，水泥重量损失63%，而地聚合物仅失重3%。高缩聚的聚硅铝酸盐、聚硅铝酸盐-硅氧体或聚硅铝酸盐-二硅氧体与地质岩石组成的矿物。在酸性介质中的溶解性与pH值有关。其溶解机理遵从相似的顺序，两种情况下形成环-（硅铝酸盐-二硅氧体）水合物的预聚体（单体、二聚体和三聚体）。

在酸性介质中，地聚合物骨架的破坏局限于溶液中存在的阳离子达到有效数量时。图5-95为在室温28天，波兰特水泥、炉渣、铝酸钙和地聚合物在HCl和H_2SO_4中的分解率。图 5-96 为粉煤灰地聚物在不同浓度硫酸溶液中残余压缩强度的变化。研究推导其变化机理为：

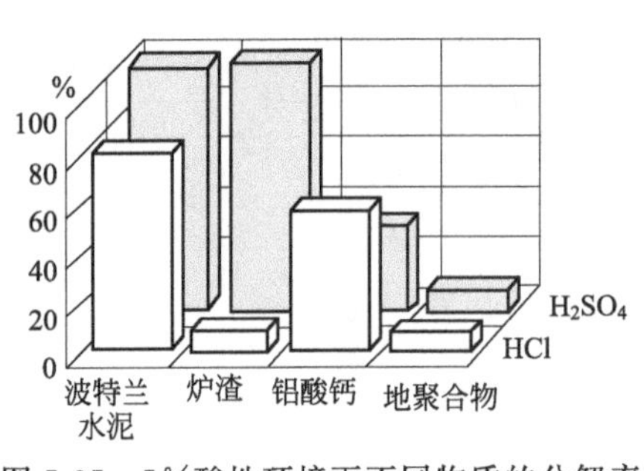

图 5-95　5%酸性环境下不同物质的分解率

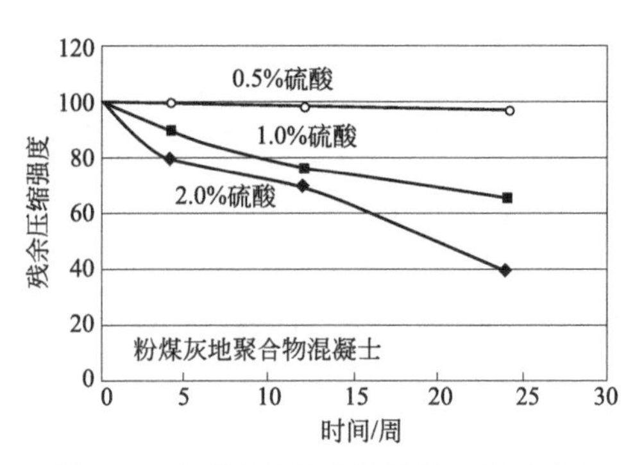

图 5-96　粉煤灰地聚合物混凝土在不同浓度硫酸下的残余压缩强度

a. 用相对于高浓度硫酸（pH=1）时，更换酸需要分两个连续步骤：第一步，骨架中阳离子（Na^+与Ca^{2+}）与H^+和H_3O^+之间进行离子交换反应，导致铝硅骨架上释放出四面体铝；第二步，交换的钙离子向酸根溶液扩散，与反方向扩散的硫酸根阴离子反应，在腐蚀层内形成并沉积出石膏晶体。这种沉积的石膏形成了保护屏障，阻止整个破坏过程的进行。

b. 用中等浓度硫酸（pH≈2）时，阳离子（Na^+与Ca^{2+}）与H^+和H_3O^+之间进行离子交换反应，导致铝硅骨架上释放出四面体铝。持续进行直到形成收缩裂纹。当收缩裂纹足够宽时，硫酸离子就扩散进去，与反方向扩散的钙离子反应，形成并沉积出石膏晶体。

c. 在相对低浓度硫酸（pH≈3）和有限暴露时间（约 90d）的情况下，腐蚀机理就是阳离子析出形成不含石膏晶体的四面体铝。

② 碱-集料反应。研究表明，添加碱性的天然铝硅酸钾或钠可以明显降低高碱水泥的碱-集料反应。碱激发铝硅酸盐黏结剂、碱激发粉煤灰不会产生任何碱-集料反应。地聚合物黏结剂和水泥，包含高达 10%的碱组分，也没有产生任何碱-集料反应。

地聚反应过程是铝硅酸之间的脱水反应，这个反应在强碱性条件下是可逆的；另外，原料变成产物，除了脱水外没有损失其他的物质。所以，地聚合物废料经粉碎后，应该可以直接当作原料再来制备地聚合物材料，这样就节省了大量的原材料、能源并减少对环境的污染。

5.3.3.5　地聚合物应用

(1) 尾矿中重金属固化

地聚合物的结构是由环状分子链构成的“类晶体”结构。环状分子之间结合形成密闭的空腔（笼状），可以把金属离子和其他毒性物质分割包围在空腔内；同时骨架中的铝离子也能吸附金属离子；Mallow 认为金属离子还参与了地聚合物结构的形成，因此可以更有效地固定体系中的金属离子。J. Davidovits 的研究表明，地聚合物基质对 Hg、As、Fe、Mn、Ar、Co、Pb 的固定率大于或等于 90%。另外网络骨架即使是在核辐射作用下，仍比较稳定。利用这一特点，可将其应用于有毒废料处理、核废料处理、催化、吸附等领域。

以加拿大政府 1988 年资助实验为例，用钙基地聚合物（K，Ca）-PSS 为原料处理含砷尾矿渣。将（K，Ca）-PSS 与矿物填料、炉渣、硅酸钾、硅灰混合熟化后加入沙与尾矿的混合物，浇注脱模后固化 14 天或 21 天后进行浸出实验。21 天后尾矿地聚物的压缩强度测试在 14～20MPa。当温度 60℃时在模内聚合反应 4h，制备的制品强度可达 28～40MPa。其浸出实验中砷浓度变化如表 5-34 所列，可见砷已安全包覆在地聚合物中。

表 5-34　地聚合物合成 24h 后浸出液中砷浓度变化

未处理	(K,Ca)-PSS 加入量				
	10%	15%	20%	25%	30%
47.72mg/kg	0.88mg/kg	0.3mg/kg	0.4mg/kg	0.5mg/kg	1.1mg/kg

对其他矿和污染点的测试表明，地聚合物在安全包覆重金属方面非常有效。危险元素可以安全地被“锁”在地聚合物网络基体中，见图 5-97。其中，Mg 在地聚合物合成中会以阳离子形式产生沉淀，从而被从物理上“网住”和渗出。对于 Cr 和 As，需要特殊的方法进行包埋。

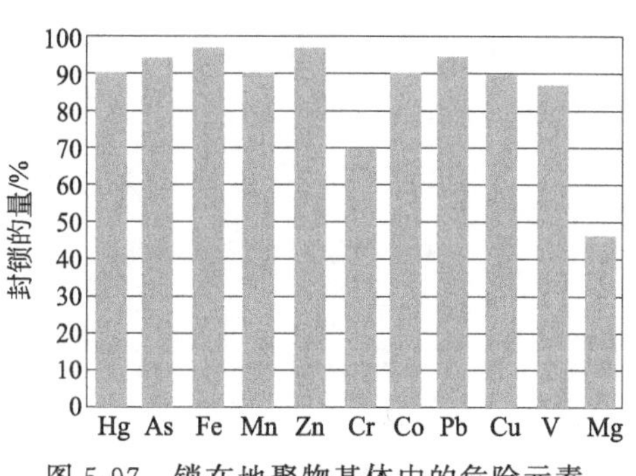

图 5-97　锁在地聚物基体中的危险元素

(2) 含砷废物处理

尾矿是冶炼行业环境污染的主要来源，通过分离出有价金属后水浆或者尾矿排出堆存，对环境造成很大的污染风险。如含砷黄铁矿在煅烧加工后，砷以三价或者五价形式保留。许多传统工艺都能得到氧化砷，再用石灰进行沉淀形成砷酸钙 [$Ca_2(AsO_4)_2$]。或者，砷与所选金属（如铅、铜、镉、镍和锆）配位形成更稳定的沉淀。因此，含砷黄铁矿的尾矿富含砷，在冶金工艺分离过程中不能完全清除，甚至会渗入地下污染地下水。

砷化钙和金属砷化物（如砷化铁）可在极低或非常高的 pH 值范围内溶解，砷化钙在 pH＝11 时溶解度达到最大。在稳定条件下，两种化合物的溶解性都随 pH 值增大而增大。因此，砷可以在酸性条件下溶解，通过酸溶液从尾矿中渗出释放到环境中。

地聚合物作为含砷废物的凝固剂的有效性取决于废物本身的化学性质。15%（质量分数）的（K，Ca)-PSS 地聚合物，浸出液中砷浓度明显降低。但需注意不能加过量的地聚合物，过量后砷浓度反而会增加。

(3) 地聚合物凝胶材料

地聚合物胶凝材料是一种高性能的碱激活水泥，不同于普通的硅酸盐水泥。研究发现，地聚物水泥具有很多硅酸盐序列水泥难以达到的优异性能。在土木工程、固核固废、密封及高温材料等方面均显示出很好的开发应用前景。由于偏高岭土价格高，近年来采用各种工业废渣，如粉煤灰、矿渣、尾矿等铝硅酸盐材料部分或全部取代偏高岭土制备碱激发复合胶凝材料，已成为研究热点。

思考题

1. 求碳的气化反应在 900℃，总压为 3atm（1atm＝101325Pa）时气相中 CO 的平衡浓度。

已知：$C+CO_2 = 2CO, \Delta G^\ominus = 170707-174.47T$

2.试推导碳在空气中不完全燃烧达平衡时，气相中 CO、CO_2 及 N_2 所占比例。

3.试述高温条件下，有固体 C 存在时的还原反应和低温条件下有何异同，为什么？

4.CO/CO_2（百分含量）标尺和 H_2/H_2O（百分含量）标尺有何作用？

5.试分析溶体中（FeO）被 C 和 CO 还原的各种情况。

6.根据氧化物标准生成自由能图及相关标尺，估算 Cu_2O、Fe_2O_3、NiO、MnO、SiO_2 和 TiO_2 在 1273K 用 $CO+CO_2$ 混合气体还原时，还原气中 CO 和 CO_2 百分含量各是多少？

7.铁锰矿石中含 Fe_3O_4 和 MnO，现用 $CO+CO_2$ 混合气体在 1173K 时还原，要求 Fe_3O_4 还原为 Fe，而 MnO 不还原，问还原气体中 CO 含量应如何控制？

已知：$2Fe+O_2 = 2FeO, \quad \Delta G_1^\ominus = -541117+142.0T$

$6FeO+O_2 = 2Fe_3O_4, \quad \Delta G_2^\ominus = -636888+255.94T$

$2Mn+O_2 = 2MnO, \quad \Delta G_3^\ominus = -769438+144.90T$

$2CO+O_2 = 2CO_2, \quad \Delta G_4^\ominus = -564840+173.64T$

8.试说明铁氧化物用 C 还原平衡图的绘制方法。指出不同温度区氧化物的稳定存在状态。

9.利用氧势图计算 1200℃，CO 和 H_2 分别还原 Fe_2O_3、Fe_3O_4 及 FeO 的气相平衡成分。

10.求真空度为 13.3Pa，固体碳还原 MgO 的开始温度。

11.使金属锰在 $p'=100$kPa 及 900℃无氧化加热，试问 $CO-CO_2$ 混合气体中 p_{CO}/p_{CO_2} 比应是多少？用计算法和氧势图法解答。

12.计算在 100kPa 及 700℃时，用水蒸气和固体碳反应制取混合煤气的成分。

13.综合掌握离子交换过程、萃取过程中分配比 D 熔渣还原过程中分配比 L，氧化精炼过程中分配比 L' 及熔析精炼过程和区域精炼过程中分配比 K 的概念。

14.综合掌握离子交换过程、萃取过程、蒸馏过程中分离因数 $\beta_{A/B}$ 的概念。

15.设 LiCl 溶液中含少量杂 Ca^{2+}、pH 值为 2，可用什么方法分离，请拟定简单的分离方案。

16.试述离子交换过程及阳离子交换的萃取过程的基本原理。

17.影响离子交换过程中相对选择性的因素主要有哪些？

18.什么是离子的相对选择系数、分配比和分离因素？它们之间有什么关系？

19.试分析络合剂在离子交换过程中的作用，如何利用络合剂提高离子交换过程中的分离因素？

20.溶液中含 Fe^{2+} 2g/L；Cu^{2+} 4g/L；Ni 4g/L，试拟定分离方案？

21.试根据表 11-3 计算在 25℃，pH=9，用 $Mg(OH)_2$ 除溶液中 AsO_4^{3-}、PO_4^{3-} 时，溶液中残留的 AsO_4^{3-}、PO_4^{3-} 浓度。

22.已知 C_6H_5COOH 在水及苯中的分配比如下（20℃）：

$C_{H_2O}/(g/100cm^3)$	0.289	0.195	0.150	0.098	0.079
$C_{C_6H_6}/(g/100cm^3)$	9.70	4.12	2.52	1.05	0.739

试从热力学角度解释这些数据的计算结果。

23. 为了将氯化铜（Cu^{2+}）溶液变为硫酸铜（Cu^{2+}）溶液，试问可采取哪些方法？并加以简要说明。

24. 试述胺盐萃取过程的机理。

参考文献

[1] 张启海. 城市给水工程 [M]. 北京：中国建筑工业出版社，2003.

[2] 严煦世，等. 给水工程 [M]. 4版. 北京：中国建筑工业出版社，1999.

[3] 崔福义，等. 给水排水工程仪表与控制 [M]. 北京：中国建筑工业出版社，1999.

[4] 单义志，施汉昌，王锐. 网格反应、斜板沉淀水处理实验设备的设计制作 [J]. 实验技术与管理，2006，23（10）：55-57.

[5] 叶晓琳. 国内外气浮技术发展研究概况 [J]. 黑龙江科技信息，2004，2：86.

[6] 王树志，肖安. 用于污水处理的气浮技术 [J]. 中国环保产业，2004，11：32-33.

[7] 周勉，倪明亮. 磁分离技术在水处理工程中的应用工艺及发展趋势 [J]. 中国建设信息（水工业市场），2009，8：48-53.

[8] Clift R，Grace J R，Weber M E. Bubbles，Drops and Particles. Acad [J]. Press，New York. 1978：117-120.

[9] Font R，Perez M，Pastor C. Permeability values from batch tests of sedimentation [J]. Industrial & engineering chemistry research，1994：33（11）：2859-2867.

[10] Holdich R G，Butt G. Experimental and numerical analysis of a sedimentation forming compressible compacts [J]. Separation science and technology，1997，32（13）：2149-2171.

[11] Li H，Bertram C D，Wiley D E. Mechanisms by which pulsatile flow affects cross-flow microfiltration [J]. AIChE journal，1998，44（9）：1950-1961.

[12] Kuiper S，Van Rijn C J M，Nijdam W，et al. Development and applications of very high flux microfiltration membranes [J]. Journal of Membrane Science，1998，150（1）：1-8.

[13] Millward H R，Bellhouse B J，Walker G J. Screw-Thread Flow Promoter-An Experimental Study of Ultrafiltration and Microfiltration erformace [J]. Journal of Membrane Science，1995，106（3）：269-279.

[14] 约瑟夫·戴维德维斯. 地聚合物化学及应用 [M]. 王克俭，译. 北京：国防工业出版社，2011.

第6章

废物资源化工程案例

6.1 工业固废资源化案例

6.1.1 冶金固废

据统计，2018年，我国202个大、中城市一般工业固体废物产生量达13.1亿吨，综合利用量7.7亿吨，处置量3.1亿吨，储存量7.3亿吨，倾倒丢弃量9.0万吨。工业危险废物产生量达4010.1万吨，综合利用量2078.9万吨，处置量1740.9万吨，储存量457.3万吨。在冶金渣中排量大的主要有高炉水淬矿渣、钢渣、高炉重矿渣等，其中高炉水淬矿渣和高炉重矿渣利用率较高，而钢渣利用率较低，仅有20%左右。未得到利用的冶金渣长期堆放未及时综合利用，一方面会造成冶金渣逐渐失去活性难以再利用，另一方面冶金渣的堆放要占用大量土地并会严重污染环境。自2009年1月1日，《中华人民共和国循环经济促进法》实施以来，如何大量利用冶金渣已成为各钢铁企业的当务之急。

[案例6-1] 钢渣的综合利用

钢渣加工利用是指借助冷却焖渣、破碎筛分、磁选干燥等工艺方法，将炼钢尾渣中排放的含金属铁钢渣回收，渣粉根据不同品种、粒级分别再加工利用，可以作为烧结原料和烧结熔剂，水泥和道路的添加材料，或作为农肥改良土壤，也可用于填海实现人造陆地等。

我国转炉钢排渣量约在100～130kg/t钢水，排放的钢渣中含有10%～15%的金属铁。如果钢渣不加工处理，这部分钢铁资源白白流失，排放的渣粉也给周围环境造成很大危害，破坏土地植被结构，污染空气和水源。因此，实现钢渣加工利用，既保护了环境，又达到了节约能源、“化害为利、变废为宝”的目的。转炉钢渣的外观形态和颜色差异很大，一般是由化学成分及冷却条件不同所造成的。碱度较低的钢渣呈黑灰色，碱度较高的钢渣呈褐灰色到灰白色。渣块松散不黏结，质地坚硬密实，孔隙较少。渣坨和渣壳结晶细密，界线分明，尤其是渣壳，断口整齐。自然冷却的渣块堆放一段时间后，发生膨胀风化，变成土块状和粉状。钢渣含水与焖渣方式和冷却条件关系较大。通常含水率为3%～8%，容重在1.32～2.26t/m^3，抗压强度1150kg/cm^2左右。各钢铁厂钢渣粒度差异较大，以首钢为例，原渣粒度组成见表6-1，原渣化学成分见表6-2。

表6-1 首钢原渣粒度组成

粒度/mm	300	300～80	80～30	30～10	10～0	合计
质量百分数/%	3.79	16.56	36.15	19.54	23.78	100.00

表 6-2 原渣化学成分　　单位：%

TFe	Fe_2O_3	C	F_{CaO}	S	CaO	SiO_2	Al_2O_3	MgO	MnO	P_2O_5	K_2O
17～27	7～12	0.7	2～8	0.2	34～48	9～15	0.9～2.8	2.5～10	1.5～6	0.9	0.2

目前国内外钢渣资源化处理工艺由于炼钢设备、工艺、造渣制度、钢渣物化性能的多样性及其利用上的多种途径呈现多样化，有热焖法、热泼法、盘泼法、水淬法、滚筒法、风淬法、粒化轮法等。这些工艺都有各自的优缺点，具体情况见表 6-3。

表 6-3 钢渣处理工艺比较应用实例

处理方式	工艺特点及过程	优点	缺点	应用厂家
热焖法	利用高温液态渣的显热洒水产生物理力学作用和游离氧化钙的水解作用使渣碎化	工艺简单，适于处理高碱度钢渣、钢渣活性较高、安定性较好，并能处理固态渣	粒度不均匀、后续破碎加工量大、处理周期长	鞍钢、首钢、涟钢、宝钢
热泼法	在炉渣高于可淬温度时，以有限的水向炉渣喷洒，使渣产生的温度应力大于渣本身的极限应力，产生碎裂，游离氧化钙的水化作用使渣进一步裂解	排渣速度快，冷却时间短、便于机械化生产，处理能力大；钢渣活性较高、生产率高	设备损耗大，占地面积大，破碎加工粉尘大，蒸汽量大；钢渣加工量大。对环境和节能两方面都不利；钢渣安定性差	唐钢、武钢二炼钢
盘泼法	是将热熔渣倒在渣罐中，运至渣盘边，用吊车将罐中的渣均匀倒在渣盘中，待表面凝固即喷淋大量水急冷，再倾翻到渣车中喷水冷却，最后翻入水池中冷却	快速冷却、占地少、处理量大、粉尘少、钢渣活性较高	渣盘易变形、工艺复杂、运行和投资费用大，钢渣安定性差	新日铁、宝钢
水淬法	高温液态渣在流出、下降过程中被压力水分割、击碎，再加上高温熔渣遇水急冷收缩产生应力集中而破裂，同时进行了热交换，使熔渣在水幕中粒化	排渣快、流程简单、占地少、投资少，处理后钢渣粒度小（5mm 左右），性能稳定	熔渣水淬时操作不当，易发生爆炸，钢渣粒度均匀性差，只能处理液渣	济钢、齐齐哈尔车辆厂、美国伯利恒钢铁公司
滚筒法	高温液态钢渣在高速旋转的滚筒内，以水作冷却介质，急冷固化、破碎	排渣快、占地面积较小，污染小，渣粒性能稳定	钢渣粒度大，不均匀（>9.5mm 达 18%），活性差，设备较复杂，且故障率高，设备投资大，只能处理液态渣	宝钢二炼钢
风淬法	用压缩空气作冷却介质，使液态钢渣急冷、改质、粒化	安全高效，排渣快、工艺成熟，占地面积较小，污染小，渣粒性能稳定，粒度均匀且光滑（5mm 左右），投资少	只能处理液态渣	日本钢管公司福山厂、中国台湾中钢集团、重钢
粒化轮法	将液态钢渣落到高速旋转的粒化轮上，使熔渣破碎渣化，喷水冷却	排渣快，适宜于流动性好的高炉渣	设备磨损大，寿命短，处理量大则水量小时易发生爆炸，处理率低，粒度不均匀（>9.5mm 达 29%）	沙钢

钢渣的利用途径大致可分为内循环和外循环，内循环指钢渣在钢铁企业内部利用，作为烧结矿的原料和炼钢的返回料。钢渣的外循环主要是指用于建筑建材行业。

(1) 钢渣的内循环利用

钢渣返烧结主要是利用钢渣中的残钢、氧化铁、氧化镁、氧化钙、氧化锰等有益成分，而且可以作为烧结矿的增强剂，因为它本身是熟料，且含有一定数量的铁酸钙，对烧结矿的强度有一定的改善作用，另外转炉渣中的钙、镁均以固溶体形式存在，代替溶剂后，可降低溶剂（石灰石、白云石、菱镁石）消耗，使烧结过程碳酸盐分解热降低，降低烧结固体燃料消耗。

钢渣在钢铁企业内部循环历来受到重视和普遍采用，配加转炉渣的烧结矿可改善高炉的流动性，增加铁的还原产量。但是配矿工艺对返烧结有影响，过度使用会造成 P 等有害元素的富集；配加转炉渣的烧结矿品位、碱度有所降低。研究表明，当高炉炉料使用 100%自熔性球团矿时，5%转炉渣作为溶剂加入会引起高炉运行不畅，原因是明显影响球团矿的软熔特性，增大软熔温度间隔，使炉渣黏性有增大趋势。另外钢渣的成分波动较大，烧结配矿时要求钢渣各种氧化物成分波动小于等于±2%，粒度要求一般小于 3mm，钢渣在成分上很难满足要求，对钢渣破碎和筛分的要求也高。

由于这些不利因素存在，尤其是各大钢铁公司普遍采用富矿冶炼，推行精料入炉方针，同时要求炼钢和炼钢工序的能耗和材料消耗指标不断降低，致使返回烧结利用的钢渣量越来越少。目前马钢混匀烧结矿中只加入 1%左右，而且是间断式配加。

（2）钢渣的外循环利用

钢渣的外循环主要是建筑建材行业，钢渣在此行业中利用受制约的主要因素是钢渣的体积不稳定性，钢渣不同于高炉渣的地方是钢渣中存在 CaO、MgO，它们在高于水泥熟料烧成温度下形成，结构致密，水化很慢，CaO 遇水后水化形成 $Ca(OH)_2$，体积膨胀 98%，MgO 遇水后水化形成 $Mg(OH)_2$，体积膨胀 148%，容易在硬化的水泥浆体中发生膨胀，导致掺有钢渣的混凝土工程、道路、建材制品开裂，因此钢渣在利用之前必须采取有效的处理措施，使 CaO、MgO 充分消解才能使用。钢渣在建筑建材行业有以下几种利用途径。

① 做水泥生料。钢渣中 CaO、MgO、FeO、Fe_2O_3 含量之和能达到 70%，这些成分对水泥都是有用的，钢渣做水泥生料主要作用是做水泥的铁质校正剂，目前生料中配加量为 3%～5%，工艺比较成熟。水泥工艺中煅烧 1t 石灰石产生 440kg CO_2，需 2092J 热量，煅烧 1t 熟料需 230kg 优质煤。水泥生料配放钢渣可以节约石灰石和煤，但其仍需煅烧的特征未从根本上消除对能源环保方面的副作用，而且钢渣的全铁含量在 15%～28%，含铁量偏低，水泥生产企业在计算成本时，比较倾向于选择其他含铁量达到 40%以上的废渣。

② 做钢渣水泥原料和复合硅酸盐水泥的混合材料。根据对钢渣的岩相检定和 X 射线检定，钢渣之所以具有水硬胶凝性主要是含有水泥熟料中的一些矿物，C_3S、C_2S 和铁铝酸盐，这些矿物都具有胶凝性，但其含量比水泥熟料少，慢冷的钢渣晶体发育较大，比较完整，活性较低，因而水化速度和胶凝能力都比熟料小。

目前的钢渣水泥品种有无熟料钢渣矿渣水泥、少熟料钢渣矿渣水泥、钢渣沸石水泥、钢渣矿渣硅酸盐水泥和钢渣硅酸盐水泥，它们都有相应的国家标准和行业标准，掺量在 20%～50%。钢渣水泥具有水化热低、耐磨、抗冻、耐腐蚀、后期强度高等优点。但是钢渣水泥的实际应用情况并不是很好，主要原因是钢渣的成分波动大，常随炼钢品种、原料来源和操作管理制度而变化，易引起水泥质量的波动；做水泥混合材时，不同方法处理的钢渣的易磨性不同，普遍比熟料难磨，使水泥磨制的台时产量降低，增加水泥生产成本。渣铁没有很好分离导致渣中金属铁含量高，也影响水泥的磨制；另外钢渣的活性矿物含量低且以 C_2S 为主，造成钢渣水泥的早期强度低，新的水泥标准中取消了 7 天强度指标，增加了 3 天强度指标，致使钢渣水泥难以达到标准要求。

③ 钢渣微粉做混凝土掺合料。钢渣微粉开发利用研究是近年来继矿渣微粉大规模应用后而出现的热门话题，钢渣生产微粉或者复合微粉可以消除钢渣水泥生产中易磨性差异问题，钢渣通过磨细到一定细度，比表面积大于 $400m^2/kg$ 时，可以最大限度地清除金属铁，通过超细粉磨使物料晶体结构发生重组，颗粒表面状况发生变化，表面能提高，机械激发钢渣的活性，发挥水硬胶凝材料的特性。

钢渣微粉和矿渣微粉复合时有优势叠加的效果，钢渣中的 C_3S、C_2S 水化时形成的氢氧化钙是矿渣的碱性激发剂。最新资料表明，矿渣渣粉做混凝土掺合料使用虽然可以提高混凝土强度，改善混凝土拌合物的工作性、耐久性，但由于高炉渣的碱度低（$CaO+MgO$）与（$SiO_2+Al_2O_3$）含量之比约为0.9～1.2，大掺量时会显著降低混凝土中液相碱度，破坏混凝土中钢筋的钝化膜（$pH<12.4$，易破坏），引起混凝土中的钢筋腐蚀，另外高炉渣是以 C_3AS、C_2MS_2 为主要成分的玻璃体，粒化高炉渣粉的胶凝性来源于矿渣玻璃体结构的解体，只有在 $Ca(OH)_2$ 作用下才能形成水化产物，钢渣碱度高（$CaO+MgO$）与 SiO_2 含量之比为1.8～3.0，矿物主要是 C_3S、C_2S、CF、C_3RS_2、RO 等，钢渣中的 CaO 和活性矿物遇水后生成 $Ca(OH)_2$，提高了混凝土体系的液相碱度，可以充当矿渣微粉的碱性激发剂。掺入钢渣微粉的混凝土具有后期强度高的特性，见表6-4。因此钢渣和矿渣复合粉可以取长补短，性能更加完善。

表6-4 复合微粉制备混凝土强度比较

混凝土龄期	基准纯水泥抗压强度		20%矿渣微粉混凝土抗压强度比		20%钢渣矿渣复合微粉混凝土抗压强度比		20%风淬渣矿渣复合微粉抗压强度比	
	混凝土强度等级	MPa	混凝土强度等级	压比/%	混凝土强度等级	抗压比/%	混凝土强度等级	抗压比/%
7d	C40	41.2	C20	71.8	C30	80.6	C30	73.8
28d	C45	47.8	C40	91.8	C45	96.7	C40	93.01
90d	C55	56.2	C50	94.1	C50	97	C60	107.7

《用于水泥和混凝土中的钢渣粉》国家标准和《矿物掺合料应用技术规范》国家标准已经完成，钢渣微粉将成为我国钢渣高价值利用的最佳途径，和矿渣微粉复合应用是混凝土掺合料的最佳方案。

④ 做道路材料。钢渣经过稳定化处理后可以做道路垫层和基层，其强度、抗弯沉性、抗渗性均优于天然石材，有相应的行业标准 YB/T 801—2008《工程回填用钢渣》和 YB/T 803—1993《道路用钢渣》，但是钢渣做回填和道路垫层、基层其附加值低，钢铁企业和建筑单位对此都不太重视。

钢渣经过风淬稳定化处理后可以代替细集料做沥青混凝土和水泥混凝土路面材料，其防滑性、耐磨性、使用寿命都提高，钢渣的附加值也大大提高。

安徽省马鞍山市1987年建设的湖南路工程，使用了风淬钢渣混凝土试验路面，和黄沙混凝土路面比较，2003年1月7日对路面钻芯取样后检测强度的结果，如表6-5所列。

表6-5 通车使用15年两种混凝土工程路面钻芯取样抗压强度对比 单位：MPa

混凝土种类	28d强度		25a后强度
	抗压	抗折	抗压
风淬钢渣混凝土路面	47.86	6.23	85.26
黄沙混凝土路面	43.54	5.56	70.10

⑤ 做砖、瓦、砌块及混凝土预制件。钢渣经过稳定化处理后可以做地面砖、免烧砖、混凝土预制件等建材制品，掺量大，能达到60%以上，强度和耐久性高于黏土砖和粉煤灰砖，能节省大量的水泥和黏土，但钢渣相对密度较大，不太适宜做实心的墙体砖。

[案例6-2] 锌冶炼渣综合利用

我国锌冶炼工艺，以湿法冶炼为主，火法冶炼其次。湿法冶炼工艺的标准流程是锌精矿焙烧→浸出→净液→电积→电锌产品。其中因浸出作业的条件不同又分为低温常规浸出和高温高酸浸出两种。常规浸出工艺以锌冶较为典型，浸出渣多用回转窑挥发其残锌。高温高酸浸出渣则直接送渣场堆存，其浸出液除铁在我国又有四种不同工艺，如黄钾铁矾法、氨矾铁渣法（由于铁渣中锌含量低，又称为低污染黄钾铁矾法）、针铁矿法、喷淋法除铁（称为仲针铁矿法）等。基于这些区别，使湿法炼锌工艺流程呈现出多样性。

我国是一个锌冶炼的生产与消费大国。与其他有色金属一样，存在锌资源短缺问题，重视再生资源的回收利用是解决我国锌资源短缺的有效途径。二次锌资源回收，国家有关部门必须引起高度重视。首先，是对用锌量最大的镀锌钢材的废杂料需要集中收集，集中在能有效回收锌的专门炼钢厂处理。其次，要加快研究步伐，尽快突破废干电池经济有效的回收工艺。其他除氧化锌涂料难以回收外，锌材、压铸合金、铜锌合金等只要注意收集，均能较易回收其有价金属。如果锌的二次金属回收率达到消费量的30%，意味着我国每年可回收90万吨锌，将在很大程度上缓解锌资源的压力。

例：次氧化锌中铟的提取

据有关资料推算，世界铟总储量可能超过10000t，我国的铟资源相对丰富。世界上铟产量的90%是从铅-锌冶炼厂的副产物中回收的。常用的生产铟的工艺有氧化造渣法、金属置换法、电解富集法、酸浸萃取、液膜富集、电解精炼和离子交换等。当前应用较为广泛的是溶剂萃取法，它是高效分离提取工艺的一种。离子交换法用于铟的回收尚未见工业化的报道，从锌渣中提取铟常用的方法主要有以下几种。

（1）低酸浸出-溶剂萃取

用低浓度的硫酸直接浸取原料渣，浸取液用萃取剂萃取，提取稀散金属铟。在硫酸中加入氯化钠及二氧化锰可减少杂质干扰和提高铟的浸取率，浸出后的含铟浸取液作为萃取铟的料液。用来萃取铟的萃取剂种类繁多，其中以 P_2O_4 萃取剂较为常用，因此，低酸浸出-溶剂萃取法也称作 P_2O_4 溶剂（二烷基磷酸，D2EHPA）萃取法。在盐酸介质中，TBP（磷酸三丁酯）对铟有良好的萃取性能；萃淋树脂 N_5O_3（*N*,*N*-二仲辛基乙酰胺）在盐酸、氢溴酸或硫酸-溴化钠体系中，能有效地萃取铟。试验表明，在盐酸体系中，N_5O_3 萃取树脂对铟的吸萃率最大达到76%，在氢溴酸体系中，当氢溴酸浓度在2mol/L时，树脂对铟的吸萃率接近100%；P570-P350混合萃取剂是分离富集微量铟的优良萃取剂，适用于分离铟、铁，效果较好；氨基树脂和N235用于对铟的分离富集也有报道等。由于铟在萃取、负载有机相的洗涤，反萃取等环节的损失，铟的总回收率为80%左右。

（2）真空蒸馏回收铟

真空蒸馏回收铟是比较直接快速地综合回收利用硬锌的工艺方法之一。用真空炉从铅锌矿中蒸馏出锌和锌铅合金，铅锌中的铟富集于蒸馏残渣中，称为真空渣，真空渣中含有较高含量的铟。采用碱熔造渣捕集铟、水洗除碱、混酸浸出铟的工艺，回收率可达85%。采用硫酸熟化浸出、铁屑置换除杂、P_2O_4萃取富集工艺从反射炉烟尘中回收铟，铟回收率约78%。该工艺具有多种有价金属同时一步富集的特点，提锌和富集铟、银等同时完成，流程短直收率高；技术先进，污染轻，消耗少，成本低。

粗铟提取工艺流程，见图6-1。

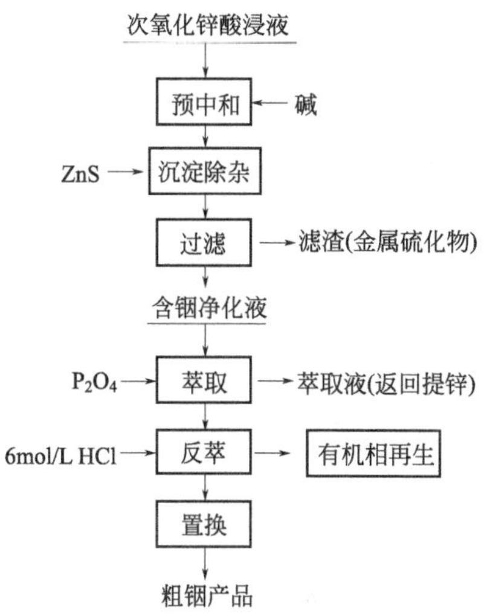

图6-1 粗铟提取工艺流程

(3) 锌渣中砷的综合利用

砷的处理与回收是次氧化锌废渣综合利用的一个难题。砷在次氧化锌中的含量较高。砷的存在影响对其他元素的分离和富集，降低产品质量，造成生态环境的污染。砷在次氧化锌渣中的含量较高，从锌渣中回收砷的方法主要有以下几种。

① 硫酸焙烧-水浸法。焙烧条件为：温度400～500℃，加酸量为次氧化锌渣质量的110%～120%，焙烧时间为5h。焙砂水浸条件为：液固比（l/s）=5∶1，时间1.5h，温度在60～80℃，砷的脱除率为90%，浸出渣含砷量小于0.4%。工业试验证明该工艺能较好脱除次氧化锌渣中的砷。

② 碱性浸出-砷酸钙沉淀除砷和硫酸浸出-锌粉置换除砷法。加入次氧化锌渣量25%～50%的Na_2CO_3，配一定量的水，在700～750℃焙烧2h，然后加水浸出，其中，砷能够浸出90%以上，浸出液经浓缩结晶得到粗砷酸钠，碱浸渣经酸浸后可以得到合格的锌电解溶液。

③ 硫酸焙烧除砷。在次氧化锌渣中加入固体量80%左右的浓硫酸，于550℃在转炉中焙烧4h，有60%左右的砷挥发，可收集到含砷30%～40%的高砷物料，焙砂经加水浸出时，砷不被浸出，浸出液含砷小于4mg/L，可以得到合格的锌电解溶液。

④ 全火法选择性焙烧脱砷。次氧化锌中砷主要以三氧化二砷形态存在，因此可根据三氧化二砷易挥发特性，焙烧加热达到脱砷的目的。焙烧温度900～1000℃，还原剂用量为4%～6%时，次氧化锌中砷的挥发率达到90%以上。此外，次氧化锌的氧化水解除砷法具有操作简便、过程安全、原材料易得、成本低、作业时间短、除砷率高等优点。

6.1.2 煤化工固废

化工废渣：化学工业生产过程中产生的固体和泥浆废物，包括化工生产过程中排出的不合格产品、副产物、废催化剂、废溶剂及废水、废气处理产生的污泥等（表6-6）。

表6-6 化学工业固体废物来源及主要污染物

生产类型及产品	主要来源	主要污染物
无机盐行业		
重铬酸钾	氧化焙烧法	铬渣
氰化钠	氨钠法	氰渣
黄磷	电炉法	电炉炉渣、富磷泥

续表

生产类型及产品	主要来源	主要污染物
氯碱工业		
烧碱	水银法、隔膜法	含汞盐泥、盐泥、汞膏、废石棉隔膜、电石渣泥、废汞催化电石渣
聚氯乙烯	电石乙炔法	
磷肥工业		
黄磷	电炉法	电炉炉渣、泥磷
磷酸	湿法	磷石膏
氮肥工业		
合成氨	煤造气	炉渣、废催化剂、铜泥、氧化炉灰
纯碱工业		
纯碱	氨碱法	蒸馏废液、岩泥、苛化泥
硫酸工业		
硫酸	硫铁矿制酸	硫铁矿烧渣、水洗净化污泥、废催化剂
有机原料及合成材料		
季戊四醇	低温缩合法	高浓度废母液
环氧乙烷	乙烯氯化(钙法)	皂化废渣
聚甲醛	聚合法	稀醛液
聚四氟乙烯	高温裂解法	蒸馏高沸残液
聚丁橡胶	电石乙炔法	电石渣
钛白粉	硫酸法	废硫酸亚铁
染料工业		
还原艳绿 FFB	苯绕蒽酮缩合法	废硫酸
双倍硫化氰	二硝基氯苯法	氧化滤液
化学矿山		
硫铁矿	选矿	尾矿

近两年，我国煤化工迅猛发展，固废堆存量也越来越大，如何回收利用成为令业界头疼的问题。随着生产过程新增的固废，加上现有堆存，固体废物将给基地带来巨大的环境压力。

在煤化工企业中，废弃物堆放的渣场和灰坑基本都是企业自己规划、建设、管理、处置，有的企业甚至随意自行填埋、就近堆放，布点多、容量小、选址不当，有的甚至没有防渗透、防散扬、防流失方面的措施，不仅造成了二次污染，而且造成了二次浪费，为今后再开发、再利用增加了难度。化学工业废渣分类，如图 6-2 所示。目前，固废大部分用来生产

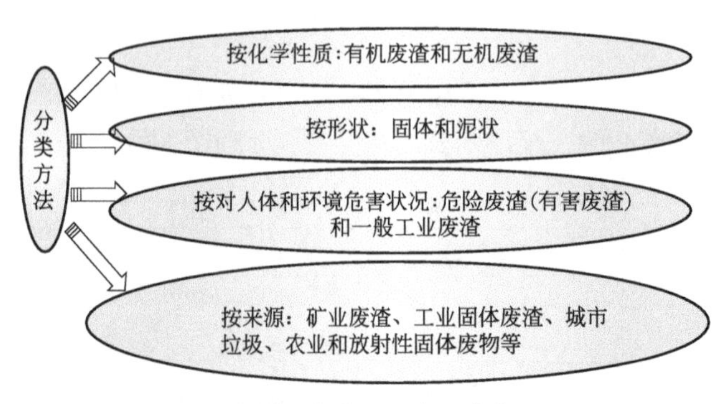

图 6-2　化学工业废渣分类

空心砖、水泥等建筑材料，而建筑材料都是些区域性很强的“低价短腿货”，若运得太远，成本上升，便没有竞争力。

面对日益增加的固废排放量，一些煤化工企业在高附加值回收上做起了文章。粉煤灰、煤矸石、气化炉渣中含有硅、铝、镁、铁、钙的化合物及少量钛、钾、钠、磷等，从中提取空心微珠、分子筛以及稀有金属，开展化工高值利用近两年开始受到关注，特别是粉煤灰提取氧化铝被看成高效循环及高值化利用的新路线。

铝冶炼专家认为，按照目前的工艺，每提炼1t氧化铝，需要消耗3～3.5t高铝粉煤灰、8t石灰石，最后产生10t“赤泥”废渣。如果建设一个年产4×10^5t的氧化铝厂，就需配套一个4×10^6t的水泥厂。进而言之，粉煤灰提取氧化铝项目，需要配套高耗能、高污染、高排放的水泥项目，才能消耗这些废渣。

鉴于煤化工废渣量较大的现实，各地仍出台政策鼓励企业变废为宝，为日益严峻的固体废物再利用寻找出路。

［**案例6-3**］　循环流化床锅炉灰渣综合利用

循环流化床锅炉在燃烧劣质燃料时，产生大量灰渣，灰渣综合利用技术有以下几方面。

(1) 生产水泥

水泥是一种水硬性胶凝材料，按成分可分为硅酸盐水泥、铝酸盐水泥、硫铝酸盐水泥等。水泥品质指标包括氧化镁（<5.0%）、三氧化硫（<3.5%）、烧失量（≤5.0%）、细度、凝结时间、安定性和强度等。循环流化床锅炉灰渣的主要化学成分是SiO_2、Al_2O_3和CaO等。因此，从化学组成看，它可以作为生产水泥熟料的原料。

(2) 生产多种形式的砖

① 蒸压煤矸石灰渣砖。蒸压煤矸石灰渣砖的原材料为煤矸石灰渣、磨细生石灰、石膏、集料。胶结料的配比为石灰19%，石膏5%～7%，其余为煤矸石和灰渣，集料与胶结料比为2.5。

② 烧结砖。烧结煤灰砖是以煤灰（灰渣）和黏土为主要原料，再掺加其他工业废渣，经配料、混合、成型、干燥及焙烧等工序而成的一种新型墙体材料。

③ 免烧砖。它的主要原料为煤矸石、煤矸石灰渣及来源于石料厂、钢铁厂的工业废渣，其他辅料为石灰、水泥、石膏、添加剂等。它的成型机理是灰渣、煤矸石、炉渣等含有较高氧化硅、氧化铝、氧化铁的工业废渣，经原料混合轮辗后，充分水化形成硅、铝型玻璃体。

④ 煤灰水浸砖。煤灰水浸砖是以80%左右的煤灰为原料，加入20%左右的石灰作为胶结料，另有少量的石膏为外加剂。经过混合、搅拌、沉化、成型、晾干后再经化学浸液、加温浸渍而成的一种新型墙体材料。

(3) 用于化学工业

灰渣中的组分与常用的填料基本相同，只是在含量上有差别。例如，灰渣中的SiO_2起到增强、补强作用，代替常用的黏土、白炭黑；Al_2O_3起增量作用，可代替特种碳酸钙；CaO可起增量补强作用，作用相当于轻质碳酸钙、重质碳酸钙、特种碳酸钙；SO_3可代替通常加入的硫起硫化剂的作用；未燃尽的可燃物起到炭黑的作用。研究和应用发现，灰渣补强性能与半补强炭黑的性能相当，并具有永久变形小、相对密度小、弹性好的优点。并且混炼、压出工艺性能良好，同时它还具有煤制填料的性质。可作为高分子材料填充剂、PVC

的填充料、橡胶填料。

(4) 用于农业

灰渣在农业中的应用，实际上是通过改良土壤、覆土造田等手段，促进其发展的，以便达到提高农作物产量、优化生态环境等目的。

① 改良土壤的碱性。对含脱硫产物和脱硫剂较高的循环流化床灰渣，因游离 CaO 和 H_2O 反应生成 $Ca(OH)_2$，使灰渣呈碱性，因此，此种灰渣可用于农田、恢复酸性矿地、中和工业废料等方面。石煤渣也是强碱性物质，pH 值在 10～12 以上，所以直接施用石煤渣后可以不同程度地提高土壤的碱度。石煤渣很适合在南方酸性土壤中施用，特别是在南方缺钾需硅的酸性水稻田里施用，更有良好的作用。

② 促进土壤中有机质的分解。石煤渣含有钙、镁等盐基离子，由于碱性强，盐基离子多，能促进土壤有机质的分解，对改善土壤的供肥和保肥能力有一定的作用。

③ 提高土壤温度。石煤渣是热性材料，遇水后有一个放热过程，并且由于石煤渣多为灰黑色和黑色，有吸收太阳光能的作用，因此，可以提高土壤温度。

④ 可以不同程度地供给作物的各种营养需要。研究表明，燃烧后的石煤渣中含 Si 40%～50%，P 0.5%，Mg 1%～2%，K 2%～4%。硅是水稻需要最多的一种元素，镁是构成作物叶绿素不可缺少的元素，钾能促进作物对氮的吸收，故而增强抗病性和抗倒伏性。

一座年产 $10\times10^4m^3$ 的加气混凝土工厂，一年能消耗锅炉粉煤灰 3.5×10^4t，可获得较好的经济价值。

(5) 用于生产加气混凝土

加气混凝土的主要原料是锅炉灰渣（硅质材料），炉渣的用量很大，通常占总料的70%，经配料浇注、发气膨胀、切割养护等工艺制成的轻质保温隔热的新型建筑材料，在我国已有 60 余年的生产和应用历史，由于具有质轻、保温性能好的特点，被广泛应用于工业与民用建筑中，目前是生产技术和应用技术最成熟的新型材料。加气混凝土由于采用了粉煤灰作为原料，对环保、节约土地资源更具有积极意义，该产品的热导率较低［约为 0.09～0.22W/(m·K)］，为黏土砖的 1/5～1/4。因此，具有良好的保温隔热性能，在房屋内具有冬暖夏凉的特点，是一种节能建筑材料。所以，发展粉煤灰加气混凝土这一绿色建材符合可持续发展战略。加气混凝土的密度一般为 $500\sim800kg/m^3$，仅为黏土砖的 1/3 左右，对地承载力较低的地区的高层建筑可以简化基础，提高抗震能力，降低建筑物自重，由于加气混凝土具有良好的保温隔热性能，可以节约采暖及制冷能耗，与黏土砖相同保温效果时，可以大大降低墙体厚度，节约材料用量，降低建设投资，同时增加建筑的使用面积，也由于加气混凝土砌块质轻、块型大，可提高施工和运输效率，缩短施工周期，降低工程造价。加气混凝土生产工艺流程如图 6-3 所示。

① 材料的加工磨细。原材料的磨细，主要是石灰在球磨机中干磨细，锅炉灰渣一般在球磨机中加水湿磨磨细。或者将部分炉渣（干渣）同石灰、水泥、石膏一起在球磨机中磨，称为干混磨工艺。

② 配料、搅拌和浇注。加工好的原材料分别存放在料仓或罐中，经过计量先将硅质料浆和废料浆倒入浇注车内，然后加调节剂、水泥、石灰、脱脂的铝粉与稳泡剂的水悬浮液。从加料起，浇注车就开始搅拌，通常加入石灰后搅拌 2～4min 才加铝粉，加入铝粉后搅拌

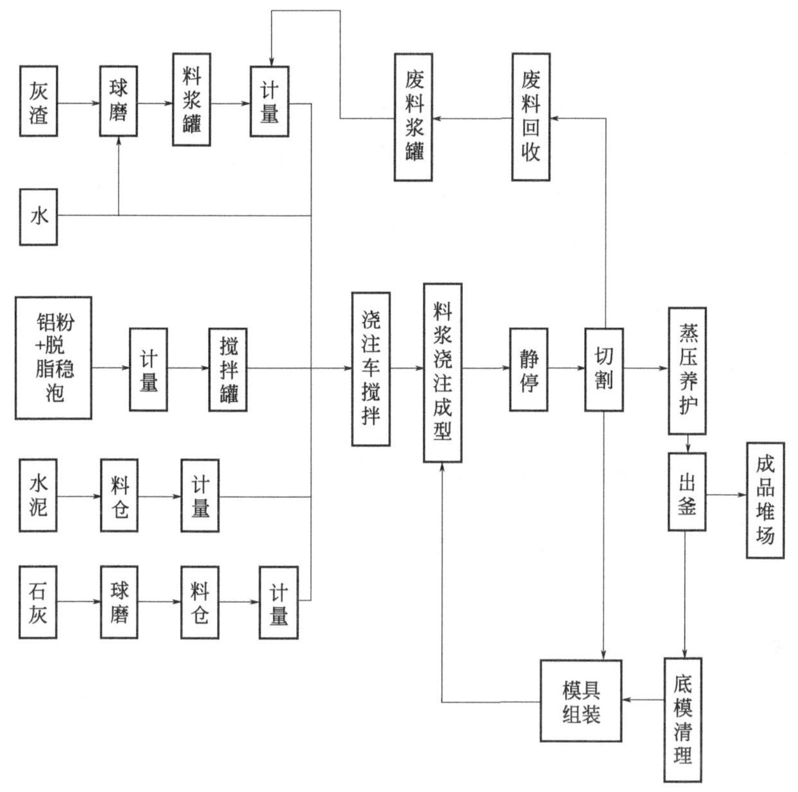

图 6-3　加气混凝土生产工艺流程

约半分钟就放料，浇注入模，控制好浇注温度。

铝粉发气速度与料浆稠浆稠化速度的关系称浇注稳定性。发气与稠化相适应，浇注稳定性就好，反之，浇注稳定性就差。浇注稳定性差时，或发生料浆沸腾塌模，或者是拌憋气，料浆膨胀高度不够，或者是严重的收缩下沉，都直接影响浇注的合格率和制品的质量。

③ 坯体静停和切割。坯体必须经过一段时间的静停，使其强度不断增高，最后达到切割强度。而炉渣加气混凝土坯体强度增长速度快，静停的时间短。配合比中，石灰的品种和用量，水料比，以及浇注温度等对坯体强度增长速度的影响尤为显著。

④ 蒸压养护。蒸压养护是将切割好的坯体连同模底送入蒸压釜内，在一定的压力和温度的饱和蒸汽中，经过一定时间的蒸压处理，使加气混凝土变成具有一定力学性能的制品。蒸压过程包括抽真空、升温、恒温和降温四个阶段。

[案例 6-4]　煤矸石的综合利用

煤矸石是夹在煤层中，与煤伴生的岩石。是采煤和选煤过程中排出的废弃物。其产生的途径有以下三种。

① 在井筒与巷道掘进过程中，开凿排出的矸石。

② 在采煤和煤巷掘进过程中，由于煤层中夹有矸石，采掘过程中从顶板、底板及夹层里采出，使运到地面中煤炭含有原矸。

③ 洗煤厂产生的洗矸和少量人工挑选的拣矸。

煤矸石的来源及产生情况见表 6-7。

表 6-7 煤矸石的来源及产生情况

煤矸石的来源及产生情况	露天开采剥离及采煤巷道掘进排出的白矸	采煤过程中选出的普矸	选煤过程产生的选矸
所占比例/%	45	35	20

煤炭是我国最主要的能源，其资源非常丰富，2019年产量达37.5亿吨。随着煤炭生产的不断扩展，煤矸石的产生量与日俱增，煤矸石产生量按原煤产量的15%计，每年煤矸石至少增加1.8亿吨，历年积存下来的煤矸石已超过27亿吨，占地30万亩以上，而且仍在继续增加。这样大量的煤矸石已严重地污染了环境，并侵占了大量的土地和农田，破坏了土地资源，如不加紧有效利用，将影响煤炭工业的正常发展，影响周围环境质量。

(1) 煤矸石的主要成分

煤矸石的化学成分是煤矸石煅烧后灰渣的成分，其化学成分和黏土相似，可用于筑路、生产烧结砖及非烧结砖、混凝土制品、砌筑砂浆材料和陶粒等轻骨料（骨料又称为“集料”）。有的煤矸石含硅量较高。可作为硅质原料，用作水泥原料和混合树等。煤矸石、糟煤灰和黏土的化学成分比较见表6-8。

表 6-8 煤矸石的工业分析

成分	SiO_2	Al_2O_3	Fe_2O_3	CaO	MgO	TiO_2	P_2O_5	K_2O+Na_2O	V_2O_5
含量/%	52～65	16～36	2.28～14.63	0.42～2.32	0.44～2.41	0.90～4	0.007～0.24	1.45～3.9	0.008～0.03

煤矸石的组成和性质是选择利用途径和指导生产的重要依据。煤矸石的主要化学成分为铝和硅的氧化物。此外，还有微量元素和稀有元素如Ga、Be、Co、Cu、Mn、Mo、Ni，Pb、V、Zn、In、Bi、Gk等，有的还含有放射性元素。

煤矸石的产地分布和原煤产量有直接关系。目前，我国年产矸石量超过400万吨的地区有东北、内蒙古、山东、河北、陕西、山西、安徽、河南和新疆等，可见煤矸石产生量多的地区主要在北方。

由于煤矸石的成分、性质随其生存条件等的不同而存在很大差异。所以，必须因地制宜地根据当地条件选择利用途径和技术。煤矸石工业分析见表6-8。

(2) 煤矸石的分类

煤矸石与煤系地层共生，是多种矿岩组成的混合物，属沉积岩。煤矸石可根据其矿物学特征分为以下几类。

① 黏土矿型。这是目前已经实用化的一类矸石。其矿物组成有高岭石、蒙脱石、炭质页岩、石英、长石、云母，还有大量硫铁矿等。黏土岩类在煤矸石中数量最多，这类煤矸石为黑褐色，层状结构。

② 砂岩型。主要成分为石英、长石、云母等。采煤掘进巷道进出的煤矸石，大多以砂岩为主。

③ 碳酸岩型。主要成分有方解石、白云石、铁白云石、磷铁矿、硫铁矿、有机硫等。

④ 铝质岩型。主要成分有三水铝矿、一水铝矿、一水硬铝矿、石英、褐铁矿、白云母、方解石等。

(3) 煤矸石的活性

黏土岩粪煤矸石主要由黏土矿物组成，加热到一定温度时（一般为 700～900℃），原来的结晶相分解破坏，变成无定形的非晶体，使煤矸石具有活性。活性的大小与矸石的物相组成和煅烧温度有关。堆积在大气中经过自燃的矸石其热值较低，但具有一定的活性。测定煤矸石的活性，可采用化学法、火山灰活性检验方法来进行比较。

煤矸石含硫量大于 3%即会着火，含硫量大于 1%就有可能自燃。一般煤矸石的着火点为 280℃，比煤的着火点约低 80℃，这是煤矸石自燃的基本原因，此外，煤矸石的自燃还与热值、气候、微生物等有关，其机理比较复杂。

(4) 煤矸石带来的环境问题

煤矸石作为固、液、气三害俱全的“工业废料”，它的长期堆放不仅浪费了资源，占用了大量的土地，而且污染了水源、土壤和周围的空气，严重影响了矿区的生活环境和居民的生命财产安全。

① 占用土地。煤矸石开采或洗选出来后多堆于井口附近，长此以往，就形成了矸石山，这些矸石山大多紧邻居民区，占用了大量的生活用地和建筑用地，以及大量的林地和耕地。据有关部门统计，目前我国历年累计堆放的煤矸石总积存量约为 450 亿吨，年排出量 30 亿吨，规模较大的矸石山将近 1600 座，占用土地约 1.5 万公顷，并且堆积量还以每年 15 亿吨～20 亿吨的速度增加。这不仅破坏了矿区的生态环境，而且影响了矿区的自然景观，引发了一系列社会和自然问题。

② 煤矸石堆放污染水源。煤矸石中含有 No、Cu、Zn、Pb、S、F、Cl 等有害元素，经过长期雨、雪淋漓溶解，把煤矸石中部分有害元素随地表径流转入江、河、湖和地下水中，造成水中有害元素含量增加，在煤矸石自燃区还产生了自然硫、雄黄、氯化铵、硫铵石、无水芒硝、水硫酸铝石、六水镁矾等矿物，这些矿物质受雨水淋溶，会使矿区水质硬化，污染水源。

③ 煤矸石堆放污染土壤。煤矸石中除含有 SiO_2、Al_2O_3、Fe、Mn 等常量化合物及元素外，还有少量有毒重金属如 Ga、Ti、Sn、V、CO 等，煤矸石经风吹、日晒、雨淋等分化作用，部分元素浸入土壤中，造成土壤污染。同时，煤矸石中的硫化物遇水发生化学反应，使土壤慢慢酸化，破坏土壤肥力，使植物不能生长。

④ 煤矸石堆放污染空气。露天堆放的煤矸石，日积月累，使矿区悬浮物大大增加。煤矸石自燃，排出大量的 CO、SO_2、NO_x 等有害气体和烟尘，严重污染矿区的空气质量。

⑤ 煤矸石山失稳引起重力灾害。煤矸石山的稳定性受矸石堆基础岩土体的抗剪强度特性、本身的结构、石堆的形状和基础岩土体孔隙的水压力等因素所制约。煤矸石堆放的自然安息角为 38°～40°，超过这个角度范围或在人为开挖以及降雨量强度达到 60mm/h 时容易引发重力灾害，如泥石流、滑坡、坍塌等，造成人员伤亡和财产损失。

在煤矸石内部，空隙较大，与空气接触氧化产生大量热量，尤其在夏季高温闷热的情况下，容易使煤矸石山内部发生爆炸，严重威胁到矿区居民生命财产安全。

世界各国都很重视煤矸石的处理和利用。英国煤管局在 1970 年成立了煤矸石管理处；波兰和匈牙利联合成立了拇尔得克斯矸石利用公司，这些机构是专门从事煤矸石处理和利用的。近年来，国外越来越广泛地利用煤矸石生产建筑材料。波兰水泥工业采用拇尔得克斯公司的煤矸石作为水泥原料。用煤矸石作水泥原料有很多优点：矸石中含可燃物质，其热值为

4184～6276kJ/kg，可使燃料消耗降低10%左右；矸石中含氧化铁熔剂，煅烧过程中可以降低熟料烧成温度，并在窑衬上形成玻璃层，起耐保护作用。延长窑衬寿命，使耐火材料耗量降低10%～20%，延长窑的运转时间。

近年来，许多国家大力发展煤矸石轻骨料。生产工艺主要有2种：一种是利用含碳量较高的煤矸石，采用烧结机生产轻骨料，苏联、波兰、英国等国家都采用这种方法；另一种是采用回转窑生产烧胀陶粒，法国、比利时等国家采用这种生产工艺。煤矸石的含碳量对轻骨料的质量影响很大，采用烧结机工艺，含碳量在10%左右，可以大大降低燃料消耗；采用固转窑工艺，对含碳量有较严格的要求，以2%为宜。法国、比利时采用含碳量4%、10%的煤矸石。膨胀前在脱碳窑中除去多余的碳。

(5) 我国煤矸石利用现状

我国早在20世纪50年代就开始了煤矸石综合利用的研究和生产，并取得了一定的经验和效果。近些年来煤矸石建筑材料发展相当迅速，开拓了多种利用途径，发展了较成熟和较先进的技术。为了进一步开展煤矸石的综合利用，国家制定了有关政策，鼓励利用，要求各地区、各部门把煤矸石作为资源，在指导思想上要从目前的“堆存为主”逐步转变到“利用为主”，确定一大批单位作为直接综合利用煤矸石的重点，同时规定了必要的不加利用的限制措施。

近些年来，我国关于煤矸石生产建材的研究和应用也有很大进展。为了合理利用煤矸石，我国煤炭工业和建材部门按热值划分煤矸石的用途。

煤矸石发热量大小和碳含量以及挥发分多少有关，我国煤矸石发热量多在6300kJ/kg下，热值高于6300kJ/kg的数量较少，约占10%，据20世纪80年代初调查，热值为3300～6300kJ/kg、1300～3300kJ/kg和小于1300kJ/kg的煤矸石数量大体相当，各占30%左右。在小于1300kJ/kg的煤矸石中未计有些露天煤矿开采剥离的泥岩，如果加上这一部分，小于1300kJ/kg的煤矸石比例将大幅度增加。煤矸石发热量及用途见表6-9。

表6-9 煤矸石发热量及用途

热值/(kJ/kg)	合理用途	说明
0～500	回填、修路、造地、制骨料	制集料以砂岩类未燃矸石为宜
500～1000	烧内燃砖	CaO含量要求低于5%
1000～1500	烧石灰	渣可做混合材、骨料
1500～2000	烧混合材、制骨料、代土节煤烧水泥	用于小型沸腾炉供热、产气
2000～2500	烧混合材、制骨料、代煤节土烧水泥	用于大型沸腾炉供热发电

国家《煤矸石综合利用技术政策要点》指出，煤矸石综合利用以大宗量利用为重点，将煤矸石发电、煤矸石建材及制品、复垦回填及煤矸石山无害化处理等大宗量利用煤矸石技术作为主攻方向，发展高科技含量、高附加值的煤矸石综合利用技术和产品。

1）煤矸石发电

按照《煤矸石综合利用管理办法》，低位发热量小于12.55MJ/kg时作为煤矸石利用，发热量大于7.5MJ/kg的煤矸石直接作为循环流化床锅炉燃料，发热量低于7.51MJ/kg的煤矸石掺加煤泥、洗中煤后用于煤矸石发电厂，其灰渣生产建材。对于煤矸石中含硫量较高的应采用炉内石灰脱硫技术，减少污染排放。

煤矸石发电的关键是它的燃烧加工问题。由于其发热量低，故不能用一般燃烧锅炉燃烧处理，研究和生产实践表明沸腾炉是燃烧煤矸石较好的一种，特别适于处理粉碎后的煤矸石。

用沸腾炉燃烧煤矸石，大约剩下80%的灰渣，称为沸腾炉渣或煤矸石烧渣。当燃烧温度控制在（750±50)℃时，煤矸石中含水高岭石矿物分解成无水偏高岭土及部分可溶性氧化硅和氧化铝而产生活性。

活性是评价煤矸石烧渣质量的标准，煤矸石焙烧的活性与其燃烧温度有关，燃烧温度在750℃以下，烧渣活性较小，但在此温度下，燃烧所需时间长，为了缩短燃烧时间，温度一般控制在750～900℃（表6-10)。

表6-10 煤矸石在不同温度下燃烧所得烧渣的活性分析

燃烧温度/℃	石膏吸附值/(mg/20g渣)	石灰吸附值/(mg/g渣)
750	200	29.6
800	97	24.7
850	120	27.29
900	179	20.14
950	111	17.00

对于含铁量低、含铝量高的煤矸石烧渣，可采用盐酸或硫酸来处理，生产出结晶氯化铝、聚台氯化铝、铝铵矾、三氧化二铝等多种化工产品。

2）煤矸石作为化工原料

煤矸石所含的许多元素中，SiO_2 和 Al_2O_3 是含量最高的。因此，通过不同方法，提取其中一种元素或生产硅铝材料是煤矸石化工利用的主要途径。其中，有烧结、自行糟化法同时生产氯化铝和水泥；硫酸法生产氧化铝或硫酸铝；盐酸和硫酸法浸取煤矸石，制取氧化铝、聚合铝、水玻璃和白炭黑等。其中，氯化铝和聚合铝是用途最为广泛的产品，它们都可用作净水剂。结晶氯化铝可以作为熔模精密铸造工业中的硬化剂和造纸工业中的硬化剂和施工沉淀剂。聚合铝还可用作水泥速凝剂、耐火材料的凝结剂等。生产实践表明：作为铝盐原料的沸腾炉渣必须符合下列三个条件：a.矿物组分杂质含量要低，含铁量应控制在1.5%以下，钙镁也应控制在0.5%以下；b.氧化铝含量要高，一般要求在35%以上；c.酸溶出率要高（一般要求大于80%)。

为了分离Al和Si的化合物（存在于高岭土中），可以利用生成气态CO的反应来实现。在这种过程中 SiO_2 被还原成升华产物，其中由石英和碳的混合物制取白炭黑就是基于这个反应。

3）煤矸石作为肥料

煤矸石作为肥料就途径来说有两个方面，一种是沸腾炉渣直接作肥料使用；另一种是通过矸石造气制氨水。长期施用氮、磷、钾的农田土壤中缺乏硼、硅酸和氧化镁，用煤矸石或沸腾炉灰制成的基肥正好可以补充这些成分，而成为很好的土壤调节剂。也可以把煤矸石磨碎，掺在有机肥和过磷酸钙或氯化铵中使用。煤矸石作为肥料的价值，是由于在土壤微生物作用下，煤矸石能提高有机质、氮化物和磷化物的活性。同时，煤矸石还能吸收大量铵盐和磷的氧化物，使其保存在土壤中而阻止其向大气中的挥发。

在利用煤矸石所得到的氨水中，除含有氢氧化铵外，还含有亚硫酸铵，碳酸氢铵，硝酸态氮、磷、钾等，是一种复合肥料，适于用作底肥和追肥。

4）利用煤矸石生产水泥

煤矸石的化学成分和黏土相似，可用于筑路、生产烧结砖及非烧结砖、混凝土制品、砌筑砂浆材料和陶粒等轻骨料。有的煤矸石含硅较高，可作为硅质原料，用作水泥原料和混合材料，可代替砂子，生产蒸养砖等。大部分黏土岩型煤矸石可以用来生产普通硅酸盐水泥。高铝煤矸石可用来生产早强剂、速凝特种水泥。用煤矸石制造水泥主要是做水泥的原料和掺合料。

① 煤矸石作为原燃料生产水泥。煤矸石能作为原燃料生产水泥，是由于煤矸石和黏土的化学成分相当，代替黏土提供硅质铝质成分；煤矸石能释放一定热量，可代替部分燃料。

煤矸石作为原燃料生产水泥的工艺过程与生产普通水泥基本相同。将原燃料按一定比例配合，磨细成生料，烧至部分熔融，得到以硅酸钙为主要成分的熟料，再加适量的石膏和混合材料，磨成细粉而制成水泥，即所谓“二磨一烧”。

用作水泥原燃料的大多数煤矸石，其质量需符合表 6-11 的规定。

表 6-11 做水泥的煤矸石质量要求

品级	$n=\frac{SiO_2}{Al_2O_3+Fe_2O_3}$	$\rho=\frac{Al_2O_3}{Fe_2O_3}$	MgO/%	K_2O/%	塑性指数
一级品	2.7～3.5	1.5～3.5	＜3.0	＜4.0	＞12
二级品	2.0～2.7	不限	＜3.0	＜4.0	＞12
其他	3.0～4.0				

利用煤矸石代替黏土生产普通水泥能提高熟料质量，这是因为煤矸石配料比黏土配料配入的生料活化能降低了许多，其少量的煤可以加强生料的预烧，提高生料的顶烧温度。另外，煤矸石中的可燃物有利于硅酸盐等矿物的受热熔解和形成，故为煤矸石配的生料表面能高，硅、铝等酸性氧化物易于吸收氧化钙，可加速硅酸钙等矿物的形成。目前，采用煤矸石配料生产普通水泥在技术上已经成熟。

② 煤矸石作为水泥混合材料和少熟料水泥。由于煤矸石经自燃或人工煅烧后具有一定活性，可掺入水泥中作为活性混合材料，与熟料和石膏按比例配合后入水泥磨磨细，然后入水泥库包装或散装出厂。用煤矸石作为混合材料时，应控制烧失量≤5%，SO_2≤3%，火山灰性试验必须合格，水泥胶砂 28 天抗压强度比≥62%。煤矸石掺入量的多少取决于熟料质量与水泥品种和强度等级。在水泥熟料中掺入 15%的煤矸石，可制得 325 号～425 号普通硅酸盐水泥。掺量超过 20%时，按国家规定，就成了火山灰硅酸盐水泥，国家标准规定，火山优质硅酸盐水泥可掺混合材量 20%～50%。煤矸石制水泥用量不大，但水泥可以胶结为符合技术要求的砂岩型煤矸石集料（代替砂石料），生产多种建材产品，收到大量用矸的效果。

煤矸石少熟料水泥也称煤矸石砌筑水泥，是近些年才列入国家标准的新品种水泥。一般是用 67%的燃烧过的煤矸石、30%的水泥熟料、3%的石膏磨制而成，可得到 150 号的水泥，除用于砌筑、抹面外，还可作为砖瓦和砌块的原料。目前用于配制砌筑砂浆的水泥占水泥总消耗量的 25%～40%，用煤矸石生产少熟料水泥对于节省水泥生产能耗会起重要作用。用煤矸石少熟料水泥与细骨料、粗骨料按 1：1：2 做成的混凝土砌块，经 28d 养护可达到 100 号～150 号，其强度与机制砖相当，而且后期强度还会增长。

③ 煤矸石硅酸盐水泥。用煤矸石生产水泥，主要是以煤矸石代替黏土配成生料，烧到部分熔融。得到以硅酸三钙为主要成分的水泥熟料，再加入大量自燃煤矸石或煤矸石沸腾炉

烧渣和过量石膏磨细而成。表6-12是我国部分煤矿采用生矸石生产硅酸盐水泥所用生料的化学成分。

表6-12　生矸石生产硅酸盐水泥所用生料的化学成分

地名	生料配比(质量分数)/%			化学成分(质量分数)/%					
	石灰石	煤矸石	铁粉	烧失量	SiO_2	Al_2O_3	CaO	Fe_2O_3	MgO
安徽瞧溪	80.17	14.75	5.08	35.80	12.50	3.72	42.92	3.86	0.86
王平村	78.6	17.77	3.68	40.64	9.86	5.37	36.35	2.65	3.84
淄博	72.5	12.2	3.1	40.59	10.22	6.64	38.73	3.79	2.80

按上面的生料配比配成的混合生料经过烧制成为水泥熟料后，其中硅酸三钙含量在50%以上，硅酸二钙在10%以上，铝酸三钙在5%以上，铁铝酸四钙在20%以上。再向这种熟料中加入一定量的自燃煤矸石和适量石膏，磨细后就成为火山灰质硅酸盐水泥。其工艺流程如图6-4所示。

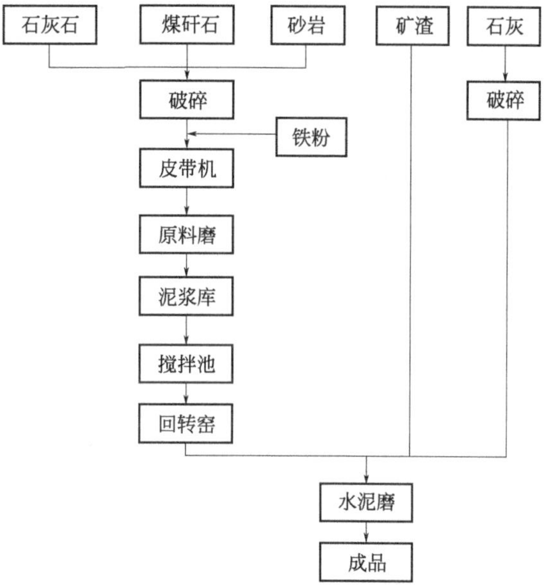

图6-4　煤矸石生产水泥工艺流程

向熟料中加入自燃煤矸石，目的在于改善水泥性能，扩大水泥用途，相应地也提高了水泥的产量，并降低水泥成本。在通常温度下，自燃煤矸石中的活性氧化铝、活性氧化硅与氢氧化钙起反应生成稳定的不溶性含水硅酸钙和含水铝酸钙，这些含水化合物能在空气中硬化，也能在水中继续硬化，从而提高水泥强度。

向熟料中加石膏有两种作用：一是缓凝作用，调节水泥的凝结时间；二是增进水泥的强度。用煤矸石生产的火山灰质硅酸盐水泥具有干缩率比较低，抗硫酸盐慢蚀能力比较强，水化热比普通水泥低，在潮湿环境中后期强度增长牢靠等特点。用这种水泥修建竖井井塔、矿区铁路、桥梁、厂房、民用建筑工程等效果比较好。

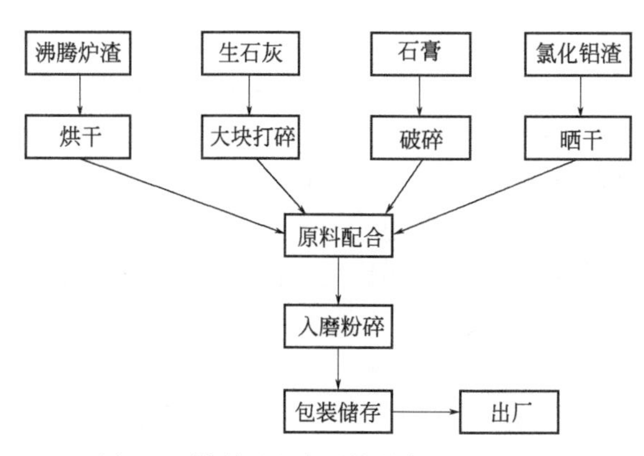

图6-5　煤矸石生产无熟料水泥工艺流程

④ 煤矸石无熟料水泥。煤矸石无熟料水泥的制备不需生料磨粉和煅烧，而是直接将具有一定活性和适当化学成分的煤矸石沸腾炉渣与激发剂按比例配合。混匀磨细而成。煤矸石无熟料水泥的生产工艺基于原料，设备和产品的差异各有不同，但基本工艺是相似的。图6-5是石灰沸腾炉烧渣无熟料水泥生产工艺流程。其中沸腾炉烧渣是煤矸石低温沸腾燃烧排出的废物，氯化铝渣是以煤矸石作为原料生产氯

化铝过程中排出的废物，它可以提高水泥强度，加速水泥硬化。石灰和石膏可以提高水泥的早期强度、加速水泥硬化，此种煤矸石无熟料水泥的原料配比为沸腾炉渣 60%～75%、生石灰 15%～25%、熟石膏 8%～12%、氯化铝渣 8%～15%。

石灰沸腾炉渣无熟料水泥的抗压强度为 300～400kg/m^2，抗拉强度选 24～43kg/m^2。这种水泥的发热量低，只相当于普通水泥的 1/4 左右，适合于大体积工程使用，它的早期强度较低，凝结较慢，不适用于加强和加急工程的要求。使用这种无熟料水泥的关键在于加强养护，特别是早期养护。如果保持适当的潮湿环境，原材料有效成分就能较好地溶解、吸收和水化，水泥的强度就比较高。

5）利用煤矸石制砖

① 利用煤矸石生产煤矸石砖。利用煤矸石制砖包括用煤矸石生产烧结砖和作为烧砖内燃料。泥质和碳质煤矸石质软、易粉碎，是生产煤矸石砖的理想原料。用煤矸石粉料压制成的坯料，要求塑性指数在 7～17，塑性指数过高的要掺加瘦化剂；塑性指数过低的砖坯子不能成型，焙烧后的废品率也高。煤矸石的发热量要求在 2100～4200kJ/kg，发热量过低需加煤，以免砖欠烧；发热量过高时易造成砖过火。

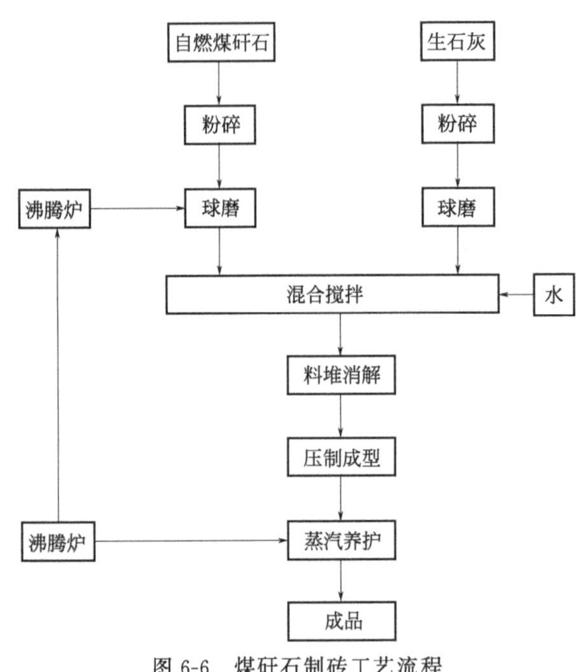

图 6-6　煤矸石制砖工艺流程

煤矸石制砖是以煤矸石为主要原料，煤矸石一般占坯料质量的 80% 以上，有的全部以煤矸石为原料，有的外掺沸腾炉渣或少量黏土。该生产工艺是将煤矸石破碎后配以适当的石灰按黏土砖或蒸汽养护砖的生产工艺加工而成。除煤矸石需要粉碎外，其工艺与黏土砖生产工艺基本相同。图 6-6 是以自燃煤矸石和沸腾炉渣为原料生产煤矸石蒸养砖的生产工艺流程。

固体原料经破碎、粉磨，并与水按比例混合搅拌，待石灰消解后压成坯体，利用沸腾锅炉提供蒸汽，在养护室内进行蒸汽养护制成蒸养砖。如果采用生矸石为原料的制品，称为内燃砖。用煤矸石作烧砖内燃料制砖生产工艺与用煤作燃料基本相同，只是增加了煤矸石的粉碎工序。内燃砖要求在原料上严格控制 CaO 等有害物质的含量，保持热值稳定，保证原料细度-水量要求均匀，严格控制升温条件。一般每块砖（坯重约 2.4kg）只需要热值（3.97～5.016）×10^{3}kJ/kg。超过此值，称为超内燃砖。生产煤矸石砖只要保持热值稳定，搞好余热利用，采用热值（2.09～4.18）×10^{3}kJ/kg 的生矸石就能满足焙烧需要的热量。煤矸石砖规格和性能与普通黏土砖相同。

从图 6-6 可看出煤矸石制砖的工艺过程和黏土砖相似，主要包括原料的破碎、粉碎、混合料的加工和成型、砖坯干燥和焙烧等工序。原料的粉碎通常采用颚式破碎机、反击式破碎机、风选锤式破碎机、风选球磨机等。由于煤矸石粉料的浸水性差，一般均采用二次搅拌或蒸汽搅拌使成型水分在泥料中均匀分布，以改善泥料塑性，成型水分含量一般为 15%～

20%。煤矸石砖的成型有湿塑法和半干压法两种，湿塑法采用各种型号的螺旋机挤出砖坯，半干压法可采用夹板锤成型或压砖坯成型，但后者很少采用。焙烧过程与黏土砖基本相同，只是煤矸石砖内的可燃物多，发热量高，要相应延长恒温时间。生产煤矸石砖技术成熟、产品质量好，有较好的经济效益。

煤矸石作为砖内燃料，在我国已有较长的历史，应用非常广泛，生产技术成熟，节能效果显著。我国煤矸石砖的强度等级都在 150 以上，容重一般为 1400～1650kg/m^3，抗冻、耐酸、碱等性能都比较好，可以代替黏土砖使用。我国目前有 700 多家工厂生产煤矸石砖，每年生产煤矸石砖 130 多亿块，其中纯矸石砖加为 10 多亿块，相当于少挖农田 7000 多亩，少用煤炭 240 多万吨。每块砖的成本一般在 0.16 元左右。

② 利用煤矸石生产砌块。煤矸石空心砌块，是以自燃或人工煅烧煤矸石作为骨料，以磨细生石灰、石膏作为胶结料，经振动成型，由高压蒸汽养护而成的一种墙体材料，产品强度等级可选 200 号。煤矸石空心砌块生产工艺简单，技术成熟，产品性能稳定，使用效果良好。煤矸石砌块是用煤矸石胶结料和煤矸石粗、细骨料制成。煤矸石胶结料是用人工煅烧的或自燃的煤矸石，加少量石敷、石膏配成，采用这种胶结料，并选用适宜的生矸石作为粗、细骨料，可以生产煤矸石空心砖块，也可以生产煤矸石砌块做墙体材料。同红砖相比，这种材料具有自重轻、利用系数高、节省材料、节省劳力、降低劳动强度、提高工效、降低墙体造价和降低建筑造价等优点。德国有煤矸石砌块的生产和应用，我国一部分矿务局有生产煤矸石砌块的技术和设备。图 6-7 是煤矸石制空心砖生产工艺流程。

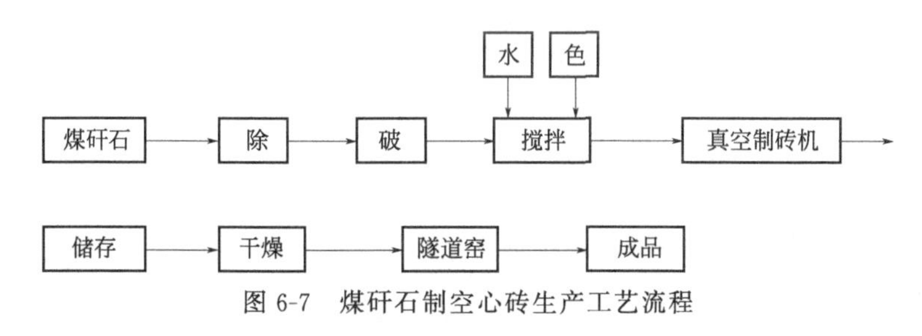

图 6-7 煤矸石制空心砖生产工艺流程

6.1.3 磷化工固废

中国已成为全球第一大磷化工生产国，磷化工发展从以磷肥和黄磷为主的初级磷矿加工发展成为以黄磷深加工和磷酸精细加工为主的精细化工产业，产品的精细化和专用化将更加丰富。我国已建立起较为完善的磷化工生产体系，从资源开采到基础原料的生产，从各种大宗磷化工产品生产，到精细的无机、有机磷化工产品的生产，已基本满足国内各行业的需求，并有大量产品出口。其中出口量较大的有黄磷、磷酸、三聚磷酸钠、饲料和牙膏级磷酸氢钙、次磷酸钠等，在世界贸易中占有重要地位。中国磷矿资源丰富、储量大，目前，已查明的磷矿保有资源储量超过 167 亿吨，约占世界磷矿资源总储量的 11%，主要分布在滇、黔、鄂、川、湘 5 省，其中低品位磷矿、胶磷矿多，中低品位磷矿约占磷矿总储量的 97.5%。

磷化工生产中以热法磷酸和湿法磷酸为主导，生产过程中产生的大量的炉渣和磷石膏至今仍然是制约磷化工可持续发展的瓶颈。

[案例 6-5] 黄磷炉渣制备微晶玻璃

黄磷是一种重要的化工原料，更是磷酸盐系列产品的基础原料，由其派生的产品目前已有 130 多个。作为热法磷酸的中间产品，随着科学技术的不断进步发展，黄磷的需求量与日俱增。相应的黄磷生产过程中产生的炉渣量也随之增加，黄磷炉渣的无控制堆放，极易对周边的大气、水、土壤和生态环境造成不可恢复的污染。黄磷炉渣属于化工废渣，目前对化工废渣的应用主要是低层次、低技术含量的利用，废渣中的很多资源并没有得到高附加值的利用。

黄磷炉渣是电炉法制备黄磷时的工业固体废物。电炉法制取黄磷，利用焦炭和硅石作为还原剂和成渣剂，使磷矿石中的钙和二氧化硅化合，形成熔融炉渣，每隔 4h 从电炉中下部排出。根据冷却方式的不同，黄磷炉渣分为两种，熔融炉渣经水淬冷却，称为水淬渣；经过自然冷却，称为自然冷却黄磷炉渣。黄磷是一种高能耗、高物耗产品，一般生产 1t 黄磷消耗原料（磷矿、硅石、焦炭）12～14t，其中，磷矿约 8.5～9.5t，每生产 1t 黄磷产出炉渣 8～10t。生产黄磷的主要化学反应式如下。

$$2Ca_3(PO_4)_2+6SiO_2+10C \longrightarrow 6CaSiO_3+P_4+10CO\uparrow \tag{6-1}$$

磷矿石和硅石中的氧化铁基本被还原成单质铁，铁与磷化物生成磷铁，化学反应式为式(6-2)、式(6-3)。

$$Fe_2O_3+3C \longrightarrow 2Fe+3CO\uparrow \tag{6-2}$$

$$nFe+0.25mP_4 \longrightarrow Fe_nP_m \tag{6-3}$$

由于磷铁密度比黄磷炉渣大，磷铁定时从电炉下部排出，与黄磷炉渣分离。黄磷炉渣的化学组成取决于生产时所用磷矿石、硅石、焦炭的化学组成和配比。磷矿石中 CaO 含量高低直接决定了炉渣中的 CaO 含量，硅石与原矿石的配比主要影响炉渣的 SiO_2 含量和 SiO_2/CaO 值。黄磷炉渣的主要成分是 CaO 和 SiO_2，两者总含量平均在 90%以上，此外还含有少量的 TiO_2、Fe_2O_3、P_2O_5、MgO、F、K_2O 和 Na_2O 等。

国内外通过对黄磷炉渣在各个领域的应用研究，为黄磷炉渣的资源化利用、节约能源及环境保护提供科学依据。

黄磷炉渣微晶玻璃材料主要用来替代天然大理石，作为高档的建筑饰面材料。利用黄磷炉渣制造微晶玻璃，将减少资源消耗，保护环境，符合黄磷清洁生产的要求。热态成型制作微晶玻璃的新技术克服了水淬工艺的环境污染问题，充分节省了能源，也是目前以黄磷炉渣为原料制备高附加值的产品之一。

微晶玻璃的生产方法按成型不同分为压延法、浇注法、烧结法。

(1) 压延法

将熔化、澄清好的玻璃液通过压延辊形成有一定宽度和厚度的玻璃带，再经过晶化、退火处理。这种方法生产效率高，但对晶化设备要求高，生产过程较难控制，且成品炸裂严重，成品率低。

(2) 浇注法

将熔化、澄清好的玻璃液浇注在模具上，再进入晶化炉中进行晶化和退火处理。这种方法只是对生产异型板材有独特优势，但对模具的要求非常高，生产大块板材有一定的困难，生产效率和成品率都比较低。

(3) 烧结法

将玻璃配合料熔融，熔好后投入水中，水淬成玻璃颗粒，然后在耐火磨具中进行热处理，经打磨抛光后得到微晶玻璃样品。烧结法制备的微晶玻璃效果好，生产过程容易控制，不需要特殊的工艺设备。

烧结法微晶玻璃的主要优缺点如下。

优点：a. 基础玻璃的熔化温度比整体析晶（1400～1500℃）法低，熔化时间短；b. 微晶相和玻璃相所占比例可通过烧结和热处理的温度、时间任意调节，微晶玻璃材料的晶粒尺寸容易控制，能有效地控制玻璃的结构与性能；c. 利用玻璃表面析晶和原料玻璃粉比表面积控制玻璃的结构与性能；d. 利用玻璃表面析晶和原料玻璃粉比表面积大的特性，可将微晶相很低的基础玻璃材料加工成微晶相很高的产品；e. 生产各环节易于控制，成品率高，产品规格和花色多，外观精美，性能优良，产品质量优于整体析晶法。所以，烧结法目前是国内外建筑、家庭用品（如桌面等）装饰微晶玻璃生产的主要方法。

缺点：工艺流程复杂且长，只能半连续化生产，产品材料的密实性比整体析晶差。因为微晶玻璃比天然石材和陶瓷有更加优良的性能和功能，所以用其替代部分天然石材和陶瓷用于建筑物、家用电器和日用品等装饰材料是发展的必然趋势。烧结法制造矿渣微晶玻璃装饰板。将微晶玻璃粉装入模具内，置于隧道（或梭式）窑中，用黄磷尾气作为燃料进行烧结、晶化、退火，然后冷却处理得微晶玻璃毛坯，再把毛坯进行切割、研磨、抛光等加工处理制得产品。$100m^2$ 微晶玻璃装饰板可消耗黄磷炉渣 3～4.2t、黄磷尾气 $1800～2100m^3$，即利用生产 1t 黄磷的全部尾气和部分炉渣制造微晶玻璃装饰板创造的价值≥15000 元。

目前，工业废渣制备微晶玻璃的研究主要集中于生产工艺上，对于核化温度、晶化温度、核化时间、晶化时间以及升温速率等的确定，可以通过添加不同的成核剂来调整，优化产品性能及生产工艺。利用炉渣和尾气开发生产附加值高的微晶玻璃材料，能获得好的经济和环保效益，值得业内重视和进行产品开发。

［**案例 6-6**］ 磷石膏的综合利用

磷石膏是湿法磷酸生产过程中硫酸分解磷矿石产生的工业固体废弃物，即用硫酸与磷矿石反应，湿法生产磷酸时所得的副产品，其主要成分为二水硫酸钙（$CaSO_4 \cdot 2H_2O$）。以二水法生产磷酸为例，其产生过程可用化学方程式表示如下。

$$Ca_5F(PO_4)_3 + 5H_2SO_4 + 10H_2O \longrightarrow 3H_3PO_4 + 5CaSO_4 \cdot 2H_2O + HF \qquad (6\text{-}4)$$

伴随磷酸生产，同时生成二水硫酸钙副产物，经过多次洗涤、过滤后以固体废弃物的形式排出，这种固体即为磷石膏。大多数磷石膏中 $CaSO_4 \cdot 2H_2O$ 的含量大于 90%。磷石膏产量大，在湿法磷酸生产工艺中，每生产 1t 磷酸（以 P_2O_5 计）就要产生 4～5t 磷石膏。

据不完全统计，目前全国磷肥企业年排放磷石膏量约 5000 万吨，磷石膏累计堆存量已超过数亿吨，而利用率不到 10%。近年来我国磷化工行业发展迅速，磷石膏排放量以 15% 的速度逐年增长，成为工业固体废弃物中数量巨大的污染源之一。

(1) 磷石膏制硫酸联产水泥技术

① 穆勒-库内制硫酸联产水泥技术。1915 年德国人穆勒（W. J. Muller）和库内（H. Kuhner）开始研究利用天然石膏制造硫酸的方法，发明了以天然石膏为原料制造硫酸和水泥的生产原理和工艺方法（此法被称为 M-K 法）。1916 年在德国雷弗库生（Lever Kusen）建成一个日产 40t 的小型工厂，成为世界上第一座以天然石膏为原料生产硫酸联产水泥的工厂，从而标志着该项技术取得了成功。其反应机理是无水石膏与焦炭在 900～1100℃发生反应，$CaSO_4$ 还原生成 CaO、SO_2 和 CO_2。

$$2CaSO_4 + C \longrightarrow 2CaO + 2SO_2 + CO_2 \quad (6\text{-}5)$$

研究结果表明：窑内气氛必须控制在中性或微氧气氛，离开窑时的热炉气含有8%～10%SO_2，加入SO_2氧化生成SO_3所需要的空气后，混合炉气中含SO_2浓度大为5%～6%，可通过一转一吸法制取硫酸。

② 伦兹-克劳普制硫酸联产水泥技术。奥地利伦兹化学公司（Chemie Linz AG）是最早利用磷石膏为原料生产硫酸联产水泥的公司，磷石膏制硫酸联产水泥源于石膏法技术。1966年开始研发，1968年第一次用磷石膏代替天然石膏在日产200t硫酸工业装置上运行成功，为了提高生产过程的热效率，公司采用了在回转窑的气体出口加装逆流换热器，使生产过程的热能耗有所降低，但是能耗指标仍高于窑外分解法生产水泥。

③ 德国鲁齐公司开发的循环流化床磷石膏热分解技术。1985年，德国鲁齐公司开始进行磷石膏制硫酸联产水泥新工艺的研究和开发工作。基本化学反应与石膏制硫酸联产水泥法（Muller-Kuhne）法相同，基本思路是将磷石膏生料的还原分解反应与水泥熟料的烧成反应分别在两个设备中独立完成。即生料的预热在旋风型悬浮预热器中完成；生料的分解反应在循环流化床反应器中进行；而熟料的烧成则在回转窑中进行。这就是所谓的循环流化床节能型磷石膏热分解法制取硫酸联产水泥技术。1986年，公司开发成功循环流化床节能型磷石膏分解制硫酸联产水泥技术并进行了中试，此工艺总热能耗较回转窑磷石膏分解技术降低，但是能耗指标仍高于窑外分解法生产水泥，新工艺没有运行装置。

（2）磷石膏制硫酸联产水泥技术进展

针对磷石膏制硫酸联产水泥技术的研究，许多研究工作者在上述磷石膏制硫酸工艺的基础上，对磷石膏热分解制CaO和SO_2技术进行大量研究，其科研成果见表6-13。

表6-13　磷石膏还原分解研究成果

研究者	发表时间	还原剂/原料	反应器	反应模型	实验结果
Wheelock和Boylan	1960	2%～6%CO-石膏	管式炉		与CO发生一级反应，最佳反应温度为1200～1230℃
Switf和Wheelock	1975	天然气/石膏	两段式流化床反应器		下部天然气不完全燃烧生产弱还原气氛（还原带）；上部，温度1043～1221℃，通过加入二次空气产生氧化气氛避免$CaSO_4$还原为CaS
Montagna等	1975	CO，H_2，CH_4	流化床反应器	$R_{av}=kY_{CH_4}Y_{O_2}h$	R_{av}是SO_2的平均产生速率，Y是CH_4和O_2的浓度，h是流化床高度，k是在温度1010～1095℃范围内Arrhenlus常数，建立两个反应带可以有效减少CaS
Gruncharov等	1985	H_2-CO_2-H_2O-Ar/PG	热分析仪	Polany-Wigner方程：$\alpha=kt$	最佳温度950～1000℃，α是磷石膏分解率，k是速率常数，t是反应时间
Gruncharov等	1985	CO-CO_2-Ar/PG	热分析法	Avrami方程 $-\ln(1-\alpha)^{1/3}=kt$	最佳温度1000～1075℃，α是磷石膏分解率，k是速率常数，t是反应时间
Diaz-Bossio等	1985	1%～6%CO，H_2/纯$CaSO_4$	热分析仪		与CO和H_2发生一级反应，反应速率受化学反应控制，在CO和H_2气氛中的活化能分别是242kJ/mol和288kJ/mol
Wheelock等	1988	天然气、C/磷石膏和石膏	中试规模流化床反应器		一是用C作为固体还原剂；二是用天然气作为CO和H_2的产生气源，两种情况下得到相似的结果，反应温度1098～1149℃

续表

研究者	发表时间	还原剂/原料	反应器	反应模型	实验结果
Kuehle和Knoesel	1988	空气/CH_2/磷石膏	流化床		磷石膏分解产生SO_2和CaO，在1060℃磷石膏分解率达到99%
Kamphuls等	1993	5%H_2-N_2/$CaSO_4$	热分析仪	$Ri = dx/dt$，Ri是分解速率	研究N_2和N_2-H_2混合气氛下CaS和$CaSO_4$固固反应机理，反应温度950～1100℃
Hansen等	1993	合成烟气CO/石膏	固定床反应器		研究不同氧化条件和还原条件下，$CaSO_4$还原成CaS的CaO的反应机理
E. M. van der Merwe等	1997	C/$CaSO_4$/石膏/磷石膏	热分析仪		在750～1080℃，$CaSO_4$还原生成CaS；在1080～1300℃，$CaSO_4$和CaS反应生成SO_2和CaO

我国早在20世纪50年代就开始了磷石膏制硫酸联产水泥的研究，国家科学技术委员会先后于1964年和1965年下达了利用天然石膏和磷石膏制取硫酸和水泥的中间试验任务。20世纪70年代建成以天然石膏制硫酸和水泥的装置，取得了一些科研成果。

(1) 云南三环化工有限公司磷石膏制硫酸联产水泥技术

20世纪80年代，根据中间试验结果并结合国外考察所得的科研技术成果，南京化工研究院和北京建筑材料研究院利用昆阳磷石膏，在云南三环化工（原云南磷肥厂）建设了一套磷石膏制硫酸联产水泥的示范装置，该技术装置自1987年试车以来，一直未能正常运行。到1991年以后，采用添加天然石膏才生产出合格的水泥熟料。云南三环化工的实践经验表明，影响磷石膏制酸联产水泥技术的一个主要因素是生料的制备和均化质量，若生料的制备和均化不合理，会导致烧成和窑气制酸系统不稳定。

(2) 鲁北企业集团（原鲁北化工厂）磷石膏制硫酸联产水泥技术

1982年，鲁北企业集团建成年产7500t的利用天然石膏制硫酸联产水泥装置，并相继完成了盐石膏、天然石膏和磷石膏制硫酸联产水泥的科技攻关项目；1988年建成第一套3×10^4t磷铵配套4×10^4t磷石膏制硫酸联产6×10^4t水泥的示范装置。该技术装置采用传统水泥中空长窑，产品质量和主要工艺指标符合设计要求。

鲁北企业集团成功的实践经验表明：磷石膏原料硅含量低，SiO_2质量分数在6%左右；鲁北企业集团附近盐石膏丰富，可以用于磷石膏配料原料。

但是从已建成装置运行来看，运营状况整体较差，能耗高，经济效益差，水泥强度较差，未能达标，硫酸系统工艺指标差。大部分装置已停止运行，故也没能大规模推广。并且反映磷石膏制硫酸联产水泥的技术资料甚少，特别是没有系统的技术资料和数据，缺少研究的技术资料。

为了改进和提高磷石膏热分解制取硫酸的生产工艺，许多研究者在固定态（与窑法分解工艺相似）工艺上进行大量的研究工作。磷石膏分解最主要的影响因素是温度，温度不仅影响磷石膏的分解速率，而且还直接影响分解产物的组成，进而影响脱硫率的高低；另外，反应温度的高低还直接影响磷石膏制酸项目的能耗高低，进而影响项目运行的成功与否。

随着流态化技术的发展，研究者开始把流态化技术引入磷石膏热分解过程。例如，$CaCO_3$悬浮在分解炉中，其分解效率比在回转窑中提高20倍。鉴于此技术，早在20世纪90年代，我国南京化工学院承接了国家八五重点攻关项目磷石膏分解新技术的研究。但是，由于采用水泥配料成分，该配料的共熔温度很低，使烧成窑尾的分解炉极易产生结皮、堵塞，难以工业化连续生产，所采用的窑外分解工艺未能实现工业化生产。

许多研究者在磷石膏分解流化床方面进行了大量工作，有较多的研究思路都是在同一流化床内控制弱还原气氛以较高的温度分解。弱还原气氛是由燃料不完全燃烧提供，一般选取燃烧空气比例系数为0.76～0.86，控制反应温度在1100～1200℃，气体中SO_2体积分数为8%。采用单气氛流化床分解炉时，要求严格控制温度和还原气体浓度，同时照顾CaS副产率，过程反应速度较低。针对单气氛反应机制存在的问题，T. D. Wheelock等提出在同一流化床内双气氛分解磷石膏的新思路。在双气氛分解炉内，一部分区域维持氧化气氛，而另一部分区域维持还原气氛，由于颗粒在流化床内循环，磷石膏在还原区部分分解成CaO、SO_2，同时也副产CaS，进入氧化区后，副产的CaS被氧化成CaO和SO_2，或转变成$CaSO_4$，然后回到还原区再次分解。经多次还原及氧化分解后，将达到高于97%的分解率。T. D. Wheelock等从1975年开始进行中试研究，设想将研制的双气氛磷石膏分解炉装置应用于生产，但由于经济和原料放射性的原因未能实现。

循环流化床CFB石膏分解炉仍采用双气氛反应机制，物料在炉内循环反复经过还原及氧化区外，还依靠炉外循环，由分料器完成部分循环入炉反复分解过程。以煤粉为燃料，并以不完全燃烧方式提供还原气氛。氧化气氛则依靠外加二次空气实现，成品由分料器排出。在热模装置上分解炉的操作温度为1000℃，磷石膏分解率达99%，气体中SO_2体积分数为15%。

CFB技术用于磷石膏分解工艺，使磷石膏生料反复在CFB分解炉中进行分解，$CaSO_4$最终接近完全分解后进入水泥回转窑进行煅烧生产水泥。这一技术是近四十年来国内外努力的方向，不仅可以大幅度提高产量，降低热耗，稳定操作，而且可相应提高SO_2气体浓度，因而受到国内外普遍的重视研究。

昆明理工大学磷石膏研究863课题组对磷石膏资源化利用方面做了大量研究。提出以一氧化碳作为还原剂，还原脱硫石膏制取硫化钙，回收硫联产碳酸钙的方法，生成的SO_2用于生产硫酸。接着又进行了用磷石膏分解渣吸收二氧化碳生成碳酸钙的方法，在常压和温度25～80℃下通入CO_2气体反应，得到含$CaCO_3$75%～85%的类似强泥灰质石灰石，可作为建筑材料应用。该技术方法针对磷酸生产工业固体废物磷石膏的资源化利用，以及燃煤电厂、磷铵生产等CO_2排放量大的工业，不仅可以解决磷石膏固体废物的污染问题，回收硫资源，实现磷化工产业的循环经济、可持续发展；同时，结合磷酸行业磷铵生产排放大量CO_2的问题，回收碳资源，减少CO_2排放，以减少对天然碳酸钙的开采，保护生态环境。

6.1.4 石油化工固废

石油化学工业中的石油炼制行业固废主要有酸碱废液、废催化剂和页岩渣；石油化工和化纤行业的固废主要有废添加剂、聚酯废料、有机废液等。

石油化工工业的环境保护工作已经历了几十年的发展过程，形成了一整套较为完善的管理体系，拥有一大批成熟可靠的污染防治技术，在控制和杜绝石油加工过程中产生的废水、废气、固体废弃物对环境污染起到了巨大的作用。到目前为止，除了个别类型的工业污水达到国家排放标准尚有一定难度外，石油化工的工业污水基本上可以做到达标排放，总体上与国外同类行业的污水处理水平相当。实现了石化总公司成立初期所制定的“统筹规划，以水为主，兼治气、渣工作方针”的目标。但是与国外发达国家相比，固体废物污染治理方面，与国外发达国家的差距还相当大。据1997年、1998年石化行业统计资料，石化行业所产生的固体废物中粉煤灰、炉渣的比例占51.4%，化工废渣占15.6%，其他工业垃圾占10.8%，综合利用率40.2%，粉煤灰、炉渣的利用率只有33.5%，化工废弃物利用率为8.11%。目前石化行业储存废渣占地面积为$1.4\times10^7m^2$。

石油化工废渣的特点是成分极为复杂，几乎涉及石化生产中所有有毒有害的原材料、辅料、成品，黏稠的半固体吸附在其他固体废物等各种形式排出来，如不采取妥善的处理措施，它们就会以挥发、渗漏、接触等形式严重污染大气、地面水、地下水，毒害人类和各种生物。危害是长期的，有的是不可逆转的。石化行业固体废物可分为一般工业固体废物（如粉煤灰炉渣保温包装物）和有毒有害（即指危险）固体废物。石化行业的固体废物绝大多数被列入“危险废物名录”中，包括这些废渣焚烧后的残渣。如不进行妥善处置，散发在环境中后果是严重的。石油化工行业的主要固体废物来源见表6-14。

表6-14 石油化工行业的主要固体废物来源

固废来源	主要固体废物
石油炼制	酸、碱废液、废催化剂、页岩渣、含四乙基铅油泥
石油化工	有机废液、废催化剂、氧化锌废渣、污泥
供水系统(软化水、循环水)	有机废液、酸碱废液、聚酯废料
污水处理厂及“三泥”处理机修、电修、仪修	油泥、浮渣、剩余活性污泥、焚烧灰渣、检修废弃物

石化工业固体废物的特点如下：

① 有机物含量高。原油处理的损失率为0.25%，其中大部分含在固体废物中。如石油炼制工业，油品酸、碱精制产生的废碱液，油的含量高达5%～10%，环烷酸含量达10%～15%，酚含量高达10%～20%。石油化工、化纤行业产生的固体废物中绝大多数为有机废液，此外，罐底泥、池底泥油含量都高于60%。

② 危险废物种类多。如石油炼制产生的酸碱废液，不但含有油、环烷酸、酚、沥青等有机物，还含有毒性、腐蚀性较大的游离酸碱和硫化物。有机废液中60%以上的物质属危险废物。油含量高的罐底泥、池底泥具有易燃易爆性，也属于危险物质。

③ 石化固体废物多数利用价值较高，利用途径较多，只要采取适当的物化、熔炼等加工方式即可从废催化剂、污泥、废酸碱液、页岩渣获得有用物质。

石化固体废物综合利用途径，如图6-8所示。

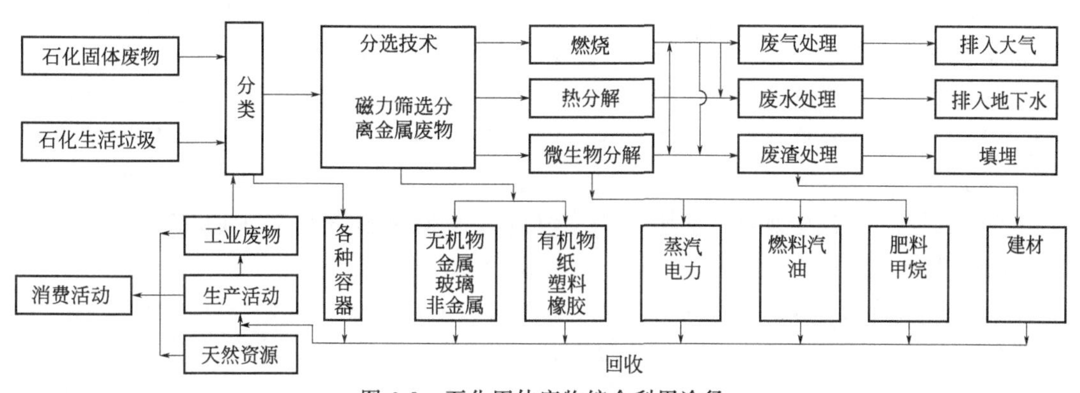

图6-8 石化固体废物综合利用途径

[案例 6-7] 废铂催化剂中回收铂

石油化工催化重整装置及异构化装置使用贵金属催化剂。因催化剂失效，全国每年产生100t 废铂催化剂。废铂催化剂除含铂外，还含有 C 和 Fe，图 6-9 所示为废铂催化剂中回收铂工艺流程。

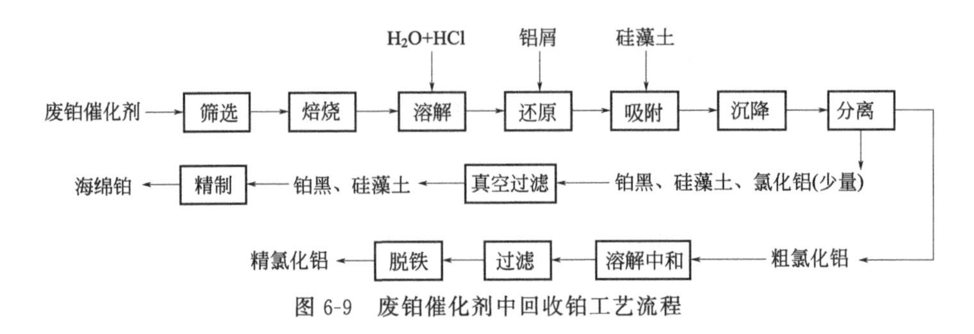

图 6-9 废铂催化剂中回收铂工艺流程

废铂催化剂经筛选除去杂质后，再焙烧除去碳。焙烧产物用盐酸溶解，使载体氧化铝和铂同时进入溶液，再用铝屑还原溶液中的 $PtCl_2$ 使形成铂黑微粒，然后以硅藻土为吸附剂把铂黑吸附在硅藻土上，经分离、抽滤、洗涤使含铂硅藻土与氯化铝溶液分离，再用王水溶解使之形成粗氢铂酸与硅藻土的混合液，经抽滤得到粗氢铂酸，再经氯化铵精制等工序进行提纯，最后制得海绵铂。

铂回收工艺副产品氯化铝，经脱铁精制后成为精氯化铝，全部作为加氢催化剂载体的制备原料，既回收了铂，也回收了载体氯化铝。

铂回收的关键设备是溶解釜。废铂催化剂用盐酸溶解的过程及铝屑与 $PtCl_2$ 的还原反应均在溶解釜内进行。溶解操作条件为 80℃，4h，否则载体氧化铝溶解不完全。

6.1.5 采矿业固废

尾矿属选矿后的废弃物，目前年排放量占工业固体废弃物的 40%左右。尾矿除极小部分被利用外，绝大部分存放在地表尾矿库中。据统计，我国已形成一定规模的尾矿库约1500 座，其中有色和冶金行业占 80%。金属矿山尾矿的排放与处置仍然是矿山亟待解决的问题之一。

由于尾矿直接携带超标的重金属、硫、砷等污染物质及残存的选矿药剂，尾矿地表堆存容易直接造成环境污染；粒径极细（$<10\mu m$）的尾矿干燥后会随风飘扬形成飘尘，产生大气污染；尾矿风化过程中可形成溶于水的化合物或重金属离子，经地表水或地下水严重污染周围水系及土壤，危害人体健康，影响农作物、森林、禽畜和鱼类的生长和繁殖。

采用传统的尾矿库处置尾矿的矿山，在矿山建设（扩建或新建）时，需要在开采矿区范围内建设与矿山生产规模相适应的尾矿库，投资巨大。据统计，2000 年全国尾矿库的建设投资为 23.1 亿元。此外，地面建设尾矿库还需占用大量宝贵土地。全国矿山开发占用林地约 $1.059\times10^6hm^2$。我国森林面积为 $1.34\times10^9hm^2$，森林覆盖率仅为 13.92%，矿山开发占用林地情况不容忽视。

矿产资源在国民经济发展过程中占有非常重要的地位，我国有 95%以上的能源和 85%的工业原料取自于矿产资源，可是矿产资源是一种不可再生的自然资源。为了提高矿产资源的利用率，延长使用年限，也为了保护人类赖以生存的生态环境。人们越来越重视尾矿的综合利用及治理问题。我国矿产资源的利用率比较低，总率比发达国家低很多。据不完全统计，冶金矿山每年排放尾矿量达 1.5×10^9t 以上，而其中铁的品位平均为 11%，有的高达 27%，相当于尾矿中尚存有 1.6×10^7t 的金属铁；在约 2×10^7t 的黄金尾矿中尚含金约 30t。我国矿产资源共生、伴生组分丰富，其中铁矿石中大约有 30 多种有价成分，但能用的仅 20 多种，一些金属元素尚遗留在尾矿中，每年矿产资源开发损失总价值约 780 亿元。而对于尾矿中的大半乃至 90%以上的非金属组分更是极少开发利用。随着选矿技术水平的提高以及矿产资源的日渐紧张。尾矿已成为人们可开发利用的二次资源，而且某些传统矿物的尾矿将成为非传统矿物的原料。

工业发达的国家已把矿业废料的开发利用作为矿山开发的新目标，把尾矿的综合利用及治理的程度作为衡量一个国家科技水平和经济发达程度的标志。我国这方面的研究起步较晚，但是迫于形势所需，人们越发熟悉到尾矿综合利用及治理是提高矿产资源利用率及保持矿业可持续发展的必要措施，对保护人类赖以生存的生态环境有着重要意义。

随着科技的进步及在各领域的广泛应用，为尾矿的综合利用及治理奠定了坚实的技术基础。由于尾矿成分复杂、分布不均，也因地域的不同其中有价组分的种类及含量差别很大，所以尾矿的综合利用要具体问题具体分析。目前，我国尾矿的综合利用主要集中在以下几方面。

(1) 尾矿再选——从尾矿中回收有价成分

开展尾矿再选是提高资源利用率的重要措施，也有利于减少尾矿的排放。我国尾矿的再选发展非常迅速，攀枝花铁矿每年从铁尾矿中回收 V、Ti、Co、Sc 等多种有色金属和稀有金属，回收产品的价值占矿石总价值的 60%以上。江西德兴铜矿通过尾矿再选，年硫精矿 1000t、Cu 9.2t、Au 33.4kg，产值达 1300 多万元。陕西双王金矿从尾矿中硫精矿产值达 3.4 亿元，又从尾矿回收钠长石精矿，其产值超过金的产值。从尾矿再选所取得的成果可以看出，不仅提高了资源的利用率，也给企业带来巨大的经济效益。

(2) 尾矿用作建筑材料

中国地质科学院尾矿利用技术中心从 20 世纪 80 年代起一直致力于尾矿的综合利用研究，已拥有多项研究成果，如免烧尾矿砖、砌块、瓦、轻质材料、微晶玻璃等。地质科学院在北京通州开发区建了一个生产实验基地，可年产微晶玻璃 8000～10000m^2，年创效益上百万元，尾矿加入量达 50%。地质科学院还协助凌源建一条陶粒生产线，年产 18000m^3，其中，尾砂用量 50%～80%。利用高钙镁型铁尾矿生产出来的高级饰面玻璃，其主要性能优于大理石，而尾矿加入量也达到 70%～80%。另外，普通墙体砖是建筑业用量最大的建材之一，其技术简单、投资少，是尾矿综合利用的有效途径之一。国家已明令禁止生产黏土砖，所以生产尾矿砖是很有发展前景的。

(3) 尾矿用于制作肥料

有些尾矿中含有多种植物生长所需要的微量元素，这些尾矿经过适当的处理可制成用于改良土壤的微量元素肥料。我国有些尾矿中含有一定量的磁铁矿，将这样的尾矿进行适当的磁化处理后施入土壤中，可以改善土壤的性能，从而达到增产的效果。20 世纪 90 年代马鞍山矿山研究院将磁化尾矿加入化肥中制成磁化尾矿复合肥，并建成一座年产 1×10^4t 的磁化尾矿复合肥厂。但这些还只是停留在对少量尾矿的利用上，还无法减少大宗尾矿的排放，所以大量的尾矿只能排到尾矿库和一些自然场地，如何治理这部分尾矿是当务之急。

(4) 充填矿山采空区

矿山采空区的回填是直接利用尾矿最行之有效的途径之一。有些矿山由于种种原因，无处设置尾矿库，而利用尾矿回填采空区意义就非常重大。如安徽省太平矿业有限公司前常铜铁矿位于淮北平原，由于地理因素无处设置尾矿库，选矿厂排放的尾矿经过技术处理后，全部用于填充采空区；济南钢城矿业公司采用胶结充填采矿法，提高矿石回采率 20%以上；莱芜矿业公司利用尾矿充填越庄铁矿露天采坑，再造了土地，治理了环境；矾口铅锌矿利用尾矿作采空区充填料，其尾矿利用率达 95%。用尾矿作为充填料，其充填费用较低，仅为碎石水力充填费用的 1/10～1/4。这不仅解决了尾矿排放问题，减轻了企业的经济负担，并取得了良好的社会效益。

(5) 尾矿库的治理

尾矿库占地面积大，对周边生态环境破坏严重。国外许多国家虽然人少地多，但对土地的复垦却十分重视，如德国、加拿大、澳大利亚等国家的矿山土地复垦率已达 80%以上。我国这方面虽然起步较晚，但是近年来发展非常迅速，凡是国务院《土地复垦规定》的颁布，大大促进了土地复垦工作的进展。如清原金铜矿尾矿库面积 $2.2\times10^5 m^2$，先后投资 100 万元进行治理，覆土面积 $1.7\times10^5 m^2$，植树种草 $7\times10^4 m^2$，目前，这里已成为较好的休闲娱乐场所。

尾矿综合利用，变废为宝，既保护了资源，又充分利用了资源，同时又净化了环境，可谓一举多得。所以应该进一步完善企业废弃物综合利用及治理方面的法律、法规，加速尾矿综合利用及治理的进程；同时企业应树立长远的观念，把尾矿综合利用及治理作为保护有限的矿产资源、促进经济发展、保持矿业持续发展的必要措施；企业的发展要有生产与治理同步进行的整体规划，避免先污染后治理的模式出现。总之，尾矿的综合利用和治理会产生较大的社会效益、经济效益和环境效益，所以全社会应共同努力提高尾矿的综合利用及治理的整体水平，使我国矿山尾矿的利用与治理工作走上良性发展的轨道，从而加速实现无尾选矿的最终目标。

[案例 6-8] 废石尾砂胶结充填技术

近几十年来，充填采矿法以其技术优势在世界范围内得到了广泛的使用。这一方面主要是由于地下开采深度逐步增加，维护矿山和采场稳定性的需要；另一方面是提高资源回收率和环境保护的需要。其中废石胶结充填技术以它可以处理消纳井下矿坑废石，且无污染，进一步实现废石不出坑胶结充填的技术优势而备受关注。废石尾砂胶结充填技术的应用为世界无废采矿技术发展起到良好的推动作用。不仅能够节约成本，有效处理废石和尾砂，而且能更好地促进矿山开采安全、高效，有利于矿山开采工程的可持续发展。

为了降低充填成本，国内外许多矿山尝试采用新型胶结材料和新的充填工艺，以提高充填体强度。澳大利亚芒特艾萨矿曾做过系列试验，用水泥和尾砂混合制成试块，改变炉渣与尾砂的质量比例，进行强度性能测试，试验结果表明当水泥用量为 8%（质量分数），添加水淬炉渣作为辅助胶结剂，其效果比不添加炉渣好，而且试块强度随着炉渣添加量的增加而增高。此外，当水泥用量相同时，炼铅炉渣的胶结效果比炼铜炉渣胶结效果好。炉渣作为辅助胶结材料应具备如下特点：炉渣的主要反应成分是活性 SiO_2，当作为辅助胶凝材料时，所含 SiO_2 量不低于 15%；炉渣必须经水淬急冷处理，因为只有玻璃质状态的 SiO_2 才具有良好的反应活性，缓慢冷却的炉渣，即使磨细，也不会产生胶凝作用；水淬急冷后的粗颗粒炉渣，应研磨至水泥细度时，才具有较强的活性，研磨越细，胶结性能越好；炉渣类火山灰质材料的水化反应比较慢，早期强度低。为提高炉渣胶结剂的早期强度。通常将其与水泥混合使用。

高水速凝充填技术是利用高水基材料与水反应，凝结硬化形成高水型水化硫酸钙（钙矾石）。高水固结充填的优点是高水固结充填料浆充入采场后可不脱水而变成固体，使全尾砂、分级尾砂或其他充填骨料产生凝固；充填料浆在 30%～70%的质量浓度范围内输送，可实现高倍线自流充填，形成的硬化体具有再生强度特性，可实现充填接顶，有利于控制采场地压。J. H. Potg ieter 和 S. S. Potg ieter 试验得到，在尾砂和废石的混合充填工艺中，采用水泥和粉煤灰胶结剂，可提高充填体强度，再在其中加入炉渣时，可显著提高充填体早期强度。废石尾砂复合骨料胶结充填较早地被应用在加拿大基德克里克矿的岩层支护中，1976 年规定，废石胶结充填体的强度要求为 7MPa，这个值能保持高 120m、长 70m 已暴露的充填体不坍塌，满足强度要求的硅酸盐水泥粗骨料为 5%（质量分数）。

早在 1981 年，Corson 等试验了水泥砂浆浇注充填碎石空隙，形成坚固的胶结充填体，并称之为粗骨料充填。A. Rioglu（1983）试验研究在胶结尾砂料浆中掺入一定比例的废石能改进胶结充填体的强度，其复合充填材料由 60%的粗大理岩骨料和 40%的尾砂构成，颗粒尺寸分布范围在 0.15～30mm。复合骨料与水泥比（质量比）变化范围为 51～201，水灰比变化范围为 0.72～2.21。A. Rioglu 研究表明，尽管掺入粗糙废石能改进充填体强度特性，但是对胶结充填体强度起主要作用的是水泥的含量和水灰比，颗粒级配对胶结体强度起很小的作用。

G. Grice 在 Fill R esearch at Mount Isa Mines 研究报告中提到芒特艾萨矿早在 1973 年就讨论过水泥尾砂料浆胶结废石的概念。但是 Mathews 和 Cowling 曾分别就铜矿采区多数采场所使用的胶结废石充填系统及其设计的早期问题进行探讨。T. R. Yu 已经提出几种不同的胶结废石材料，包括 5%～10%的砂或尾砂称为胶结充填。可以基本认为是胶结废石充填的雏形。同时 T. R. Yu 提到基德克里克矿早在 1982 年就开始试验在硅酸盐水泥中掺入高炉炉渣或废石进行胶结充填，有效地降低了成本。Annor 提出四种形式的复合骨料充填骨料，调查研究了其中两种类型的复合骨料充填材料，构成混合膏体充填和复合骨料膏体充填（CAP）。掺入尾砂和淤积的岩石常被作为混合充填材料。另外，复合骨料膏体（CAP）充填需要细骨料的量占充填材料干质量应大于 20%。

［案例 6-9］ 高砷高硫锡尾矿中有价元素的回收

高砷高硫锡尾矿中主要的矿物为锡石、黄铜矿、磁黄铁矿、黄铁矿等，占矿石总量的 92%左右。主要的脉石矿石有方解石、白云石、长石、透闪石、阳起石、辉石、绿泥石、硅酸盐风化物等，约占矿石总量的 7%。砷主要以毒砂的形式存在。表 6-15 所示为云锡个别地区精选厂排出的尾矿的分析结果。

表 6-15　高硫高砷锡尾矿的成分分析

成分	Sn	Cu	Fe	S	As	MgO	Pb	SiO_2	CaO	Al_2O_3
含量/%	0.525	0.37	49.20	31.50	11.20	0.21	0.022	0.51	0.26	0.11

可见，尾矿中可供回收的主要元素为 Sn、S、As、Fe，其他元素不具回收价值。图 6-10 所示为回收尾矿中的这些元素的工艺流程。

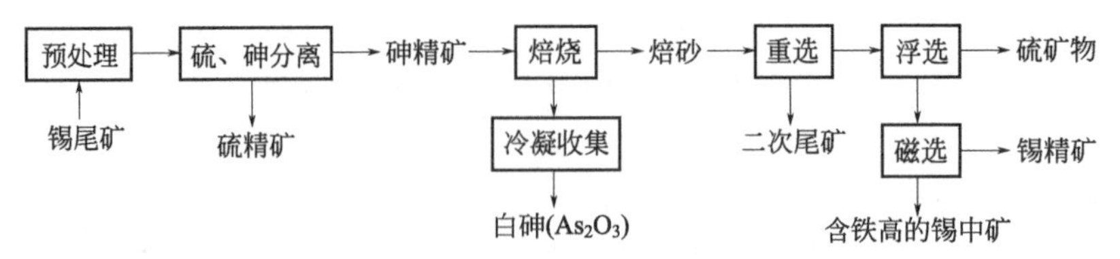

图 6-10 锡尾矿中的有价元素的回收工艺流程

6.2 城市固废资源化案例

6.2.1 生活垃圾

生活垃圾一般可分为四大类：可回收垃圾、厨余垃圾、有害垃圾和其他垃圾。目前常用的垃圾处理方法主要有综合利用、卫生填埋、焚烧和堆肥。

生活垃圾包括如下几类。

① 可回收垃圾。包括纸类、金属、塑料、玻璃等，通过综合处理回收利用，可以减少污染，节省资源。如每回收 1t 废纸可造好纸 850kg，节省木材 300kg，比等量生产减少污染 74%；每回收 1t 塑料饮料瓶可获得 0.7t 二级原料；每回收 1t 废钢铁可炼好钢 0.9t，比用矿石冶炼节约成本 47%，减少空气污染 75%，减少 97%的水污染和固体废物。

② 厨房垃圾。包括剩菜剩饭、骨头、菜根菜叶等食品类废物，经生物技术就地处理堆肥，1t 可生产 0.3t 有机肥料。

③ 有害垃圾。包括废电池、废日光灯管、废水银温度计、过期药品等，这些垃圾需要特殊安全处理。

④ 其他垃圾包括除上述几类垃圾之外的砖瓦陶瓷、渣土、卫生间废纸等难以回收的废弃物，采取卫生填埋可有效减少对地下水、地表水、土壤及空气的污染。

[案例 6-10] 垃圾发电技术

垃圾发电是把各种垃圾收集后，进行分类处理，有两种方式：一是对燃烧值较高的进行高温焚烧，在高温焚烧中产生的热能转化为高温蒸汽，推动涡轮机转动，使发电机产生电能；二是对不能燃烧的有机物进行发酵、厌氧处理，最后干燥脱硫，产生甲烷气体，再经燃烧，把热能转化为蒸汽，推动涡轮机转动，带动发电机产生电能。目前垃圾发电主要是指垃圾焚烧产生的热能转化成电能的形式。

生活垃圾经过焚烧处理后可以达到无害化、减量化的目的，焚烧后残渣约占垃圾焚烧前质量的 10%～20%，残渣可以制成砖或建筑材料，焚烧产生的废气经过净化处理后，排入大气；垃圾渗滤液喷入炉内，在高温条件下焚烧；飞灰采取固化处理。

垃圾焚烧发电系统如图 6-11 所示。

(1) 垃圾前处理

垃圾是否需要前处理，决定于下列三个因素：一是当地的垃圾状况；二是在垃圾进入锅炉之前是否有破碎装置；三是锅炉燃烧系统的需要。由于目前城市生活垃圾的收集、运输相对独立，并且在系统中入炉之前设置了磁选、破碎机，该破碎机的功能完全能满足垃圾焚烧炉的要求，在锅炉燃烧系统中又采取了一定的措施，因此，在本系统中没有设置复杂的垃圾前处理装置，这样可简化系统，节约投资。

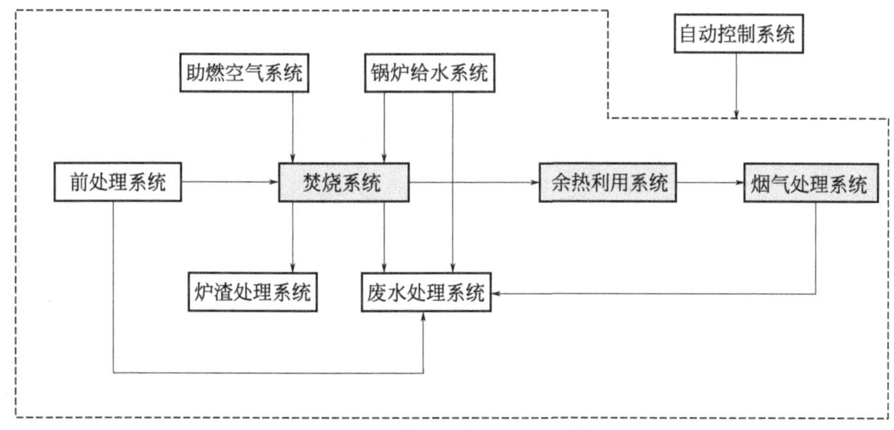

图 6-11 垃圾焚烧发电系统

1）垃圾储池

进厂生活垃圾并不是直接进入焚烧炉，而是必须经过垃圾储存这样一道工序。垃圾储池的作用：一是储存进厂垃圾，起到对垃圾数量的调节作用；二是对垃圾进行搅拌、混合、脱水等处理，起到对垃圾性质的调节作用，并收集垃圾渗滤液。储池的大小一般为最大处理量的2～6倍，为防止储池内的臭气外漏，焚烧炉助燃用空气从储池的上方抽取，在储池内造成负压。垃圾池中的渗滤液汇集到污水井。为防止两台垃圾炉同时停运时，在垃圾池设一台风机和一套除臭装置，在两台垃圾炉同时停运时排出垃圾池内的气体。

2）垃圾储池防渗措施

为防止垃圾储池产生的渗滤液发生渗漏而对地下水产生影响，本项目在垃圾储池的设计中采用了多层混凝土和多层土工的建筑方式，以充分保证储池内不出现任何渗漏，防止渗滤液发生渗漏而对地下水产生影响。

3）垃圾破碎系统

选用的破碎机能把生活垃圾破碎到150mm以下，同时兼有破袋功能，能完全满足循环流化床垃圾焚烧炉的要求。破碎刀的结构采用了先进的结构形式，可迅速将要破碎物进行破碎，对粗大垃圾具有同等效果。

4）垃圾给料系统

是指焚烧炉前的给料系统。此系统包括垃圾破碎机下方的垃圾输送机、炉前垃圾斗（带密封闸门）、摄像机，共设两套系统。垃圾经破碎机破碎后，落到下方的输送机上，输送机把垃圾输送到炉前垃圾斗，此过程完全是密封的，其料位的监视是通过炉前垃圾斗侧面的摄像机来监视的。一定高度的料位是防止炉内烟气窜出所必需的。当不烧垃圾时，可通过炉前垃圾斗内的闸门来防止炉内烟气窜出。炉前垃圾斗内的垃圾通过垃圾落料管进入焚烧炉内参加燃烧，在垃圾落料管内设有密封风，防止烟气反窜。

5）给煤系统

电站燃煤采用汽车运输，煤车进入电站经电子汽车衡称量后送入储煤场干煤棚，干煤棚储量10000t，可供本工程25d用煤量。设DZ系列碎煤机，出料粒度15mm，出力20t/h，碎煤机前设有电磁除铁器，然后分别由皮带输送机和犁式卸料器将煤送至各台流化床炉前煤仓。在储煤厂采用一台装载机进行堆料、取料及上料等综合作业。

垃圾发电厂里面最核心的是焚烧系统（即垃圾焚烧锅炉），其造价约为整个垃圾发电厂造价的50%，目前主要的垃圾焚烧锅炉有机械炉排焚烧炉、流化床焚烧炉和回转式焚烧炉。

① 机械炉排焚烧炉

工作原理：垃圾通过进料斗进入倾斜向下的炉排（炉排分为干燥区、燃烧区、燃尽区），由于炉排之间的交错运动，将垃圾向下方推动，使垃圾依次通过炉排上的各个区域，直至燃尽排出炉膛。燃烧空气从炉排下部进入并与垃圾混合；高温烟气通过锅炉的受热面产生热蒸汽，同时烟气也得到冷却，最后烟气经烟气处理装置处理后排出。

特点：炉排的材质要求和加工精度要求高，要求炉排与炉排之间的接触面相当光滑，排与排之间的间隙相当小。另外机械结构复杂，损坏率高，维护量大。炉排炉造价及维护费用高，使其在中国的推广应用困难重重。

我国垃圾没有严格分类，垃圾中含水分较高、成分复杂，所以热值很低，很难把垃圾焚烧透彻，炉内温度难以提高，造成二次污染的可能性就大。

② 流化床焚烧炉

工作原理：炉体是由多孔分布板组成，在炉膛内加入大量的石英砂，将石英砂加热到600℃以上，并在炉底鼓入200℃以上的热风，使热砂沸腾起来，再投入垃圾。垃圾同热砂一起沸腾，垃圾很快被干燥、着火、燃烧。未燃尽的垃圾密度较小，继续沸腾燃烧，燃尽的垃圾密度较大，落到炉底，经过水冷后，用分选设备将粗渣、细渣送到厂外，少量的中等炉渣和石英砂通过提升设备送回到炉中循环使用。

特点：流化床燃烧充分，炉内燃烧控制较好，但烟气中灰尘量大，操作复杂，运行费用较高，对燃料粒度均匀性要求较高，需大功率的破碎装置，石英砂对设备磨损严重，设备维护量大。该工艺比较适合我国的国情，燃烧比较复杂、水分比较多的垃圾也能够把垃圾燃烧彻底，温度也比较高，投资也比较低，是适合中国国情的工艺流程。

③ 回转式焚烧炉

工作原理：回转式焚烧炉是用冷却水管或耐火材料沿炉体排列，炉体水平放置并略为倾斜。通过炉身的不停运转，使炉体内的垃圾充分燃烧，同时向炉体倾斜的方向移动，直至燃尽并排出炉体。

特点：设备利用率高，灰渣中含碳量低，过剩空气量低，有害气体排放量低。但燃烧不易控制，垃圾热值低时燃烧困难。对于垃圾量比较少的地区可以采用该工艺。

两种主要垃圾焚烧炉特点比较见表6-16。

表6-16 两种主要垃圾焚烧炉特点比较

项目	机械炉排焚烧炉	回转式焚烧炉
技术成熟度	历史悠久、技术成熟	发展历史较短，已实现商业化使用
复杂程度	控制较为简单	控制系统较复杂
燃烧方式	未经破碎的垃圾直接进入炉内，先干燥而后燃烧，垃圾块较粗大，平均燃烧时间较长	以600～700℃的热媒体（砂），将破碎的垃圾同时干燥、燃烧，垃圾块较小，平均燃烧时间短
投资成本	6亿～10亿元/1000t日处理量	3亿～6亿元/1000t日处理量
运行费用	100～200元/处理1t垃圾	60～120元/处理1t垃圾
辅助原料	不需要，但在助燃时需加少量柴油	需掺入大量的煤，但环境保护部环发〔2008〕82号文规定，掺烧燃煤比例不得超过20%
垃圾含水率影响	可以通过预热干燥段适应不同温度的垃圾	炉内温度容易随垃圾含水率的变化而波动，不适合含水率过高的垃圾
垃圾粒度影响	对垃圾粒度要求较低，除巨大垃圾外，不需分类破碎	对粒度要求高，需要炉前垃圾预处理，一般要设破碎机破到约20mm

续表

项目	机械炉排焚烧炉	回转式焚烧炉
烟气处理	对二噁英和其他污染性气体控制性较弱，经尾气处理装置可达标排放，烟气产生量为(0.35～0.48)×10^4m^3/t垃圾	能有效控制NO_x、SO_2和二噁英的生成，烟气产生量为0.5～0.9m^3/t垃圾
飞灰产生量	飞灰产生量较少，为垃圾处理量的2.5%～3%	飞灰产生量大，为垃圾处理量的15%～20%，按危险废物处置，费用较大
垃圾渗滤液	垃圾渗滤液需另行处理，不能进行炉内回喷燃烧	垃圾渗滤液可以进行炉内回喷，但会影响燃烧效率

(2) 工艺流程

从焚烧炉出来的烟气，进入反应塔，CaO经喷嘴喷入反应塔内与烟气中的二氧化硫、氯化氢等酸性气体反应，脱除掉大部分的二氧化硫、氯化氢等酸性气体；烟气从反应塔的顶部排出。在出口的烟道中加入活性炭粉末，它对二噁英、重金属有很好的吸附作用，在与烟气的接触反应过程中，可以进一步脱除烟气中的二噁英、重金属。烟气再经过布袋除尘器除去大部分细灰后（飞灰也具有一定的吸附二噁英和重金属等有害物质的功能），干净烟气经过引风机排入烟囱。

1）酸性组分的脱除

烟气中有害的酸性组分主要是指NO_x、HCl、HF、SO_2。根据国内外垃圾焚烧厂实际运行情况来看，焚烧烟气中的NO_x含量均在400mg/m^3以下，不设置NO_x处理设施也完全能够满足《生活垃圾焚烧污染控制标准》(GB 18485—2014) 中的要求。流化床垃圾焚烧炉焚烧烟气中的NO_x含量一般处于200～300mg/m^3左右。故本工程不设置NO_x处理设施。对于HCl、HF、SO_2的脱除在本工程中采用循环流化床半干法脱除，其原理为从焚烧炉出来的烟气进入反应塔，CaO粉经喷嘴喷入反应塔内，在CaO粉喷嘴上部设水喷嘴，与烟气中的二氧化硫、氯化氢等酸性气体反应，脱除掉大部分的二氧化硫、氯化氢等酸性气体；烟气从反应塔顶部排出，在出口的烟道中加入活性炭粉末，它对二噁英类物质、重金属有很好的吸附作用，在与烟气的接触反应过程中，可以进一步脱除烟气中的二噁英类物质、重金属；烟气再经过布袋除尘器除去大部分细灰（飞灰也具有一定的吸附二噁英类物质和重金属等有害物质的功能），干净烟气经过引风机排入烟囱。送入石灰仓的外购石灰（纯度90%，粒度<1mm）经称量给料机进入反应塔。

2）二噁英类物质的生成及控制

常温下为固体，熔点较高，不溶于水，易溶于脂肪。二噁英类物质包含两大类：一类是多氯代二苯并-对-二噁英（PCDDs），是有机氯化合物的一种，有75个同系物和异构物；另一类是与PCDDs有相似结构的多氯代二苯并呋喃（PCDFs），有135种。四氯代二苯并-对-二噁英有22种异构物，其中，2、3、7、8位碳上的H被Cl取代的2,3,7,8-TCDD有剧毒。

① 二噁英类物质的生成。炉内生成：在垃圾焚烧初期产生的大量的碳氢化合物与空气相接触，生成CO_2和H_2O，但若接触不好时，则产生二噁英类物质的前身物质。在废气中存在着二噁英类物质的前身物质，这些前身物质在氧化气氛下，特别是在300℃左右时，以飞灰中的氯化铜、氯化铁和碳为催化剂，重新合成二噁英类物质。

② 控制措施。主要是采取"3T1E"技术控制二噁英类物质的生成，或采用活性炭吸附中的二噁英。

3T1E 技术：

温度（temprature）：二噁英类物质及其前身物质一般在700℃以上基本完全分解，设计上保持炉内温度高于850℃。

时间（time）：烟气中的二噁英类物质在高温下分解需要一定的时间，设计保证烟气在焚烧炉二燃室的停留时间大于3.5s。

湍流（turbulence）：在焚烧炉二燃室设置二次空气喷嘴，使得烟气中未完全燃烧的物质与空气充分接触燃烧，避免二噁英类物质的前身物质的生成。

过剩空气（excessair）：太多的过剩空气会导致焚烧温度的降低，过低的过剩空气将导致焚烧不完全，都不利于二噁英类物质及其前身物质的分解和燃烧。设计上根据垃圾特性确定过剩空气系数为1.6左右，合理地综合了以上两种因素。

在锅炉的结构设计上，合理布置换热面，使得烟气冷却过程中快速通过400～250℃的温度区间，避免了二噁英类物质的出炉后生成。

活性炭吸附措施：在燃烧废气进入除尘器前喷入活性炭，用以吸附烟气中的二噁英类物质，然后再经过除尘器。通过采取以上两措施后，废气中的二噁英类物质排放值小于1ng/m^3。

3）恶臭污染物的控制

本工程设计将焚烧炉前垃圾储坑封闭设计，采用抽风机抽风，使垃圾储坑保持微负压，抽出风送垃圾焚烧炉作为助燃空气。垃圾储坑采用负压并设有除臭及杀虫等设施，有效控制后，本工程所散发的恶臭污染物浓度满足《恶臭污染物排放标准》（GB 14554—1993）中厂界浓度标准值。

4）除尘

在除尘方面，有电除尘、布袋除尘和湿法除尘。湿法除尘投资高，且废水处理工艺复杂，可选择的工艺主要有电除尘及布袋除尘2种。在本工程中选用布袋除尘。

5）重金属类物质的处理

重金属熔点低于1200℃，大部分进入烟气中，在烟气降温过程中被吸附于烟尘上，在除酸性气体和除尘过程中被除去。为提高去除效率，在布袋除尘器前喷入用于吸附二噁英类物质的活性炭，可将重金属吸附，继而在布袋除尘器中被去除，从而使烟气中重金除去。

（3）渗滤液处理

焚烧炉前垃圾储坑中产生的垃圾渗滤液，其毒性很大，COD一般大于8000mg/L，BOD大于5000mg/L，必须进行处理。可以采用简单的回喷入炉焚烧方法，用作炉内温度过高时的降温介质，此法投资低，无害化彻底。

1）渗滤液导排及处理系统

渗滤液的导排和收集对垃圾的热值影响较大，由于生活垃圾尤其是未经分拣的生活垃圾含水率很高，一般可达到60%左右，生活垃圾在堆放过程中，垃圾堆体中的水分会逐渐析出形成垃圾渗滤液，析出量取决于原生垃圾的含水率和堆放时间。

渗滤液处理系统由以下部分组成：渗滤液导排收集系统、渗滤液回喷系统。根据工程的特点，垃圾渗滤液的导排设计方案可以有以下两种。

① 花管导排方案。本方案在垃圾储坑底部设置渗滤液横向导排盲沟，盲沟内设置渗滤液导排花管，花管周围按级配敷设卵石粗滤层，以截流渗滤液中所携带的大颗粒物质，盲沟顶部敷设混凝土雨水箅子，防止大块垃圾进入导排盲沟。导排盲沟间距为2.0～2.5m，根据导排水量分成若干组，分别输送到垃圾储坑外侧的渗滤液收集池，在渗滤液收集池内，每

组收集管道上设置电动阀门。

导排系统的防污堵措施：为防止渗滤液导排系统的污堵，本方案设置渗滤液导排系统定期水力反洗系统，当导排系统污堵现象发生时，利用收集池内的废水通过提升泵加压对导排系统分组进行反冲洗，以降低导排系统的堵塞程度。

② 边沟导排方案。本方案在垃圾储坑一侧设置渗滤液导排井，井壁垃圾储坑侧按不同高度分层设置导排孔，导排孔设置水箅子，垃圾储坑内的渗滤液重力流入渗滤液收集坑，当导排系统发生堵塞后，采用人工清堵的方式进行清理。该方案已在一些焚烧厂的运行中取得较好效果。

2）渗滤液回喷系统

垃圾渗滤液收集池的渗滤液经过潜水泵提升后进入渗滤液箱，箱体内设置隔板，渗滤液经过加压泵加压后输送至焚烧炉焚烧处理，沉淀于储水箱内的固体物质定期人工排放至垃圾储坑。

3）渗滤液的处理

污水处理站工程建设规模为 $50m^3/d$。

处理站渗滤液处理进、出水水质见表6-17。

表6-17 处理站渗滤液处理进、出水水质

进水水质/(mg/L)		出水水质/(mg/L)	
COD	8000	COD	150
BOD	5000	BOD	30
NH_3-N	170	NH_3-N	25

工艺流程设计：采用“纯氧生化＋膜处理”渗滤液污水处理工艺技术设计、建设污水处理站，设计工艺流程如下。

① 由漂浮式取水装置自渗滤液调节池定深度取水，通过污水总进水管道，经控制阀及流量计进入厌氧生化槽；污水经厌氧生化处理后，自厌氧生化槽出水管自流至吹脱塔进水管。

② 污水经吹脱处理后，自吹脱塔出水管经投加絮凝剂后流至混凝沉淀槽进水管。

③ 污水经混凝沉淀处理后，自混凝沉淀槽出水管流至纯氧生化槽进水管。

④ 污水经纯氧生化处理后，自纯氧生化槽出水管流至催化氧化槽进水管。

⑤ 污水经催化氧化处理后，自催化氧化槽出水管流至接触过滤槽进水管。

⑥ 污水经接触过滤处理后，自接触过滤槽流至总出水槽，经总出水泵加压外排。

(4) 废渣处理

废渣系统主要包括流化床出灰渣、吸收塔和布袋除尘器出灰及其处理。

流化床出灰：垃圾在流化床内燃烬后，不燃物通过出灰装置排出炉体。排出流化床的灰渣进入滚筒冷渣机，经筛分后的细渣，供流化床使用。而大的灰渣则由大倾角耐热带式输送机送到灰渣仓外排。在大倾角耐热带式输送机上方设电磁除铁器，可将灰渣中的部分金属分选出来，分选出来的金属堆放在金属仓库内，由汽车外运销售。

吸收塔和布袋除尘器出灰：用气力输送的方式输送到灰库，灰库按储存6d的量计算，容积 $800m^3$。含有二噁英类物质和重金属等有害物质，根据《生活垃圾焚烧污染控制标准》(GB 18458—2014) 规定：布袋除尘器排出的飞灰按危险废物处理，吸收塔排灰则根据浸出试验确定其是否属于危险废弃物。本工程将吸收塔和布袋除尘器排出的飞灰采取螯合剂和水泥固化处理。

垃圾焚烧后与煤的灰分不同，垃圾焚烧灰中有部分属于危险废弃物，需要进行特殊的固化、储存及运输过程，固化后由有资质的危废处理部门进行处理，炉渣综合利用。

[案例 6-11] 垃圾生物处理新技术

生物降解是依靠自然界广泛分布的微生物的作用，通过生物转化，将固体废物中易于生物降解的有机组分转化为腐殖肥料、沼气或其他化学转化品，如饲料蛋白、乙醇或糖类，从而达到固体废物无害化的一种处理方法。利用生物酶的催化作用处理垃圾中含纤维素的固体物质，回收精制转化产品是垃圾生物处理的新技术，受到国内外的广泛重视。

(1) 糖化处理

城市垃圾中有比例较高的含纤维素物质，如果能将这些物质单独回收，可采用糖化技术从中回收饲料葡萄糖、精制葡萄糖，乃至单细胞蛋白与乙醇等产品。图 6-12 为废纤维素酶解制取葡萄糖的工艺流程。

图 6-12 中第一阶段是生产酶。将固废中分选出的纤维素破碎后加入各种营养盐为培养基，培育三绿啶，纤维素经发酵后的培养液作为纤维素糖化的酶溶液使用。将酶溶液调至 pH＝4.8 后，送至糖化反应器内，与经粉碎的废纤维素进行糖化反应，分离从反应器流出的溶液，得到葡萄糖浆。其中未反应的纤维素和酶再返回反应器内糖化，葡萄糖溶液经过滤后用化学方法或微生物发酵方法生产化工原料、单细胞蛋白质、燃料及溶剂。

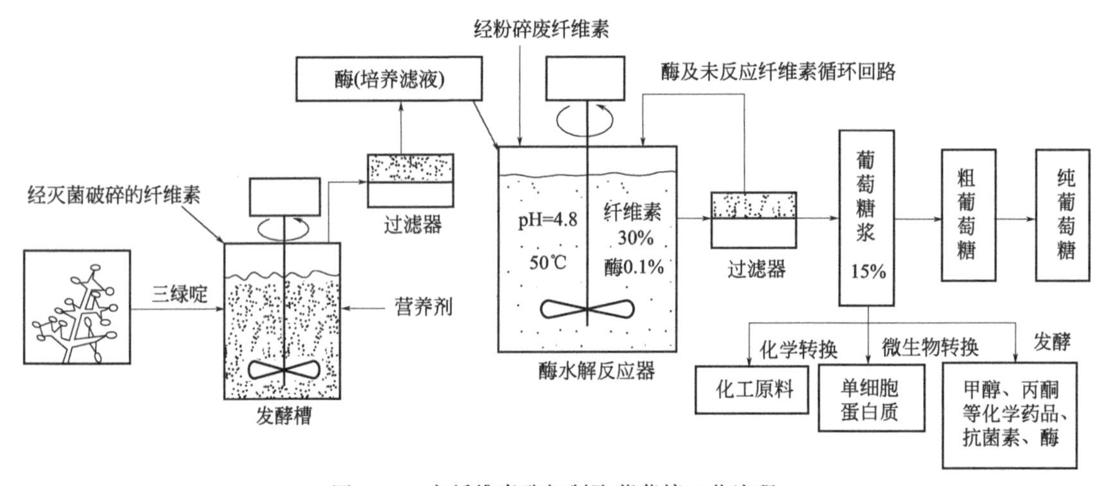

图 6-12 废纤维素酶解制取葡萄糖工艺流程

搅拌反应器内最适宜糖化条件为常压、50℃、pH＝4.8。由于纤维素很稳定，培养液在低温下能长期保存，且在 50℃长期消化仍能保持活性。浓缩纤维素酶用分子量为 1 万～3 万的隔膜超滤膜过滤，再用 66％丙酮沉降均能保持活性。

(2) 水解生产乙醇

本质纤维素水解制取葡萄糖，然后将葡萄糖发酵生成乙醇的技术在 19 世纪就已提出，并得到一定应用。从葡萄糖转化为乙醇的生化过程很简单，反应条件也很温和，所采用的发酵工艺主要为连续发酵工艺，因连续发酵具有生产率高、微生物生长环境恒定、转化率高等特点。所用的连续发酵装置主要有连续搅拌器、填充床、流化床和中空纤维发酵器等。

由于纤维素、半纤维素和木质素间互相缠绕，且纤维素本身存在晶体结构，会阻止水解酶接近纤维表面，故纤维原料的直接酶水解效率很低。必须通过预处理除去木质素、溶解半纤维素，或破坏纤维素的晶体结构，增大纤维素与酶接触的表面，才能提高纤维原料水解效率。常用的预处理方法主要有蒸汽爆破、碱水解及稀酸水解等。

为了降低酒精的生产成本，Takdji等在20世纪70年代发明了一种同时糖化和发酵的工艺，即把经预处理的生物质、纤维素酶和发酵用微生物加入同一个发酵罐内，使酶水解发酵在同一装置内完成。这一工艺不但简化了生产装置，而且在发酵罐内可使酶水解和发酵在同一装置内完成。这一工艺不但简化了生产装置，而且因发酵罐内纤维素水解速度远低于葡萄糖消耗速度，使溶液中葡萄糖和纤维二糖（水解中间产物）的浓度很低，从而消除了它们作为水解产物对酶水解的抑制作用，相对可减少酶的用量。

同时糖化和发酵生产酒精的工艺，存在水解温度和发酵温度不匹配的问题，水解的最佳温度在45～50℃，而发酵的最佳温度在20～30℃。但综合工艺常在35～38℃下操作，这一折中处理方法使酶的活性和发酵的效率都不能达到最大值。

6.2.2 建筑垃圾

建筑垃圾主要是指新建建筑物施工和旧城改造拆除旧建筑过程中产生的同体废弃物，主要组分包括土、渣土、废钢筋、废铁丝和各种废铜配件、金属管柱废料、废竹术、术厨、刨花、各种装饰材料的包装箱和包装袋、散落的砂浆和碎土碎砖及碎混凝土块、搬运过程中散落的黄沙和石头及块石等，这些废弃物约占施工建筑垃圾总量的80%。不同建筑类型中建筑垃圾的种类和各组分的含量有所区别。调查表明，我国典型建筑垃圾的组成情况如表6-18所列。

表6-18 我国典型建筑垃圾的组成情况

组分	比例/%		
	砖混结构	框架结构	剪力墙结构
碎砖瓦	30～50	15～30	10～20
废砂浆块	8～15	10～20	10～20
废混凝土	8～15	15～30	15～35
包装材料	5～15	5～20	10～20
屋面材料	2～5	2～5	2～5
钢材	1～5	2～10	2～10
木材	1～5	1～5	1～5
其他	10～20	10～20	10～20

目前，世界上各国建筑垃圾的回收利用率不同，发达国家的利用率较高，发展中国家利用率较低或根本没有利用。美国、日本、韩国和新加坡等国的废弃混凝土的利用率都在65%以上。回收处理后的建筑垃圾可以用于小区内次要道路路基的垫层、烧结砖的填充料、制作景观工程等，但是更多的是用作混凝土骨料或者用来制备混凝土砌块等。德国在第二次世界大战（简称二战）后的重建过程中就曾大量使用了建筑垃圾再生骨料，不仅有效地清除了城市里的建筑垃圾，也满足了大规模建设工程对骨料的巨大需求。英国也出现了同样的情况，而且在相关规范里也详细介绍了建筑垃圾再生利用的相关细节。欧洲国家及日本、美国

等从二战之后就开始研究建筑垃圾的回收利用。特别是对废旧混凝土回收再利用方面西方发达国家已取得很大成绩。废旧混凝土再生利用已成为发达国家共同的研究课题，有些国家还采用立法形式，来保证此项目研究和应用的开展。国外建筑垃圾再生骨料三大主要应用领域包括：a. 回填及道路工程；b. 再生混凝土制品；c. 再生混凝土和再生砂浆。

我国对建筑垃圾资源化利用的研究起步很晚，尽管已经对建筑垃圾资源化利用的重要性有所认识，但没有相关匹配的政策和法规，以致在众多方面都存在着大量的不足和空白区域。例如，绝大多数建设或拆除方只知道将建筑垃圾清运出工地，根本不考虑它的资源化利用；无建筑垃圾资源化利用相关费用的具体规定；不符合现阶段建筑垃圾排放量的建筑垃圾资源化利用企业的审批制度及附加处罚规定；没有使用建筑垃圾再生产品的个人和单位的鼓励和优惠政策；没有保证建筑垃圾再生产品广泛推广使用的有力措施。这些不足和空白区域大大阻碍了我国建筑垃圾资源化利用发展的进程，阻碍了建筑垃圾再生利用企业的维持、发展壮大和产业化的形成，不仅加剧了建筑垃圾污染日益严重，还造成了社会可再生利用资源的巨大浪费。近些年，我国不少地区对建筑垃圾处理开始研究、试验，并投入了相当大的资金开发利用建筑垃圾，把建筑垃圾作为一种再生资源。将建筑垃圾加以破碎、筛分后可做成建筑垃圾砖或用作路基垫层及地基垫层，不可处理的建筑垃圾可堆山造景。我国现行建筑垃圾再生利用的大致流程，如图 6-13 所示。

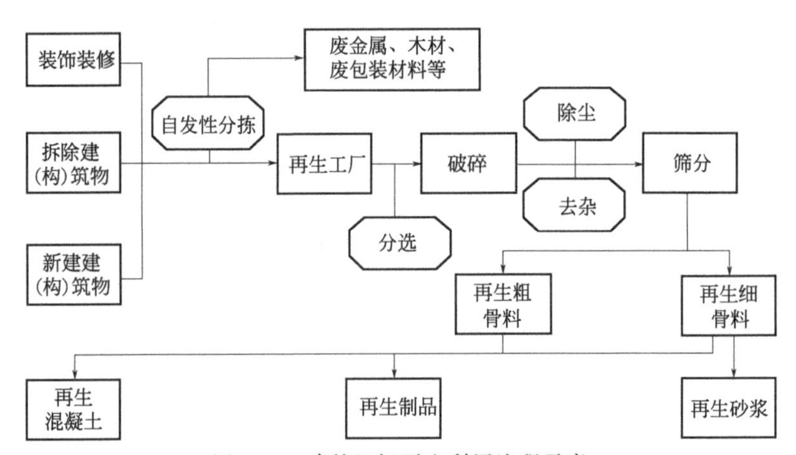

图 6-13　建筑垃圾再生利用流程示意

长期以来，我国建筑垃圾基本没有实施处理和再生利用，通常都是简单堆积和回填。虽然有些单位进行了试验研究，但远没有进入工程应用阶段。21 世纪是我国旧有建筑物拆除和公路重建高峰。在我国砂石骨料尤其是石子主要是通过开采山石得到，从而必然导致大量砍伐山林，破坏生态环境。如果将废砖、废旧混凝土破碎和分选，加工成不同颗粒的碎块，制成再生砖、再生砌块、再生混凝土骨料，用到新建筑物或公路上，既能从根本上解决大部分建筑垃圾的处理问题，又能减少天然骨料用量，还能保护自然环境和资源。因此，研究建筑垃圾再生利用技术，在未来的建设项目中将占有相当的比例，具有广阔的应用和产业化前景。国内已有数家企业正在实施建筑垃圾再生利用项目，主要是将处理后的碎砖和废混凝土做成骨料，生产再生砖和再生混凝土砌块等。

[案例 6-12]　建筑垃圾综合处理方法

再生技术可使建筑垃圾零浪费。我国目前的建筑垃圾再生利用已经有了一定的技术基础，无论是实验室的研究还是市场应用都有了一定成果。建筑垃圾中的部分废弃物经分拣、剔除或粉碎后，大多可以作为再生资源重新利用，根据现有技术，可利用途径有：a.砖、石、混凝土等废料经粉碎后，分选成粗细骨料，替代天然骨料来配制混凝土、道路基层材料，可以代替砂，用于砌筑砂浆、抹灰砂浆、打混凝土垫层等，还可以用于制作砌块、铺道砖、花格砖等建材制品。b.钢门窗、废钢筋、废铁丝、铁钉、铸铁管、黑白铁皮、废电线和各种废钢配件等金属等经分拣、集中、重新回炉后，送有色金属冶炼厂或钢铁厂回炼，可以再加工制造成各种规格的钢材。c.废砖瓦经清理可以重新使用。废瓷砖、陶瓷洁具经破碎、分选、配料压制成型生产透水地砖或烧结地砖。d.废玻璃筛分后送微晶玻璃厂或玻璃厂做原料生产玻璃或生产微晶玻璃。e.木屋架、木门窗可重复利用或经加工再利用，或用于制造中密度纤维板，废竹木材则可以用于制造人造木材。因此，我们在建筑垃圾的处理上，必须坚持综合利用。

建筑垃圾处理后的成品如下。

① 建筑垃圾中的许多废弃物经分拣、剔除或粉碎后，大多可以作为再生资源重新利用。例如，钢筋、废铁丝、废电线和各种废钢配件等金属，经分拣、集中、重新回炉后，可以再加工制造成各种规格的钢材。

② 废竹木材则可以用于制造人造木材。

③ 砖、石、混凝土等废料经粉碎后，可以代替砂，用于砌筑砂浆、抹灰砂浆、打混凝土垫层等，还可以用于制作砌块、铺道砖、花格砖等建材制品。

(1) 废弃建筑混凝土的资源化

① 再生骨料的制造及其特性。目前，高品质的骨料供给将越来越困难，天然的骨料资源日趋缺乏。因此，利用废弃混凝土生产再生骨料和再生混凝土日益得到重视。利用废弃混凝土块制造再生骨料的过程和天然碎石骨料的制造过程相似，即把不同的破碎设备、筛分设备、传送设备和搅拌配料设备合理地组合在一起对废弃混凝土进行处理。废弃混凝土块中存在钢筋、木块、塑料碎片、玻璃、建筑石膏等杂质，为确保再生混凝土的品质，需采取措施将这些杂质除去。如用手工法除去大块钢筋、木块等杂质；用电磁分离法除去铁质杂质；用重力分离法除去小块木块、塑料等轻质杂质。

② 废旧建筑混凝土作粗骨料拌制再生混凝土。废弃混凝土再生骨料可部分或全部代替天然骨料配制再生混凝土。与普通混凝土相比，再生混凝土拌合物密度小、和易性差，其密度和坍落度减小值随着再生混凝土配合比中再生粗骨料掺量增加而增大。当再生混凝土拌合物中再生粗骨料掺量由0增大至100%时，其表观密度和坍落度分别下降5.7%和25%。原生混凝土强度越高，再生骨料性能越好，相同配合比条件下得到的混凝土性能越好。再生骨料混凝土与天然骨料混凝土的压应力-应变曲线明显不同，与天然骨料混凝土相比，在所有龄期内（3d，7d，28d和96d），再生骨料混凝土压应力-应变曲线峰值应变均高得多，在压应力-应变曲线后峰值部分，再生骨料混凝土有较强的变形能力和延性。废旧建筑混凝土再生粗骨料可用于公路工程中，将其预填并压浆形成再生混凝土的强度和耐冻性能相对较差，可用于挡土墙、地下管道基础等应力较小，又不致产生干缩、冻融的结构中。

③ 废旧建筑混凝土作粗集料应用于喷射混凝土。将再生粗骨料应用于喷射混凝土中，再生粗骨料喷射混凝土具有回弹率较小、载荷在压应力-应变曲线的后峰值部分下降缓慢且比较平稳，以及在压应力-应变曲线的后峰值部分的变形能力和延性较大的特点。

④ 用高强度废旧混凝土粗骨料拌制高强度再生混凝土。用粉煤灰和原生混凝土强度等级为C100的再生骨料可配制出坍落度245mm，28d抗压强度达54.9MPa的粉煤灰再生骨

料混凝土。

⑤ 用废旧混凝土骨料和粉煤灰生产无普通硅酸盐水泥的混凝土。可直接用废旧混凝土骨料和粉煤灰生产无普通硅酸水盐泥的混凝土，再生混凝土的强度较低，强度增长缓慢，可用作填料和路基。

(2) 废旧砖瓦碎玻璃的资源化

X射线衍射分析及化学成分分析表明，经长期使用后的废旧红砖与青砖矿物成分十分相似，但含量不同，其中所含的不定形 SiO_2 和 Al_2O_3 与外加激发剂可配制具有一定强度的胶凝材料，青砖中含有较多的 $CaCO_3$，也具备再利用的价值，碎玻璃含有较多的碱金属离子，理论上可作为制作碱激发胶凝材料的原料。

① 碎砖块生产混凝土砌块。利用碎砖块和碎砂浆块可生产多排孔轻质砌块。在低强度等级废弃混凝土中碎砖块粉末占20%左右，碎砖块粉末对混凝土起一种惰性矿物粉的填充作用，可改善混凝土的和易性，增大其密实度，对强度较为有利，但碎砖块粉末含量大于25%时，混凝土强度明显下降。利用碎砖块和碎砂浆块生产的砌块的保温隔热性能较好，厚度为190mm的砌块墙体热阻值0.393m·K/W，优于厚度240mm砖墙的隔热性能。

② 废砖瓦替代骨料配制再生轻骨料混凝土。废黏土砖密度小，强度较高，吸水率适中，完全符合GB/T 1731.1—2010的普通轻骨料各项技术指标，可用其制作具有承重、保温功能的结构轻骨料混凝土构件（板、砌块），透气性便道砖及花格、小品等水泥制品。

③ 破碎废砖块作骨料生产耐热混凝土。用废红砖作粗骨料可配制出理想的耐热混凝土。用废红砖作粗骨料配制的混凝土，其强度主要取决于骨料与水泥石之间的界面连接，在一定条件下（如蒸养、标养等），有一定活性的碎红砖表面与水泥的某种或数种水化产物有可能发生化学反应或物理化学反应，生成稳定的化合物，形成一定的强度，这种具有一定强度的结构体在300℃的条件下，骨料与水泥石界面之间的化学结合或物理化学结合得到进一步的强化，表现出更高的物理力学性能。

[案例 6-13] 利用建筑垃圾生产再生砖

建筑垃圾中可再生的资源主要包括渣土、废砖瓦、废混凝土、废木材、废金属、废塑料等。废钢筋、废电线和各种废钢配件等金属，经分拣、集中、重新回炉后，可以再加工制造成各种规格的钢材；废竹、木材则可以用于制造人造木材；砖、石、混凝土等废料经破碎筛分后，可替代砂和石子，可以用于制作混凝土砌块（砖），由于建筑垃圾再生料是二次加工物料，在加工生产过程中骨料内部存在许多空隙和裂纹，有些骨料四周还有砂浆包裹，所以本身强度有所损失，吸水率大。用建筑垃圾再生料替代砂石料生产混凝土砌块时要采用专门的生产工艺，首先要将建筑垃圾再生料进行预湿处理，生产配合比中掺加改性剂灰以改善再生物料性能，添加专用复合外加剂以修复再生骨料的强度损伤，提高产品的质量性能。因此，利用建筑垃圾再生料生产混凝土砌块（砖）的成本要高于普通砂石料的成本。再生砖生产线制备流程如图6-14。

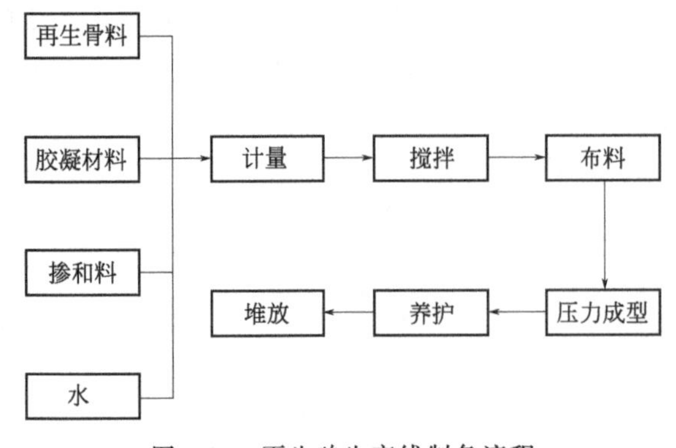

图6-14 再生砖生产线制备流程

利用建筑垃圾生产再生骨料也是目前我国建筑垃圾再生利用的主要方式之一。将建筑垃圾经过初步清理，分拣出可回收的钢筋和木材，再把砖石、水泥混凝土块破碎成骨料，经过筛分，除去杂质，形成一定粒径要求的建材原料，然后按级配设计要求在原料里添加水泥和粉煤灰等辅料，加入一部分水后进行搅拌，形成不同的建筑产品和道路建设产品，这些产品完全可以替代普通砂石料用于道路基层。上海市虹桥枢纽作为资源利用生态道路核心技术的一部分，近 $5\times10^5\,m^3$ 的建筑废弃物及渣土在道路工程中得以转化应用，为建筑废弃物的资源化再生利用起到了示范作用。

6.2.3 电子废物

随着电子信息技术的高速发展，投入市场使用的电子产品日益增加，电子产品的更新换代加快。人们在享受高科技成果便捷舒适的同时，自然也带来大量的科技废弃物。例如，在这个高科技的时代，越来越多的人使用手机，手机作为人们相互联系的移动通信工具已经在人们的工作和生活中起到了非常重要的作用，它带给人们的便捷是人们所始料未及的。最近的一项调查表明，北京目前每年更换的手机不少于 70 万部，平均日更换 1850 部。像移动电话、计算机、传真机、打印机、电视机等许多废弃的电子产品已经成为市场上日益增加的、复杂的废旧品物流的一部分。这些废旧电子产品，如阴极射线管、电路板、电池和其他电子元器件等包含着各种有毒的物质成分，例如，铅、水银、镉和其他重金属。这些有毒的废物流，通过空气、水或其他媒介，就可能带来严重的后果，造成严重的环境问题。长期以来，我国电子废弃物的处理完全是个人在利益驱动下自发进行的，收购的电子废弃物有的直接销往落后地区，有的卖给旧家电经销商，这种处理方式导致了一系列不良后果，其中最主要的有两点：第一，由于处理方式落后，只能回收塑料、铁、铜、铝等易于回收的资源，而金、银、铂等一些宝贵的资源没有得到充分的“回炉”；第二，有毒有害物质没有专门处理，严重污染环境。

［案例 6-14］ 电子废弃物综合利用

电子废弃物的处理过程，如图 6-15 所示。

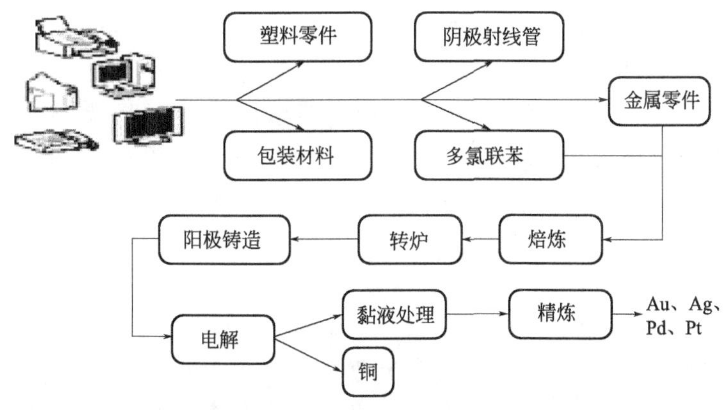

图 6-15　电子废弃物的处理过程

处理流程：回收的电子垃圾在垃圾回收点完成分类后，交市电子垃圾处理厂，先送入拆解车间进行分类拆解（某些特殊的电子废弃物必须手工拆解），拆解后的电子废物送入料仓，进行大致的分类后，交分离车间，分离车间对较常见、易分离的金属废弃物由机器进行筛选，对于不易筛选的金属废弃物送入熔炉，根据不同金属的熔点不同分别进行提取，最后产生的炉渣可用作筑路材料，产生的塑料可作为新产品的原材料使用，对于不能再利用的物质可进行填埋，提取出的各种物质分类放入储藏室，完成电子垃圾的回收利用。

电子废弃物的分类回收和拆卸通常是指电子废弃物在分类回收后运往拆解车间，再由拆解车间拆卸成各种碎片。电子废弃物先是被大致分成五大部分：大的金属零件、多氯联苯、包装材料、塑料零件和阴极射线管，然后再进一步拆分成70多种不同的碎片。在拆卸的过程中，对诸如存储器片、集成电路板等可进行修理或升级的则延长其寿命再使用；对含有害物质的部分，如水银开关、镍-镉电池和含有多氯联苯的电容器等可预先拆下来，通过可靠性检测后再对其进行单独处理。贵金属成分含量的多少是衡量电子废弃物价值高低的基础，价值高的电子废弃物贵金属含量较多，如电脑的多氯联苯；价值低的电子废弃物贵金属含量较少，如电视、录影机的多氯联苯。但不论电子废弃物价值高低，处理流程基本是相同的。

（1）电子废弃物中金属的回收

电子废弃物中金属的回收过程比较复杂，通常是先通过专门的分解机器将易分离的金属筛选出，再高温使金属和杂质分离，然后通过几个相应的加工流程来提炼各种金属。电子废弃物中的铜、金、银、铂、钯等贵金属一般通过转炉加工回收。

① 熔化。取样后不同的电子废弃物经过均匀混合，作为原料加入熔炉中。开始焚烧时需加入一些燃料，当熔炉温度为1200～1250℃、多氯联苯所含能量为35～36GJ/t时，加工过程就可靠多氯联苯中所含有机物释放的能量来维持。在冶炼过程中塑料的燃烧和金属铝的氧化会放出热量。为了控制冶炼温度不至于过高，需要加入硅酸盐，同时还要控制加入塑料的数量。在熔炼过程中，熔炼的电子废弃物顶层是炉渣，底层是铜。铜和少许矿渣流入转炉中，剩下的炉渣和矿石一起通过浮选来回收一些贵金属。最后剩余的炉渣堆放在残渣中，可进一步浓缩、精炼回收贵金属。

② 精炼。来自熔炉的铜加入转炉中混合精炼，通过吹氧熔融铜中的铁和硫黄，从而净化铜，并加入硅酸盐形成炉渣，其温度在1200℃左右。转炉的精炼过程是放热过程，氧化过程能提供足够的热量使转炉运行。上层炉渣主要包括铁、锌；较低层是水泡铜或白铜。炉渣可以通过进一步净化得到副产品铁砂和锌渣，再通过电炉加工铁砂和锌渣得到铁和锌。转炉中产生的工业废气经过处理后得到的金属尘土，可进行再回收。

③ 电解。由转炉中得到的水泡铜（98%的铜）铸成阳极铜，即所谓的阳极铸造，成型的阳极铜含有99%的铜和0.5%的贵金属。铜电极通过电解提纯，利用硫酸和铜的硫酸盐作为电解液，加工过程中的直流电流约2×10^4A。在阴极板上一般可获得99.99%的纯铜，而贵金属和杂质则作为阳极的附着物留在阳极板上，可进一步进行提炼。贵金属的精炼在精炼厂，金、银、铂、钯可再生。电子废弃物中金属回收流程如图6-16所示。

在加工过程中，阳极附着物被沥滤，从溶有铜的碲化物和镍的硫酸盐的溶液中获得铜的硫酸盐和碲，残渣被烘干后再通过贵金属熔炉精炼。在熔炼过程中，硒作为先被回收的一部分，剩余部分被浇铸成银阳极后在高强电流下电解，以获得高纯度的银、金黏液，过滤金的黏液可以使含金和钯、铂的杂质沉淀。锡和铅的回收过程在熔炼过程中，75%～80%的铅来自钎料，在熔料的过程中，15%～20%的铅随着工业废气蒸发，约5%的铅残留在矿渣中，可在浮选回收铜和其他贵金属时获得。在卡尔多炉（铅熔炉）中，铅存在于工业废气或者炉渣中。炉渣中的铅，可在铜流程中捕获；而存在于工业废气中的铅，经过气体加工厂，大多

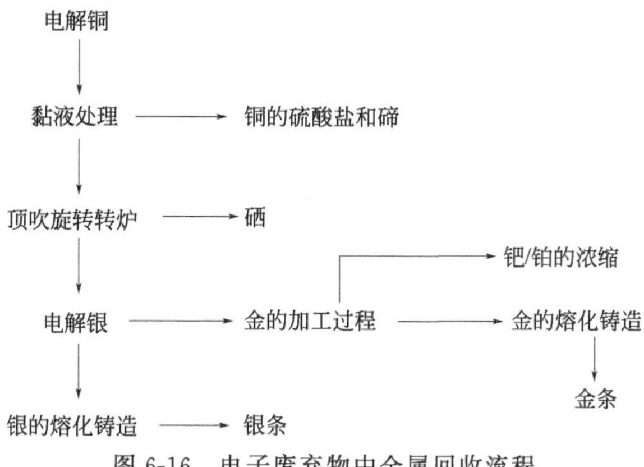

图 6-16 电子废弃物中金属回收流程

数都直接或间接地进入到转炉中，伴随着工业废气的蒸发，99.9%的铅将会作为灰尘在气体过滤装置中被捕获。大约 90%的锡由卡尔多炉进入铜转炉，其中，绝大多数会伴随着工业废气排出。锡在工业废气中的回收路径与铅相同，大多数锡作为灰尘被过滤器捕获。

(2) 电子废弃物中非金属的回收处理

电子废弃物中所含的非金属成分主要是树脂纤维、塑料和玻璃。多氯联苯基板中所含有机物，包括树脂纤维在卡尔多炉中作为燃料产生热值维持炉温，最后产生的炉渣可用作筑路材料。塑料主要来自电脑、电视、洗衣机等的外壳制件，熔化后可作为新产品的原材料使用，或者被用作燃料。玻璃主要来自阴极射线管显示器，因为含有铅，玻璃被归属为危险物品，一些公司用显示器碎玻璃制造新的阴极射线管。非金属处理经常采用填埋、焚烧或热解气化技术。

(3) 填埋

填埋技术是一种操作简单的垃圾处理方法，填埋设施有逐渐减少的趋势，现已成为其他处理工艺的辅助方法，主要用来处理不能再利用的物质。

［**案例 6-15**］ 废旧电路板资源化利用

印制电路板（printed circuit board，PCB）作为电子产品中的一种重要组成部分，广泛存在于大量的电子废弃物中。常用家用电器，如电脑、电视、电话中的印制电路板所占的比例分别为 23%、7%、11%。电路板在生产过程中，大约形成 30%～50%的废料。中国是电子产品生产和消费大国，每年至少有数十万吨的废电路板产生。

这些废弃的印制电路板含有大量的有毒物质，如溴化阻燃剂和重金属，如果这些废旧印制电路板不加适当处理会对环境造成严重污染。若随意丢弃在野外或简单填埋，由于风吹雨淋，有毒有害物质如重金属就会被淋溶出来，随地表水流入地下水或侵入土壤，使地下水和土壤受到一定的污染。如果无控制地焚烧，处置不当，还将引发人们神经系统和免疫系统的疾病。所以，废旧印刷电路板的处理已成为亟待解决的环境问题。废旧电路板回收利用途径如图 6-17 所示。

从我国资源现状来看，废旧印制电路板的回收利用不仅仅是环境问题，还是重要的资源问题。我国现在的矿产资源随着经济的快速增长而大量的消耗，而且矿产品的品位越来越低，其中的金属含量与废旧印制电路板中的金属含量对比见表 6-19。这些资源都转移到各种产品中去了，废旧印制电路板将成为未来的矿产资源。

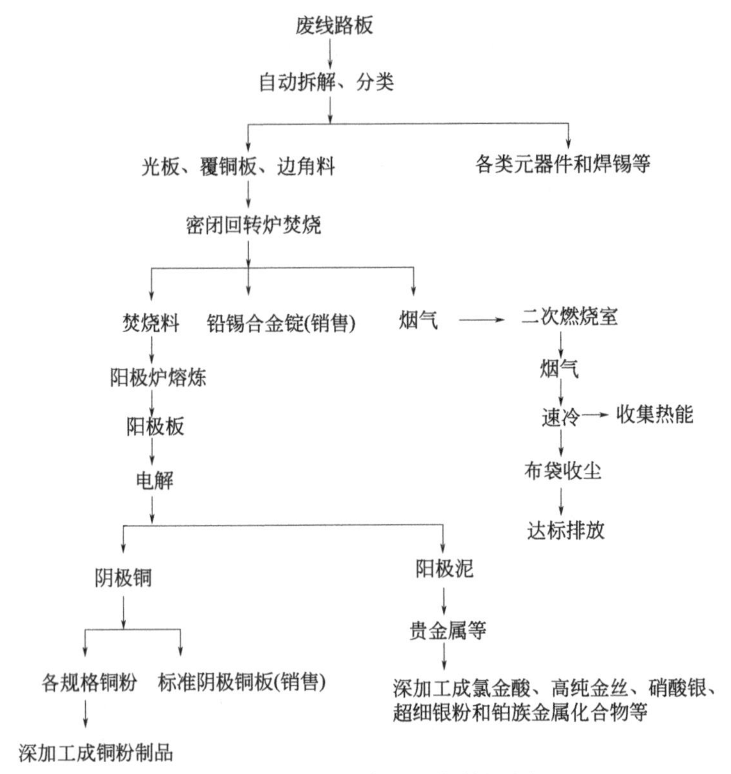

图 6-17 废旧电路板回收利用途径

表 6-19 矿石和 PCB 中金属的平均含量

成分	矿石中的平均含量/%	PCB 中的平均含量/%
铜	0.5～3.0	12.5
锌	1.7～6.4	0.08
锡	0.2～0.85	4.0
铅	0.2～0.85	2.7
铁	0.3～7.5	0.6
镍	0.7～2.0	0.7

(1) 化学处理法

1）热处理法

① 焚化法。焚化法处理流程是先将废弃 PCB 经机械破碎至 1～2in[1] 大小后，送入一次焚化炉中焚烧，将所含约 40%的树脂分解破坏，使有机气体与固体物分离，剩余残渣即为裸露的金属及玻璃纤维，经粉碎后即可送往金属冶炼厂进行金属回收，有机气体则送入二次焚化炉进一步燃烧处理。该法的优点是可以处理所有形式的电子废弃物，对废弃物的物理成分的要求不像化学处理那么重要，回收的主要金属铜及金、银、钯等贵金属也具有非常高的回收率。但存在以下问题：a. 易造成有毒气体逸出，且电子废弃物中的贵金属也易以氯化物的形式挥发；b. 电子废弃物中的陶瓷及玻璃成分使熔炼炉的炉渣量增加，易造成金属的损

注：[1] 1in=0.0254m。

失；c. 废弃物中高含量的铜增加了熔炼炉中固体粒子的析出量，减少了金属的直接回收；d. 部分金属的回收率相当低（如锡、铅等），大量非金属成分如塑料等也在焚烧过程中损失；e. 由于 PCB 中的阻燃剂含有大量溴或氯，燃烧后的废气易造成空气污染。因此，对焚化炉及空气污染防治设施的要求较严格。

② 裂解法。利用热解将废弃 PCB 热裂解，回收可燃油气及金属物质。热裂解是在缺氧的环境下，将有机物质置于密封容器中，在高温高压、高温低压或常压下，使有机物质加热（通常是 350～900℃）分解，转换成油气利用。裂解后废弃 PCB 中胶结的有机物分解、挥发，其他各组分成单离状态，易于用简单的粉碎、磁选、涡电流分选等方法将其分选回收。裂解所产生的挥发气体由反应器的排气管排出，经过油气分离（冷凝）、将可凝结的气体冷凝成油，不可凝的气体经处理后作为燃料利用，并经二次燃烧室使其完全破坏后排放。同焚化法一样，空气污染防治设施的设计及设置要求较高，该处理技术仍需在经济上再做考虑。

2）酸洗法

酸洗法回收废弃 PCB 中金属的过程，是将含贵金属的废弃 PCB 以强酸或强氧化剂处理，得到贵金属的剥离沉淀物，再分别将其还原成金、钯等，含有高浓度离子的废液则可回收硫或电解铜。但往往由于后者其经济价值明显降低，导致在贵金属回收后的废板、废料及含有害有毒离子的废液遭任意倾弃或掩埋，而造成严重的二次污染。

3）溶蚀法

溶蚀法主要用于回收含贵金属的接点、合金底材。将废弃 PCB 置于氯化溶蚀液中，在适当的氧化还原电位值控制下使底材溶蚀，但贵金属则不溶，因此可以将其回收。溶蚀后母液再用氯气氧化，氯化溶蚀液循环使用，最后加以处理使尾液合乎排放标准。但多层板需经破碎处理后再溶蚀，其内层面的溶蚀效率较低（图 6-18）。

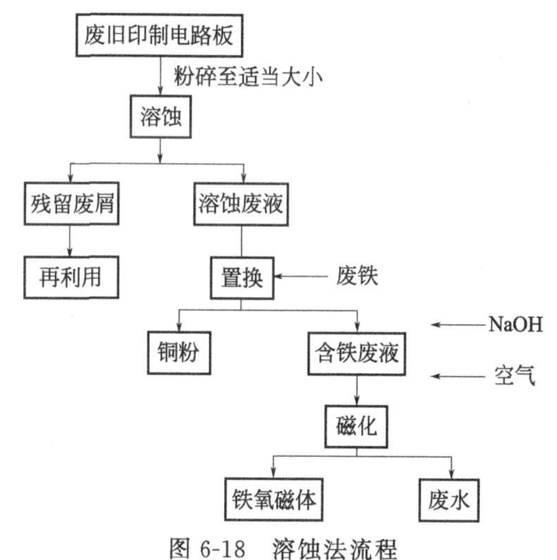

图 6-18 溶蚀法流程

溶蚀原理如下：

① 溶蚀。将铜转化成氯化亚铜：

$$Cu + Cu^{2+} = 2Cu^{+} 。$$

② 再生。溶蚀液打入空气，并以稀酸调整 pH 值，将一价铜转换成二价铜，溶蚀液可以继续使用：

$$2Cu^{+} + 1/2O_2 + 2H^{+} = 2Cu^{2+} + H_2O。$$

③ 置换。因循环使用铜含量逐渐增加，加水稀释，多余的溶液溢出，加入废铁进行置换，铲除铜土：

$$Fe + Cu^{2+} = Cu + Fe^{2+} 。$$

④ 磁化。置换后含铁废液排入磁化槽，调整 pH 值，打入空气进行氧化，废液中铁及其他金属共同生成尖晶石结构的铁让磁体（Ferrite）。

$$xM^{2+} + (3-x)Fe^{2+} + 6OH^{-} + 1/2O_2 = M_xFe_{3-x}O_4 + 3H_2O$$

4）电解法

电解提取是向金属盐的水溶液中通直流电而使其中的某些金属沉积在阴极的过程。即将废弃电（线）路板磨碎，采用酸溶过滤，在电解槽中提取各种金属。电解提取不能使用大量试剂，对环境污染少，但需要消耗大量电能。循环伏安曲线结果表明：硫脲在酸性溶液中对金的剥离率比在中性或碱性溶液中的高。用盐酸调整溶液的 pH 值在酸性范围内，控制硫脲的最佳浓度为 2.5%，即 0.33mol。为了防止硫脲的分解，以饱和甘汞电极为参比电极，控制电解电位在 0.2～0.3V。若电解电位低于 0.15V，金的溶解速度降低，电解电位高于 0.4V，将产生钝化。

(2) 机械物理分离法

废旧印制电路板中的金属材料都具有较大的韧性，而非金属材料（占 80%～90%）都具有脆性，机械物理处理方法就是根据其所含材料的不同物理性能进行分选，广泛采用了原料加工行业中已比较成熟的破碎和分选技术。破碎的目的使废旧电（线）路板中的金属与非金属解离以及得到满足后续作业要求的物料粒度，是分选得以顺利达到目的的前提；分选是回收工艺中的关键，目的是实现金属与非金属的分离，进而使其中的各种材料完全分开。破碎-摇床-浮选联合流程工艺流程如图 6-19 所示。首先，将废旧电路板机械粉碎到粒度 0.25mm 左右，使金属与非金属解离。粉碎后的物料按照粒度不同分别采用水力摇床和浮选机分离富集金属与非金属，再将金属富集体以碱熔烧回收锡，氨水浸渍法回收铜后，以磁选法分离铁磁性物质与非磁性的金、银、铅等金属。当然该流程中还包括一些化学处理方法，因此不完全是物理分选。

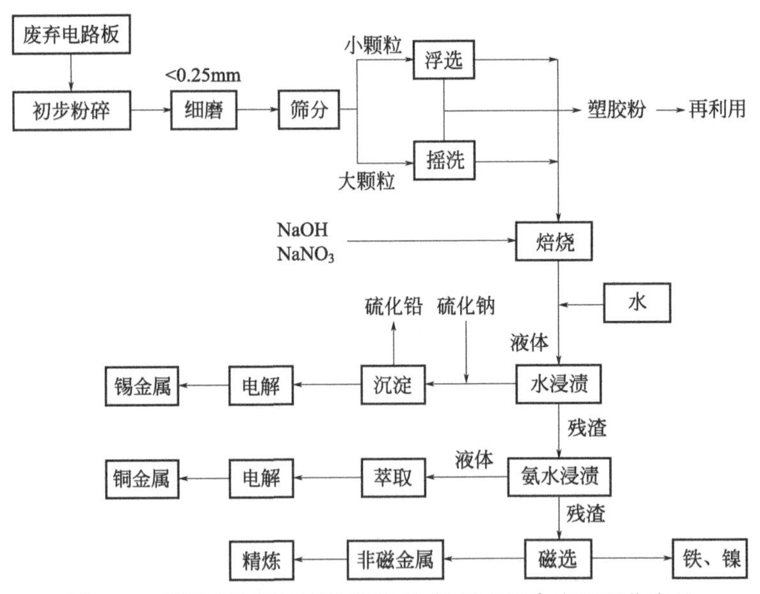

图 6-19 废旧电路板处理的破碎-摇床-浮选联合流程工艺流程

瑞典的 Scandinavian Recycling AB（SR）是世界上最大的回收公司，该公司开发了破碎-磁选-风力摇床分选流程用于电子废弃物的回收处理，如图 6-20 所示。其基本思路是将经预先分类的电子废弃物进行磁选，首先分离出铁磁性物质，然后用风力摇床将剩下物料中的轻重产物分开。此外，日本、美国及欧洲的研究人员还开发出破碎-涡流（旋流）-电选流程、破碎-重选-光压分选流程以及破碎-粗砂摇床-细泥摇床流程等物理分选工艺。

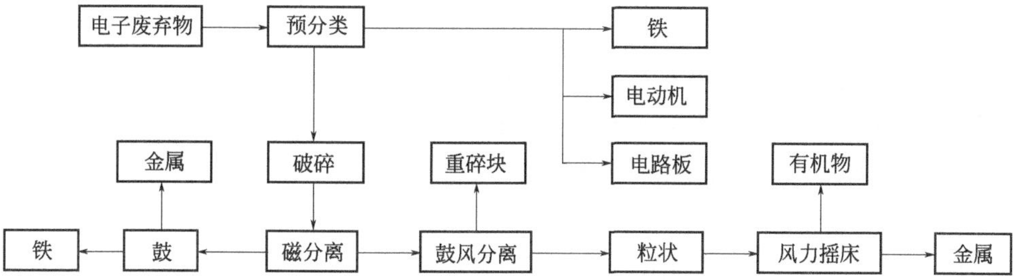

图 6-20　电子废弃物处理的基本流程

(3) 其他方法

① 生物处理。瑞士苏黎世大学环境科学学院 H. Brandl 等采用生物浸出的方法从电子废弃物中回收金属。其思路是首先用破碎、磁选的物理方法进行预处理，回收其中的金属富集体，在此过程中产生的粉尘或微细颗粒（<0.5mm）采用生物浸出的方法回收金属。目前，生物法还没有成熟的技术应用，还处于研究阶段。

② 超临界水氧化法。Fraunhofer 化工高分子学院与德国 Daimler-Benz 研究中心合作发明了运用超临界水安全回收电子废弃物的方法。超临界水是处于高于临界温度 374℃和临界压力 2.21×10^{7}Pa 下的水。在这种状态下，水与汽的差异消失了，这将使物质能与氧或空气完全溶在一起，那些难以处理的物质与超临界水中的氧反应，它们被分解为二氧化碳、氮气、水和无害的盐类。

6.3　农业固废资源化案例

目前，农业废弃物的种类共分为四类。

第一，生产废弃物：指农田和果园残留物，如作物的秸秆、果树的枝条、杂草、落叶、果实外壳等。农业废弃物中最重要的部分，其中含有丰富的有机质、纤维素、半纤维素、粗蛋白、粗脂肪和氮、磷、钾、钙、镁、硫等各种营养成分，可广泛用于饲料、燃料、肥料、造纸、轻工食品养殖、建材、编织等各个领域。

第二，生产废弃物：畜禽类粪便和栏圈垫物等。主要的畜禽有猪、牛、羊、马、驴、骡、骆驼和鸡、鸭、鹅、兔含有丰富的有机质，含有较高的 N、P、K 及微量元素，是很好的制肥原料，有机质在积肥和施肥过程中经过微生物的加工分解及重新合成，最后形成腐殖质储存在土壤中，腐殖质对于改良土壤、培肥地力的作用是多方面的，能调节土壤的水分、温度、空气及肥效，适时满足作物生长发育的需求，能调节土壤的酸碱度，形成土壤团颗粒结构，能延长和增进肥效，促进水分迅速进入植物体内，并有催芽，促进根系发育和保温等作用，但畜禽粪便有臭味，难以作为一种商品肥料出售，因此，需要采取发酵除臭、化学除臭及物理化学除臭法。

第三，生产废弃物：农副产品加工后的剩余物。按来源可以分为作物残体，包括作物中不可食用的，在收获后仍留于田间的部分，一般以纤维素、半纤维素和木质素为主，另含有可溶性物质，糖类、蛋白质等；畜产废弃物，受饲养方式、饲料成分影响很大；林产废弃物，主要为木质废弃物；渔业废弃物，水产品中淡水鱼的加工，淡水鱼一般头大，内脏多，采肉量仅为预提质量的 30%，鱼头、内脏、鱼鳞、鱼刺、鱼皮等下脚料被白白丢弃。

第四，生产废弃物：农村居民生活废物，包括人粪尿及生活垃圾。农村生活垃圾的数量实际是农村和城镇生活垃圾及产生量的和。农村生活垃圾由过去易自然腐烂的菜叶瓜皮，发展为由塑料袋、建筑垃圾、生活垃圾、农药瓶和作物秸秆、腐败植物组成的混合体。农村生活垃圾通常由农田来消纳，将柴灰直接施入农田作肥料。其他生活垃圾往往与人畜粪便或植物秸秆等一起在田间地头自觉与不自觉地制作堆肥。

［案例 6-16］ 秸秆资源化技术

据联合国 2017 年报告，至 2050 年全球人口还将增长 1/3，能源需求还将增加 25%；而目前，全球温室气体排放量中约有 60%来源于传统化石能源的使用。低碳能源的开发与利用已是全人类的共同挑战。

地球每年通过光合作用产生的生物质总量约为 1400 亿吨～1800 亿吨，转化为热量、电力和液体燃料利用的生物质能占世界初级能源消耗的 14%，而其中 55%的利用形式为直接燃烧。农林废弃物是我国生物质资源的主体，我国每年产生大约 6.5 亿吨农业秸秆，加上薪柴及林业废弃物等，折合能量 4.6 亿吨标准煤，预计到 2050 年将增加到 9.04 亿吨，相当于 6 亿多吨标准煤。如果通过应用化学、化学工程、机械工程、环境工程等多学科的交叉创新，以工业工程替代漫长的地质过程，实现生物质高效、低成本地转化为“石油”替代品，那生物质能将无疑是最有可能率先实现大规模、低成本利用的低碳新能源。

生物质替代石油的转化利用途径主要采用三种技术：机械提取（包括酯化）、热化学和生物化学技术。如图 6-21 所示，机械提取技术即第一代生物柴油技术，通过油料作物压榨获得甘油三酸酯，再通过酯化得到脂肪酸甲酯（生物柴油）；热化学技术包括直接燃烧、液化和气化，其中液化和气化技术路线即第二代生物燃油技术，利用废弃生物质通过热解液化或气化，再通过水热、临氢环境条件下的热化学还原脱氧或 FT 合成得到液体燃料；生物化

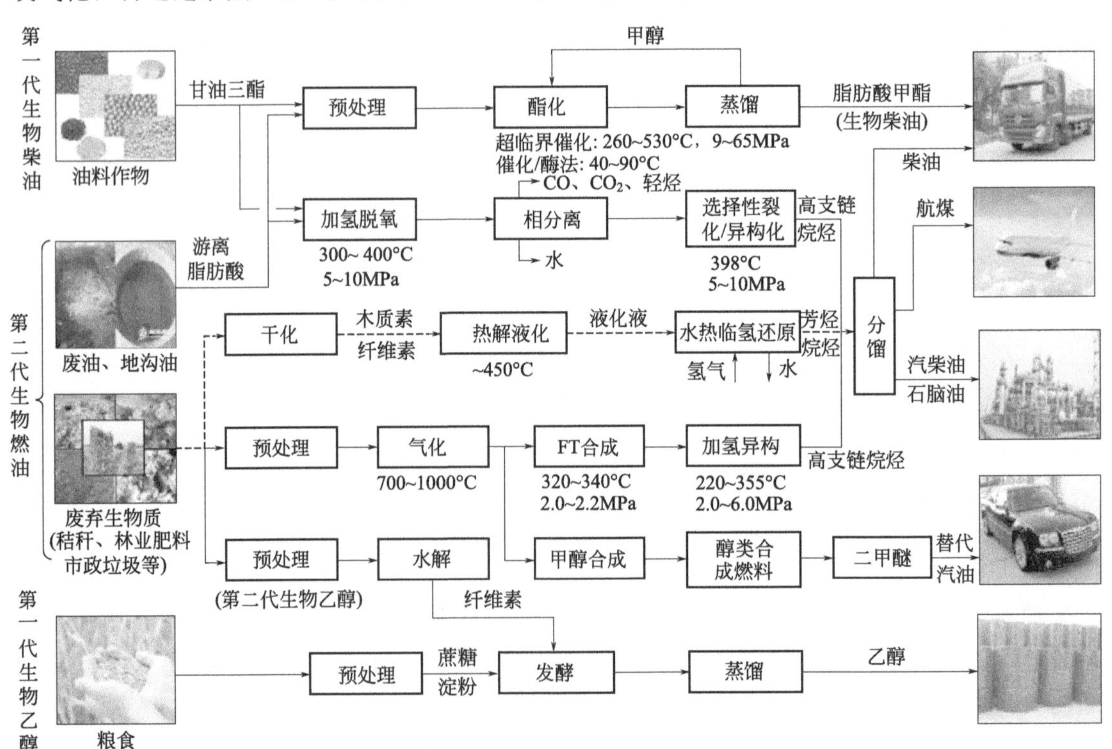

图 6-21　常见生物质替代石油的转化利用途径

学技术即通过微生物作用将生物质转化为乙醇或者甲烷，其中乙醇技术路线已经历了第一代和第二代生物乙醇技术。当然对于生物质不经过预处理直接液化转化为烷烃的技术路线也十分吸引人，但还停留在实验室阶段。

生物质液化转化路线，可以利用包括农作物废料（麦秆、玉米秆、稻草、甘蔗渣等）、林业废料（木屑、木柴、树枝、树皮等）、畜禽粪便等废弃生物质，首先通过热解获得生物质热解液，再通过临氢条件下的热化学还原脱除氧原子将热解液转化为不含氧的燃油或者化学品原料。当然生物质热解液中的水以及脱氧过程生成的水也将造成反应器中的水热环境，这同传统石油加工中的加氢过程显著不同，因此该工艺过程可称为生物质热解液“水热临氢还原”。液化转化路线获得的燃油是不含氧的烃类物质，并能与石油基汽柴油完全互溶，可供车辆直接使用，且不需对车辆做任何改造。同时，液化转化的最终产品也可以定向为粗芳烃等化学品原料，这是液化转化路线较气化的优势之一。而相较于生物柴油技术和生物乙醇技术，生物质的液化转化路线除了可以实现产品替代部分化石能源、促进大气环境中的碳平衡循环之外，还可以消除农业废料、林业废料、矿化垃圾等环境面源污染，促进农村产业结构调整，增加农民收入新渠道。因此，生物质液化转化路线备受关注。

生物质通过热解液化获得的热解液是一种棕黑色、元素组成和生物质接近的液体，包含十分复杂的含氧烃类混合物以及大量来自生物质本身的水分和反应产物水。目前，主要有3条将生物质热解液提质利用的技术路线，包括乳化技术、使用分子筛的催化裂化技术和使用金属/金属硫化物催化剂的水热临氢还原脱氧技术（加氢技术）。乳化技术存在乳化剂成本高、乳化过程能耗高、内燃机运行稳定性差等缺点。催化裂化的副产物是碳，使得该技术的产品液收率较低。水热临氢还原脱氧具有液收率高、脱氧率高的优点，因此越来越得到青睐。

6.3.1 秸秆来源、组成及产生量

(1) 秸秆来源及定义

秸秆是成熟农作物茎叶（穗）部分的总称，通常指小麦、水稻、玉米、薯类、油菜、棉花、甘蔗和其他农作物（通常为粗粮）在收获籽实后的剩余部分，是典型的生物质资源。广义的生物质资源还包括林业废弃物、市政垃圾、污水处理厂污泥、家畜养殖废物等（图6-22）。

(2) 秸秆组成和特点

秸秆主要由植物细胞壁构成，而构成植物细胞壁的主要成为是碳水化合物类的纤维素和半纤维素以及多相酚类聚合物木质素。初级细胞壁是由细胞分裂而来，在细胞生长过程中扩大成玻璃纤维状结构，并且结晶纤维素微纤维嵌入在半纤维素等多糖基质中。邻近细胞的初级细胞壁通过黏性层粘连起来。

纤维素是由葡萄糖通过后β-1,4-糖苷键聚合形成的高分子；半纤维素是由五碳糖、六碳糖聚合形成的高分子；木质素主要是由香豆醇、松柏醇和芥子醇三种结构构成，比较复杂，较难解聚，如图6-23所示。受农作物品种、土壤、气候、肥料的影响，不同品种农作物的秸秆中纤维素、半纤维素和木质素的含量不同，但平均来说，对于小麦、水稻和棉花等农作物秸秆，干基情况下，纤维素占38%～50%、半纤维素占23%～32%，木质素占15%～25%。

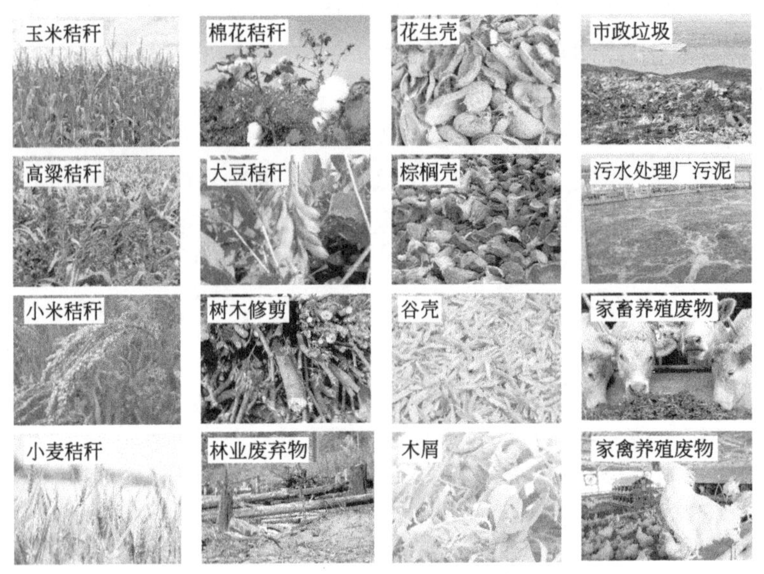

图 6-22　废弃秸秆及广义生物质

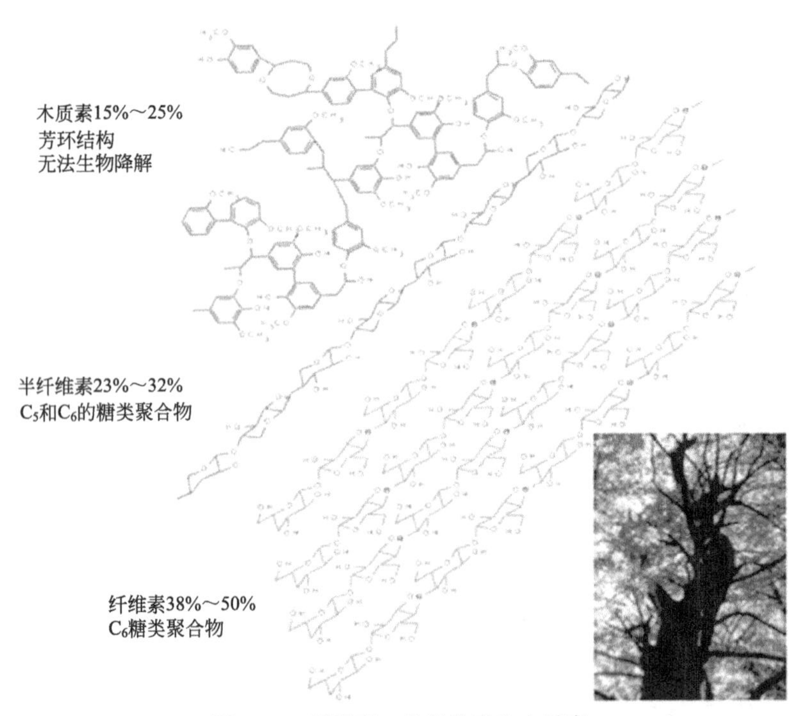

图 6-23　纤维素、半纤维素和木质素

6.3.2　工程方案

6.3.2.1　工程背景

我国秸秆产量接近 7 亿吨/年，已成为我国农村面源污染、大气灰霾等重大环保问题新源头。废弃秸秆高效热化学转化，实现能源化利用是大规模利用的发展方向，当前利用方式主要有燃烧发电、热解气化和液化等。其中高效热化学液化转化生成大宗汽柴油和化工原料是最有前景的大规模经济利用方式。《"十三五"国家科技创新规划》指出"拓展生物燃料等新的清洁油品来源"。但国内外现有热化学液化利用技术和装备难以长期稳定运行。同时，我国炼油能力高达8亿吨/年，面临向绿色化、低碳化方向发展的要求。开发能长期稳定运行的秸秆基高品质可替代石油燃料制备的成套技术与装备，形成秸秆处理和石油炼制同址共炼以及可推广的商业化模式，对解决我国废弃秸秆带来的环境问题和缓解石油短缺问题意义重大。

河南盛润集团、中石化广州工程公司、华东理工大学、上海华畅环保设备发展有限公司和四川大学，经过多年联合攻关，开发了"秸秆热解液提质制备高质燃油成套技术"(biomass to middle oil，BTM)，并在2016年在同步开展3万吨/年规模工业示范设计和建设工作。

6.3.2.2 技术原理

(1) 非相变干化

非相变干化技术原理如图6-24所示，以空气为载气携带秸秆颗粒进入旋流分离器，利用油泥颗粒在旋流器内由于流场特性产生高速自转运动（自转速率：20000～60000r/min），从而利用秸秆颗粒高速自转产生的离心力克服孔道中油相的毛细阻力，实现秸秆表面和孔道中水分的高效率、低能耗脱除。该技术属于机械分离方法，解决了常规的加热蒸发必须克服秸秆中水分的汽化潜热从而发生相变造成能耗高的问题，在气体温度为40～60℃（给予气体一定的温度是为了降低秸秆中水分的黏附阻力，从而更容易离心脱附）的水的汽化点温度以下，能将秸秆的含水率从80%～90%降低到10%～20%，能耗大约为加热蒸发的1/5。

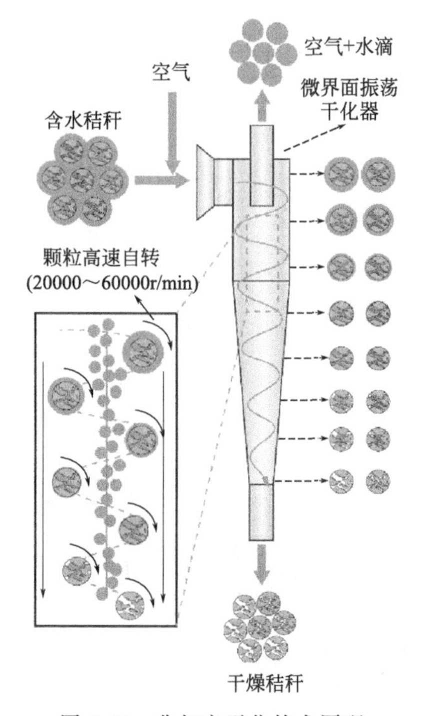

图6-24 非相变干化技术原理

(2) 快速热解

生物质热裂解（又称热解或裂解），通常是指在无氧或低氧环境下，生物质被加热升温引起分子分解产生焦炭、可冷凝液体和气体产物的过程。

纤维素、半纤维素以及木质素热解如图 6-25～图 6-27 所示；生物质热解液脱氧制取汽柴油组分如图 6-28 所示。

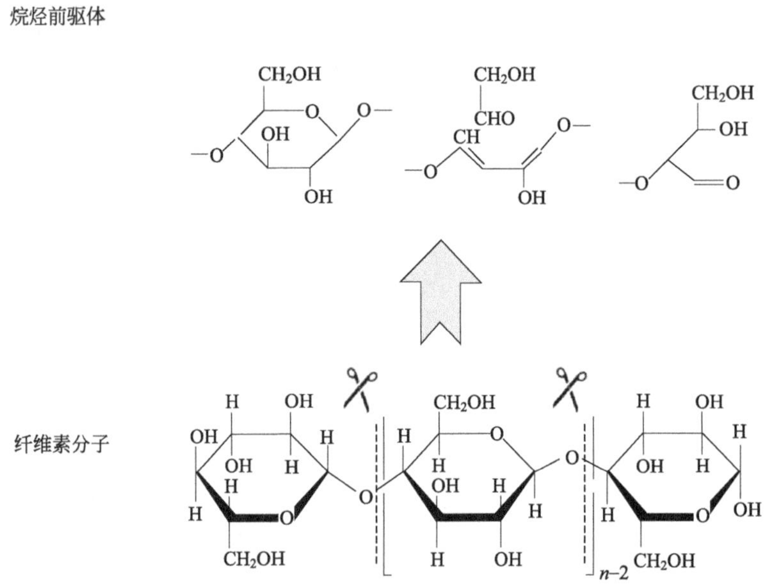

烷烃前驱体

纤维素分子

图 6-25　纤维素热解

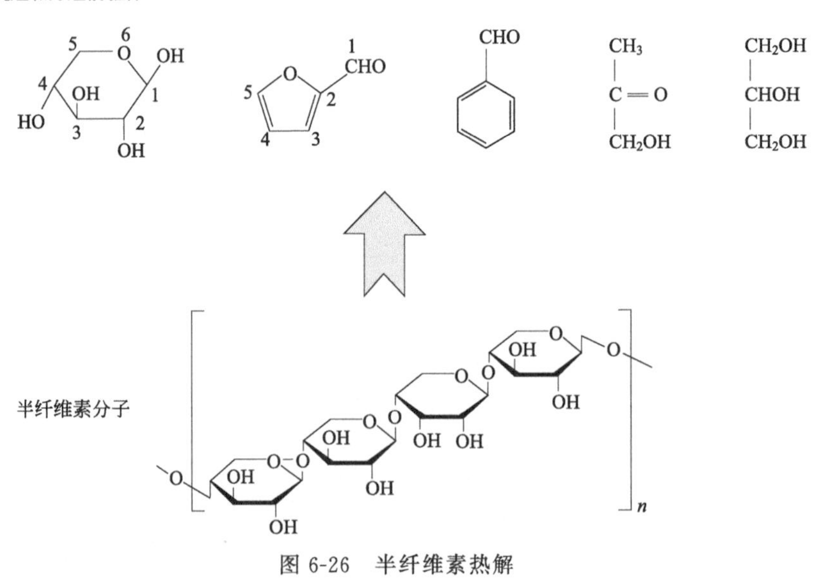

图 6-26　半纤维素热解

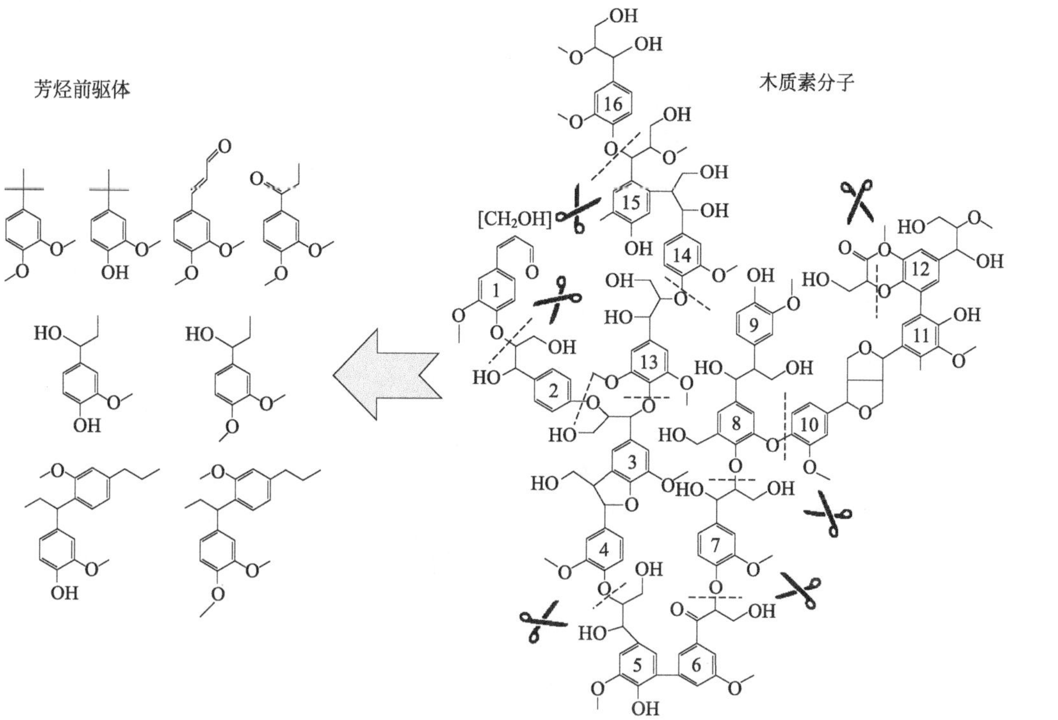

芳烃前驱体

木质素分子

图 6-27　木质素热解

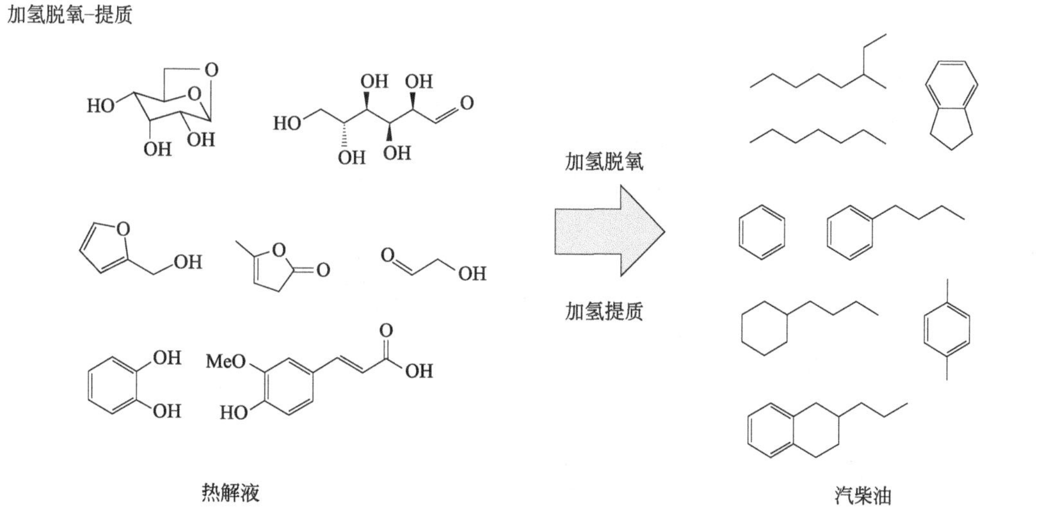

加氢脱氧-提质

加氢脱氧

加氢提质

热解液

汽柴油

图 6-28　生物质热解液脱氧制取汽柴油组分

6.3.2.3　工艺流程

(1) 非相变干燥热解

废弃秸秆非相变干燥热解分质转化工艺流程如图 6-29 所示。废弃秸秆经非相变干燥后进入固体热载体下行床热解器，产生热解气、热解液和热解残渣三种分质转化产物；热解气进入燃烧室燃烧以提供秸秆热解热量，燃烧烟气同常温空气换热后进入非相变干燥器可满足秸秆非相变干燥所需热量；热解液用于制备生物汽柴油，热解残渣用于制备烟气净化催化剂。

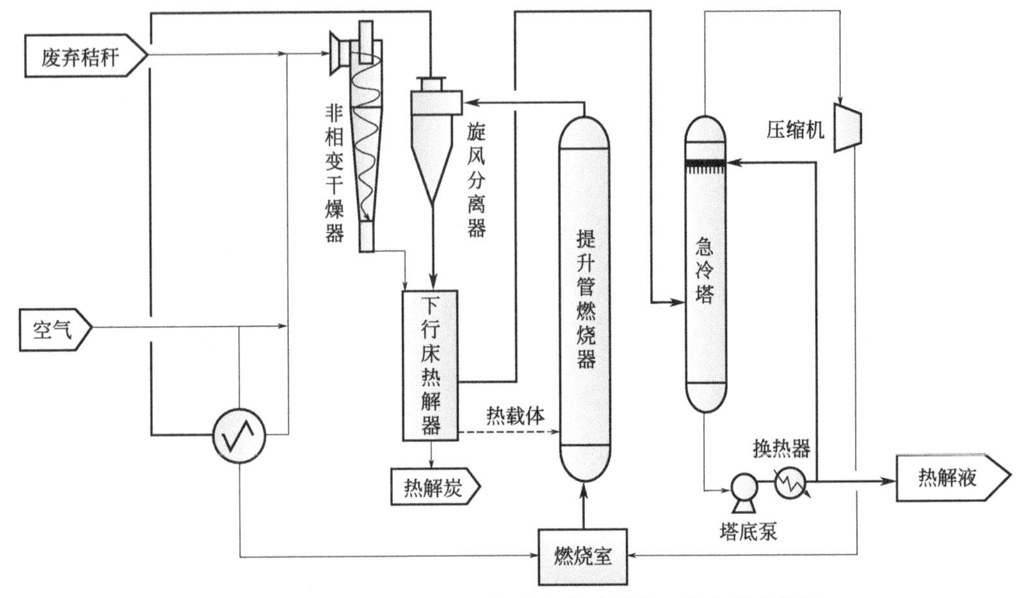

图 6-29 废弃秸秆非相变干燥热解分质转化工艺流程示意图

(2) 沸腾床加氢脱氧

热解液沸腾床加氢脱氧工艺流程如图 6-30 所示，热解液、供氢剂、循环油及氢气进入装有抗结焦催化剂的沸腾床反应器进行加氢脱氧反应，反应器出口产品经过分离后得到脱氧液，去往加氢提质制备生物汽柴油工艺。

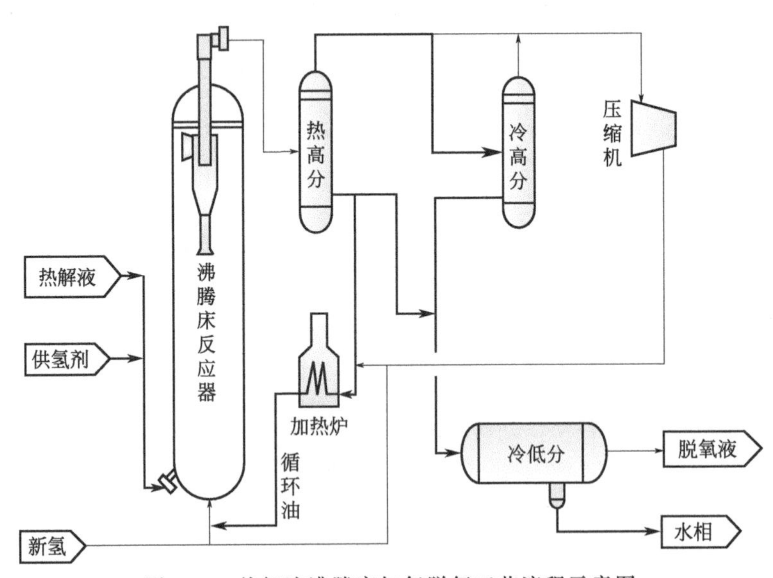

图 6-30 热解液沸腾床加氢脱氧工艺流程示意图

(3) 固定床加氢提质

脱氧液固定床加氢提质制备生物汽柴油工艺流程如图 6-31 所示，脱氧液经油水分离后，进入装填有高抗水催化剂的固定床反应器加氢提质，反应器出口产品经分馏可获得汽油和柴油。

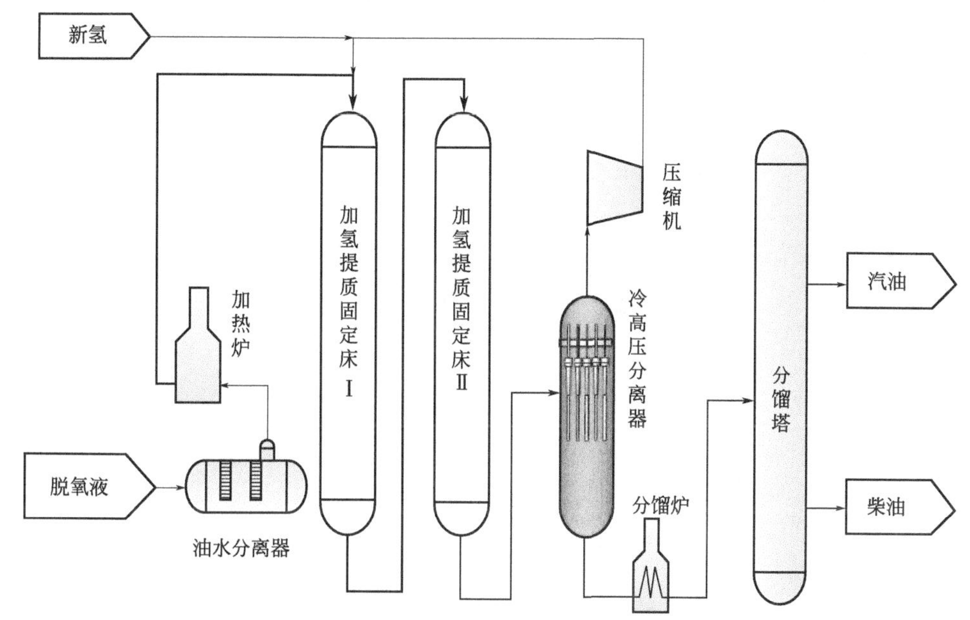

图 6-31 脱氧液固定床加氢提质制备生物汽柴油工艺流程示意图

(4) 介孔炭碳材料制备

热解残渣资源化工艺流程如图 6-32 所示，利用低温空气氧化热解残渣构造介孔，加碱溶硅得到生物炭与硅酸盐的混合物，进一步加入铝盐或模板剂制得生物炭-沸石或生物炭-介孔二氧化硅复合材料，负载活性组分后得到生物炭-硅基催化剂，应用于烟气净化，实现废弃秸秆热解残渣高值化利用。

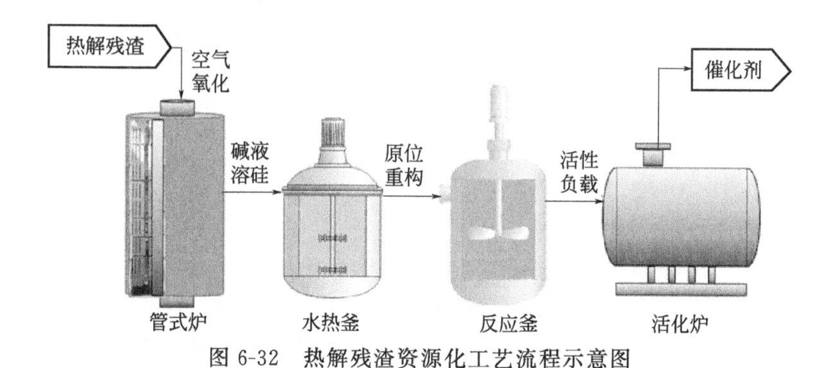

图 6-32 热解残渣资源化工艺流程示意图

6.3.2.4 沸腾床加氢脱氧反应器

20 世纪 50 年代晚期，美国烃研究公司（HRI）和城市服务公司联合开发了“H-Oil”沸腾床技术，并申请相关专利。沸腾床反应器是一种在催化剂存在条件下，气液固三相高效接触并发生化学反应的先进反应器装备，具有床层压降低、气液传质效率高、内构件少的优点，已广泛用于渣油的加氢裂化和加氢脱硫、碳氢化合物裂解制烯烃等领域。

专利 US 2987465 所公开的沸腾床反应器如图 6-33 所示。气液两相混合物由反应器底部进入，而后做近似自下而上的平推流动；在气液两相的动量传递作用下，分布板上由催化剂颗粒组成的催化剂床层被流化；流化后的催化剂床层的孔隙率增加，催化剂床层的高度由其静止高度向上膨胀至一定的高度；在局部视野中，床层中的催化剂颗粒处于无序的自由运动状态，该运动状态被称为“ebullated”（沸腾），这也是“沸腾床反应器”一词的由来。沸腾床反应器的操作过程中，通过控制气液两相在反应器中的流速，可以实现对催化剂床层膨胀高度的控制，一般要求催化剂床层膨胀 10%～200%。因此这种控制催化剂床层膨胀高度的沸腾床反应器也被形象地称为“膨胀床反应器”。

这种需要控制催化剂床层膨胀高度的沸腾床反应器的内部可分为 4 个区域：气液分布区域、密相床层区域、自由空间区域和气体空间区域，如图 6-34 所示。其正常操作流程为：

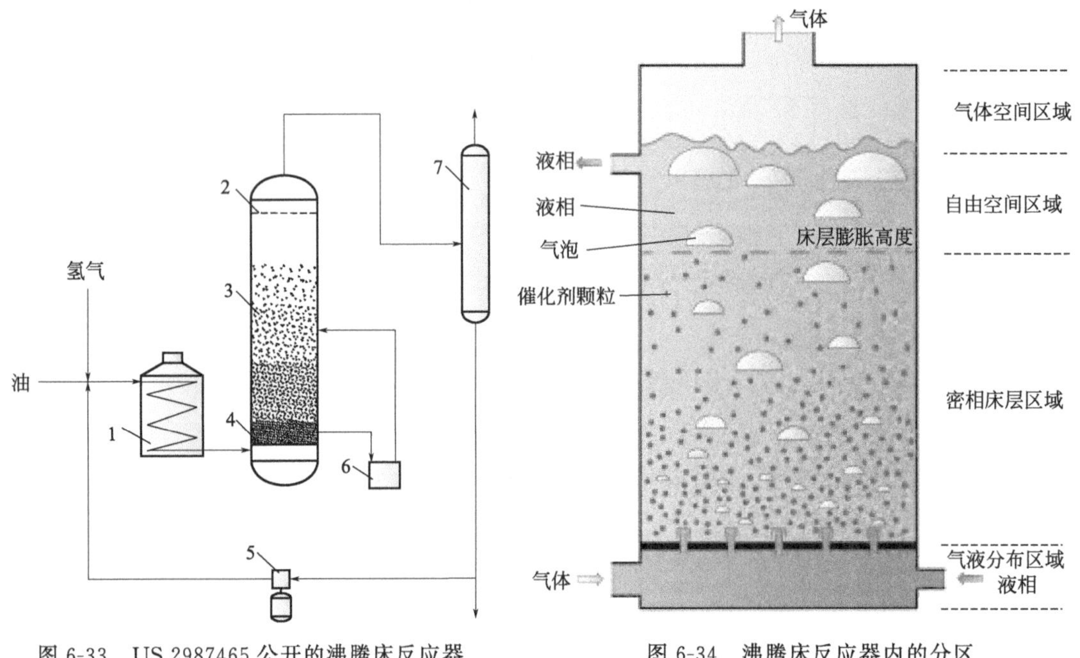

图 6-33　US 2987465 公开的沸腾床反应器

1—加热炉；2—过滤网；3—反应器；4—分布板；5—循环泵；6—催化剂再生装置；7—分离器

图 6-34　沸腾床反应器内的分区

① 原料、氢气、循环油单独或混相由反应器底部进入分布板以下的气液分布区域，经分布板的强制分配作用，使气液两相混合物在反应器横截面上均匀向上流动。

② 向上流动的气液两相混合物使分布板上承载的催化剂颗粒处于流化状态，通过气液两相流速控制催化剂床层膨胀至所需要的高度；反应器内存在明显的液固两相界面，该液固两相界面以下至分布板上表面的空间，即为密相床层区域。

③ 在密相床层区域上方的空间，即为自由空间区域；密相床层区域内的固体颗粒少部分会被气泡的尾迹所携带，突破液固两相界面进入自由空间区域内；自由空间区域内，由于固体颗粒浓度远远低于反应器床层区域内，使得自由空间区域的横截面上的气液两相流动通道面积远大于密相床层区域内，导致自由空间区域内的气液两相真实线速度远低于密相床层区域内；较低的气液两相真实线速度无法再对催化剂颗粒产生足够大的曳力，使得催化剂颗

粒无法再继续向上流化，反而在重力作用下发生干涉或自由沉降；最终，在自由空间区域上层获得不含固体颗粒的气液两相混合物；部分澄清的液相可以作为液相产品由自由空间区域的上层引出反应器或液相产品也可同气相作为混相产品从反应器顶部排出。

④ 在反应器的自由空间区域上部为气体空间区域；在自由空间区域和气体空间区域之间存在明显的气液界面或泡沫层（根据气液两相的发泡性能），这也是反应器内的料面位置；气泡在密相床层区域和自由空间区域的上升过程中，不断发生聚并和破碎，最终脱出气液界面进入到气体空间区域内；在气体空间区域内，主要通过重力沉降分离气相夹带的雾沫；也可在气体空间区域内设置滤网结构，对含固体颗粒或液滴的气相做进一步的净化，而后作为产品或者循环气排出反应器。

[案例 6-17] 农业固废制取化学品技术

如甘蔗渣，玉米芯，稻草壳等含有 1/4～1/3 的多缩戊糖，经水解可制得木糖；稻草、麦秸、高粱秸、玉米皮和豆荚可制得淀粉；稻壳可作为生产白炭黑、活性炭的原料；用甘蔗渣、玉米渣等可以制得膳食纤维；以植物纤维性废弃物为原料可制取草酸、乙醇等。

① 低聚木糖（木寡糖）由 2～7 个木糖聚合而成，主要有效成分为木二糖和木三糖，是一种由半纤维素降解而得到的低度聚合物。主要以富含半纤维素的玉米芯、稻壳、棉籽壳、秸秆和稻草等为原料经处理得到的。由于人体胃肠内没有水解低聚木糖的酶系统，因此它不被消化吸收而直接进入大肠，优先为双歧杆菌所利用，是双歧杆菌的增殖因子，具有耐酸、耐热、不易分解等特点，较适合用在酸奶、乳酸菌和碳酸饮料当中。木聚糖的提取和分解是获得质量分数较高的低聚木糖产品的关键步骤。提取一般用的方法有直接高热蒸煮、酸预处理后湿法蒸煮提取、酸预处理后干法蒸煮提取等。试验结果显示，在上述三种方法中，最后一种提取方法效果最好。其提取过程如下：将玉米芯用 60℃的 0.1%的硫酸浸泡，洗去表面的酸后进行干法蒸煮（不加水蒸煮），然后按固液比 1∶12 加水于干蒸煮后的玉米芯中，用组织捣碎机打浆提取其中的木聚糖。提取物用滤布过滤，滤液即为提取液。用玉米芯水解发酵生产木糖醇越来越受欢迎，木糖醇是一种五碳糖醇，具有仿糖性，甜度相当于蔗糖，人体的木糖醇代谢无须胰岛素的参加，因此木糖醇可以作为糖尿病人蔗糖的替代品，已广泛运用于食品、医药领域。其生产过程是先用稀酸将玉米芯水解为木糖，后再用纯木糖加氢或水解液发酵的方法制成木糖醇。

② 糠醛（呋喃甲醛）是一种重要的有机化工原料，在合成树脂、石油化工、染料、医药和轻化工等方面有着广泛的运用。生产糠醛的原料有玉米芯、棉籽壳、甘蔗渣、阔叶林等植物纤维性废弃物，其中玉米芯中多缩戊糖的含量最高达 38%，糠醛潜含量为 25%。糠醛的生产方法：植物纤维原料在催化剂和热的作用下，戊聚糖水解为戊糖，后在脱水生成糠醛，水解过程中所需的催化剂有硫酸、盐酸和过磷酸钙等，但由于过磷酸钙的价格较贵，而盐酸具有较强的挥发性，而且对设备腐蚀较强，故常用硫酸作为催化剂。糠醛的用途：a. 作为选择性溶剂，它对芳香烃、烯烃极性物质的溶解能力很强，而对于脂肪族等饱和物质的溶解能力弱；b. 作为在石油工业上精制润滑油，提炼除去其中的芳香族不饱和物质，同时降低硫、灰渣的含量，改进柴油机燃料的质量；c. 动植物油的提炼和从鱼肝中提炼维生素 A，可作为树脂和蜡的溶剂。糠醛的再加工产品：a. 糠醛树脂。糠醛和丙酮在碱性介质中反应，再和甲醛在酸性介质中反应，可得到糠醛丙酮甲醛树脂，可作为胶黏剂和防腐涂料。糠醛和苯酚在碱性催化剂的作用下缩合，然后再与甲醛在酸性介质中反应，可得到糠醛苯酚甲醛树脂，用于胶木制品生产。b. 糠醛氢化产品的生产。糠醛在一定的催化剂的反应温度和压力

条件下，加氢气可得到糖醇、四氢呋喃、甲基呋喃等重要的化工原料，糖醇同酸性催化剂缩合成树脂，这种树脂又称之为呋喃树脂，主要用于汽车、拖拉机等内燃机铸造砂的胶黏剂，四氢呋喃、甲基呋喃在有机化工中也有重要的应用。

稻壳含有丰富的木质素、戊聚糖和二氧化硅等成分，是制造白炭黑、活性炭和高模数硅酸钾的良好材料，以稻壳制活性炭不仅成本低，而且杂质含量少，特别适合于食品工业的需求，而且潜力大。高模数硅酸钾主要运用于电视荧光屏粉、高温涂料胶黏剂、洗涤剂、还原染料、防火剂、高级陶瓷涂料等的生产，利用稻草中所含有无定形二氧化硅与苛性碱反应，反应活性高，产品纯度高，可为硅酸钾的生产开辟一条新路。

草酸（己二酸）广泛运用于药品生产、稀土元素提取、织物漂白以及高分子合成等工业，目前国内工业制取草酸的方法有：甲酸钠法，工艺成熟，质量稳定，但工艺流程复杂，适用于大企业生产；以糖或淀粉为原料的硝酸氧化法，淀粉硝酸氧化法工艺投资少，易于控制，生产厂家较多，但需消耗大量的食糖或淀粉；用碱或酸处理纤维物质的方法，目前采用水解-氧化-水解的工艺；以葵花籽壳为原料制取草酸，此法兼顾了浓酸和稀酸水解的特点，巧妙地将水解与氧化结合，是生产草酸的有效途径。

思考题

1. 固体废物资源化综合利用需要注意哪些问题？
2. 建筑垃圾未经任何处理被露天堆放或填埋对环境有何危害？

参考文献

[1] 刘兴芝，葛永澄，宋玉林. 二（2-乙基己基）单硫代磷酸萃取铟的研究［J］. 高等学校化学学报，1991，12（8）：1007-1008.

[2] 刘祥萱，杨文斌，陆路德，等. P5708、P350萃取分离铟、铁工艺研究［J］. 稀有金属，1997，21（4）：246-248.

[3] 周智华，莫红兵，徐国荣，等. 稀散金属铟富集与回收技术的研究进展［J］. 有色金属，2005，57（1）：71-75.

[4] 周红华. 高砷锑烟灰综合回收工艺研究［J］. 湖南有色金属，2005，21（1）：21-22.

[5] 宁顺明. 高锑锌焙烧料的处理［J］. 湖南有色金属，2001，17（1）：16-18.

[6] 郑顺德，陈世民，林兴铭. 从锌渣浸渣中综合回收铟锗铅银的试验研究［J］. 有色冶炼，2001，17（5）：34-36.

[7] 李裕后，陈世民. 韶冶厂砷的危害与治理方案探讨［J］. 有色矿冶，2000，（6）：47-49.

[8] 李清湘，彭容秋. 高砷含锗氧化锌烟尘的处理工艺研究［J］. 重有色金属：冶炼部分，1991，（2）：27-29.

[9] 陈维平，龚建森. $PbSiF_6$-H_2SiF_6体系电沉积铅的电化学［J］. 中国有色金属学报，1996，6（3）：43-46.

[10] 奚长生，陈国生，彭翠红，等. 硬脂酸铅的制备［J］. 广东化工，2001，6：44-46.

[11] 蒋志建. 从工业废料中回收铟、铜、银［J］. 湿法冶金，2004，23（2）：105-108.

[12] L. 奥特罗什德偌娃. 浸出浮选联合法从锌渣中回收银［C］. 第19届国际选矿会议论文.

[13] 林兴铭. 真空炉渣综合回收锗铟银等金属的碱熔法试验研究［J］. 有色金属，2004，6（20）：3-6.

[14] 陈世民，程东凯，李裕后，等. 高砷次氧化锌综合回收试验研究［J］. 有色矿冶，2001，17（5）：29-31.

[15] 曹应科. 从铜冶炼砷灰中回收铟［J］. 湖南有色金属，2005，21（1）：5-7.

[16] 王少雄. 从Pb-Sb烟灰中回收铟实践［J］. 湖南有色金属，2000，16（5）：20-23.

[17] 许秀莲，唐冠中，邹发英. P507D从稀硫酸溶液中萃取铟的研究［J］. 稀有金属，2000，24（4）：256-259.

[18] 陈建荣，林建军，钟依均，等. N_5O_3萃取树脂吸萃铟的研究［J］. 高等学校化学学报，1996，17（8）：1169-1172.

[19]　冯彦琳，王靖芳，王爱英. 乳状液膜法提取铟的研究 [J]. 稀有金属，1997，21 (1)：37-39.
[20]　陈寿椿，唐春元，于肇德. 重要无机化学反应 [M]. 第 3 版. 上海：上海科学技术出版社，1994：183-184，220-221，279-280，1199-1200.
[21]　北京矿冶研究总院分析室. 矿石及有色金属分析手册 [M]. 北京：冶金工业出版社，1999：79，86，113，168.
[22]　董卫果，路迈西，田文杰，等. 废旧印制电路板资源化处理技术概述 [D]. 中国科技论文在线.
[23]　杨思德. 废石尾砂胶结充填技术 [D]. 矿业快报，2008，12.
[24]　王风朝，马永涛. 锌冶炼渣综合利用与节能减排的工艺探讨 [D]. 有色冶金节能，2008，2 (1).
[25]　陈小林，刘代俊，谭得勤，等. 磷尾矿硝酸脱镁制取氢氧化镁工艺研究 [D]. 化工矿物与加工，2012：6-8.
[26]　李阳，孙岩峰，张文明，等. 秸秆类废弃物制备燃料乙醇研究 [D]. 酿酒科技，2008，11 (1)，105-107.
[27]　张伟，林燕，刘妍，等. 利用秸秆制备燃料乙醇的关键技术研究进展 [D]. 化工进展，2011，30 (11)，2417-2432.
[28]　覃扬颂，王重华，黄小凤，等. 熔融态黄磷炉渣的综合利用现状 [D]. 化工进展，2012，31 (10)：2319-2323.
[29]　张庆. 石油化工固体废物的处置与管理 [D]. 石油化工环境保护，2000：1-4.
[30]　刘翔萱，杨文斌，陆路德，等. P5708、P350 萃取分离铟、铁工艺研究 [D]. 稀有金属，1997，21 (4)：245-273.
[31]　蒋志建. 从工业废料中回收铟、铜、银，湿法冶金 [J]. 2004，23 (2)：105-108.
[32]　周红华. 高砷锑烟灰综合回收工艺研究 [J]. 湖南有色金属. 2005，21 (1)：21-23.
[33]　林兴铭. 真空炉渣综合回收锗铟银等金属的碱熔法试验研究 [J]. 有色矿冶，2004，20 (3)：34-37.
[34]　刘军. 冶金固体废弃物资源化处理与综合利用 [J]. 中国环保产业，2009，8：35-40.
[35]　张发明，奚长生，梁凯. 冶锌工业废渣次氧化锌的综合利用 [J]. 湖南有色金属，2006，22 (3)：19-22.
[36]　World Population Prospects. —The 2017 Review [R]. United Nations New York，2017.
[37]　World Energy Outlook 2018：The Gold Standard of Energy Analysis. https：//www. iea. org/weo2018/.
[38]　Kerr R A，Service R F. What Can Replace Cheap Oil—and When? [J]. Science，2005，309 (5731)：101.
[39]　Falter C，Batteiger，V，Sizmann A. Climate Impact and Economic Feasibility of Solar Thermochemical Jet Fuel Production [J]. Environmental Science & Technology，2016，50 (1)：470-477.
[40]　Furler P，Scheffe J R，Steinfeld A. Syngas Production by Simultaneous Splitting of H_2O and CO_2 Via Ceria Redox Reactions in a High-Temperature Solar Reactor [J]. Energy & Environmental Science，2012，5 (3)：6098-6103.
[41]　国家自然科学基金委员会，中国科学院. 未来 10 年中国学科发展战略：能源科学 [M]. 北京：科学出版社，2012.
[42]　Xia Q N，Chen Z J，Shao Y，et al. Direct Hydrodeoxygenation of Raw Woody Biomass into Liquid Alkanes [J]. Nat Commun，2016，7：10.
[43]　Bridgwater A V. Review of Fast Pyrolysis of Biomass and Product Upgrading [J]. Biomass and Bioenergy，2012，38：68-94.
[44]　Adjaye J D，Bakhshi N N. Production of Hydrocarbons by Catalytic Upgrading of a Fast Pyrolysis Bio-Oil. Part Ⅰ：Conversion over Various Catalysts [J]. Fuel Processing Technology，1995，45 (3)：161-183.
[45]　Guo X，Yan Y，Li T. Influence of Catalyst Type and Regeneration on Upgrading of Crude Bio-Oil through Catalytical Thermal Cracking [J]. The Chinese Journal of Process Engineering，2004，4 (1)：53-58.
[46]　Gamliel D P，Bollas G M，Valla J A. Two-Stage Catalytic Fast Hydropyrolysis of Biomass for the Production of Drop-in Biofuel [J]. Fuel，2018，216：160-170.
[47]　Wildschut J，Melián-Cabrera I，Heeres H J. Catalyst Studies on the Hydrotreatment of Fast Pyrolysis Oil [J]. Applied Catalysis B：Environmental，2010，99 (1)：298-306.
[48]　Christensen E D，Chupka G M，Luecke J，et al. Analysis of Oxygenated Compounds in Hydrotreated Biomass Fast Pyrolysis Oil Distillate Fractions [J]. Energy & Fuels，2011，25 (11)：5462-5471.
[49]　Elliott D C，Hart T R，Neuenschwander G G，et al. Catalytic Hydroprocessing of Fast Pyrolysis Bio-Oil from Pine Sawdust [J]. Energy & Fuels，2012，26 (6)：3891-3896.
[50]　Pstrowska K，Walendziewski J，Łużny R，et al. Hydroprocessing of Rapeseed Pyrolysis Bio-Oil over Nino/Al_2O_3 Catalyst [J]. Catalysis Today，2014，223：54-65.
[51]　Olarte M V，Padmaperuma A B，Ferrell J R，et al. Characterization of Upgraded Fast Pyrolysis Oak Oil Distillate Fractions from Sulfided and Non-Sulfided Catalytic Hydrotreating [J]. Fuel，2017，202：620-630.
[52]　Yin H，Zhao W，Li T，et al. Balancing Straw Returning and Chemical Fertilizers in China：Role of Straw Nutrient

Resources [J]. Renewable and Sustainable Energy Reviews，2018，81：2695-2702.

[53] 金涌，祝京旭，汪展文，等.流态化工程原理 [M].北京：清华大学出版社，2001.

[54] 李立权，方向晨，高跃，等.工业示范装置沸腾床渣油加氢技术 Strong 的工程开发 [J].炼油技术与工程，2014，44 (6)：13-17.

[55] 刘党栓.国内首套 50kt/a 沸腾床 (Strong) 渣油加氢装置建成中交 [J].炼油技术与工程，2014 (4)：16.

[56] 钱伯章.沸腾床加氢技术工业应用成功 [J].石油炼制与化工，2016 (2)：102.

[57] Zhang J P，Grace J R，Epstein N，et al. Flow Regime Identification in Gas-Liquid Flow and Three-Phase Fluidized Beds [J]. Chemical Engineering Science，1997，52 (21-22)：3979-3992.

[58] Ghatage S V，Bhole M R，Padhiyar N，et al. Prediction of Regime Transition in Three-Phase Sparged Reactors Using Linear Stability Analysis [J]. Chemical Engineering Journal，2014，235：307-330.

[59] Wen C Y，Yu Y H. A Generalized Method for Predicting the Minimum Fluidization Velocity [J]. AIChE Journal，1966，12 (3)：610-612.

[60] Begovich J M，Watson J S. Hydrodynamic Characteristics of Three-Phase Fluidized Beds [M]. Cambridge，England，Cambridge University Press，1978.

[61] Costa E，De Lucas A，Garcia P. Fluid Dynamics of Gas-Liquid-Solid Fluidized Beds [J]. Industrial & Engineering Chemistry Process Design and Development，1986，25 (4)：849-854.

[62] Fan L S，Jean R H，Kitano K. On the Operating Regimes of Cocurrent Upward Gas-Liquid-Solid Systems with Liquid as the Continuous Phase [J]. Chemical Engineering Science，1987，42 (7)：1853-1855.

[63] Kang Y，Cho Y J，Lee C G，et al. Radial Liquid Dispersion and Bubble Distribution in Three-Phase Circulating Fluidized Beds [J]. The Canadian Journal of Chemical Engineering，2003，81 (6)：1130-1138.

[64] 黄子宾.鼓泡塔内液相多尺度循环流动结构的研究 [D].上海：华东理工大学，2011.

[65] 石岩.高固含率下沸腾床反应器的流体力学行为及关键模型参数的研究 [D].上海：华东理工大学，2015.

[66] 孙素华，王刚，方向晨，等.Strong 沸腾床渣油加氢催化剂研究及工业放大 [J].炼油技术与工程，2011 (12)：26-30.

[67] 李新，王刚，孙素华，等.粒径变化对沸腾床渣油加氢催化剂的影响 [J].当代化工，2012，41 (6)：558-561.

[68] 刘建锟，杨涛，贾丽，等.一种三相沸腾床反应器：CN 101721962A [P].2010-06-09.

[69] 刘建锟，杨涛，贾丽，等.沸腾床反应器：CN 101721960A [P].2010-06-09.